“十二五”普通高等教育本科国家级规划教材

面向21世纪课程教材

本书荣获中国石油和化学工业优秀教材奖一等奖

自动检测技术及仪表控制系统

第四版

张 毅　张宝芬　曹 丽　彭黎辉　编著

化学工业出版社

·北京·

内容简介

本书是有关过程参数检测和自动化仪表系统的基础理论和应用技术的教材。

全书分为五篇共20章。第一篇中第1、2章介绍检测和仪表的基本知识及误差分析方法，第3章介绍检测技术基本方法；第二篇中第4章～第9章分别介绍温度、压力、流量、物位、机械量、成分分析等参数的检测方法；第三篇中第10章介绍自动化仪表特性及发展，第11章～第14章分别介绍仪表系统中的变送、显示、调节和执行等单元；第四篇中第15章、第16章分析和讨论由仪表构成的计算机控制系统和现场总线控制系统的相关技术及其发展趋势；第五篇中第17章～第20章介绍现代检测与仪表技术。

本书作为高校自动化及相关专业的本科生教材，亦可满足相关研究生和工程技术人员的需要。

图书在版编目（CIP）数据

自动检测技术及仪表控制系统／张毅等编著．—4版．—北京：化学工业出版社，2023.3（2024.1重印）

ISBN 978-7-122-42906-3

Ⅰ.①自…　Ⅱ.①张…　Ⅲ.①自动检测-高等学校-教材②自动化仪表-控制系统-高等学校-教材　Ⅳ.①TP274②TP273

中国国家版本馆CIP数据核字（2023）第017385号

责任编辑：唐旭华　郝英华
责任校对：刘一　　装帧设计：关飞

出版发行：化学工业出版社（北京市东城区青年湖南街13号　邮政编码100011）
印　　装：大厂聚鑫印刷有限责任公司
787mm×1092mm　1/16　印张20¼　字数494千字　2024年1月北京第4版第2次印刷

购书咨询：010-64518888　　售后服务：010-64518899
网　　址：http://www.cip.com.cn
凡购买本书，如有缺损质量问题，本社销售中心负责调换。

定　　价：68.00元

前　　言

现代工业控制系统中的检测技术和仪表系统，是实现自动控制的基础。随着新技术的不断涌现，特别是现代传感技术、新一代互联网技术和无线通信技术的不断升级，给传统的自动控制系统带来了新的挑战，并由此引出许多新的发展，如数据融合理论与方法、虚拟仪器、软测量技术、传感器网络技术、物联网技术以及近年发展的大数据技术等。

本书是有关过程参数检测和自动化仪表系统的基础理论和应用技术的教材，由《自动检测技术及仪表控制系统》(第三版）修订和增加相关内容形成。全书在第三版的基础上，根据检测技术和仪表系统发展和实际应用的需要，对相关内容进行了补充，重点针对最新检测技术的应用，补充了一些新的检测方法及应用案例；同时，结合大数据技术和无线通信技术的最新发展，增加了近来广受关注的智能车路协同系统和协同感知等技术在状态感知和参数检测中的应用分析。

在再版编写过程中，本书继续坚持突出系统概念、注重理论分析与实例解剖、强调技术和系统的模块化与模型化等原则，维持了原书的整体风格；同时结合最新技术的产生和发展，重点阐述了包括数据融合理论与方法、虚拟仪器、软测量技术、传感器网络、物联网技术和大数据技术等在内的新技术在检测和仪表控制系统中的应用，希望能够为读者打开新的视角。

全书共分五篇。第一篇介绍检测技术和仪表系统的基础知识；第二篇介绍温度、压力、流量、物位、机械量、成分分析等过程参数的检测技术；第三篇介绍并分析仪表系统所包含的变送、显示、调节和执行等单元；第四篇分析和讨论由仪表所构成的计算机控制系统和现场总线控制系统的相关技术及其发展趋势；第五篇介绍部分现代检测和仪表技术的最新发展和应用。

本书由清华大学自动化系张毅教授、张宝芬教授、曹丽副教授和彭黎辉教授编著，相关内容先后分别由金以慧教授和王俊杰教授主审。其中第一篇第 1 章、第三篇、第四篇和第五篇第 20 章由张毅教授执笔，第二篇第 4～7 章和第 9 章由张宝芬教授执笔，第一篇第 2～3 章、第二篇第 8 章和第五篇第 17 章由曹丽副教授执笔，第五篇第 18、19 章由彭黎辉教授执笔。

本次修订在内容结构上未做调整，所有修改和补充的内容均在原篇章节内进行。再版后，本书能更好地满足自动化及相关专业的本科生和研究生的学习需要，同时也能更好地满足相关领域的工程技术人员的工作需要。

在教学过程中有需要电子教案者，可登陆化工教育（www.cipedu.com.cn）注册后下载。

限于作者的水平和能力有限，本书难免存在不足或不妥之处，衷心希望得到广大读者的批评和指正。

作者

2022 年 11 月于清华园

目　　录

第一篇　基础知识引论

第二篇 过程参数检测技术

第三篇 仪表系统分析

第四篇 系统控制技术

第五篇 现代检测与仪表技术

第一篇　基础知识引论

1　绪　　论

任何一个工业控制系统都必然要应用一定的检测技术和相应的仪表单元，检测技术和仪表两部分是紧密相关和相辅相成的，它们是控制系统的重要基础。检测单元完成对各种过程参数的测量，并实现必要的数据处理；仪表单元则是实现各种控制作用的手段和条件，它将检测得到的数据进行运算处理，并通过相应的单元实现对被控变量的调节。新技术的不断出现，使传统的自动控制系统以及相关的检测和仪表技术都发生了很大变化。

据此，本书的编排以典型工业仪表控制系统为主线，阐述相关的理论和技术。围绕该主线，全书分别就检测技术和仪表系统两大部分进行讨论，并在此基础上分析了各种仪表系统控制技术。

本章从分析典型的工业检测仪表控制系统入手，给出了常规检测仪表控制系统的组成及结构，并介绍有关检测和仪表相关技术必须需要的基本概念和名词术语。

1.1　检测仪表控制系统

1.1.1　典型检测仪表控制系统

典型的检测仪表控制系统，以化学工业中用天然气做原料生产合成氨的控制系统为例，此系统如图 1-1 所示为脱硫塔控制流程图。天然气在经过脱硫塔时，需要进行控制的参数分别为压力、液位和流量，这将构成（PC）、（LC）和（FC）三个单参数调节控制系统。

例如实现脱硫塔压力调节控制的单参数控制子系统（PC），该系统的结构框图如图 1-2 所示，进行压力参数检测及实现检测信号转换和传输的单元称为压力变送单元，实现调节控制规律计算的单元称为调节单元，最终实现被控变量控制作用的单元称为执行单元。为了实现调节控制作用，首先测量进入脱硫塔的天然气压力，检测到的信号经转换后，以标准信号制式传输到实现调节运算的调节单元；调节单元在接收到测量信号后，即与给定单元的设定压力值进行比较，并根据设定的控制规律计算出实现控制调节作用所需的控制信号；为保证能够驱动相应的设备实现对被控变量的调节，控制信号还需借助专用的执行单元机构实现控制信号的转换与保持。

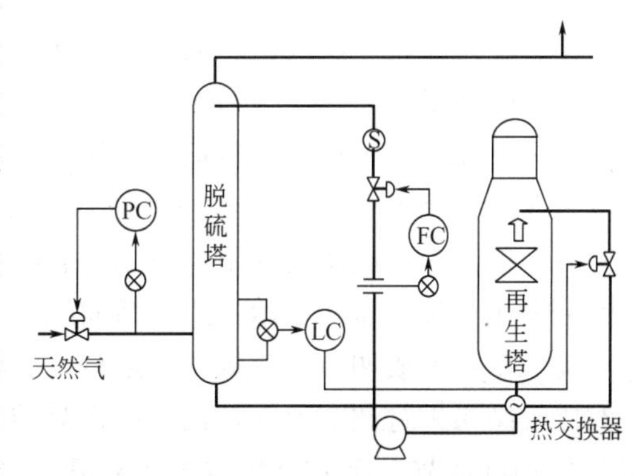

图 1-1　脱硫塔控制流程图

同理，考虑单独实现脱硫塔流量调节控制的情况，则控制子系统（FC）的结构框图如图 1-3 所示。其中流量变送单元是专门用于流量检测信号转换和传输的仪表变送单元，而安全栅的增加则是为了实现安全火花防爆特性。

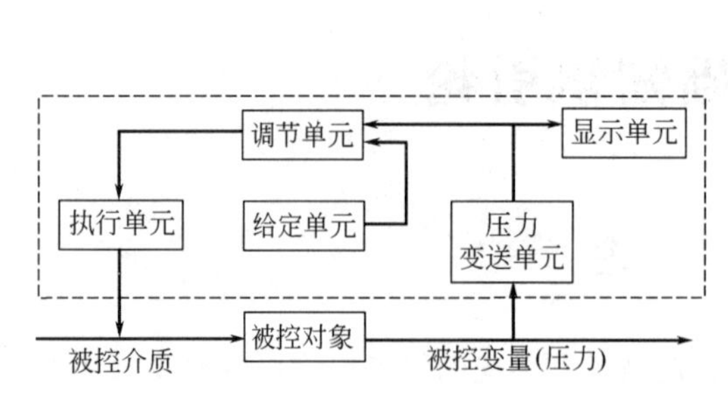

图 1-2　天然气压力控制系统结构框图

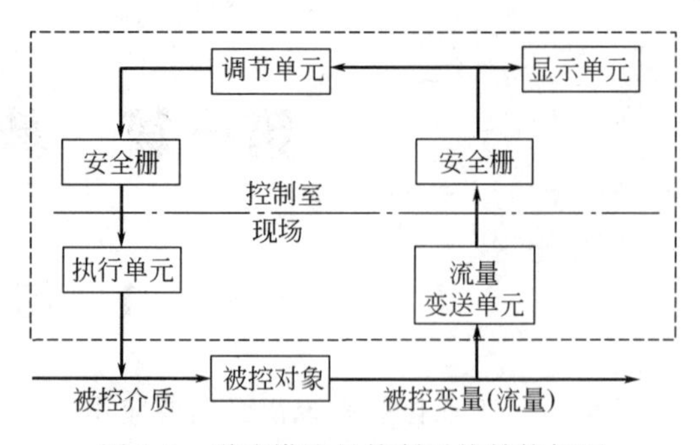

图 1-3　脱硫塔流量控制系统结构框图

在无特殊条件要求下，常规工业检测仪表控制系统的构成基本相同，而与具体采用的仪表类型无关。这里所说的基本构成包括被控对象、变送器、显示仪表、调节器、给定器和执行器等。由于各控制子系统被控变量的不同，各子系统采用的变送器和调节器的控制规律因而有所不同。

1.1.2　检测仪表控制系统结构分析

总结上一节所述的几种情况，并由此推广到常规情况下的工业过程控制系统，检测仪表控制系统的一般结构可概括如图 1-4 所示。

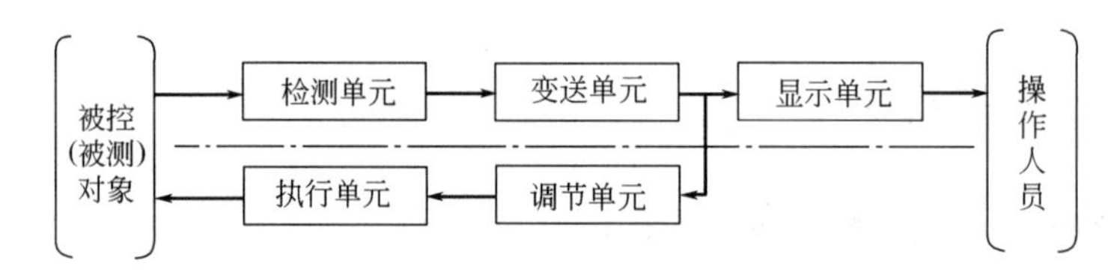

图 1-4　典型工业检测仪表控制系统结构图

显然，图 1-4 是一个闭环回路控制系统，只是为了突出被控对象和操作人员在控制系统中的地位，对传统意义上的回路结构进行了适当的调整。

被控（被测）对象是控制系统的核心，它可以是单输入单输出对象，即常规的回路控制系统；也可以是多输入多输出，此时通常需采用计算机仪表控制系统，如直接数字控制系统DDC、分布式控制系统 DCS 和现场总线控制系统 FCS。

检测单元是控制系统实现控制调节作用的基础，它完成对所有被控变量的直接测量，包括温度、压力、流量、液位、成分等；同时也可实现某些参数的间接测量，如采用信息融合技术实现的测量。

变送单元完成对被测变量信号的转换和传输，其转换结果须符合国际标准的信号制式，即 1～5V DC 或 4～20mA DC 模拟信号或各种仪表控制系统所需的数字信号。

显示单元是控制系统的附属单元，它将检测单元测量获得的有关参数，通过适当的方式显示给操作人员，这些显示方式包括曲线、数字和图像等。

调节单元完成调节控制规律的运算，它将变送器传输来的测量信号与给定值进行比较，并对比较结果进行调节运算，以输出作为控制信号。调节单元采用的常规控制规律包括位式调节和 PID 调节，而 PID 控制规律又根据实际情况的需要产生出了各种不同的改进型。

执行单元是控制系统实施控制策略的执行机构，它负责将调节器的控制输出信号按执行机构的需要产生出相应的信号，以驱动执行机构实现对被控变量的调节作用。通常执行单元分气动、液动和电动三类。

这里需要特别说明的是，图 1-4 所述的只是控制系统的逻辑结构。当采用传统检测和仪表单元构成控制系统时，这种结构与实际系统相同，即图中相关两个单元间采用点对点的连接方式。但是有时检测单元和变送单元及显示单元的界限并不明显，会构成功能组合单元。而在网络化的控制回路系统中，由于多数检测和仪表单元均通过网络相互连接。有关网络化控制回路系统的详细分析，详见第 15 章相应部分。

1.2 基本概念

本小节介绍检测和仪表中常用的基本性能指标，包括测量范围及量程、基本温差、精度等级、灵敏度、分辨率、漂移、可靠性以及抗干扰性能指标等。

1.2.1 测量范围、上下限及量程

每个用于测量的仪表都有测量范围，它是该仪表按规定的精度进行测量的被测变量的范围。测量范围的最小值和最大值分别称为测量下限和测量上限，简称下限和上限。

仪表的量程可以用来表示其测量范围的大小，是其测量上限值与下限值的代数差，即

$$\text{量程}=\text{测量上限值}-\text{测量下限值} \tag{1-1}$$

使用下限与上限可完全表示仪表的测量范围，也可确定其量程。如一个温度测量仪表的下限值是−50℃，上限值是 150℃，则其测量范围可表示为−50～150℃，量程为 200℃。由此可见，给出仪表的测量范围便知其上下限及量程，反之只给出仪表的量程，却无法确定其上下限及测量范围。

1.2.2 零点迁移和量程迁移

仪表测量范围的另一种表示方法是给出仪表的零点即测量下限值及仪表的量程。由前面的分析可知，只要仪表的零点和量程确定了，其测量范围也就确定了。因而这是一种更为常用的表示方式。

在实际使用中，由于测量要求或测量条件的变化，需要改变仪表的零点或量程，为此可以对仪表进行零点和量程的调整。通常将零点的变化称为零点迁移，而量程的变化则称为量程迁移。

以被测变量值相对于量程的百分数为横坐标记为 X，以仪表指针位移或转角相对于标尺长度的百分数为纵坐标记为 Y，可得到仪表的标尺特性曲线 X-Y。假设仪表标尺是线性的，其标尺特性曲线可如图 1-5 中的线段 1 所示。

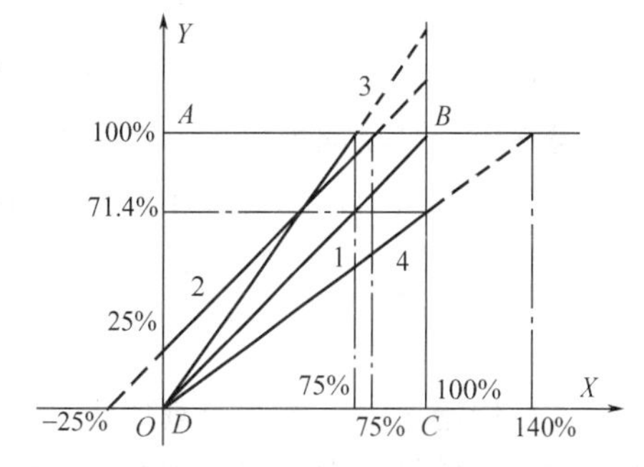

图 1-5 零点迁移和量程迁移示意

考虑单纯的零点迁移情况，如线段 2 所示，此时仪表量程不变，其斜率亦保持不变，线段 2 只是线段 1 的平移，理论上零点迁移到了原输入值的−25%，终点迁移到了原输入值的 75%，而量程则仍为 100%。考虑单纯的量程迁移情况如线段 3 所示，此时零点不变，线段仍通过坐标系原点，但斜率发生了变化，理论上量程迁移到了原来的 70%。

由于受仪表标尺长度和输入通道对输入信号的限制，实际的标尺特性曲线通常只限于正

边形 $ABCD$ 内部，即用实线表示部分；虚线部分只是理论上的结果，无实际意义。因此，线段 2 的实际效果是标尺有效使用范围迁移到原来的 25%～100%，测量范围迁移到原来的 0～75%。线段 3 的实际效果是标尺仍保持原来有效范围的 0～100%，测量范围迁移到了原来的 0～70%。同理，考虑图中线段 4 所示的量程迁移情况，其理论上零点没有迁移，量程迁移到原来的 140%；而实际上标尺只保持了原来有效范围的 0～71.4%，测量范围则仍为原来的 0～100%。

零点迁移和量程迁移可以扩大仪表的通用性。但是，在何种条件下可以进行迁移，以及能够有多大的迁移量，还需视具体仪表的结构和性能而定。

1.2.3　灵敏度和分辨率

灵敏度是仪表对被测参数变化的灵敏程度，常以在被测参数改变时，经过足够时间仪表指示值达到稳定状态后，仪表输出变化量 ΔY 与引起此变化的输入变化量 ΔU 之比表示，即

$$灵敏度=\frac{\Delta Y}{\Delta U} \tag{1-2}$$

可见，灵敏度也就是图 1-5 所示标尺特性曲线的斜率。因此，量程迁移就意味着灵敏度的改变；而如果仅仅是零点迁移则灵敏度不变。

由灵敏度的定义表达式(1-2) 可知，灵敏度实质上等同于仪表的放大倍数。只是由于 U 和 Y 都有具体量纲，所以灵敏度也有量纲，且由 U 和 Y 确定；而放大倍数没有量纲。所以灵敏度的含义比放大倍数要广泛得多。

常容易与仪表灵敏度混淆的是仪表分辨率。它是仪表输出能响应和分辨的最小输入量，又称仪表灵敏限。分辨率是灵敏度的一种反映，一般说仪表的灵敏度高，则其分辨率同样也高。因此实际中主要希望提高仪表的灵敏度，从而保证其分辨率较好。

在由多个仪表组成的测量或控制系统中，灵敏度具有可传递性。例如，首尾串联的仪表系统（即前一个仪表的输出是后一个仪表的输入），其总灵敏度是各仪表灵敏度的乘积。

1.2.4　误差

仪表指示装置所显示的被测值称为示值，它是被测真值的反映。严格地说，被测真值只是一个理论值，因为无论采用何种仪表测到的值都有误差。实际中常将用适当精度的仪表测出的或用特定的方法确定的约定真值代替真值。例如，使用国家标准计量机构标定过的标准仪表进行测量，其测量值即可作为约定真值。

示值与公认的约定真值之差称为绝对误差，即

$$绝对误差=示值-约定真值 \tag{1-3}$$

绝对误差通常可简称为误差。当误差为正时表示仪表的示值偏大，反之偏小。

绝对误差与约定真值之比称为相对误差，常用百分数表示，即

$$相对误差(\%)=\frac{绝对误差}{约定真值} \tag{1-4}$$

虽然用绝对误差占约定真值的百分数来衡量仪表的精度比较合理，但仪表多应用在测量接近上限值的量，因而用量程取代式(1-4) 中的约定真值则得到引用误差如下式所示：

$$引用误差(\%)=\frac{绝对误差}{量程} \tag{1-5}$$

考虑整个量程范围内的最大绝对误差与量程的比值，则获得仪表的最大引用误差为：

$$最大引用误差(\%)=\frac{最大绝对误差}{量程} \tag{1-6}$$

最大引用误差与仪表的具体示值无关，可以更好地说明仪表测量的精确程度。它是仪表基本误差的主要形式，是仪表的主要质量指标之一。

仪表在出厂时要规定引用误差的允许值，简称允许误差。若将仪表的允许误差记为 Q，最大引用误差记为 Q_{max}，则两者之间满足如下关系：

$$Q_{max} \leqslant Q \tag{1-7}$$

任何测量都是与环境条件相关的，这些环境条件包括环境温度、相对湿度、电源电压和安装方式等。仪表应用时应严格按规定的环境条件即参比工作条件进行测量，此时获得的误差称为基本误差；因此如果在非参比工作条件下进行测量，此时获得的误差除包含基本误差外，还会包含额外的误差，又称附加误差，即

$$误差=基本误差+附加误差 \tag{1-8}$$

以上的讨论基本针对仪表的静态误差，静态误差是指仪表静止状态时的误差，或被测量变化十分缓慢时所呈现的误差，此时不考虑仪表的惯性因素。仪表还存在有动态误差，动态误差是指仪表因惯性迟延所引起的附加误差，或变化过程中的误差。仪表静态误差的应用更为普遍。

在第 2 章中将详细介绍测量误差的有关问题。

1.2.5 精确度

任何仪表都有一定的误差。因此，使用仪表时必须先知道该仪表的精确程度，以便估计测量结果与约定真值的差距，即估计测量值的大小。仪表的精确度通常是用允许的最大引用误差去掉百分号（%）后的数字来衡量的。

按仪表工业规定，仪表的精确度划分成若干等级，简称精度等级，如 0.1 级、0.2 级、0.5 级、1.0 级、1.5 级、2.5 级等。由此可见，精度等级的数字越小，精度越高。

仪表精度等级的确定过程如图 1-6 所示。为便于观察和理解，对其中的偏差做了有意识的放大。图中直线 OA 是理想的输入输出特性曲线，虚线 3 和 4 是基本误差的下限和上限。在检定或校验过程中所获得的实际特性曲线记为曲线 1 和 2，其中曲线 1 是输入值由下限值到上限值逐渐增大时获得的，称为实际上升曲线；而曲线 2 是输入值由上限值到下限值逐渐减小时获得的，称为实际下降曲线。由曲线 1 和 2 与直线 OA 的偏差可分别得到最大实际正偏差和负偏差。可见，曲线 1 和 2 愈接近直线 OA，即仪表的基本误差限愈小，仪表的精度等级越高。

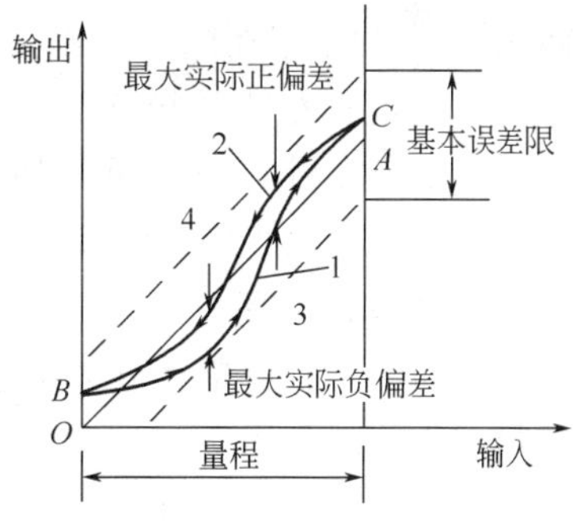

图 1-6 精度等级确定过程示意

1.2.6 滞环、死区和回差

仪表内部的某些元件具有储能效应，例如弹性变形、磁滞现象等，其作用使得仪表检验所得的实际上升曲线和实际下降曲线常出现不重合的情况，从而使得仪表的特性曲线形成环状，如图 1-7 所示。该种现象即称为滞环。显然在出现滞环现象时，仪表的同一输入值常对

应多个输出值，并出现误差。

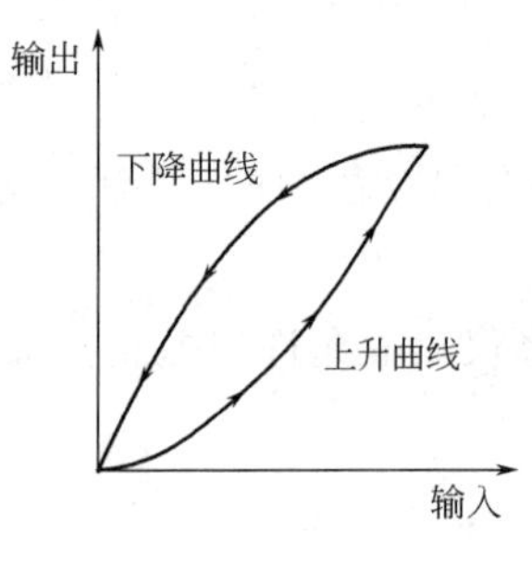

图 1-7 滞环效应分析

仪表内部的某些元件具有死区效应，例如传动机构的摩擦和间隙等，其作用亦可使得仪表检验所得的实际上升曲线和实际下降曲线常出现不重合的情况。这种死区效应使得仪表输入在小到一定范围后不足以引起输出的任何变化，而这一范围则称为死区。考虑仪表特性曲线呈线性关系的情况，其特性曲线如图 1-8 所示。因此，存在死区的仪表要求输入值大于某一限度才能引起输出的变化，死区也称为不灵敏区。理想情况下，不灵敏区的宽度是灵敏限的 2 倍。

也可能某个仪表既具有储能效应，也具有死区效应，其综合效应将是以上两者的结合。典型的特性曲线如图 1-9 所示。

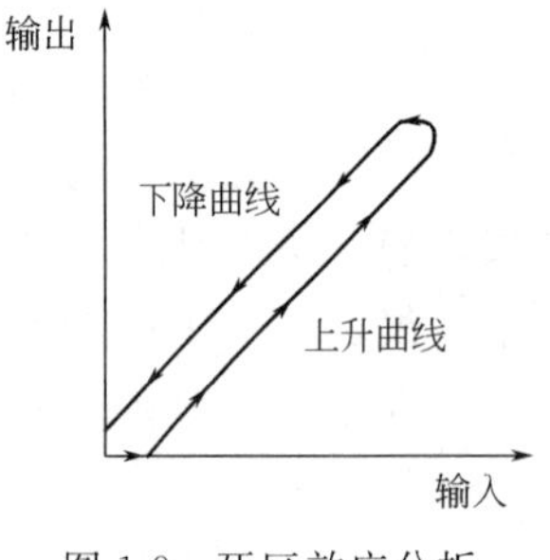

图 1-8 死区效应分析

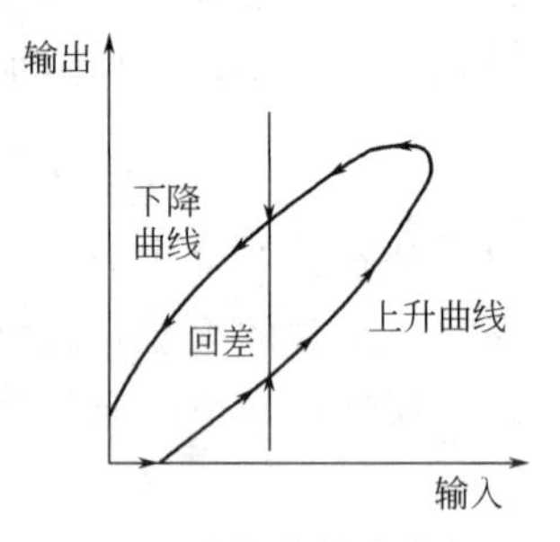

图 1-9 综合效应分析

在以上各种情况下，实际上升曲线和实际下降曲线间都存在差值，其最大的差值称为回差，亦称变差，或来回变差。

1.2.7 重复性和再现性

在同一工作条件下，同方向连续多次对同一输入值进行测量所得的多个输出值之间相互一致的程度称为仪表的重复性，它不包括滞环和死区。例如，在图 1-10 中列出了在同一工作条件下测出的仪表的 3 条实际上升曲线，其重复性就是指这 3 条曲线在同一输入值处的离散程度。实际上，某种仪表的重复性常选用上升曲线的最大离散程度和下降曲线的最大离散程度两者中的最大值来表示。

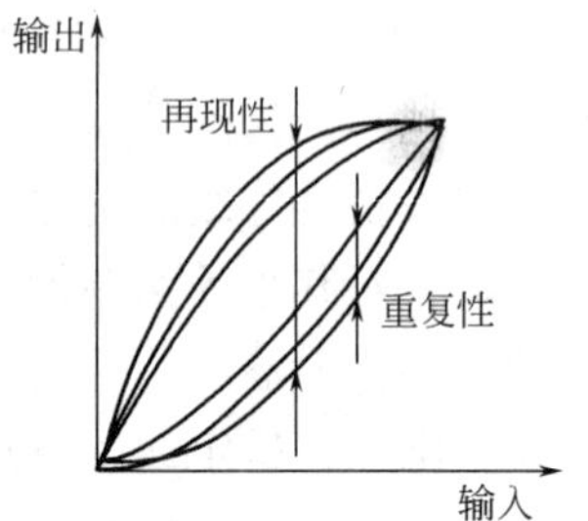

图 1-10 重复性和再现性分析

再现性包括滞环和死区，它是仪表实际上升曲线和实际下降曲线之间离散程度的表示，常取两种曲线之间离散程度最大点的值来表示，如图 1-10 所示。

重复性是衡量仪表不受随机因素影响的能力，再现性是仪表性能稳定的一种标志，因而在评价某种仪表的性能时常同时要求其重复性和再现性。重复性和再现性优良的仪表并不一定精度高，但高精度的优质仪表一定有很好的重复性和再现性。

1.2.8 可靠性

表征仪表可靠性的尺度有多种，最基本的是可靠度。它是衡量仪表能够正常工作并发挥其功能的程度。简单地说，如果有 100 台同样的仪表，工作 1000 小时后约有 99 台仍能正常工作，则可以说这批仪表工作 1000 小时后的可靠度是 99%。

可靠度的应用亦可体现在仪表正常工作和出现故障两个方面。在正常工作方面的体现是仪表平均无故障工作时间。因为仪表常存在的修复多是容易的，因而以相邻两次故障时间间隔的平均值为指标，可很好表示平均无故障工作时间。在出现故障方面的体现是平均故障修复时间，它表示的是仪表修复所用的平均时间，由此可从反面衡量仪表的可靠度。

基于以上分析，综合考虑常规要求，即在要求平均无故障工作时间尽可能长的同时，又要求平均故障修复时间尽可能短，综合评价仪表的可靠性，引出综合性指标有效度，其定义如下：

$$有效度=\frac{平均无故障工作时间}{平均无故障工作时间+平均故障修复时间} \tag{1-9}$$

1.3 检测仪表技术发展趋势

工业控制系统中的检测技术和仪表系统，是实现自动控制的基础。随着新技术的不断涌现，特别是先进检测技术、现代传感器技术、计算机技术、网络技术和多媒体技术的出现，给传统式的控制系统甚至计算机控制系统都带来了极大的冲击，并由此引出许多崭新的发展。归纳起来，这些发展包括：

① 成组传感器的复合检测；

② 微机械量检测技术；

③ 智能传感器的发展；

④ 各种智能仪表的出现；

⑤ 计算机多媒体化的虚拟仪表；

⑥ 传感器、变送器和调节器的网络化产品。

对工业检测仪表控制系统来说，以上的发展还远不是终点。由这些发展所产生的更深层次的变化正在悄然兴起，并越来越得到了各行各业的认同。这些深层次的变化包括：

① 控制系统的控制网络化；

② 控制系统的系统扁平化；

③ 控制系统的组织重构化；

④ 控制系统的工作协调化。

如何针对检测技术和仪表系统提出一系列新的概念和必要的理论，以面对高新技术的挑战，并适应当今自动化技术发展的需要，是目前亟待解决的关键问题。

本书将在充分分析和讨论传统检测和仪表单元相关技术的基础上，结合新的相关技术，探讨新一代检测技术和计算机仪表控制系统的实现和发展趋势。

思考题与习题

1-1 检测及仪表在控制系统中起什么作用？两者的关系如何？

1-2 典型检测仪表控制系统的结构是怎样的？各单元主要起什么作用？

1-3 传统回路控制系统与网络化控制回路有什么区别？

1-4 什么是仪表的测量范围、上下限和量程？彼此有什么关系？

1-5 如何才能实现仪表的零点迁移和量程迁移？

1-6 什么是仪表的灵敏度和分辨率？两者间存在什么关系？

1-7 仪表的精度是如何确定的？

1-8 衡量仪表的可靠性有哪些方法？常用的方法有哪些？

2 误差分析基础及测量不确定度

在人们对物理量或参数进行检测时，首先要借助一定的检测手段取得必要的测量数据，而后要对测得的数据进行误差分析或精度分析，之后才可以进行数据处理。误差分析与选择测量方法是同样重要的，因为只有掌握了数据的可确定程度才能做出相应的科学的和经济的判断与决策。

通过学习误差分析理论，可以掌握以下几个要点：根据检测目的选择测量精度；误差原因分析及误差的表示方法；间接检测时误差的传递法则；平均值误差的估计以及粗大误差的检验；测量不确定度的概念；根据测量数据推导实验公式等。

2.1 检测精度

检测或测量的精度是相对而言的。测量地球的直径还不能达到以米为单位的测量精度，但是测量几厘米大小的钢球直径则需要毫米单位的检测精度。现代科学的发展，使以原子或分子大小的精度进行加工成为现实，出现了许多精密检测方法。目前光学精密检测仪器精度多已达到了 0.01μm。至于微机械加工则要求纳米（10^{-3}μm）级的检测精度。

对于测量精度高的检测方法或仪器，其要求的使用条件也相对严酷，如需要恒定的温度、高清洁度等环境条件以及操作人员的技术水平等，但是相应地测量成本要高，维护费用大。所以在解决实际问题中不是精度越高越好，而是要权衡条件，根据实际需要选择恰当的测量精度。

测量精度可以用误差来表示，精度低即测量误差大。

2.2 误差分析的基本概念

2.2.1 真值、测量值与误差的关系

误差 x，即测量值 M 偏离真值 A_0 的程度，表示为：

$$x = M - A_0 \tag{2-1}$$

以横坐标为测量值，纵坐标为测得其测量值的频率作图，如图 2-1 所示，这时真值 A_0 是用上位精密检测手段得到的真值的近似值。n 次测量所得测量数据为 M_i（$i=1, 2, \cdots, n$），下标 i 为测量次数。这组测量值的算术平均值 A 为：

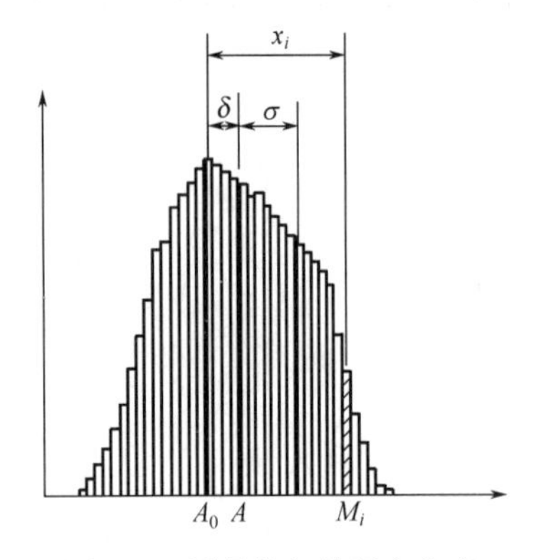

图 2-1 测量值与其频率密度

$$A = \frac{1}{n}\sum_{i=1}^{n} M_i \tag{2-2}$$

在有限次测量中，测量值的平均值与真值之间的偏差为：

$$\delta = A - A_0 \tag{2-3}$$

但当测量次数 n 足够多时，平均值 A 可以认为最接近被测量的真值，即

$$A_0 = \lim_{n \to \infty} A \tag{2-4}$$

2.2.2 几种误差的定义

① 残差　各测量值 M_i 与平均值 A 的差称为残余误差或残差：

$$v_i = M_i - A \tag{2-5}$$

残差的重要特征是各测量值的残差的总和等于零：

$$\sum v_i = 0 \tag{2-6}$$

② 方差　方差被定义为：

$$\sigma^2 = \frac{1}{n}\sum_{i=1}^{n}(M_i - A_0)^2 \tag{2-7}$$

③ 标准误差　标准误差 σ 是方差的均方根值，它是用来表示 M_i 偏离 A_0 的程度的重要参数（这个偏差小的测量称为精密测量，即精密度高）：

$$\sigma = \sqrt{\frac{1}{n}\sum_{i=1}^{n}(M_i - A_0)^2} \tag{2-8}$$

④ 协方差与相关系数　两组测量值 x_{ik} 和 x_{jk}（$k=1,2,\cdots,n$）的平均值分别为 A_i 和 A_j，协方差被定义为：

$$\sigma_{X_iX_j}^2 = \frac{1}{n}\sum_{k=1}^{n}(X_{ik} - A_i)(X_{jk} - A_j) \tag{2-9}$$

相关系数是标准化的协方差，即

$$r(X_i, X_j) = \frac{\sigma_{X_iX_j}^2}{\sigma_{X_i}\sigma_{X_j}} \tag{2-10}$$

相关系数是 -1 到 $+1$ 的实数，$|r(X_i, X_j)|=1$ 表示以概率 1 线性相关，$|r(X_i, X_j)|=0$ 表示两组测量值之间不相关，为相互独立。

2.2.3 测量的准确度与精密度

测量的精密度与准确度的概念不同。用同样方法与设备对同一未知量进行多次检测时测量值不一，把测量值之间差异小的测量称为精密测量，即精密度高。但是，在同样条件下进行无数次测量所得的平均值与真值仍有偏差，这个偏差小的测量称为准确测量，即准确度高。

精密度与准确度的区别由图 2-2 可以看出，1 表示准确却不精密（δ 小，σ 大）的测量，2 表示精密却不准确（δ 大，σ 小）的测量。要同时兼顾准确度和精密度，才能成为精确的测量。

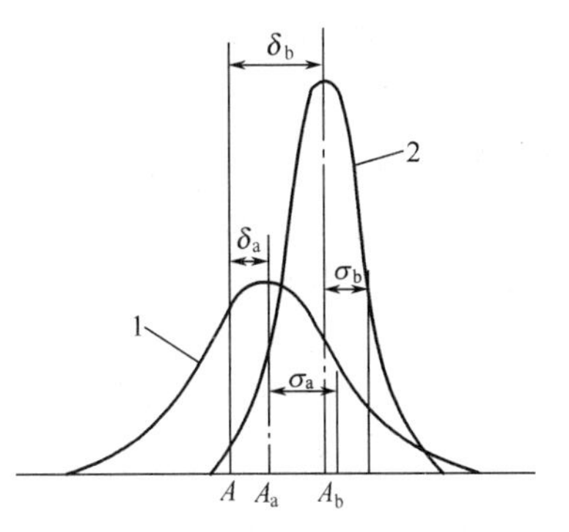

图 2-2　测量的准确度与精密度

2.3 误差原因分析

产生误差的原因多种多样，根据检测系统的各个环节可分类如下：

① 被检测物理模型的前提条件属理想条件，与实际检测条件有出入；

② 测量器件的材料性能或制作方法不佳使检测特性随时间而发生劣化；

③ 电气、空气压、油压等动力源的噪声及容量的影响；

④ 检测线路接头之间存在接触电势或接触电阻；

⑤ 检测系统的惯性即迟延传递特性不符合检测的目的要求，因此要同时考虑系统静态特性和动态特性；

⑥ 检测环境的影响，包括温度、湿度、气压、振动、辐射等；

⑦ 不同采样所得测量值的差异造成的误差；

⑧ 人为的疏忽造成误读，包括个人读表偏差、知识和经验的深浅、体力及精神状态等因素；

⑨ 测量器件进入被测对象，破坏了所要测量的原有状态；

⑩ 被测对象本身变动大，易受外界干扰以致测量值不稳定等。

2.4　误差分类

根据误差的特性不同，可以分为以下三大类。

（1）系统误差

系统误差指测量器件或方法引起的有规律的误差，体现为与真值之间的偏差，如仪器零点误差，经年变化误差，温度、电磁场等环境条件引起的误差，动力源引起的误差等。这种误差的绝对值和符号保持不变，或测量条件改变时误差服从某种函数关系变化。

系统误差在掌握误差产生的原因后，可以对仪器加以校对，改变测试环境进行检查，以便找出系统误差的数值，并设法将其排除。例如，转盘偏心引起的角速度测量误差按正弦规律变化，对正中心可以消除这种误差。

（2）随机误差

除可排除的系统误差外，另外由随机因素引起的，一般无法排除并难以校正的误差被称为随机误差。在同一条件下反复测试，可以发现随机误差的概率服从统计分析的规律，误差理论正是针对随机误差的这种规律，对所得的一组有限数据进行统计处理来估测测量真值的学问。随机误差的特点是误差的符号和大小都在随时发生变化。影响这一误差的因素很多，而且每一因素对测量值分别只有微小影响，随机误差是由这些微小影响的总和所造成。产生随机误差的有些因素虽然知道，如空气干燥程度、净化程度以及气流大小或方向等都对测量结果有微小的影响，但无法准确控制；另外还有一些产生随机误差的因素无法确定。

（3）粗大误差

粗大误差指由于观测者误读或传感要素故障而引起的歧义误差。测量中应避免这种误差的出现。含有粗大误差的测量值称为坏值，根据统计检验方法的准则可以判断是否为坏值，坏值应当剔除。排除这类误差也要遵循一定的规则。

2.5　误差的统计处理

误差分析中需要估计研究的误差主要是随机误差，以下主要对随机误差的性质进行分析，介绍随机误差函数及其表达法，以及从采样平均和采样方差如何求得真值和方差的最佳估计值的方法等。

2.5.1 随机误差概率及概率密度函数的性质

随机误差的统计处理是指在了解误差性质之上，分析误差概率密度函数及其曲线特征，求取各误差发生的概率。

误差函数的有关符号有如下含义：

① $y=f(x)$ 误差 x 发生的概率密度，积分结果为积分范围内的误差发生的概率；

② $p(x)=f(x)\mathrm{d}x$ 误差为 x 的概率，称为概率元；

③ $p(a<x<b)=\int_a^b f(x)\mathrm{d}x$ 误差在 a 与 b 之间的概率；

④ $p(-\infty<x<+\infty)=\int_{-\infty}^{+\infty} f(x)\mathrm{d}x=1$。检测值存在或检测误差存在的概率为 1。

当测量次数增多，统计如图 2-1 所示的误差频率后，可以发现随机误差有如下性质：

① 对称性 大小相同符号相反的误差发生的概率相同；

② 抵偿性 由对称性可知，当测量次数 $n\to\infty$时，全体误差的代数和为零，即

$$\lim_{n\to\infty}\sum_{i=1}^{n}x_i=0 \tag{2-11}$$

③ 单峰性 绝对值小的误差比绝对值大的误差发生的概率大；

④ 有界性 绝对值非常大的误差基本不发生。

具有上述特性的随机误差的概率密度分布曲线 $f(x)$ 则应该满足如下各条件：

① 对于所有的误差 x，都有 $f(x)>0$；

② $f(x)$ 为偶函数，正负对称分布；

③ $x=0$ 时 $f(x)$ 取最大值；

④ 随 $x>0$，$f(x)$ 单调减小；

⑤ $f(x)$ 曲线在误差 x 较小时呈上凸，在 x 较大时呈下凸。

2.5.2 正态分布函数及其特征点

正态分布函数满足这些条件，如图 2-3 所示，其数学表达式为：

$$y=f(x)=\frac{1}{\sqrt{2\pi}\cdot\sigma}\mathrm{e}^{-\frac{1}{2}\left(\frac{x}{\sigma}\right)^2} \tag{2-12}$$

式(2-12)也称为高斯分布函数。

由概率论的中心极限定理得知：大量的、微小的及独立的随机变量之总和服从正态分布。而且大量的测试数据也证明了在测量次数很大时，图 2-1 所示的频率密度直方图趋近于圆滑的正态分布曲线。

式(2-12) 说明了随机误差的理论分布规律，也称为误差法则。其中 σ 就是标准误差或称均方根误差。标准误差 σ 的大小决定后，概率密度 $f(x)$ 就是随机误差 x 的单值函数。

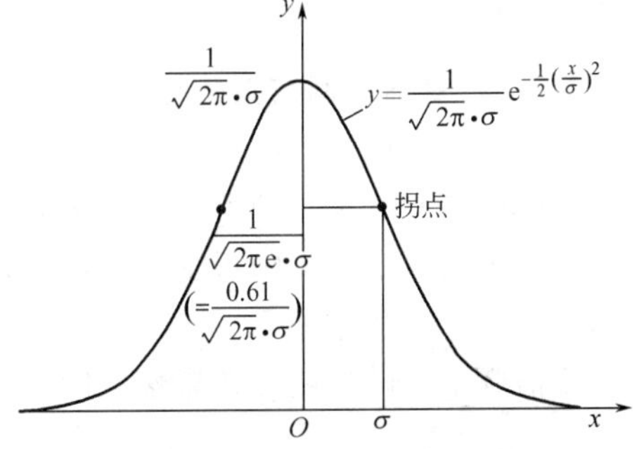

图 2-3 误差函数的正态分布

值得注意的是，通常所说随机误差服从正态分布是从统计角度而言的，也就是针对测量次数极大而测量分辨率又极高的测量情况而言的。

从检测函数的角度来看，正态分布常用 N

(A_0,σ^2)来表示。A_0，σ 分别为测量真值和标准误差，即

$$y=f(M)=\frac{1}{\sqrt{2\pi}\cdot\sigma}\mathrm{e}^{-\frac{1}{2}\left(\frac{M-A_0}{\sigma}\right)^2}=N(A_0,\sigma^2) \tag{2-13}$$

实际数据分析中，常常采用去偏差并归一化的前处理方法，即设标准单位

$$t=\frac{M-A_0}{\sigma} \tag{2-14}$$

利用标准正态分布 $N(0,1)$进行分析考察，如式(2-15)。表 2-1 给出了标准正态分布$N(0,1)$的一些 t 与 $f(t)$的代表数值。

$$y=f(t)=\frac{1}{\sqrt{2\pi}}\mathrm{e}^{-\frac{t^2}{2}} \tag{2-15}$$

观察式(2-12) 可以发现以下几个特征值。

① $x=0$ 时取最大值$\frac{1}{\sqrt{2\pi}\cdot\sigma}$，此时 $f'(x)=0$；系数$\frac{1}{\sqrt{2\pi}\cdot\sigma}$可视为检测的精密度指数，也是式(2-12) 的归一化系数。

② $x=\pm\sigma$ 为正态分布曲线的两拐点，即 $f''(x)=0$；此点与最大值的比值为 $\mathrm{e}^{-0.5}\approx 0.61$ 倍。

③ 标准误差 σ。σ 是方差的平方根，在概率论中方差 σ^2 也被定义为二阶中心距离，它表示随机误差相对于中心位置的离散程度。

$$\sigma^2=\int_{-\infty}^{+\infty}x^2f(x)\mathrm{d}x \tag{2-16}$$

④ 算数平均误差 η。η 为误差绝对值的平均值，即

$$\eta=\int_{-\infty}^{+\infty}|x|f(x)\mathrm{d}x=\frac{2\sigma}{\sqrt{2\pi}} \tag{2-17}$$

所以 $\eta/\sigma=0.7979$

⑤ 概率（或然）误差 γ。γ 为使 $|x|=\gamma$ 的内外概率相等的误差，即

$$\int_{-\gamma}^{+\gamma}f(x)\mathrm{d}x=0.5 \tag{2-18}$$

所以 $\gamma/\sigma=0.6745$

⑥ 极限误差 δ。δ 为标准误差的 2 倍或 3 倍

$\delta=2\sigma$ 时，$p(x)=\int_{-2\sigma}^{+2\sigma}f(x)\mathrm{d}x=0.9545$

$\delta=3\sigma$ 时，$p(x)=\int_{-3\sigma}^{+3\sigma}f(x)\mathrm{d}x=0.9973$

2.5.3　置信区间与置信概率

在研究随机误差的统计规律时，不仅要知道随机变量在哪个范围内取值，而且要知道在该范围内取值的概率，两者是相互关联的。

置信区间：定义为随机变量取值的范围，常用正态分布的标准误差 σ 的倍数来表示，即 $\pm z\sigma$，其中 z 为置信系数。

置信概率：随机变量在置信区间$\pm z\sigma$ 内取值的概率。

$$\phi(z)=p\{|x|<z\sigma\}=\int_{-z\sigma}^{+z\sigma}f(x)\mathrm{d}x=\frac{2}{\sqrt{2\pi}\sigma}\int_0^{z\sigma}\mathrm{e}^{-\frac{x^2}{2\sigma^2}}\mathrm{d}x \tag{2-19}$$

置信水平：表示随机变量在置信区间以外取值的概率。记为：

$$\alpha(z)=1-\phi(z)=p\{|x|>z\sigma\} \tag{2-20}$$

置信系数取不同典型值时，正态分布的置信概率数值如表 2-1 所示。

表 2-1 正态分布的概率密度和置信概率的数值表

t 或 z	0.00	0.50	0.6745	0.7979	1.00	1.96	2.00	3.00	∞
概率密度 $f(t)$	0.3989	0.3521	0.3177	0.2901	0.2420	0.0584	0.054	0.0044	0.00
置信概率 $\phi(z)$	0.0000	0.3829	0.5000	0.5751	0.6827	0.9500	0.9545	0.9973	1.0000

正态分布的置信区间与置信概率如表 2-1 所示，置信系数越大，置信区间越宽，置信概率越大，随机误差的范围也越大，对测量精度的要求越低。在实际测量中，如有 95%的置信概率时，其可靠性已经足够了，此时的置信区间是 $\delta=\pm 2\sigma$，置信水平为 5%。

2.6 误差传递法则

2.6.1 误差传递法则

当间接检测量 Y 与互相独立的直接检测量 $X_1, X_2, \cdots$ 有如下的函数关系：

$$Y=\varphi(X_1, X_2, \cdots) \tag{2-21}$$

并且 $X_1, X_2, \cdots$ 的标准偏差分别为 $\sigma_1, \sigma_2, \cdots$ 时，考虑如何求 Y 的标准偏差 σ_Y^2。

（1）简易情况：$Y=X_1+X_2$

X_1 的误差为 $x_{11}, x_{12}, \cdots, x_{1n}$，$X_2$ 的误差为 $x_{21}, x_{22}, \cdots, x_{2n}$ 时，由 $y_i=x_{1i}+x_{2i}$ 可得：

$$\sigma_Y^2=\frac{\sum y_i^2}{n}=\frac{\sum x_{1i}^2}{n}+\frac{\sum x_{2i}^2}{n}+2\frac{\sum x_{1i}x_{2i}}{n} \tag{2-22}$$

由于 X_1 和 X_2 的独立性，协方差 $\sum x_{1i}x_{2i}=0$，那么 Y 的标准偏差即为：

$$\sigma_Y=\sqrt{\sigma_1^2+\sigma_2^2} \tag{2-23}$$

（2）任意线性结合的情况：$Y=a_1X_1\pm a_2X_2\pm\cdots\pm a_nX_n+k$

与情况（1）相同，因为 $X_1, X_2, \cdots, X_n$ 的误差的任意协方差均为零，可得到：

$$\sigma_Y^2=a_1^2\sigma_1^2+a_2^2\sigma_2^2+\cdots+a_n^2\sigma_n^2 \tag{2-24}$$

应该注意，尽管间接检测函数中有差的结合方式，但式(2-24）中方差均为和的形式出现。

例如，一组测量值的算术平均值为 $A=(M_1+M_2+\cdots+M_n)/n$，测量值之间相互独立，测量标准误差同为 σ 时，根据式(2-24）可知平均值的标准误差为 $\sigma/\sqrt{n}$。这意味着多次采集数据，取其平均值为测量结果时，误差会相对变小，可以提高测量精度 $\sqrt{n}$ 倍。

（3）一般情况：$Y=\varphi(X_1, X_2, \cdots, X_n)$

在各检测量取平均值 $m_1, m_2, \cdots, m_n$ 时，将间接检测量在 $Y_0=\varphi(m_1, m_2, \cdots, m_n)$ 的附近进行泰勒级数展开，并略去高阶误差项，可得：

$$Y=Y_0+\left(\frac{d\varphi}{dx_1}\right)_0 x_1+\left(\frac{d\varphi}{dx_2}\right)_0 x_2+\cdots+\left(\frac{d\varphi}{dx_n}\right)_0 x_n \tag{2-25}$$

其中偏微分系数 $\left(\frac{d\varphi}{dx_1}\right)_0, \left(\frac{d\varphi}{dx_2}\right)_0, \cdots$ 均为取平均值 $m_1, m_2, \cdots$ 时的常量，因此上式为

$x_1, x_2, \cdots$的一次多项式，同情形（2）一样，可得：

$$\sigma_Y^2 = \left(\frac{d\varphi}{dx_1}\right)_0^2 \sigma_1^2 + \left(\frac{d\varphi}{dx_2}\right)_0^2 \sigma_2^2 + \cdots \tag{2-26}$$

式(2-26）被称为误差传递法则。用标准偏差则表示为：

$$\sigma_Y = \sqrt{\left(\frac{d\varphi}{dx_1}\right)_0^2 \sigma_1^2 + \left(\frac{d\varphi}{dx_2}\right)_0^2 \sigma_2^2 + \cdots} \tag{2-27}$$

误差传递法则也能够说明多个误差因素合成后的误差结果。

2.6.2　不等精度测量的加权及其误差

使用不同检测方法对同一未知量进行检测所得的 m 组测量数据，一般认为它们是具有不等精度，即不能同等看待它们的测量结果及其误差。精密度高的测量数据具有较大的可靠性，将这种可靠性的大小称为权重，通常用加权平均的方法计算 m 组测量数据的总的平均值。

（1）权重的大小

权重的大小是相对的，一般用方差 σ^2 的倒数的比值表示，如果 m 组测量数据各自的检测方差为 $\sigma_1^2, \sigma_2^2, \cdots, \sigma_m^2$，即

$$p_1 : p_2 : \cdots : p_m = \frac{1}{\sigma_1^2} : \frac{1}{\sigma_2^2} : \cdots : \frac{1}{\sigma_m^2} \tag{2-28}$$

如果各种检测方法的精度同为 σ^2，但每组检测数据的个数不同，分别为 $n_1, n_2, \cdots, n_m$ 时，根据误差传递法则的应用举例，可得：

$$p_1 : p_2 : \cdots : p_m = n_1 : n_2 : \cdots : n_m \tag{2-29}$$

（2）加权平均

设 m 组测量数据各自的平均值为 $\overline{X}_1, \overline{X}_2, \cdots, \overline{X}_m$，相应于各组的权重分别为 p_1，p_2，$\cdots$，p_m，加权平均 $\overline{X}'$则为：

$$\overline{X}' = \frac{\overline{X}_1 p_1 + \overline{X}_2 p_2 + \cdots + \overline{X}_m p_m}{p_1 + p_2 + \cdots + p_m} \tag{2-30}$$

根据误差传递法则，加权平均结果 $\overline{X}'$的误差被合成为：

$$\sigma_{\overline{X}'} = \sqrt{\left(\frac{p_1}{\sum p_i}\right)^2 \sigma_1^2 + \left(\frac{p_2}{\sum p_i}\right)^2 \sigma_2^2 + \cdots + \left(\frac{p_m}{\sum p_i}\right)^2 \sigma_m^2} \tag{2-31}$$

2.7　误差估计

2.7.1　平均值的误差表示方法

前面介绍了真值 A_0 是对同一检测量在同样条件下进行无限多次测量所取得的测量平均值。由于实际测量中的测量次数是有限的，所以测量平均值 A 不等于真值。如何估计测量平均值 A 的正态分布呢？

当每个测量结果 M_i 按 $N(A_0, \sigma^2)$ 正态分布时，一组测量数据 $M_1, M_2, \cdots, M_n$ 的平均值 A 为：

$$A = \frac{1}{n}\sum M_i = \frac{M_1}{n} + \frac{M_2}{n} + \cdots + \frac{M_n}{n} \tag{2-32}$$

A 的期待值为：

$$E[A]=\frac{1}{n}E[\sum M_i]=\frac{1}{n}\sum E[M_i]=\frac{1}{n}\sum A_0=A_0 \tag{2-33}$$

A 的方差根据误差传递法则可得：

$$\sigma_{\mathrm{A}}^2=\left(\frac{1}{n}\right)^2\sigma^2+\left(\frac{1}{n}\right)^2\sigma^2+\cdots+\left(\frac{1}{n}\right)^2\sigma^2=\frac{\sigma^2}{n} \tag{2-34}$$

其标准偏差为：

$$\sigma_{\mathrm{A}}=\sigma/\sqrt{n} \tag{2-35}$$

因此，测量数据的平均值 A 按 $N(A_0,\sigma^2/n)$ 正态分布。

2.7.2 平均值与标准偏差的无偏估计

式(2-33) 说明数据平均值就是真值 A_0 的无偏估计，即当 n 无限大时，$A \rightarrow A_0$。但是如何求标准偏差 σ 的无偏估计呢？

先考虑残差的平方和 S：

$$\begin{aligned} S &=\sum v_i^2=\sum(M_i-A)^2=\sum\{(M_i-A_0)-(A-A_0)\}^2 \\ &=\sum\{x_i-(A-A_0)\}^2=\sum x_i^2-2(A-A_0)\sum x_i+n(A-A_0)^2 \\ &=\sum x_i^2-n(A-A_0)^2 \end{aligned} \tag{2-36}$$

S 的期待值则为：

$$\begin{aligned} E[S]&=E[v_i^2]=E[\sum x_i^2-n(A-A_0)^2] \\ &=E[\sum x_i^2]-nE[(A-A_0)^2] \\ &=n\sigma^2-n(\sigma^2/n)=(n-1)\sigma^2 \end{aligned} \tag{2-37}$$

即

$$E\left[\frac{S}{n-1}\right]=E\left[\frac{\sum v_i^2}{n-1}\right]=\sigma^2 \tag{2-38}$$

所以，方差的无偏估计为：

$$\hat{\sigma}^2=\frac{\sum v_i^2}{n-1}=\frac{S}{n-1} \tag{2-39}$$

标准偏差估计为：

$$\hat{\sigma}=\sqrt{\frac{\sum v_i^2}{n-1}} \tag{2-40}$$

将式(2-39) 代入式(2-34) 可得数据平均值的方差 σ_{A}^2 的无偏估计值：

$$\hat{\sigma}_{\mathrm{A}}^2=\frac{\sum v_i^2}{n(n-1)}=\frac{S}{n(n-1)} \tag{2-41}$$

平均值的标准偏差的无偏估计值 $\hat{\sigma}_{\mathrm{A}}$：

$$\hat{\sigma}_{\mathrm{A}}=\sqrt{\frac{\sum v_i^2}{n(n-1)}}=\sqrt{\frac{S}{n(n-1)}} \tag{2-42}$$

应该注意的是，测量数据的方差为：

$$s^2=\frac{\sum v_i^2}{n}=\frac{S}{n} \tag{2-43}$$

它不是母体方差的无偏估计值。因为无偏方差的计算中没有用真值，而用的是平均值，因此自由度减少了一个。

2.7.3 测量次数少的误差估计

上面所介绍的误差估计方法，都是在误差分布为正态分布，测量次数足够多的情况下得出的结论。当测量次数不多时，已经不能从少量测量所得的小子样来推断母体的误差分布。仍然将误差分布看作正态分布也不符合实际。应该用 t 分布等进行估计，本书中省略此内容。

2.8 粗大误差检验

在一系列测量数据中，明显地与其他数据差异很大，可能含有粗大误差的数据应该在进行其他统计处理之前剔除，但需要检验是否应该剔除。检验的原则就是设置一定的置信概率，看这个可疑值的误差是否还在置信区间内，即剔除那些概率很低的粗大误差。

检验方法有很多种，这里介绍两种。

（1）简单检验方法

先将可疑值除外，用其余数据的平均值 $\overline{X}$ 及平均残差 $\eta=\sum|v_i|/n$，计算可疑值与 $\overline{X}$ 的残差 v，如果 $|v|>4\eta$，则此可疑值应剔除。

（2）格罗布斯（Grubbs）检验方法

先算出包括可疑值在内的这组数据的平均值 $\overline{X}$ 及其标准残差 $\sigma=\sqrt{\dfrac{\sum(X_i-\overline{X})^2}{n-1}}$；算出可疑值的残差 v 与 σ 的比值 v/σ；根据格罗布斯准则，可得 n 次测量下置信水平为 α 时的界限系数 $\lambda_n(\alpha)$，表 2-2 为 $\lambda_n(\alpha)$ 的数值表；如果

$$v/\sigma>\lambda_n(\alpha) \tag{2-44}$$

则此可疑值应剔除。

表 2-2 $\lambda_n(\alpha)$的数值表

n	α		n	α		n	α	
	5%	1%		5%	1%		5%	1%
3	1.15	1.16	11	2.23	2.48	23	2.62	2.96
4	1.46	1.49	13	2.33	2.61	24	2.64	2.99
5	1.67	1.75	15	2.41	2.71	25	2.66	3.01
6	1.82	1.94	17	2.48	2.78	30	2.74	3.10
7	1.94	2.10	19	2.53	2.85	35	2.81	3.18
8	2.03	2.22	20	2.56	2.88	40	2.87	3.74
9	2.11	2.32	21	2.58	2.91	50	2.96	3.34
10	2.18	2.41	22	2.60	2.94	100	3.17	3.59

2.9 测量不确定度

2.9.1 测量不确定度的由来

实践证明，测量误差总是客观存在的，特别是测量结果常常伴随有随机误差，造成了测量的不准确性或不确定性，但是由于被测量的真值在大多数情况下是未知的，因此也就无法确切地知道测量误差的准确值。由此引出了测量不确定度的概念。

测量不确定度表示测量结果的不可信程度，是与测量结果相关联的参数。一般所说测量

准确度是涉及“不可知”的测量真值的参数，而测量不确定度的评定是根据已测结果可以得到的一个数值，测量不确定度不反映测量结果与真值是否接近的程度。

关于测量不确定度的评定与表示方法，1993 年国际标准化组织出版了《测量不确定度的评定导则》(Guide to the expression of uncertainty in measurement)，1999 年中国也采用了与其等同的文本，即国家计量技术规范 JJF 1059—1999《测量不确定度评定与表示》。这些标准化工作很重要，通过统一和规范，才能促进世界各国之间的测量结果的交流，促进企业产品开发和流通。

测量不确定度是误差理论发展和完善的产物，是建立在概率和统计学上的新概念，与误差理论是不矛盾的。在前述的误差分析基础之上可以更好地理解测量不确定度的概念及其评定方法。

2.9.2 测量不确定度的分类

测量不确定度表示被测参量测量结果的分散程度，显然，这个参数可以用标准偏差来表示，也可以用标准偏差的倍数或置信区间的半宽度表示。所以说，误差有正负表达之不同，而不确定度 U 前不加正负号。测量不确定度有以下三种表示方法。

(1) 标准不确定度

用标准偏差表示的测量结果的不确定度就称为标准不确定度，用 U 表示。

标准不确定度有 A 类和 B 类两种评定方法。A 类评定指用统计方法评定，由一系列的测量结果根据概率统计，得到测量结果的标准偏差，该方法评定出的不确定度就称为 A 类标准不确定度，用 U_{A} 表示。B 类评定指用非统计方法评定，例如根据资料或假定的概率分布也可以得到标准偏差值，称之为 B 类标准不确定度，用 U_{B} 表示。

A 类和 B 类的差别只是评定方法不同，表达方法相同，都用标准偏差来表示。

(2) 合成标准不确定度

由各不确定度分量合成的标准不确定度，称为合成标准不确定度，用 U_{C} 表示。

在间接测量中，测量结果是由其他一些测量分量合成而得到的。

根据 2.6 误差传递法则一节可知，间接检测量 Y 与直接检测量 $X_1, X_2, \cdots$ 有式(2-21)的关系时，若各直接检测量是互相独立的，即协方差为零，那么间接测量结果的标准偏差与各直接检测量的标准偏差之间的关系有式(2-27) 成立。显然，合成标准不确定度仍然可用标准偏差表示，式(2-27) 也可以称为测量不确定度传递律，用不确定度符号表示如下：

$$u_{\mathrm{C}}^2(Y)=\sum_{i=1}^{n}\left(\frac{\partial \varphi}{\partial X_i}\right)^2 u^2(X_i) \tag{2-45}$$

式中，$u(X_i)$ 为各分量的标准不确定度；$u_{\mathrm{C}}(Y)$ 为合成不确定度。它的数学依据是对于函数按泰勒级数展开，忽略二阶以上高次项。

如果各直接检测量不是独立的，即各分量的相关系数不为零，那么不确定度传递律有以下式子成立：

$$u_{\mathrm{C}}^2(Y)=\sum_{i=1}^{n}\left(\frac{\partial \varphi}{\partial X_i}\right)^2 u^2(X_i)+\sum_{i=1}^{n-1}\sum_{j=i+1}^{n}\left(\frac{\partial \varphi}{\partial X_i}\right)\left(\frac{\partial \varphi}{\partial X_j}\right)u(X_i)u(X_j)r(X_i,X_j) \tag{2-46}$$

式中，$r(X_i, X_j)$ 为相关系数，是标准化的协方差，见式(2-10)。

例如，液体密度 ρ 可以通过测量液位高度 h 和所在深度处的液体压力 p 进行测量，$p=\rho gh$，在相同条件下，独立测得 5 组 p 和 h 的观测值，如表 2-3 所示，其中还给出了观测值的平均值及平均值的标准偏差，求 ρ（g/cm^3）的合成标准不确定度。

表 2-3　p 和 h 的观测值

No.	p/Pa	h/cm	No.	p/Pa	h/cm
1	56.2	50.0	5	55.8	49.9
2	56.5	50.2	平均值	56.04	50.00
3	56.2	50.1			
4	55.5	49.8	平均值的标准偏差	0.17	0.07

这里有两种求合成标准不确定度的方法：①根据不确定度传递律，又因 p 和 h 是相关的，所以采用式(2-46) 求合成标准不确定度；②根据关系式先计算出每组数据对应的 ρ 值，然后对 ρ 值求实验标准偏差即得合成标准不确定度。将两种方法比较可知，第二种方法简单并且比第一种方法要准确，因为第一种方法利用了泰勒展开的近似式，但是如果各间接参数的测试次数不同，只能利用第一种方法，第二种方法就不适用了。

（3）扩展不确定度

扩展不确定度是由标准不确定度的倍数表示的测量不确定度，用 U 表示。它是用包含因子乘以合成标准不确定度，得到以一个区间的半宽度来表示的测量不确定度。即

$$U=ku_C \tag{2-47}$$

包含因子 k 通常取 2～3 之间的数值。扩展不确定度把合成不确定度扩大了 k 倍，可以期望被测量 X 的值落在区间 $X=x\pm U$ 即（$x-U\leqslant X\leqslant x+U$）内具有很高的置信概率。$k$ 的大小决定了扩展不确定度的置信概率。

当说明置信概率为 P 的扩展不确定度时，可以用 U_p 表示。如 $U_{0.95}$ 表示结果落在以 U 为半宽度区间的概率为 0.95。在产品检验、健康和安全等许多领域，常常用 $x\pm U$ 表示被测量的值（或允许值）及其范围（或允许范围），以便 $x\pm U$ 具有很高的置信水平，例如 $P=95\%$（$k=2$）或 $P=99\%$（$k=3$）。有时也用相对不确定度表示，例如 $X=x(1+U_r)$（$P=0.99$），式中 $U_r=U/x$ 称为相对扩展不确定度。

2.9.3　测量不确定度的评定方法

进行重复测量得到一组测量值，在分析和确定测量结果的不确定度时，如 2.8 粗大误差检验一节所示，需要首先剔除异常数据。

（1）A 类标准不确定度的评定方法

在相同条件下，对被测量 X 进行 n 次重复测量，得测量值 X_i，每组测量值（X_i）的算术平均值为 $\overline{X}=\dfrac{1}{n}\sum_{i=1}^{n}X_i$，总体标准偏差是 X_i 偏离真值 X_0 的程度，表示为 $\sqrt{\dfrac{1}{n}\sum_{i=1}^{n}(X_i-X_0)^2}$；而实验标准偏差是 X_i 偏离平均值 $\overline{X}$ 的程度，表示为 $\sqrt{\dfrac{1}{n-1}\sum_{i=1}^{n}(X_i-\overline{X})^2}$，此计算式被称为贝塞尔（Bessel）公式。

如 2.7 误差估计一节所示，平均值的期待值就是真值，也就是说被测量 X 测量结果的最佳估计是平均值，测量结果标准偏差的最佳估计就是实验标准偏差，自由度为（$n-1$）。

因为平均值更加接近真值，所以平均值的标准偏差是任何单次测量结果标准偏差的 $1/\sqrt{n}$ 倍，即 $\sqrt{\frac{1}{n(n-1)}\sum_{i=1}^{n}(X_i-\overline{X})^2}$ 。

用 $\overline{X}$ 作为被测量的测量结果的估计值，它的标准偏差则称为A类标准不确定度，即

$$U_A=\sqrt{\frac{1}{n(n-1)}\sum_{i=1}^{n}(X_i-\overline{X})^2} \tag{2-48}$$

应该注意的是测量次数不同，所得到的测量标准不确定度也不同。自由度是标准不确定度的不确定度，测量次数少，自由度也小，测量不确定度的标准偏差则大。所以在许多应用场合，还要指出标准不确定度的自由度。通常情况下，A类标准不确定度的自由度 v 为（$n-1$）。

（2）B类标准不确定度的评定方法

当被测量的标准不确定度不是由重复测量得到，而是依据仪器厂商的技术资料或校准证书所提供的数据进行评定时，就称为B类标准不确定度评定。B类评定通常要根据不同的信息来源，进行换算处理，并且需要注意概率分布和置信水平的判断。

例如，①有的资料直接给出了标准不确定度和自由度，那样不需要做任何处理就可以直接得到B类评定结果了。②有的资料给出了扩展不确定度和包含因子，这时B类标准不确定度可以由 $U_B=U/k$ 得出。③有的资料给出了置信水平和扩展不确定度，但未给出 k 值，也未说明概率分布类型，这时如果没有特别说明，多数情况下可以用正态分布来计算不确定度，即查得相应于置信概率的包含因子值，然后按上述方法处理。用正态分布近似处理的理论依据是中心极限定理，即多种相互独立的对结果影响微小的随机因素相叠加构成的随机变量是服从正态分布的。④还有很多资料只给出了测量输出结果的置信区间的上限和下限，这时可以理解为测量结果落在该区间内的概率为1，那么如果没有其他说明，可以认为测量结果在该范围内均匀分布。

例如，数字温度计的分辨率为0.1℃，用 δ_t 表示，那么输入信号在 $T-\delta_t/2$ 至 $T+\delta_t/2$ 区间内，显示值不会发生变化。在该区间内输入量可以是任意的，可认为测量值服从半宽度为 $\delta_t/2$ 度对称的均匀分布。利用均匀分布的概率密度函数

$$f(t)=\begin{cases}1/\delta_t, & T-\delta_t/2\leqslant t\leqslant T+\delta_t/2\\ 0, & t<T-\delta_t/2 \text{ 或 } t>T+\delta_t/2\end{cases} \tag{2-49}$$

可以求出均匀分布的期待值和标准偏差，分别为 T 和 $\frac{\delta_t}{2\sqrt{3}}$ ，置信概率为100%时的包含因子则为 $\sqrt{3}$。结论是B类标准不确定度为 $\frac{1}{\sqrt{3}}\cdot\frac{\delta_t}{2}=0.29\delta_t$，$k$ 为1.73。

B类标准不确定度的自由度往往要根据B类标准不确定度的不可信程度来判断，用 $v\approx\frac{1}{2}\left(\frac{\Delta U}{U}\right)^{-2}$ 来近似计算。例如，根据经验判断测量仪器的性能说明上给出的B类标准不确定度的大约不可信度为25%时，就意味着自由度相当于8；如果不可信度为10%，相应地自由度相当于50。

在假设半宽度为 a 的均匀分布时，标准不确定度 $U=a/\sqrt{3}$ ，此值可看做是一个没有不确定度的常数，这意味着自由度趋向无穷大，即说明了被测量落在均匀分布置信区间外的概

率是极小的，趋近于零。

（3）合成标准不确定度和扩展标准不确定度的评定方法

合成标准不确定度可以按照不确定度的合成法则求得，其自由度称为有效自由度，可以用韦尔奇-萨拉特思韦特（Welch-Satterthwaite）公式计算求得，即

$$v_{\mathrm{eff}}=\frac{u_{\mathrm{C}}^{4}(Y)}{\sum_{i=1}^{n}\frac{C_{i}^{4}u^{4}(X_{i})}{v_{i}}} \tag{2-50}$$

式中，$u_{\mathrm{C}}(Y)$ 为合成标准不确定度；$u(X_i)$ 为各直接测量分量的标准不确定度；v_i 为 $u(X_i)$ 的自由度；$C_i=\frac{\partial\varphi}{\partial X_i}$为被测量 Y 对直接测量分量 X_i 的偏导数。

很多测量情况都要求测量结果具有很高的置信概率，就是要利用扩展不确定度 $U=k U_{\mathrm{C}}(x)$。已知合成标准不确定度 $U_{\mathrm{C}}(x)$ 后，要给出 U，也即选择 k 值。前面提到了运用正态分布和均匀分布求解 k 的方法，但实际上一般也采用假设$(y-\overline{Y})/U_{\mathrm{C}}(y)$ 服从 t 分布，其自由度为有效自由度 v_{eff}，对于所要求的置信概率 P，取 $k_P=t_P(v_{\mathrm{eff}})$，查表可得 k 值。如果可以确信 $v_{\mathrm{eff}}>10$ ，可以采用选择 k 值的简便方法，即当要求 $P=95\%$时，取 $k=2$ 已经成为惯用方法而被广泛使用，那么 $U_{95}=2U_{\mathrm{C}}$。

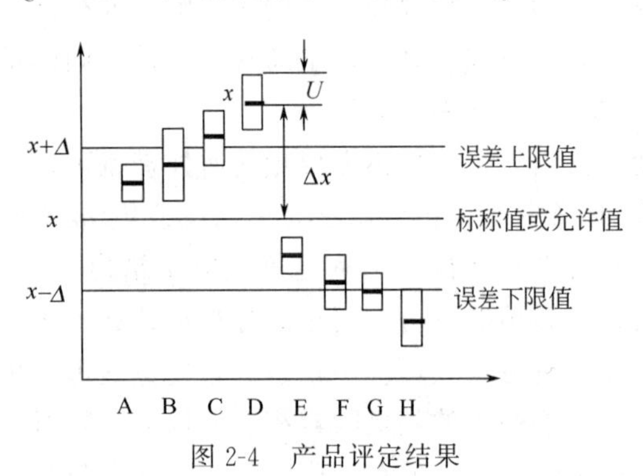

图 2-4 产品评定结果

如图 2-4 是某类产品合格率评定中的代表性分布情况，对于要求的标称值或显示值，各产品 ABCDEFGH 的测量结果如图所示，U 为测量不确定度，表示成测量值分布的半区间宽度，Δx 为测量值最佳估计值与标称值之差，在误差上限和下限中的 A 和 E 为合格产品，D 和 H 为明显不合格产品，对 B 和 F 需要进一步提高测量精度，尽力减少测量不确定度对产品合格评定的影响，对于 C 和 G 则要求严格注意评定风险，防止将不合格产品判为合格产品。

2.10 最小二乘法及其应用

最小二乘法是根据测试实验数据求最佳值并估计误差的重要方法。

2.10.1 最小二乘法原理

设某被测参数的重复测量值为 $M_1, M_2, \cdots, M_n$，该参数的最佳估计值 m 应该满足

$$S=\sum v_i^2=\sum(M_i-m)^2=\text{最小} \tag{2-51}$$

使残差平方和为最小的原则，称之为最小二乘法原理。

因为式(2-51) 取最小值，则令

$$\frac{\partial\sum(M_i-m)^2}{\partial m}=0 \tag{2-52}$$

式(2-52) 称为最小二乘法原理的正态方程式。求解可得：

$$m = \frac{1}{n}\sum M_i \tag{2-53}$$

式(2-53)表明一组测量值数据 $M_1, M_2, \cdots, M_n$ 的最佳估计值就是其算术平均值，这与随机误差分析中的无偏估计值是一致的。

2.10.2 最小二乘法在多元间接检测中的应用

多元间接检测是在一系列直接测量的基础上，通过求解多元联立方程而获得待测参数值的一种方法。测量方程式可记为

$$M_i = f_i(X_1, X_2, \cdots, X_N)$$

如果 $M_i = f_i(X_1, X_2, \cdots, X_N)$ 为线性函数时，可表示为

$$\begin{cases} M_1 = k_{11}X_1 + k_{12}X_2 + \cdots + k_{1N}X_N \\ M_2 = k_{21}X_1 + k_{22}X_2 + \cdots + k_{2N}X_N \\ \quad\cdots\cdots \\ M_n = k_{n1}X_1 + k_{n2}X_2 + \cdots + k_{nN}X_N \end{cases} \tag{2-54}$$

式中，M_i $(i=1,2,\cdots,n)$ 为第 i 个测量值；X_j $(j=1,2,\cdots,N)$ 为第 j 个待测参数值；k_{ij} 为第 j 个待测参数值在取第 i 次测量值时的系数。

因为 M_i 的测量结果含有一定的随机误差，解联立方程所得到的待测参数 X_j 也必然有一定随机误差存在。多元间接检测中，如果 $n=N$ 时，只能获得待测参数的一组定解，无法评价随机误差分量；只有 $n>N$，即重复进行等精度测量时，才能进行误差分析。

以下利用矩阵的形式描述解联立方程式(2-54)，求待测参数最佳估计及其误差的方法。

设待测参数的最佳估计值列矩阵：

$$\hat{\boldsymbol{X}} = (\hat{X}_1 \quad \hat{X}_2 \quad \cdots \quad \hat{X}_N)^{\mathrm{T}}$$

方便起见，测量值列矩阵改用：

$$\boldsymbol{Y} = (y_1 \quad y_2 \quad \cdots \quad y_n)^{\mathrm{T}}$$

系数列矩阵：

$$\boldsymbol{K} = \begin{bmatrix} k_{11} & k_{12} \cdots & k_{1N} \\ k_{21} & k_{22} \cdots & k_{2N} \\ \vdots & \vdots & \vdots \\ k_{n1} & k_{n2} \cdots & k_{nN} \end{bmatrix}$$

残差列矩阵：

$$\boldsymbol{v} = (v_1 \quad v_2 \quad \cdots \quad v_n)^{\mathrm{T}}$$

则

$$\boldsymbol{v} = \boldsymbol{Y} - \boldsymbol{K}\hat{\boldsymbol{X}} \tag{2-55}$$

因为

$$S = \boldsymbol{v}^{\mathrm{T}}\boldsymbol{v} = \sum_{i=1}^{n} v_i^2 \tag{2-56}$$

所以 线性函数最小二乘法原理的矩阵表达形式为

$$\boldsymbol{v}^{\mathrm{T}}\boldsymbol{v} = (\boldsymbol{Y} - \boldsymbol{K}\hat{\boldsymbol{X}})^{\mathrm{T}}(\boldsymbol{Y} - \boldsymbol{K}\hat{\boldsymbol{X}}) = \text{最小} \tag{2-57}$$

正态方程式为

$$\frac{\partial(\boldsymbol{v}^{\mathrm{T}}\boldsymbol{v})}{\partial\hat{\boldsymbol{X}}} = \frac{\partial}{\partial\hat{\boldsymbol{X}}}(\boldsymbol{Y} - \boldsymbol{K}\hat{\boldsymbol{X}})^{\mathrm{T}}(\boldsymbol{Y} - \boldsymbol{K}\hat{\boldsymbol{X}}) = 0 \tag{2-58}$$

由此可得

$$\hat{\boldsymbol{X}}=(\boldsymbol{K}^{\mathrm{T}}\boldsymbol{K})^{-1}\boldsymbol{K}^{\mathrm{T}}\boldsymbol{Y} \tag{2-59}$$

直接测量值方差的估计值可由下式求出：

$$\sigma_y^2=\frac{S}{n-N}=\frac{1}{n-N}\sum_{i=1}^{n}(y_i-\hat{y}_i)^2 \tag{2-60}$$

待测参数方差的估计值 $\sigma_{\hat{X}_i}^2$ 为下列矩阵的对角线元素：

$$\begin{bmatrix} \sigma_{\hat{X}_1}^2 & & \cdots \\ \cdots\sigma_{\hat{X}_2}^2 & & \cdots \\ \vdots & \ddots & \vdots \\ \cdots & & \sigma_{\hat{X}_N}^2 \end{bmatrix}=(\boldsymbol{K}^{\mathrm{T}}\boldsymbol{K})^{-1}\sigma_y^2 \tag{2-61}$$

如果 $M_i=f(X_1,X_2,\cdots,X_N)$ 不是线性函数，可以采用待测参数的一个近似值，在近似值附近进行泰勒级数展开，使函数近似地一阶线性化后，再用上述方法求解。

如设 $X'=(X_1',X_2',\cdots,X_N')$ 为一个近似值，差分量 $x=(x_1,x_2,\cdots,x_N)$ 的各成分为

$$x_i=X_i'-X_i \tag{2-62}$$

一阶线性化展开结果为

$$M=f(X)=f(X'-x)=M'-\frac{\partial f}{\partial X}\cdot x^{\mathrm{T}} \tag{2-63}$$

式中，M'，$\dfrac{\partial f}{\partial X}$ 都是代入近似值所得的常数。

2.10.3　最小二乘法在曲线拟合中的应用

设变量 y 和 x 之间有某种函数关系存在，现在有一组实验数据，即 n 对测量值 (x_1,y_1)，(x_2,y_2)，…，(x_n,y_n)，求 y 和 x 的最佳函数关系式 $y=f(x)$。

方法是首先将测量结果在平面坐标上标出点，然后根据连接这一组标点的曲线趋势，建立最合适的数学函数模型，如常见的直线、抛物线或双曲线、指数函数、幂函数（经过变量置换，可以转化为线性问题）等，来拟合确定一曲线使其成为最佳拟合曲线。

例如，设曲线的数学模型 $f(x)$为 x 的q 次代数多项式，即

$$y=f(x)=f(x;\ a_0,\ a_1,\cdots)=a_0+a_1x+a_2x^2+\cdots=\sum_{j=0}^{q}a_jx^j \tag{2-64}$$

其中系数 $(a_0,a_1,\cdots)$ 是要根据测量值决定的。

其次按照拟合曲线与标点的残差平方和为最小的原则进行回归分析。

假设横坐标测量值 x_i 不含误差，测量值 y_i 含等精度误差。对式（2-64）依次求

残差：

$$v_i=Y_i-f(X_i;a_0,a_1,\cdots) \tag{2-65}$$

残差平方和：

$$S=\sum v_i^2=\sum[Y_i-f(X_i;\ a_0,\ a_1,\ \cdots)]^2 \tag{2-66}$$

正态方程式：

$$\partial S/\partial a_k=0\quad(k=0,1,\cdots)$$

即

$$\sum_i(Y_i-\sum_j a_jX_i^j)X_i^k=0\quad(k=0,1,\cdots) \tag{2-67}$$

解未知量 a_j 的联立方程式，可以求出各系数值最佳值以决定最佳拟合曲线。

特别当 $y=f(x)$ 为一次函数时

$$y=f(x)=a_0+a_1x \tag{2-68}$$

正态方程式：

$$\left.\begin{aligned} na_0+a_1\sum X_i=\sum Y_i \\ a_0\sum X_i+a_1\sum X_i^2=\sum X_iY_i \end{aligned}\right\} \tag{2-69}$$

最佳值：

$$a_0=\frac{\sum X_i^2\sum Y_i-\sum X_i\sum X_iY_i}{n\sum X_i^2-(\sum X_i)^2}$$

$$a_1=\frac{n\sum X_iY_i-\sum X_i\sum Y_i}{n\sum X_i^2-(\sum X_i)^2} \tag{2-70}$$

无偏方差：

$$\sigma^2=\frac{S}{n-2} \tag{2-71}$$

最佳值的方差：

$$\sigma_0^2=\frac{\sum X_i^2}{n\sum X_i^2-(\sum X_i)^2}\sigma^2$$

$$\sigma_1^2=\frac{n}{n\sum X_i^2-(\sum X_i)^2}\sigma^2 \tag{2-72}$$

关于 x_i，y_i 都含误差并且误差权重不等时的曲线拟合方法本书中不涉及，请参考概率与统计方面的专门书籍。

以上用矩阵来描述待测参数最佳值以及最佳拟合曲线的求解方法虽然式子有些烦琐，但这样能够尽快地在计算机上实现其运算。

思考题与习题

2-1　求测量误差的绝对值在或然误差 γ 的 3.5 倍以内的概率。

2-2　间接检测量 Z 由彼此独立的、无相关的两个检测量 X_1, X_2 决定，$Z=X_1/X_2$。$\sigma_1, \sigma_2, \sigma_z$ 分别为 X_1, X_2, Z 的标准误差。求用 σ_1/X_1 和 σ_2/X_2 表示 σ_z/Z 的关系式。

2-3　铜电阻丝的电阻由 $R=R_0[1+\alpha(T-20)]$决定，20℃时的电阻 $R_0=6\Omega\pm0.3\%$，电阻温度系数 $\alpha=0.004℃\pm1\%$，求 $T=30℃\pm1℃$时的电阻及其误差。

2-4　对光速的 4 种测量方法所得到的测量结果及其标准偏差如下，求其加权算术平均及其偏差值。

$c_1=(2.98000\pm0.01000)\times10^8$ m/s，$c_2=(2.98500\pm0.01000)\times10^8$ m/s，$c_3=(2.99990\pm0.00200)\times10^8$ m/s，$c_4=(2.99930\pm0.00100)\times10^8$ m/s

2-5　下列 10 个测量值中的粗大误差可疑值 243 是否应该剔除？如果要剔除，求剔除前后的平均值和实验标准偏差。

{160，171，243，192，153，186，163，189，195，178}

2-6　公称值为 100g 的标准砝码 M，其检定证书上给出的实际值是 100.000234g，并说明这一值的置信概率为 0.99 的扩展不确定度是 0.000120g，假定测量数据符合正态分布，求这一标准砝码的 B 类标准不确定度 U_B 和相对不确定度 U_{Br}。

2-7　已知函数关系式 $y=a+bx+cx^2$，现有测试数据如下，试用最小二乘法原理确定关系式。

x	1	2	3	4	5
y	2.9	9.3	21.5	42.0	95.7

3 检测技术及方法分析

自动检测或自动控制系统与外界环境之间的信息界面关系有三种情况：获取检测对象所处状态的传感器以及控制并调节对象状态的执行器；操作人员与仪器装置之间的界面；监控仪器与其他系统之间的信息往来。如图 3-1 所示。其中传感器是所有被测对象信息的输入端口，是信号检测与信号转换的中心组成部分；监控系统与其他系统的界面之间可能不需要信号转换或只有电信号转换，但是监控对象与监控系统之间的信号检测或信号变换是非常重要的。

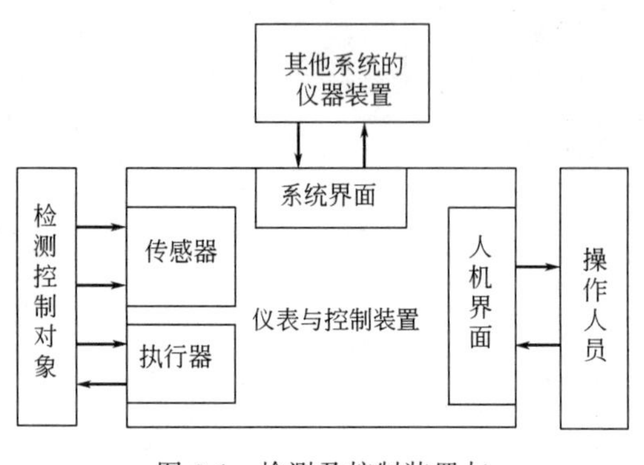

图 3-1 检测及控制装置与外界环境之间的三种界面关系

传感器的信号转换作用在高度智能信息处理系统中也同样有着重要的地位，如果把计算机比作人脑的话，传感器则相当于人的感觉器官，是这些感觉器官把光、磁、热、温度、机械量、化学量等转换成电信号，再通过传感器信号处理电路放大，传递给信息中心的。

传感器的种类千差万别，需要丰富的知识去掌握，使用传感器时要对它所涉及的物理现象有深入的理解，并需要考虑如何将传感器适用于每个具体的应用问题中。

对传感器的分类方法有很多种：

① 根据检测对象分类，如温度、压力、位移等；

② 从传感原理或反应效应分类，如光电、压电、热阻等；

③ 根据传感器的材料分类，如导电体、半导体、有机、无机材料、生物材料等；

④ 按应用领域分类，如化工、纺织、造纸、电力、环保、家电、交通、科学计量等系统；

⑤ 按反应形式或能量供给方式分类，如能动型和被动型、能量变换型和能量控制型等；

⑥ 按输出信号形式分类，如模拟量和数字量等。

考虑到从解决实际问题出发，本篇以后各章以介绍过程参数检测方法为主线，对温度、流量、压力、物位、机械量，以及成分分析等检测技术分别进行介绍。在进入分类介绍以前，在本章首先对检测结构与技术方法上的一般性质给以分析归纳。

3.1 检测方法及其基本概念

只有传感器并不等于具有完备的检测技术或方法，除传感器外还需要一定的检测结构，用于有选择地实现信号转换。检测技术理论就是针对复杂问题的检测方法、检测结构以及检测信号处理等方面进行研究的一门综合性科学。

检测技术与方法中有许多基本概念。为比较起见，下面分别解释成对的几种概念。

3.1.1 开环型检测与闭环型检测

开环型检测系统如图 3-2(a) 所示，一般由传感器、信号放大器、转换电路、显示器等串联组成。

反馈型闭环检测系统如图 3-2(b) 所示，正向通道中的变换器通常是将被测信号转换成电信号，反向变换器则将电信号变换为非电信号。平衡式仪表及检测系统一般采用这种伺服结构。

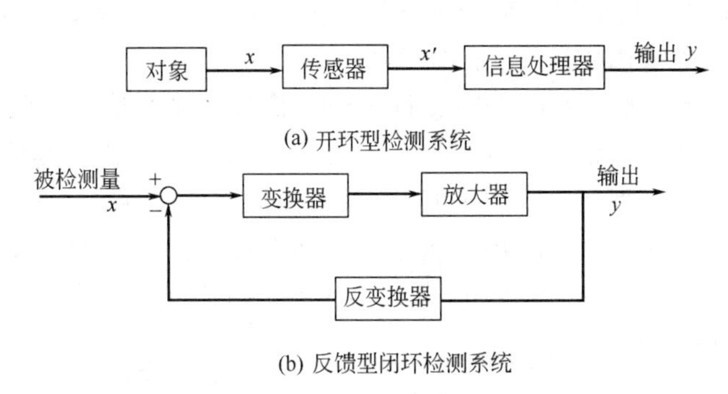

(a) 开环型检测系统

(b) 反馈型闭环检测系统

图 3-2 开环型检测与闭环型检测系统

3.1.2 直接检测与间接检测

与同类基准进行简单的比较，就能得到测量值的检测方法称作直接检测。利用电桥将阻抗值与已知标准阻抗相比较，用电压表测电压，用速度检测仪测速度等都属于直接检测，这些都只要分别与各自的刻度相比较就可以完成。

间接检测就是测量与被检测量有一定关系的 2 个或 2 个以上物理量，然后再推算出被检测量。如由测量移动距离和所要时间求速度，测量电流和电阻值求电压等。间接检测需要进行 2 次以上的测量，一般要分析间接误差的传递。

3.1.3 绝对检测与比较检测

绝对检测是指由基本物理量测量而决定被测量的方法。例如，用水银压力计测量压力时，从水银柱的高度、密度和重力加速度等基本量测量决定压力值。

与同种类量值进行比较而决定测量值的方法称为比较检测方法，用弹簧管压力计测量压力时，要用已知压力校正压力计的刻度，被测压力使指针摆动而指示的压力是通过比较或校正得出的。

3.1.4 偏差法与零位法

用弹簧秤检测重量是最有代表性的偏位检测方法，这种方法结构简单，测量结果直观，被检测量与测量值的关系容易理解。

偏差法一般都是开环型结构，增益大。信号转换需要的能量要从被检测对象上获得，因此尽管能量是微小的，但应该注意到因此会使被测对象的状态发生变动，例如用接触式温度计测量温度，热量会被温度计吸收。另外，结构要素的特性变化以及各环节的噪声都将带来测量误差，而且噪声的灵敏度与信号增益一样大。排除这些噪声的方法是采取反馈型闭环检测结构。

零位法就是反馈型闭环检测方法，采取与同种类的已知量取平衡的方法进行测量。例如用天平测量质量，等比天平的一个托盘上放被测物体，另一个托盘上放砝码，观察平衡指针的摆动，判断并调整砝码的轻重，达到平衡时的砝码质量则等于被测物体的质量。零位法的平衡操作实际上绝大多数已经完全自动化。例如自动温度记录仪，就是一种零位自动伺服平衡方法。

3.1.5　强度变量检测与容量变量检测

被检测物理量中，有强度变量与容量变量之分。如压力、温度、电压等表示作用的大小，与体积、质量无关的，称作强度变量（Intensive Variable)。长度、重量、热量、电流等与占据空间相关，与体积、质量成比例关系的，是容量变量（Extensive Variable)。

一般在传感器的输入输出端分别存在成对的强度变量与容量变量，如图 3-3 所示，它们的乘积量分别表示传感器中的输入、输出能量。

以热电偶测温为例，温度差即强度变量是输入信号，输出信号是热电势，也是强度变量。输入端的容量变量是热流，输出端是电流，如图 3-4 所示。观察非输入输出信号的变量对检测系统或被检测物体所产生的影响可以发现：热流是被检测物体流向检测系统的，被检测物体的热容量过小或检测系统的热容量过大，都将使被测温度发生变化而产生误差；同时，输出端电路里有电流流动，受内阻影响输出信号的电压有所降低，也会造成系统误差。

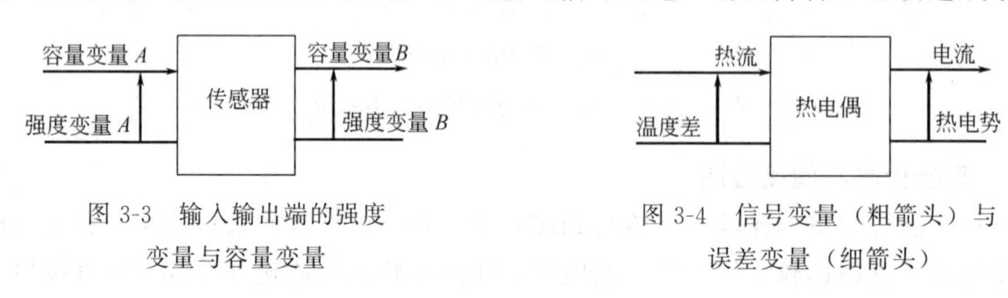

图 3-3　输入输出端的强度变量与容量变量

图 3-4　信号变量（粗箭头）与误差变量（细箭头）

强度变量与容量变量是在检测系统的输入输出两端共轭存在的变量，一方传递信息，另一方总是直接或间接地与误差有关。因此，为了使测量不影响被测对象的状态，而且减少测量误差，需要尽量抑制共轭变量的影响。

3.1.6　微差法

此方法是测量被检测量与已知量的差值。这样尽管测量值的有效数字位数少，只要对差值的检测精度高，很容易达到高精度检测的要求。例如，游标卡尺的主尺刻线间距为 1mm，游标的零刻线与尺身的零刻线对准，尺身刻线的第 9 格（9mm）与游标刻线的第 10 格对齐时，游标的刻线间距为 9/10＝0.9mm，此时游标卡尺的分度值是 0.1mm。当游标零刻线以后的第 n 条刻线与尺身对应的刻线匹配对准时，被测尺寸的小数部分等于 n 与分度值的乘积。这是利用主尺与游标刻线的微差提高测量精度的方法之一。

3.1.7　替换法

由于系统误差的存在，当把被测物与标准比较物的主次或先后顺序置换过来时，可以排除测量过程中因顺序所造成的误差影响。例如，改变天平放砝码托盘的左右位置，两次测量质量取其平均值的方法等。

3.1.8　能量变换与能量控制型检测元件

这里考虑传感元件的能量供给方式。如太阳能电池作为光传感器、热电偶作为温度传感器使用时，输出信号的能量是传感器吸收的光能、热能的一部分，由于输入信号的能量的一部分转换成输出信号，所以称作能量变换型检测。

光敏电阻（CdS)、热敏电阻分别在光照、热辐射的条件下，电阻值发生变化，这种类型的传感器的输出信号能量不是来自光源或热源，而是为检测阻值变化的电路电源提供的，此时，可以看做是被检测量（光强，热量）控制了从电源转向输出信号的能量的流动。所以称为能量控制型检测。

能量变换型检测一般是被动型检测，能量控制型检测是能动型检测。因为后者输出信号的能量远比用于控制能源转换的输入信号的能量大的多，相当于在输入输出信号间存在放大作用，因此称作能动型检测。

3.1.9　主动探索与信息反馈型检测

随着智能化检测的发展，出现了带有探查和信息反馈功能的主动检测方式。

根据探索行为所逐一得到的检测结果来判断被检测对象的状态及性质，并重复进行探索，深入掌握其状态，如图 3-5 所示。主动探索检测的信息反馈有多种形式：反馈给信息处理部，如神经元网络学习等处理；反馈给传感器，如改变传感器的工作温度，使传感器的灵敏度提高或改变量程等；反馈给被检测对象，如调整其位置，姿态使检测结果具有确定性。例如，在检测气体浓度时，首先要观测随检测装置移动的浓度值的变化，探索浓度最大值的空间位置，然后输出检测结果等。

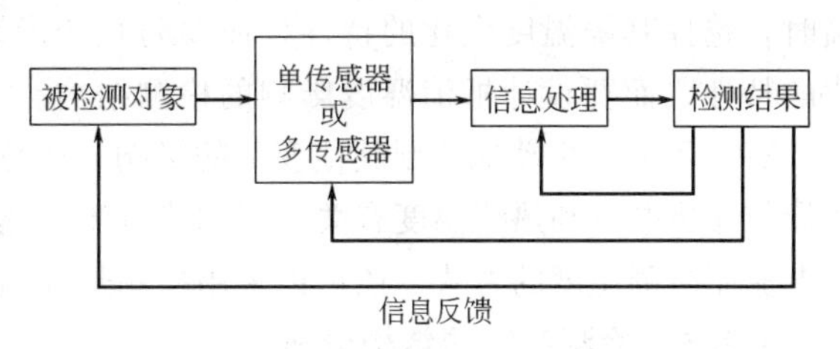

图 3-5　各种主动探索与信息反馈型检测的形态

许多智能化检测系统里带有可探索参数或自动可变功能。

3.2　检测系统模型与结构分析

3.2.1　检测系统的基本功能

检测系统的基本功能可总结为信号转换与信号选择、基准保持与比较和显示与操作三大部分。测量是把被测量与同种类单位量进行比较，以数值表示被测量大小的过程，因此，检测仪表中必须具有基准保持部位。

关于信号转换与信号选择功能，下面从信号转换的数学模型入手，分析信号选择的意义，对差分式、补偿式和调制式等检测结构进行分析。

3.2.2　信号转换模型与信号选择性

(1) 信号转换的数学模型

对于检测中的信号转换过程用下列数学模型来考虑。设检测系统独立的输入变量为 u_1，$u_2,\cdots,u_r$，从属的输出变量为 $y_1,y_2,\cdots,y_m$，内部变量为 $x_1,x_2,\cdots,x_n$，系统状态方程式为：

$$\begin{cases}\dot{x}_i=g_i(x_1,x_2,\cdots,x_n;\ u_1,\ u_2,\cdots,u_r) & (i=1,2,\cdots,n)\\ y_j=f_j(x_1,x_2,\cdots,x_n;u_1,u_2,\cdots,u_r) & (j=1,2,\cdots,m)\end{cases} \tag{3-1}$$

所谓标定是改变输入量 u，记录输出量 y 的过程；检测则是在标定的基础上由 y 求 u 的解逆问题的过程。在变换特性不能用简单的公式描述时，则要求输入与输出之间的关系是确定的，这是检测系统信号转换的基本条件。

设 u_1 为被检测量（输入信号），y_1 为测量值（输出信号）时

$$y_1=f_1(x_1,x_2,\cdots,x_n;u_1,u_2,\cdots,u_r) \tag{3-2}$$

则代表了 $u_1\rightarrow y_1$ 的检测方程特性。如果把上式所示的信号转换关系看成是 u_1 与 y_1 单变量模型时，这个函数必须是一对一的，所以要固定 u_1 以外的变量，或者使其他变量不影响 y_1。

（2）信号选择性

设计检测系统时要选择必要的信号，消除其他变量的影响，以提高检测精度。这是一种在成本、开发周期等经济条件和时间条件的制约下的优化选择问题，从许多检测系统中可以发现信号变换特性与信号选择特性之间优化组合的例子。

以金属丝的电阻值变化为例，它与金属种类、纯度、形状、温度有关。当用作热电阻测温时，选择其随温度变化的特性，而要防止变形影响；当用作应变测量时，则选择其形状变化的特性，而要设计抵消温度影响的检测结构。

有时还可以主动地控制其他变量的影响。如热式质量流量计，空气流从热金属线上带走的热量与加热电流和热线温度有关，但加热电流和热线温度不能同时变化，可以采用控制热线通电电流而检测温度的方式，还可以采用控制热线温度而检测电流值的方式。

3.2.3　检测系统的结构分析

一个传感器的输入信号，除被检测参数外，还有其他未知参数或干扰参数，因此，一般传感器可视为多输入单输出系统，如图 3-6 所示。

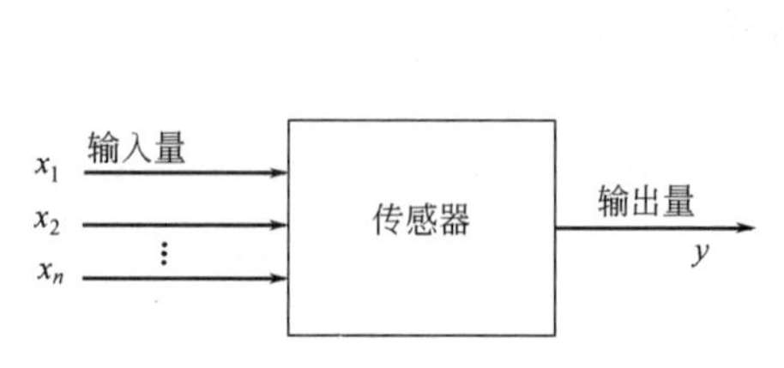

图 3-6　传感器的多输入单输出形式

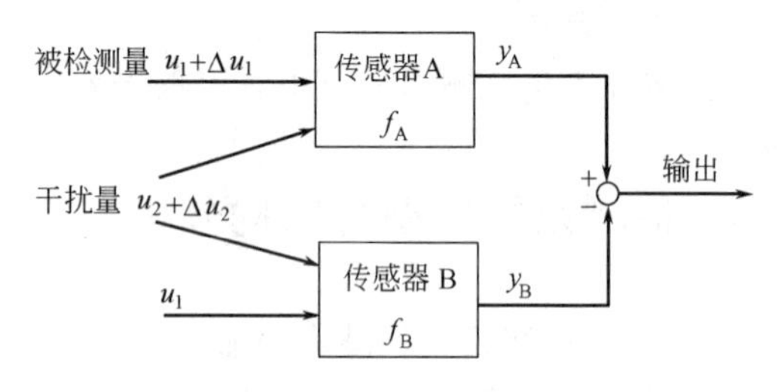

图 3-7　基本补偿结构

（1）补偿结构

设被检测量为 u_1，干扰量为 u_2，传感器 A 为测量用传感器，同时受 u_1, u_2 的作用，并在 u_1, u_2 有微小变化时，输出信号分别为：

$$y_A = f_A(u_1, u_2) \rightarrow y_A = f_A(u_1 + \Delta u_1, u_2 + \Delta u_2) \tag{3-3}$$

传感器 B 为补偿用传感器，受干扰量 u_2 及其微小变化的影响，并在设定的 u_1 时输出分别为：

$$y_B = f_B(u_1, u_2) \rightarrow y_B = f_B(u_1, u_2 + \Delta u_2) \tag{3-4}$$

如图 3-7 所示，补偿结构是利用传感器 B 的输出结果，补偿传感器 A 中的干扰量作用，使检测系统的输出结果不受被检测参数以外的干扰参数的影响，实现信号选择性。补偿结果输出 y 为：

$$y = y_A - y_B = f_A(u_1 + \Delta u_1, u_2 + \Delta u_2) - f_B(u_1, u_2 + \Delta u_2) \tag{3-5}$$

给上式按级数展开，并展开到 $\Delta u_1, \Delta u_2$ 的二次项，可得到：

$$\begin{aligned} y \approx\ & f_A(u_1, u_2) + \frac{\partial f_A}{\partial u_1}\Delta u_1 + \frac{\partial f_A}{\partial u_2}\Delta u_2 + \\ & \frac{1}{2!}\left\{\frac{\partial^2 f_A}{\partial u_1^2}(\Delta u_1)^2 + 2\frac{\partial^2 f_A}{\partial u_1 \partial u_2}(\Delta u_1 \cdot \Delta u_2) + \frac{\partial^2 f_A}{\partial u_2^2}(\Delta u_2)^2\right\} - \\ & f_B(u_1, u_2) - \frac{\partial f_B}{\partial u_2}\Delta u_2 - \frac{1}{2!}\frac{\partial^2 f_B}{\partial u_2^2}(\Delta u_2)^2 \end{aligned} \tag{3-6}$$

在 Δu_2 的变化范围内，补偿传感器B的输出特性若满足：

$$f_B(u_1,u_2)=f_A(u_1,u_2) \tag{3-7}$$

即两传感器在干扰量变化范围内特性相同，那么两传感器对 u_2 的一次偏微分、二次偏微分也分别相同，式(3-6) 可简化成：

$$y\approx\frac{\partial f_A}{\partial u_1}\Delta u_1+\frac{1}{2}\frac{\partial^2 f_A}{\partial u_1^2}(\Delta u_1)^2+\frac{\partial^2 f_A}{\partial u_1\partial u_2}(\Delta u_1\cdot\Delta u_2) \tag{3-8}$$

式(3-8)中，Δu_2 的一次和二次项被抵消了，因此这种结构可以减少 Δu_2 的影响，实现对 u_2 的补偿。但式(3-8) 中还有 $\Delta u_1\cdot\Delta u_2$ 项，因此补偿不一定是完全的。

如果 $f(u_1, u_2)$是 u_1,u_2 单函数的线性组合，即

$$f(u_1,u_2)=af_1(u_1)+bf_2(u_2) \tag{3-9}$$

可以实现对 u_2 的完全补偿。因为式(3-9) 的二次偏微分为零。

如果 $f(u_1, u_2)$是 u_1,u_2 单函数的乘积时，即

$$f(u_1,u_2)=af_1(u_1)\cdot f_2(u_2) \tag{3-10}$$

用上述差值补偿结构是不能实现完全补偿的。在这种情况下

$$f_A(u_1+\Delta u_1,u_2+\Delta u_2)=af_1(u_1+\Delta u_1)\cdot f_2(u_2+\Delta u_2) \tag{3-11}$$

$$f_B(u_1,u_2+\Delta u_2)=af_1(u_1)\cdot f_2(u_2+\Delta u_2) \tag{3-12}$$

取两传感器输出的比值作为补偿结果 y，则有：

$$y=f_1(u_1+\Delta u_1)/f_1(u_1) \tag{3-13}$$

补偿结果 y 中已不包含 Δu_2 的影响，实现了完全补偿。这种补偿方式称为比率补偿，其结构是将图 3-7 的两传感器输出信号的相减处理改为比值。

比较一下基本补偿和比率补偿的函数模型式(3-9) 和式(3-10)，可以发现它们分别属于直接干扰输入和调制干扰输入的情况。

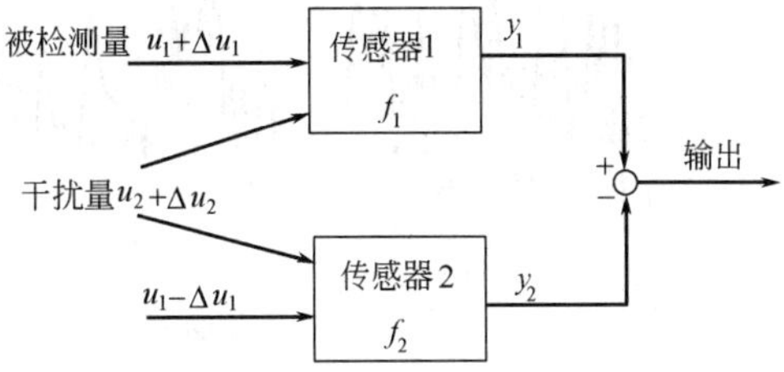

总之，利用补偿结构实现对干扰影响的补偿时，必须有检测干扰影响的传感器，而且补偿用传感器的特性在干扰量变化范围内应与检测用传感器特性相一致，满足这一条件严密与否决定了补偿精度。

图 3-8 差动结构示意

(2) 差分结构

差分结构可以看做是补偿结构的特例，是排除干扰、选择必要的测量参数的重要方法。

如图 3-8 所示，差动结构的两传感要素一般采用空间对称结构形式，使测量参数反对称地发生作用，干扰或影响参数起对称作用，这样当取两结构的差值时：

$$\begin{aligned}y&=y_1-y_2\\&=f_1(u_1+\Delta u_1,u_2+\Delta u_2)-f_2(u_1-\Delta u_1,u_2+\Delta u_2)\end{aligned} \tag{3-14}$$

其中 Δu_1 反对称地作用于两个传感器。由于 f_1 和 f_2 的对称作用，可以保证：

$$f_1(u_1,u_2)=f_2(-u_1,u_2) \tag{3-15}$$

同样将式(3-14)级数展开到二次项，得到：

$$y \approx 2\frac{\partial f_1}{\partial u_1}\Delta u_1 + 2\frac{\partial^2 f_1}{\partial u_1 \partial u_2}(\Delta u_1 \cdot \Delta u_2) \tag{3-16}$$

与补偿结果式(3-8)相比，Δu_1 的二次项也抵消了，即差动结构起到了线性化的作用，也提高了对 Δu_1 的灵敏度。如果 u_1, u_2 是单函数的线性组合，式中 u_2 的残存影响也可以完全消除。

差分结构的有利之处是，由于采取了对称结构，式(3-15)的条件能够严格满足，这一点与普通补偿结构不同，因此很容易实现高精度选择的检测结构。基于对称结构的差动检测有常见的天平、电桥、差动变压器等，这些都是经典的高精度检测结构模式。

总之，差动原理利用了对称与反对称的输入输出特性，在消除共模干扰，降低漂移，提高灵敏度，改善线性关系等方面有明显效果，是常见的、基本的检测结构。

3.3　提高检测精度的方法

上述基于补偿、差动等结构方式分离被检测信号与噪声干扰的方法利用了检测系统的静态特性。下面介绍利用检测系统的动态特性，也就是利用信号与噪声在时域和频域上的不同特性实现信号选择功能的基本方法。这些方法也是提高检测精度，抗噪声干扰的基本方法。

3.3.1　时域信号选择方法

（1）基于同步加算的去噪方法

信号一般有周期性，而噪声是随机变化的，如果进行同步加算，即使是埋没在噪声中的微弱信号也能够检测出来。

如图3-9所示，虚线表示信号波形。根据随机误差分析结果可知，当加算次数为 N 时，信号成分变成 N 倍，噪声只有 $\sqrt{N}$ 倍，信号噪声比 S/N 改善了 $\sqrt{N}$ 倍。

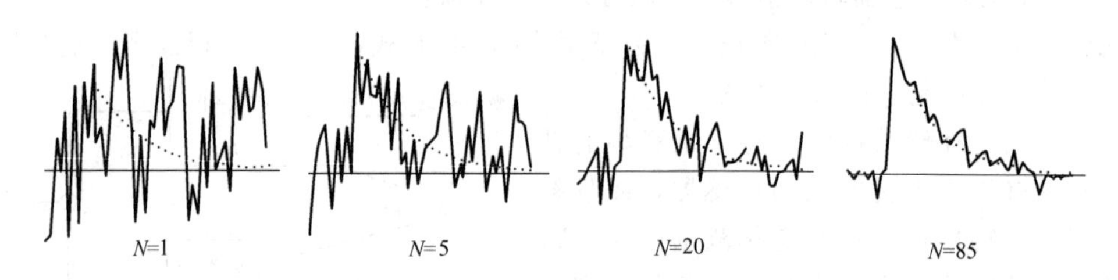

图3-9　基于同步加算的去噪结果

（2）基于响应速度的分离方法

例如气体色谱分析仪，它是用来分离多成分混合气体，并进行成分定性定量分析的仪器。基本原理见第9章。色谱柱内填充的吸附剂对不同成分的吸附能力不同，吸附力最强的首先被吸附停留在柱的入口端，吸附力较弱的被吸附停留在柱的下端（出口端），即吸附反应时间不同。用适当的流动相冲洗色谱柱，不同的吸附层可以使各组分以不同的速度先后流出柱外，这样就达到了在时间轴上分离不同成分的反应信号的目的。

3.3.2　频域信号选择方法

（1）滤波放大与调频放大方法

信号和噪声所占有的频率段不同时，利用滤波器可以很容易地将两者分离开来，称之为滤波放大方法。如果信号和噪声的频率段接近时，先将信号频带移动到噪声功率较小的频率段，再分离噪声，即进行信号调制和解调，如图 3-10 所示，称之为调频放大方法。

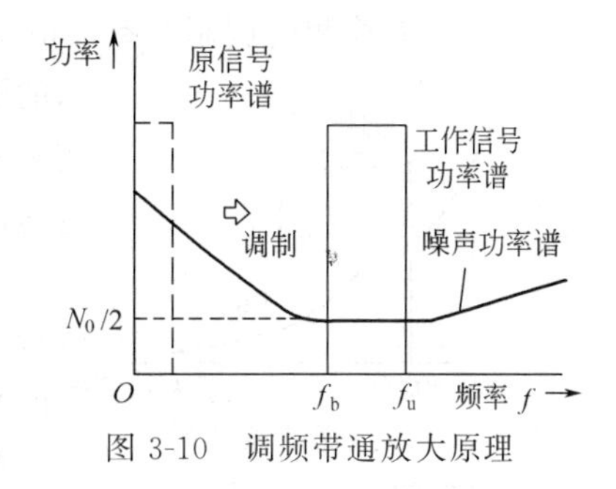

图 3-10 调频带通放大原理

(2) 陷波放大方法

如图 3-11 所示，当噪声信号频带非常窄时可以采用陷波放大的方法。如来自交流整流的直流电源，或在附近有大型电机运转的情况下，商用电源频率及其高次谐波的噪声干扰很强。因为这种噪声频带相当窄，尽管信号频带与此重叠，窄带陷波对信号歪曲变形影响很小，可以忽视。

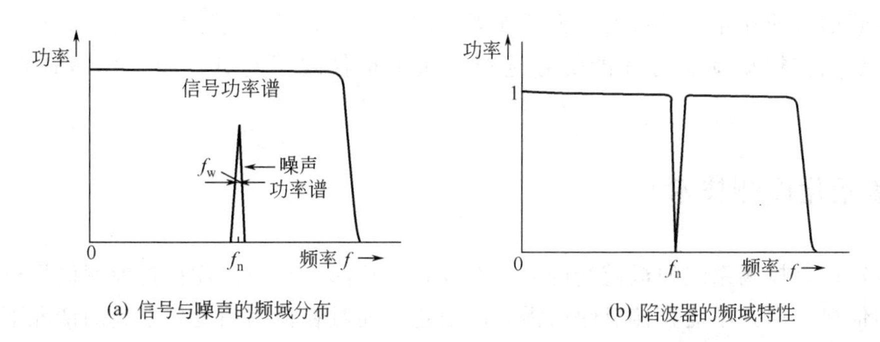

图 3-11 陷波放大原理

(3) 锁定放大方法

如图 3-12 所示，检测埋没在噪声中的微弱信号时，可以主动调制信号，抑制噪声，专门提取微弱信号幅值和相位等有效信息。锁定放大器就是很方便使用的检测微弱信号的装置，已被广泛应用在精密定位、生物微弱信号检测以及遥感探测等领域。

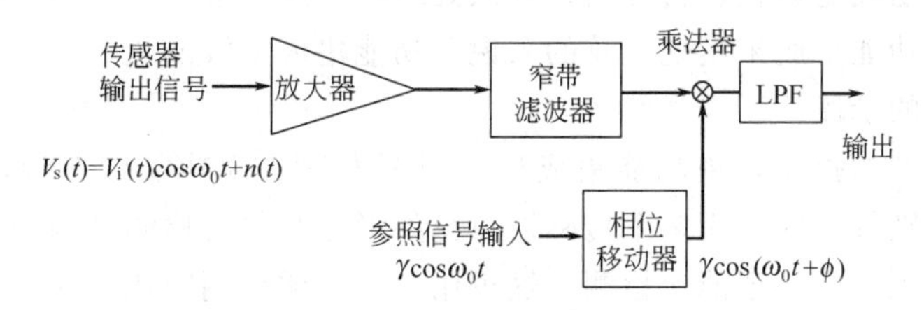

图 3-12 基于锁定放大器的微弱信号检测原理

设调制频率为 ω_0，调制后的信号为 $V_i\cos\omega_0 t$，传感器输出信号 V_s 为：

$$V_s(t)=V_i(t)\cos\omega_0 t+n(t) \tag{3-17}$$

$n(t)$ 是噪声，调制后的信号与参照信号经过乘法器相乘得：

$$\begin{aligned}V_0(t)&=\gamma\cos(\omega_0 t+\phi)[V_i(t)\cos\omega_0 t+n(t)]\\&=\frac{\gamma}{2}V_i(t)[\cos\phi+\cos(2\omega_0 t+\phi)]+\gamma n(t)\cos(\omega_0 t+\phi)\end{aligned} \tag{3-18}$$

噪声与信号不相关时，式(3-18)的第二项为 0，再经低通滤波除去 $2\omega_0$ 的信号成分，只有被调制信号一项输出。

相位 ϕ 一般为信号传播过程中的信号迟延，不等于 0。因此将参照信号的相位逐渐移动检测出 $V_0(t)$ 的最大幅值 V_{max}，然后求其与最初的 $V_0(t)$ 的比值可以得到 $\cos\phi$。

锁定放大检测的调制频率，应该根据噪声频率谱分布情况来决定，一般对如图 3-13 所示的噪声频率谱，当然是调制频率越高信噪比也越好，但在实际问题中，要受到许多限制，如放大器带宽、传感器的反应速度、机械方式调频时的调频驱动速度等。

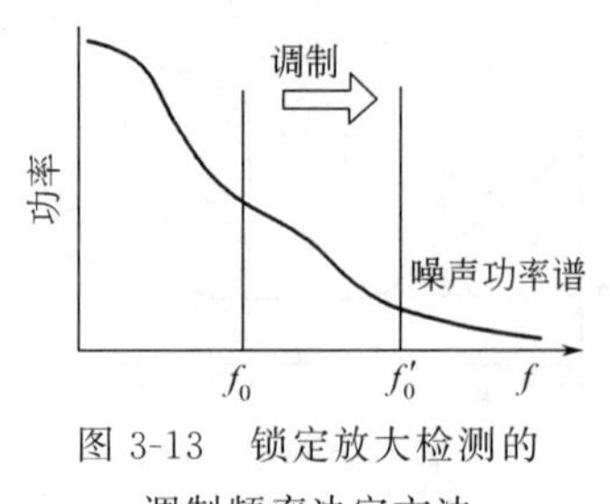

图 3-13　锁定放大检测的调制频率决定方法

信号调频可以在输入端进行，也可以在信号传输过程中进行，这要根据干扰噪声混进的部位来决定，搞清楚主要噪声的来源，在噪声混入前调制信号才能使信号区别于噪声。

调制频率的锁定放大方法也可以从时域信号的同步积分原理的角度来解释，它与时域信号叠加去噪的方法本质上是相同的。此外，锁定放大时，移相求被调制信号的最大值本质上也是通过求锁定放大器输入信号和参照信号的互相关函数的最大值而得到的。正因为时域与频域是由傅立叶变换联系在一起的，显然在根据动态特性的信号选择方法上也体现了时域选择与频域选择的正反两重关系。

3.4　多元化检测技术

信号转换是检测系统的最前端部分，在复杂的检测系统中，往往是检测信号里已包含了所需要的信息，但并不能直接反映所需要的信息。而且在检测精度要求高的情况下，作为信号转换的传感器往往不止一个。使用多个传感器或不同类型的传感器群，实现高度智能检测功能，是检测技术发展的必然趋势。

随着半导体材料及计算机技术的发展，也促使人们对复杂问题的智能检测系统的需求越来越大，并且使多元化检测成为可能。

所谓智能检测一般包括干扰量的补偿处理，输入输出特性的线性化改善（特性补偿），以及自动校正、自动设定量程、自诊断、分散处理等，这些智能检测功能可以通过传感元件与信号处理元件的功能集成来实现。总的来说，功能集成型智能化的发展与变迁仍然属于实现自动、省力功能的阶段。

随着智能化程度的提高，由功能集成型已渐渐发展成为功能创新型，如复合检测、成像、特征提取及识别等，即运用多个传感器自身的形态和并行检测结构进行信号处理以得到新的信息，从而实现高度的智能化检测。这里用“多元化检测”代表这一类智能检测方法。

3.4.1　多元检测与检测方程式

在多传感器的多元检测问题中，设被检测量为 $\boldsymbol{X}=(x_1,x_2,\cdots,x_n)$，传感器输出为 $\boldsymbol{Y}=(y_1,y_2,\cdots,y_k)$，多元检测可以用联立检测方程式：

$$y_i=f_i(x_1,x_2,\cdots,x_n)\quad(i=1,2,\cdots,k)$$

或

$$\boldsymbol{Y}=\boldsymbol{HX} \tag{3-19}$$

来表示。f_i 可能是线性函数，但是非线性函数的情况较多。多传感器输入输出特性 f_i 可能是根据物理法则理论上已经确定的关系，即正变换关系 $\boldsymbol{H}:\boldsymbol{X}\Rightarrow\boldsymbol{Y}$，它也可能是通过标定实验，以标定数据的形式决定的。测量多传感器输出信号，经过信号处理，求被检测量 $\boldsymbol{X}$，也就是求反变换 $\boldsymbol{H}^{-1}:\boldsymbol{Y}\Rightarrow\overline{\boldsymbol{X}}$。

如果矩阵 $\boldsymbol{H}$ 的阶数等于 n，形式上可以求得 n 个 $(x_1,x_2,\cdots,x_n)$：

$$\boldsymbol{X}=\boldsymbol{H}^{-1}\boldsymbol{Y} \tag{3-20}$$

如果矩阵 $\boldsymbol{H}$ 的阶数大于 n，根据最小二乘法（见第 2 章），也可以求得：

$$\boldsymbol{X}=(\boldsymbol{H}^{\mathrm{T}}\boldsymbol{H})^{-1}\boldsymbol{H}^{\mathrm{T}}\boldsymbol{Y} \tag{3-21}$$

作为多元检测方程式的特殊形式，当被检测量 $\boldsymbol{X}=(x_1,x_2,\cdots,x_n)$ 的一部分为干扰变量时，比如：

$$\boldsymbol{X}=\begin{bmatrix}x\\u\end{bmatrix},\quad \boldsymbol{Y}=\begin{bmatrix}y_1\\y_2\end{bmatrix},\quad \boldsymbol{H}=\begin{bmatrix}a_1 & b\\a_2 & b\end{bmatrix} \tag{3-22}$$

此时，被检测量 x

$$x=\frac{y_1-y_2}{a_1-a_2} \tag{3-23}$$

这是有关差动检测结构的多元检测方程式的解。

一般地，看上去只有一个被检测量的检测系统中，严格地说应该是除被检测量以外的变量一定不变，或被控制成一定值，这些定值通过校正或别的检测已被代入而已。如果把校正看成检测的一部分的话，实质上就等于在进行多元检测。可以归结为多元检测的例子有很多。例如传感器的温度特性补偿一般采用差动法，抵消温度的影响，这时并不认为是多元检测。但是当采用单片机进行智能温度误差校正时，附加温度传感器，对每个传感器的温度特性事先进行测试分析，就明显成为多元检测的问题了。

3.4.2　多元复合检测

多元检测系统中，若被检测量有 n 个，那么最少需要 n 个独立的检测方程式。如果一种检测方法决定一个检测方程式，为给出 n 个独立的检测方程式是不是需要 n 种检测方法？这要看这 n 种检测方法给出的检测方程式是否是独立的。一般地说找出 n 种具有独立的检测方程的检测方法不是一件容易的事。

但是在非线性多元检测系统中，独立的检测方程式的个数不够时，可以给未知参数加上已知量，采用同一检测原理，构成另一检测方程。这种利用非线性响应特性，不增加新检测原理而增加独立方程式的方法是方便实用的多元检测方法。下面举例说明这种复合检测问题。

例 1　多元复合检测：吹气式液位检测。

吹气式液位计的原理，是通过测量导管内的压力 p 进而检测液位 h。设液体密度为 ρ，重力加速度为 g，则有 $p=\rho g h$。g 可视为常数，ρ 可能未知或在检测过程中有所变动。为确保 h 的选择性，需要建立不受 ρ 影响的液位检测方法。当然随时抽样检测密度 ρ，以校正测量系统的比例参数的方法也是可以考虑的。

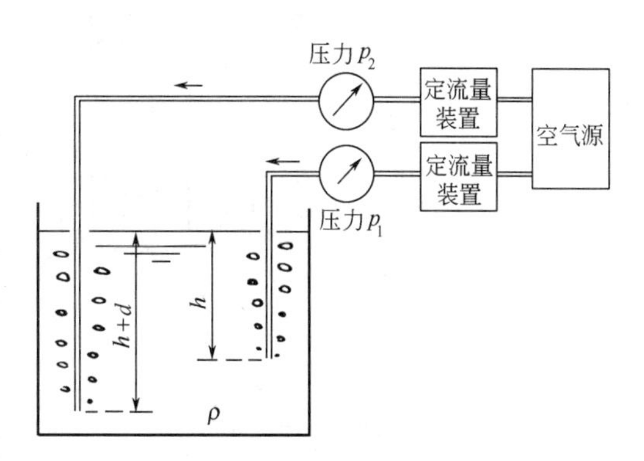

图 3-14　吹气式液位计的复合检测原理

如果采用如图 3-14 所示的复合检测办法，就可以排除 ρ 的影响。在未知量 h 上加上或减去一已知量 d，构成两个原理相同的检测结构，其对应的检测方程式分别为：

$$p_1=\rho g h \tag{3-24}$$

$$p_2=\rho g(h+d) \tag{3-25}$$

这是两个相互独立的方程式，解联立方程式可得：

$$h=\frac{p_1}{p_1-p_2}d \tag{3-26}$$

根据直接检测得到的 p_1、p_2 以及已知量 d 可以求得液位 h。

3.4.3　多元识别检测

例 2　多元识别检测：多传感器气体成分分析。

图 3-15 是以金属氧化物半导体膜为主的多传感器气体成分分析系统，它是多传感器集成、并将信号处理芯片集成在一起的智能化多元检测的典型例子。尽管传感器个数可能少于被检测气体种类，但是多传感器对多成分气体的反应交叉灵敏性是非线性的，利用特征提取和模式识别的方法，可以识别未知气体的种类。

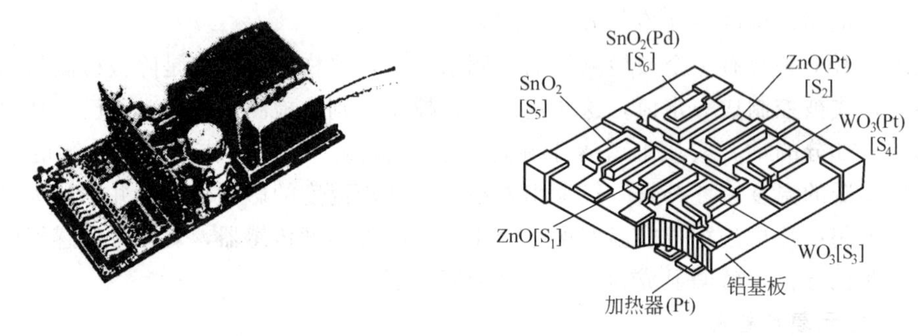

图 3-15　多传感器气体成分分析系统及多元膜传感器

如图 3-16 所示，首先将 6 种厚膜材料构成的传感器阵列对 7 种气体的反应标准模式（排除了气体浓度影响的反应模式）作为校正数据记忆起来，使它们分别与未知气体的反应模式相比较，再计算相似度（如距离、夹角或相关系数等），识别未知气体的种类。同时利用对所识别气体灵敏度高的传感器的输出，再根据传感器输出信号随气体浓度的指数而变化的反应模型，可以进一步定量分析所识别的气体浓度。

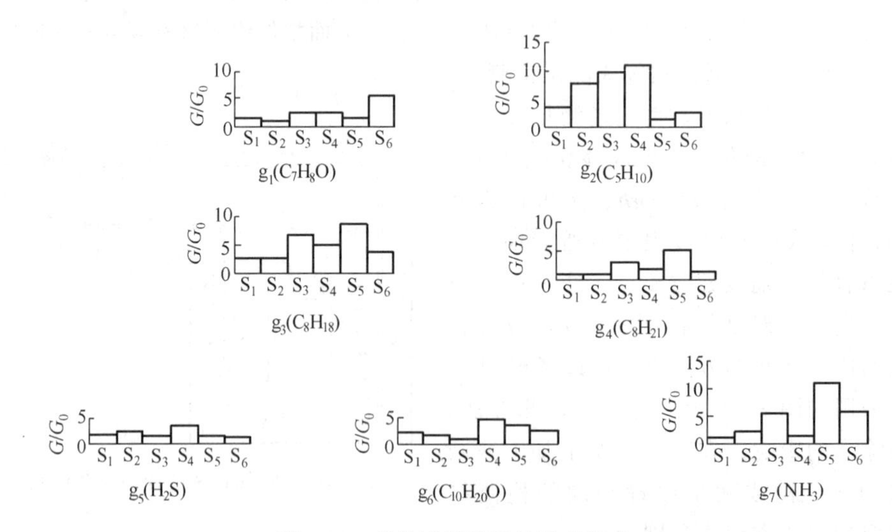

图 3-16　多传感器阵列的反应模式

其中膜传感器的种类有：S_1（ZnO），S_2（ZnO＋Pt），S_3（WO_3），S_4（WO_3＋Pt），

$S_5(SnO_2)$，$S_6(SnO_2+Pd)$等 6 种；被检测气体的种类为：$g_1(C_7H_8O)$，$g_2(C_5H_{10})$，$g_3(C_8H_{18})$，$g_4(C_8H_{21})$，$g_5(H_2S)$，$g_6(C_{10}H_{20}O)$，$g_7(NH_3)$等 7 种。纵坐标$[G/G_0]$为电导率的比值。

这种气体反应膜的特点是加工比较容易，工作原理类似，对气体反应存在交叉灵敏性。此时，如果不增加膜的种类而要识别多种气体，如用一种厚膜传感器检测 2、3 种气体时，可以采取如下方法增加传感器的特征参数：利用传感器的动态及静态特性参数，如响应速度、达到平衡时的输出等；利用传感器的可调特征参数，如传感器上方保护膜的筛孔大小、膜的厚度及加工方法，以及主动调制工作温度等。

要注意的是，增加的传感器特征参数对气体反应的交互敏感仍然要互相独立，否则不能增加用于识别气体的信息量，也不能利用冗余度减少浓度测量误差等。

3.4.4　构造化检测

例 3　构造化检测：构造光检测物体通过。

图 3-17 是用光学方法检测传送带上物体通过的构造化检测举例。如图（a）、（b）所示，设两平面光束交叉在一条直线上，有物体通过使两平面光束都被中断时，通过摄像头观测得到如图（c）所示的图像。可见利用构造光照明很容易识别物体通过。进一步检测落在物体表面两束光线的距离，还可以求出物体高度。

构造化检测就是通过主动设置检测环境参数，达到简化检测原理及其信号处理的目的。

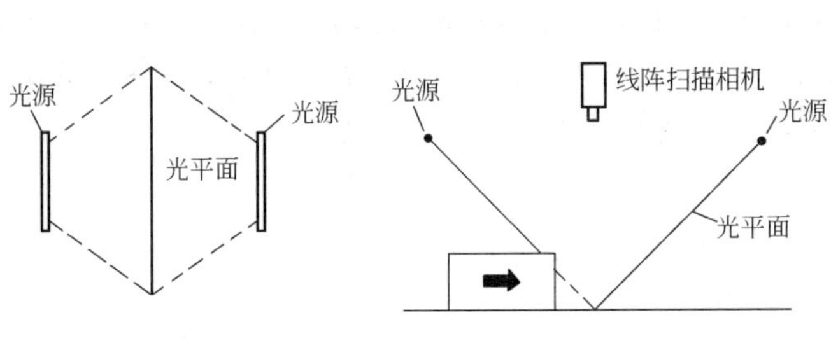

(a) 两平面光交叉(俯视图)　(b) 摄像头观测物体通过(侧面图)

(c) 构造光检测的成像图

图 3-17　利用构造光照明检测物体通过

3.4.5　多点时空检测

例 4　多点时空综合检测：舒适度检测。

多点时空综合检测是针对广范围、大规模的环境的。通过多个传感器获取空间分布信息，采集必要的对时间、空间分布的数据，然后加以综合处理及决策。如图 3-18 所示的环境舒适度分析检测系统。它需要检测温度、湿度，还要检测风流量及风向等；在人流频繁的公共室内场所进行舒适度调控时，还需要检测人流量和流动速度等信息。

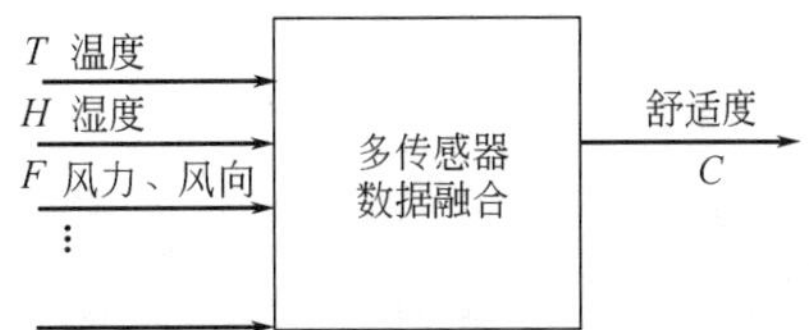

图 3-18　室内空调舒适度控制框图

类似舒适度这样的综合指标，一般对各个可测量参数来说是单峰或多峰的非线性函数。比如，温度、湿度各有最舒适的取值范围，风力以 $1/f$ 颤动最为舒适，热气流自下而上，冷气流自上而下比较舒适等。

然后根据三维空间内的各参数分布情况来控制通风、加热等。对单峰或多峰的非线性函数一般采用标定点和内插处理的方法，对 $1/f$ 颤动或人流量采取模糊记述方法等进行综合信息处理。

最后有必要指出，多元化、智能化是在检测原理中有着本质的需求之上发展起来的，通过多元化、智能化发掘了检测系统的新功能；当然也有一些是为消除传感器的不确定性而发展起来的多元检测系统。一般增加检测维数，信息量或检测方程式的个数也增加；但是，如果未知参数也增加的话，就失去了意义。另外，增加检测维数所得到的信息一般随维数增大而减少，因为新得到的信息一般与已检测到的信息的相关性越来越强；而相比之下噪声信号的影响变得不可忽略。因此为从检测数据中最大限度地抽取有效信息，有必要优化检测系统的维数，其中最重要的前提条件是对检测对象的基本性质有足够的理解和充分的实验分析数据。

思考题与习题

3-1　举例说明差动检测结构能够消除共模干扰的特点，并说明差动检测结构在提高灵敏度和改善线性关系方面的作用。

3-2　说明锁定放大原理在检测系统中的作用。

3-3　利用检测方程式说明补偿结构的特点。

3-4　举例说明主动检测与被动检测的区别。

3-5　总结多元检测的优势所在。

3-6　由 n 个增幅放大环节组成的开环信号检测系统中，设各环节增益为$k_1, k_2, \cdots, k_n$，测量系统总增益 k 与各环节增益的关系如何？各环节内部噪声大小不均分别按 $N(0, \sigma_i^2)$（$i=1,2,\cdots,n$）分布的情况下，若使测量系统的总噪声为最低，应该如何排列增益放大器的顺序？

第二篇　过程参数检测技术

4　温 度 检 测

温度是一个重要的物理量，它是国际单位制（SI）7 个基本物理量之一，也是工业生产过程中的主要工艺参数之一。物体的许多性质和现象都与温度有关，很多重要的过程只有在一定的温度范围内才能有效地进行。因此，对温度进行准确的测量和可靠的控制，在工业生产和科学研究中均具有重要意义。

4.1　测温方法及温标

4.1.1　测温原理及方法

温度反映物体的冷热程度，是物体分子运动平均动能大小的标志。温度的定量测量以热平衡现象为基础，两个受热程度不同的物体相接触后，经过一段时间的热交换，达到共同的平衡态后具有相同的温度。温度测量原理就是选择合适的物体作为温度敏感元件，其某一物理性质随温度而变化的特性为已知，通过温度敏感元件与被测对象的热交换，测量相关的物理量，即可确定被测对象的温度。

温度测量方式有接触式测温和非接触式测温两大类。采用接触式测温时，温度敏感元件与被测对象接触，依靠传热和对流进行热交换，二者需要良好的热接触，以获得较高的测量精度。但是它往往会破坏被测对象的热平衡，存在置入误差。由于测量环境特点，对温度敏感元件的结构和性能要求较高。采用非接触式测温方法，温度敏感元件不与被测对象接触，而是通过热辐射进行热交换，或者是温度敏感元件接收被测对象的部分热辐射能，由热辐射能的大小推出被测对象的温度。用这种方法测温响应快，对被测对象干扰小，可测量高温、运动的被测对象和有强电磁干扰、强腐蚀的场合。

主要温度检测方法的分类见表 4-1 所示。本章将介绍几种自动化系统中常用的测温方法及仪表。

4.1.2　温标

为了客观地计量物体的温度，必须建立一个衡量温度的标尺，简称温标。建立温标就是规定温度的起点及其基本单位。早期建立的华氏温标和摄氏温标都是根据物体体积的热胀冷缩现象制定的，通常称为经验温标。华氏温标规定，冰点为 32℉，水沸点为 212℉，两者中间分 180 等份。摄氏温标规定，冰点为 0℃，水沸点为 100℃，两者中间分 100 等份。华氏温标 t_F 与摄氏温标 t_C 的换算关系是：

$$t_F = 32 + \frac{9}{5} t_C \tag{4-1}$$

这两种温标的温度特性依赖于所用测温物质的情况，例如所用水银的纯度不尽相同，就不能保证测温量值的一致性。目前欧美国家在商业及日常生活中仍常使用华氏温度，但这是与国际实用温标相应的一种习惯用法。

表 4-1　温度检测方法的分类

测温方式	类别	原　理	典型仪表	测温范围/℃
接触式测温	膨胀类	利用液体、气体的热膨胀及物质的蒸气压变化	玻璃液体温度计	−100～600
			压力式温度计	−100～500
		利用两种金属的热膨胀差	双金属温度计	−80～600
	热电类	利用热电效应	热电偶	−200～1800
	电阻类	固体材料的电阻随温度而变化	铂热电阻	−260～850
			铜热电阻	−50～150
			热敏电阻	−50～300
	其他电学类	半导体器件的温度效应	集成温度传感器	−50～150
		晶体的固有频率随温度而变化	石英晶体温度计	−50～120
非接触式测温	光纤类	利用光纤的温度特性或作为传光介质	光纤温度传感器	−50～400
			光纤辐射温度计	200～4000
	辐射类	利用普朗克定律	光电高温计	800～3200
			辐射传感器	400～2000
			比色温度计	500～3200

(1) 国际实用温标

根据卡诺循环原理建立的热力学温标是一种理想的、科学的温标，但在实际上难以实现。世界上实际通用的温标是国际实用温标，由其来统一各国之间的温度计量，这是一种协议温标。第一个国际实用温标自 1927 年开始采用，随着科学技术的发展，对国际实用温标也在不断地进行改进和修订，使之更符合热力学温标，有更好的复现性和能够更方便地使用。目前推行的国际实用温标定义为 1990 年国际温标 ITS-90。

ITS-90 国际温标中规定，热力学温度用符号 T_{90} 表示，单位为开尔文，符号为 K。开尔文的大小定义为水三相点热力学温度的 1/273.16。同时使用的国际摄氏温度的符号为 t_{90}，单位是摄氏度，符号为℃，每一个摄氏度和每一个开尔文的量值相同。T_{90} 和 t_{90} 之间的关系是：

$$t_{90}=T_{90}-273.15 \tag{4-2}$$

ITS-90 国际温标由三部分组成，它们是定义固定点、内插标准仪器和内插公式。

固定点是指某些纯物质各相（态）间可以复现的平衡态温度的给定值。物质一般有三相（态）：固相、液相和气相。三相共存时，称为三相点；固相和液相共存时，称为熔点或凝固点；液相和气相共存时，称为沸点。ITS-90 国际温标规定了 17 个定义固定点，列于表 4-2 中。在定义固定点间的温度值用规定的内插标准仪器和内插公式来确定。

ITS-90 国际温标分为 4 个温区，各个温区中使用的内插仪器为：

① 0.65～5.0K 间为 ^{3}He 和 ^{4}He 蒸气压温度计；

② 3.0～24.5561K 间为 ^{3}He 和 ^{4}He 定容气体温度计；

③ 13.8033K～961.78 ℃间为铂电阻温度计；

④ 961.78 ℃以上为光学或光电温度计。

表 4-2 ITS-90 定义固定点

序号	定义固定点	国际实用温标的规定值		序号	定义固定点	国际实用温标的规定值	
		T_{90}/K	t_{90}/℃			T_{90}/K	t_{90}/℃
1	氦蒸气压点	3～5	−270.15～−268.15	9	水三相点	273.16	0.01
				10	镓熔点	302.9146	29.7646
2	平衡氢三相点	13.8033	−259.3467	11	铟凝固点	429.7485	156.5985
3	平衡氢(或氦)蒸气压点	约 17	约−256.15	12	锡凝固点	505.078	231.928
4	平衡氢(或氦)蒸气压点	约 20.3	约−252.85	13	锌凝固点	692.677	419.527
5	氖三相点	24.5561	−248.5939	14	铝凝固点	933.473	660.323
6	氧三相点	54.3584	−218.7916	15	银凝固点	1234.93	961.78
7	氩三相点	83.8058	−189.3442	16	金凝固点	1337.33	1064.18
8	汞三相点	234.3156	−38.8344	17	铜凝固点	1357.77	1084.62

有关这些温度计的分度方法和相应的内插公式，在 ITS-90 文本中有详细的介绍，可以作为参考。

（2）温标的传递

国际实用温标系由各国计量部门按规定分别保持和传递，由定义固定点及一整套基准仪表复现温度标准，再通过基准和标准测温仪表逐级传递，各类温度计在使用前均要按传递系统的要求进行检定。一般实用工作温度计的检定装置采用各种恒温槽和管式电炉，用比较法进行检定。比较法是将标准温度计和被校温度计同时放入检定装置内，以标准温度计测定的温度为已知，将被校温度计的测量值与其相比较，从而确定被校温度计的精度。

4.2 接触式测温

4.2.1 热电偶测温

热电偶是温度测量中应用最普遍的测温器件，它的特点是测温范围宽，性能稳定，有足够的测量精度，能够满足工业过程温度测量的需要；结构简单，动态响应好；输出为电信号，可以远传，便于集中检测和自动控制。

4.2.1.1 测温原理

热电偶的测温原理基于热电效应。将两种不同的导体连成闭合回路，当两个接点处的温度不同时，回路中将产生热电势，这种现象称为热电效应，又称塞贝克效应。闭合回路中产生的热电势由两种电势组成，分别为温差电势和接触电势。

温差电势是指同一导体的两端因温度不同而产生的电势。图 4-1(a) 描述了温差电势产生的原理，当导体 A 两端温度分别为 T 和 T_0 且 $T>T_0$ 时，导体内部处于温度为 T 端的自由电子的热运动相比温度为 T_0 端的自由电子的热运动更为活跃并将由 T 端向 T_0 端运动，从而造成导体内部 T_0 端电子密度高于 T 端电子密度从而形成由 T_0 端指向 T 端的温差电势。温差电势的大小可以表示为：

$$e_A(T,T_0)=\int_{T_0}^{T}\sigma_A\mathrm{d}T \tag{4-3}$$

式中，$e_A(T,T_0)$表示导体 A 两端温度为 T,T_0 时形成的温差电动势；σ_A 为导体 A 的汤姆逊系数，表示导体 A 两端的温度差为 1℃时所产生的温差电动势，例如在 0℃时，铜的汤姆逊系数 $\sigma=2\mu V/℃$。不同导体的汤姆逊系数不同，所产生的温差电势也不一样。

接触电势是指由两种不同导体接触时由于不同导体内部自由电子密度不同而产生的电势。图 4-1(b) 描述了接触电势产生的原理，当 A,B 两种不同导体接触时，假如导体 A 内部自由电子密度高于导体 B 内部自由电子密度，则在 A、B 两种导体发生接触的接点处自由电子将从导体 A 向导体 B 扩散，从而形成由 B 指向 A 的接触电势 $e_{AB}(T)$。接触电势的大小可表示为：

$$e_{AB}(T)=\frac{kT}{e}\ln\frac{N_{AT}}{N_{BT}} \tag{4-4}$$

式中，$e_{AB}(T)$ 为导体 A,B 在接点温度为 T 时的接触电动势；e 为单位电荷量，$e=1.6\times10^{-19}$C；k 为波尔兹曼常数，$k=1.38\times10^{-23}$J/K；N_{AT},N_{BT} 为导体 A,B 在温度为 T 时的电子密度。

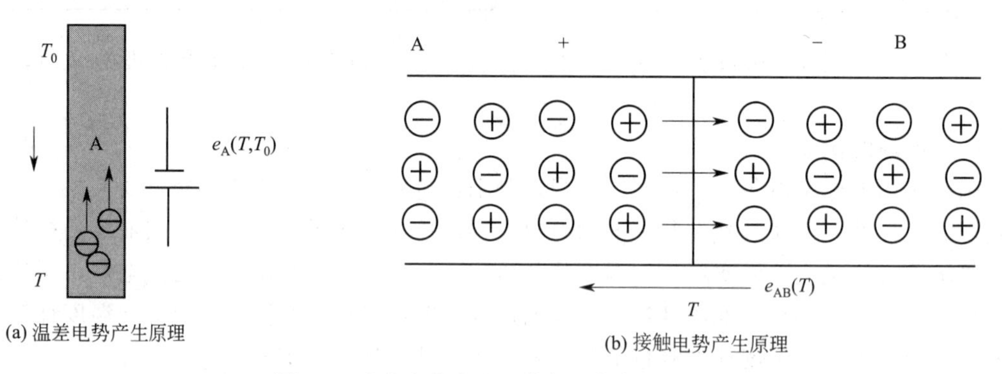

(a) 温差电势产生原理

(b) 接触电势产生原理

图 4-1 温差电势产生和接触电势产生原理

综合两种电势，如图 4-2 所示，在导体 A,B 构成的热电偶回路中产生的总热电势可以表示为：

$$\begin{aligned}E_{AB}(T,T_0)&=e_{AB}(T)-e_{AB}(T_0)-e_A(T,T_0)+e_B(T,T_0)\\&=\frac{kT}{e}\ln\frac{N_{AT}}{N_{BT}}-\frac{kT_0}{e}\ln\frac{N_{AT_0}}{N_{BT_0}}+\int_{T_0}^{T}(-\sigma_A+\sigma_B)\mathrm{d}T\\&=\int_{T_0}^{T}S_{AB}\mathrm{d}T\approx e_{AB}(T)-e_{AB}(T_0)\end{aligned} \tag{4-5}$$

式中，T,T_0 分别为两个接点的温度，$T>T_0$；S_{AB}称为塞贝克系数，其值随热电极材料和接点温度而定。考虑温差电势在数量级上远小于接触电势，热电势中接触电势起主导作用。由公式(4-5) 还可知，当导体 A,B 为同种材料时，由于 $N_{AT}=N_{BT}$，$N_{AT_0}=N_{BT_0}$，$\sigma_A=\sigma_B$ 恒成立，可轻易推导出该条件下 $E_{AB}(T,T_0)=0$。因此，同种导体材料无法构成热电偶。此外，不同导体材料 A,B 构成热电偶时，若两个接点温度相同，即 $T=T_0$，可轻易推导出该条件下 $E_{AB}(T,T_0)=0$，即当热电偶两个接点温度相同时，热电偶回路中热电势为零。

当 T_0 维持一定时，$e_{AB}(T_0)$ 等于常数 C，则对于确定的热电偶，其热电势只与温度 T 成单值函数关系，即

$$E_{AB}(T,T_0)=e_{AB}(T)-C \tag{4-6}$$

如图 4-2 所示，在这个闭合回路中，电子密度高的导体称正电极，电子密度低的导体称负电极，T 端称测量端或热端，T_0 端称参比端或冷端。测温时，两电极焊接在一起形成测量端，置于被测温度处。而参比端一般要保持恒定温度，并与测量仪表相接。

结论：

① 热电偶产生热电势的条件是两种不同的导体材料构成回路，两端接点处的温度不同。

② 热电势大小只与热电极材料及两端温度有关，与热偶丝的粗细和长短无关。

③ 热电极材料确定以后，热电势的大小只与温度有关。在 $T_0=0$ 条件下，用实验的方法测出各种不同热电极组合的热电偶在不同热端温度下所产生的热电势值，可以列出对应的分度表，常用热电偶的热电特性有分度表可查。温度与热电势之间的关系也可以用函数式表示，称为参考函数。ITS-90 给出了新的热电偶分度表和参考函数，它们是热电偶测温的依据。

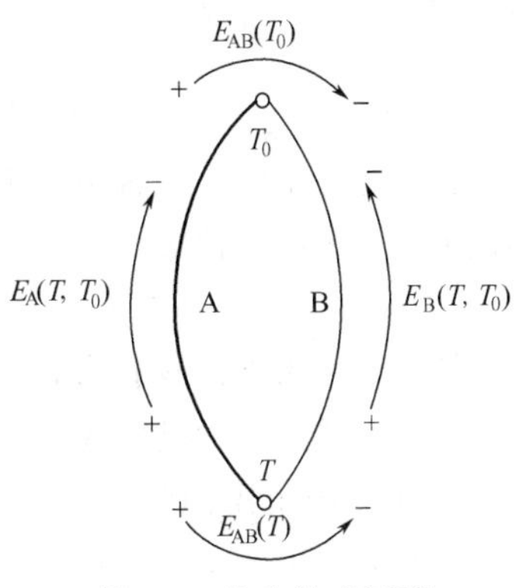

图 4-2 热电效应原理

4.2.1.2 热电偶的应用定则

(1) 均质导体定则

由一种均质导体组成的闭合回路，不论导体的截面和长度以及其温度分布如何，都不能产生热电势。这一定则说明，一种均质材料不能构成热电偶。由两种不同材料组成的热电偶则要求材质的均匀性要好，否则热电极的温度分布将会对热电势值产生影响。热电极材料的均匀性是衡量热电偶质量的重要指标之一。

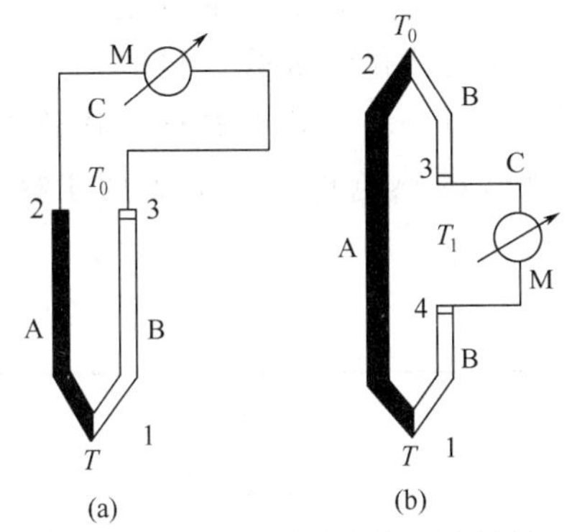

图 4-3 热电偶中加入第三种材料

(2) 中间导体定则

在热电偶回路中接入中间导体后，只要中间导体两端的温度相同，对热电偶回路的总热电势值没有影响。图 4-3 所示为热电偶接入中间导体的两种情况。此时热电偶回路的总热电势为：

$$E_T=e_{AB}(T)+e_{BC}(T_0)+e_{AC}(T_0) \tag{4-7}$$

当回路中各接点温度相等且都为 T_0 时，$E_T=0$，即

$$e_{AB}(T_0)+e_{BC}(T_0)+e_{CA}(T_0)=0$$

则有：
$$e_{BC}(T_0)+e_{CA}(T_0)=-e_{AB}(T_0)$$

故可以得到：

$$E_T=e_{AB}(T)-e_{AB}(T_0) \tag{4-8}$$

同理还可以加入第四、第五种导体，只要加入导体的两接点温度相等，回路的总热电势就与原回路的电势值相同。根据这一性质，可以在热电偶回路中引入各种仪表和连接导线等。这一性质还表明，可以以任意焊接方式制成热电偶的测温接点，只需保证焊接点的温度均匀即可，例如可以用平行焊接方法测量物体的表面温度。

(3) 中间温度定则

热电偶 AB 在接点温度为 T,T_0 时的热电势 $E_{AB}(T,T_0)$ 等于热电偶 AB 在接点温度为

T, T_C 和 T_C, T_0 的热电势 $E_{AB}(T, T_C)$ 和 $E_{AB}(T_C, T_0)$ 的代数和，即

$$E_{AB}(T, T_0) = E_{AB}(T, T_C) + E_{AB}(T_C, T_0) \tag{4-9}$$

根据这一定则，只需列出热电偶在参比端温度为0℃的分度表，就可以求出参比端在其他温度时的热电势值。

4.2.1.3　常用工业热电偶

在实际应用中需选择合适的热电极材料，对热电极材料一般有以下要求：

① 在测温范围内热电性能稳定，不随时间和被测对象而变化；

② 在测温范围内物理化学性能稳定，不易氧化和腐蚀，耐辐射；

③ 所组成的热电偶要有足够的灵敏度，热电势随温度的变化率要足够大；

④ 热电特性接近单值线性或近似线性；

⑤ 电导率高，电阻温度系数小；

⑥ 力学性能好，机械强度高，材质均匀；工艺性好，易加工，复制性好；制造工艺简单；价格便宜。

并非所有材料都能满足以上全部要求，目前国际上已有8种标准化热电偶作为工业热电偶在不同场合中使用。标准化热电偶已列入工业化标准文件，具有统一的分度表，标准文件对同一型号的标准化热电偶规定了统一的热电极材料及其化学成分、热电性质和允许偏差，所以同一型号的标准化热电偶具有良好的互换性。表4-3列出几种标准化热电偶以及高温用钨铼热电偶的分类及性能。其中所列各种型号的热电极材料前者为正极，后者为负极。

表4-3　工业热电偶分类及性能

名　称	分度号	测量范围/℃	适用气氛①	稳　定　性
铂铑$_{30}$-铂铑$_6$	B	200～1800	O,N	<1500℃,优;>1500℃,良
铂铑$_{13}$-铂	R	－40～1600	O,N	<1400℃,优;>1400℃,良
铂铑$_{10}$-铂	S			
镍铬-镍硅(铝)	K	－270～1300	O,N	中等
镍铬硅-镍硅	N	－270～1260	O,N,R	良
镍铬-康铜	E	－270～1000	O,N	中等
铁-康铜	J	－40～760	O,N,R,V	<500℃,良;>500℃,差
铜-康铜	T	－270～350	O,N,R,V	－170～200℃,优
钨铼$_3$-钨铼$_{25}$	WR_{e3}-WR_{e25}	0～2300	N,V,R	中等
钨铼$_5$-钨铼$_{26}$	WR_{e5}-WR_{e26}			

① 表中O为氧化气氛,N为中性气氛,R为还原气氛,V为真空。

表4-4列出8种热电偶分度表。由分度表可以看出，各种型号的热电偶在相同温度下，具有不同的热电势，在0℃时，热电偶的热电势均为0。各种型号的热电偶还有更细的分度表可查。

表4-4　热电偶分度表　　mV

t_{90}/℃	热电偶类型							
	B	R	S	K	N	E	J	T
－270	—	—	—	－6.458	－4.345	－9.835	—	－6.258
－200	—	—	—	－5.891	－3.990	－8.825	－7.890	－5.603
－100	—	—	—	－3.554	－2.407	－5.237	－4.633	－3.379

续表

t_{90}/℃	热电偶类型							
	B	R	S	K	N	E	J	T
0	0	0	0	0	0	0	0	0
100	0.033	0.647	0.646	4.096	2.774	6.319	5.269	4.279
200	0.178	1.469	1.441	8.138	5.913	13.421	10.779	9.288
300	0.431	2.401	2.323	12.209	9.341	21.036	16.327	14.862
400	0.787	3.408	3.259	16.397	12.974	28.946	21.848	20.872
500	1.242	4.471	4.233	20.644	16.748	37.005	27.393	—
600	1.792	5.583	5.239	24.905	20.613	45.093	33.102	—
700	2.431	6.743	6.275	29.129	24.527	53.112	39.132	—
800	3.154	7.950	7.345	33.275	28.455	61.017	45.494	—
900	3.957	9.205	8.449	37.326	32.371	68.787	51.877	—
1000	4.834	10.506	9.587	41.276	36.256	76.373	57.953	—
1100	5.780	11.850	10.757	45.119	40.087	—	63.792	—
1200	6.786	13.228	11.951	48.838	43.846	—	69.553	—
1300	7.848	14.629	13.159	52.410	47.513	—	—	—
1400	8.956	16.040	14.373	—	—	—	—	—
1500	10.099	17.451	—	—	—	—	—	—
1600	11.263	18.849	—	—	—	—	—	—
1700	12.433	20.222	—	—	—	—	—	—
1800	13.591	—	—	—	—	—	—	—
1900	—	—	—	—	—	—	—	—

几种常用工业热电偶的主要性能和特点如下。

(1) 铂铑合金、铂系列热电偶

属贵金属热电偶，由铂铑合金丝及纯铂丝构成。这个系列的热电偶使用温区宽，特性稳定，可以测量较高温度。由于可以得到高纯度材质，所以它们的测量精度较高，一般用于精密温度测量。但是所产生的热电势小，热电特性非线性较大，且价格较贵。铂铑$_{10}$-铂热电偶（S型）、铂铑$_{13}$-铂热电偶（R型）在1300℃以下可长时间使用，短时间可测1600℃；由于热电势小，300℃以下灵敏度低，300℃以上精确度最高；它在氧化气氛中物理化学稳定性好，但在高温情况下易受还原性气氛及金属蒸气玷污而降低测量准确度。铂铑$_{30}$-铂铑$_{6}$热电偶（B型）是氧化气氛中上限温度最高的热电偶，但是它的热电势最小，600℃以下灵敏度低，当参比端温度在100℃以下时，可以不必修正。

(2) 廉价金属热电偶

由价廉的合金或纯金属材料构成。镍基合金系列中有镍铬-镍硅（铝）热电偶（K型）和镍铬硅-镍硅热电偶（N型），这两种热电偶性能稳定，产生的热电势大；热电特性线性好，复现性好；高温下抗氧化能力强；耐辐射；使用范围宽，应用广泛。镍铬-铜镍（康铜）热电偶（E型）热电势大，灵敏度最高，可以测量微小温度变化，但是重复性较差。铜-康铜热电偶（T型）稳定性较好，测温精度较高，是在低温区应用广泛的热电偶。铁-康铜热电偶（J型）有较高灵敏度，在700℃以下热电特性基本为线性。

(3) 难融合金热电偶

钨铼合金材料构成的热电偶用于高温测量，但是其均匀性和再现性较差，经历高温后会变脆。

表4-5给出标准化工业热电偶的允差。根据各种热电偶的不同特点，选用时要综

合考虑。

表 4-5　工业热电偶允差

类型	一级允差		二级允差		三级允差	
	温度范围/℃	允差值/℃	温度范围/℃	允差值/℃	温度范围/℃	允差值/℃
R,S	0～1000	±1	0～600	±1.5	—	
	1100～1600	±[1+0.003(t-1100)]	600～1600	±0.0025|t|		
B	—		600～1700	±0.0025|t|	600～800	±4
					800～1700	±0.005|t|
K,N	−40～375	±1.5	−40～333	±2.5	−167～40	±2.5
	375～1000	±0.004|t|	330～1200	±0.0075|t|	−200～−167	±0.015|t|
E	−40～375	±1.5	−40～333	±2.5	−167～40	±2.5
	375～800	±0.004|t|	333～900	±0.0075|t|	−200～167	±0.015|t|
J	−40～375	±1.5	−40～333	±2.5	—	
	375～750	±0.004|t|	333～750	±0.0075|t|		
T	−40～125	±0.5	−40～133	±1	−67～40	±1
	125～350	±0.004|t|	133～350	±0.0075|t|	−200～−67	±0.015|t|

4.2.1.4　工业热电偶结构型式

为保证在使用时能够正常工作，热电偶需要良好的电绝缘，并需用保护套管将其与被测介质相隔离。工业热电偶的典型结构有普通型和铠装型两种型式。

(1) 普通型热电偶

为装配式结构，一般由热电极、绝缘管、保护套管和接线盒等部分组成，如图 4-4 所示。贵金属热电极直径不大于 0.5mm，廉金属热电极直径一般为 0.5～3.2mm；绝缘管一般为单孔或双孔瓷管，套在热电极上；保护套管要求气密性好、有足够的机械强度、导热性能好和物理化学特性稳定，最常用的材料是铜及铜合金、钢和不锈钢以及陶瓷材料等。整支热电偶长度由安装条件和插入深度决定，一般为 350～2000mm。这种结构的热电偶热容量大，因而热惯性大，对温度变化的响应慢。

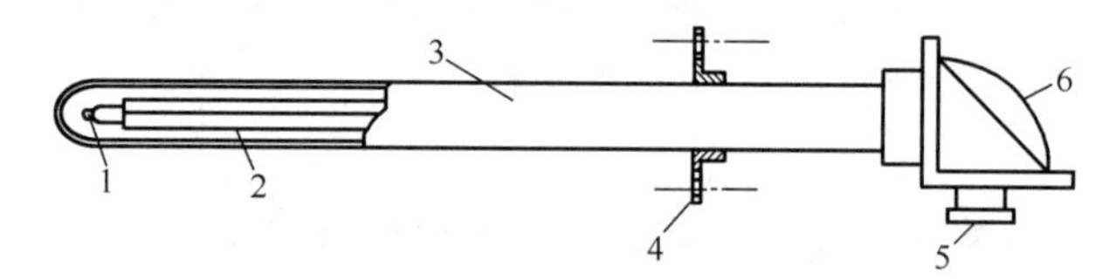

图 4-4　热电偶典型结构

1—热电偶接点；2—瓷绝缘套管；3—不锈钢套管；4—安装固定件；5—引线口；6—接线盒

(2) 铠装热电偶

它是将热电偶丝、绝缘材料和金属保护套管三者组合装配后，经拉伸加工而成的一种坚实的组合体。铠装热电偶工作端的结构形式多样，如图 4-5 所示。采用的绝缘材料一般是氧化镁或氧化铝粉末，套管材料多为不锈钢。铠装热电偶的外径一般为 0.5～8mm，其长度可以根据需要截取，最长可达 100m。铠装热电偶的测量端热容量小，因而热惯性小，对温度变化响应快；挠性好，可弯曲，可以安装在狭窄或结构复杂的测量场合。各种铠装热电偶也已得到较广泛的应用。

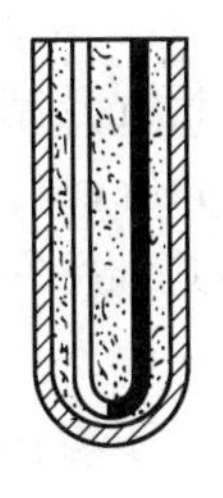
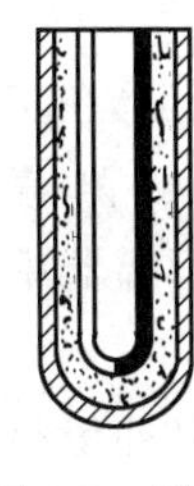
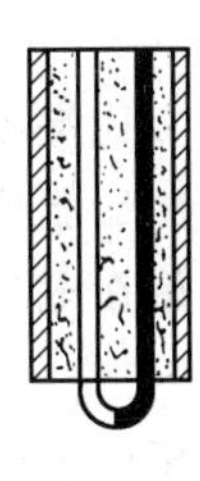
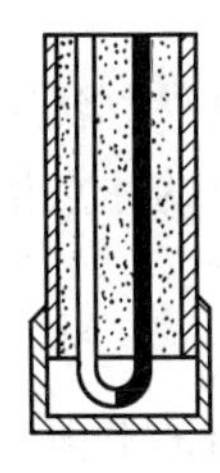

图 4-5 铠装热电偶工作端的结构

4.2.1.5 热电偶参比端温度的处理

在实际测温过程中时，热电偶参比端温度一般不能保持在 0℃，也不易保持恒定，这会给测量带来误差，因此参比端温度的处理在热电偶测温中是一个重要的问题。

(1) 补偿导线法

补偿导线是一对与热电偶配用的导线，在工作范围内与被补偿的热电偶具有相同的电势-温度关系。补偿导线与热电偶连接，使热电偶的参比端远离热源，从而使参比端温度稳定。补偿导线分延长型和补偿型两种。延长型导线的化学成分与被补偿的热电偶相同，补偿型导线的化学成分与被补偿的热电偶不同。

图 4-6 所示为带补偿导线的热电偶测量回路图。表 4-6 列出了几种补偿导线。使用补偿导线时要注意型号及极性不能接反，还要注意补偿导线和热电偶相连的两个接点温度要相同，以免造成不必要的误差。

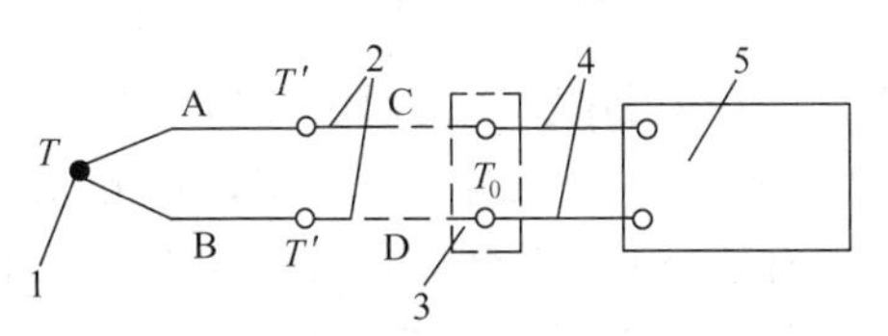

图 4-6 补偿导线法的测量回路

1—测温接点；2—补偿导线；3—冷端；4—铜导线；5—测温仪表

表 4-6 常用补偿导线

配用热电偶类型	代号[①]	色标		允差/℃			
		正	负	100℃		200℃	
				B 级	A 级	B 级	A 级
S，R	SC	红	绿	5	3	5	
K	KC	红	蓝	2.5	1.5	—	
K	KX	红	黑	2.5	1.5	2.5	
N	NC	红	浅灰	2.5	1.5	—	
N	NX	红	深灰	2.5	1.5	2.5	1.5
E	EX	红	棕	2.5	1.5	2.5	1.5
J	JX	红	紫	2.5	1.5	2.5	1.5
T	TX	红	白	1.0	0.5	1.0	0.5

① 代号第二个字母的含义是：C 表示补偿型，X 表示延长型。

(2) 参比端温度测量计算法

采用补偿导线将热电偶参比端温度移到 T_0 处，但是 T_0 通常为环境温度而不是 0℃，此时需要测量参比端温度，再根据如下关系式进行计算修正：

$$E(T,0)=E(T,T_0)+E(T_0,0) \tag{4-10}$$

式中，$E(T,T_0)$ 为测出的回路电势；T_0 为已知温度，可查分度表求得$E(T_0,0)$。

可以由上式求出总电势 $E(T,0)$，再查分度表求出被测温度 T。由于热电偶的热电特性是非线性的，所以切不可简单地用温度直接相加。

（3）参比端恒温法

参比端温度测量计算法需要保持参比端温度恒定。在实验室情况及精密测量中，是把参比端置于能保持恒温的冰点槽中，参比端温度为0℃，测得热电势后，直接查分度表得知被测温度。工业应用时，一般把参比端放在电加热的恒温器中，使其维持在某一恒定的温度。

（4）补偿电桥法

补偿电桥法利用不平衡电桥产生相应的电势，以补偿热电偶由于参比端温度变化而引起的热电势变化。如图4-7所示，补偿电桥串接在热电偶回路中，与热电偶的参比端同处于温度 T_0。不平衡电桥的三个桥臂电阻为锰铜电阻，其电阻值不随温度而变化，另一个桥臂电阻由铜丝绕制。在选定的 T_0 情况下，使 $r_1=r_2=r_3=r_{Cu}=1\Omega$，电桥平衡无信号输出。当 T_0 变化时，r_{Cu} 的阻值改变，电桥将输出不平衡电压。选择适当的串联电阻，使电桥的输出电压可以补偿因 T_0 变化而引起的回路热电势变化量。通常，补偿电桥是按 $T_0=20$℃ 时电桥平衡而设计的，即当 $T_0=20$℃时，补偿电桥无电压输出。

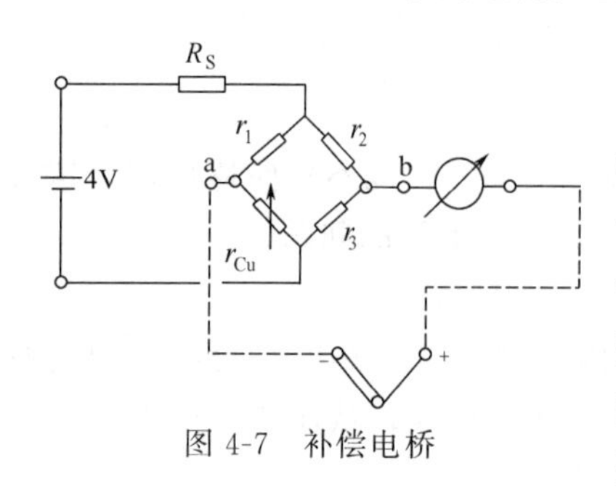

图4-7　补偿电桥

现在有一种装配式热电偶，直接制成“一体化温度变送器”。这种温度变送器具有参比端温度补偿功能，并装在接线盒中，因而不需要补偿导线，输出信号为4～20 mA或0～10mA标准信号，适用于－20～100℃的环境温度，精确度可达±0.2%，配用这种装置可简化测温电路设计。热电偶测温的专用电路模块也已有生产，在设计时可以选用。

4.2.1.6　热电偶测温应用及计算实例

例1　图4-8(a) 和 (b) 所示分别为使用铜-康铜热电偶和铁-康铜热电偶配合冰点槽冷端补偿和万用表测量热电偶回路中热电势进行测温的接线方式。试回答下列问题：

① 对于图4-8(a) 所示方案，试分析讨论万用表测量得到的热电势是否可以直接用于分度表查找或插值计算获得被测温度？

② 对于图4-8(b) 所示方案，试分析讨论万用表测量得到的热电势是否可以直接用于分度表查找或插值计算获得被测温度？

解　①对于图4-8(a) 所示方案，万用表内部接线为铜线，接入热电偶回路后可以被认为是铜电极的一部分，此外，由于冷端处理采用了冰点槽，因此万用表测量得到的热电势可以直接用于热电偶对应分度表查找或插值计算获得被测温度。

②对于图4-8(b) 所示方案，万用表内部接线为铜线，接入到热电偶回路铁电极后产生了两个接点 J_3 和 J_4，根据中间导体定则，只有在满足 J_3 和 J_4 两个接点的温度相同的条件下，万用表的接入才对热电偶回路中的热电势没有影响。因此，这种情况下万用表测量得到的热电势不可以直接用于热电偶对应分度表查找或插值计算获得被测温度。若想消除万用表接入带来的影响，应考虑如图4-8(c) 所示接线方式，即通过引入恒温槽保证 J_3 和 J_4 两个接点的温度相同，以满足中间导体定则。

例2　用T型热电偶进行测温，已知热电偶回路中测得的热电势为7.56mV，且热电偶冷端处于冰点槽中，求被测温度？

解　因热电偶冷端处于冰点槽中，测量得到的热电偶回路中的热电势可直接用于分度表查找获得被测温度。通过查表4-4，需要进行如下插值计算：

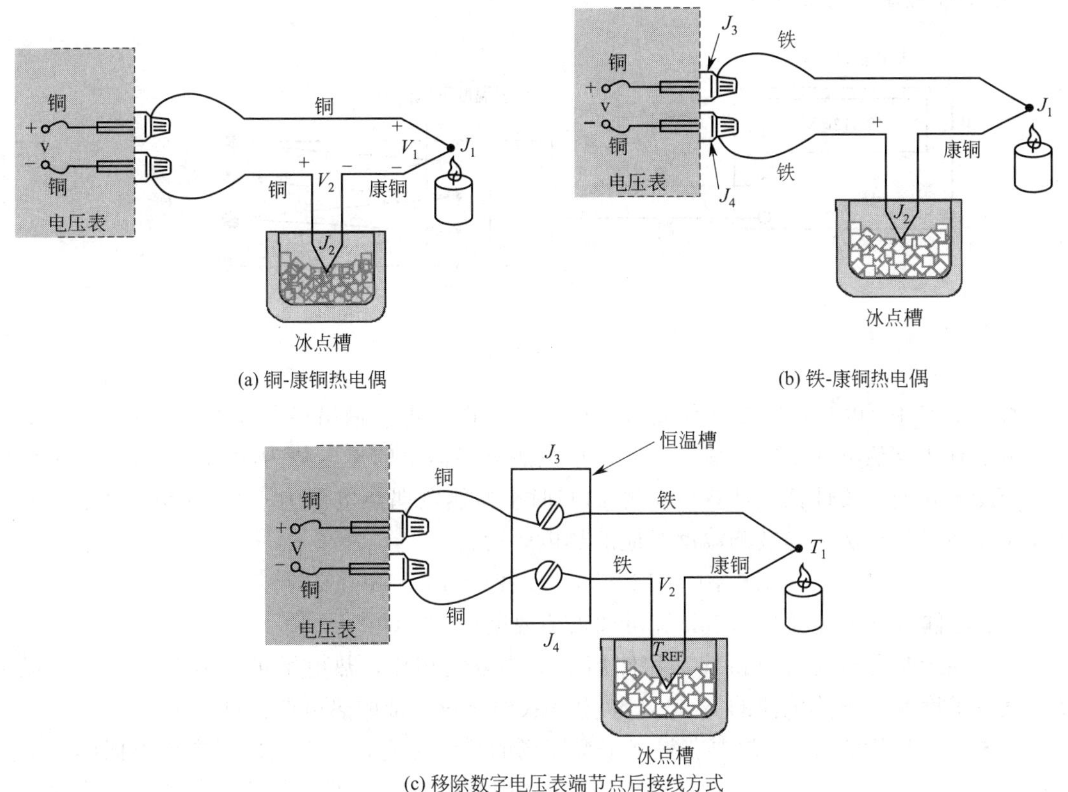

(a) 铜-康铜热电偶

(b) 铁-康铜热电偶

(c) 移除数字电压表端节点后接线方式

图 4-8 例 1 图

$$t=\frac{7.56-4.279}{9.288-4.279}\times(200-100)+100\approx165.5(℃)$$

计算后可得被测温度为 165.5℃。

例 3 用 J 型热电偶测温，冷端处于室温 20℃，热电偶输出电压为 4.25mV，求被测温度？（可能用到的 J 型热电偶分度表如下所示）

温度/℃	0	10	20	30	40	50	60	70	80	90	100
热电势/mV	0	0.507	1.019	1.537	2.059	2.585	3.116	3.65	4.187	4.726	5.269

解 由于冷端温度为 20℃，应采用冷端温度测量计算法结合中间温度定则最终获得被测温度。根据冷端温度为 20℃，查表可知对应的电势为 1.019mV，再根据中间温度定则可知与被测温度对应的热电势为：

$$E(t,0)=4.25+1.019=5.269(\text{mV})$$

查表可知被测温度为 100℃。

进行本例被测温度计算时，应避免用直接测量的热电势进行如下所示的查表计算：

$$t=\frac{4.25-4.187}{4.726-4.187}\times(90-80)+80+t_0=81.17+20=101.17(℃) \tag{4-11}$$

虽然计算结果 101.17℃与真正的被测温度 100℃相差不大，但式(4-11) 所示的计算过程建立在完全错误的热电偶冷端温度处理计算方法上。

例 4 热电堆（Thermopiles）是一种将多支相同型号的热电偶串联使用的测温器件。采用图 4-9 所示由 4 支 J 型（铁-康铜）热电偶构成的热电堆进行测温，试计算被测温度是多

少？（已知环境温度为 24℃）

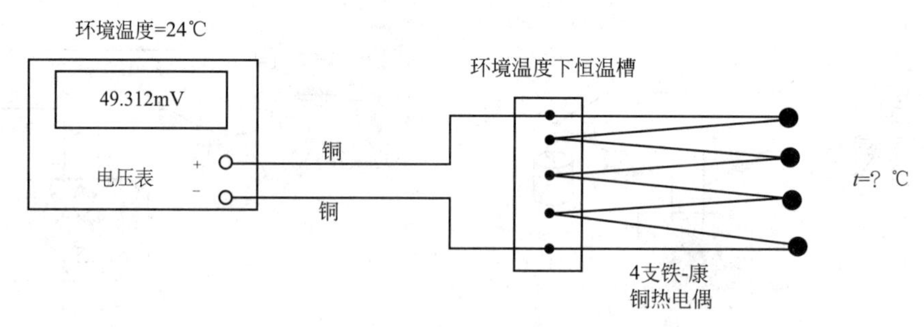

图 4-9　热电堆测温

解　由图 4-9 可知，冷端（环境温度）为 24℃时热电堆输出热电势为 49.312mV，由于该热电堆有 4 支热电偶串联构成，因此，单只热电偶输出的热电势为 12.328mV。查 J 型热电偶分度表并通过线性插值计算可获得 24℃时 J 型热电偶热电势为 1.225mV，根据热电偶冷端温度测量计算法，与被测温度对应的热电势为：

$$E(t,0)=12.328+1.225=13.553(\mathrm{mV})$$

查 J 型热电偶分度表并通过插值计算可知被测温度为 250℃。

由上述定量分析还可以得知，和使用单支热电偶相比，热电堆可以显著改善测量灵敏度。其灵敏度是单支热电偶的 N 倍，N 为串联构成热电堆的热电偶数目。

例 5　在工程实际中，想要获得某个温度场的平均温度，可以使用多支热电偶同时测量温度场内某些测点的温度并通过计算获得温度场平均温度。为此，通常需要根据每支热电偶的热电势独立处理查表计算获得各测点的温度。工程上的一种近似处理方法是可以通过将各支热电偶并联，将并联后输出的热电势作为与温度场平均温度对应的热电势进行查表计算获得平均温度。图 4-10 所示是由 3 支 J 型（铁-康铜）热电偶进行某温度场平均温度测量的例子。已知 3 个测点温度分别为 100℃、110℃、130℃，热电偶环境温度为 24℃，试决定用于测量 3 支热电偶并联输出热电势的万用表读数。

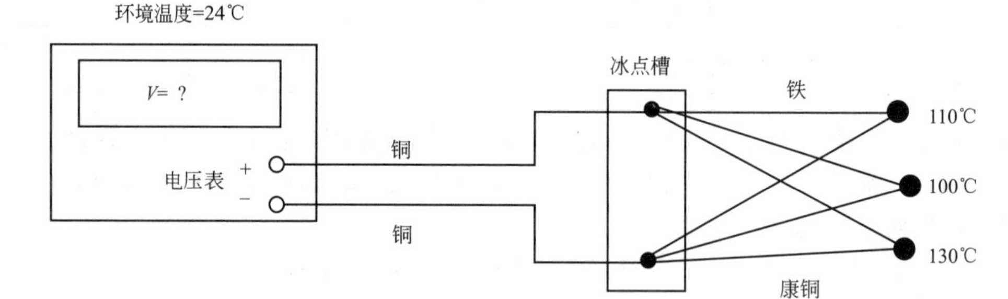

图 4-10　热电偶并联使用测量平均温度

解　结合图 4-10，查 J 型热电偶分度表并通过插值计算可知，与 3 个测点温度分别为 100℃、110℃、130℃对应的 3 支热电偶的热电势为：

$$E(100,0)=5.268-1.225=4.043(\mathrm{mV})$$

$$E(110,0)=5.812-1.225=4.587(\mathrm{mV})$$

$$E(130,0)=6.907-1.225=5.682(\mathrm{mV})$$

所以，万用表读数应为 4.771mV。

根据万用表读数也可反向计算 3 支热电偶的平均温度，与评价温度对应的热电势应为：

$$E(t,0)=4.771+1.225=5.996(\text{mV})$$

查 J 型热电偶分度表并通过插值计算可知被测温度为 113.35℃，与 3 支热电偶对应测点的真实温度 100℃、110℃、130℃三者的平均值 113.33℃十分接近。

需要指出的是，上述将多支热电偶并联使用获得平均温度的测量方法是一种为了简化热电势查表计算过程而引入的工程近似用法。

4.2.2 热电阻测温

热电阻测温基于导体或半导体的电阻值随温度而变化的特性。由导体或半导体制成的感温器件称为热电阻。

热电阻测温的优点是信号可以远传、灵敏度高、无需参比温度。金属热电阻稳定性高、互换性好、准确度高，可以用作基准仪表。其缺点是需要电源激励、有自热现象，影响测量精度。

4.2.2.1 金属热电阻

（1）热电阻材料

对热电阻的材料选择有如下要求。

① 选择电阻随温度变化成单值连续关系的材料，最好是呈线性或平滑特性，这一特性可以用分度公式和分度表描述。

② 有尽可能大的电阻温度系数。电阻温度系数一般表示为：

$$\alpha=\frac{1}{R_0}\times\frac{R_T-R_0}{T-T_0} \tag{4-12}$$

通常取 0～100℃之间的平均电阻温度系数 $\alpha=\frac{\frac{R_{100}}{R_0}}{100}$。电阻温度系数 α 与金属的纯度有关，金属越纯，α 值越大，电阻比 $W_{100}=\frac{R_{100}}{R_0}$ 是热电阻的重要指数。

③ 有较大的电阻率，以便制成小尺寸元件，减小测温热惯性。0℃时的电阻值 R_0 很重要，要选择合适的大小，并有允许误差要求。

④ 在测温范围内物理化学性能温定。

⑤ 复现性好，复制性强，易于得到高纯物质，价格较便宜。

目前使用的金属热电阻材料有铜、铂、镍、铁等，实际应用最多的是铜、铂两种材料，并已实行标准化生产。

（2）工业热电阻

① 铂热电阻　使用范围为－200～850℃，R_0 选用 10Ω 和 100Ω 两种，分度号分别为 Pt10 和 Pt100。铂热电阻的精度高，体积小，测温范围宽，稳定性好，再现性好，但是价格较贵。在高温下只适合在氧化气氛中使用，真空和还原气氛将导致电阻值迅速漂移。其电阻与温度的关系为：

当 $t\geqslant 0$℃时　　$R(t)=R_0(1+At+Bt^2)$

当 $t<0$℃时　　$R(t)=R_0[1+At+Bt^2+Ct^3(t-100)]$

式中

$$A=3.9083\times10^{-3}℃^{-1},\ B=-5.775\times10^{-7}℃^{-2},\ C=-4.183\times10^{-12}℃^{-4}$$

② 铜热电阻 使用范围为$-40\sim140$℃，R_0选用50Ω和100Ω两种，分度号分别为Cu50和Cu100。铜热电阻的线性较好；价格低；电阻率低，因而体积较大，热响应慢，但是利用这一特点可以制作测量区域平均温度的感温元件。其电阻与温度的关系为：

$$R(t)=R_0(1+At+Bt^2+Ct^3)$$

式中

$$A=4.28899\times10^{-3}℃^{-1},\ B=-2.133\times10^{-7}℃^{-2},\ C=1.233\times10^{-9}℃^{-3}$$

两种热电阻亦有分度表可查。表4-7和表4-8给出两种热电阻的特性及它们的分度表。

表4-7 工业热电阻分类及特性

项 目	铂热电阻		铜热电阻	
分度号	Pt100	Pt10	Cu100	Cu50
R_0/Ω	100	10	100	50
α/℃	0.00385		0.00428	
测温范围/℃	$-200\sim850$		$-50\sim150$	
允差/℃	A级：$\pm(0.15+0.002\lvert t\rvert)$ B级：$\pm(0.30+0.005\lvert t\rvert)$		$\pm(0.30+0.006\lvert t\rvert)$	

(3) 热电阻结构

工业热电阻结构亦有普通型和铠装型两种形式。

① 普通型热电阻 其结构如图4-11(a)所示，主要由感温元件、内引线、绝缘套管、保护套管和接线盒等部分组成。感温元件是由细的铂丝或铜丝绕在绝缘支架上构成，为了使电阻体不产生电感，电阻丝要用无感绕法绕制，如图4-11(b)所示，将电阻丝对折后双绕，使电阻丝的两端均由支架的同一侧引出。对于保护套管的要求与热电偶相同。

② 铠装热电阻 用铠装电缆作为保护管-绝缘物-内引线组件，前端与感温元件连接，外部焊接短保护管，组成铠装热电阻。铠装热电阻外径一般为2～8mm。其特点是体积小，热响应快，耐振动和冲击性能好，除感温元件部分外，其他部分可以弯曲，适合于在复杂条件下安装。

表4-8 工业热电阻分度表

t_{90}/℃	Pt100	Pt10	t_{90}/℃	Pt100	Pt10	t_{90}/℃	Pt100	Pt10
−200	18.52	1.852	160	161.05	16.105	520	287.62	28.762
−180	27.10	2.710	180	168.48	16.848	540	294.21	29.421
−160	35.54	3.554	200	175.86	17.586	560	300.75	30.075
−140	43.88	4.388	220	183.19	18.319	580	307.25	30.725
−120	52.11	5.211	240	190.47	19.047	600	313.71	31.371
−100	60.26	6.026	260	197.71	19.771	620	320.12	32.012
−80	68.33	6.833	280	204.90	20.490	640	326.48	32.648
−60	76.33	7.633	300	212.05	21.205	660	332.79	33.279
−40	84.27	8.427	320	219.15	21.915	680	339.06	33.906
−20	92.16	9.216	340	226.21	22.621	700	345.28	34.528
0	100.00	10.000	360	233.21	23.321	720	351.46	35.146
20	107.79	10.779	380	240.18	24.018	740	357.59	35.759
40	115.54	11.554	400	247.09	24.709	760	363.67	36.367
60	123.24	12.324	420	253.96	25.396	780	369.71	36.971
80	130.90	13.090	440	260.78	26.078	800	375.70	37.570
100	138.51	13.581	460	267.56	26.756	820	381.65	38.165
120	146.07	14.607	480	274.29	27.429	840	387.55	38.775
140	153.58	15.358	500	280.98	28.098	850	390.48	39.048

续表

t_{90}/℃	Cu100	Cu50	t_{90}/℃	Cu100	Cu50
−40	82.80	41.401	60	125.68	62.842
−20	94.1	45.706	80	134.24	67.119
0	100.0	50.000	100	142.80	71.400
20	108.57	54.285	120	151.37	75.687
40	117.13	58.565	140	159.97	79.983

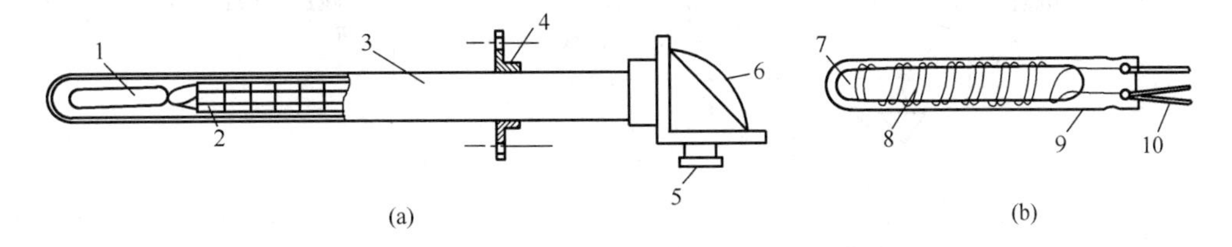

图 4-11 热电阻结构

1—电阻体；2—瓷绝缘套管；3—不锈钢套管；4—安装固定件；5—引线口；6—接线盒；7—芯柱；8—电阻丝；9—保护膜；10—引线端

(4) 热电阻引线方式

工业热电阻安装在测量现场，其引线电阻对测量结果有较大影响。热电阻的引线方式有二线制、三线制和四线制三种，如图 4-12 所示。二线制方式是在热电阻两端各连一根导线，这种引线方式简单、费用低，但是引线电阻随环境温度的变化会带来附加误差。只有当引线电阻 r 与元件电阻值 R 满足 $2r/R \leqslant 10^{-3}$ 时，引线电阻的影响才可以忽略。三线制方式是在热电阻的一端连接两根导线（其中一根作为电源线），另一端连接一根导线。当热电阻与测量电桥配用时，分别将两端引线接入两个桥臂，就可以较好地消除引线电阻影响，提高测量精度，工业热电阻测温多用此种接法。四线制方式是在热电阻两端各连两根导线，其中两根引线为热电阻提供恒流源，在热电阻上产生的压降通过另外两根导线接入电势测量仪表进行测量，当电势测量端的电流很小时，可以完全消除引线电阻对测量的影响，这种引线方式主要用于高精度的温度检测。

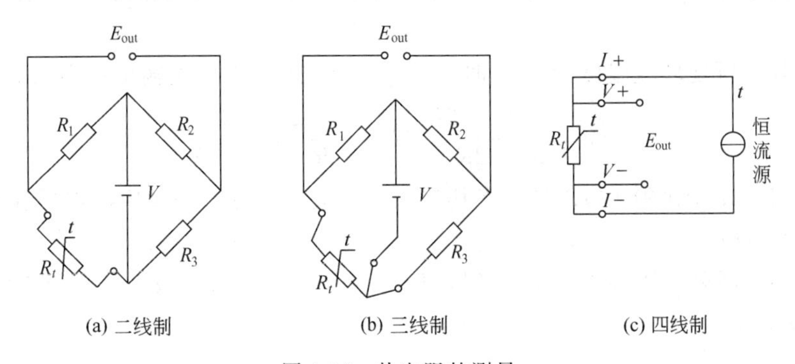

图 4-12 热电阻的测量

为进一步了解三线制热电阻接线方式的特点，以图 4-13 为例进行详细介绍。

图 4-13(a) 所示为当传感器位于远端时采用 Pt100 热电阻配合惠斯通电桥测量温度的两线制接线方式。连接热电阻和电桥的两根长导线在 25℃时的电阻均为 10.5Ω，长导线材料的电阻温度系数为 0.385%/℃，R_1,R_2,R_3 为精密电阻且其阻值随温度的变换可以忽略。

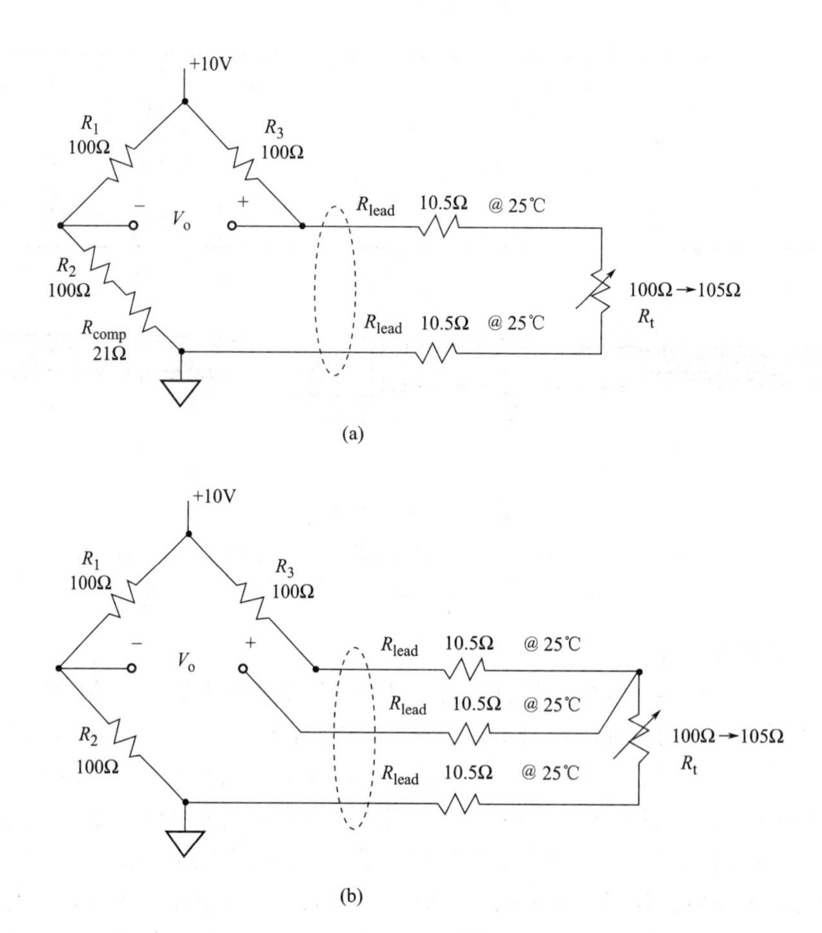

图 4-13 三线制热电阻接线方式特点举例

热电阻随被测温度的变化范围为 100Ω 到 105Ω。在设计上述热电阻测温信号调理电路时，假设长导线所处环境温度为 25℃，为消除长导线电阻带来的误差，在左下桥臂中引入阻值为 21Ω 的补偿电阻 R_{comp}。由长导线所处环境温度变化对测量造成的影响可根据如下定量分析决定。

① 当长导线所处环境温度为 25℃时，$R_{lead}=10.5\Omega$，电桥的输出可表示为：

$$V_o=V_B\left(\frac{R_t+2R_{lead}}{R_t+2R_{leat}+R_3}-\frac{R_2+R_{comp}}{R_1+R_2+R_{comp}}\right)$$

若 R_t 从 100Ω 变换到 105Ω 时，将其阻值代入上式，可得到对应的电桥输出 V_o 的变化范围为 0→100.1mV。

② 当长导线所处环境温度为 35℃时，$R_{lead}=10.5(1+0.00385\times10)\approx10.904\Omega$，电桥的输出仍可表示为：

$$V_o=V_B\left(\frac{R_t+2R_{lead}}{R_t+2R_{leat}+R_3}-\frac{R_2+R_{comp}}{R_1+R_2+R_{comp}}\right)$$

对应 R_t 从 100Ω 变换到 105Ω，相应的电桥输出 V_o 的范围为 16.5mV→115.9mV。

相对于按图 4-13(a) 考虑环境温度为 25℃设计的电桥电路，当长导线所处环境温度从 25℃变化到 35℃时，导致电桥实际输出范围从 0～100.1mV 变为了 16.5～115.9mV，相应的零点误差和量程误差为：

$$零点误差=16.5/100.1\times 100\%\approx 16.5\%$$

$$量程误差=\frac{(115.9-16.5)-100.1}{100.1}\times 100\%=-0.7\%$$

采用图 4-13(b) 的三线制接线方式后，重复上述定量分析过程可知：

$$V_o=V_B\left(\frac{R_t+R_{lead}}{R_t+2R_{leat}+R_3}-\frac{R_2}{R_1+R_2}\right)$$

25℃时，$R_{lead}=10.5\Omega$，R_t：$100\Omega\rightarrow 105\Omega$，$V_o$：$0\rightarrow 110.6mV$

35℃时，$R_{lead}=10.904\Omega$，R_t：$100\Omega\rightarrow 105\Omega$，$V_o$：$0\rightarrow 110.2mV$

相应的零点误差和量程误差为：

$$零点误差=0$$

$$量程误差=\frac{110.2-110.6}{110.6}\times 100\%=-0.36\%$$

可见，通过采用三线制接线方式，由于热电阻引线电阻随环境温度变化对测量带来的影响可以基本忽略。

4.2.2.2 热敏电阻

热敏电阻是用金属氧化物或半导体材料作为电阻体的温敏元件。热敏电阻有正温度系数（PTC）、负温度系数（NTC）和临界温度系数（CTR）热敏电阻三种，它们的温度特性曲线如图 4-14 所示。温度检测用热敏电阻主要是负温度系数热敏电阻，PTC 和 CTR 热敏电阻则利用在特定温度下电阻值急剧变化的特性构成温度开关器件。

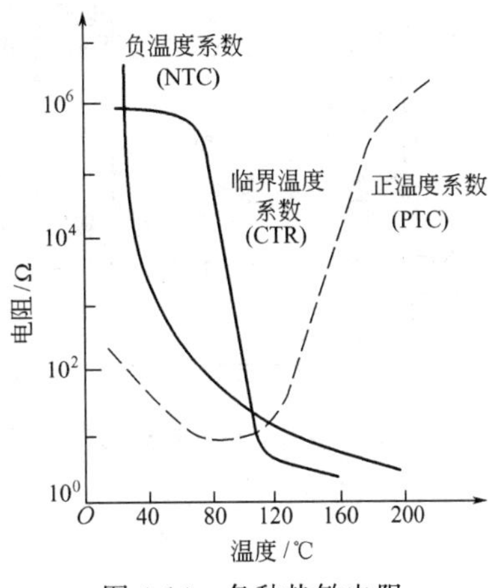

图 4-14 各种热敏电阻温度特性曲线

负温度系数热敏电阻的阻值与温度的关系近似表示为：

$$R(T)=R(T_0)e^{B\left(\frac{1}{T}-\frac{1}{T_0}\right)} \tag{4-13}$$

式中，$R(T)$,$R(T_0)$ 为热敏电阻在温度为 T,T_0 时的电阻值；B 为取决于半导体材料和结构的常数。

根据电阻温度系数的定义，可求得负温度系数热敏电阻的温度系数 α_T 为

$$\alpha_T=\frac{1}{R_T}\frac{dR_T}{dT}=-\frac{B}{T^2} \tag{4-14}$$

由上式看出，电阻温度系数 α_T 是随温度 T 而变化的，所以热敏电阻在低温段比高温段要更灵敏；B 值越大灵敏度越高。负温度系数热敏电阻的 T_0 一般为 25℃，故R(25℃) 和 B 值是热敏电阻的重要参数，要选择合适的 R（25℃）和 B 值，使热敏电阻在测温范围内有较好的稳定性。热敏电阻可以制成不同的结构形式，有珠形、片形、杆形、薄膜形等。负温度系数热敏电阻主要由单晶以及锰、镍、钴等金属氧化物制成，如有用于低温的锗电阻、碳电阻和渗碳玻璃电阻；用于中高温的混合氧化物电阻。在−50～300℃范围，珠状和柱状的金属氧化物热敏电阻的稳定性较好。

热敏电阻的优点是电阻温度系数大，α_T 在$-3\times 10^{-2}\sim -6\times 10^{-2}$℃$^{-1}$ 之间，为金属

电阻的十几倍，故灵敏度高；电阻值高，引线电阻对测温没有影响，使用方便；体积小，热响应快；结构简单可靠，价格低廉；化学稳定性好，使用寿命长。缺点是互换性差，每一品种的测温范围较窄，部分品种的稳定性差。由于这些特点，热敏电阻作为工业用测温元件，在汽车和家电领域得到大量的应用。

4.2.3　集成温度传感器

集成温度传感器的工作原理是利用半导体器件的温度特性。晶体管基极-发射极的正向压降随温度升高而减少，将感温 PN 结晶体管与有关电子线路集成化，可以构成集成温度传感器。

NPN 三极管的结电压 U_{be} 是温度的函数：

$$U_{be}=U_0-\frac{KT}{q}\ln\left(\frac{A}{I_e}\right) \tag{4-15}$$

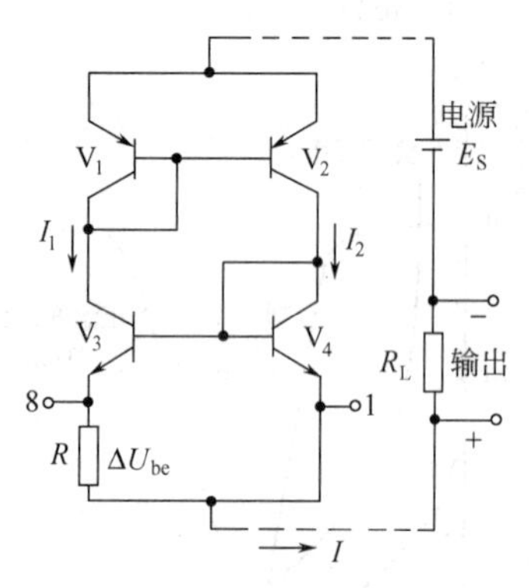

图 4-15　集成温度传感器原理

式中，U_0 为 $T=0$K 时的 U_{be} 值；K 为玻尔兹曼常数；T 为发射结所处温度；q 为电子电量；I_e 为集电极电流；A 为与温度、结构、材料等多种因素有关的常数。

采用晶体管组合集成的方法，可以制成电压输出或电流输出的集成温度传感器。电流输出型集成温度传感器的原理如图 4-15 所示，利用了两个发射极面积不同的晶体管基极-发射极电压差与温度成线性关系的特性。

图中，V_1,V_2 为一对镜像管，它们的 U_{be} 相等，集电极电流相等 $I_1=I_2$；V_3,V_4 为温度检测用晶体管，二者的发射极面积不同，其面积比为 m；R 上的电压为 V_3,V_4 的 U_{be} 的差值 ΔU_{be} 为：

$$\Delta U_{be}=\frac{KT}{q}\ln m \tag{4-16}$$

电路输出电流为：

$$I=2I_1=\frac{2KT}{qR}\ln m \tag{4-17}$$

当 R,m 一定时，输出电流与温度有良好的线性关系。

在实际电路中还包括恒流、稳压、输出、校正电路等部分，其结构外形与晶体管相同，可以金属封装或塑料封装。基于以上原理的温度传感器已有系列产品，其工作温度为−55～150℃，外接电源电压在 5～30V 内选择。集成温度传感器在工作时，必须与被测物体有良好接触，其响应速度取决于热接触条件。

4.3　非接触式测温

非接触式测温方法以辐射测温为主。具有一定温度的物体都会向外辐射能量，其辐射强度与物体的温度有关，可以通过测量辐射强度来确定物体的温度。辐射测温时，辐射感温元件不与被测介质相接触，不会破坏被测温度场，可实现遥测；测量元件不必达到与被测对象相同的温度，测量上限可以很高；辐射测温适用于很宽的测量范围，可达 −50～6000℃。但是，影响其测量精度的因素较多，应用技术较复杂。

4.3.1 辐射测温原理

(1) 普朗克定律

绝对黑体（简称黑体）的单色辐射强度 $E_{0\lambda}$ 与波长 λ 及温度 T 的关系，由普朗克公式确定：

$$E_{0\lambda}=c_1\lambda^{-5}(e^{c_2/\lambda T}-1)^{-1} \quad \mathrm{W/m^2} \tag{4-18}$$

式中，c_1 为普朗克第一辐射常数，$c_1=(3.741832\pm0.000020)\times10^{-16}\mathrm{W\cdot m^2}$；$c_2$ 为普朗克第二辐射常数，$c_2=(1.438786\pm0.000044)\times10^{-2}\mathrm{m\cdot K}$；$\lambda$ 为真空中波长，m。

(2) 维恩位移定律

单色辐射强度的峰值波长 λ_m 与温度 T 之间的关系由下式表述：

$$\lambda_m\cdot T=2.8978\times10^{-3} \quad \mathrm{m\cdot K} \tag{4-19}$$

(3) 绝对黑体的全辐射定律

若在 $\lambda=0\sim\infty$ 的全部波长范围内对 $E_{0\lambda}$ 积分，可求出全辐射能量：

$$E_0=\int_0^{\infty}E_{0\lambda}\mathrm{d}\lambda=\sigma T^4 \quad \mathrm{W/m^2} \tag{4-20}$$

式中，σ 为斯蒂芬-玻尔兹曼常数，$\sigma=(5.67032\pm0.00071)\times10^{-8}\mathrm{W/(m^2\cdot K^4)}$。

但是，实际物体多不是黑体，它们的辐射能力均低于黑体的辐射能力。实验表明大多数工程材料的辐射特性接近黑体的辐射特性，称之为灰体。可以用黑度系数来表示灰体的相对辐射能力，黑度系数定义为同一温度下灰体和黑体的辐射能力之比，用符号 ε 表示，其值均在 0～1 之间，一般用实验方法确定。ε_λ 代表单色辐射黑度系数，ε 代表全辐射黑度系数。则式(4-18) 和式(4-20) 可修正为：

$$E_\lambda=\varepsilon_\lambda c_1\lambda^{-5}(e^{c_2/\lambda T}-1)^{-1} \tag{4-21}$$

和

$$E=\varepsilon\sigma T^4 \tag{4-22}$$

4.3.2 辐射测温仪表的基本组成及常用方法

辐射测温仪表主要由光学系统、检测元件、转换电路和信号处理等部分组成，如图 4-16 所示。光学系统包括瞄准系统、透镜、滤光片等，把物体的辐射能通过透镜聚焦到检测元件；检测元件为光敏或热敏器件；转换电路和信号处理系统将信号转换、放大、进行辐射率修正和标度变换后，输出与被测温度相应的信号。

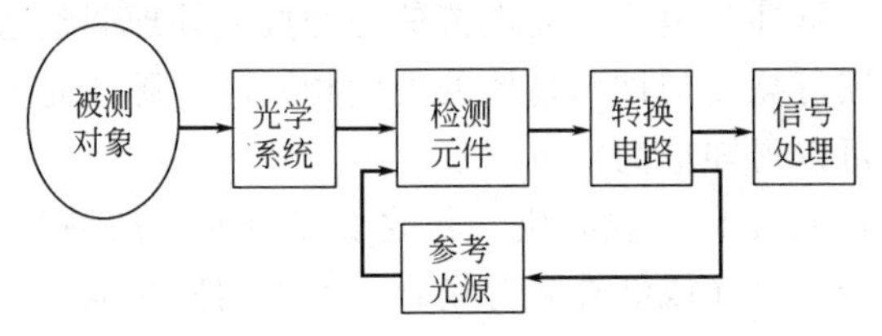

图 4-16 辐射测温仪表主要组成框图

光学系统和检测元件对辐射光谱均有选择性，因此，各种辐射测温系统一般只接收一定波长范围内的辐射能。

辐射测温的常用方法有四种：

① 亮度法　按物体的光谱或部分连续波长辐射亮度推算温度；

② 全辐射法　按物体全波长范围的辐射亮度推算温度；

③ 比色法　按物体两个波长的光谱辐射亮度之比推算温度；

④ 多色法　按物体多个波长的光谱辐射亮度和物体发射率随波长变化的规律来推算温度。

4.3.3　辐射测温仪表

（1）光电高温计

光电高温计采用亮度平衡法测温，通过测量某一波长下物体辐射亮度的变化测知其温度。亮度平衡法有光学高温计、光电高温计和部分辐射温度计等型式。光学高温计为人工操作，由人眼对高温计灯泡的灯丝亮度与被测物体的亮度进行平衡比较。光电高温计和部分辐射温度计则采用光敏器件作为感受元件，系统自动进行亮度平衡，可以连续测温。图 4-17（a）为一种光电高温计的工作原理。

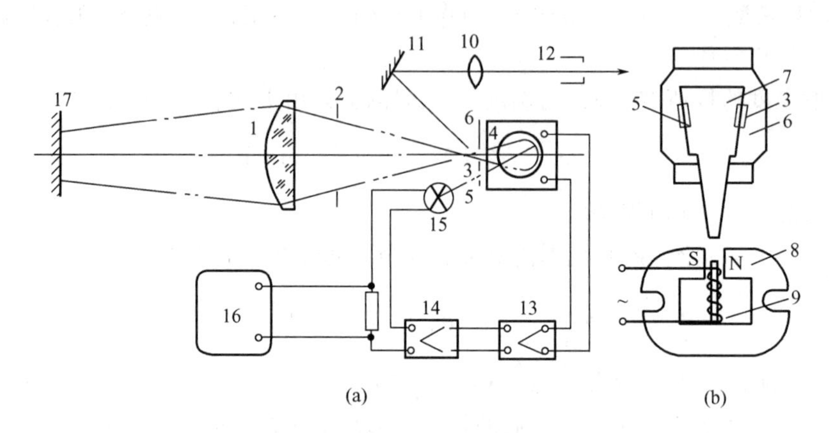

图 4-17　光电高温计的工作原理及调制器

1—物镜；2—孔径；3，5—孔；4—光电器件；6—遮光板；7—调制片；8—永久磁铁；9—激磁绕组；10—透镜；11—反射镜；12—观察孔；13—前置放大器；14—主放大器；15—反馈灯；16—电位差计；17—被测物体

被测物体发出的辐射能由物镜聚焦，通过孔径光阑和遮光板上的孔 3 和红色滤光片入射到硅光电池上，可以调正瞄准系统使光束充满孔 3。瞄准系统由透镜、反射镜和观察孔组成。从反馈灯发出的辐射能通过遮光板上的孔 5 和同一红色滤光片，也投射到同一硅光电池上。在遮光板前面装有调制片，如图 4-17（b）所示的调制器使调制片作机械振动，交替打开和遮盖孔 3 及孔 5，被测物体和反馈灯发出的辐射能交替地投射到硅光电池上。当反馈灯亮度和被测物体的亮度不同时，硅光电池将产生脉冲光电流，光电流信号经放大处理调整通过反馈灯的电流，可以改变反馈灯亮度。当反馈灯亮度与被测物体的亮度相同时，脉冲光电流接近于零。这时由通过反馈灯电流的大小就可以得知被测物体温度。

光电高温计避免了人工误差，灵敏度高，精确度高，响应快。若改变光电元件的种类，可以改变光电高温计的使用波长，就能够适用于可见光或红外光等场合。例如用硅光电池可测 600～1000℃和以上范围；用硫化铅元件则可测 400～800℃和以下范围。这类仪表分段的测温范围可达 150～3200℃。

（2）辐射温度计

辐射温度计依据全辐射定律，敏感元件感受物体的全辐射能量来测知物体的温度。辐射温度计的光学系统分为透镜式和反射镜式，检测元件有热电堆、热释电元件、硅光电池和热敏电阻等。透镜式系统将物体的全辐射能透过物镜及光阑、滤光片等聚焦于敏感元件；反射镜式系统则将全辐射能反射后聚焦在敏感元件上。图 4-18 为这两种系统的示意图。此类温度计的测温范围在 400～2000℃。

（3）比色温度计

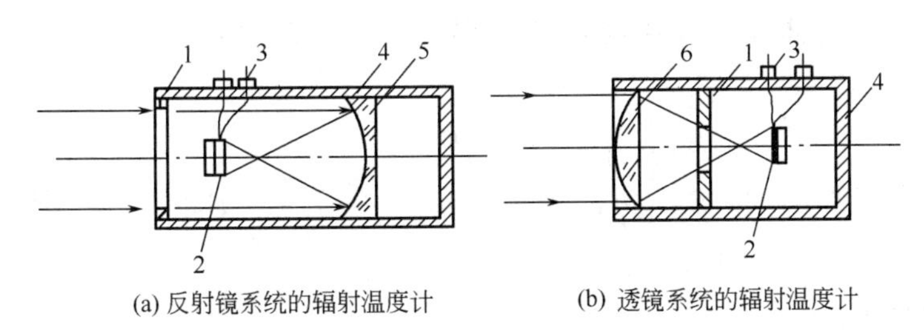

(a) 反射镜系统的辐射温度计　　(b) 透镜系统的辐射温度计

图 4-18　透镜式和反射镜式系统的示意

1—光阑；2—检测元件；3—输出端子；4—外壳；5—反射聚光镜；6—透镜

比色温度计是利用被测对象的两个不同波长（或波段）光谱辐射亮度之比实现辐射测温。由维恩位移定律可知，物体温度变化时，辐射强度的峰值将向波长增加或减少的方向移动，将使波长 λ_1 和 λ_2 下的亮度比发生变化，测量亮度比的变化，可测得相应的温度。

对应于波长 λ_1 和 λ_2 的光谱辐射亮度比的对数表示为：

$$\ln R=\ln\frac{B_{0\lambda_1}}{B_{0\lambda_2}}=5\ln\frac{\lambda_2}{\lambda_1}+\frac{c_2}{T}\left(\frac{1}{\lambda_2}-\frac{1}{\lambda_1}\right) \tag{4-23}$$

当 λ_1 和 λ_2 一定时，有

$$T=\frac{c_2\left(\frac{1}{\lambda_2}-\frac{1}{\lambda_1}\right)}{\ln R-5\ln\frac{\lambda_2}{\lambda_1}} \tag{4-24}$$

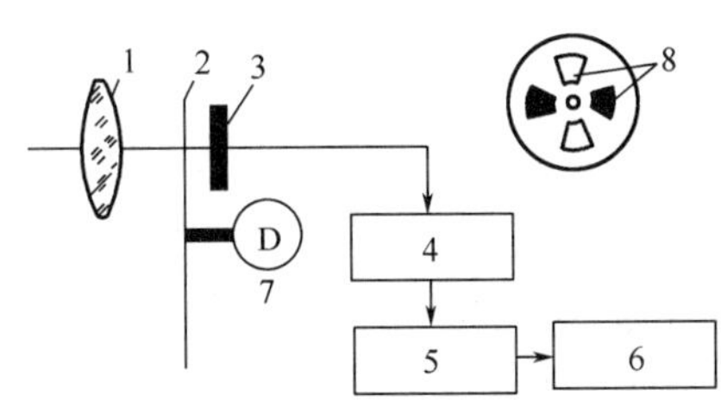

图 4-19　单通道型比色温度计原理

1—物镜；2—调制盘；3—检测元件；4—放大器；5—计算电路；6—显示仪表；7—马达；8—滤光片

只要测出波长 λ_1 和 λ_2 下的亮度比，就可以求出被测温度。

比色温度计分单通道型、双通道型和色敏型。图 4-19 为单通道型比色温度计原理示意图，由电机带动的调制盘以固定频率旋转，调制盘上交替镶嵌着两种不同的滤光片，使被测对象的辐射变成两束不同波长的辐射，交替地投射到同一检测元件上，在转换为电信号后，求出比值，即可求得被测温度。

双通道型采用分光的方法，由两个检测元件接受信号。色敏型则采用色敏元件，在一个探测器中有两个响应不同波长的单元。

典型比色温度计的工作波长为 1.0μm 附近的两个窄波段，测量范围在 550～3200℃。

4.3.4 辐射测温仪表的表观温度

辐射测温仪表均以黑体炉等作基准进行标定，其示值是按黑体温度刻度的。各种物体因其黑度系数 ε_λ 的不同，在实际测温时必须考虑发射率的影响。辐射仪表的表观温度是指在仪表工作波长范围内，温度为 T 的辐射体的辐射情况与温度为 T_A 的黑体的辐射情况相等，则 T_A 就是该辐射体的表观温度。由表观温度可以求得被测物体的实际温度。本节介绍的三种测温仪表分别对应的表观温度为亮度温度、辐射温度和比色温度。

（1）亮度温度

物体在辐射波长为 λ、温度为 T 时的亮度，和黑体在相同波长、温度为 T_L 时的亮度

相等时，称 T_L 为该物体在波长 λ 时的亮度温度。当灯丝亮度与物体亮度相等时，有以下关系：

$$B_\lambda = B_{0\lambda} \tag{4-25}$$

式中，B_λ 为物体亮度，$B_\lambda = C\varepsilon_\lambda c_1 \lambda^{-5} e^{-c_2/\lambda T}$；$B_{0\lambda}$ 为黑体亮度，$B_{0\lambda} = Cc_1 \lambda^{-5} e^{-c_2/\lambda T_L}$；$\lambda$ 为红光波长。

则由上式可推出：

$$\frac{1}{T_L} - \frac{1}{T} = \frac{\lambda}{c_2} \ln \frac{1}{\varepsilon_\lambda} \tag{4-26}$$

若已知物体的黑度系数 ε_λ，就可以从亮度温度 T_L 求出物体的真实温度 T。

（2）辐射温度

当被测物体的真实温度为 T 时，其全辐射能量 E 与黑体在温度为 T_P 时的全辐射能量 E_0 相等，称 T_P 为被测物体的辐射温度。

当 $E = E_0$ 时有：

$$\varepsilon\sigma T^4 = \sigma T_P^4 \tag{4-27}$$

则辐射温度计测出的实际温度为：

$$T = T_P \sqrt[4]{\frac{1}{\varepsilon}} \tag{4-28}$$

（3）比色温度

热辐射体与绝对黑体在两个波长的光谱辐射亮度比相等时，称黑体的温度 T_R 为热辐射体的比色温度。可由式(4-26) 求得物体实际温度与比色温度的关系：

$$\frac{1}{T} - \frac{1}{T_R} = \frac{\ln \dfrac{\varepsilon(\lambda_1, T)}{\varepsilon(\lambda_2, T)}}{c_2 \left(\dfrac{1}{\lambda_1} - \dfrac{1}{\lambda_2}\right)} \tag{4-29}$$

式中，$\varepsilon(\lambda_1, T)$,$\varepsilon(\lambda_2, T)$分别为物体在 λ_1 和 λ_2 时的光谱发射率。

4.4　光纤温度传感器

光纤温度传感器是采用光纤作为敏感元件或能量传输介质而构成的新型测温仪表，它有接触式和非接触式等多种型式。光纤传感器的特点是灵敏度高；电绝缘性能好，可适用于强烈电磁干扰、强辐射的恶劣环境；体积小、重量轻、可弯曲；可实现不带电的全光型探头等。近几年来光纤温度传感器在许多领域得到应用。

光纤传感器由光源激励、光源、光纤（含敏感元件）、光检测器、光电转换及处理系统和各种连接件等部分构成。光纤传感器可分为功能型和非功能型两种型式，功能型传感器是利用光纤的各种特性，由光纤本身感受被测量的变化，光纤既是传输介质，又是敏感元件；非功能型传感器又称传光型，是由其他敏感元件感受被测量的变化，光纤仅作为光信号的传输介质。

非功能型光纤温度传感器在实际中得到较多的应用，并有多种类型，已实用化的温度计有液晶光纤温度传感器、荧光光纤温度传感器、半导体光纤温度传感器和光纤辐射温度计等。

4.4.1 液晶光纤温度传感器

液晶光纤温度传感器利用液晶的“热色”效应而工作。例如在光纤端面上安装液晶片，在液晶片中按比例混入三种液晶，温度在 10～45℃范围变化，液晶颜色由绿变成深红，光的反射率也随之变化，测量光强变化可知相应温度，其精度约为 0.1℃。不同型式的液晶光纤温度传感器的测温范围可在－50～250℃之间。

4.4.2 荧光光纤温度传感器

荧光光纤温度传感器的工作原理是利用荧光材料的荧光强度随温度而变化，或荧光强度的衰变速度随温度而变化的特性，前者称荧光强度型，后者称荧光余辉型。其结构是在光纤头部粘接荧光材料，用紫外光进行激励，荧光材料将会发出荧光，检测荧光强度就可以检测温度。荧光强度型传感器的测温范围为－50～200℃；荧光余辉型温度传感器的测温范围为－50～250℃。

4.4.3 半导体光纤温度传感器

半导体光纤温度传感器是利用半导体的光吸收响应随温度而变化的特性，根据透过半导体的光强变化检测温度。例如单波长式半导体光纤温度传感器，半导体材料的透光率与温度的特性曲线如图 4-20 所示，温度变化时，半导体的透光率曲线亦随之变化。当温度升高时，曲线将向长波方向移动，在光源的光谱处于 λ_g 附近的特定入射波长的波段内，其透过光强将减弱，测出光强变化就可知对应的温度变化。半导体光纤温度传感器的装置简图及探头结构见图 4-21。这类温度计的测温范围为－30～300℃。

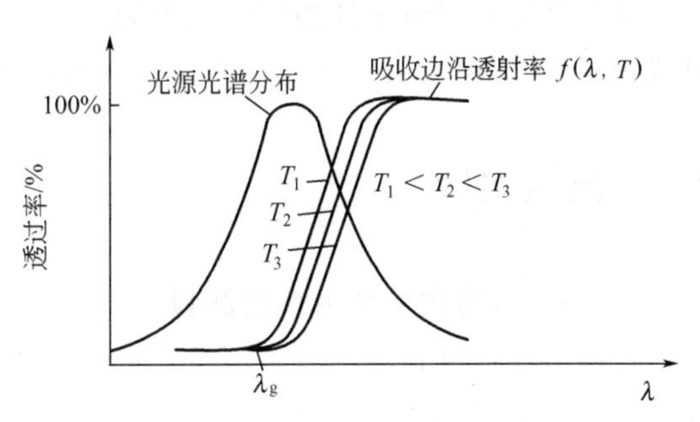

图 4-20 半导体材料透光率与温度的特性曲线

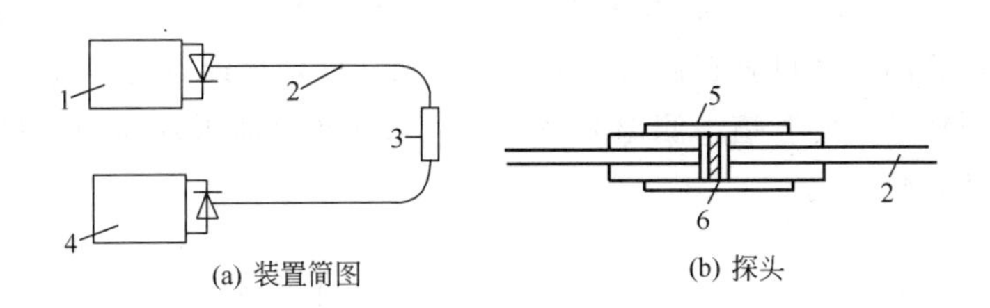

图 4-21 半导体光纤温度传感器的装置简图及探头结构

1—光源；2—光纤；3—探头；4—光探测器；5—不锈钢套；6—半导体吸收元件

4.4.4 光纤辐射温度计

光纤辐射温度计的工作原理和分类与普通的辐射测温仪表类似，它可以接近或接触目标进行测温。目前，因受光纤传输能力的限制，其工作波长一般为短波，采用亮度法或比色法测量。

光纤辐射温度计的光纤可以直接延伸为敏感探头，也可以经过耦合器，用刚性光导棒延伸，如图 4-22 所示。光纤敏感探头有多种型式，例如直型、楔型、带透镜型和黑体型等，如图 4-23(a)、(b)、(c)、(d) 所示。

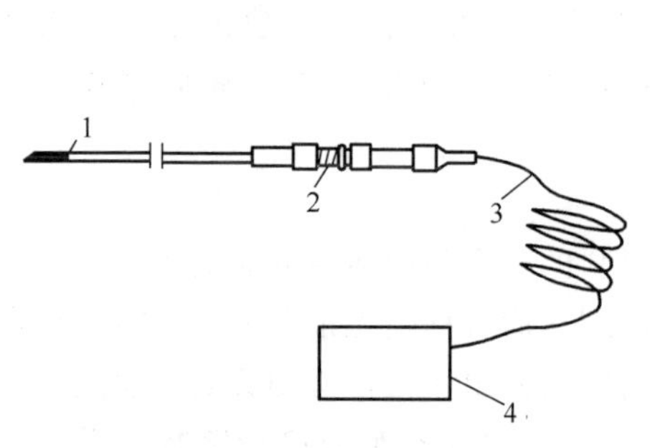

图 4-22　光纤辐射温度计
1—光纤头；2—耦合器；3—光纤；
4—信号处理单元

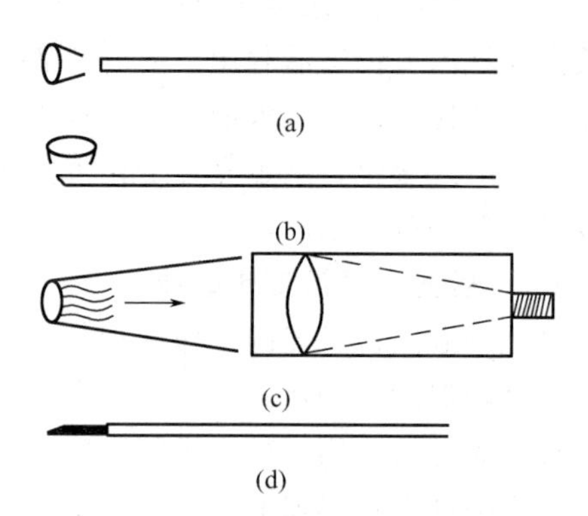

图 4-23　光纤敏感探头的多种型式

典型光纤辐射温度计的测温范围为 200～4000℃，分辨率可达 0.01℃，在高温时精确度可优于±0.2%读数值，其探头耐温一般可达 300℃，加冷却后可到 500℃。

4.5　测温实例

4.5.1　管道内流体温度的测量

通常采用接触式测温方法测量管道内流体的温度，测温元件直接插入流体中。为了正确地反映流体温度和减少测量误差，要注意合理地选择测点位置，并使测温元件与流体充分接触。通常要考虑以下几点：

① 测点位置要选在有代表性的地点，不能在温度的死角区域，尽量避免电磁干扰。

② 要保证测温元件有一定的插入深度，元件的感温点应处于管道中心流速最大处。对于直径大的管道，测温元件可垂直插入；为增加插入深度，可迎着流体流动的方向斜向插入测温元件；对于内径较小的管道，测温元件可插入弯头处或加装扩大管。图 4-24 给出了几种常见的测温元件安装方式。

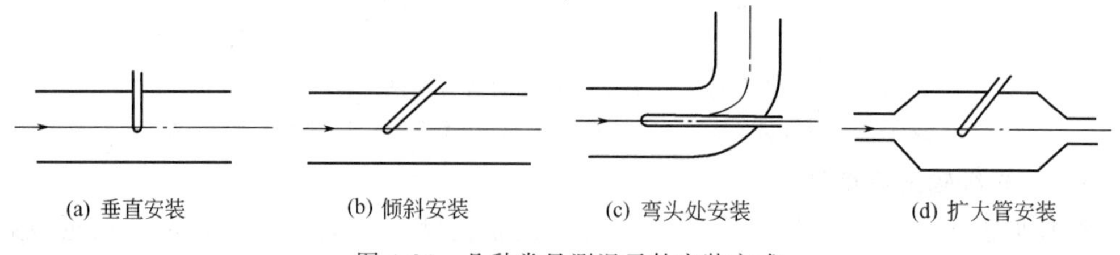

图 4-24　几种常见测温元件安装方式

③ 对于高温管道，在测点引出处要加保温材料隔热，以减少热损失带来的测量误差。

4.5.2　烟道中烟气温度的测量

烟道的管径很大，测温元件插入深度有时可达 2m，应注意减低套管的导热误差和向周围环境的辐射误差。可以在测温元件外围加热屏蔽罩，如图 4-25 所示。也可以采用抽气的办法加大流速，增强对流换热，减少辐射误差。图 4-26 给出一种抽气装置的示意图，热电偶装于有多层屏蔽的管中，屏蔽管的后部与抽气器连接。当蒸汽或压缩空气通过抽气器时，会夹带着烟气以很高的流速流过热电偶测量端。在抽气管路上加装的孔板是为了测量抽气流量，以计算测量处的流速来估计误差。

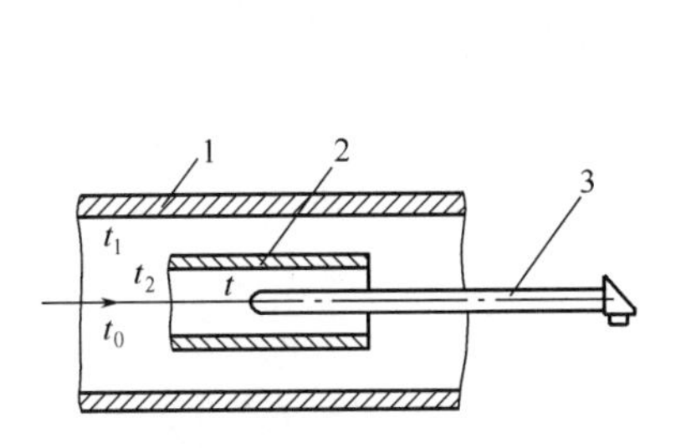

图 4-25　测温元件外围加热屏蔽罩

1—外壁；2—屏蔽罩；3—温度计

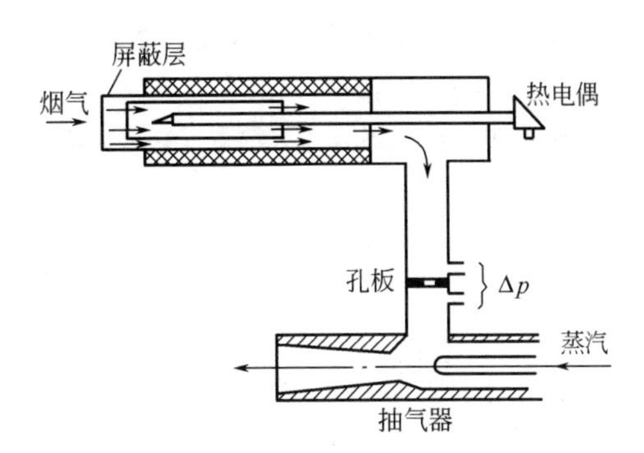

图 4-26　抽气装置的示意图

4.5.3　非接触法测量物体表面温度

用辐射式温度计测温时，测温仪表不接触被测物体，但须注意使用条件和安装要求，以减少测量误差。提高测量准确性的措施有以下几个方面。

① 合理选择测量距离　温度计与被测对象之间的距离，应满足仪表的距离系数 L(测量距离)/d(视场直径)的要求。温度计的距离系数规定了对一定尺寸的被测对象进行测量时最长的测量距离 L，以保证目标充满温度计视场。使用时，一般使目标直径为视场直径的1.5～2 倍，可以接收到足够的辐射能量。

② 减小发射率影响　可以设法提高目标发射率，如改善目标表面粗糙度；目标表面涂敷耐温的高发射率涂料；目标表面适度氧化等。一般仪表中均加有发射率的设定功能，以进行发射率修正。

③ 减少光路传输损失　光路传输损失包括窗口吸收；光路阻挡；烟、尘、气的吸收。可以选择特定的工作波长、加装吹净装置或窥视管等。

④ 减低背景辐射影响　背景辐射包括杂散辐射、透射辐射和反射辐射。可以相应地加遮光罩、窥视管或选择特定的工作波长等。

思考题与习题

4-1　国际实用温标的作用是什么？它主要由哪几部分组成？

4-2　热电偶的测温原理和热电偶测温的基本条件是什么？

4-3　用分度号为 S 的热电偶测温，其参比端温度为 20℃，测得热电势 $E=(t,20)=11.30\text{mV}$，试求被测温度 t。

4-4　用分度号为 K 的热电偶测温，已知其参比端温度为 25℃，热端温度为 750℃，其产生的热电势是多少？

4-5　在用热电偶测温时为什么要保持参比端温度恒定？一般都采用哪些方法？

4-6　在热电偶测温电路中采用补偿导线时，应如何连接？需要注意哪些问题？

4-7　以电桥法测定热电阻的电阻值时，为什么常采用三线制接线方法？

4-8　由各种热敏电阻的特性，分析其各适用什么场合。

4-9　分析接触测温方法产生测温误差的原因，在实际应用中用哪些措施克服?

4-10　辐射测温仪表的基本组成是什么。

4-11　辐射测温仪表的表观温度与实际温度有什么关系?

4-12　某单色辐射温度计的有效波长 $\lambda_e=0.9\mu m$，被测物体发射率 $\varepsilon_{\lambda T}=0.6$，测得亮度温度 $T_L=1100℃$，求被测物体实际温度。

4-13　光纤温度传感器有什么特点? 它可以应用于哪些特殊的场合?

5 压力检测

压力是工业生产过程中重要工艺参数之一。许多工艺过程只有在一定的压力条件下进行，才能取得预期的效果；压力的监控也是安全生产的保证。压力的检测和控制是保证工业生产过程经济性和安全性的重要环节。压力测量仪表还广泛地应用于流量和液位的间接测量方面。

5.1 压力单位及压力检测方法

5.1.1 压力的单位

在工程上，“压力”定义为垂直均匀地作用于单位面积上的力，通常用 p 表示，单位力作用于单位面积上，为一个压力单位。在国际单位制中，定义 1 牛顿力垂直均匀地作用在 1 平方米面积上所形成的压力为 1 “帕斯卡”，简称“帕”，符号为 Pa。加上词头又有千帕（kPa）、兆帕（MPa）等。我国已规定帕斯卡为压力的法定单位。

过去，在有关部门曾经使用的压力单位还有工程大气压、物理大气压、巴、毫米水柱、毫米汞柱等。表 5-1 给出了各压力单位之间的换算关系。

表 5-1 压力单位换算表

单位	帕/Pa	巴/bar	工程大气压/(kgf/cm^2)	标准大气压/atm	毫米水柱/mmH_2O	毫米汞柱/mmHg	磅力/平方英寸/(lbf/in^2)
帕/Pa	1	1×10^{-5}	1.019716×10^{-5}	0.9869236×10^{-5}	1.019716×10^{-1}	0.75006×10^{-2}	1.450442×10^{-4}
巴/bar	1×10^{5}	1	1.019716	0.9869236	1.019716×10^{4}	0.75006×10^{3}	1.450442×10
工程大气压/(kgf/cm^2)	0.980665×10^{5}	0.980665	1	0.96784	1×10^{4}	0.73556×10^{3}	1.4224×10
标准大气压/atm	1.01325×10^{5}	1.01325	1.03323	1	1.03323×10^{4}	0.76×10^{3}	1.4696×10
毫米水柱/mmH_2O	0.980665×10	0.980665×10^{-4}	1×10^{-4}	0.96784×10^{-4}	1	0.73556×10^{-1}	1.4224×10^{-3}
毫米汞柱/mmHg	1.333224×10^{2}	1.333224×10^{-3}	1.35951×10^{-3}	1.3158×10^{-3}	1.35951×10	1	1.9338×10^{-2}
磅力/平方英寸/(lbf/in^2)	0.68949×10^{4}	0.68949×10^{-1}	0.70307×10^{-1}	0.6805×10^{-1}	0.70307×10^{3}	0.51715×10^{2}	1

5.1.2 压力的几种表示方法

在工程上，压力有几种不同的表示方法，并且有相应的测量仪表。

① 绝对压力　被测介质作用在容器表面积上的全部压力称为绝对压力，用符号 p_i 表示。用来测量绝对压力的仪表，称为绝对压力表。

② 大气压力　由地球表面空气柱重量形成的压力，称为大气压力。它随地理纬度、海拔高度及气象条件而变化，其值用气压计测定，用符号 p_d 表示。

③ 表压力　通常压力测量仪表是处于大气之中，则其测得的压力值等于绝对压力和大气压力之差，称为表压力，用符号 p_b 表示。有

$$p_b = p_i - p_d \tag{5-1}$$

一般地说，常用的压力测量仪表测得的压力值均是表压力。

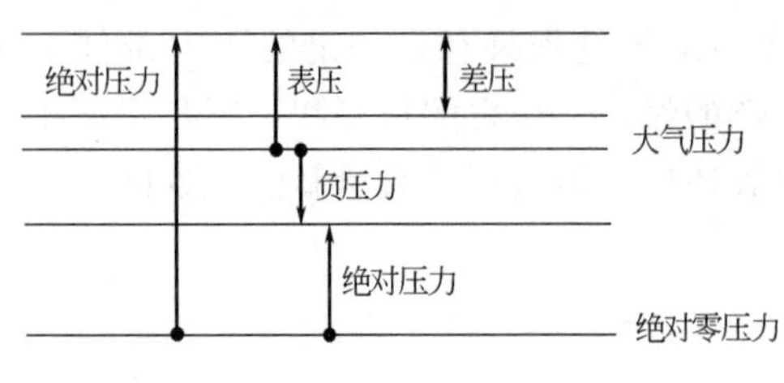

图 5-1　各种压力表示法间的关系

④ 真空度　当绝对压力小于大气压力时，表压力为负值（负压力），其绝对值称为真空度，用符号 p_z 表示，可表示为：

$$p_z = p_d - p_i \tag{5-2}$$

用来测量真空度的仪表称为真空表。

⑤ 差压　设备中两处的压力之差简称为差压。生产过程中有时直接以差压作为工艺参数，差压测量还可作为流量和物位测量的间接手段。

这几种表示法的关系由图 5-1 示出。

5.1.3　压力检测的主要方法及分类

根据不同工作原理，主要的压力检测方法及分类有如下几种。

（1）重力平衡方法

① 液柱式压力计　基于液体静力学原理。被测压力与一定高度的工作液体产生的重力相平衡，将被测压力转换为液柱高度来测量，其典型仪表是 U 形管压力计。这类压力计的特点是结构简单、读数直观、价格低廉，但一般为就地测量，信号不能远传；可以测量压力、负压和压差；适合于低压测量，测量上限不超过 0.1～0.2MPa；精确度通常为±0.02%～±0.15%。高精度的液柱式压力计可用作基准器。

② 负荷式压力计　基于重力平衡原理。其主要形式为活塞式压力计。被测压力与活塞以及加于活塞上的砝码的重量相平衡，将被测压力转换为平衡重物的重量来测量。这类压力计测量范围宽、精确度高（可达±0.01%）、性能稳定可靠，可以测量正压、负压和绝对压力，多用作压力校验仪表。单活塞压力计测量范围达 0.04～2500MPa，此外还有测量低压和微压的其他类型的负荷式压力计。

（2）机械力平衡方法

这种方法是将被测压力经变换元件转换成一个集中力，用外力与之平衡，通过测量平衡时的外力可以测知被测压力。力平衡式仪表可以达到较高精度，但是结构复杂。这种类型的压力、差压变送器在电动组合仪表和气动组合仪表系列中有较多应用。

（3）弹性力平衡方法

此种方法利用弹性元件的弹性变形特性进行测量。被测压力使测压弹性元件产生变形，因弹性变形而产生的弹性力与被测压力相平衡，测量弹性元件的变形大小可知被测压力。此类压力计有多种类型，可以测量压力、负压、绝对压力和压差，其应用最为广泛。

（4）物性测量方法

基于在压力的作用下，测压元件的某些物理特性发生变化的原理。

① 电测式压力计　利用测压元件的压阻、压电等特性或其他物理特性，将被测压力直接转换为各种电量来测量。多种电测式类型的压力传感器，可以适用于不同的测量场合。

② 其他新型压力计　如集成式压力计、光纤压力计等。

5.2　常用压力检测仪表

5.2.1　弹性压力计

弹性压力计利用弹性元件受压变形的原理。弹性元件在弹性限度内受压变形，其变形大小与外力成比例，外作用力取消后，元件将恢复原有形状。利用变形与外力的关系，对弹性元件的变形大小进行测量，可以求得被测压力。

弹性压力计的组成一般包括几个主要环节，如图 5-2 所示。弹性元件是仪表的核心部分，其作用是感受压力并产生弹性变形，弹性元件采用何种形式要根据测量要求进行选择和设计；在弹性元件与指示机构之间的变换放大机构，其作用是将弹性元件的变形进行变换和放大；指示机构如指针与刻度标尺，用于给出压力示值；调整机构是用于调整仪表的零点和量程。

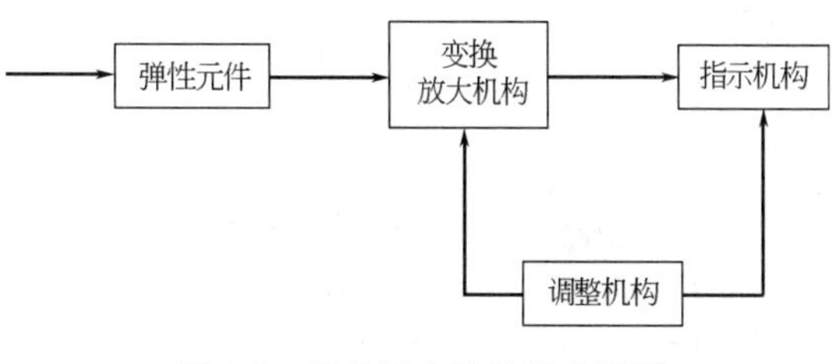

图 5-2　弹性压力计的组成框图

（1）测压弹性元件

弹性元件主要有以下几种形式。

① 弹性膜片　这是一种外缘固定的圆形片状弹性元件，膜片的弹性特性一般由中心位移与压力的关系表示。按剖面形状及特性，弹性膜片又分为平膜片、波纹膜片和挠性膜片。平膜片的使用位移很小，弹性特性有良好的线性关系。波纹膜片是压有环状同心波纹的圆膜片，波纹的形状有正弦形、锯齿形、梯形等。其位移与压力的关系，由波纹的形状、深度和波纹数确定。为了测量微小压力，还可以制成膜盒，以增大膜片位移。挠性膜片仅作为隔离膜片使用，它要与测力弹簧配用。

② 波纹管　波纹管由整片弹性材料加工而成，是一种壁面具有多个同心环状波纹，一端封闭的薄壁圆管。波纹管的开口端固定，由此引入被测压力。在其内腔及周围介质的压差作用下，封闭端将产生位移，此位移与压力在一定的范围内呈线性关系。在使用时一般要应用在线性段，也可以在波纹管内加螺旋弹簧以改善特性。用波纹管作弹性元件的压力计，一般用于测量较低压力或压差。

③ 弹簧管　弹簧管是一根弯成圆弧状的、具有不等轴截面的金属管。常见的不等轴截面是扁圆和椭圆形。弹簧管的一端封闭并处于自由状态为自由端，另一端开口为固定端，被测压力由固定端通入弹簧管内腔。在压力的作用下，弹簧管横截面有变圆的趋向，弹簧管亦随之产生向外伸直的变形，从而引起自由端位移。自由端的位移量与所加压力有关，可以由此得知被测压力的大小。单圈弹簧管中心角一般是 270°，为了增加位移量，可以做成多圈弹簧管形式。

弹性元件常用的材料有铜合金、弹性合金、不锈钢等，各适用于不同的测压范围和被测介质。近来半导体硅材料得到了更多的应用。表 5-2 给出几种弹性元件的结构示意及特性。各种弹性元件组成了多种形式的弹性压力计，它们通过各种传动放大机构直接指示被测压力值。这类直读式测压仪表有弹簧管压力计、波纹管差压计、膜盒式压力计等。

表 5-2 弹性元件的结构和性质

类别	名称	示意图	测量范围/Pa		输出特性	动态性质	
			最小	最大		时间常数/s	自振频率/Hz
薄膜式	平薄膜		$0\sim10^{4}$	$0\sim10^{8}$		$10^{5}\sim10^{-2}$	10
	波纹膜		$0\sim1$	$0\sim10^{6}$		$10^{-2}\sim10^{-3}$	$10\sim100$
	挠性膜		$0\sim10^{-2}$	$0\sim10^{5}$		$10^{-2}\sim1$	$1\sim100$
波纹管式	波纹管		$0\sim1$	$0\sim10^{6}$		$10^{-2}\sim10^{-1}$	$10\sim100$
弹簧管式	单圈弹簧管		$0\sim10^{2}$	$0\sim10^{9}$		—	$100\sim1000$
	多圈弹簧管		$0\sim10$	$0\sim10^{8}$		—	$10\sim100$

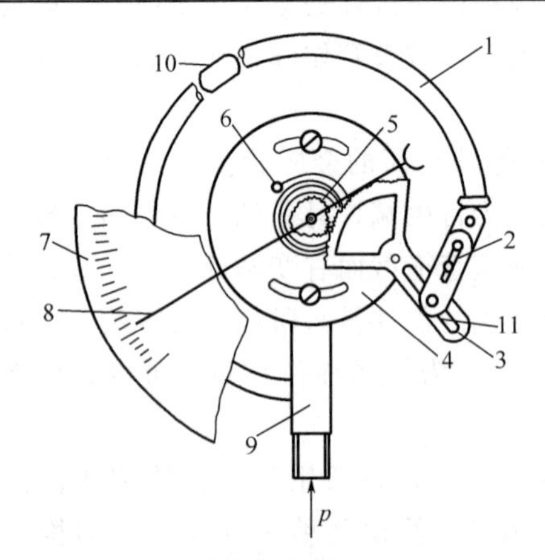

图 5-3 弹簧管压力计结构

1—弹簧管；2—连杆；3—扇形齿轮；4—底座；5—中心齿轮；6—游丝；7—表盘；8—指针；9—接头；10—横断面；11—灵敏度调整槽

(2) 弹簧管压力计

弹簧管压力计是最常用的直读式测压仪表，其一般结构如图 5-3 所示。

被测压力由接口引入，使弹簧管自由端产生位移，通过拉杆使扇形齿轮逆时针偏转，并带动啮合的中心齿轮转动，与中心齿轮同轴的指针将同时顺时针偏转，并在面板的刻度标尺上指示出被测压力值。通过调整螺钉可以改变拉杆与扇形齿轮的接合点位置，从而改变放大比，调整仪表的量程。转动轴上装有游丝，用以消除两个齿轮啮合的间隙，减小仪表的变差。直接改变指针套在转动轴上的角度，就可以调整仪表的机械零点。

弹簧管压力计结构简单，使用方便，价格低廉，测压范围宽，应用十分广泛。一般弹簧管压力计的测压范围为$-10^5\sim10^9$Pa；精确度最高可达±0.1%。

（3）波纹管差压计

采用膜片、膜盒、波纹管等弹性元件可以制成差压计。图5-4给出双波纹管差压计结构示意图，双波纹管差压计是一种应用较多的直读式仪表，其测量机构包括波纹管、量程弹簧组和扭力管组件等。仪表两侧的高压波纹管和低压波纹管为测量主体，感受引入的差压信号，两个波纹管由连杆连接，内部填充液体用以传递压力。差压信号引入后，低压波纹管自由端带动连杆位移，连杆上的挡板推动摆杆使扭力管机构偏转，扭力管芯轴的扭转发生角度变化，扭转角变化传送给仪表的显示机构，可以给出相对应的被测差压值。量程弹簧的弹性力和波纹管的弹性变形力与被测差压的作用力相平衡，改变量程弹簧的弹性力大小可以调整仪表的量程。高压波纹管与补偿波纹管相连，用来补偿填充液因温度变化而产生的体积膨胀。差压计使用时要注意的问题是，仪表所引入的差压信号中包含有测点处的工作压力，又称背景压力。所以尽管需要测量的差压值并不很高，但是差压计要经受高的工作压力，因此在差压计使用中要避免单侧压力过载。一般差压计要装配平衡附件，例如图5-4中所示的三个阀门的组合，在两个截止阀间安装一个平衡阀，平衡阀只在差压计测量时关闭，不工作期间则打开，用以平衡正负压侧的压力，避免单向过载。新型差压计的结构设计均已考虑到单向过载保护功能。

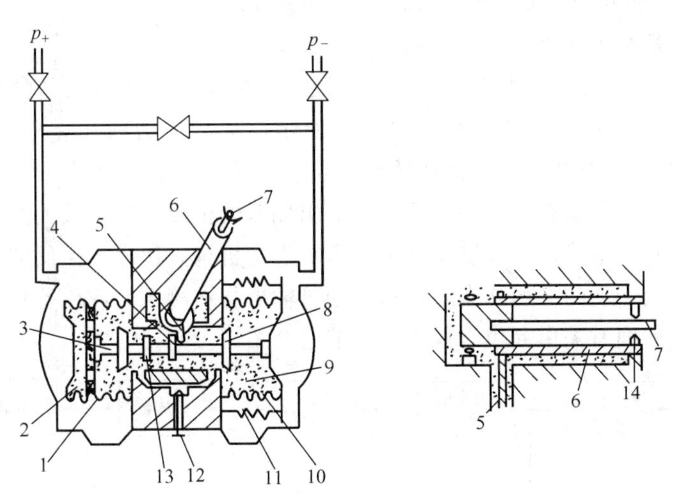

图5-4　双波纹管差压计结构示意

1—高压波纹管；2—补偿波纹管；3—连杆；4—挡板；5—摆杆；6—扭力管；7—芯轴；8—保护阀；9—填充液；10—低压波纹管；11—量程弹簧；12—阻尼阀；13—阻尼环；14—轴承

（4）弹性测压计信号的远传方式

弹性测压计可以在现场指示，但是更多情况下要求将信号远传至控制室。一般在已有的弹性测压计结构上增加转换部件，就可以实现信号的远距离传送。弹性测压计信号多采用电远传方式，即把弹性元件的变形或位移转换为电信号输出。常见的转换方式有电位器式、霍尔元件式、电感式、差动变压器式等，图5-5给出两种电远传弹性压力计结构原理。

图5-5(a)为电位器式，在弹性元件的自由端处安装滑线电位器，滑线电位器的滑动触点与自由端连接并随之移动，自由端的位移就转换为电位器的电信号输出。这种远传方法比

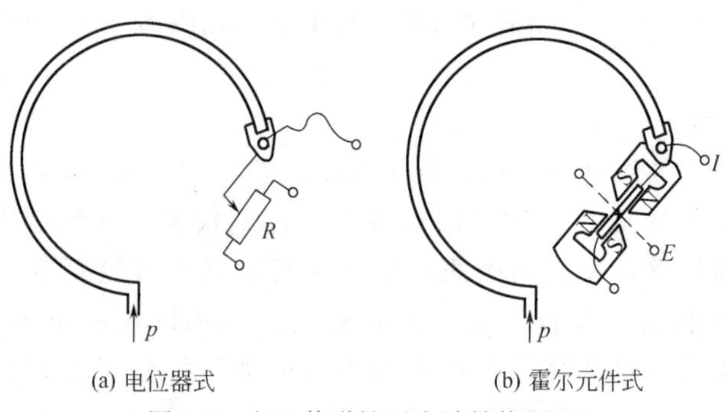

图 5-5　电远传弹性压力计结构原理

较简单，可以有很好的线性输出，但是滑线电位器的结构可靠性较差。

图 5-5(b) 为霍尔元件式，其转换原理基于半导体材料的霍尔效应。由半导体材料制成的片状霍尔元件固定在弹性元件的自由端，并处于磁极组件的间隙中，磁极组件为两对磁场方向相反的磁极，在其空隙部分构成线性不均匀磁场。霍尔元件被自由端带动而在不均匀磁场中移动时，将感受不同的磁场强度。在霍尔元件的两端通以恒定电流，在垂直于磁场和电流方向的另两侧将产生霍尔电势，此输出电势即对应于自由端位移，从而给出被测压力值。这种仪表结构简单，灵敏度高，寿命长，但对外部磁场敏感，耐振性差。其测量精确度可达±0.5%，仪表测量范围 0～0.00025MPa 至 0～60MPa。

5.2.2　力平衡式压力计

力平衡式压力计采用反馈力平衡的原理，反馈力的平衡方式可以是弹性力平衡或电磁力平衡等。力平衡式压力计的基本构成如图 5-6 所示，被测压力或压差作用于弹性敏感元件上，弹性敏感元件感受压力作用并将其转换为位移或力，并作用于力平衡系统，力平衡系统受力后将偏离原有的平衡状态；由偏差检测器输出偏差值至放大器；放大器将信号放大并输出电流（或电压）信号，电流信号控制反馈力或力矩发生机构，使之产生反馈力；当反馈力与作用力平衡时，仪表处于新的平衡状态；显示机构可输出与被测压力或压差相对应的信号。这种类型的压力计将在后面有关单元组合仪表的章节中介绍。

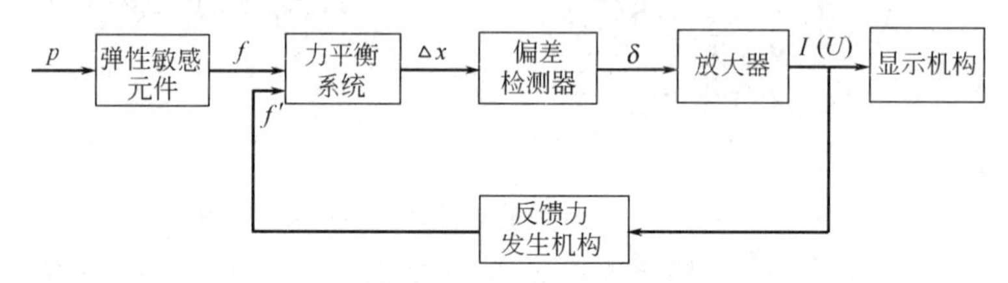

图 5-6　力平衡式压力计的基本框图

5.2.3　压力传感器

能够检测压力值并提供远传信号的装置统称为压力传感器。压力传感器是压力检测仪表的重要组成部分，它可以满足自动化系统集中检测与控制的要求，在工业生产中得到广泛应用。压力传感器的结构形式多种多样，常见的型式有应变式、压阻式、电容式、压电式、振频式压力传感器等。此外还有光电式、光纤式、超声式压力传感器等。以下介绍几种常用的压力传感器。

(1) 应变式压力传感器

各种应变元件与弹性元件配用，组成应变式压力传感器。应变元件的工作原理基于导体和半导体的“应变效应”，即当导体和半导体材料发生机械变形时，其电阻值将发生变化。电阻值的相对变化与应变有以下关系：

$$\frac{\Delta R}{R}=K\varepsilon \tag{5-3}$$

式中，ε 为材料的应变；K 为材料的电阻应变系数，金属材料的 K 值约为 2～6，半导体材料的 K 值可达 60～180。

应变元件可做成丝状、片状或体状。应变丝或应变片与弹性元件的装配可以采用粘贴式或非粘贴式，在弹性元件受压变形的同时应变元件亦发生应变，其电阻值将有相应的改变。粘贴式压力计通常采用 4 个特性相同的应变元件，粘贴在弹性元件的适当位置上，并分别接入电桥的 4 个臂，则电桥输出信号可以反映被测压力的大小。为了提高测量灵敏度，通常使相对桥臂的两对应变元件分别处于接受拉应力和压应力的位置上。

应变式压力传感器所用弹性元件可根据被测介质和测量范围的不同而采用各种形式，常见有圆膜片、弹性梁、应变筒等。图 5-7 给出几种应变式测量的结构示意图。各类应变式压力传感器的精度较高，测量范围可达几百兆帕。

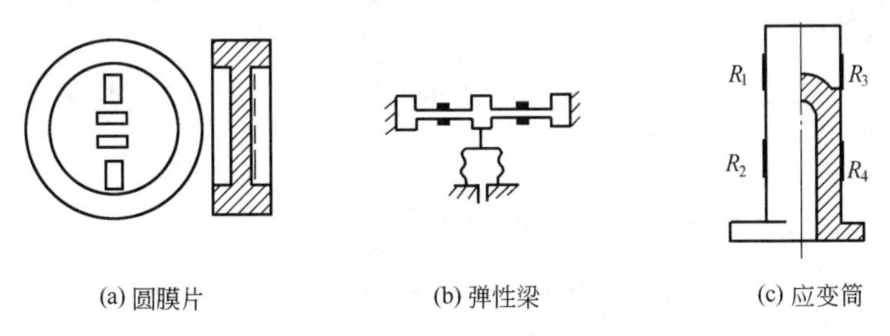

图 5-7　几种应变式测量的结构示意

(2) 压阻式压力传感器

压阻式压力传感器是基于半导体的压阻效应。它不同于应变式压力传感器所用的体型应变元件，而是用集成电路工艺直接在硅平膜片上按一定晶向制成扩散压敏电阻。硅平膜片在微小变形时有良好的弹性特性，当硅片受压后，膜片的变形使扩散电阻的阻值发生变化。其相对电阻变化可表示为：

$$\frac{\Delta R}{R}=\pi_e\sigma \tag{5-4}$$

式中，π_e 为压阻系数；σ 为应力。

硅平膜片上的扩散电阻通常构成桥式测量电路，相对的桥臂电阻是对称布置的，电阻变化时，电桥输出电压与膜片所受压力成对应关系。图 5-8 为一种压阻式压力传感器的结构示意图，圆形硅杯的底部即为硅平膜片，硅杯的内外两侧输入被测差压或被测压力及参考压力。压力差使膜片变形，膜片上的两对电阻阻值发生变化，使电桥输出相应压力变化的信号。为了补偿温度效应的影响，一般还可在膜片上沿对压力不敏感的晶向生成一个电阻，这个电阻只感受温度变化，可接入桥路作为温度补偿电阻，以提高测量精度。

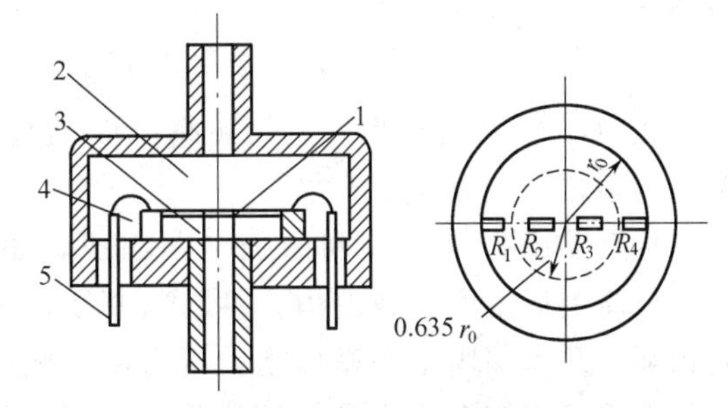

图 5-8　压阻式压力传感器结构示意
1—硅平膜片；2—低压腔；3—高压腔；
4—硅杯；5—引线

压阻式压力传感器的灵敏度高，频率响应高；结构比较简单，可以小型化；可用于静态、动态压力测量；应用广泛，测量范围在0～0.0005MPa、0～0.002MPa至0～210MPa；其精确度为±0.2%～±0.02%。

（3）电容式压力传感器

电容式压力传感器的测量原理是将弹性元件的位移转换为电容量的变化。以测压膜片作为电容器的可动极板，它与固定极板组成可变电容器。当被测压力变化时，测压膜片产生位移而改变两极板间的距离，测量相应的电容量变化，可知被测压力值。图5-9为一种两室结构感压元件的示意图，感压元件是一个全焊接的差动电容膜盒。玻璃绝缘层内侧的凹球面形金属镀膜作为固定电极，中间被夹紧的弹性平膜片作为可动电极，从而组成两个电容器。整个膜盒用隔离膜片密封，在其内部充满硅油。由隔离膜片感受两侧压力的作用，通过硅油传压使弹性膜片产生位移，可动极板将向低压侧靠近。电容极板间距离的变化，引起两侧电容器电容值的改变。

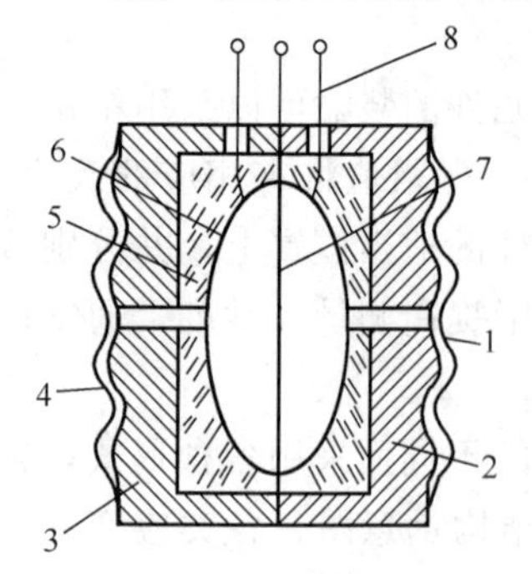

图5-9　两室结构的电容式压力传感器

1，4—隔离膜片；2，3—不锈钢基座；5—玻璃绝缘层；6—固定电极；7—弹性膜片；8—引线

对于差动平板电容器，其电容变化与板间距离变化的关系可表示为：

$$\Delta C=2C_0\frac{\Delta d}{d_0} \tag{5-5}$$

式中，C_0为初始电容值；d_0为极板间初始距离；Δd为距离变化量。

此电容量的变化经过适当的转换电路，可以输出标准电信号（4～20mA）。这种传感器结构坚实，灵敏度高，过载能力大；精度高，其精确度可达±0.25%～±0.05%；可以测量压力和差压，仪表测量范围0～0.00001MPa至0～70MPa。

（4）振频式压力传感器

振频式压力传感器利用感压元件本身的谐振频率与压力的关系，通过测量频率信号的变化来检测压力。这类传感器有振筒、振弦、振膜、石英谐振等多种形式，以下举振筒式压力传感器为例。

振筒式压力传感器的感压元件是一个薄壁金属圆筒，圆柱筒本身具有一定的固有频率，当筒壁受压张紧后，其刚度发生变化，固有频率相应改变。在一定的压力作用下，变化后的振筒频率可以近似表示为：

$$f_p=f_0\sqrt{1+\alpha p} \tag{5-6}$$

式中，f_p为受压后的振筒频率；f_0为固有频率；α为结构系数；p为被测压力。

传感器由振筒组件和激振电路组成，如图5-10所示。振筒用低温度系数的恒弹性材料制成，一端封闭为自由端，开口端固定在基座上，压力由内侧引入。绝缘支架上固定着激振线圈和检测线圈，二者空间位置互相垂直，以减小电磁耦合。激振线圈使振筒按固有的频率振动，受压前后的频率变化可由检测线圈检出。

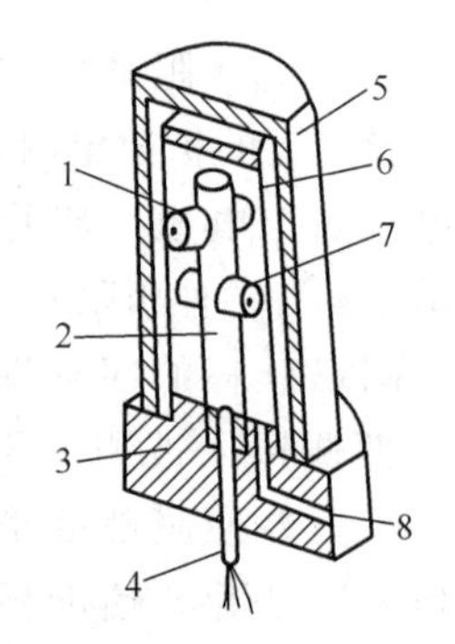

图5-10　振筒式压力传感器结构示意

1—激振线圈；2—支柱；3—底座；4—引线；5—外壳；6—振动筒；7—检测线圈；8—压力入口

此种仪表体积小，输出频率信号，重复性好，耐振；精确度高，其精确度为±0.1%和±0.01%；测量范围0～0.014MPa至0～50MPa；适用于气体测量。

(5) 压电式压力传感器

压电式压力传感器是利用压电材料的压电效应将被测压力转换为电信号的。它是动态压力检测中常用的传感器，不适宜测量缓慢变化的压力和静态压力。

由压电材料制成的压电元件受到压力作用时将产生电荷，当外力去除后电荷将消失。在弹性范围内，压电元件产生的电荷量与作用力之间呈线性关系。电荷输出为：

$$q=kSp \tag{5-7}$$

式中，q为电荷量；k为压电常数；S为作用面积；p为压力。测知电荷量可知被测压力大小。

图5-11为一种压电式压力传感器的结构示意图。压电元件夹于两个弹性膜片之间，压电元件的一个侧面与膜片接触并接地，另一侧面通过金属箔和引线将电量引出。被测压力均匀作用在膜片上，使压电元件受力而产生电荷。电荷量经放大可以转换为电压或电流输出，输出信号给出相应的被测压力值。压电式压力传感器的压电元件材料多为压电陶瓷，也有用高分子材料或复合材料的合成膜，各适用于不同的传感器形式。电荷量的测量一般配用电荷放大器。可以更换压电元件以改变压力的测量范围，还可以用多个压电元件叠加的方式提高仪表的灵敏度。

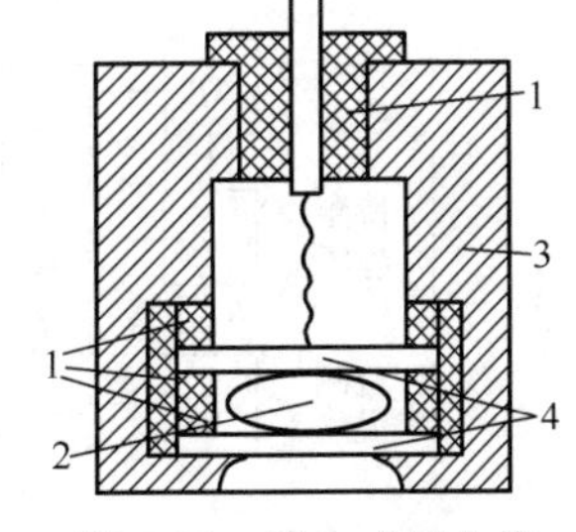

图5-11　压电式压力传感器结构示意

1—绝缘体；2—压电元件；3—壳体；4—膜片

压电式压力传感器体积小，结构简单，工作可靠；频率响应高，不需外加电源；测量范围0～0.0007MPa至0～70MPa；测量精确度为±1%，±0.2%，±0.06%。但是其输出阻抗高，需要特殊信号传输导线；温度效应较大。

(6) 集成式压力传感器

采用微机械加工技术与微电子集成工艺相结合的新型微结构形式发展了集成化传感器，进而可以形成各种智能型仪表。

以压阻式压力传感器为基础的集成传感器已有产品生产，它可以同时检测差压、静压、温度三个参数。图5-12所示为这种集成传感器敏感元件的示意图。硅杯底部为E形断面，构成作为敏感元件的硅膜片，在膜片断面的减薄部分，沿应力灵敏度大的方向形成力敏电阻，以感受差压引起的切向和径向应力变化；在膜片断面的加厚部分也形成力敏电阻，以感受静压的作用；在加厚部分切向和径向压阻系数近于零的方向则形成温敏电阻，以感受温度的变化。

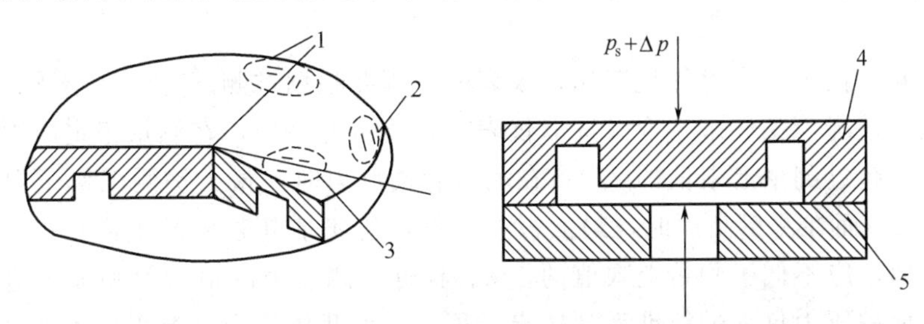

图5-12　集成传感器的敏感元件示意

1—温度元件；2—静压元件；3—差压元件；4—硅杯；5—固定台

设三个信号分别为差压信号 E_d、静压信号 E_s、温度信号 E_T，则有

$$\left.\begin{aligned} E_d &= h(\Delta p, p_s, T) = h_1(\Delta p, T) + h_2(p_s, T) \\ E_s &= g(\Delta p, p_s, T) = g_1(\Delta p, T) + g_2(p_s, T) \\ E_T &= s(T) \end{aligned}\right\} \tag{5-8}$$

根据制造阶段预先测定的特性数据，求解以上联立方程，可以分别得到差压 Δp、静压 p_s 和温度 T 的值。这就属于一种复合检测方式。

图 5-13 为仪表的组成框图，采用适当的接口电路和微处理器系统，可以存入针对此传感器特性的修正公式。采入三种信号后，经过运算处理就可以给出修正了的被测差压值、静压值以及温度值。这一类集成传感器的测量精确度高，可达±0.1%，并有高的稳定性和可靠性。

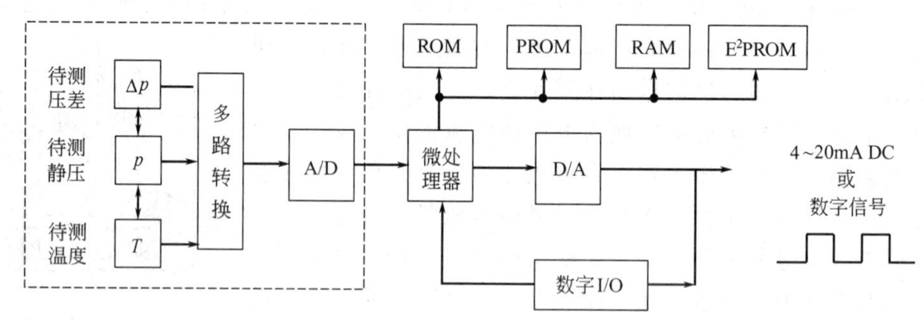

图 5-13　集成传感器的组成框图

继压阻式压力传感器实用化之后，以半导体材料为基础，利用微机械和微电子加工技术，又开发出微电容式、微谐振式等形式的压力传感器，可以具有重量轻，功耗低，响应快和便于集成化等特点。各种新型压力传感器有很好的发展前景。

5.3　测压仪表的使用及压力检测系统

5.3.1　测压仪表的使用

测压仪表的使用，包括选择合适的测压仪表及仪表的校验等方面。

(1) 测压仪表的选择

选择合适的仪表要根据生产过程提出的要求，结合各类压力表的特点综合进行考虑。一般涉及类型、测量范围和测量精度等方面。仪表类型的选择应满足生产过程的要求，需要了解被测介质情况、现场环境及生产过程对仪表的要求，如信号是否需要远传、控制、记录或报警等。

为了保证测压仪表安全可靠地工作，仪表的量程要根据被测压力的大小及在测量过程中被测压力变化的情况等条件来选取。选取仪表量程要留有余地，在测量稳定压力时，最大被测工作压力不能超过测量上限值的 2/3；在测量脉动压力时，最大被测工作压力不能超过测量上限值的 1/2；而在测量高压时，最大被测工作压力不能超过测量上限值的 3/5。一般被测压力的最小值，应不低于测量上限值的 1/3。根据被测压力的最大值和最小值计算出仪表的上下限后，要按压力仪表的标准系列选定量程。目前我国压力（差压）仪表测量范围的标准系列是：−0.1～0.06kPa、0.15kPa 和 0～1kPa、1.6kPa、2.5kPa、4kPa、6kPa、10×10^nkPa（其中 n 为自然整数，可为正、负值）。

仪表的测量精度也是根据使用要求确定的。生产过程允许的被测压力的最大绝对误差应小于仪表的基本误差，可在规定的精度等级中确定仪表的精度。在确定仪表的精度时，要注意经济性，不必追求高精度，只需满足使用要求即可。工业用测压仪表的精度通常在0.5级以下。

测量差压的仪表还应注意工作压力的选择，应使其与被测对象的工作压力相对应。

(2) 测压仪表的校验

测压仪表在出厂前均需进行检定，使之符合精度等级要求。使用中的仪表则应定期进行校验，以保证测量结果有足够的准确度。常用的压力校验仪器有液柱式压力计、活塞式压力计或配有高精度标准表的压力校验泵。标准仪表的选择原则是，其允许绝对误差要小于被校仪表允许绝对误差的1/3～1/5，这样可以认为标准仪表的读数就是真实值。如果被校仪表的读数误差小于规定误差，则认为它是合格的。

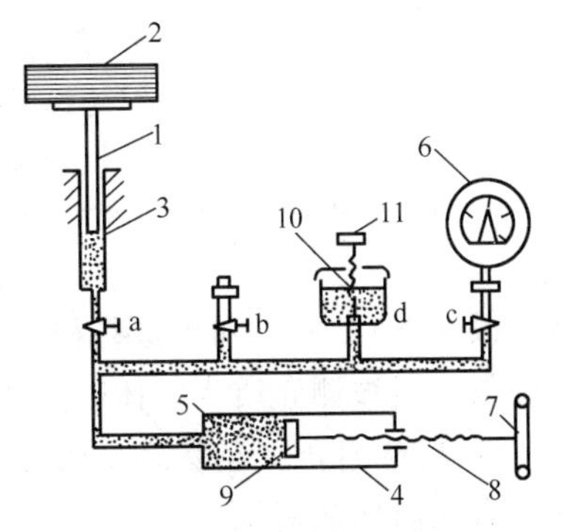

图 5-14 活塞式压力校验系统

1—测量活塞；2—砝码；3—活塞筒；4—螺旋压力发生器；5—工作液；6—被校压力表；7—手轮；8—丝杆；9—工作活塞；10—油杯；11—进油阀；a、b、c—切断阀；d—进油阀

图5-14所示为一种活塞式压力校验系统的结构原理。活塞、活塞筒和砝码构成测量变换部分。活塞与砝码的重力作用于密闭系统内的工作液体，当系统内工作液体的压力与此重力相平衡时，活塞会浮起，并可旋转。此时系统内的压力为：

$$p=\frac{mg}{S_0} \tag{5-9}$$

式中，p为系统内的工作液体压力；m为活塞与砝码的总质量；g为重力加速度；S_0为活塞的有效面积。

对于一定的活塞压力计，其有效面积为常数。由螺旋压力发生器推动工作活塞，在承重托盘上加适当的砝码，工作液体就可处于不同的平衡压力下，此压力可以作为标准压力，用以校验压力表。

5.3.2 压力检测系统

实际上，进行压力测量需要一套测量系统，包括直接测取压力的取压口、传递压力的引压管路和测量仪表。正确选用压力测量仪表十分重要，合理的测压系统也是准确测量的保证。

(1) 取压点位置和取压口形式

为真实反映被测压力的大小，要合理选择取压点，注意取压口形式。工业系统中设置取压点的选取原则遵循以下几条。

① 取压点位置避免处于管路弯曲、分叉、死角或流动形成涡流的区域。不要靠近有局部阻力或其他干扰的地点，当管路中有突出物体时（如测温元件），取压点应在其前方。需要在阀门前后取压时，应与阀门有必要的距离。

② 取压口开孔的轴线应垂直设备的壁面，其内端面与设备内壁平齐，不应有毛刺或突出物。

③ 测量液体介质的压力时，取压口应在管道下部，以避免气体进入引压管；测量气体介质的压力时，取压口应在管道上部，以避免液体进入引压管。

图5-15给出取压口选择原则示意图。

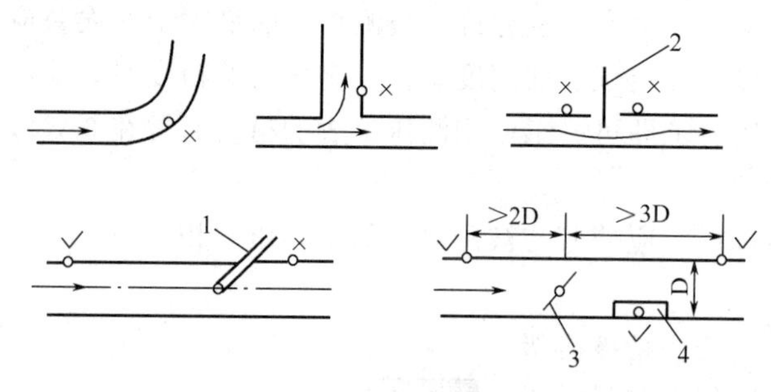

图 5-15　取压口选择原则示意

1—温度计；2—挡板；3—阀；4—导流板；

×—不适于做取压口的地点；✓—可用于做取压口的地点

(2) 引压管路的敷设

引压管路的敷设应保证压力传递的精确性和快速响应，需注意的原则有以下几点：

① 引压管的内径一般为6～10mm，长度不得超过50～60m。更长距离时要使用远传式仪表。引压管内径、长度的选定与被测介质有关，可参看有关规定。

② 引压管路水平敷设时，要保持一定的倾斜度，以避免引压管中积存液体（或气体），并有利于这些积液（或气）的排出。当被测介质为液体时，引压管向仪表方向倾斜；当被测介质为气体时，引压管向取压口方向倾斜。倾斜度一般大于3%～5%。

③ 当被测介质容易冷凝或冻结时，引压管路需有保温伴热措施。

④ 根据被测介质情况，在引压管路上要加装附件，如加装集液器、集气器以排除积液或积气；加装隔离器，使仪表与腐蚀性介质隔离；加装凝液器，防止高温蒸汽介质对仪表的损坏等。

⑤ 在取压口与仪表之间要装切断阀，以备仪表检修时使用，切断阀应靠近取压口。

引压管路的敷设情况如图5-16所示。

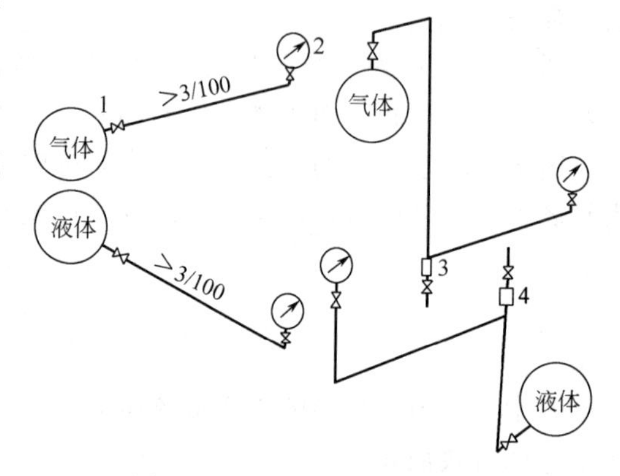

图 5-16　引压管路的敷设情况

1—管道；2—测压仪表；3—排液罐；4—排气罐

(3) 测压仪表的安装

测压仪表安装时需注意的原则有以下几点：

① 压力计应安装在易于观测和检修的地方，仪表安装处尽量避免振动和高温；

② 对于特殊介质应采取必要的防护措施；

③ 压力计与引压管的连接处，要根据被测介质情况，选择适当的密封材料；

④ 当仪表位置与取压点不在同一水平高度时，要考虑液体介质的液柱静压对仪表示值的影响。

思考题与习题

5-1　简述“压力”的定义、单位及各种表示方法。

5-2　某容器的顶部压力和底部压力分别为－50kPa和300kPa，若当地的大气压力为标准大气压，试求容器顶部和底部处的绝对压力以及顶部和底部间的差压。

5-3　弹性式压力计的测压原理是什么？常用的弹性元件有哪些类型？

5-4　常见的弹性压力计电远传方式举例。

5-5　应变式压力传感器和压阻式压力传感器的转换原理有什么异同点？

5-6　简述电容式压力传感器的测压原理。

5-7　振频式压力传感器、压电式压力传感器的特点是什么？

5-8　要实现准确的压力测量需要注意哪些环节？了解从取压口到测压仪表的整个压力测量系统中各组

成部分的作用及要求。

5-9 在压力表与测压点所处高度不同时，如何进行读数修正？

5-10 用弹簧管压力计测量蒸汽管道内压力，仪表低于管道安装，二者所处标高为1.6m和6m，若仪表指示值为0.7MPa。已知蒸汽冷凝水的密度为$\rho=966\text{kg/m}^3$，重力加速度$g=9.8\text{m/s}^2$，试求蒸汽管道内的实际压力值。

5-11 简述测压仪表的选择原则。

5-12 被测压力变化范围为0.5～1.4MPa，要求测量误差不大于压力示值的±5%，可供选用的压力表量程规格为0～1.6MPa，0～2.5MPa，0～4.0MPa，精度等级有1.0，1.5和2.5三种。试选择合适量程和精度的仪表。

6 流 量 检 测

在生产过程中，为了有效地进行操作、控制和监督，需要检测各种流体的流量。物料总量的计量也是经济核算和能源管理的重要依据。流量检测仪表是发展生产，节约能源，改进产品质量，提高经济效益和管理水平的重要工具，是工业自动化仪表与装置中的重要仪表之一。

6.1 流量检测基本概念

6.1.1 流量的概念和单位

流体的流量是指在短暂时间内流过某一流通截面的流体数量与通过时间之比，该时间足够短以至可认为在此期间的流动是稳定的。此流量又称瞬时流量。流体数量以体积表示称为体积流量，流体数量以质量表示称为质量流量。

流量的表达式为：

$$q_{v}=\frac{\mathrm{d}V}{\mathrm{d}t}=vA \tag{6-1}$$

$$q_{m}=\frac{\mathrm{d}M}{\mathrm{d}t}=\rho vA \tag{6-2}$$

式中，q_{v} 为体积流量，m^3/s；q_{m} 为质量流量，kg/s；V 为流体体积，m^3；M 为流体质量，kg；t 为时间，s；ρ 为流体密度，kg/m^3；v 为流体平均流速，m/s；A 为流通截面面积，m^2。

体积流量与质量流量的关系为：

$$q_{m}=\rho q_{v} \tag{6-3}$$

流体在流通截面上各点的速度是不均匀的，存在一定的速度分布，所以上式中流体平均流速 v 的概念只是一个数学定义。即

$$v=\frac{q_{v}}{A}=\frac{\int_{A}v'\mathrm{d}A}{A} \tag{6-4}$$

式中，v'为流体在流通截面上各点的流速。

在某段时间内流体通过的体积或质量总量称为累积流量或流过总量，它是体积流量或质量流量在该段时间中的积分，表示为：

$$V=\int_{t}q_{v}\mathrm{d}t \tag{6-5}$$

$$M=\int_{t}q_{m}\mathrm{d}t \tag{6-6}$$

式中，V 为体积总量；M 为质量总量；t 为测量时间。

总量的单位就是体积或质量的单位。

6.1.2 流量测量涉及的流体力学基本概念

(1) 黏度

流体的黏度是表征流体内部摩擦力大小的一个参数。流体在流动时，其内部由于有速度

差异，不同速度流体层之间会受到阻止流体质点发生相对位移的黏滞力的作用，不同流体层间单位接触面积上的黏滞力 τ 的大小可以表示为：

$$\tau=\eta\frac{\mathrm{d}u}{\mathrm{d}y}$$

式中，$\frac{\mathrm{d}u}{\mathrm{d}y}$为不同流体层间的速度梯度，参数 η 被称为流体的动力黏度。根据 τ 及$\frac{\mathrm{d}u}{\mathrm{d}y}$的量纲可推出动力黏度的单位为帕秒（Pa·s）。将动力黏度与密度相除可以得到一个新的参数，称为运动黏度。用公式表示为：

$$\nu=\frac{\eta}{\rho}$$

其单位为 m^2/s。

（2）压缩系数

流体通常都具有可压缩性，即当作用于流体上的压力增加时其体积将会缩小。流体的压缩性可用压缩系数来描述。

$$k=-\frac{1}{V}\cdot\frac{\Delta V}{\Delta p}$$

其物理意义是流体受到的单位压力变化引起的相对体积变化，负号表示当流体所受压力增加时，其体积缩小。

需要特别指出的是在工程实际中，在压力不大的场合，一般情况下通常将液体看做不可压缩流体。

（3）膨胀系数

物质通常都具有热胀冷缩性质，流体也不例外。膨胀系数就可以用来描述流体体积随温度变化的特性。其定义为流体所受压力保持不变的情况下，流体单位温度变化引起的相对体积变化率，用公式描述为：

$$\beta=\frac{1}{V}\cdot\frac{\Delta V}{\Delta T}$$

同样，在大多数工程应用中，液体的膨胀系数很小，温度变化引起的液体体积变化可忽略。

（4）雷诺数

流体在管道内的流动由于受其黏度影响，流体内部之间及流体与管壁之间的相互作用会使流体的流动表现出不同的流动状态，通常又可分为层流和湍流。所谓层流，直观的解释就是流体分层按不同流速流动，不同层流体间没有流体质点的交换。流体按湍流流动时，管道内流体不再分层流动，流体质点除了沿管道轴线的流动外，还有剧烈的径向随机运动。

为了判断管道内流体的流动状况，引入了雷诺数的概念。雷诺数 Re 的定义如下：

$$Re=\frac{\overline{u}\rho L}{\eta}=\frac{\overline{u}L}{\nu}$$

式中，$\overline{u}$ 为管道内流体平均流速；L 为管道特征尺寸（圆管为其直径）；η 及 ν 分别为流体的动力黏度和运动黏度；ρ 为流体密度。需要指出的是雷诺数是一个无量纲量。大量的实验表明，在圆管内当雷诺数小于 2300 时，流体表现为层流流动。当雷诺数大于 2300 后，流体流动将进入临界状态并逐渐向湍流过渡。

（5）连续性方程及伯努利方程

连续性方程描述的事实是流体在管道内流动时质量守恒的具体体现。如图 6-1（a）所示，当流体先后流经管道截面Ⅰ和Ⅱ时，根据质量守恒定律，单位时间内从两个截面处流过的流体的质量永远保持相等。

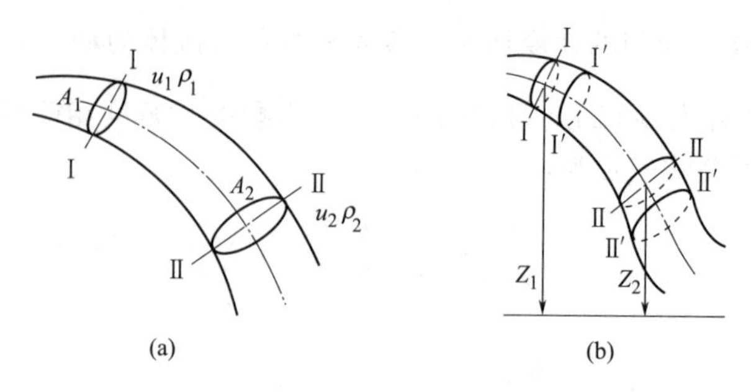

图 6-1　流体流动质量守恒及能量守恒示意图

连续性方程用公式表示为：

$$\rho_1\overline{u}_1A_1=\rho_2\overline{u}_2A_2$$

式中，ρ,$\overline{u}$ 及 A 分别代表流体密度、平均流速及管道截面面积，相应的下标代表不同管道截面。

流体在管道内流动时除遵循质量守恒定律外也遵守能量守恒定律，描述流体流动能量守恒定律的方程称为伯努利方程。流体在管道内流动时，除了具有动能和势能外，由于流体内部具有压力，压力会对流体做功，使得流体具有相应的压力能。以图 6-1（b）中截面Ⅰ为例，设该处压力为 p_1，当质量为 m 的流体流过截面Ⅰ时，假设相应的位移为 s_1，则 p_1 对该部分流体做的功为：

$$w_1=F_1s_1=p_1A_1s_1=p_1A_1\frac{m}{\rho_1A_1}=p_1\frac{m}{\rho_1}$$

结合流体流动过程中动能和势能的变化，以图 6-1（b）中质量为 m 的流体流过截面Ⅰ和Ⅱ时具有的能量为考查对象，根据能量守恒定律有：

$$mgZ_1+m\frac{p_1}{\rho_1}+\frac{1}{2}m\overline{u}_1^2=mgZ_2+m\frac{p_2}{\rho_2}+\frac{1}{2}m\overline{u}_2^2$$

进一步考虑单位质量流体，则相应的能量守恒方程为：

$$gZ_1+\frac{p_1}{\rho_1}+\frac{1}{2}\overline{u}_1^2=gZ_2+\frac{p_2}{\rho_2}+\frac{1}{2}\overline{u}_2^2$$

上式即为伯努利方程。

6.1.3　流量检测方法及流量计分类

6.1.3.1　流量检测方法及流量计分类

流量检测方法可以归为体积流量检测和质量流量检测两种方式，前者测得流体的体积流量值，后者可以直接测得流体的质量流量值。

测量流量的仪表称为流量计，测量流体总量的仪表称为计量表或总量计。流量计通常由一次装置和二次仪表组成。一次装置安装于流道的内部或外部，根据流体与之相互作用关系的物理定律产生一个与流量有确定关系的信号，这种一次装置亦称流量传感器。二次仪表则给出相应的流量值大小。

流量计的种类繁多，各适合于不同的工作场合。按检测原理分类的典型流量计列在表 6-1 中，本章将分别进行介绍。

表 6-1 流量计的分类

类别		仪表名称
体积流量计	容积式流量计	椭圆齿轮流量计、腰轮流量计、皮膜式流量计等
	差压式流量计	节流式流量计、均速管流量计、弯管流量计、靶式流量计、浮子流量计等
	速度式流量计	涡轮流量计、涡街流量计、电磁流量计、超声波流量计等
质量流量计	推导式质量流量计	体积流量经密度补偿或温度、压力补偿求得质量流量等
	直接式质量流量计	科里奥利流量计、热式流量计、冲量式流量计等

6.1.3.2 流量计的测量特性

虽然流量计的类型很多，但是它们具有一些共同的特性，通常归结为以下几个方面，可供在选择和使用流量计时进行综合比较。

（1）流量方程式

是流量与流量计输出信号之间关系的数学表达式：

$$q_m = f(x) \tag{6-7}$$

式中，q_m 为质量流量；x 为流量计输出信号。

流量方程式一般有以下几种形式：$q_m = bx$；$q_m = a + bx$；$q_m = a + bx + cx^2$。其中 a, b, c 为常数。

（2）流量计的仪表系数与流出系数

仪表系数 K 为频率型流量计流量特性的主要参数，定义为单位流体流过流量计时流量计发出的脉冲数：

$$K = \frac{N}{V} \tag{6-8}$$

式中，K 为仪表系数，m^{-3}；N 为脉冲数，次；V 为流体体积，m^3。

流出系数 C 定义为实际流量与理想流量的比值，即

$$C = \frac{q_m}{q'_m} \tag{6-9}$$

式中，q_m 为实际流量；q'_m 为理论流量。

也有采用流量系数来表示这个差异的流量计，这些将在以后介绍。

仪表系数 K 和流出系数 C 均为实验数据，由对仪表进行标定后确定。在测定仪表系数 K 或流出系数 C 时，流体应满足以下条件：牛顿流体；充满管道的单相流；充分发展的湍流速度分布，无旋涡，轴对称分布；稳定流动。因此在仪表使用时，亦应尽量满足这些条件，否则会给测量带来误差。

（3）流量范围及范围度

流量计的流量范围指可测最大流量和最小流量所限定的范围。在这个范围内，仪表在正常使用条件下示值误差不超过最大允许误差。最大流量与最小流量的比值称为范围度，一般表达为某数与 1 之比，流量计范围度的大小受仪表的原理与结构所限制。

（4）测量精确度和误差

流量计的精确度用误差表示。流量计在出厂时均要进行标定，仪表所标出的精确度为基本误差。在现场使用中由于偏离标定条件会带来附加误差，所以流量计的实际测量精确度为

基本误差与附加误差的合成，这种合成的估算很复杂，可以参照有关规定计算。

（5）压力损失

安装在流通管道中的流量计实际上是一个阻力件，流体在通过流量计时将产生压力损失，这会带来一定的能源消耗。各种流量计的压力损失大小是仪表选型的一个重要指标。

6.2　体积流量检测方法

6.2.1　容积式流量计

容积式流量计是直接根据排出体积进行流量累计的仪表，它利用运动元件的往复次数或转速与流体的连续排出量成比例对被测流体进行连续的检测。容积式流量计可以计量各种液体和气体的累积流量，由于这种流量计可以精密测量体积量，所以其类型包括从小型的家用煤气表到大容积的石油和天然气计量仪表，广泛地用作管理和贸易的手段。

6.2.1.1　容积式流量计的测量机构与流量公式

容积式流量计由测量室、运动部件、传动和显示部件组成。它的测量主体为具有固定标准容积的测量室，测量室由流量计内部的运动部件与壳体构成。在流体进、出口压力差的作用下，运动部件不断地将充满在测量室中的流体从入口排向出口。假定测量室的固定容积为 V，某一时间间隔内经过流量计排出流体的固定容积数为 n，则被测流体的体积总量 Q 可知。容积流量计的流量方程式可以表示为：

$$Q=nV \tag{6-10}$$

计数器通过传动机构测出运动部件的转数，n 即可知，从而给出通过流量计的流体总量。在测量较小流量时，要考虑泄漏量的影响，通常仪表有最小流量的测量限度。

容积式流量计的运动部件有往复运动和旋转运动两种形式。往复运动式有家用煤气表、活塞式油量表等。旋转运动式有旋转活塞式流量计、椭圆齿轮流量计、腰轮流量计等。各种流量计形式适用于不同的场合和条件。

6.2.1.2　几种容积式流量计

（1）椭圆齿轮流量计

椭圆齿轮流量计的测量本体由一对相互啮合的椭圆齿轮和仪表壳体构成，其工作原理如图 6-2 所示。两个椭圆齿轮 A,B 在进出口流体压力差的作用下，交替地相互驱动，并各自绕轴作非匀角速度的转动。在转动过程中连续不断地将充满在齿轮与壳体之间的固定容积内的流体一份份地排出。齿轮的转数可以通过机械的或其他的方式测出，从而可以得知流体总流量。

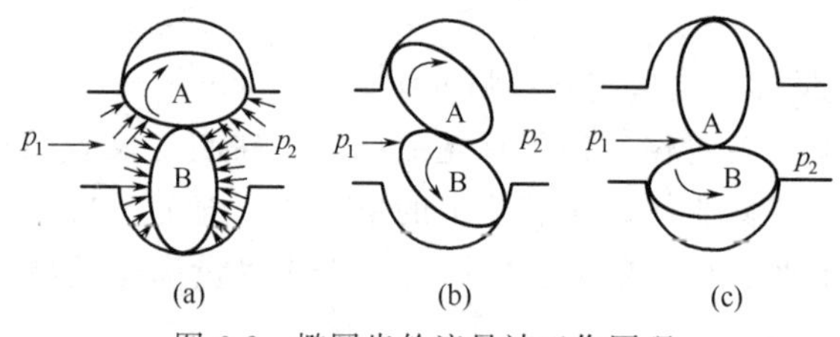

图 6-2　椭圆齿轮流量计工作原理

两个齿轮每转动一圈，流量计将排出 4 个半月形容积的流体。通过椭圆齿轮流量计的流体总量可表示为：

$$Q=4nV_0 \tag{6-11}$$

式中，n 为椭圆齿轮的转数；V_0 为半月形容积，两个半月形容积相等且恒定。

齿轮的转数通过变速机构直接驱动机械计数器来显示总流量。也可以通过电磁转换装置转换成相应的脉动信号，由对脉动信号的计数就可以反映出总流量的大小。

椭圆齿轮流量计适用于高黏度液体的测量。流量计基本误差为±0.2%～±0.5%；范围度为10∶1；工作温度要低于120℃，以防止齿轮卡死。在使用时要注意防止齿轮的磨损与腐蚀，以延长仪表寿命。当被测液体的黏度≤30×10^{-3} Pa·s时，其压力损失≤0.04MPa。

（2）腰轮流量计

腰轮流量计的工作原理与椭圆齿轮流量计相同，它们的结构也相似，只是一对测量转子是两个不带齿的腰形轮。腰形轮形状保证在转动过程中两轮外缘保持良好的面接触，以依次排出定量流体，而两个腰轮的驱动是由套在壳体外的与腰轮同轴上的啮合齿轮来完成。因此它较椭圆齿轮流量计的明显优点是能保持长期稳定性。其工作原理见图6-3所示。

腰轮流量计可以测量液体和气体，也可以测高黏度流体。其基本误差为±0.2%～±0.5%，范围度为10∶1，工作温度120℃以下，压力损失小于0.02MPa。

（3）皮膜式家用煤气表

皮膜式家用煤气表的工作原理如图6-4所示。在刚性容器中由柔性皮膜分隔而成Ⅰ和Ⅱ、Ⅲ和Ⅳ四个计量室。可以左右运动的滑阀在煤气进出口差压的作用下作往复运动。煤气由入口进入，通过滑阀的换向依次进入气室Ⅰ、Ⅲ或Ⅱ、Ⅳ，并排向出口。图中带箭头的实线表示气体进入的过程，带箭头的虚线表示气体排出的过程。皮膜往复一次将流过一定体积的煤气，通过传动机构和计数装置能测得往复次数，从而可知煤气总量。

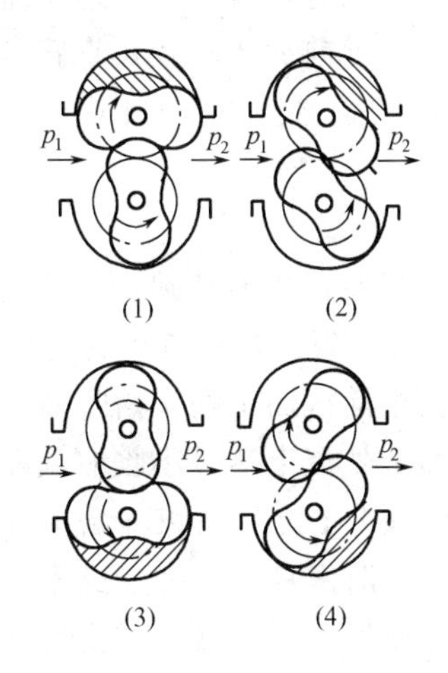

图6-3　腰轮流量计工作原理

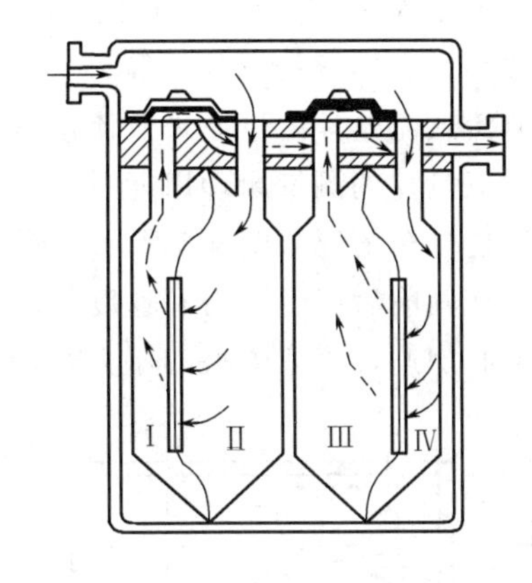

图6-4　皮膜式家用煤气表结构示意

此仪表结构简单，使用维护方便，价廉，精确度可达±2%，是家庭专用仪表。

6.2.1.3　容积式流量计的安装与使用

如何正确地选择容积式流量计的型号和规格，需考虑被测介质的物性参数和工作状态，如黏度、密度、压力、温度、流量范围等因素。流量计的安装地点应满足技术性能规定的条件，仪表在安装前必须进行检定。多数容积式流量计可以水平安装，也可以垂直安装。在流量计上游要加装过滤器，调节流量的阀门应位于流量计下游。为维护方便需设置旁通管路。安装时要注意流量计外壳上的流向标志应与被测流体的流动方向一致。

仪表在使用过程中被测流体应充满管道，并工作在仪表规定的流量范围内；当黏度、温度等参数超过规定范围时应对流量值进行修正；仪表要定期清洗和检定。

6.2.2　差压式流量计

差压式流量计基于在流通管道上设置流动阻力件，流体通过阻力件时将产生压力差，此压力差与流体流量之间有确定的数值关系，通过测量差压值可以求得流体流量。最常用的差压式流量计是由产生差压的装置和差压计组合而成。流体流过差压产生装置形成静压差，由差压计测得差压值，并转换为流量信号输出。产生差压的装置有多种形式，包括节流装置：如孔板、喷嘴、文丘利管等，以及动压管、均速管、弯管等。其他形式的差压式流量计还有靶式流量计、浮子流量计等。

6.2.2.1　节流式流量计

节流式流量计可用于测量液体、气体或蒸汽的流量。这种流量计是应用历史最长和最成熟的差压式流量计，至今在生产过程所用的流量仪表中仍占有重要地位。

节流式流量计中产生差压的装置称节流装置，其主体是一个局部收缩阻力件，称为节流元件。通过节流元件改变流体流通截面，从而在节流元件前后形成压力差。节流装置分为标准节流装置和非标准节流装置两大类，标准节流装置的研究最充分，实验数据最完善，其形式已经标准化和通用化，只要根据有关标准进行设计计算，严格遵照加工要求和安装要求，这样的节流装置不需进行单独标定就可以使用。非标准节流装置用以解决脏污和高黏度流体的流量测量问题，尚缺乏足够的实验数据，故没有标准化。

节流式流量计的特点是结构简单，无可动部件；可靠性较高；复现性能好；适应性较广，它适用于各种工况下的单相流体，适用的管道直径范围宽，可以配用通用差压计；节流装置已有标准化形式。其主要缺点是安装要求严格；流量计前后要求较长直管段；测量范围窄，一般范围度为 3∶1；压力损失较大；对于较小直径的管道测量比较困难（$D<50$mm）；精确度不够高（±1%～±2%）等。

（1）节流式流量计测量原理及流量方程式

节流式流量计的测量原理以能量守恒定律和流动连续性定律为基础，在节流件前后流体的静压和流速分布情况如图 6-5 所示。图中的节流元件为孔板。稳定流动的流体沿水平管道流经孔板，在其前后产生压力和速度的变化。流束在孔板前截面 1 处开始收缩，位于边缘处的流体向中心加速，流束中央的压力开始下降。在截面 2 处流束达最小收缩截面，此处流速最快，静压最低。之后流束开始扩张，流速逐渐减慢，静压逐渐恢复。但由于流体流经节流元件时会有压力损失，所以静压不能恢复到收缩前的最大压力值。

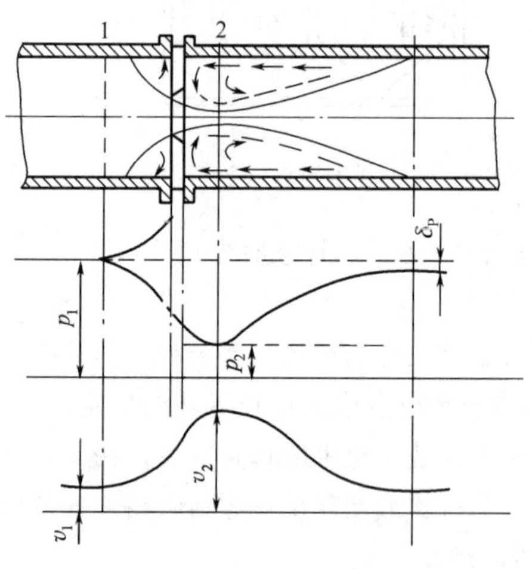

图 6-5　流体流经节流件时压力和流速变化情况

假设流体为不可压缩的理想流体，在节流件上游入口处流体流速为 v_1，静压为 p_1，密度为 ρ_1。在最小收缩截面处的流体流速为 v_2，静压为 p_2，密度为 ρ_2。可以列出水平管道的能量方程式和连续性方程式：

$$\frac{p_1}{\rho_1}+\frac{v_1^2}{2}=\frac{p_2}{\rho_2}+\frac{v_2^2}{2} \tag{6-12}$$

$$A_1 v_1 \rho_1 = A_2 v_2 \rho_2 \tag{6-13}$$

式中，A_1 为管道截面积；A_2 为流束最小收缩截面面积。

由于节流件很短，可以假定流体的密度在流经节流件时没有变化，即 $\rho_1=\rho_2=\rho$；用节流件开孔面积 $A_0=\frac{\pi}{4}d^2$ 代替最小收缩截面面积 A_2；并引入节流装置的直径比——β 值，$\beta=d/D=\sqrt{A_0/A_1}$，其中 d 为节流件的开孔直径，D 为管道内径。由式(6-12) 和式(6-13) 可以求出流体流经孔板时的平均流速 v_2：

$$v_2=\frac{1}{\sqrt{1-\beta^4}}\sqrt{\frac{2}{\rho}(p_1-p_2)} \tag{6-14}$$

根据流量的定义，流量与差压 $\Delta p=p_1-p_2$ 之间的关系式如下：

体积流量 $$q_v=A_0v_2=\frac{A_0}{\sqrt{1-\beta^4}}\sqrt{\frac{2}{\rho}(p_1-p_2)}=\frac{A_0}{\sqrt{1-\beta^4}}\sqrt{\frac{2}{\rho}\Delta p} \tag{6-15}$$

质量流量 $$q_m=A_0v_2\rho=\frac{A_0}{\sqrt{1-\beta^4}}\sqrt{2\rho(p_1-p_2)}=\frac{A_0}{\sqrt{1-\beta^4}}\sqrt{2\rho\Delta p} \tag{6-16}$$

在以上关系式中，由于用节流件的开孔面积代替了最小收缩截面，以及 Δp 有不同的取压位置等因素的影响，在实际应用时必然造成测量偏差。为此引入流量系数 α 以进行修正。则最后推导出的流量方程式表示为：

$$q_v=\alpha A_0\sqrt{\frac{2}{\rho}\Delta p}=\alpha\ \frac{\pi}{4}d^2\sqrt{\frac{2}{\rho}\Delta p} \tag{6-17}$$

$$q_m=\alpha A_0\sqrt{2\rho\Delta p}=\alpha\ \frac{\pi}{4}d^2\sqrt{2\rho\Delta p} \tag{6-18}$$

流量系数 α 是节流装置中最重要的一个系数，它与节流件形式、直径比、取压方式、流动雷诺数 Re 及管道粗糙度等多种因素有关。由于影响因素复杂，通常流量系数 α 要由实验来确定。实验表明，在管道直径、节流件形式、开孔尺寸和取压位置确定的情况下，α 只与流动雷诺数 Re 有关，当 Re 大于某一数值（称为界限雷诺数）时，α 可以认为是一个常数，因此节流式流量计应该工作在界限雷诺数以上。α 与 Re 及 β 的关系对于不同的节流件形式各有相应的经验公式计算，并列有图表可查。

对于可压缩流体，考虑流体通过节流件时的膨胀效应，再引入可膨胀性系数 ε 作为因流体密度改变引起流量系数变化的修正。可压缩流体的流量方程式表示为：

$$q_v=\alpha\varepsilon A_0\sqrt{\frac{2}{\rho}\Delta p}=\alpha\varepsilon\ \frac{\pi}{4}d^2\sqrt{\frac{2}{\rho}\Delta p} \tag{6-19}$$

$$q_m=\alpha\varepsilon A_0\sqrt{2\rho\Delta p}=\alpha\varepsilon\ \frac{\pi}{4}d^2\sqrt{2\rho\Delta p} \tag{6-20}$$

可膨胀性系数 $\varepsilon\leqslant1$，它与节流件形式、β 值、$\Delta p/p_1$ 及气体熵指数 κ 有关，对于不同的节流件形式亦有相应的经验公式计算，并列有图表可查。需要注意，在查表时 Δp 应取对应于常用流量时的差压值。

在流量方程式中也可用流出系数 C 代替流量系数 α 进行修正。两个系数之间的关系为 $\alpha=CE$，其中 $E=\frac{1}{\sqrt{1-\beta^4}}$，称为渐进速度系数。利用流出系数 C 来分析各种因素对流量的影响显得更加方便，在不同的 β 和不同的 Re 下，C 的变化范围要比 α 的变化范围小许多。尤其是对于各种文丘里管，在一定条件下，C 是一个不随管径、直径比和雷诺数变化的常数，这就简化了节流装置的计算。

则节流式流量计的流量方程式普遍形式可写为：

$$q_v = CE\varepsilon \frac{\pi}{4} d^2 \sqrt{\frac{2}{\rho}\Delta p} = KCE\varepsilon d^2 \sqrt{\frac{\Delta p}{\rho}} \tag{6-21}$$

$$q_m = CE\varepsilon \frac{\pi}{4} d^2 \sqrt{2\rho\Delta p} = KCE\varepsilon d^2 \sqrt{\rho\Delta p} \tag{6-22}$$

式中的 K 值为常系数，是由公式中各量的计算单位来确定它的数值。在流量方程式中，如果各量的单位取国际单位制：q_v—m^3/s，q_m—kg/s，d—m，ρ—kg/m^3，Δp—Pa，则 $K=\sqrt{2}\pi/4=1.11072$。在工程上，有时还使用着另一些常用单位，当流量方程式各量采用其他单位进行计算时，要注意 K 的取值需相应地改变。例如：当 q_v—m^3/h，q_m—kg/h，d—mm，则 $K=\sqrt{2}\pi/4\times3600\times10^{-6}\approx0.004$。

节流式流量计的阻力损失可用下式估算：

$$\delta_p = \frac{1-\alpha\beta^2}{1+\alpha\beta^2}\Delta p \tag{6-23}$$

（2）节流式流量计的组成和标准节流装置

图 6-6 为节流式流量计的组成示意图。节流装置产生的差压信号，通过压力传输管道引至差压计，经差压计转换成电信号或气信号送至显示仪表。

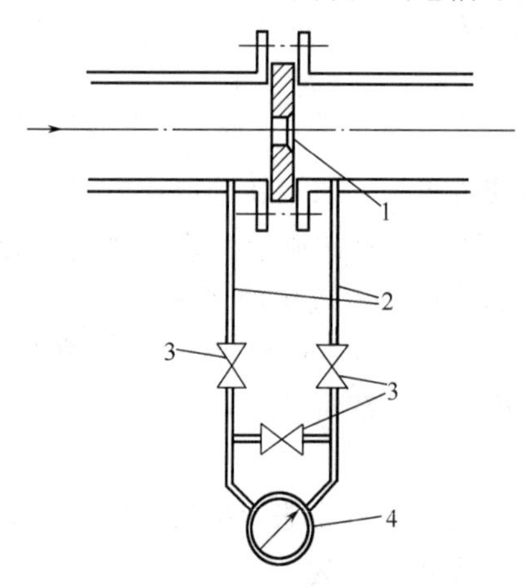

图 6-6　节流式流量计的组成
1—节流元件；2—引压管路；
3—三阀组；4—差压计

① 三种标准节流件形式如图 6-7 所示。它们的结构、尺寸和技术条件均有统一的标准，计算数据和图表可查阅有关手册或资料。

a. 标准孔板是一块中心开有圆孔的金属薄圆平板，圆孔的入口朝着流动方向，并有尖锐的直角边缘。圆孔直径 d 由所选取的差压计量程而定，在大多数使用场合，β 值为 0.2～0.75。标准孔板的结构最简单，体积小，加工方便，成本低，因而在工业上应用最多。但其测量精度较低，压力损失较大，而且只能用于清洁的流体。

b. 标准喷嘴是由两个圆弧曲面构成的入口收缩部分和与之相接的圆筒形喉部组成，β 值为 0.32～0.8。标准喷嘴的形状适应流体收缩的流型，所以压力损失较小，测量精度较高。但它的结构比较复杂，体积大，加工困难，成本较高。然而由于喷嘴的坚固性，一般选择喷嘴用于高速的蒸汽流量测量。

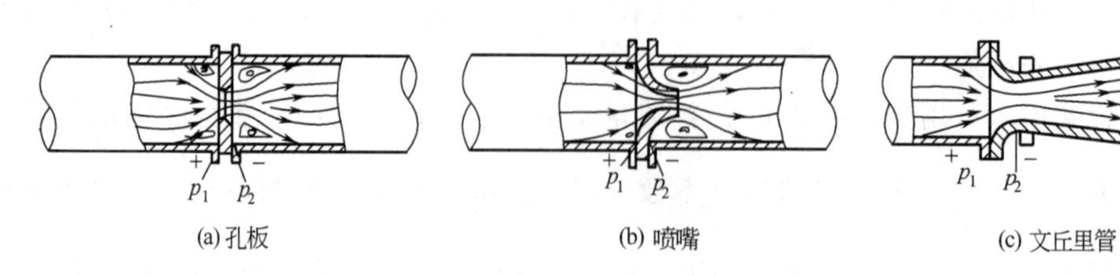

图 6-7　标准节流装置示意

c. 文丘里管具有圆锥形的入口收缩段和喇叭形的出口扩散段。它能使压力损失显著地减少，并有较高的测量精度。但加工困难，成本最高，一般用在有特殊要求如低压损、高精度测量的场合。它的流道连续变化，所以可以用于脏污流体的流量测量，并在大管径流量测量方面应用较多。

② 取压装置。标准节流装置规定了由节流件前后引出差压信号的几种取压方式，有角接取压、法兰取压、径距取压等，如图 6-8 所示。图中 1-1、2-2 所示为角接取压的两种结构，适用于孔板和喷嘴。1-1 为环室取压，上、下游静压通过环缝传至环室，由前、后环室引出差压信号。2-2 表示钻孔取压，取压孔开在节流件前后的夹紧环上，这种方式在大管径（D>500mm）时应用较多。3-3 为径距取压，取压孔开在前、后测量管段上，适用于标准孔板。4-4 为法兰取压，上、下游侧取压孔开在固定节流件的法兰上，适用于标准孔板。取压孔大小及各部件尺寸均有相应规定，可以查阅有关手册。

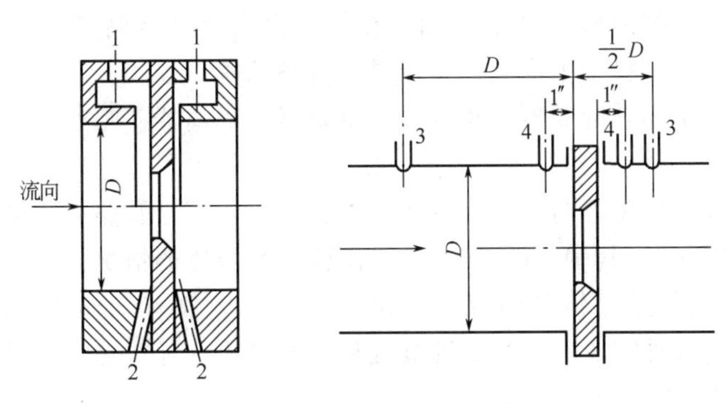

图 6-8　节流装置取压方式

③ 测量管段。为了确保流体流动在节流件前达到充分发展的湍流速度分布，要求在节流件前后有一段足够长的直管段。最小直管段长度与节流件前的局部阻力件形式及直径比有关，可以查阅手册。节流装置的测量管段通常取节流件前 10D，节流件后 5D 的长度，以保证节流件的正确安装和使用条件，整套装置事先装配好后整体安装在管道上。

（3）节流装置的设计和计算

在实际的工作中，通常有两类计算命题，它们都以节流装置的流量方程式为依据。

① 已知管道内径及现场布置情况，已知流体的性质和工作参数，给出流量测量范围，要求设计标准节流装置。为此要进行以下几个方面的工作：选择节流件形式，选择差压计形式及量程范围；计算确定节流件开孔尺寸，提出加工要求；建议节流件在管道上的安装位置；估算流量测量误差。制造厂家多已将这个设计计算过程编制成软件，用户只需提供原始数据即可。由于节流式流量计经过长期的研究和使用，手册数据资料齐全，根据规定的条件和计算方法设计的节流装置可以直接投产使用，不必经过标定。

② 已知管道内径及节流件开孔尺寸、取压方式、被测流体参数等必要条件，要求根据所测得的差压值计算流量。这一般是实验工作需要，为了准确地求得流量，需同时准确地测出流体的温度、压力参数。

（4）节流式流量计的安装与使用条件

标准节流装置的流量系数，都是在一定的条件下通过严格的实验取得的，因此对管道选择、流量计的安装和使用条件均有严格的规定。在设计、制造与使用时应满足基本规定条件，否则难于保证测量准确性。

① 标准节流装置的使用条件。节流装置仅适用于圆形测量管道，在节流装置前后直管段上，内壁表面应无可见坑凹、毛刺和沉积物，对相对粗糙度和管道圆度均有规定。管径大小也有一定限制（$D_{最小}\geqslant 50mm$）。

② 节流式流量计的安装。节流式流量计应按照手册要求进行安装，以保证测量精度。节流装置安装时要注意节流件开孔必须与管道同轴，节流件方向不能装反。管道内部不得有突入物。在节流件装置附近，不得安装测温元件或开设其他测压口。

③ 取压口位置和引压管路的安装。与测压仪表的要求类似，应保证差压计能够正确、迅速地反映节流装置产生的差压值。引压导管应按被测流体的性质和参数要求使用耐压、耐腐蚀的管材，引压管内径不得小于6mm，长度最好在16m以内。引压管应垂直或倾斜敷设，其倾斜度不得小于1∶12，倾斜方向视流体而定。

④ 差压计用于测量差压信号，其差压值远小于系统的工作压力，因此，导压管与差压计连接处应装截断阀，截断阀后装平衡阀。在仪表投入时平衡阀可以起到单向过载保护作用。在仪表运行过程中，打开平衡阀，可以进行仪表的零点校验。

在差压信号管路中还有冷凝器、集气器、沉降器、隔离器、喷吹系统等附件，可查阅相关手册。

根据被测流体和节流装置与差压计的相对位置，差压信号管路有不同的敷设方式。差压计的安装示意图见图6-9。其中，图（a）为被测流体是液体的情况，以保证导压管中充满液体；图（b）为被测流体是气体的情况，要保证导压管中仅有气体，以减少测量误差；图（c）为被测流体是蒸汽时的情况，在靠近节流装置处安装冷凝器是为了保证两导压管内的冷凝水位在同一高度上。

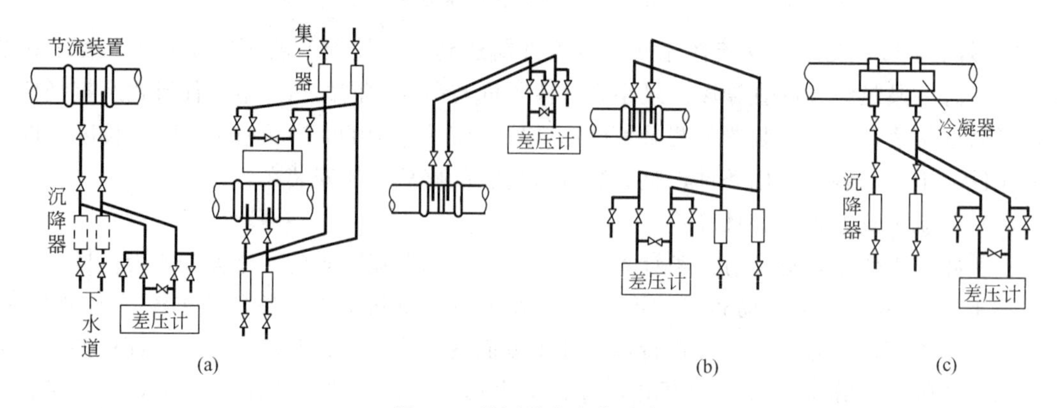

图6-9　差压计的安装示意

（5）非标准节流装置

非标准节流装置通常只在特殊情况下使用，它们的估算方法与标准节流装置基本相同，只是所用数据不同，这些数据可以在有关手册中查到。但非标准节流装置在使用前要进行实际标定。图6-10所示为几种典型的非标准节流装置。其中：

① 1/4圆喷嘴　如图6-10(a)所示，1/4圆喷嘴的开孔入口形状是半径为r的1/4圆弧，它主要用于低雷诺数下的流量测量，雷诺数范围为$500\sim2.5\times10^{5}$。

② 锥形入口孔板　如图6-10(b)所示，锥形入口孔板与标准孔板形状相似，只是入口为45°锥角，相当于一只倒装孔板，主要用于低雷诺数测量，雷诺数范围为$250\sim2\times10^{5}$。

③ 圆缺孔板　如图6-10（c）所示，圆缺孔板主要用于脏污、有气泡析出或有固体微粒

的液体流量测量，其开孔在管道截面的一侧，为弓形开孔。测量含气液体时，其开孔位于上部；测量含固体物料的液体时，其开孔位于下部，测量管段一般要水平安装。

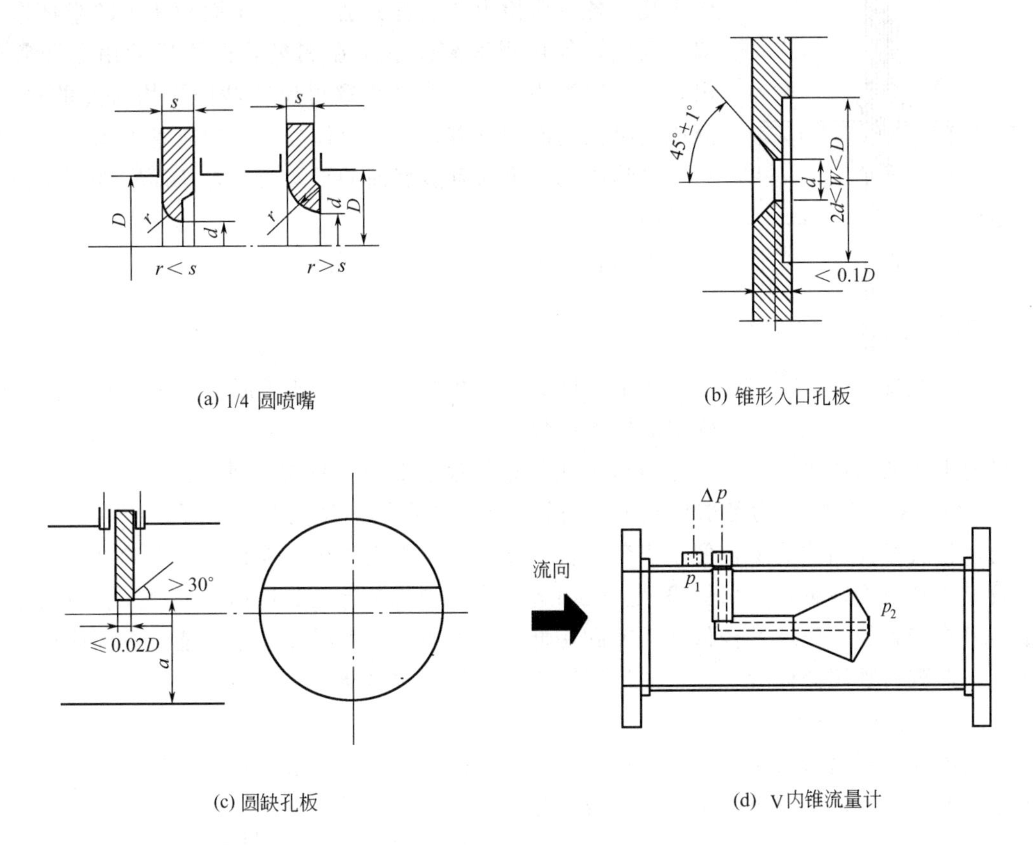

(a) 1/4 圆喷嘴　(b) 锥形入口孔板

(c) 圆缺孔板　(d) V内锥流量计

图 6-10　非标准节流装置

④ V 内锥流量计　V 内锥流量计是 20 世纪 80 年代提出的一种新型流量计，它是利用内置 V 形锥体在流场中引起的节流效应来测量流量，其结构原理如图 6-10（d）所示。V 内锥节流装置包括一个在测量管中同轴安装的尖圆锥体和相应的取压口。流体在测量管中流经尖圆锥体，逐渐节流收缩到管道内壁附近，在锥体两端产生差压，差压的正压 p_1 是在上游流体收缩前的管壁取压口处测得的静压力，差压的负压 p_2 是在圆锥体朝向下游的端面，由在锥端面中心所开取压孔处取得的压力。V 形内锥节流装置的流量方程式与标准节流装置的形式相同，只是在公式中采用了等效的开孔直径和等效的 β 值——β_v，即 $\beta_v=\sqrt{D^2-d_v^2}/D$，其中 D 为测量管内径，d_v 是尖圆锥体最大横截面圆的直径。这种节流式流量计改变了传统的节流布局，从中心节流改为外环节流，与传统流量计相比具有较明显的优点：结构设计合理，不截留流体中的夹带物，耐磨损；信号噪声低，可以达到较高量程比（10∶1）～（14∶1）；安装直管段要求较短，一般上游只需 0～2D，下游只需 3～5D；压力损失小，仅为孔板的 1/2～1/3，与文丘里管相近。目前这种流量计尚未达到标准化程度，还没有相应的国际标准和国家标准，其流量系数需要通过实验标定得到。

6.2.2.2　均速管流量计

均速管流量计是基于动压管测速原理发展而成的一种流量计，流体流经均速管产生差压信号，此差压信号与流体流量有确定的关系，经过差压计可测出流体流量。

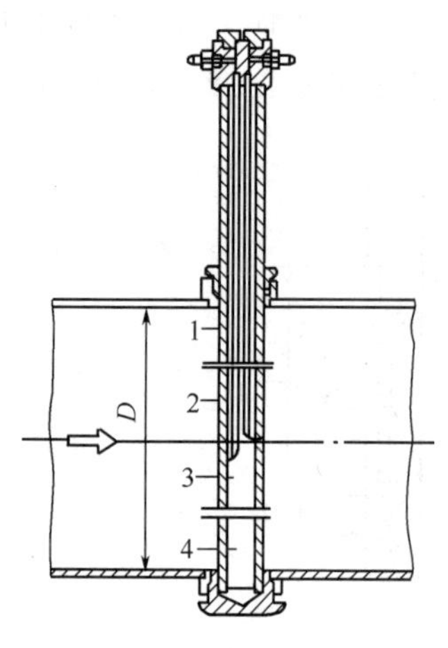

图 6-11 均速管流量计结构图

均速管可以认为是一个横跨管道的多孔动压管，其结构如图 6-11 所示。一般在测量管的迎流方向开有对称的两对总压检出孔，各总压检出孔位置分别对应 4 个面积相等的半环形和扇形区域，各孔测得流体总压在测量管内均压后由总压管引出，这可以视为将差压值平均取得反映截面平均流速的总压。静压检出孔则面向下游，测得流体静压由静压管引出。由平均总压与静压之差可求管道截面的平均流速，从而实现测量流量的目的。

均速管的实用流量方程式写为：

$$q_v=\frac{\pi}{4}D^2\bar{v}=\frac{\pi}{4}D^2k\sqrt{\frac{2}{\rho}\Delta p} \tag{6-24}$$

式中，D 为管道内径；k 为均速管流量系数，它是由实验确定的校正系数。

目前生产的均速管流量计，总压检出孔位置与管道中心的距离分别为：$r_{2,3}=0.4597R$，$r_{1,4}=0.8881R$。其中 r_i 为各取压孔中心与管道中心的距离，R 为管道半径。

均速管流量计结构简单，便于安装，价格便宜，压力损失小，能耗少，准确度及长期稳定性较好，其准确度可达±1%，稳定度±1%。均速管流量计尤其适用于大口径管道的流量测量。但它产生的差压信号较低，需要配用低量程差压计。被测流体中不能含有固体粉尘和固体物，在测量脏污流体时，建议使用清洗流对其进行定时清洗。

6.2.2.3 弯管流量计

当流体通过管道弯头时，受到角加速的作用而产生的离心力会在弯头的外半径侧与内半径侧之间形成差压，此差压的平方根与流体流量成正比。弯管流量计如图 6-12 所示。取压口开在 45°角处，两个取压口要对准。弯头的内壁应保证基本光滑，在弯头入口和出口平面各测两次直径，取其平均值作为弯头内径 D。弯头曲率 R 取其外半径与内半径的平均值。弯管流量计的流量方程式写为：

$$q_v=\frac{\pi}{4}D^2k\sqrt{\frac{2}{\rho}\Delta p} \tag{6-25}$$

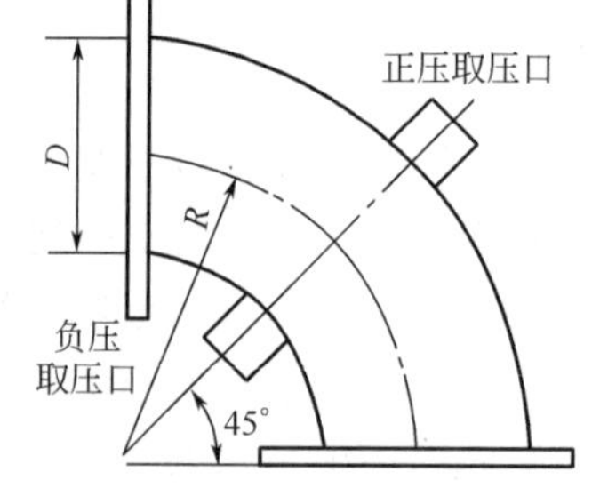

图 6-12 弯管流量计示意

式中，D 为弯头内径；ρ 为流体密度；Δp 为差压值；k 为弯管流量系数。

流量系数 k 与弯管的结构参数有关，也与流体流速有关，需由实验确定。

弯管流量计的特点是结构简单，安装维修方便；在弯管内流动无障碍，没有附加压力损失；对介质条件要求低。其主要缺点是产生的差压非常小。它是一种尚未标准化的仪表。由于许多装置上都有不少的弯头，所以弯管流量计是一种便宜的流量计，特别在工艺管道条件限制情况下，可用弯管流量计测量流量，但是其前直管段至少要有 10D。弯头之间的差异限制了测量精度的提高，其精确度约在±5%～±10%，但其重复性可达±1%。有些制造厂家提供专门加工的弯管流量计，经单独标定，能使精确度提高到±0.5%。

6.2.2.4 靶式流量计

在管流中垂直于流动方向安装一圆盘形阻挡件，称之为“靶”。流体经过时，由于受阻将对靶产生作用力，此作用力与流速之间存在着一定关系。通过测量靶所受作用力，可以求出流体流量。靶式流量计构成如图 6-13 所示。

圆盘靶所受作用力，主要是由靶对流体的节流作用和流体对靶的冲击作用造成的。若管道直径为 D，靶的直径为 d，环隙通道面积 $A_0=\frac{\pi}{4}(D^2-d^2)$，则可求出体积流量与靶上受力 F 的关系为：

$$q_v=A_0v=k_a\frac{D^2-d^2}{d}\sqrt{\frac{\pi}{2}}\sqrt{\frac{F}{\rho}} \tag{6-26}$$

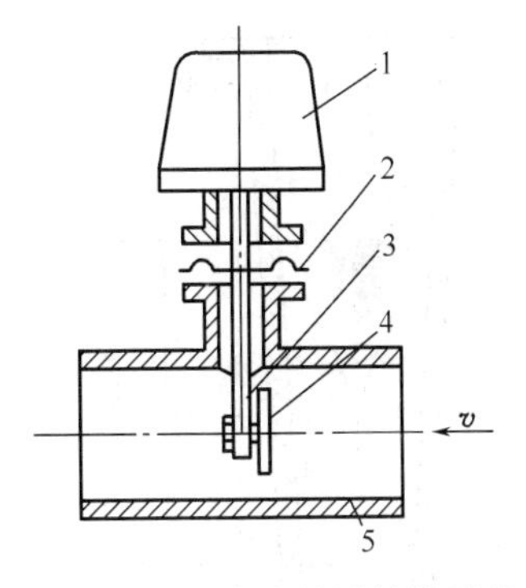

图 6-13　靶式流量计结构原理
1—力平衡转换器；2—密封膜片；3—杠杆；4—靶；5—测量导管

式中，v 为流体通过环隙截面的流速；k_a 为流量系数；F 为作用力；ρ 为流体的密度。

以直径比 $\beta=d/D$ 表示流量公式可写成如下形式：

$$q_v=k_aD\left(\frac{1}{\beta}-\beta\right)\sqrt{\frac{\pi}{2}}\sqrt{\frac{F}{\rho}} \tag{6-27}$$

流量系数 k_a 的数值由实验确定。实验结果表明，在管道条件与靶的形状确定的情况下，当雷诺数 Re 超过某一限值后，k_a 趋于平稳，由于此限值较低，所以这种方法对于高黏度、低雷诺数的流体更为合适。使用时要保证在测量范围内，使 k_a 值基本保持恒定。

靶式流量计的测力方法与差压变送器类似，通过杠杆机构将靶上所受力引出，按照力矩平衡方式将此力转换为相应的电信号或气信号，由显示仪表显示流量值。近来已有应变式靶式流量计产品出现，它直接采用应变式力转换器感受靶作用力，使流量计结构变得简便可靠。

靶式流量计可以采用砝码挂重的方法代替靶上所受作用力，用来校验靶上受力与仪表输出信号之间的对应关系，并可调整仪表的零点和满量程。这种挂重的校验称为干校。

靶式流量计结构比较简单，维护方便，不易堵塞，适于测量高黏度、高脏污及有悬浮固体颗粒介质的流量。其缺点是压力损失大，测量精度不太高。目前靶式流量计的配用管径为 15～200mm 系列，正常情况下测量精确度可达±1%，范围度为 3∶1。

6.2.2.5　浮子流量计

浮子流量计也是利用节流原理测量流体的流量，但它的差压值基本保持不变，是通过节流面积的变化反映流量的大小，故又称恒压降变截面流量计，也有称作转子流量计。

浮子流量计可以测量多种介质的流量，更适用于中小管径、中小流量和较低雷诺数的流量测量。其特点是结构简单，使用维护方便，对仪表前后直管段长度要求不高，压力损失小而且恒定，测量范围比较宽，刻度为线性。浮子流量计测量精确度为±2%左右。但仪表测量受被测介质的密度、黏度、温度、压力、纯净度影响，还受安装位置的影响。

(1) 测量原理及结构

浮子流量计测量主体由一根自下向上扩大的垂直锥形管和一只可以沿锥形管轴向上下自由移动的浮子组成，如图 6-14 所示。流体由锥形管的下端进入，经过浮子与锥形管间的环隙，从上端流出。当流体流过环隙面时，因节流作用而在浮子上下端面产生差压形成作用于浮子的上升力。当此上升力与浮子在流体中的重量相等时，浮子就稳定在一个平衡位置上，平衡位置的高度与所通过的流量有对应的关系，这个高度就代表流量值的大小。

根据浮子在锥形管中的受力平衡条件，可以写出力平衡公式：

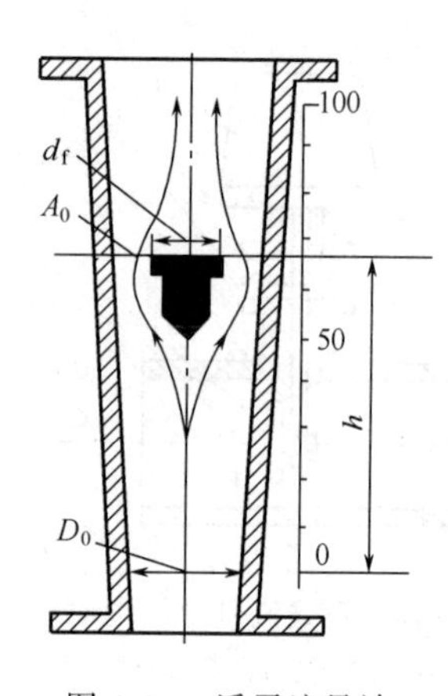

图 6-14　浮子流量计测量原理

$$\Delta p \cdot A_f = V_f(\rho_f - \rho)g \tag{6-28}$$

式中，Δp 为差压；A_f,V_f 分别为浮子的截面积和体积；ρ_f,ρ 分别为浮子密度、流体密度；g 为重力加速度。

将此恒压降公式代入节流流量方程式，则有

$$q_v = \alpha A_0 \sqrt{\frac{2gV_f(\rho_f - \rho)}{\rho A_f}} \tag{6-29}$$

式中，A_0 为环隙面积，它与浮子高度 h 相对应；α 为流量系数。

对于小锥度锥形管，近似有 $A_0 = ch$，系数 c 与浮子和锥形管的几何形状及尺寸有关。则流量方程式写为：

$$q_v = \alpha ch \sqrt{\frac{2gV_f(\rho_f - \rho)}{\rho A_f}} \tag{6-30}$$

式(6-30) 给出了流量与浮子高度之间的关系，这个关系近似线性。

流量系数 α 与流体黏度、浮子形式、锥形管与浮子的直径比以及流速分布等因素有关，每种流量计有相应的界限雷诺数，在低于此值情况下 α 不再是常数。流量计应工作在 α 为常数的范围，即大于一定的 Re 范围。

浮子流量计有两大类型：采用玻璃锥形管的直读式浮子流量计和采用金属锥形管的远传式浮子流量计。

直读式浮子流量计主要由玻璃锥形管、浮子和支撑结构组成。流量表尺直接刻在锥形管上，由浮子位置高度读出流量值。玻璃管浮子流量计的锥形管刻度有流量刻度和百分刻度两种。对于百分刻度流量计要配有制造厂提供的流量刻度曲线。这种流量计结构简单，工作可靠，价格低廉，使用方便，可制成防腐蚀仪表，用于现场测量。

远传式浮子流量计可采用金属锥形管，它的信号远传方式有电动和气动两种类型，测量转换机构将浮子的移动转换为电信号或气信号进行远传及显示。

图 6-15 所示为电远传浮子流量计工作原理。其转换机构为差动变压器组件，用于测量浮子的位移。流体流量变化引起浮子的移动，浮子同时带动差动变压器中的铁心作上、下运动，差动变压器的输出电压将随之改变，通过信号放大后输出的电信号表示出相应流量的大小。

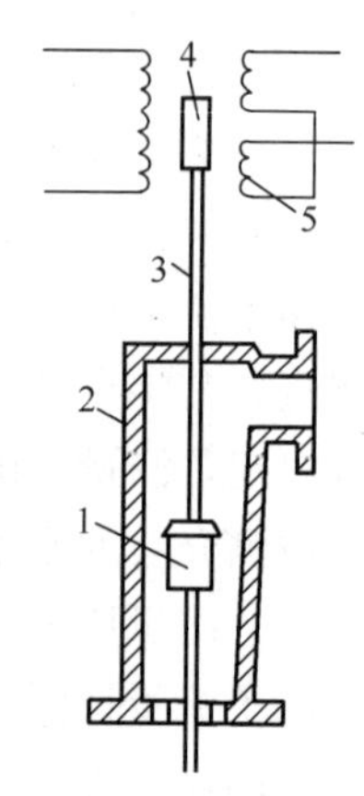

图 6-15　电远传浮子流量计工作原理
1—浮子；2—锥形管；3—连动杆；4—铁心；5—差动线圈

(2) 浮子流量计的使用和安装

① 浮子流量计的刻度换算　浮子流量计是一种非通用性仪表，出厂时需单个标定刻度。测量液体的浮子流量计用常温水标定，测量气体的浮子流量计用常温常压（20℃，9.8×10^4 Pa）的空气标定。在实际测量时，如果被测介质不是水或空气，则流量计的指示值与实际流量值之间存在差别，因此要对其进行刻度换算修正。

对于一般液体介质，当温度和压力变化时，流体的黏度变化不会超过 10mPa·s，只需进行密度校正。根据前述流量方程式，可以得到修正式为：

$$q'_v = q_{v0} \sqrt{\frac{(\rho_f - \rho')\rho_0}{(\rho_f - \rho_0)\rho'}} \tag{6-31}$$

式中，q'_{v} 为被测介质的实际流量；q_{v0} 为流量计标定刻度流量；ρ'为被测介质密度；ρ_0 为标定介质密度；ρ_f 为浮子密度。

对于气体介质，由于 $\rho_f \gg \rho'$或 ρ_0，上式可以简化为：

$$q'_{v}=q_{v0}\sqrt{\frac{\rho_0}{\rho'}} \tag{6-32}$$

式中，ρ_0 为标定状态下空气密度；ρ'为测量时气体密度。

当已知被测介质的密度和流量测量范围等参数后，可以根据以上公式选择合适量程的浮子流量计。

② 浮子流量计的安装使用　在安装使用前必须核对所需测量范围、工作压力和介质温度是否与选用流量计规格相符。如图 6-16 所示，仪表应垂直安装在管道上，流体必须自下而上通过流量计，不应有明显的倾斜。流量计前后应有截断阀，并安装旁通管道。仪表投入时前后阀门要缓慢开启，投入运行后，关闭旁路阀。流量计的最佳测量范围为测量上限的 1/3～2/3 刻度内。

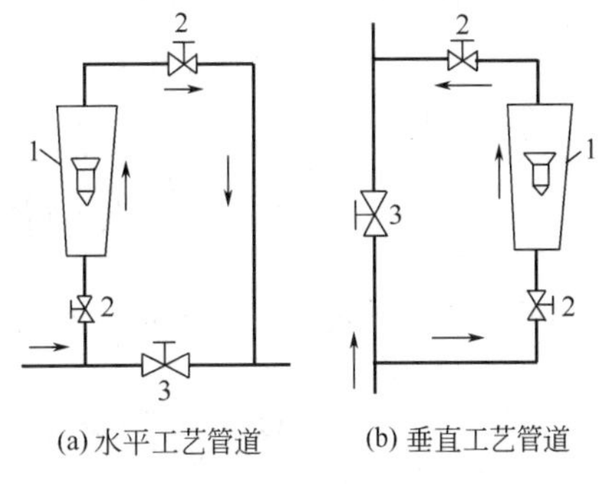

(a) 水平工艺管道　　(b) 垂直工艺管道

图 6-16　浮子流量计的安装

1—浮子流量计；2—截止阀；3—旁通阀

当被测介质的物性参数（密度、黏度）和状态参数（温度、压力）与流量计标定介质不同时，必须对流量计指示值进行修正。

6.2.2.6　明渠流量测量方法

明渠（open channel）是指非满水且具有自由水面的流体流动。明渠在农业灌溉、工业排水、城市下水道排水等工程领域十分广泛，特别是近年来随着农业信息化及南水北调等引水工程的发展，明渠流的流量测量越来越受到重视。明渠流通常都为自由流动，且流量较大，使用管道流量计通常较难对明渠流进行流量测量。在实际应用中，针对明渠流流量测量，通常使用“堰”法和流量槽法。下面以“堰”式明渠流测量方法为例加以介绍。

所谓“堰”可以通俗地解释为“坝”，图 6-17 为自然水流形成的各种“堰”。在明渠适当位置装一挡板，水流被阻断，水位升到挡板上端堰顶，便从堰口流出。水流刚流出的流量小于渠道中原来的流量，水位继续上升，流出流量随之增加，直到流出量等于渠道原流量，水位便稳定在某一高度，测出水位高度（水面高出“堰”顶的高度）便可求取流量。因此，采用“堰”法测量明渠流量的问题转化为液位测量问题。

图 6-17　各种不同形式的堰

“堰”法明渠流量测量原理可结合图 6-18 加以分析。取“堰”上游某处和“堰”口距离

水面高为 h 处为参考面，列出伯努利方程为：

$$g(P+H)+\frac{p_1}{\rho}+\frac{1}{2}v_1^2=g(P+H-h)+\frac{p_2}{\rho}+\frac{1}{2}v_2^2$$

式中，v_1，v_2 分别为上游及水舌处流速。由于水流为自由水面，p_1 和 p_2 相同且均为大气压力，因此上式可化简为：

$$\frac{1}{2}v_2^2=\frac{1}{2}v_1^2+gh$$

和水舌处相比，上游水流速可忽略，从而可以推出：

$$v_2\approx\sqrt{2gh}$$

若“堰”的截面形状为矩形，且宽为 B，则相应的流量为：

$$\mathrm{d}Q=\mathrm{d}A\cdot v_2\approx\sqrt{2gh}\,B\cdot\mathrm{d}h$$

进一步可推出：

$$Q=\int_0^H\sqrt{2\rho gh}\,B\cdot\mathrm{d}h=\frac{2}{3}\sqrt{2g}\,BH^{\frac{3}{2}}$$

考虑到推导过程中的近似，通常引入流量系数 C 将上式修正为：

$$Q=\frac{2}{3}C\sqrt{2g}\,BH^{\frac{3}{2}}$$

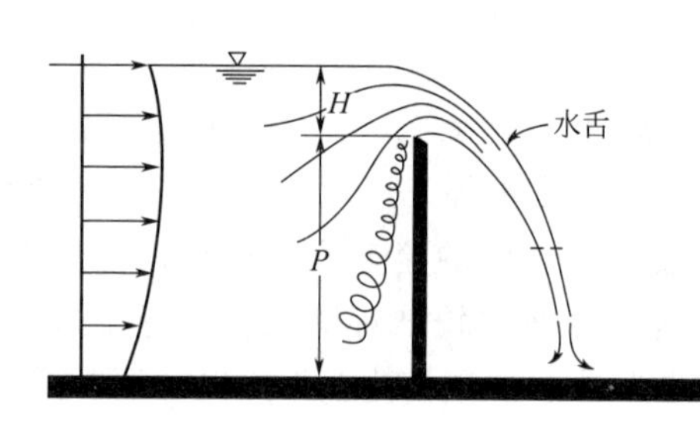

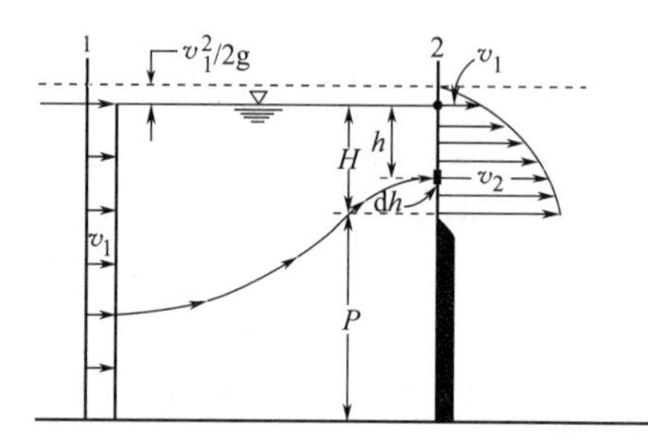

图 6-18　“堰”法明渠流量测量原理

对于图 6-19 所示的三角形“堰”，采用上述相同方法，可以推出：

$$Q=\frac{8}{15}C\sqrt{2g}\,H^{\frac{5}{2}}\tan\frac{\theta}{2}$$

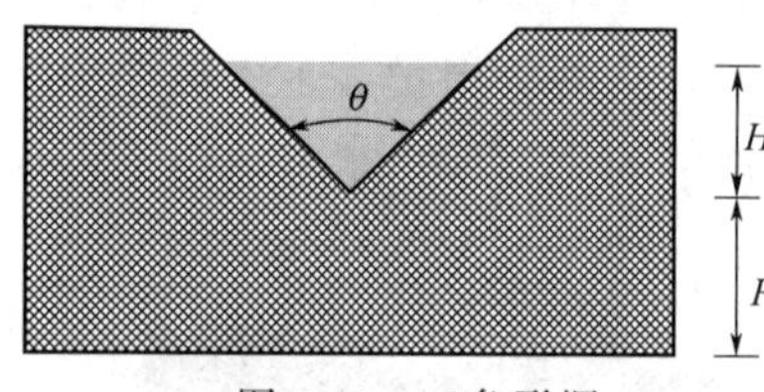

图 6-19　三角形堰

6.2.3　速度式流量计

速度式流量计的测量原理均基于与流体流速有关的各种物理现象，仪表的输出与流速有确定的关系，即可知流体的体积流量。工业生产中使用的速度式流量计种类很多，新的品种也不断开发，它们各有特点和适用范围。本节介绍几种应用较普遍的、有代表性的流量计。

6.2.3.1　涡轮流量计

涡轮流量计是利用安装在管道中可以自由转动的叶轮感受流体的速度变化，从而测定管道内的流体流量。

(1) 涡轮流量计的构成和流量方程式

涡轮流量计的结构如图 6-20 所示。

流量计主要由壳体、导流器、支承、涡轮和磁电转换器组成，涡轮是测量元件，它由导磁系数较高的不锈钢材料制成，轴芯上装有数片呈螺旋形或F直形的叶片，流体作用于叶片，使涡轮转动。壳体和前后导流件由非导磁的不锈钢材料制成，导流件对流体起导直作用。在导流件上装有滚动轴承或滑动轴承，用来支撑转动的涡轮。将涡轮转速转换为电信号的方法以磁电式转换法应用最广泛。磁电感应信号检出器包括磁电转换器和前置放大器，磁电转换器由线圈和磁钢组成，用于产生与叶片转速成比例的电信号，前置放大器放大微弱电信号，使之便于远传。

流体通过涡轮流量计时推动涡轮转动，涡轮叶片周期性地扫过磁钢，使磁路磁阻发生周期性地变化，线圈感应产生的交流电信号频率与涡轮转速成正比，即与流速成正比。流体流过涡轮时流速与涡轮转速的关系可结合图6-21加以推导。设涡轮叶片与涡轮（管道）轴线间的夹角为θ，流体平均流速为v，涡轮叶片末端的切向速度为v_s，则有：

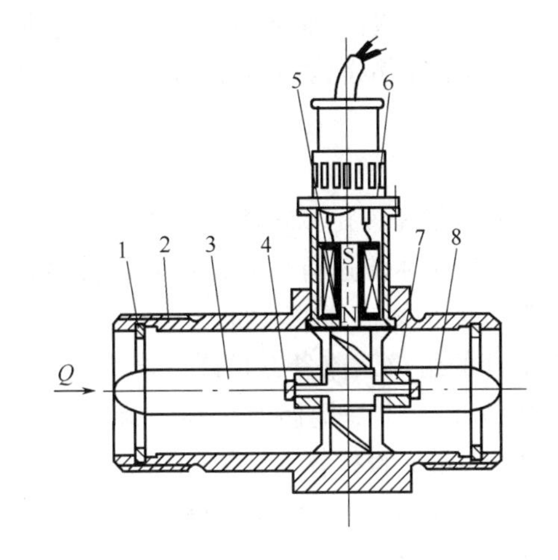

图6-20　涡轮流量计结构示意

1—紧固环；2—壳体；3—前导流件；4—止推片；5—叶轮；6—磁电转换器；7—轴承；8—后导流件

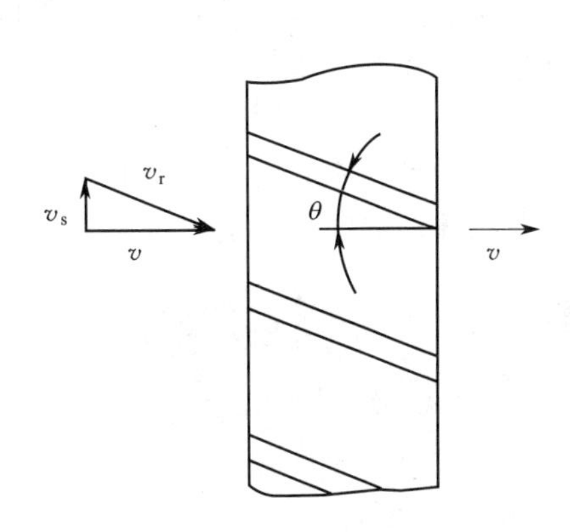

图6-21　涡轮转速与流速关系

$$v_s = v\tan\theta$$

假设涡轮半径为R，涡轮角速度为ω，则

$$v_s = \omega R$$

可进一步推导得出涡轮转速n与流体流速间的关系满足：

$$n = \frac{\omega}{2\pi} = \frac{v\tan\theta}{2\pi R}$$

若涡轮叶片数为Z，每个叶片经过检测器时产生一个脉冲信号，则信号频率f与流速间的关系满足：

$$f = nZ = \frac{v\tan\theta}{2\pi R}Z$$

假设管道截面积为A，则可进一步推得流量为：

$$q_v = uA = \frac{2\pi RA}{Z\tan\theta}f = \frac{f}{\xi} \tag{6-33}$$

式中，q_v为体积流量；f为信号脉冲频率；ξ为仪表常数。

仪表常数ξ与流量计的涡轮结构等因素有关。在流量较小时，ξ值随流量增加而增大，只有流量达到一定值后近似为常数。在流量计的使用范围内，ξ 值应保持为常数，使流量与转速接近线性关系。

涡轮流量计的显示仪表是一个脉冲频率测量和计数的仪表，根据单位时间的脉冲数和一段时间的脉冲计数，分别显示瞬时流量和累积流量。

（2）涡轮流量计的特点和使用

涡轮流量计可以测量气体、液体流量，但要求被测介质洁净，并且不适用于黏度大的液体测量。它的测量精度较高，一般为 0.5 级，在小范围内误差可以≤±0.1%；由于仪表刻度为线性，范围度可达（10～20）∶1；输出频率信号便于远传及与计算机相连；仪表有较宽的工作温度范围（－200～400℃），可耐较高工作压力（<10MPa）。

涡轮流量计一般应水平安装，并保证其前后有一定的直管段。为保证被测介质洁净，表前应装过滤装置。如果被测液体易气化或含有气体时，要在仪表前装消气器。

涡轮流量计的缺点是制造困难，成本高。由于涡轮高速转动，轴承易磨损，降低了长期运行的稳定性，影响使用寿命。通常涡轮流量计主要用于测量精度要求高、流量变化快的场合，还用作标定其他流量的标准仪表。

6.2.3.2　涡街流量计

涡街流量计属旋涡流量计类型，它是利用流体振荡的原理进行流量测量。当流体流过非流线型阻挡体时会产生稳定的旋涡列，旋涡的产生频率与流体流速有着确定的对应关系，测量频率的变化，就可以得知流体的流量。

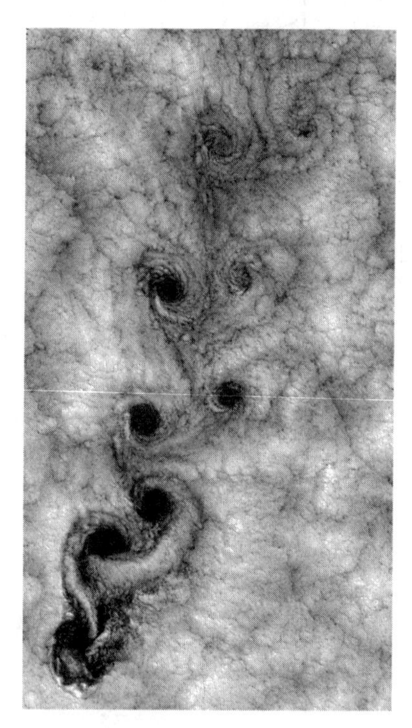

图 6-22　自然界中的“卡门涡街”现象

（1）涡街流量计的组成及流量方程式

涡街流量计的测量主体是旋涡发生体。旋涡发生体是一个具有非流线型截面的柱体垂直插于流通截面内。当流体流过旋涡发生体时，在发生体两侧会交替地产生旋涡，并在它的下游形成两列不对称的旋涡列。当每两个旋涡之间的纵向距离 h 和涡列间横向距离 L 满足一定的关系，即 $h/L=0.281$ 时，这两个旋涡列将是稳定的，称之为“卡门涡街”。“卡门涡街”因与其相关流体力学理论的主要贡献者西奥多·冯·卡门而得名，其描述的现象是在一定条件下的定常来流绕过某些物体时，物体两侧会周期性地脱落出旋转方向相反、排列规则的双列旋涡。“卡门涡街”现象在自然界中广泛存在，如用船桨划船时在船桨后形成的旋涡列，河水流过桥墩后在其后形成的旋涡列等。图 6-22 所示为通过卫星拍摄获得的智利亚历山大·塞尔扣克岛上空由于气流流过该岛顶峰导致其后云层形成“卡门涡街”现象的图片。大量实验证明，在一定的雷诺数范围内，稳定的旋涡产生频率 f 与旋涡发生体处的流速 v 有确定的关系：

$$f=St\frac{v}{d} \tag{6-34}$$

式中，d 为旋涡发生体的特征尺寸；St 称为斯特罗哈尔数。

St 与旋涡发生体形状及流体雷诺数有关，在一定的雷诺数范围内，St 数值基本不变。旋涡发生体的形状有圆柱、三角柱、矩形柱、T形柱以及由以上简单柱形组合而成的组合柱形，不同柱形的 St 不同，如圆柱体 $St=0.21$、三角柱体 $St=0.16$。其中三角柱体旋涡强度较大，稳定性较好，压力损失适中，故应用较多。

当旋涡发生体的形状和尺寸确定后，可以通过测量旋涡产生频率来测量流体的流量。其流量方程式为：

$$q_v=\frac{f}{K} \tag{6-35}$$

式中，K 为仪表系数，一般是通过实验测得。

旋涡频率的检出有多种方式，可以分为一体式和分体式两类。一体式的检测元件放在旋涡发生体内，如热丝式、膜片式、热敏电阻式；分体式检测元件则装在旋涡发生体下游，如压电式、摆旗式、超声式。均为利用旋涡产生时引起的波动进行测量。图 6-23 所示为三角柱体涡街检测器原理示意图，旋涡频率采用热敏电阻检测方式，在三角柱体的迎流面对称地嵌入两个热敏电阻，通入恒定电流加热电阻，使其温度稍高于流体，在交替产生的旋涡的作用下，两个电阻被周期地冷却，使其阻值改变，阻值的变化由桥路测出，即可测得旋涡产生频率，从而测知流量。

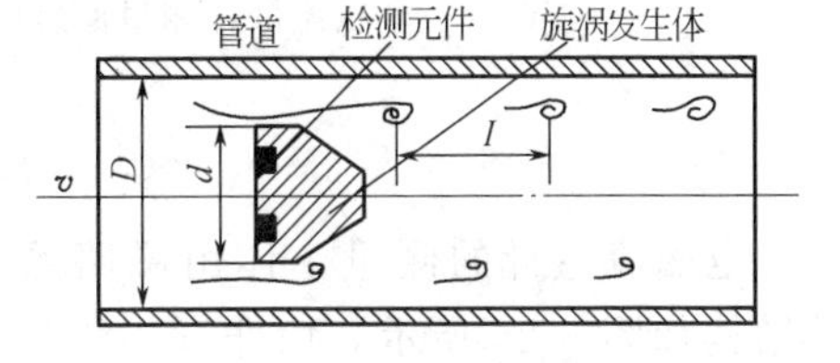

图 6-23　三角柱体涡街检测器原理示意

(2) 涡街流量计特点及使用

涡街流量计适用于气体、液体和蒸汽介质的流量测量，其测量几乎不受流体参数（温度、压力、密度、黏度）变化的影响。涡街流量计在仪表内部无可动部件，使用寿命长；压力损失小；输出为频率信号；有较宽的范围度 30∶1；测量精度也比较高，为±0.5%～±1%。它是一种正在得到广泛应用的流量仪表。

涡街流量计可以水平安装，也可以垂直安装。在垂直安装时，流体必须自下而上通过，使流体充满管道。在仪表上、下游要求一定的直管段，下游长度为 $5D$，上游长度根据阻力件形式而定，约 $15D$～$40D$，但上游不应设流量调节阀。

涡街流量计的不足之处，主要是流体流速分布情况和脉动情况将影响测量准确度，旋涡发生体被玷污也会引起误差。

6.2.3.3　电磁流量计

对于具有导电性的液体介质，可以用电磁流量计测量流量。电磁流量计基于电磁感应原理，导电流体在磁场中垂直于磁力线方向流过，在流通管道两侧的电极上将产生感应电势，感应电势的大小与流体速度有关，通过测量此电势可求得流体流量。

(1) 电磁流量计的组成及流量方程式

电磁流量计的测量原理如图 6-24 所示。感应电势 E 与流速的关系由下式表示：

$$E=CBDv \tag{6-36}$$

式中，C 为常数；B 为磁感应强度；D 为管道内径；v 为流体平均流速。

当仪表结构参数确定之后，感应电势与流速 v 成对应关系，则流体体积流量可以求得。其流量方程式可写为：

$$q_v=\frac{\pi D^2}{4}v=\frac{\pi D}{4CB}E=\frac{E}{K} \tag{6-37}$$

式中，K 为仪表常数，对于固定的电磁流量计，K 为定值。

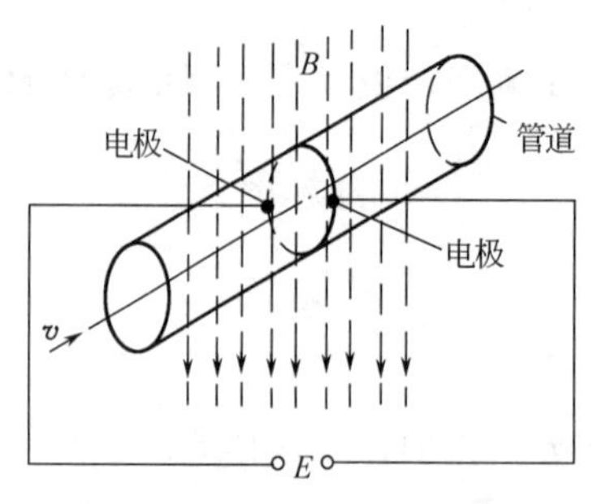

图 6-24　电磁流量计测量原理

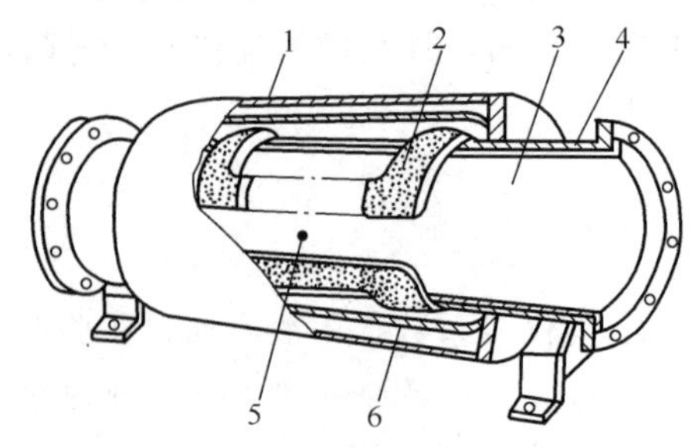

图 6-25　电磁流量计结构
1—外壳；2—激磁线圈；3—衬里；4—测量导管；5—电极；6—铁心

电磁流量计的测量主体由磁路系统、测量导管、电极和调整转换装置等组成。流量计结构如图 6-25 所示，由非导磁性的材料制成导管，测量电极嵌在管壁上，若导管为导电材料，其内壁和电极之间必须绝缘，通常在整个测量导管内壁装有绝缘衬里。导管外围的激磁线圈用来产生交变磁场。在导管和线圈外还装有磁轭，以便形成均匀磁势和具有较大磁通量。

电磁流量计转换部分的输出电流 I_o 与平均流速成正比。

（2）电磁流量计的特点及应用

电磁流量计的测量导管中无阻力件，压力损失极小；其流速测量范围宽，为 0.5～10m/s；范围度可达 10∶1；流量计的口径可从几毫米到几米以上；流量计的精度 0.5～1.5 级；仪表反应快，流动状态对示值影响小，可以测量脉动流和两相流，如泥浆和纸浆的流量。电磁流量计测量导电流体的电导率一般要求 $\gamma>10^{-4}$S/cm，因此不能测量气体、蒸汽和电导率低的石油流量。

电磁流量计对直管段要求不高，前直管段长度为 $5D\sim10D$。安装地点应尽量避免剧烈振动和交直流强磁场。在垂直安装时，流体要自下而上流过仪表，水平安装时两个电极要在同一平面上。要确保流体、外壳、管道间的良好接地。

电磁流量计的选择要根据被测流体情况确定合适的内衬和电极材料。其测量准确度受导管的内壁，特别是电极附近结垢的影响，应注意维护清洗。

近年来，电磁流量计有了更新的发展和更广泛的应用。

6.2.3.4　超声流量计

超声流量计利用超声波在流体中的传播特性实现流量测量。超声波在流体中传播，将受到流体速度的影响，检测接收的超声波信号可以测知流速，从而求得流体流量。

超声波测量流量有多种方法，按作用原理有传播速度差法、多普勒效应法、声束偏移法、相关法等，在工业应用中以传播速度法最普遍。

传播速度差法利用超声波在流体中顺流传播与逆流传播的速度变化来测量流体流速。测量方法可用时间差法、相差法和频差法。其测量原理如图 6-26 所示，在管道壁上，从上、下游两个作为发射器的超声换能器 T_1，T_2 发出超声波，各自到达下游和上游作为接

收器的超声换能器 R_1，R_2。流体静止时超声波声速为 c，流体流动时顺流和逆流的声速将不同。两个传播时间与流速之间的关系可写为：

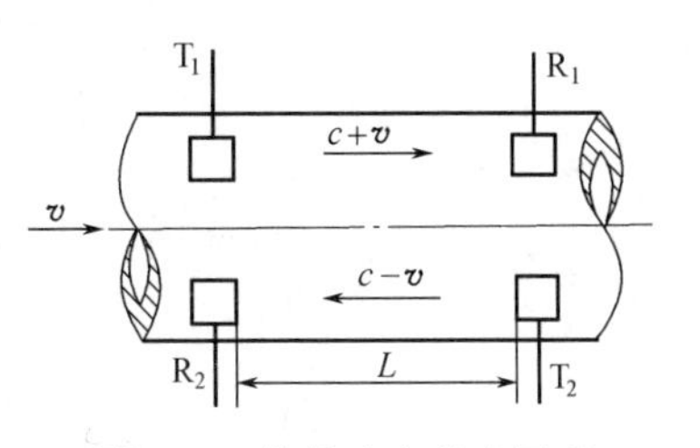

图 6-26 传播速度差法原理

$$t_1=\frac{L}{c+v} \quad 和 \quad t_2=\frac{L}{c-v} \tag{6-38}$$

式中，t_1 为顺流传播时间；t_2 为逆流传播时间；L 为两探头间距离；v 为流体平均流速。

一般情况下 $c \gg v$，则时间差与流速的关系为：

$$\Delta t=t_2-t_1 \approx \frac{2Lv}{c^2} \tag{6-39}$$

上式中含有声速 c，若将声速 c 考虑为常数，则测得时差 Δt 就可知流速并进一步计算流量。实际上声速通常受流体介质温度变化的影响，考虑声速随流体温度的变化，可以用顺流和逆流传播时间对声速进行表征并获得对应的流速计算公式。由公式(6-38) 可得：

$$c=\frac{L(t_1+t_2)}{2t_2t_1} \tag{6-40}$$

$$v=\frac{1}{2}\left(\frac{L}{t_1}-\frac{L}{t_2}\right)=\frac{L(t_2-t_1)}{2t_2t_1} \tag{6-41}$$

根据上述时差法超声波流量计的测量原理，超声波流量计核心测量问题为时间差测量或传播时间测量。

图 6-27 所示为时差法超声波流量计超声波信号传输模型。公式(6-40) 给出了对应的超声波顺流传播信号 $x(t)$ 与逆流传播信号 $y(t)$ 间的关系：

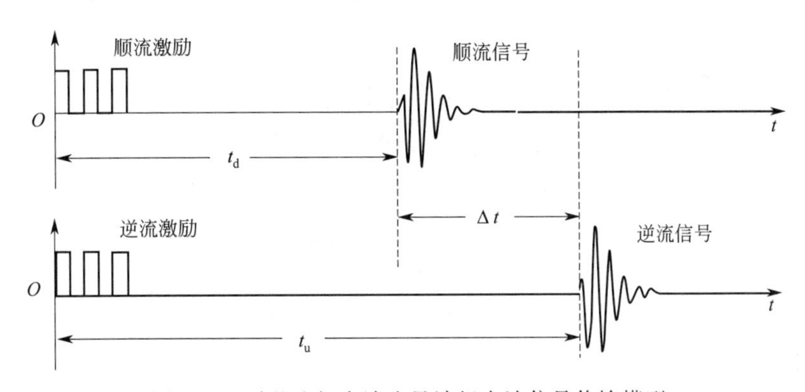

图 6-27 时差法超声波流量计超声波信号传输模型

$$\begin{cases} x(t)=s(t)+n_1(t) \\ y(t)=\alpha s(t-\Delta t)+n_2(t) \end{cases} \tag{6-42}$$

式中，$s(t)$ 为信号主体；$n_1(t)$，$n_2(t)$ 分别为顺流传播信号及逆流传播信号中包含的噪声；α 为比例因子，用于描述顺流传播信号及逆流传播信号二者幅度差异。

图 6-28 给出了时差法超声波流量计超声波顺流传播信号及逆流传播信号示例。若基于公式(6-39) 计算流速，则需测量图 6-28 所示超声波顺流传播信号与逆流传播信号之间的时间差 Δt。通常可通过计算超声波顺流传播信号与逆流传播信号之间的相关函数并根据相关

函数的峰值位置确定 Δt。顺、逆流信号间的相关函数的计算可表示为：

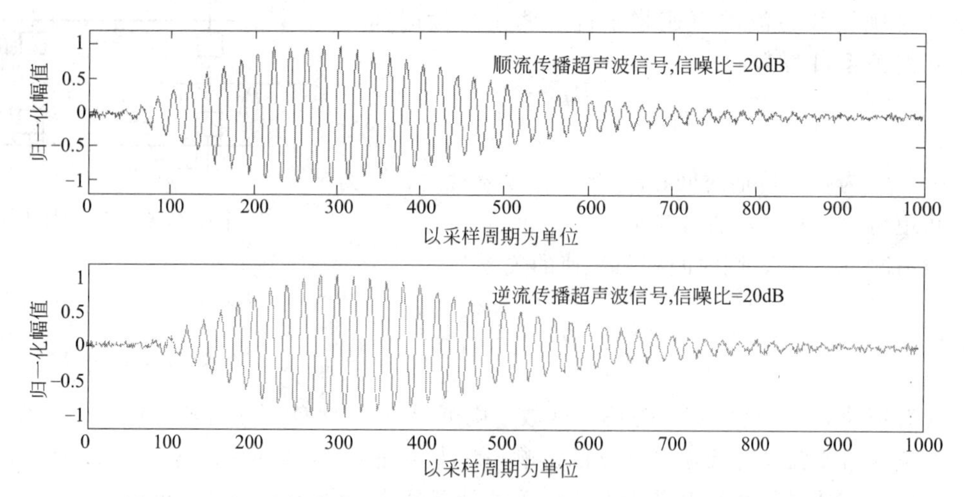

图 6-28　时差法超声波流量计超声波顺流传播信号及逆流传播信号示例

$$R_{xy}(\tau)=\frac{1}{T}\int_{0}^{T}x(t)y(t+\tau)\mathrm{d}t=\alpha R_{ss}(\tau)+\alpha R_{sn_1}(\tau)+R_{sn_2}(\tau)+R_{n_1n_2}(\tau) \quad (6\text{-}43)$$

式中，$R_{ss}(\tau)$,$R_{sn_1}(\tau)$,$R_{sn_2}(\tau)$,$R_{n_1n_2}(\tau)$ 分别对应信号 $s(t)$ 的自相关函数、信号 $s(t)$ 与噪声 $n_1(t)$ 的互相关函数、信号 $s(t)$ 与噪声 $n_2(t)$ 的互相关函数、噪声 $n_1(t)$ 与噪声 $n_2(t)$ 的互相关函数。图 6-29 给出了利用互相关函数计算获得图 6-28 中对应的顺、逆流信号间时间差的示例。其最大峰值点位置对应的时间即为顺、逆流信号间的时间差。通过计算机实现互相关函数运算，实际上是对离散采样后的顺流信号序列和逆流信号序列进行移位、相乘、相加并平均等运算操作。

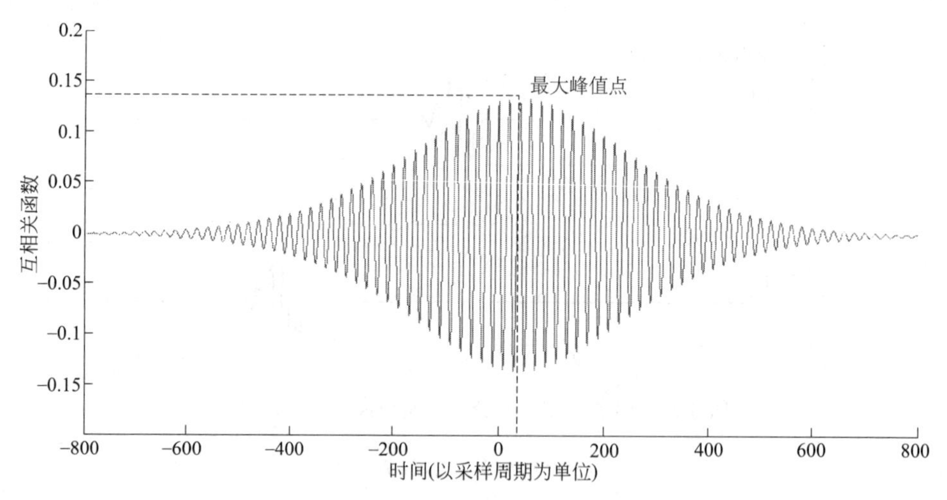

图 6-29　利用互相关函数计算获得超声波顺、逆流传播信号间时差示例

除了通过计算顺、逆流信号间的互相关函数获得其时间差，通常还可通过计算离散采样后的顺流信号序列和逆流信号序列之间的 1-范数实现时差计算，其对应公式如下所示：

$$L_1(m)=\sum_{k=0}^{N-1}\left|x(k)-y(k+m)\right| \quad (6\text{-}44)$$

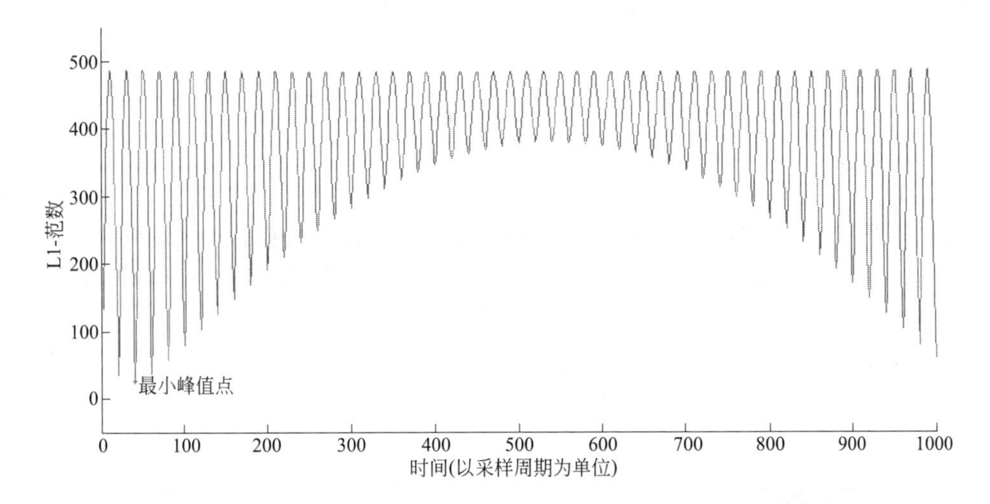

图 6-30 利用 1-范数计算获得超声波顺、逆流传播信号间时差示例

图 6-30 给出了利用 1-范数计算获得图 6-28 中对应的顺、逆流信号间时间差的示例。其最小峰值点位置对应的时间即为顺、逆流信号间的时间差。在计算机中实现利用 1-范数计算获得顺、逆流信号时间差的过程实际上是对离散采样后的顺流信号序列和逆流信号序列进行移位、相减并取绝对值求和平均等运算操作。

对比互相关函数法和 1-范数法，互相关函数法对信号中的噪声有较好的抵抗能力，但需要进行乘法运算；1-范数法只需进行加法运算，但抗噪声能力逊于互相关函数法。

若考虑声速受流体介质温度的影响，需采用公式(6-41) 计算流速，为此需测量超声波从发射到接收的传播时间，按顺流传播与逆流传播对应地进行顺流信号传播时间和逆流信号传播时间的测量，通常使用“过零法”实现超声波信号传输时间的测量。具体实现是设定幅度阈值，通过比较器将超声波信号转化为方波信号，再根据方波信号的上升沿或下降沿判定超声波到达接收换能器的时间并和超声波发射换能器开始激励的时间相减获得超声波信号传输时间。需要指出的是，为了使阈值比较器输出稳定的方波信号，阈值通常不为零，这会导致实际测量的超声波信号传输时间和物理上超声波接收换能器接收到超声波到达对应的时间有一定差异，因此需要进行必要的补偿计算。

除了时差法，还可以将超声波信号顺流传播时间和逆流传播时间转换为对应的频率实现流速计算并获得流量，即通常所说的频差法。

采用频差法时，列出频率与流速的关系式为：

$$f_1=\frac{1}{t_1}=\frac{c+v}{L} \quad \text{和} \quad f_2=\frac{1}{t_2}=\frac{c-v}{L} \tag{6-45}$$

则频率差与流速的关系为：

$$\Delta f=f_1-f_2=\frac{2v}{L} \tag{6-46}$$

采用频差法测量可以不受声速的影响，不必考虑流体温度变化对声速的影响。

根据时差法超声波流量计的工作原理，由超声波顺、逆流信号传播时间及时差计算得到的流速为超声波传播途径上的平均流速，根据此流速最终计算流量时还应考虑超声波传播途径上的平均流速与管道内平均流速的差异。为此，需要引入补偿系数 K 进行相应的补偿计算。

$$q=\frac{\pi D^2}{4}\frac{v_c}{K},\quad K=\frac{v_c}{v} \tag{6-47}$$

式中，D 为管道直径，v_c 为根据超声波工作原理获得的超声波传播途径上的平均流速，v 为管道内平均流速。当管道内流体流速具有复杂分布形式时，通常还会采用多对超声波换能器测量超声波不同传播途径上的平均流速并通过加权平均获得管道截面平均流速。这种采用多对超声波换能器构成的超声波流量计被称为多声道超声波流量计。与单一声道超声波流量计相比，多声道超声波流量计能够获得对管道截面上更准确的平均流速估计，具有更高的测量精度。图 6-31 展示了一种 4 声道超声波流量计内部声道布置形式。

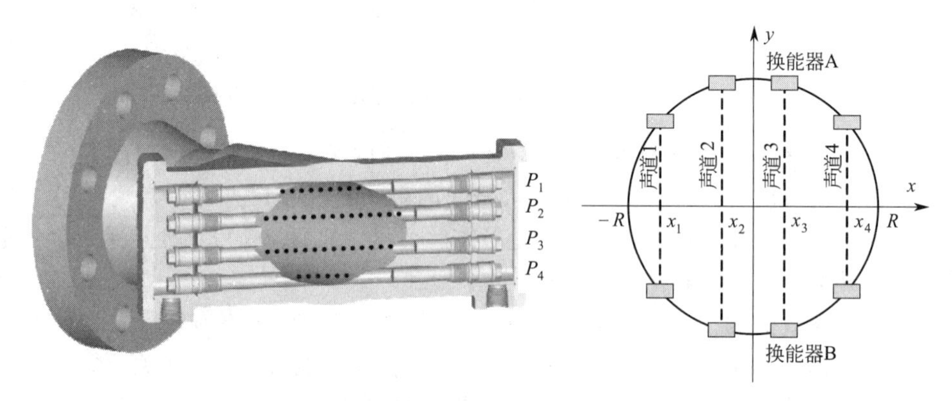

图 6-31　一种 4 声道超声波流量计内部声道布置

图 6-31 所示 4 声道超声波流量计的流量计算公式可表示为：

$$q=A\sum_{i=1}^{4}w_i v_i \tag{6-48}$$

式中，A 为管道横截面面积；v_i 为根据超声波工作原理获得的第 i 条声道上的平均流速；w_i 为对应的权值。

超声换能器通常由压电材料制成，通过电致伸缩效应和压电效应，发射和接收超声波。流量计的电子线路包括发射、接收电路和控制测量电路，可显示瞬时流量和累积流量。

超声流量计可夹装在管道外表面，仪表阻力损失极小，还可以做成便携式仪表，探头安装方便，通用性好。这种仪表可以测量各种液体的流量，包括腐蚀性、高黏度、非导电性流体。近年来测量气体流量的仪表也已问世。超声流量计尤其适于大口径管道测量，多探头设置时最大口径可达几米。超声流量计的范围度可达 100：1，误差通常为±0.5%～±1%甚至更高。此外，超声波流量计造价不随管径增大显著升高，近年来在涉及具有高精度测量要求特别是贸易计量方面得到了广泛应用。

除了前述基于时差测量原理的超声波流量计，还有另一类基于多普勒效应的超声波流量计，即多普勒超声波流量计，其利用多普勒频移原理来测量流体速度并进而计算流量，适合测量含固体颗粒或气泡的液体。

多普勒超声波流量计的工作原理如图 6-32 所示，当超声波以角度 θ 入射到管道内时，将与随管道内液体一起流动的悬浮颗粒或气泡发生作用并产生多普勒效应，经悬浮颗粒或气泡反射后的超声波进入接收换能器，接收换能器检测到的超声波信号的频率与入射超声波的频率相比会发生偏移，其频率偏移量与浮颗粒或气泡的速度有关，通过测量频率偏移量即可获得流体流速并计算流量。

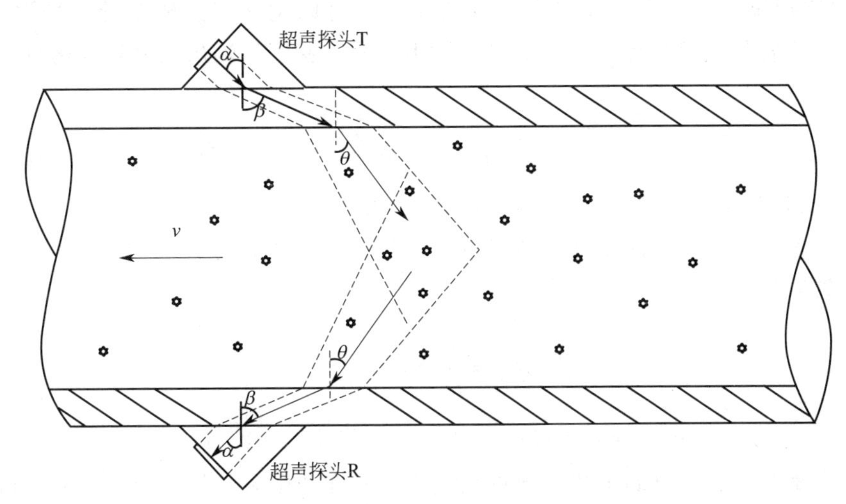

图 6-32　多普勒超声波流量计的工作原理示意

多普勒超声波流量计超声波频率偏移量与流速的关系可以表示为：

$$\Delta f = f_1 \frac{2v\sin\theta}{c} \tag{6-49}$$

式中，f_1 为入射超声波的频率；Δf 为频率偏移量；θ 为入射超声波方向与管道轴线垂直方向的夹角；c 为超声波声速；v 为流体（悬浮颗粒或气泡）流速。

多普勒超声波流量计适合测量含固体颗粒或气泡的液体，尤其在医疗领域得到广泛应用，如超声多普勒血流仪。

6.3　质量流量检测方法

由于流体的体积是流体温度、压力和密度的函数，在流体状态参数变化的情况下，采用体积流量测量方式会产生较大误差。因此，在生产过程和科学实验的很多场合，以及作为工业管理和经济核算等方面的重要参数，要求检测流体的质量流量。

质量流量测量仪表通常可分为两大类：间接式质量流量计和直接式质量流量计。间接式质量流量计采用密度或温度、压力补偿的办法，在测量体积流量的同时，测量流体的密度或流体的温度、压力值，再通过运算求得质量流量。现在带有微处理器的流量传感器均可实现这一功能，这种仪表又称为推导式质量流量计。直接式质量流量计则直接输出与质量流量相对应的信号，反映质量流量的大小。

6.3.1　间接式质量流量测量方法

根据质量流量与体积流量的关系，可以有多种仪表的组合以实现质量流量测量。常见的组合方式有如下几种。

6.3.1.1　体积流量计与密度计的组合方式

① 差压式流量计与密度计的组合　差压计输出信号正比于 ρq_v^2，密度计测量流体密度

ρ，仪表输出为统一标准的电信号，可以进行运算处理求出质量流量。其计算式为：

$$q_m=\sqrt{\rho q_v^2\cdot\rho}=\rho\cdot q_v \tag{6-50}$$

② 其他体积流量计与密度计组合　其他流量计可以用速度式流量计，如涡轮流量计、电磁流量计，或容积式流量计。这类流量计输出信号与密度计输出信号组合运算，即可求出质量流量：

$$q_m=\rho\cdot q_v \tag{6-51}$$

6.3.1.2　体积流量计与体积流量计的组合方式

差压式流量计（或靶式流量计）与涡轮流量计（或电磁流量计、涡街流量计等）组合，通过运算得到质量流量。其计算式为：

$$q_m=\frac{\rho q_v^2}{q_v}=\rho\cdot q_v \tag{6-52}$$

6.3.1.3　温度、压力补偿式质量流量计

流体密度是温度、压力的函数，通过测量流体温度和压力，与体积流量测量组合可求出流体质量流量。

图 6-33 给出几种推导式质量流量计组合示意图。

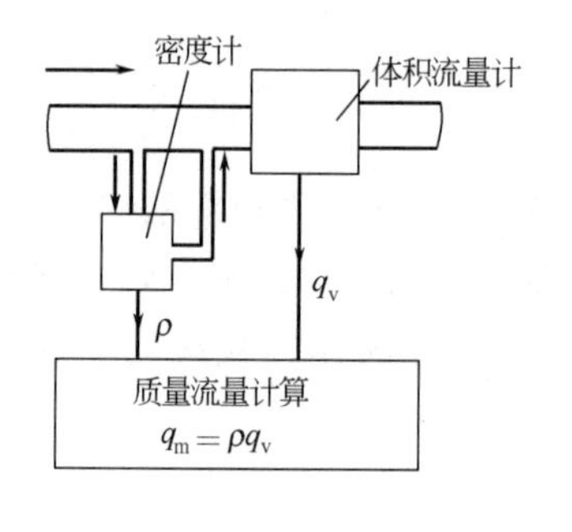

(a)

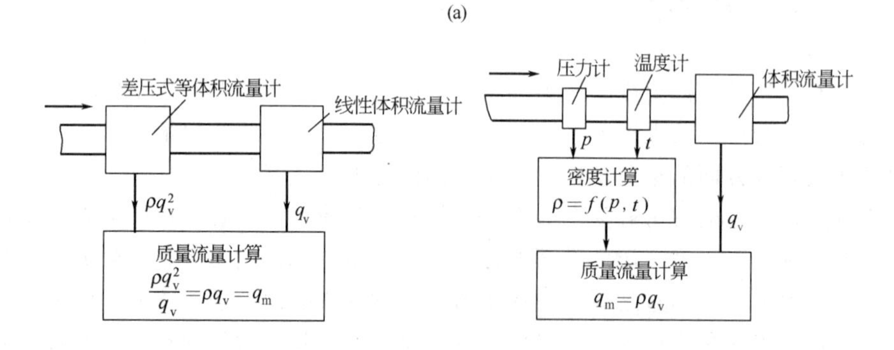

(b)　(c)

图 6-33　几种推导式质量流量计组合示意

间接式质量流量计构成复杂，由于包括了其他参数仪表误差和函数误差等，其系统误差通常低于体积流量计。但在目前，已有多种型式的微机化仪表可以实现有关计算功能，应用仍较普遍。

6.3.2　直接式质量流量计

直接式质量流量计的输出信号直接反映质量流量，其测量不受流体的温度、压力、密度变化的影响。目前得到较多应用的直接式质量流量计是科里奥利质量流量计，此外还有热式质量流量计和冲量式质量流量计等。

6.3.2.1　科里奥利质量流量计

科里奥利质量流量计简称科氏力流量计，它是利用流体在振动管中流动时，将产生与质量流量成正比的科里奥利力的测量原理。科氏力流量计由检测科里奥利力的传感器与转换器组成。图 6-34(a) 所示为一种 U 形管式科氏力流量计的示意图。传感器测量主体为一根 U 形管，流体由 U 形管的一端开口流入，流经整个 U 形管后由另一端开口流出。在 U 形管的顶端装有电磁装置，用于激励 U 形管使其以 O-O 为轴按固有的频率振动，振动方向垂直于 U 形管所在平面，即整个 U 形管以 O-O 为轴做往复圆周运动。U 形管流入一侧及流出一侧管道中的流体在流动过程中同时还随管道做垂直于流动方向的圆周运动，因此流体将产生科里奥利加速度，与科里奥利加速度对应有科里奥利力，流体在管道中受到的科里奥利力仅与其质量和运动速度有关，而质量和运动速度即流速的乘积就是需要测量的质量流量，因而通过测量流体在管道中受到的科里奥利力，便可以测量其质量流量。由于流体在 U 形管两侧的流动方向相反，所以作用于 U 形管两侧的科氏力大小相等方向相反，从而形成一个作用力矩。U 形管在此力矩作用下将发生扭曲，如图 6-34(b) 所示，U 形管的扭角与通过的流体质量流量相关。在 U 形管两侧中心平面处安装两个电磁传感器，测出扭曲量-扭角的大小，就可以得知质量流量，其关系式为：

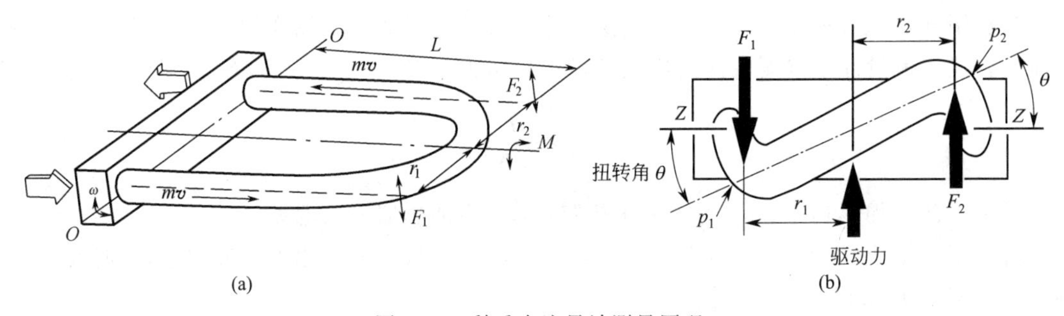

图 6-34　科氏力流量计测量原理

$$q_{\mathrm{m}}=\frac{K_{\mathrm{s}}\theta}{4\omega r} \tag{6-53}$$

式中，θ 为扭角；K_{s} 为扭转弹性系数；ω 为振动角速度；r 为 U 形管跨度半径。

也可由传感器测出 U 形管两侧通过中心平面的时间差 Δt 来测量，其关系式为：

$$q_{\mathrm{m}}=\frac{K_{\mathrm{s}}}{8r^{2}}\Delta t \tag{6-54}$$

此时，所得测量值与 U 形管的振动频率 f 及角速度 ω 均无关。

科氏力流量计的振动管形状还有平行直管、Ω 形管或环形管等，也有用两根 U 形管等方式。采用何种形式的流量计要根据被测流体情况及允许阻力损失等因素综合考虑进行选择。图 6-35 所示为两种振动管形式的科氏力流量计结构示意图。

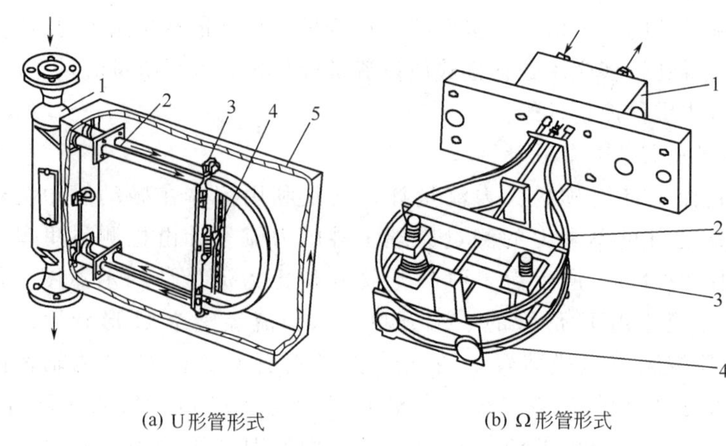

图 6-35　两种科氏力流量计结构示意

1—支承管；2—检测管；3—电磁检测器；
4—电磁激励器；5—壳体

这种类型的流量计的特点是可直接测得质量流量信号，不受被测介质物理参数的影响，精度较高；可以测量多种液体和浆液，也可以用于多相流测量；不受管内流态影响，因此对流量计前后直管段要求不高；其范围度可达 100∶1。但是它的阻力损失较大，存在零点漂移，管路的振动会影响其测量精度。

6.3.2.2　热式质量流量计

热式质量流量计的测量原理基于流体中热传递和热转移与流体质量流量的关系。其工作机理是利用外热源对被测流体加热，测量因流体流动造成的温度场变化，从而测得流体的质量流量。热式流量计中被测流体的质量流量可表示为：

$$q_m = \frac{P}{c_p \Delta T} \tag{6-55}$$

式中，P 为加热功率；c_p 为比定压热容；ΔT 为加热器前后温差。

若采用恒定功率法，测量温差 ΔT 可以求得质量流量。若采用恒定温差法，则测出热量的输入功率 P 就可以求得质量流量。

图 6-36 为一种非接触式对称结构的热式流量计示意图。加热器和两只测温铂电阻安装在小口径的金属薄壁圆管外，测温铂电阻 R_1,R_2 接于测量电桥的两臂。在管内流体静止时，电桥处于平衡状态。当流体流动时则形成变化的温度场，两只测温铂电阻阻值的变化使电桥产生不平衡电压，测得此信号可知温差 ΔT，即可求得流体的质量流量。

热式流量计适用于微小流量测量。当需要测量较大流量时，要采用分流方法，仅测一小部分流量，再求得全流量。热式流量计结构简单，压力损失小。非接触式流量计使用寿命长；其缺点是灵敏度低，测量时还要进行温度补偿。

6.3.2.3　冲量式流量计

冲量式流量计用于测量自由落下的固体粉料的质量流量。冲量式流量计由冲量传感器及显示仪表组成。冲量传感器感受被测介质的冲力，经转换放大输出与质量流量成比例的标准信号，其工作原理如图 6-37 所示。自由下落的固体粉料对检测板——冲板产生冲击力，产

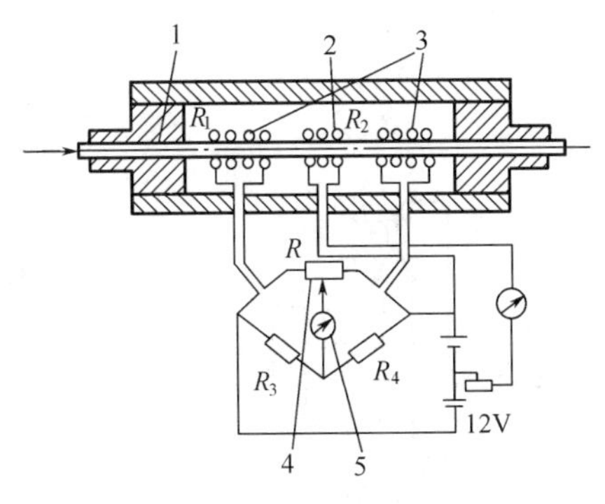

图 6-36 非接触式对称结构的热式流量计示意

1—镍管；2—加热线圈；3—测温线圈；

4—调零电阻；5—电表

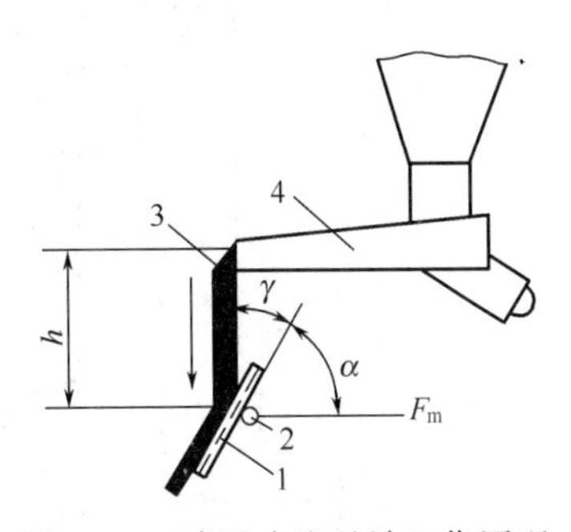

图 6-37 冲量式流量计工作原理

1—冲板；2—冲板轴；

3—物料；4—输送机

产生冲击力，分力由机械结构克服而不起作用。其水平分力则作用在冲板轴上，并通过机械结构的作用与反馈测量弹簧产生的力相平衡，水平分力大小可表示为：

$$F_m = q_m \sqrt{2gh} \sin\alpha \sin\gamma \tag{6-56}$$

式中，q_m 为物料流量，kg/s；h 为物料自由下落至冲板的高度，m；γ 为物料与冲板之间的夹角；α 为冲板安装角度。转换装置检测冲板轴的位移量，经转换放大后输出与流量相对应的信号。

冲量式流量计结构简单；安装维修方便；使用寿命长，可靠性高；由于检测的是水平力，所以检测板上有物料附着时也不会发生零点漂移。冲量式流量计适用于各种固体粉料介质的流量测量，从粉末到块状物以及浆状物料。流量计的选择要根据被测介质的大小、重量和正常工作流量等条件。正常流量应在流量计最大流量的 30%～80%之间。改变流量计的量程弹簧可以调整流量测量范围。

6.4 流量标准装置

流量计的标定随流体的不同有很大的差异，需要建立各种类型的流量标准装置。流量标准装置的建立是比较复杂的，不同的介质如气、水、油以及不同的流量范围和管径大小均要有与之相应的装置。以下介绍几种典型的流量标准装置。

6.4.1 液体流量标准装置

液体流量标定方法和装置大致有以下几种。

6.4.1.1 标准容积法

标准容积法所使用的标准计量容器是经过精细分度的量具，其容积精度可达万分之几，根据需要可以制成不同的容积大小。图 6-38 所示为标准容积法流量标准装置示意图。在校验时，高位水槽中的液体通过被校流量计经切换机构流入标准容器。从标准容器的读数装置上读出在一定时间内进入标准容器的液体体积，将由此决定的体积流量值作为标准值与被校流量计的标准值相比较。高位水槽内有溢流装置以保持槽内液位的恒定，补充的液体由泵从下面的水池中抽送。切换机构的作用是当流动达到稳定后再将流体引入标准容器。

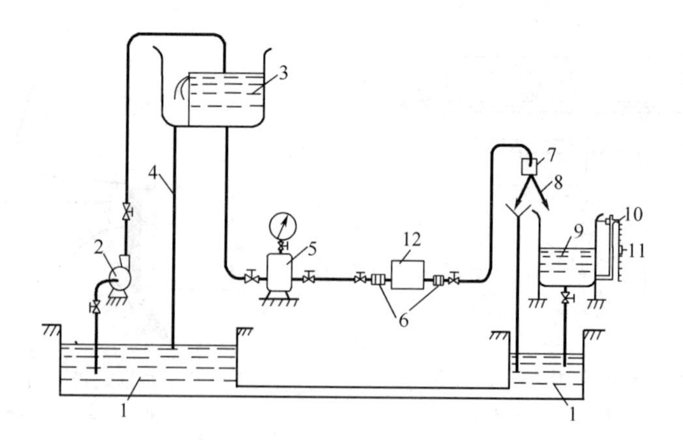

图 6-38 标准容积法流量标准装置

1—水池；2—水泵；3—高位水槽；4—溢流管；5—稳压容器；
6—活动管接头；7—切换机构；8—切换挡板；9—标准容积计量槽；
10—液位标尺；11—游标；12—被校流量计

进行校验的方法有动态校验法和停止校验法两种。动态校验法是让液体以一定的流量流入标准容器，读出在一定时间间隔内标准容器内液面上升量，或者读出液面上升一定高度所需的时间。停止校验法是控制停止阀或切换机构让一定体积的液体进入标准容器，测定开始流入到停止流入的时间间隔。

用容积法进行实验时，要注意温度的影响。因为热膨胀会引起标准容器容积的变化影响测定精度。

标准容积法有较高精度，但在标定大流量时制造精密的大型标准容器比较困难。

6.4.1.2 标准质量法

这种方式是以秤代替标准容器作为标准器，用秤称量一定时间内流入容器内的流体总量的方法来求出被测液体的流量。秤的精度较高，这种方法可以达到±0.1%的精度。其实验方法也有停止法和动态法两种。

6.4.1.3 标准流量计法

这种方式是采用高精度流量计作为标准仪表对其他工作用流量计进行校正。用作高精度流量计的有容积式、涡轮式、电磁式和差压式等型式，可以达到±0.1%左右的测量精确度。这种校验方法简单，但是介质性质及流量大小要受到标准仪表的限制。

6.4.1.4 标准体积管的校正法

采用标准体积管流量装置可以对较大流量进行实流标定，并且有较高精度，广泛用于石油工业标定液体总量仪表。

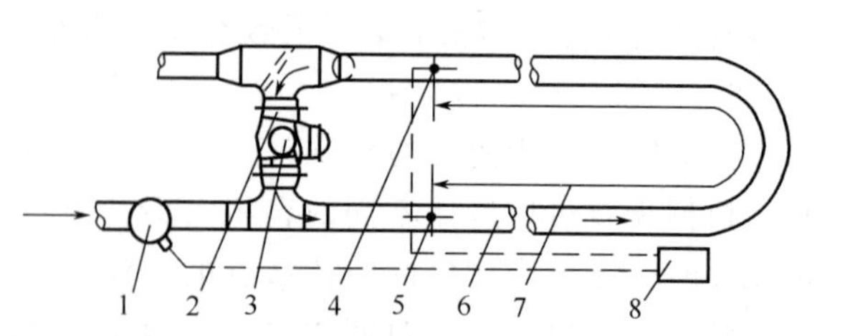

图 6-39 单球式标准体积管原理示意

1—被校验流量计；2—交换器；3—球；4—终止检测器；
5—起始检测器；6—体积管；7—校验容积；8—计数器

标准体积管流量装置在结构上有多种类型。图 6-39 为单球式标准体积管的原理示意图。合成橡胶球经交换器进入体积管，在流过被校验仪表的液流推动下，按箭头所示方向前进。橡胶球经过入口探头时发出信号启动计数器，橡胶球经过出口探头时停止计数器工作。橡胶球受导向杆阻挡，落入交换器，再为下一次实验作准备。被校表的体积流量总量与标准体积段的容积相等，脉冲计数器的累计数相应于被校表给出的体积流量总量。这样，根据检测球走完标准体积段的时间求出的体积流量作为标准，把它与被校表指示值进行对比，即可得知被校表的精度。

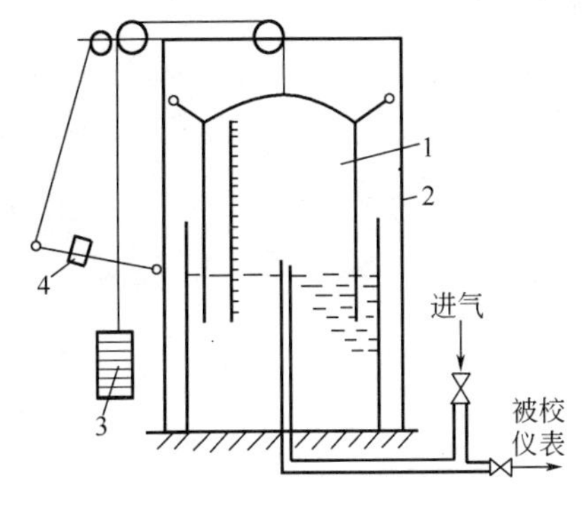

图 6-40 钟罩式气体流量校正装置
1—钟罩；2—导轨和支架；
3—平衡锤；4—补偿锤

应注意，在标定中要对标准体积管的温度、压力及流过被校表的液体的温度、压力进行修正。

6.4.2 气体流量标准装置

对于气体流量计，常用的校正方法有：用标准气体流量计的校正法，用标准气体容积的校正法，使用液体标准流量计的置换法等。

标准气体容积校正的方法采用钟罩式气体流量校正装置，其系统示意图如图 6-40 所示。作为气体标准容器的是钟罩，钟罩的下部是一个水封容器。由于下部液体的隔离作用，使钟罩下形成储存气体的标准容积。工作气体由底部的管道送入或引出。为了保证钟罩下的压力恒定，以及消除由于钟罩浸入深度变化引起罩内压力的变化，钟罩上部经过滑轮悬以相应的平衡重物。钟罩侧面有经过分度的标尺，以计量钟罩内气体体积。在对流量计进行校正时，由送风机把气体送入系统，使钟罩浮起，当流过的气体量达到预定要求时，把三通阀转向放空位置停止进气。放气使罩内气体经被校表流出，由钟罩的刻度值变化换算为气体体积，被校表的累积流过总量应与此相符。采用该方法也要对温度、压力进行修正。这种方法比较常用，可达到较高精度。目前常用钟罩容积有 50L，500L，2000L 的几种。

此外，还有用音速喷嘴产生恒定流量值对气体流量计进行校正的方法。

由以上简要介绍可见，流量试验装置是多样的，而且一般比较复杂。还应该指出的是，在流量计校验过程中应保持流量值的稳定。因此，产生恒定流量的装置应是流量实验装置的一个部分。

思考题与习题

6-1 简述流量测量的特点及流量测量仪表的分类。

6-2 以椭圆齿轮流量计为例，说明容积式流量计的工作原理。

6-3 简述几种差压式流量计的工作原理。

6-4 节流式流量计的流量系数与哪些因素有关？

6-5 简述标准节流装置的组成环节及其作用。对流量测量系统的安装有哪些要求？为什么要保证测量管路在节流装置前后有一定的直管段长度？

6-6 当被测流体的温度、压力值偏离设计值时，对节流式流量计的测量结果会有何影响？

6-7 用标准孔板测量气体流量，给定设计参数 $p=0.8$kPa，$t=20$℃，现实际工作参数 $p_1=0.4$kPa，$t_1=30$℃，现场仪表指示为 3800m^3/h，求实际流量大小？

6-8 一只用水标定的浮子流量计，其满刻度值为 1000dm^3/h，不锈钢浮子密度为 7.92g/cm^3，现用来测量密度为 0.79g/cm^3 的乙醇流量，问浮子流量计的测量上限是多少？

6-9 说明涡轮流量计的工作原理。某一涡轮流量计的仪表常数为 $K=150.4$ 次/L，当它在测量流量时的输出频率为 $f=400$Hz 时，其相应的瞬时流量是多少？

6-10　说明电磁流量计的工作原理，这类流量计在使用中有何要求？

6-11　涡街流量计的检测原理是什么？常见的旋涡发生体有哪几种？如何实现旋涡频率检测？

6-12　说明超声流量计的工作原理，超声流量计的灵敏度与哪些因素有关？

6-13　质量流量测量有哪些方法？

6-14　为什么科氏力流量计可以测量质量流量？

6-15　说明流量标准装置的作用，有哪几种主要类型？

7 物位检测

物位检测是对设备和容器中物料储量多少的度量。物位检测为保证生产过程的正常运行，如调节物料平衡、掌握物料消耗数量、确定产品产量等提供可靠依据。在现代工业生产自动化过程监测中物位检测占有重要的地位。

7.1 物位的定义及物位检测仪表的分类

7.1.1 物位的定义

“物位”一词统指设备和容器中液体或固体物料的表面位置。对应不同性质的物料又有以下的定义。

① 液位　指设备和容器中液体介质表面的高低。

② 料位　指设备和容器中所储存的块状、颗粒或粉末状固体物料的堆积高度。

③ 界位　指相界面位置。容器中两种互不相溶的液体，因其重度不同而形成分界面，为液-液相界面；容器中互不相溶的液体和固体之间的分界面，为液-固相界面。液-液、液-固相界面的位置简称界位。

物位是液位、料位、界位的总称。对物位进行测量、指示和控制的仪表，称物位检测仪表。

7.1.2 物位检测仪表的分类

由于被测对象种类繁多，检测的条件和环境也有很大差别，所以物位检测的方法有多种多样，以满足不同生产过程的测量要求。

物位检测仪表按测量方式可分为连续测量和定点测量两大类。连续测量方式能持续测量物位的变化。定点测量方式则只检测物位是否达到上限、下限或某个特定位置，定点测量仪表一般称为物位开关。

按工作原理分类，物位检测仪表有直读式、静压式、浮力式、机械接触式、电气式等。

① 直读式物位检测仪表　采用侧壁开窗口或旁通管方式，直接显示容器中物位的高度。方法可靠、准确，但是只能就地指示。主要用于液位检测和压力较低的场合。

② 静压式物位检测仪表　基于流体静力学原理，适用于液位检测。容器内的液面高度与液柱重量所形成的静压力成比例关系，当被测介质密度不变时，通过测量参考点的压力可测知液位。这类仪表有压力式、吹气式和差压式等型式。

③ 浮力式物位检测仪表　其工作原理基于阿基米德定律，适用于液位检测。漂浮于液面上的浮子或浸没在液体中的浮筒，在液面变动时其浮力会产生相应的变化，从而可以检测液位。这类仪表有各种浮子式液位计、浮筒式液位计等。

④ 机械接触式物位检测仪表　通过测量物位探头与物料面接触时的机械力实现物位的测量。这类仪表有重锤式、旋翼式和音叉式等。

⑤ 电气式物位检测仪表　将电气式物位敏感元件置于被测介质中，当物位变化时其电气参数如电阻、电容等也将改变，通过检测这些电量的变化可知物位。

⑥ 其他物位检测方法　如声学式、射线式、光纤式仪表等。

各类物位检测仪表的主要特性见表 7-1。

表 7-1　物位检测仪表的分类和主要特性

类别		适用对象	测量范围/m	允许温度/℃	允许压力/MPa	测量方式	安装方式
直读式	玻璃管式	液位	<1.5	100～150	常压	连续	侧面、旁通管
	玻璃板式	液位	<3	100～150	6、4	连续	侧面
静压式	压力式	液位	50	200	常压	连续	侧面
	吹气式	液位	16	200	常压	连续	顶置
	差压式	液位、界位	25	200	40	连续	侧面
浮力式	浮子式	液位	2.5	<150	6、4	连续、定点	侧面、顶置
	浮筒式	液位、界位	2.5	<200	32	连续	侧面、顶置
	翻板式	液位	<2.4	−20～120	6、4	连续	侧面、旁通管
机械接触式	重锤式	料位、界位	50	<500	常压	连续、断续	顶置
	旋翼式	液位	由安装位置定	80	常压	定点	顶置
	音叉式	液位、料位	由安装位置定	150	4	定点	侧面、顶置
电气式	电阻式	液位、料位	由安装位置定	200	1	连续、定点	侧面、顶置
	电容式	液位、料位	50	400	32	连续、定点	顶置
其他	超声式	液位、料位	60	150	0.8	连续、定点	顶置
	微波式	液位、料位	60	150	1	连续	顶置
	称重式	液位、料位	20	常温	常压	连续	在容器钢支架上安装传感器
	核辐射式	液位、料位	20	无要求	随容器定	连续、定点	侧面

7.2　常用物位检测仪表

7.2.1　静压式液位检测仪表

静压式检测方法的测量原理如图 7-1 所示，将液位的检测转换为静压力测量。设容器上部空间的气体压力为 p_A，选定的零液位处压力为 p_B，则自零液位至液面的液柱高 H 所产生的静压差 Δp 可表示为：

$$\Delta p = p_B - p_A = H\rho g \tag{7-1}$$

式中，ρ 为被测介质密度；g 为重力加速度。

当被测介质密度不变时，测量差压值 Δp 或液位零点位置的压力 p_B，即可以得知液位。

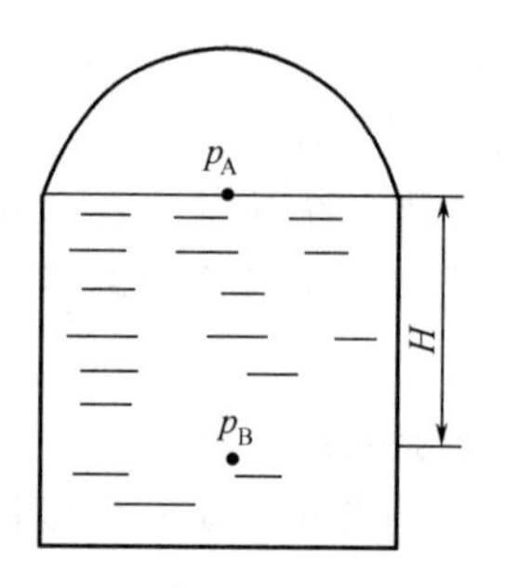

图 7-1　静压式液位计原理

静压式检测仪表有多种型式，应用较普遍。

7.2.1.1　压力、差压式液位计

凡是可以测压力和差压的仪表，选择合适的量程，均可用于检测液位。这种仪表的特点是测量范围大，无可动部件，安装方便，工作可靠。

对于敞口容器，上式中的 p_A 为大气压力，在容器底部或侧面液位零点处引出压力信号，仪表指示的表压力即反映相应的液柱静压，如图 7-2(a) 所示。对于密闭容器，可用差压计测量液位。其设置见图 7-2(b)，差压计的正压侧与容器底部相通，负压侧连接容器上部的气空间。由式(7-1) 可求液位高度。

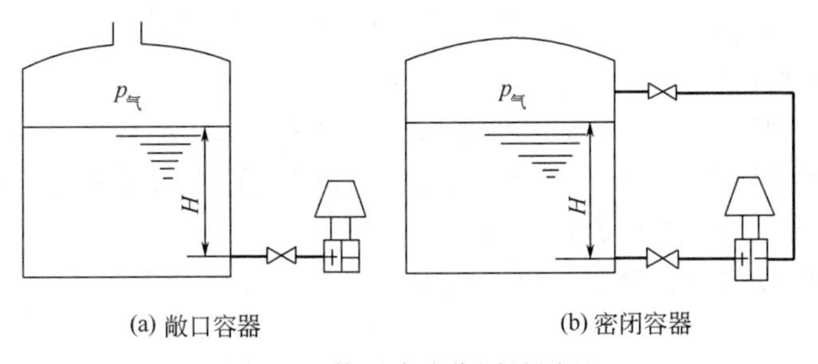

(a) 敞口容器　(b) 密闭容器

图 7-2　静压式液位测量原理

压力信号的引出可用引压管方式。对于有腐蚀性或有结晶颗粒、黏度大、易凝固的液体介质，可用法兰式仪表。如图 7-3 所示，仪表以法兰形式与容器连接，金属感压膜盒安装在法兰中，并直接与介质接触。膜盒与测量室之间则由带保护套管的毛细管相通，在这个密闭系统中充满硅油用以传递压力。

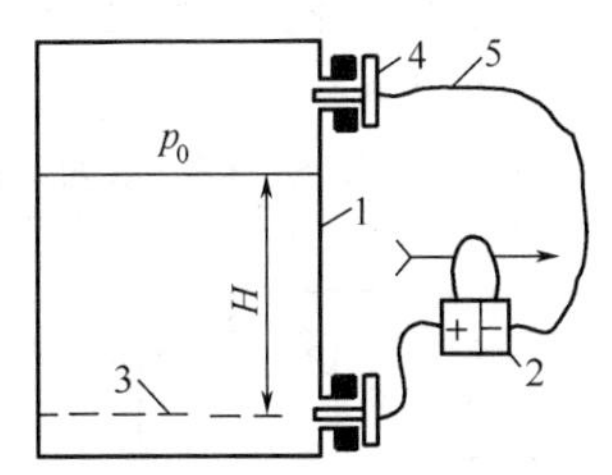

图 7-3　法兰式液位计示意

1—容器；2—差压计；3—液位零面；4—法兰；5—毛细管

由于测压仪表的安装位置一般不能和被测容器的最低液位处在同一高度上，因此在测量液位时，仪表的量程范围内会有一个不变的附加值。对于这种情况，要根据安装高度差进行读数的修正。如图 7-4（a）中的情况，差压计安装在最低液面以下。这时加在差压计两侧的差压为：

$$\Delta p = H\rho g + h\rho g \tag{7-2}$$

由于安装高度 h 所产生的静压使得液位计的输出不与零液位相对应。

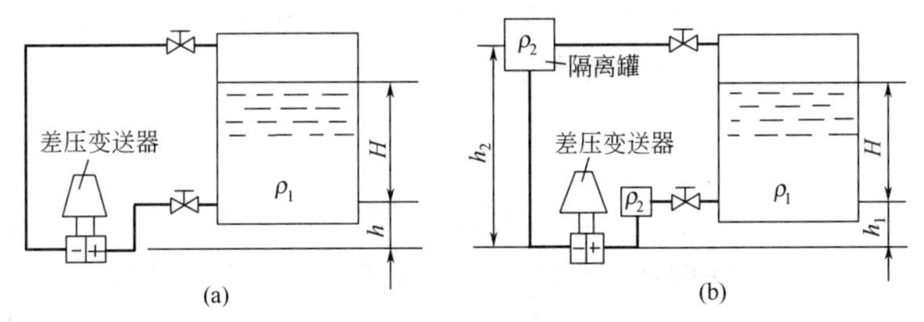

(a)　(b)

图 7-4　用差压计测量液位时的连接图

一般的差压计都有调整零点位置的机构，即可以对感压元件预加一个作用力，将仪表的零点迁移到与液位零点相重合，这就是零点迁移。在仪表的安装位置确定之后，只需按计算值进行零点调整即可。如在图 7-4(a)情况下，当液位为零时，差压变送器所测差压为 $h\rho g$，为使仪表零点指示液位的零点，需要将差压变送器零点迁移至 $h\rho g$，其值为正值，因此这种迁移称为正迁移。

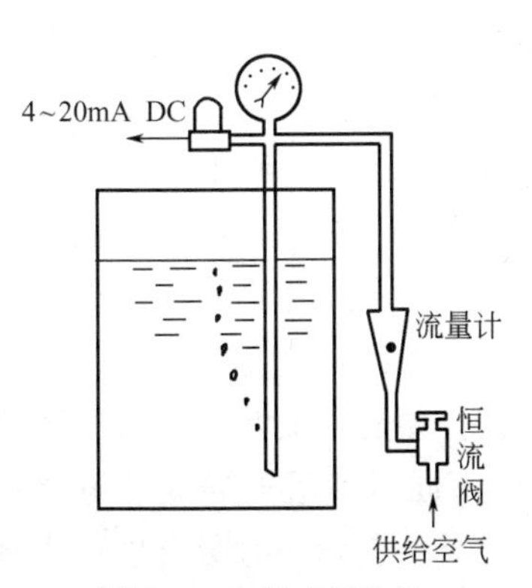

图 7-5　吹气式液位计

对于有可凝结蒸汽或采用隔离介质的液位测量系统，差压计的负压侧通常有一个固定的压力偏置量，如图 7-4(b)所示。这时加在差压计两侧的差压为：

$$\Delta p = H\rho_1 g - (h_2 - h_1)\rho_2 g \tag{7-3}$$

这种情况下，当液位为零时，差压变送器所测差压为 $-(h_2 - h_1)\rho_2 g$，为使仪表零点指示液位的零点，需要将差压变送器零点迁移至$-(h_2-h_1)\rho_2 g$，其值为负值，因此这种迁移称为负迁移。

7.2.1.2　吹气式液位计

吹气式液位计原理如图7-5所示。将一根吹气管插入至被测液体的最低位（液面零位），使吹气管通入一定量的气体（空气或惰性气体），使吹气管中的压力与管口处液柱静压力相等。用压力计测量吹气管上端压力，就可测得液位。

由于吹气式液位计将压力检测点移至顶部，其使用维修均很方便。很适合于地下储罐、深井等场合。

用压力计或差压计检测液位时，液位的测量精度取决于测压仪表的精度，以及液体的温度对其密度的影响。

7.2.2　浮力式物位检测仪表

7.2.2.1　浮子式液位计

浮子式液位计是一种恒浮力式液位计。作为检测元件的浮子漂浮在液面上，浮子随着液面的变化而上下移动，其所受浮力的大小保持一定，检测浮子所在位置可知液面高低。浮子的形状常见有圆盘形、圆柱形和球形等，其结构要根据使用条件和使用要求来设计。

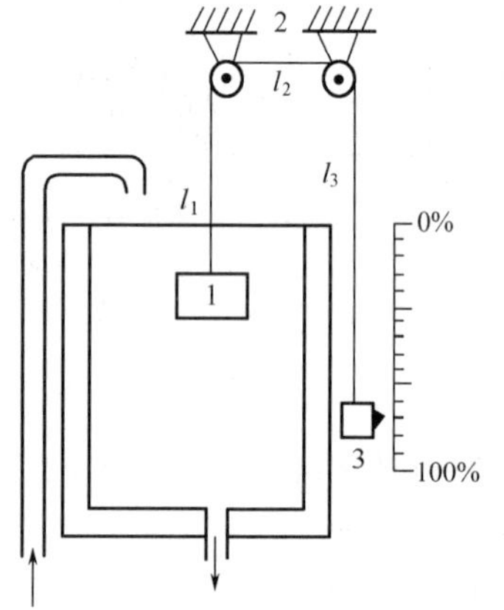

图7-6　浮子重锤式液位计

1—浮子；2—滑轮；3—平衡重锤

以图7-6所示的重锤式直读浮子液位计为例。浮子通过滑轮和绳带与平衡重锤连接，绳带的拉力与浮子的重量及浮力相平衡，以维持浮子处于平衡状态而漂在液面上，平衡重锤位置即反映浮子的位置，从而测知液位。若圆柱形浮子的外直径为D、浮子浸入液体的高度为h、液体密度为ρ。则其所受浮力F为：

$$F=\frac{\pi D^2}{4}h\rho g \tag{7-4}$$

此浮力与浮子的重量减去绳带向上的拉力相平衡。当液位发生变化时，浮子浸入液体的深度将改变，所受浮力亦变化。浮力变化ΔF与液位变化ΔH的关系可表示为：

$$\frac{\Delta F}{\Delta H}=\rho g\ \frac{\pi D^2}{4} \tag{7-5}$$

由于液体的黏性及传动系统存在摩擦等阻力，液位变化只有达到一定值时浮子才能动作。按式(7-5)，若ΔF等于系统的摩擦力，则式(7-5)给出了液位计的不灵敏区，此时的ΔF为浮子开始移动时的浮力。选择合适的浮子直径及减少摩擦阻力，可以改善液位计的灵敏度。

浮子位置的检测方式有很多，可以直接指示也可以将信号远传。图7-7给出用磁性转换方式构成的舌簧管式液位计结构原理图。仪表的安装方式见图7-7(c)，在容器内垂直插入下端封闭的不锈钢导管，浮子套在导管外可以上下浮动。图7-7(a)中导管内的条形绝缘板上紧密排列着舌簧管和电阻，浮子里面装有环形永磁体，环形永磁体的两面为N、S极，其磁力线将沿管内的舌簧管闭合，即处于浮子中央位置的舌簧管将吸合导通，而其他舌簧管则为断开状态。舌簧管和电阻按图7-7(b)接线，随着液位的变化，不同舌簧管的导通使电路可以输出与液位相对应的信号。这种液位计结构简单，通常采用两个舌簧管同时吸合以提高其可靠性。但是，由于舌簧管尺寸及排列的限制，液位信号的连续性较差，且量程不能很大。

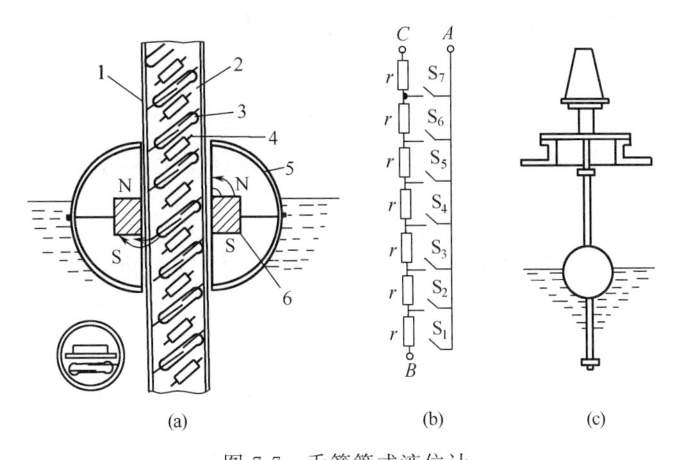

图 7-7　舌簧管式液位计

1—导管；2—条形绝缘板；3—舌簧管；4—电阻；5—浮子；6—磁环

图 7-8 所示为一种伺服平衡式浮子液位计。卷绕在鼓轮上的测量钢丝绳前端与浮子连接，浮子静止在液面上时，对钢丝绳产生一定的张力。当液位变化时，浮子所受浮力改变，钢丝绳张力亦变化。这使传动轴的转矩改变，并引起平衡弹簧的伸缩，由张力检测磁铁和磁束感应传感器组成的张力传感器的输出将变化。经与标准张力值比较而给出偏差信号，使步进电机向减少偏差的方向转动。步进电机带动由传动皮带、蜗杆、蜗轮和磁耦合内外轮构成的传动机构使鼓轮旋转，并使浮子移动，直至浮力恢复到原来的数值。鼓轮的旋转量即步进电机的驱动步数反映了液位的变化量。这种连续控制使浮子可以跟踪液位变化，仪表配有微处理器，可以进行信号转换、运算和修正，可以现场显示，也可以将信号远传。

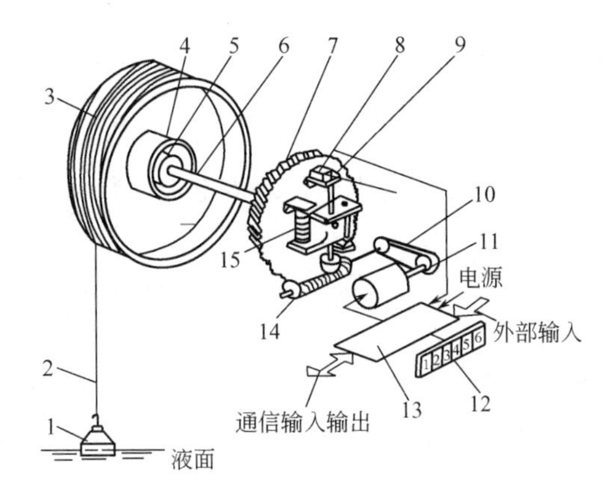

图 7-8　伺服平衡式浮子液位计原理

1—浮子；2—测量钢丝；3—鼓轮；4—磁耦合外轮；5—磁耦合内轮；6—传动轴；7—蜗轮；8—磁束感应传感器；9—张力检测磁铁；10—同步皮带；11—步进电机；12—显示器；13—电路板；14—蜗杆；15—平衡弹簧

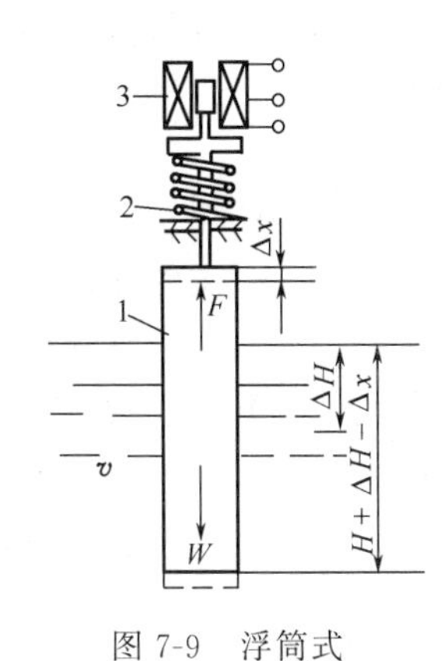

图 7-9　浮筒式液位计原理

1—浮筒；2—弹簧；3—差动变压器

7.2.2.2　浮筒式液位计

这是一种变浮力式液位计。作为检测元件的浮筒为圆柱形，部分沉浸于液体中，利用浮筒被液体浸没高度不同引起的浮力变化而检测液位。图 7-9 为浮筒式液位计的原理示意图。浮筒由弹簧悬挂，下端固定的弹簧受浮筒重力而被压缩，由弹簧的弹性力平衡浮筒的重力。在检测液位的过程中浮筒只有很小的位移。设浮筒质量为 m，截面积为 A，弹簧的刚度和

压缩位移为 c 和 x_0，被测液体密度为 ρ，浮筒没入液体高度为 H，对应于起始液位有以下关系：

$$cx_0 = mg - AH\rho g \tag{7-6}$$

当液位变化时，浮筒所受浮力改变，弹簧的变形亦有变化。达到新的力平衡时则有以下关系：

$$c(x_0 - \Delta x) = mg - A(H + \Delta H - \Delta x)\rho g \tag{7-7}$$

由式(7-6) 和式(7-7) 可求得：

$$\Delta H = \left(1 + \frac{c}{A\rho g}\right)\Delta x$$

上式表明，弹簧的变形与液位变化成比例关系。容器中的液位高度则为

$$H' = H + \Delta H$$

通过检测弹簧的变形即浮筒的位移，即可求出相应的液位高度。

检测弹簧变形有各种转换方法，常用的有差动变压器式、扭力管力平衡式等。图 7-9 中的位移转换部分就是一种差动变压器方式。在浮筒顶部的连杆上装一铁心，铁心随浮筒而上下移动，其位移经差动变压器转换为与位移成比例的电压输出，从而给出相应的液位指示。

7.2.3　其他物位测量仪表

7.2.3.1　电容式物位计

电容式物位计的工作原理基于圆筒形电容器的电容值随物位而变化。这种物位计的检测元件是两个同轴圆筒电极组成的电容器，见图 7-10，其电容量为：

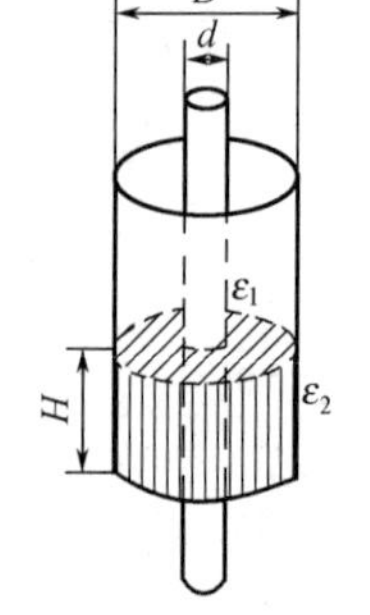

图 7-10　电容式物位计原理

$$C_0 = \frac{2\pi\varepsilon L}{\ln(D/d)} \tag{7-8}$$

式中，L 为极板长度；D，d 为外电极内径及内电极外径；ε 为极板间介质的介电常数。

若将物位变化转换为 L 或 ε 的变化均可引起电容量的变化，从而构成电容式物位计。

当圆筒形电极的一部分被物料浸没时，极板间存在的两种介质的介电常数将引起电容量的变化。设原有中间介质的介电常数为 ε_1，被测物料的介电常数为 ε_2，电极被浸没深度为 H，则电容变化量为

$$\Delta C = k\,\frac{\varepsilon_2 - \varepsilon_1}{\ln(D/d)}H \tag{7-9}$$

在一定条件下，$k\,\frac{\varepsilon_2 - \varepsilon_1}{\ln(D/d)}$为常数，则 ΔC 与 H 成正比，测量电容变化量即可得知物位。

电容式物位计可以测量液位、料位和界位，主要由测量电极和测量电路组成。根据被测介质情况，电容测量电极的型式可以有多种。当测量非导电介质的物位时，可用同心套筒电极，如图 7-11 所示；也可以在容器中心设内电极而由金属容器壁作为外电极，构成同心电容器，如图 7-12 所示。当测量导电液体时，可以用包有一定厚度绝缘外套的金属棒做内电极，而外电极即液体介质本身，这时液位的变化是引起极板长度的改变，如图 7-13 所示。

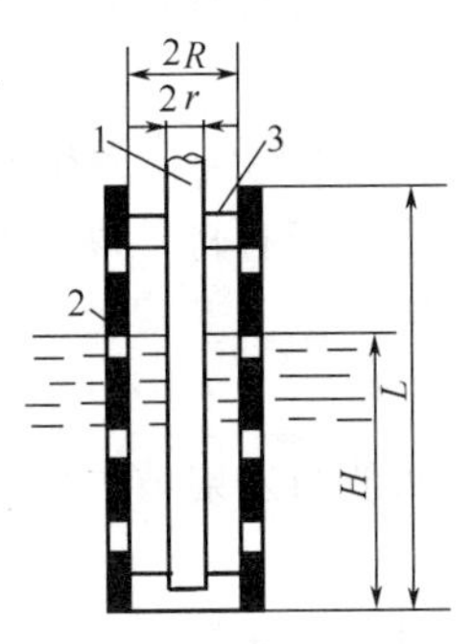

图 7-11　非导电液体液位测量
1—内电极；2—外电极；3—绝缘套

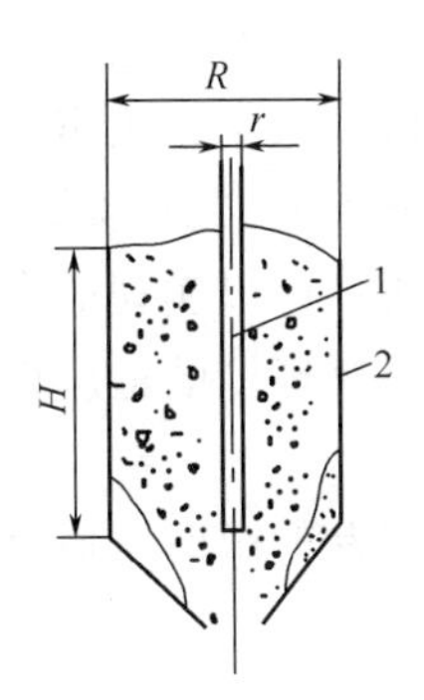

图 7-12　非导电固体料位测量
1—金属棒内电极；2—容器壁

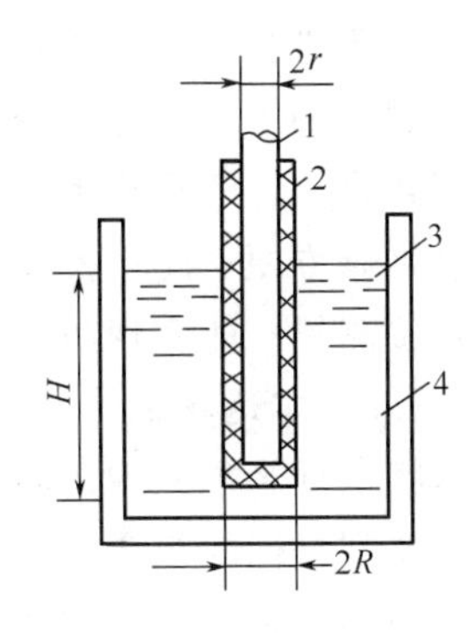

图 7-13　导电液体液位测量
1—内电极；2—绝缘套管；3—外电极；4—导电液体

常见的电容检测方法有交流电桥法、充放电法、谐振电路法等。可以输出标准电流信号，实现远距离传送。

电容式物位计一般不受真空、压力、温度等环境条件的影响；安装方便，结构牢固，易维修；价格较低。但是不适合于以下情况：如介质的介电常数随温度等影响而变化、介质在电极上有沉积或附着、介质中有气泡产生等。

7.2.3.2　超声式物位计

超声波在气体、液体及固体中传播，具有一定的传播速度。超声波在介质中传播时会被吸收而衰减，在气体中传播的衰减最大，在固体中传播的衰减最小。超声波在穿过两种不同介质的分界面时会产生反射和折射，对于声阻抗（声速与介质密度的乘积）差别较大的相界面，几乎为全反射。从发射超声波至收到反射回波的时间间隔与分界面位置有关，利用这一比例关系可以进行物位测量。

回波反射式超声波物位计的工作原理，就是利用发射的超声波脉冲将由被测物料的表面反射，测量从发射超声波到接收回波所需的时间，可以求出从探头到分界面的距离，进而测得物位。根据超声波传播介质的不同，超声式物位计可以分为固介式、液介式和气介式。它的组成主要有超声换能器和电子装置，超声换能器由压电材料制成，它完成电能和超声能的可逆转换，超声换能器可以采用接、收分开的双探头方式，也可以只用一个自发自收的单探头。电子装置用于产生电信号激励超声换能器发射超声波，并接收和处理经超声换能器转换的电信号。

图 7-14 所示为一种液介式超声波物位计的测量原理。置于容器底部的超声波换能器向液面发射短促的超声波脉冲，经时间 t 后，液面处产生的反射回波又被超声波换能器接收。则由超声波换能器到液面的距离 H 可用下式求出：

$$H=\frac{1}{2}ct \tag{7-10}$$

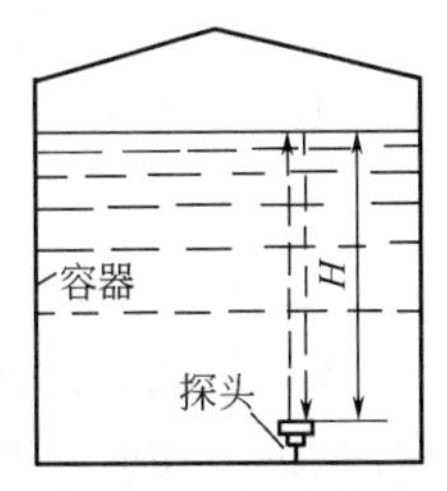

图 7-14　超声液位检测原理

式中，c 为超声波在被测介质中的传播速度。只要声速已知，可以精确测量时间 t，求得液位。

超声波在介质中的传播速度易受介质的温度、成分等变化的影响，是影响物位测量的主要因素，需要进行补偿。通常可在超声换能器附近安装温度传感器，自动补偿声速因温度变化对物位测量的影响。还可使用校正器，定期校正声速。

超声式物位计的构成型式多样，还可以实现物位的定点测量。这类仪表无机械可动部件，安装维修方便；超声换能器寿命长；可以实现非接触测量，适合于有毒、高黏度及密封容器的物位测量；能实现防爆。由于其对环境的适应性较强，应用广泛。

7.2.3.3　雷达物位计

雷达物位计基本原理是向被测目标发射微波，通过测量反射回波与发射波之间的差异计算出发射器到目标的距离从而决定物位。

按不同的安装方式，雷达物位计可以分为非接触式和接触式两种。非接触式雷达物位计常用喇叭或杆式天线发射微波并接收回波，天线通常安装在料仓顶部，易于安装和维护。接触式微波物位计通常也称为波导式物位计，其采用金属波导体（杆或钢缆）来传导微波。导波杆从料仓顶部一直延续到底部，发射的微波沿波导体外部向下传播，在到达物料面时被反射，沿波导体返回发射器被接收。

根据所采用的雷达波及计算雷达波传播距离的不同方法，雷达物位计通常又可以分为脉冲式和调频式两种。脉冲式雷达物位计由天线向被测物料面发射微波脉冲，当接收到被测物料面上反射回来的回波后，测量两者时间差（即微波脉冲的行程时间），来计算物料表面位置。调频式雷达物位计相料仓中发射频率经过调制的微波，通过测量回波与发射波间的频率差（或相位差）来获得微波从发射到接收所用的传播时间并计算出传播距离，在此基础上结合传感器安装参数即可推算出物料表面位置。

在工业生产中，雷达物位计已广泛用于大型固体料仓的物位测量，特别是用于数十米高且充满粉尘和扰动情况下料仓中物位的测量。下面结合粮食仓储监测介绍雷达物位计的应用。

粮仓储粮数量的非接触检测技术重点需要解决粮仓内储存粮食的体积、密度及容重等主要参数。根据国家粮食储存的相关规定，除粮仓在储粮过程中需满足相关的温度及湿度要求外，粮食在储存前必须进行相关处理保证其含水率达到相关标准。在满足储存条件下，粮食含水的变化有限，因此在综合考虑上述条件的情况下，粮仓储粮数量检测需要重点测量的是粮仓内储存粮食的体积。

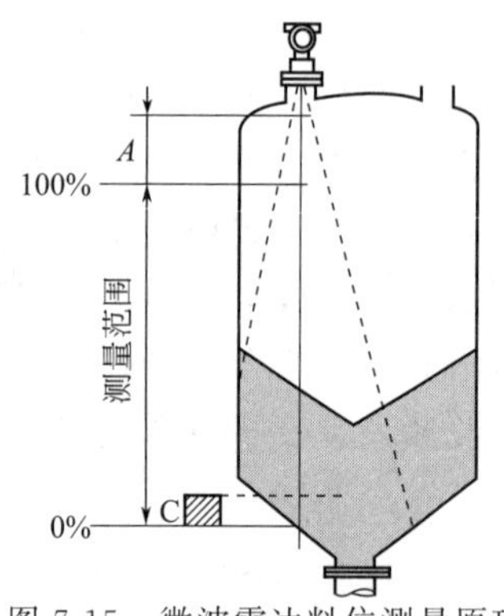

图 7-15　微波雷达料位测量原理

采用微波雷达测量粮仓内粮食储量的基本原理如图 7-15 所示。在仓顶部安装微波雷达传感器，其既可以发射微波也可以接收微波。由传感器向料仓内发射微波，微波经过物料堆积面反射后被传感器接收，在此过程中测量微波从发射到接收的时间，根据微波传播速度即可得到料位。结合仓体几何结构，可以进一步计算出物料体积。

7.2.3.4　核辐射式物位计

核辐射式物位计是利用核辐射线在穿透物质时将被衰减的现象来确定物位。射线射入一定厚度的介质时，其强度随所通过介质厚度的增加呈指数规律衰减，有如下关系：

$$I=I_0 e^{-\mu H} \tag{7-11}$$

式中，I_0,I 分别为射线穿透介质前后的辐射强度；μ 为介质对射线的吸收系数；H 为介质层厚度。

当射线源与被测介质确定后，利用物位高度不同而改变射线吸收厚度的原理，测量射线辐射强度的变化即可测得物位。

核辐射式物位计主要由射线源及其防护容器、射线检测器及电子转换、指示电路组成。射线源多选用穿透能力较强的 γ 射线源，通常选用钴（Co^{60}）或铯（Cs^{137}）。射线检测器将射线强度转换为电信号输出。电子电路接收检测器输出的脉冲信号，进行转换处理后输出与被测物位相应的标准信号。

核辐射式物位计的主要检测方式有固定安装式和随动式两种。根据测量要求，射线源和射线检测器可有不同的形状和布置，图 7-16 给出几种核辐射式物位计的测量方式。图 7-16(a) 为自动跟踪方式，通过电机带动射线源和接收器沿导轨随物位变化而升降，射线源和接收器始终保持在同一高度，可以实现对物位的自动跟踪。图 7-16(b) 为在容器外部的相应位置上安装射线源与接收器，射线通过容器中的介质时被吸收，当物位变化时其衰减程度将发生变化，测得辐射强度可知物位。在测量变化范围大的物位时，可以采用射线源多点组合，如图 7-16(c) 所示。或接收器多点组合，如图 7-16(d) 所示。或二者并用的方式，如图 7-16(e) 所示。这三种方式可以改善线性关系，但也增加了安装与维护的困难。

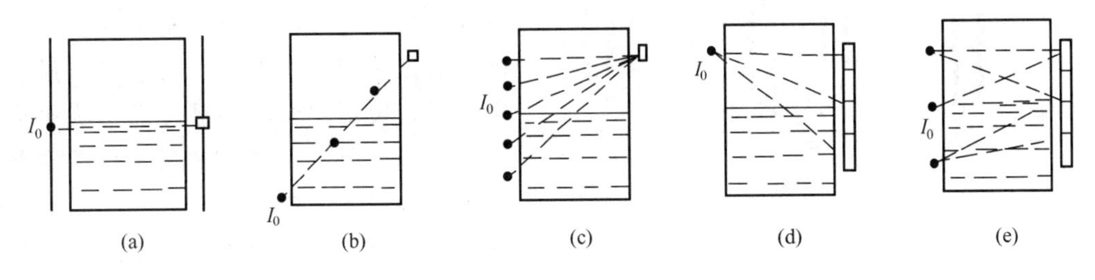

图 7-16　几种核辐射式物位计的测量方式

核辐射式物位计具有非接触测量的特点，可用于高温高压、真空密封等各种容器中液体或固体物料的物位测量，可以适应腐蚀、有毒、高黏度、爆炸性等各种困难介质和高温、高湿、多粉尘、强干扰等恶劣的工作条件。其放射性安全防护措施需按有关规范操作。

7.2.3.5　物位开关

进行定点测量的物位开关是用于检测物位是否达到预定高度，并发出相应的开关量信号。针对不同的被测对象，物位开关有多种型式，可以测量液位、料位、固-液分界面、液-液分界面，以及判断物料的有无等。物位开关的特点是简单、可靠、使用方便，适用范围广。

物位开关的工作原理与相应的连续测量仪表相同，表 7-2 列出几种物位开关的特点及示意图。

表 7-2　物位开关

分　类	示 意 图	与被测介质接触部	分　类	示 意 图	与被测介质接触部
浮球式		浮球	电导式		电极

续表

分类	示意图	与被测介质接触部	分类	示意图	与被测介质接触部
振动叉式		振动叉或杆	核辐射式		非接触
微波穿透式		非接触	运动阻尼式		运动板

利用全反射原理亦可以制成开关式光纤液位探测器。光纤液位探头由 LED 光源、光电二极管和多模光纤等组成。一般在光纤探头的顶端装有圆锥体反射器，当探头未接触液面时，光线在圆锥体内发生全反射而返回光电二极管；在探头接触液面后，将有部分光线透入液体内，而使返回光电二极管的光强变弱。因此，当返回光强发生突变时，表明测头已接触液面，从而给出液位信号。图 7-17 给出光纤液位探测器的几种结构型式。图 7-17（a）所示为 Y 形光纤结构，由 Y 形光纤和全反射锥体以及光源和光电二极管等组成。图 7-17（b）所示为 U 形结构，在探头端部除去光纤的包层，当探头浸入液体时，液体起到包层的作用，由于包层折射率的变化使接收光强改变，其强度变化与液体的折射率和测头弯曲形状有关。图 7-17（c）所示探头端部是两根多模光纤用棱镜耦合在一起，这种结构的光调制深度最强，而且对光源和光探测器件要求不高。

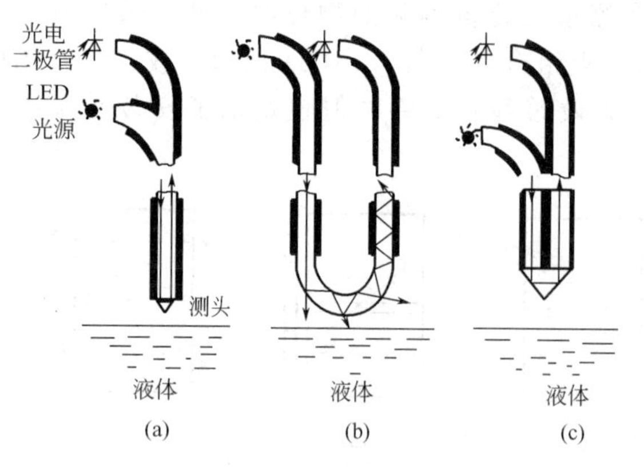

图 7-17 光纤液位探测器

7.3 影响物位测量的因素

在实际生产过程中，被测对象很少有静止不动的情况，因此会影响物位测量的准确性。各种影响物位测量的因素对于不同介质各有不同，这些影响因素表现在如下方面。

7.3.1 液位测量的特点

① 稳定的液面是一个规则的表面，但是当物料有流进流出时，会有波浪使液面波动。在生产过程中还可能出现沸腾或起泡沫的现象，使液面变得模糊。

② 大型容器中常会有各处液体的温度、密度和黏度等物理量不均匀的现象。

③ 容器中的液体呈高温、高压或高黏度，或含有大量杂质、悬浮物等。

7.3.2 料位测量的特点

① 料面不规则，存在自然堆积的角度。

② 物料排出后存在滞留区。

③ 物料间的空隙不稳定，会影响对容器中实际储料量的计量。

7.3.3 界位测量的特点

界位测量的特点则是在界面处可能存在浑浊段。

以上这些问题，在物位计的选择和使用时应予以考虑，并要采取相应的措施。

思考题与习题

7-1 常用液位测量方法有哪些？

7-2 对于开口容器和密封压力容器用差压式液位计测量时有何不同？影响液位计测量精度的因素有哪些？

7-3 利用差压变送器测量液位时，为什么要进行零点迁移？如何实现迁移？

7-4 恒浮力式液位计与变浮力式液位计的测量原理有什么异同点？在选择浮筒式液位计时，如何确定浮筒的尺寸和重量？

7-5 物料的料位测量与液位测量有什么不同的特点？

7-6 电容式物位计、超声式物位计、核辐射式物位计的工作原理，各有何特点？

8 机械量检测

机械量包括长度、位移、速度、转角、转速、力、力矩、振动等参数。其中直线位移是机械量中最基本的参数；速度是位移的时间微分；力或力矩可以使弹性体变形而产生位移；由牛顿定律可知加速度与作用力有关。因此，检测位移和力的大小是机械量检测的主要任务。

表 8-1 给出按机械量检测原理的分类情况，有机械式测量方法、电气电子式测量方法，还有光学式检测方法等。其中机械式方法最早被使用，并由于其成本低廉，至今在工业仪表中仍有许多应用。

本章介绍一些有代表性的机械量检测方法。

表 8-1　按机械量检测原理的分类

分　类	原　　理		被检测量	内　　容
机械式	机械传递、转换，机械量放大、显示		作用力，位移	通过波纹管、平面膜、弹簧管等受力变形来显示由作用力产生的位移
电气电子式	将机械量转换成电磁量，得到电信号	电容变化	作用力，位移，角度	膜片电极板之间的电容量变化
		电感变化	位移	由磁铁和磁感应传感器组成，改变相对距离，检测磁场变化
		互感电感变化	位移	移动差动变压器的铁芯
		可变电阻	位移，角度	移动可变电阻或电位器的接点
		压敏导电电阻	作用力，位移	压敏导电橡胶上贴 X，Y 二维电极线，多构成开关元件
		形状应变电阻	变形，作用力	变形使金属的形状发生变化，阻值改变
	利用材料物性	半导体压敏电阻	作用力，变形，位移，加速度	将硅晶体加工成平膜片或臂梁，在上面扩散或注入离子制成压敏电阻，不需粘贴
		压电效应	作用力，变形，加速度，振动	在压电材料（陶瓷、高分子、结晶）的上下面贴电极
光学式	利用光强，相位，频率等变化		位移，作用力，变形，加速度	由激光、透镜、反射板、光敏元件、光纤等组成

8.1 模拟式位移检测

8.1.1 电容式位移检测方法

电容式位移检测有多种方式。

如图 8-1（a）所示，一个电极固定不动，另一个可动电极与被测物体相连，那么被测物体的位移可以改变电极距离 d 从而使电容量变化；也可以使两极板的遮盖面积 S 改变，使电容量变化，这两种方式分别称为变极距法和变面积法。

平行平板的电极面积为 $S(\mathrm{m}^2)(=ab)$，电极间的距离为 d（m）时，其电容量 C（F）为：

$$C=\varepsilon\frac{S}{d}=\varepsilon\frac{ab}{d} \tag{8-1}$$

式中，ε 为极间介质的介电常数。

从式(8-1) 中可以看出，C 与 d 不是线性关系，而是双曲线关系；C 与 a 为线性关系。但无论变极距法还是变面积法，都是极间距 d 越小，位移检测灵敏度越高，一般 d 都在 1mm 以下。

图 8-1 (b) 为差动电容式位移检测结构。在两个固定极板之间设置可动极板，使固定极板对中间可动极板成对称结构。可动极板位移 x 时，一个电容量增加，另一个电容量减少，差动容量接入图 8-1 (c) 所示变压器电桥电路，当负载电阻→∞，例如接高输入阻抗的放大器时，不论变极距法还是变面积法，都可以得到与被测位移成比例的电压输出信号。

由于采用了电容极板的对称结构以及电桥电路的对称结构，差动电容式位移检测明显地改善了线性特性，除此之外，因静电引力、温度变化、电源变化等环境条件引起的误差也大为减少。

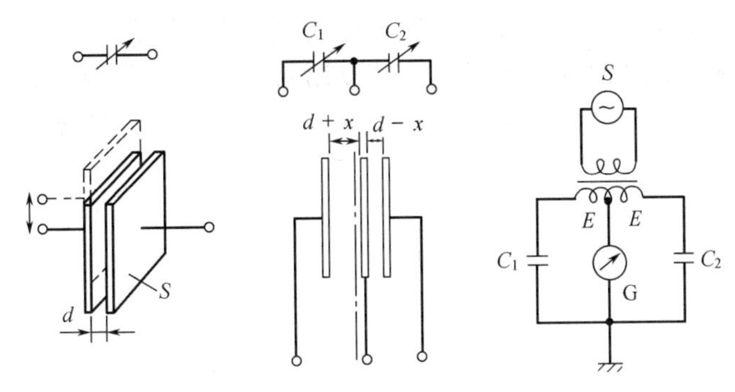

(a) 变极距或变面积电容位移检测　(b) 差动电容式位移检测　(c) 变压器电桥电路

图 8-1　电容式位移检测结构

下面分析比较单电容变极距式位移检测与差动电容式位移检测的线性度和灵敏度的区别。

单电容极板间距 d_0 有变化 Δd 时，电容变化量 ΔC 为

$$\Delta C=\frac{\varepsilon A}{d_0+\Delta d}-\frac{\varepsilon A}{d_0}=-\frac{\varepsilon A}{d_0}\times\frac{\Delta d}{d_0+\Delta d}=-C_0\frac{\Delta d}{d_0+\Delta d} \tag{8-2}$$

将上式进行级数展开得

$$\frac{\Delta C}{C_0}=-\frac{\Delta d}{d_0}\left[1-\frac{\Delta d}{d_0}+\left(\frac{\Delta d}{d_0}\right)^2-\left(\frac{\Delta d}{d_0}\right)^3+L\right] \tag{8-3}$$

省略 Δd 的二阶以上高次项，得

$$\frac{\Delta C}{C_0}\approx-\frac{\Delta d}{d_0} \tag{8-4}$$

C_0 是极距为 d_0 的初始电容量。如图 8-2 (a) 所示，变极距式位移传感器的输入输出特性是双曲线非线性关系，局限在初始电容量附近的微小范围，可以近似为线性关系，灵敏度为 $-\Delta d/d$。

差动电容传感器的两个电容 C_1 和 C_2 与可动极板离开中点的位移 Δd 之间的关系为

$$\frac{C_2}{C_1}=\frac{d_0+\Delta d}{d_0-\Delta d} \tag{8-5}$$

按照式(8-3) 分别展开 C_1 和 C_2 的变化量，得

$$\frac{\Delta C_1}{C_0}=-\frac{\Delta d}{d_0}\left[1-\frac{\Delta d}{d_0}+\left(\frac{\Delta d}{d_0}\right)^2-\left(\frac{\Delta d}{d_0}\right)^3+L\right] \tag{8-6}$$

$$\frac{\Delta C_2}{C_0}=\frac{\Delta d}{d_0}\left[1+\frac{\Delta d}{d_0}+\left(\frac{\Delta d}{d_0}\right)^2+\left(\frac{\Delta d}{d_0}\right)^3+L\right] \tag{8-7}$$

则

$$\frac{C_2-C_1}{C_0}=\frac{\Delta d}{d_0}\left[2+2\left(\frac{\Delta d}{d_0}\right)^2+2\left(\frac{\Delta d}{d_0}\right)^4+L\right] \tag{8-8}$$

忽略式(8-8) 中 Δd 的三阶以上的高次项，得

$$\frac{C_2-C_1}{C_0}\approx\frac{2\Delta d}{d_0} \tag{8-9}$$

比较式(8-4) 和式(8-9) 可知，差动结构使 Δd 的偶次项相减后抵消，第一个非线性项为三次项，这种误差影响已经相当小，所以式(8-9) 差动结构的线性度比式(8-4) 的线性度要好。比较式(8-9) 和式(8-4) 还可知，差动结构使灵敏度提高了一倍。此外，如图 8-2 (b) 所示，差动检测的特性曲线过零点并在零点附近呈现较好的线性关系，相比之下，单电容的基准点不容易保证。因此，在实际应用中差动式是实现位移精密测量的有效方法。

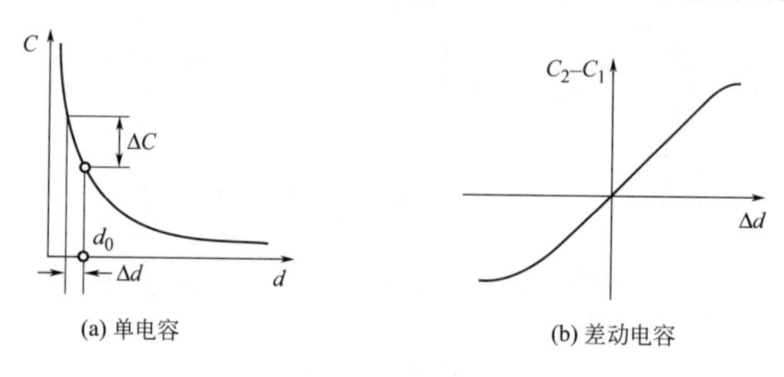

图 8-2　单电容和差动电容位移检测的特性曲线

利用先进的 IC 制造技术可以制作超小型电容式位移传感器。图 8-3 为电容耦合型位移传感器结构图。可动电极与固定驱动电极的电容量耦合，耦合容量随可动电极的位置变化而变化。相邻两固定电极上施加幅度相同相位差为 90°的正弦波电压，这时可动电极的感应电压的相位是固定电极排列方向上位移 x 的函数，因此可以检测位移。图 8-3 所示的栅电极为 4 个电极 1 组，有 9 组，全长只有 8.2mm。

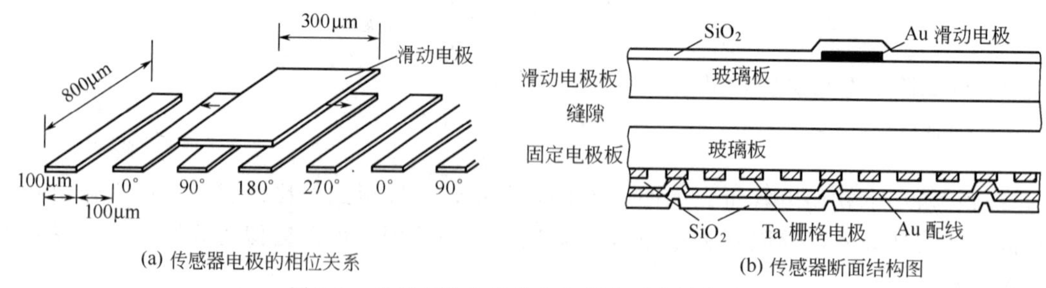

图 8-3　基于相位检测的电容耦合型位移传感器

8.1.2　电感式位移检测方法

电感式位移传感器分自感式和互感式。

自感式方法如图 8-4（a）所示，它由线圈、铁芯和衔铁组成。d 为铁芯和衔铁的空气隙厚度，S 为铁芯横截面积，μ，μ_0 分别为铁芯和空气的磁导率，沿图 8-4（a）中的点线考虑磁路总磁阻时，磁阻 R_m 可用下式表示：

$$R_m=\frac{l}{\mu S}+\frac{2d}{\mu_0 S} \tag{8-10}$$

电感 L 与线圈匝数 N 及磁阻 R_m 有下列关系：

$$L=\frac{N^2}{R_m} \tag{8-11}$$

由于 $\mu \gg \mu_0$，近似得：

$$L=\frac{N^2\mu_0 S}{2d} \tag{8-12}$$

即电感 L 与空气缝隙 d 成反比（双曲线函数），与截面积 S 成正比（直线函数）。图 8-4（b）是 L 与 d 或 S 的关系曲线。实线代表理论特性，虚线代表实际特性，两者在曲线的端部有所差别。很明显，位移检测的线性范围非常有限。

与差动电容式位移检测类似，将位移 d 转换成电信号的差动电感式位移转换器如图 8-5 所示。可动铁芯与静止铁芯的缝隙发生变化时，电感 L_1,L_2 反对称变化，接入交流电桥电路，直线位移或旋转位移检测结果以交流信号的形式线性输出。

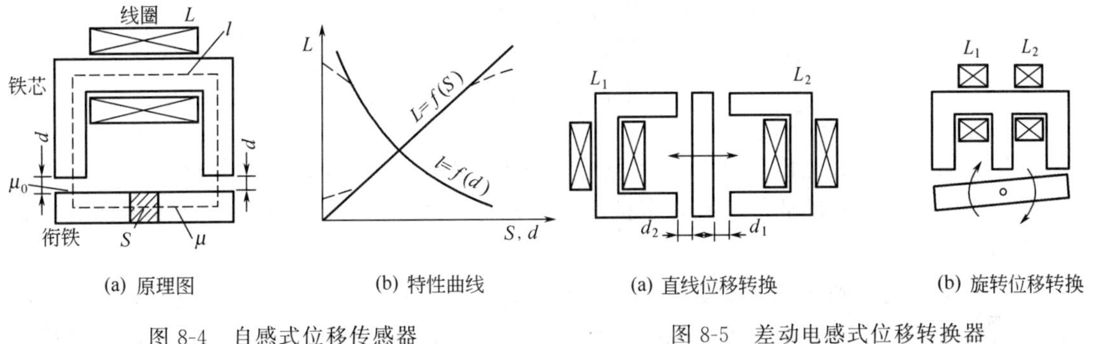

(a) 原理图　(b) 特性曲线

图 8-4　自感式位移传感器

(a) 直线位移转换　(b) 旋转位移转换

图 8-5　差动电感式位移转换器

电感位移检测与电容位移检测都是与被检测对象非机械接触的检测方法。

8.1.3　差动变压器位移检测方法

差动变压器（见图 8-6）是互感式位移传感器。图 8-6(a) 所示为变压器一次线圈和上下对称的两个二次线圈之间的互感应强度随铁芯的位置而发生变化。图 8-6(b) 所示为反向连接两个二次线圈取其差动信号，在铁芯位于中央位置时，差动信号输出电压为零。图 8-6（c）所示为当铁芯因位移而偏离中央位置时，差动信号的输出为幅度与位移成正比的交流信

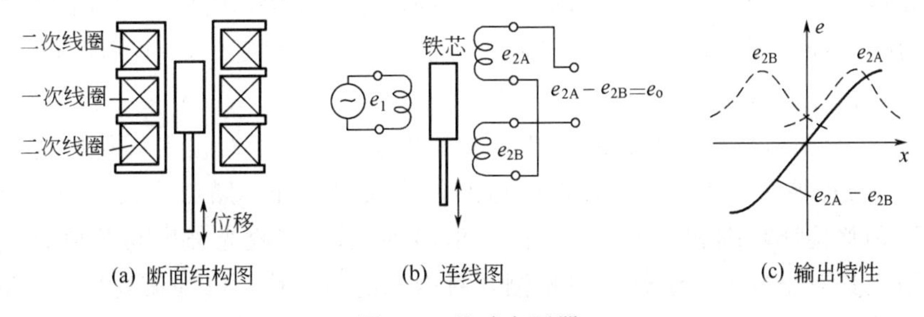

(a) 断面结构图　(b) 连线图　(c) 输出特性

图 8-6　差动变压器

号。交流信号的相位在铁芯经过中央位置时发生翻转，正相位表示铁芯向上偏移，负相位表示铁芯向下偏移，因此需要经过相位解调来判断铁芯的正负移动方向。

差动变压器缩写为 LVDT（Linear Variable Differential Transformer）。LVDT 的专用调理电路芯片有 AD598，NE5521 等，芯片中含有激励一次线圈的正弦波信号发生器和二次线圈输出的解调和放大电路，其中 AD598 的结构框图如图 8-7 所示，可以解调出两个二次线圈的“幅度差”和“幅度和”之比，省去了稳定激励信号的幅度和频率、补偿一次线圈和二次线圈的相位差、补偿这个相位差随温度和频率的变化等针对通用的高精度测量的繁琐电路的设计工作。

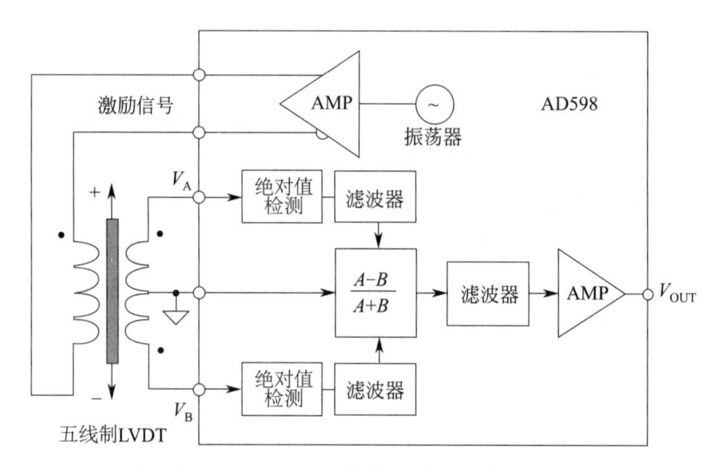

图 8-7　LVDT 专用调理芯片的结构图

LVDT 有各种量程范围的产品，测量分辨率高，因为线圈匝数决定分辨率。LVDT 作为精密位移传感器的基础部件，有许多扩展应用，可以做成张力传感器、膨胀度传感器和加速度传感器等。

作为位移检测基础部件的差动变压器在工业应用中有许多优点：铁芯和线圈无摩擦，移动部件的寿命长；位移分辨率可以无限小，由电路噪声和显示分辨率决定；铁芯超出量程也无损坏；只对轴向敏感，对径向不敏感；只有电磁耦合，铁芯和线框之间可以是高压液体或腐蚀液；电磁感应不受环境湿度和污染物的影响等。

8.1.4　光纤位移检测方法

使用光纤可以省去光学系统的许多机械定位结构，很容易地使光线照射到被测物体，并使反射光导入光敏元件。图 8-8(a) 是利用光纤检测位移的一种方法。光源经多股发射光缆传到被测物体表面，光纤端口处光线呈圆锥状扩散，照射到物体表面；被测物反射光的一部分再经多股接收光缆传到光敏元件，接收光范围同样是圆锥状，所以照射光圆锥与接收光圆锥相重叠部分的光线强度将被检测输出。随着被测物体的位移变化，重叠部分的光强也发生变化，根据光强信号就可以检测位移。

为了增加反射光强度，并增加发射和接收光纤数量，后来对发射和接收光纤采取了如图 8-8(b) 所示的各种模式组合方式，图中白圈代表发射光纤，黑点代表接收光纤。改变组合模式，可以调整检测范围和灵敏度，如图 8-8(c) 所示。接收光强度与距离 d 的关系在峰值以左的线段上具有很好的直线性，可检测几百微米的小位移。以峰值为界，峰值以左为近距离检测，峰值以右为远距离检测。

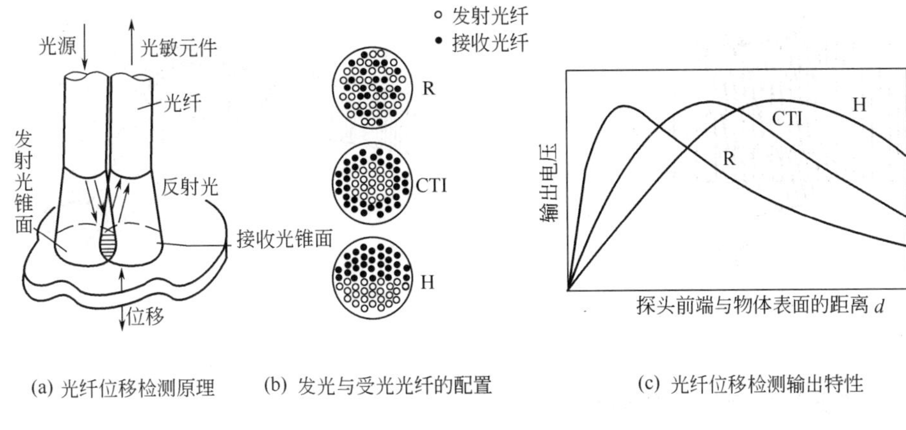

(a) 光纤位移检测原理　(b) 发光与受光光纤的配置　(c) 光纤位移检测输出特性

图 8-8　光纤位移检测

8.2　光学数字式位移检测

数字式位移检测是利用栅格编码器将长度或角度的变化直接转换成脉冲个数或二进制符号的方法。包括光栅标尺、容栅标尺和磁栅标尺等多种方式。

8.2.1　光栅标尺

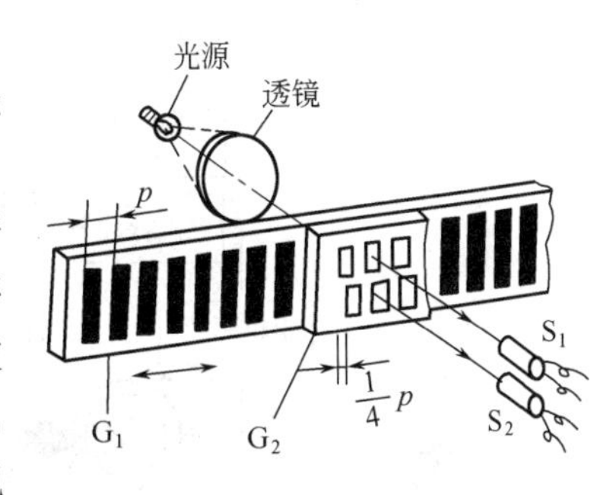

图 8-9　光栅标尺检测位移

如图 8-9 所示，在玻璃板上制作黑白相间的透射光栅条纹，黑白条纹宽度相等，栅距一定。两光栅 G_1，G_2 相叠，光源发出的光从光栅缝隙透过，可由光电元件 S_1，S_2 检测透射光强。在固定 G_2、移动 G_1 时，G_1 每移动一个栅距，S_1，S_2 都输出一个周期的近似于正弦的波形，G_1 的位移可以通过计数波动的个数来检测。图中，光栅 G_2 有上下两排栅格，相位相差 1/4 个周期，这样观察 S_1，S_2 输出信号的相位关系，可以判断 G_1 的移动方向，即 G_1 向右移动时，S_2 相对 S_1 相位落后 1/4 周期。反之，G_1 向左移动时，S_2 相对 S_1 相位领先 1/4 周期。

8.2.2　莫尔条纹标尺

如图 8-10 所示，当两光栅栅线不平行，相差微小角度 θ 时，在与栅线近似成直角的方向上有粗条纹产生，称为莫尔条纹。G_1 左右移动一个栅距时，莫尔条纹上下移动一个条纹间距，莫尔条纹间距 W 与栅格间距 p 的关系近似如下：

$$W = p/\theta$$

例如：$p=0.1\text{mm}$，$\theta=1°=\pi/180\text{rad}$ 时，$W=5.73\text{mm}$。即莫尔条纹间距 W 约为栅格间距 p 的 57 倍。

如图 8-11 所示，用莫尔条纹标尺检测位移等于放大了栅格间距 p，更容易进行条纹光强的检测。与透射光栅标尺一样，其中光电元件 S_1，S_2 位置上下相差 W 的 1/4，以检测 G_1 的左右移动方向。一般常见的透射光栅每毫米有 100 条栅线，即 $p=10\mu\text{m}$。

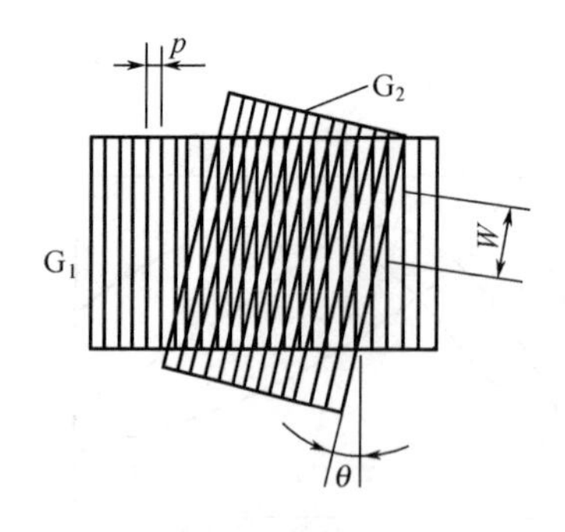

图 8-10　莫尔条纹的原理

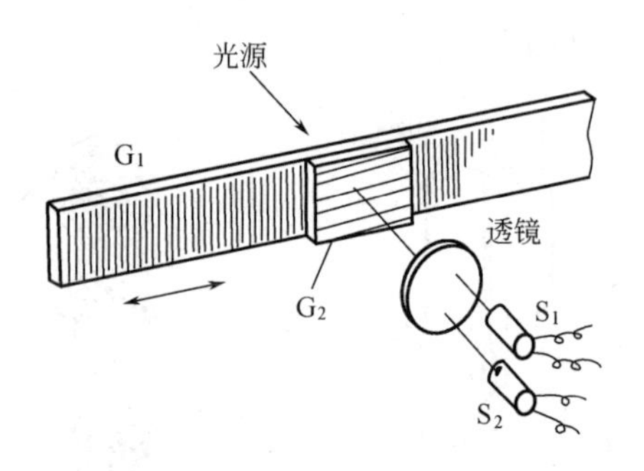

图 8-11　莫尔条纹标尺检测位移

8.2.3　激光扫描测长与图像检测

图 8-12 是采用扫描激光光线，非接触测量外形尺寸的检测原理。八面镜由与时钟脉冲同步旋转的电机驱动，高速旋转。半导体激光光线经八面镜反射，使反射光线反复扫描。将八面镜放在凸透镜的焦点上，使反射光线始终与光轴平行扫描，扫描光线再经凸透镜投映在光电元件上。在被检测物体遮盖扫描光线到达光敏元件的时间段里使门电路开放，输出时钟脉冲序列，计量脉冲个数，可以计算并用数字显示出物体的外形尺寸。激光扫描速度可达 1200 次/s。

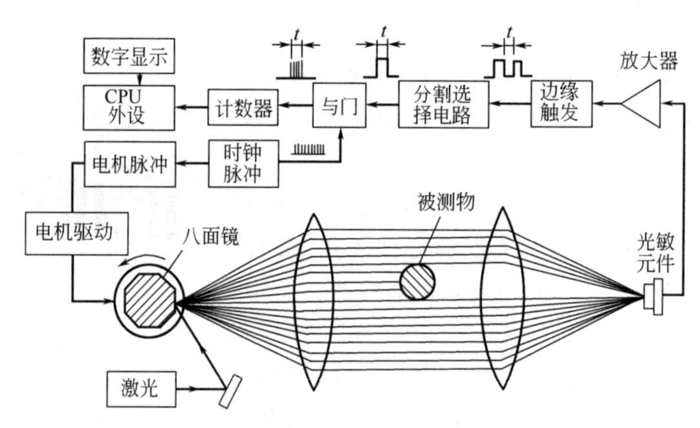

图 8-12　激光扫描测长仪

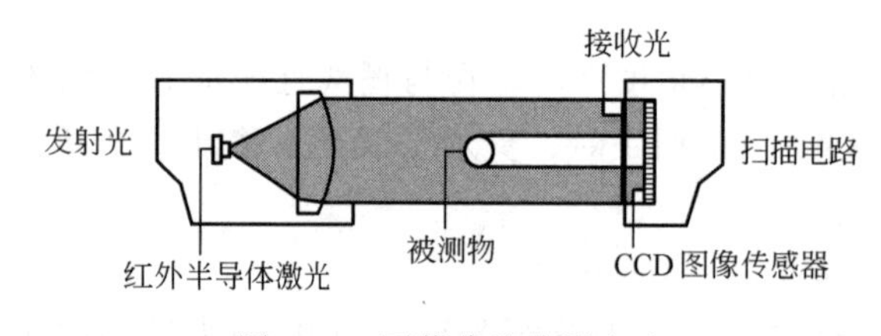

图 8-13　图像位移检测方法

由于扫描光线是高速旋转的，即使物体发生移动，检测结果所受影响也不算大，因此这种方法可以用在连续检测或在线控制中。

图 8-13 是使用一维线阵 CCD（Charge Coupled Device）图像传感元件的位移检测方法。CCD 有多个感光像素点，各像素点感光强度信号依次串行输出。已知 CCD 总像素数目所对应的检测长度，根据被物体遮掩的像素数目，可以计算出物体外形尺寸。CCD 的信号扫描输出可达 780 次/s。

图 8-12 和图 8-13 所示的两种检测方法都适用于软质材料、高温物体等的外径检测。其区别是激光扫描测长只有一个光电元件，需要机械式扫描投影光线；而 CCD 图像扫描测长

是扫描光电阵列元件的信号输出。

8.2.4 激光测距测速

激光测距原理主要有脉冲激光测距法和三角测量法。

脉冲激光测距法也称TOF（Time of Flight）法，是测量发射激光脉冲的时刻t_0与接收脉冲反射光的时刻t_1之差$t=t_1-t_0$，即测量脉冲激光的往返飞行时间，再计算得到距离$D=ct/2$，其中c为光速。

三角测量法如图8-14所示，测量激光束直射到被测物体上的斑点在测量端传感器上的成像位置为d，通过三角计算得到距离$D=BF/d$，其中基线长B为发射激光和接受激光的聚光透镜的中心距离，F为透镜成像焦距。

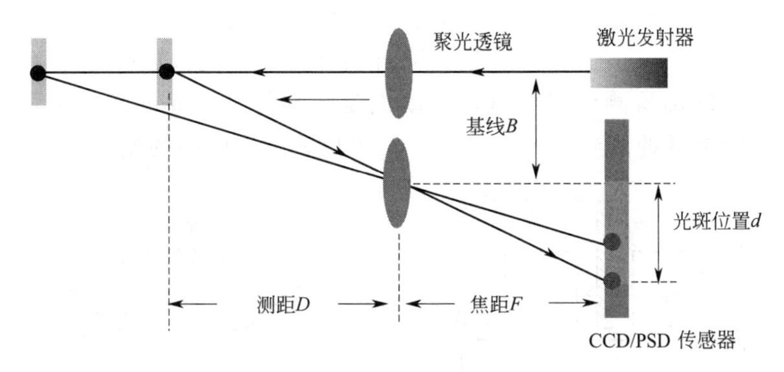

图8-14 三角测距原理

例如市面上的高精度手持电子尺即激光测距仪，量程R可选为50m/70m/100m/120m，精度在±(1.5mm+R * 1/100000)，1mW以内的635nm激光，两节1.5V电池供电，工作温度在0～40℃。

激光测距测速仪的工作原理是短时间内连续两次激光测距，计算该时间段内的平均移动速度。例如，每10ms发射一次激光脉冲，假设运动员奔跑的速度是10m/s，其后背有光反射板用于反射激光照射，那么相邻两次距离测量的差值为100mm，对应的激光飞行时间差为666.7ps。如果测距精度需要达到1mm，时间差测量的分辨率则需要达到6.67ps。目前精密时间差测量芯片的精度可以达到50ps级，再通过上千次的多次测量平均进一步提高精度，最终有望达到1mm的测量精度。

8.3 转速检测

8.3.1 离心力检测法

图8-15为离心转速检测原理图。质量m的重锤旋转时受到$mr\omega^2$的离心力而远离主轴，这将克服弹簧力向上拉动套筒，套筒的升降通过齿轮带动指针转动，可直接读出转数。一般应使转轴沿垂直方向立起来使用。测量精确度约±1%。

同样的原理常用在动力机械的离心调速器上，套筒的升降量通过油压传递给蒸汽阀，控制蒸汽流量，使蒸汽发动机的涡轮保持在一定的转速，这是比较经典的自动控制模型。

8.3.2 光电码盘转速检测法

光电码盘和透射型光电耦合器结合，可对转速进行计数，输出信号是对应于码盘窗口明暗的脉冲序列。

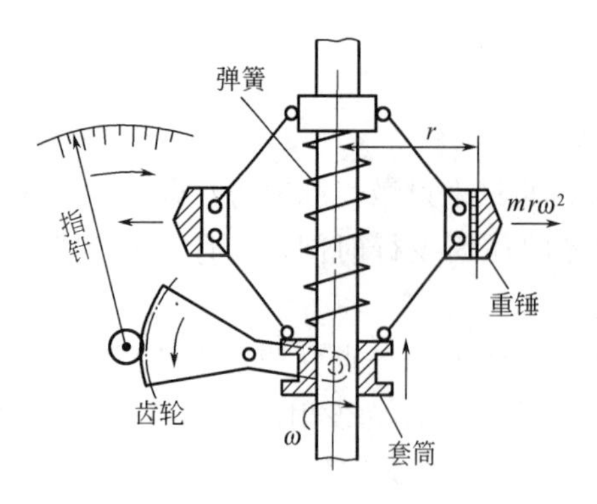

图 8-15　离心转速检测原理

如图 8-16 所示，光电耦合器分透射型和反射型两种。透射型光电耦合器的发光与受光元件之间要插入透光率不同的遮光片，如透明玻璃上的黑色条码等；反射型光电耦合器可以分辨出具有不同光反射系数的材料，如用于地面寻线机器人上，还可以用作接近开关。

光电码盘又有绝对光电码盘与增量光电码盘之分。

如图 8-17(a) 所示的绝对光电码盘是把旋转轴的旋转角度用二进制编码输出，它可以检测绝对角度，而且当有外部干扰或电源断电事故发生后恢复正常时，可以立即准确检测位置信息，但缺点是结构复杂，成本高，并需要用阵列光电元件检测来自各位的脉冲信号。图 8-17(b) 是可以减少误码率的循环码盘。

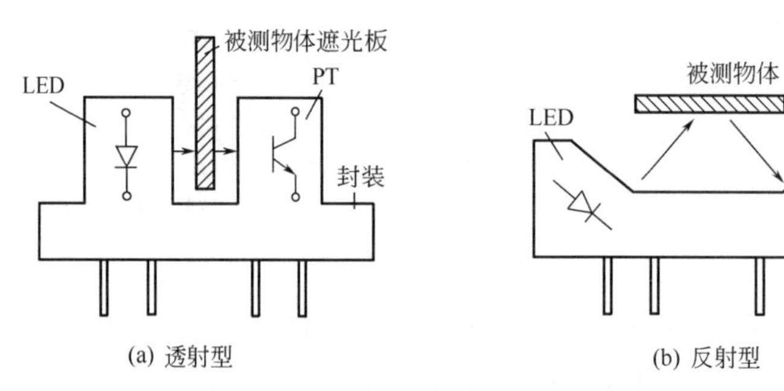

图 8-16　光电耦合器

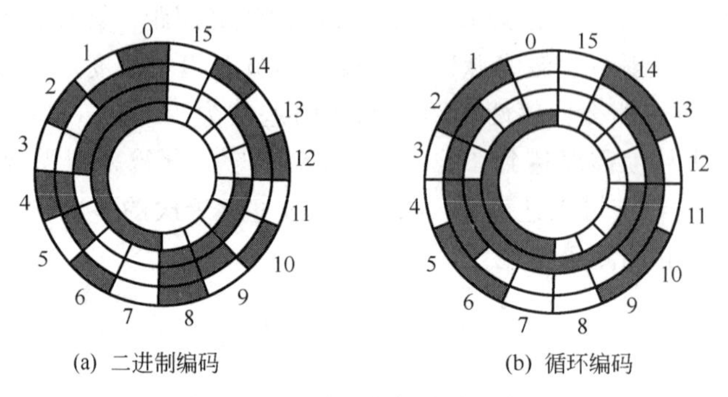

图 8-17　绝对码盘与其编码方式

增量光电码盘是随旋转轴的旋转角度输出一列连续脉冲波的码盘，通过累计脉冲个数测量旋转角，一般使用一个透射型光电耦合器只检测转速，而不能检测转轴的绝对转角和转向。

增量光电码盘在工业应用的数量上远比绝对码盘多。为了使增量光电码盘也能检测转角及转向，可以采取图 8-18 所示的检测 A,B 和 Z 三个增量脉冲信号的办法，使其中相邻的两个输出信号 A,B 成 90°的相位差；而使信号 Z 对每转一周只输出一个脉冲，作为决定转角的原点。根据需要，当只需检测转速时，选择带一个光电耦合器的单相输出增量码盘即可；若还要判别正负转向并控制转角位置时，则需要选择内部含三个光电耦合器的有三相输出的增量码盘。

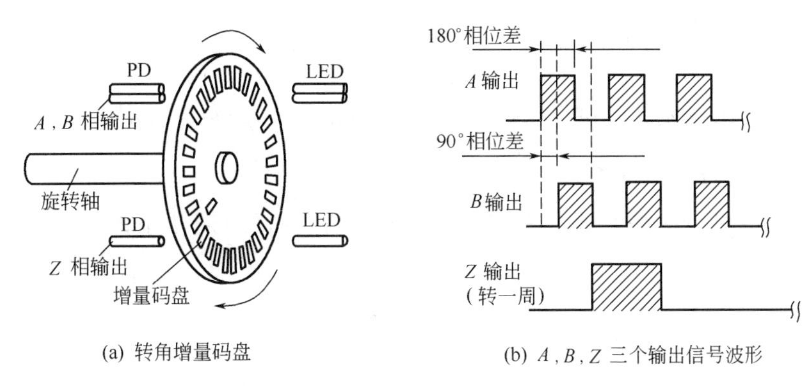

(a) 转角增量码盘　　(b) A，B，Z 三个输出信号波形

图 8-18　增量码盘及其改进方法

与光电码盘转速检测类似的方法还有检测磁化转子转速的霍尔计数方式等。

8.3.3　空间滤波器式检测法

图 8-19 所示的空间滤波器式检测方法是在硅基板上蚀刻放射状的光电栅格元件，检测旋转物体表面不规则的光反射分布，每间隔一个栅格共用一个电极，两电极输出信号的差信号则为一窄频带信号，其中心频率 f 与旋转角速度 ω 成比例变化：

$$f = m\frac{\omega}{p} \tag{8-13}$$

式中，m 为光学系统放大率；p 为空间滤波的差动权重周期的角度值。根据输出信号的中心频率 f 可以检测对象的角速度。

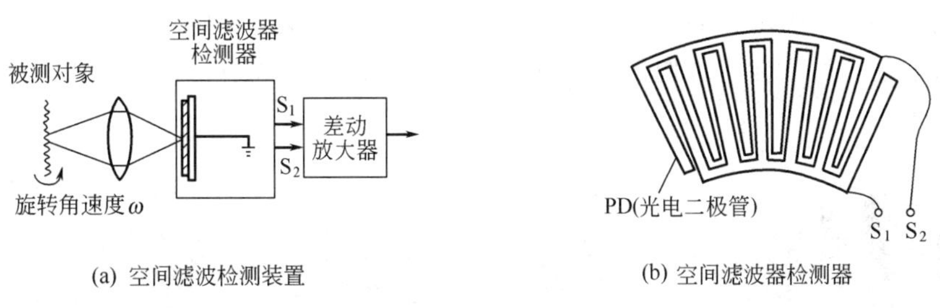

(a) 空间滤波检测装置　　(b) 空间滤波器检测器

图 8-19　空间滤波器角速度检测

空间滤波传感器测量转速需要将转动中心与传感器中心对齐，如有偏心，输出信号除了有高频的中心频率成份外还有低频的转动信号成分，导致输出信号幅值不稳定。

空间滤波测速的特点是不需要在旋转物体上或其周围作任何记号，多用于检测不规则物体的移动速度。检测直线移动速度时，沿移动方向等间隔排列光栅传感元件即可。

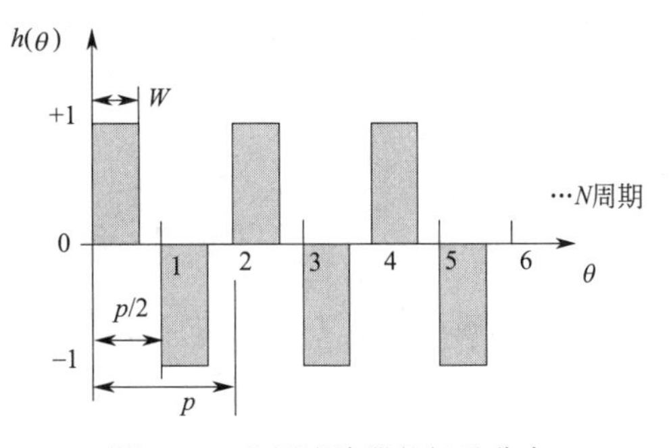

图 8-20　空间滤波器的权重分布

图 8-20 是空间滤波器的权重分布，p 为一个周期，共有 N 个周期，此空间函数的傅里叶变换如下式：

$$
\begin{aligned}
H(\mu) &= \int_0^{Np(=2\pi)} h(\theta)\exp(-\mathrm{j}2\pi\mu\theta)\mathrm{d}\theta \\
&= \int_0^{p} h_p(\theta)\exp(-\mathrm{j}2\pi\mu\theta)\mathrm{d}\theta \cdot \sum_{k=1}^{N}\exp(-\mathrm{j}2\pi\mu(k-1)p) \\
&= H_p(\mu)\cdot H_n(\mu)
\end{aligned} \tag{8-14}
$$

其空间功率谱可分为单周期功率谱 $|H_p(\mu)|^2$ 和重复周期功率谱 $|H_n(\mu)|^2$ 两部分，分别求得：

$$
|H_n(\mu)|^2 = N^2\left(\frac{\sin\pi\mu Np}{N\sin\pi\mu p}\right)^2
$$

$$
|H_p(\mu)|^2 = \frac{1}{(2\pi\mu)^2}(2\sin\pi\mu w)^2\left(2\sin\pi\mu\frac{p}{2}\right)^2
$$

其中 $|H_n(\mu)|^2$ 在 $\mu p=k$（$k=0,1,2,\cdots$）时取最大值 N^2；$|H_p(\mu)|^2$ 在 $\mu p=2k$（$k=0,1,2,\cdots$）时取最小值 0，并且当 $w=p/3$ 式时 $|H_p(\mu)|^2$ 在 $\mu p=3k$（$k=0,1,2,\cdots$）时也取最小值 0。这说明周期权重具有特定的信号选择特性，而差动设计可以抑制偶次谐波，再通过合理设计光栅和缝隙的宽度比，可以进一步抑制 3 次谐波，进而实现空间频率 $\mu=1/p$ 处的窄带滤波功能，并且周期数 N 越大，带宽越窄，滤波效果越好。

空间滤波原理说明了用硬件实现并行空间信息处理的方法，与基于 CCD 图像采集并进行计算机图像处理的方法相比，空间滤波器速度检测的优势在于其速度检测结果的实时性。

8.3.4 MEMS 陀螺仪测转速

科里奥利力是转动参照系统（转速 ω）中运动物体（速度 v）所受到的横向惯性力，其大小可以用 $2m\omega v$ 来表示。如图 8-21(a) 所示，在转动圆盘上有向北运动的物体，为保持北行的路线必然需要增大向西方向的运动速度分量，如图中箭头所示，这里所需加速度就是科里奥利加速度。

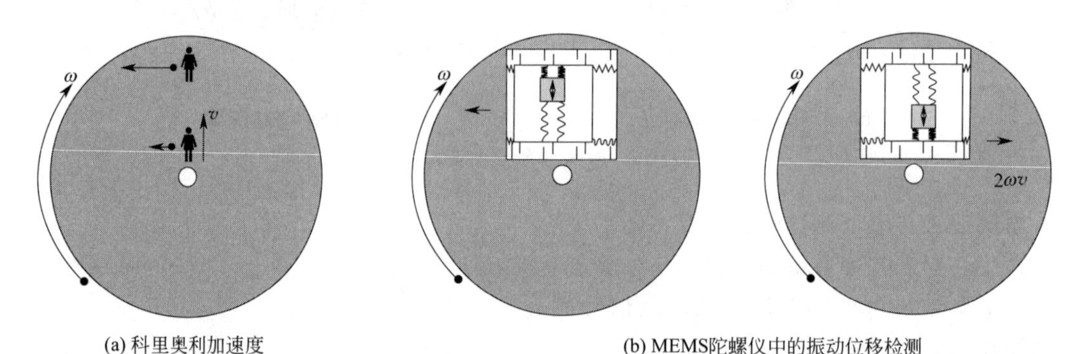

图 8-21 检测转速的 MEMS 陀螺仪工作原理

在平面极坐标系中，运动中的点的位置及其一阶和二阶导数可以分别表示为：

$$
z = r\mathrm{e}^{\mathrm{j}\theta} \tag{8-15}
$$

$$
\frac{\mathrm{d}z}{\mathrm{d}t} = \frac{\mathrm{d}r}{\mathrm{d}t}\mathrm{e}^{\mathrm{j}\theta} + \mathrm{j}r\frac{\mathrm{d}\theta}{\mathrm{d}t}\mathrm{e}^{\mathrm{j}\theta} \tag{8-16}
$$

$$
\frac{\mathrm{d}^2 z}{\mathrm{d}t^2} = \left[\frac{\mathrm{d}^2 r}{\mathrm{d}t^2}\mathrm{e}^{\mathrm{j}\theta} + \mathrm{j}\frac{\mathrm{d}r}{\mathrm{d}t}\frac{\mathrm{d}\theta}{\mathrm{d}t}\mathrm{e}^{\mathrm{j}\theta}\right] + \left[\mathrm{j}\frac{\mathrm{d}r}{\mathrm{d}t}\frac{\mathrm{d}\theta}{\mathrm{d}t}\mathrm{e}^{\mathrm{j}\theta} + \mathrm{j}\frac{\mathrm{d}^2\theta}{\mathrm{d}t^2}\mathrm{e}^{\mathrm{j}\theta} - r\left(\frac{\mathrm{d}\theta}{\mathrm{d}t}\right)^2\mathrm{e}^{\mathrm{j}\theta}\right] \tag{8-17}
$$

二阶导数中的第一项表示径向加速度，第四项表示切向加速度，第五项表示向心加速度，而第二项和第三项合并起来则表示科里奥利加速度，有无符号 j 表示方向不同。如果图 8-21(a) 中物体是做匀速直线运动，圆盘也匀速转动，则式(8-17) 右侧只剩下科里奥利加速度 $2\omega v$ 和向心加速度 $r\omega^2$。

图 8-21(b) 是利用科里奥利加速度检测转动速度的 MEMS 陀螺仪的内部结构示意图，其中被持续激励做上下振动的质量块，在转动系统中受到科里奥利力的作用，使悬挂质量块的线框发生左右横向偏移，利用 MEMS 叉指电容可以检测线框的横向位移。转动速度大，科里奥利加速度大，则横向位移幅度大，位移幅度与科里奥利加速度成正比。

ADXRS150 型号的 MEMS 陀螺仪是转速量程为 150°/s 的 Z 轴角速度传感器，里面由两个振动方向相反的内部力平衡振动块组成差动检测结构，两个单元对环境振动或撞击对称输出，而对待测的旋转运动反对称输出，取差动的结果相当于提高了传感器的抗干扰性能和测量灵敏度。

8.4 力的检测方法

弹性体受力作用时将发生弹性形变，检测弹性体变形可求得力的大小。力矩是通过测量弹性体的扭转变形而求得的。以上介绍的测量位移的检测方法是检测力、力矩的基础。本节介绍几种检测弹性变形的传感元件。

8.4.1 金属应变元件

金属电阻丝的电阻 R 取决于金属材料的电阻率 ρ、长度 l 和截面积 S，有如下关系：

$$R=\rho l/S \tag{8-18}$$

在拉伸力作用下，金属丝被拉长，因此截面积缩小，导致电阻率变化。其电阻的变化量相对于初始值可以表示为：

$$\frac{\Delta R}{R}=\frac{\Delta l}{l}-\frac{\Delta S}{S}+\frac{\Delta\rho}{\rho}$$

拉伸 l 与截面直径 D 之间的关系为：

$$-\frac{\Delta D}{D}=\gamma\frac{\Delta l}{l}$$

式中，γ 为材料的泊松比。$\varepsilon=\Delta l/l$ 称为应变，单位应变的阻值变化为：

$$K=\frac{\Delta R}{R}\bigg/\frac{\Delta l}{l}=1+2\gamma+\frac{\Delta\rho}{\rho}/\varepsilon$$

式中，K 为应变灵敏度（Gage Factor）。

金属电阻丝由于弹性形变的电阻率变化很小，可以忽略；它的泊松比大约为 0.3。因此 K 大约为 2。

图 8-22 为电阻应变片的两种结构，一种是把金属丝贴在塑料薄膜基板上，另一种是在基板上加工薄膜电阻。

利用应变片检测圆柱体所受压力或扭矩时，应变片的粘贴方法如图 8-23 所示，各有两个应变片，分别表示受拉伸力和压缩力的情况。一般使用两组受拉伸力和压缩力的应变电阻片，将其接入电桥电路的四个桥臂，以提高检测灵敏度和稳定性。检测扭矩时，圆柱体表面受力状况与位置有关，在与轴线方向成 45°的各点上受力最大，应变片应沿此方向粘贴。

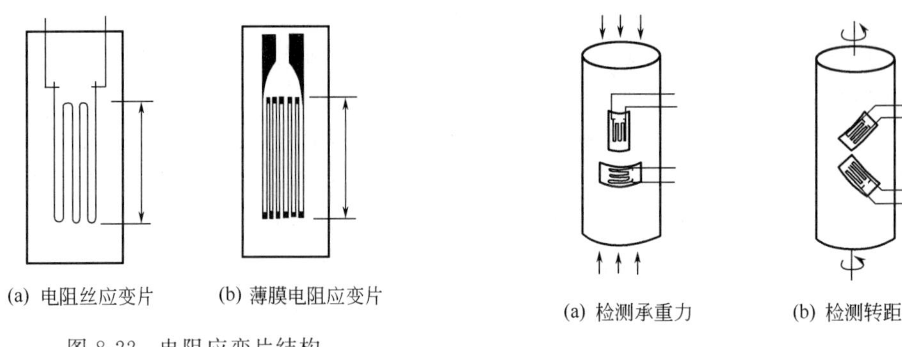

图 8-22　电阻应变片结构

图 8-23　应变片的粘贴方法

如图 8-24 所示，在悬臂梁上粘贴应变片，检测非固定端的振动时，应变片接入电桥电路的方法有如下三种情形，如图 8-25(a)、(b)、(c) 所示。

对于使用一个应变片，形成单臂电桥电路［图 8-25(a)］的情况。首先假设没有应力作用时，即初始状态下，各桥臂电阻之间满足如下关系：

$$R_2/R_1=R_4/R_3=n$$

当 R_1 变成 $R_1+\Delta R_1$ 时，输出电压为：

$$e=\left(\frac{R_1}{R_1+R_2}-\frac{R_3}{R_3+R_4}\right)E\ \frac{n\Delta R_1}{\left(1+n+\dfrac{\Delta R_1}{R_1}\right)(1+n)R_1}E$$

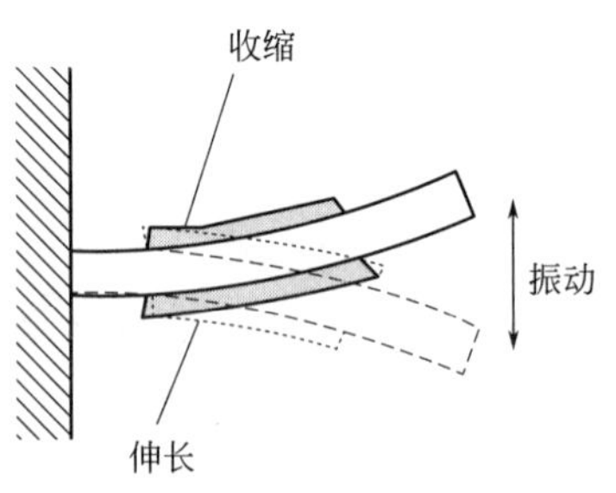

图 8-24　应变片检测悬臂梁的振动

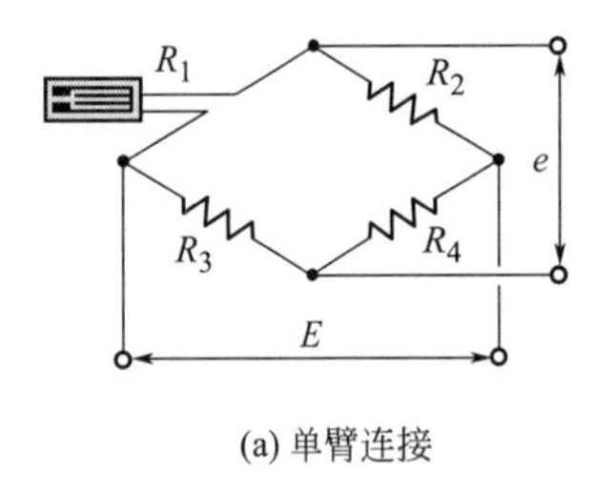

(a) 单臂连接

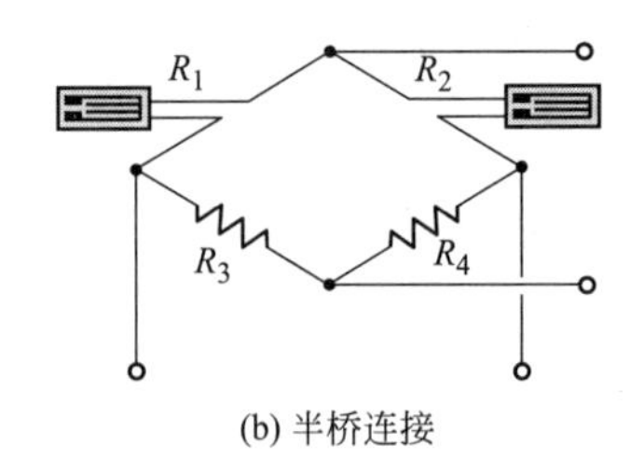

(b) 半桥连接

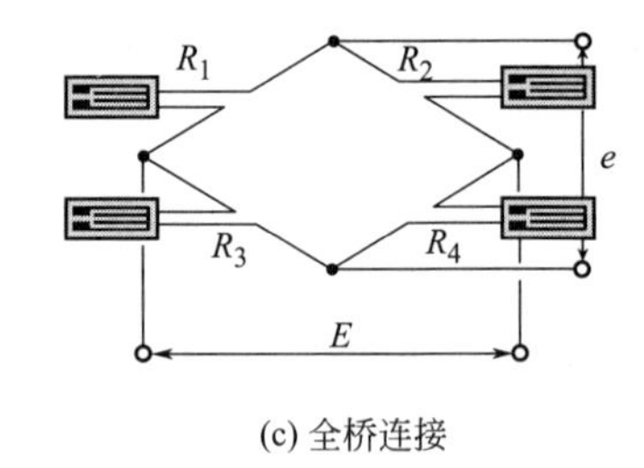

(c) 全桥连接

图 8-25　应变片的电路连接方法比较

如果忽略分母中的 $\Delta R_1/R_1$，则得到电桥输出电压 e 与 ΔR_1 或 $\Delta R_1/R_1$ 的近似线性表达式：

$$e\approx\frac{n\Delta R_1}{(1+n)^2R_1}E \tag{8-19}$$

从式(8-19) 中可以看出，当 $n=1$，即四个电阻在初始状态完全相等时，灵敏度最大，得到：

$$e\approx\frac{1}{4}\frac{\Delta R_1}{R_1}E \tag{8-20}$$

此时，如果应变片电阻值受温度影响发生了变化，尽管没有应变发生，也将直接影响测量值输出结果 e。

对于使用两个应变片，形成半桥电路［图 8-25(b)］的情况。两个应变片来自悬臂梁上下各一个，在同一时刻一个是拉伸而另一个是压缩，拉伸和压缩的应变符号相反，幅值相等。两个应变片接在 R_1,R_2 上（或 R_3,R_4 上），由于式(8-18) 中的 R_1+R_2 互相抵消了变化量，因此线性关系良好（不需要近似成线性），并且灵敏度是上述单臂电桥电路的两倍，即

$$e=\frac{1}{2}\frac{\Delta R_1}{R_1}E$$

对于使用四个应变片，形成全桥电路［图 8-25(c)］的情况。四个应变片来自悬臂梁上下各两个，在同一时刻有两个是拉伸而另两个是压缩，拉伸和压缩的应变符号相反，幅值相等。拉伸应变片接在电桥电路的一个对边上，而压缩应变片接在电桥电路的另一个对边上。这种情况同样有良好的线性关系（不需要近似成线性），灵敏度又是半桥电路的两倍，即

$$e=\frac{\Delta R_1}{R_1}E$$

使用两片或四片的半桥或全桥电路可以抵消应变片阻值随温度变化的影响，因为无论被拉伸还是压缩，都处在一个温度环境下，金属丝电阻值随温度变化的系数相同。

通常使用四个应变片用全桥电路连接，再接输入阻抗很大的仪表放大器，将电压 e 放大数百倍后使用；另外，要保持电源电压 E 没有微小变动，使用基准电压。总之，全桥应变片电路在提高测量灵敏度、改善线性度以及抵消温度变化影响方面有重要意义。

8.4.2　半导体应变元件

半导体应变元件基于半导体压阻效应，它的特点是单位应变的电阻率变化很大，电阻率变化与应变量的关系如下：

$$\frac{\Delta\rho}{\rho}=\pi E\varepsilon \tag{8-21}$$

式中，E 为材料的弹性模数，表示应变与作用力的关系；π 为半导体应变片的压阻系数。

半导体具有晶体的各向异性，所以不同的结晶轴方向上的 π 和 E 有所差异。πE 可高达 120 左右，因此半导体应变片的应变灵敏系数主要由 πE 的大小决定，它大约是金属应变片的几十倍。

半导体应变片反应灵敏，体积小，被广泛应用在压力传感器上。它的缺点是温度依赖性大，需要温度补偿电路，而且价格比较高。所以金属应变片仍然在被广泛使用。

应该注意，金属应变片在受压缩力时阻值变小，但半导体应变片却有可能阻值增大。一般 n 型半导体受压时，阻值变小，即阻值随压力的变化率为负值；而 p 型半导体却为正值。这是因为决定半导体阻值的电子和正穴的数量以及移动量在力作用下可负可正。

应用扩散硅半导体应变膜的压力传感器在第 5 章中有介绍，血压计以及汽车发动机控制中使用的就是这种结构的压力传感器。

8.4.3　压电效应

有些结晶材料（如石英 SiO_2 等）、陶瓷材料（如锆钛酸铅 PZT 等）以及高分子材料（如聚二氟乙烯 PVDF）等在压力作用下，内部分子的极化情况发生变化，使材料表面带电荷，称为压电效应。但这些表面电荷会很快与环境中的杂散电荷或材料内部自由电荷中和，呈电中性，因此压电效应不能用来检测恒定压力。因为电荷中和时间远远大于在压力作用下的极化变化时间，所以它可以响应动态压力，用于加速度与振动检测中。

常见的压电陶瓷 PZT 除了作为传感器材料外，还可以作为执行器材料使用。因为给电极施加电压时，压电材料会发生机械形变。施加交流电压则产生振动，施加直流电压则发生

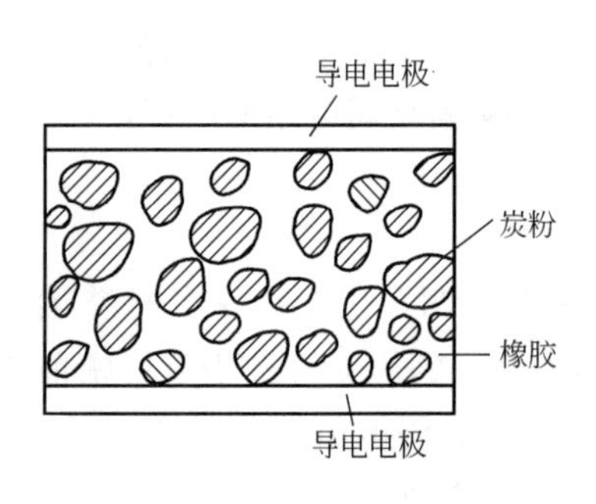

图 8-26　基于压敏导电胶皮

一定位移。

8.4.4　压敏导电橡胶

在橡胶材料里掺入炭粉，当炭粉浓度达到某一极限值以上时，炭粉的颗粒部分发生接触，会呈现一定的电阻率，如图 8-26 所示。使这种橡胶板变形时，阻抗值将随变形的强弱而发生变化。给橡胶板配上 X, Y 地址电极，并集成上 FET 或二极管等开关元件，就可以获取作用力的二维分布。这种压敏橡胶板被用作触摸式面板的开关阵列。

压敏橡胶板被用于开发人工感压皮肤时，有如图 8-27 所示的几种构成方法可以探讨。图 8-27(a) 中压敏导电橡胶夹在上下两层电极中间，一侧是公共电极，另一侧是长方块电极的阵列，每个长方块定义一个检测点，分别输出每个点上的受力大小。图 8-27(b) 中成对的电极以及集成驱动电路都在压敏导电橡胶的同一侧，驱动电路控制各点应力的扫描输出。图 8-27(c) 中压敏导电橡胶的两侧分别有相互垂直的两组柔软的线状电极，每两根线状电极的交叉点构成一个检测点，驱动 X, Y 扫描电路，输出压力分布结果。图 8-27(d) 中使用各向异性压敏导电体，这样，在压敏导电体的一侧设线阵电极，导电方向垂直于电极，如图中箭头方向，并采用网状物隔离电极与压敏导电体的直接接触，当有足够大的压力作用时，压敏导电体与电极导通。

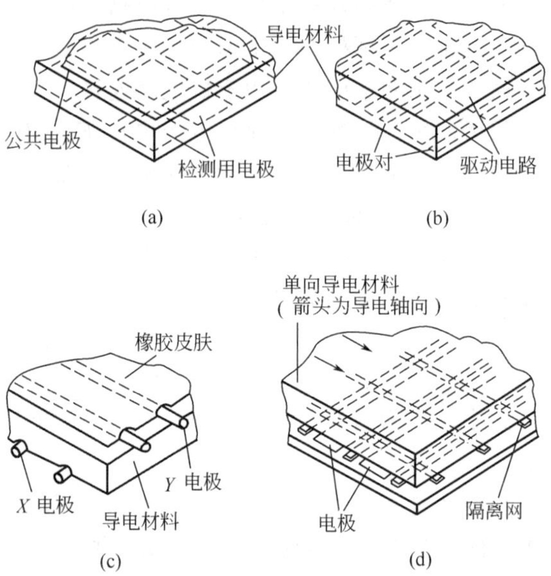

图 8-27　人工皮肤的 4 种感压信号输出结构

显然，用整块的压敏导电橡胶检测压力分布时，电极的配置方法很重要，它决定了接口及驱动电路的规模以及检测灵敏度等。

8.5　加速度与振动检测

位移和速度的检测原理都可以用于加速度与振动检测，以弹簧质量系惯性检测法 (Seismic Pick up) 为基础，类型包括应变片转换法、压电转换法、动电转换法、涡电流非接触法、可变电容法、差动变压器法等。

8.5.1　加速度检测原理

由牛顿运动方程可知，加速度和力是通过质量联系在一起的。如图 8-28(a) 所示，可以将弹簧质量系统作为传感器，使之与被测系统直接连在一起，当从系统框架外部施加振动位移或加速度时，设检测系统外壳与质量 m 之间的相对位移为 y，支点位移为 $z=A\sin\omega t$，那么质量 m 的绝对位移 x 为：

$$x=y+z=y+A\sin\omega t \tag{8-22}$$

$$\frac{d^2x}{dt^2}=\frac{d^2y}{dt^2}-A\omega^2\sin\omega t \tag{8-23}$$

弹簧力和阻尼力都与相对位移有关，其运动方程式为：

$$m\frac{d^2x}{dt^2}=-r\frac{dy}{dt}-ky \tag{8-24}$$

式中，k 为弹簧系数；r 为阻尼系数。振动系统的运动方程式为：

$$m\frac{d^2y}{dt^2}+r\frac{dy}{dt}+ky=mA\omega^2\sin\omega t \tag{8-25}$$

式(8-25) 说明支点位移为 $z=A\sin\omega t$ 的振动系统等价于支点静止，受外力为 $mA\omega^2\sin\omega t$ 冲击的加速度系统。

式(8-25) 的解为：

$$y=y_0\sin(\omega t-\theta) \tag{8-26}$$

其中

$$\frac{y_0}{A}=\frac{\omega^2}{\omega_0^2}\Bigg/\sqrt{\left(1-\frac{\omega^2}{\omega_0^2}\right)^2+\left(2\zeta\frac{\omega}{\omega_0}\right)^2} \tag{8-27}$$

$$\tan\theta=\left(2\zeta\frac{\omega}{\omega_0}\right)\Bigg/\left(1-\frac{\omega^2}{\omega_0^2}\right) \tag{8-28}$$

$$\omega_0=\sqrt{k/m},\quad \zeta=r/(2m\omega_0) \tag{8-29}$$

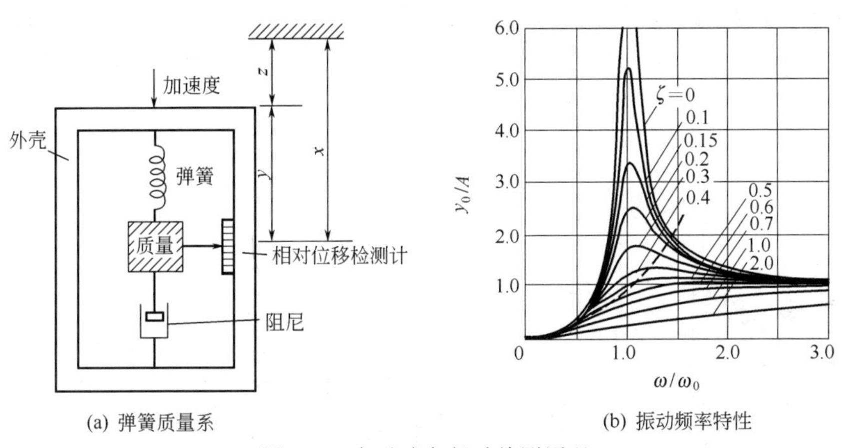

图 8-28 加速度与振动检测原理

如图 8-28(b) 所示。根据弹簧质量系的固有角振动频率 ω_0 与支点的角振动频率 ω 的关系，检测支点与质量 m 的相对位移 y 不仅可以求出支点的位移变化即振动，而且可以求出支点的加速度以及速度。

① 支点位移检测（$\omega\gg\omega_0$ 的情况） 固有角振动频率 ω_0 比支点的角振动频率 ω 小的情况下，即 $\omega\gg\omega_0$，代入式(8-27) 得：

$$y_0/A\approx1,\ \theta\approx\pi \tag{8-30}$$

因此

$$y\approx-A\sin\omega t \tag{8-31}$$

相对位移的振幅 y_0 与支点位移的振幅 A 大小相等、方向相反，这种振动检测称为位移检测（Vibrometer）。通常要使用大质量和低弹性弹簧。此时绝对位移 $x=0$，即位移检测时的质量块 m 基本静止不动。

② 支点加速度检测（$\omega \ll \omega_0$ 的情况） 固有角振动频率 ω_0 比支点的角振动频率 ω 大的情况下，即 $\omega \ll \omega_0$，代入式(8-27)得：

$$y_0/A \approx \omega^2/\omega_0^2,\ \theta \approx +0 \tag{8-32}$$

因此

$$y \approx A(\omega^2/\omega_0^2)\sin\omega t \tag{8-33}$$

相对位移 y 的幅值与支点加速度 $A\omega^2$ 成比例变化，这种振动检测称为加速度检测（Accelerometer）。它要用小质量和高弹性弹簧，并且在 $\zeta=0.5\sim0.7$ 的范围内，直到 $\omega \to \omega_0$ 时都可以得到高精度的加速度检测结果，图 8-28(b) 中的虚线表示了加速度与 ω 的关系。

③ 支点速度检测（$\omega=\omega_0$ 的情况） 固有角振动频率 ω_0 与支点的角振动频率 ω 基本相同的情况下，即 $\omega=\omega_0$，代入式(8-27)得：

$$y_0/A \approx (1/2\zeta)\cdot(\omega/\omega_0),\quad \theta \approx \pi/2 \tag{8-34}$$

因此

$$y \approx (1/2\zeta\omega_0)\cdot A\omega\sin(\omega t-\pi/2) \tag{8-35}$$

相对位移 y 的幅值与支点速度 $A\omega$ 成比例变化，这种振动检测可以称为速度检测。但由于是在共振状态下使用，振幅过大时会破坏弹簧等检测装置元件，很难实用化。

通常采用闭环反馈平衡技术实现加速度测量，其中力平衡式加速度传感器的原理图和系统框图如图 8-29 和图 8-30 所示，它由惯性敏感元件、位移检测器、信号放大器和磁电力发生器等组成。与图 8-28 中的分析一样，当传感器壳体有位移 x 时，壳体上的被测加速度 $a=\ddot{x}$，在惯性力 ma 作用下，敏感元件有相对位移 y，位移传感器（如差动电容位移传感器）检测出 y，经放大器输出电流 i，由力发生器产生的反馈力 $S_f i$ 与惯性力方向相反，并共同形成不平衡力作用于质量块，使位移 y 减小，直至为零，达到力平衡，如下式：

$$m\frac{d^2y}{dt^2}+c\frac{dy}{dt}+ky=-S_f i+m\frac{d^2x}{dt^2} \tag{8-36}$$

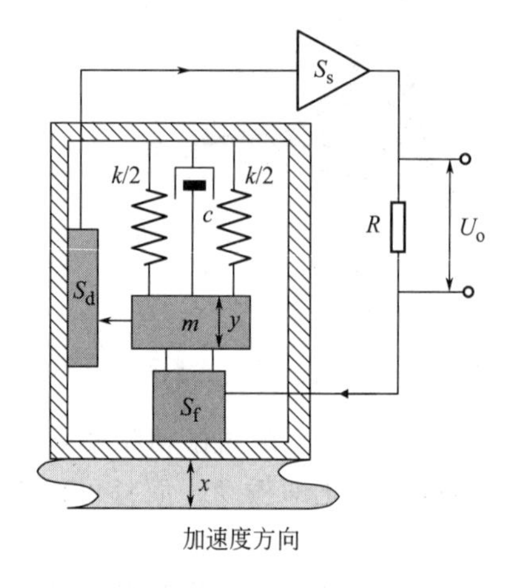

图 8-29 力平衡式加速度传感器原理图

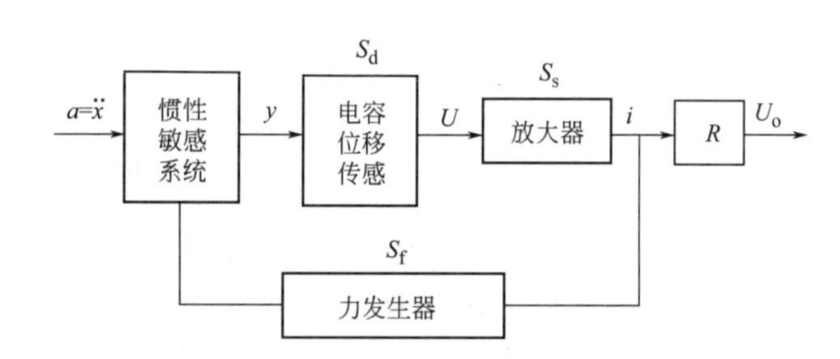

图 8-30 力平衡式加速度传感器系统框图

整理得

$$\frac{d^2y}{dt^2}+2\zeta\omega_n\frac{dy}{dt}+\omega_n^2 y=\frac{d^2x}{dt^2} \tag{8-37}$$

其中

$$\omega_n=\sqrt{\frac{S_d S_s S_f}{m}+\frac{k}{m}},\quad \zeta=\frac{c}{2m\omega_n} \tag{8-38}$$

式(8-36)中，$i=S_S S_d y$，S_f 是磁电力发生器中的机电耦合系数，如果是导体通电在磁场中产生力，则 $S_f=BL$，B 和 L 分别是磁通密度和通电导体长度，i 是通电电流。力平衡时，$y=0$，显然系统输出电压 U_o 正比于被测加速度，即

$$U_o=iR=\frac{ma}{S_f}R \tag{8-39}$$

另一方面，由式(8-33)加速度—位移测量关系 $y=-\frac{1}{\omega_n^2}\frac{d^2x}{dt^2}$，可得

$$S_{U_o}=\frac{U_o}{\ddot{x}}=\frac{iR}{-y\omega_n^2}=\frac{-RS_d S_s}{\omega_n^2} \tag{8-40}$$

将式(8-38)的 ω_n 代入式(8-40)，可得

$$S_{U_o}=\frac{-mR}{S_f}\cdot\frac{1}{1+k/(S_d S_s S_f)} \tag{8-41}$$

如果 $S_s S_d S_f \gg k$，则式(8-41)等同于式(8-39)。即闭环平衡式传感器的灵敏度只与反馈环节的比例系数有关，明显可以改善开环系统的非线性。

为提高传感器的准确度，$S_s S_d S_f$ 越大越好，此时 ω_n 增大，即传感器工作频带增大、响应速度变快，但 ζ 减小，即系统稳定性变差。为了解决这一矛盾，工程上采用加入微分、积分或复合反馈等校正环节来满足传感器不同的频率响应要求，并同时保证闭环系统的稳定性。

8.5.2 动电型振动检测方法

图 8-31 为直接检测振动速度的方法。在磁束密度为 B 的磁场中，长度为 l 的导体以速度 v 切割磁力线，导体两端则产生电势差：

$$e=Blv \tag{8-42}$$

利用这一原理检测振动速度，称为动电型振动检测。加上积分电路，可以把振动速度转换成振动位移信号，检测振动位移；反过来，检测位移信号再微分求速度的方法也可以考虑，但是积分方法更常用。它用于检测比固有振动频率（一般 1～20Hz）高的振动，比如检测 10～1000Hz，0.1～1000μm 的振动。

步行计就是一种利用了动电特性的振动传感器。

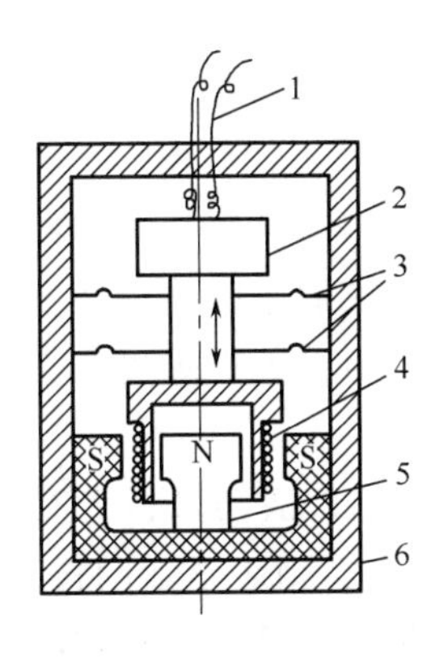

图 8-31 动电型振动检测

1—引线；2—重块；3—膜片；4—可动线圈；5—磁铁；6—外壳

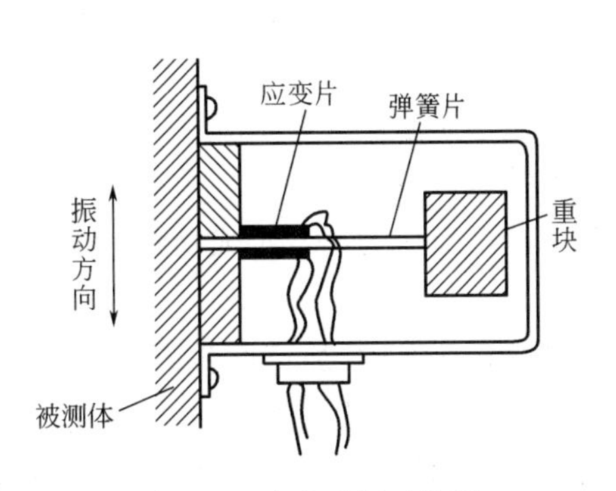

图 8-32 应变式振动检测

图 8-32 为应变片悬臂梁检测加速度的方法，在重块的惯性力作用下悬臂梁反复弯曲，根据梁的弯曲变形可测得振动加速度和振动频率。

弯曲变形比直接受厚度方向的压力而变形要灵敏得多。下面提到的采用平面振动膜片的方式比悬臂梁又具有更高的灵敏度，而且膜片代替悬臂梁后，可以使用多个对称的压电元件，将其电信号串联起来使用。

8.5.3　微机械加速度传感元件

微机械加工技术使小型加速度传感器得到了很大的发展。缓冲汽车撞击伤害力的空气包里，装有扩散硅压阻膜片的加速度传感器，如图 8-33(a) 所示。顶部和底部的玻璃板之间夹着硅基片，硅基片上按一定晶向制成 4 个扩散压敏电阻，硅基片下部是按异方向性腐蚀方法切割成中部厚、边缘薄的杯状膜片的。中部厚膜相当于图 8-32 中的重块，在加速度作用下，产生大的惯性力使膜片变形。膜片的变形由压敏电阻变化检测出来，进而测出加速度。为防止过度变形以致膜片损坏，并且使膜片振动以适当速度减弱，硅基片的上部和下部与上下面的玻璃板之间都留有几微米的缝隙间隔，空气层起阻尼作用。

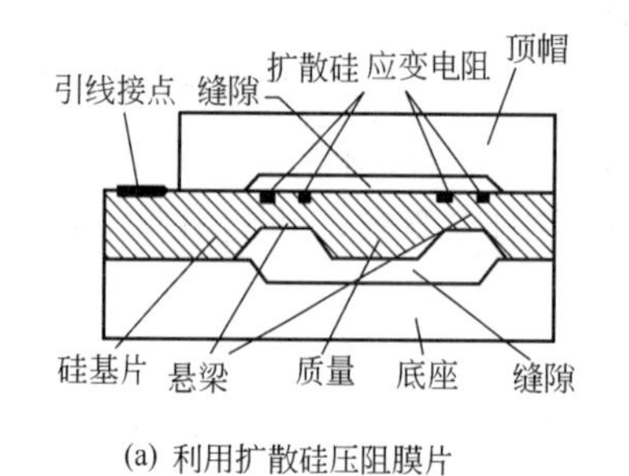

(a) 利用扩散硅压阻膜片

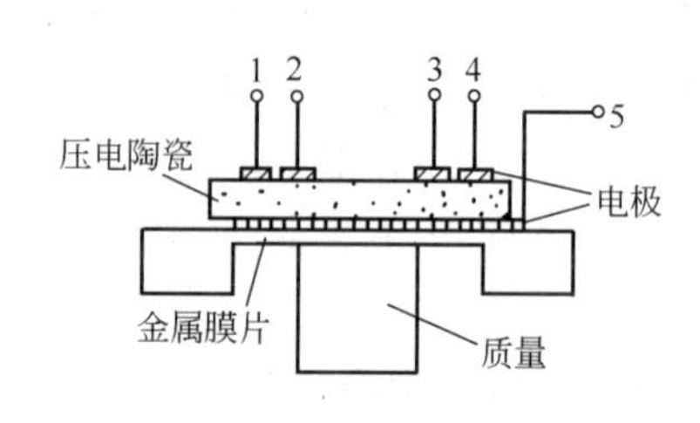

(b) 利用压电陶瓷和膜片

图 8-33　微机械加速度传感器

图 8-33(b) 是利用压电陶瓷和膜片的加速度传感器结构图。压电陶瓷（PZT）的底部有公共电极，上部有多个放射状的电极，图中仅画出 4 个。压电陶瓷板与金属膜片粘贴在一起，膜片中央有重块。在加速度作用下，压电陶瓷板发生变形，各电极相应地产生一定的电压。因为加速度是矢量，压电陶瓷板表面多个电极的电压可能有所不同，分析各电极的电压分布，还能够检测加速度的方向。因此压电陶瓷式加速度传感器通过结构设计也可以检测三维加速度矢量。典型压电型加速度传感器的性能指标有：固有频率 37kHz，检测振动频率范围 2～7000Hz，电压灵敏度 3.8mV/g，最大加速度±2000g，温度范围－270～260℃，重量 28g 等。

利用扩散硅压阻膜片的 MEMS（Micro-Electro-Mechanical System）压力传感器是第一批批量应用的微机电系统产品，主要应用在工业界。虽然 MEMS 加速度传感器的动态特性更加复杂，但已经作为第二批成功批量应用的 MEMS 产品，应用在手机等更广泛的消费类电子产品中。

叉指电容式 MEMS 加速度传感器的工作原理如图 8-34 所示，活动极板上有若干对叉指，每个叉指对应一对固定电极，构成电容 C_1 和 C_2，其差动电容则表示活动极板位移量，即振动加速度。例如 ADXL202 型号的双轴 MEMS 加速度传感器的固定极板和活动极板的缝隙有 1.3μm，极板厚度 1μm，叉指重叠长度 125μm。又如 ADXL50 型号的单轴 MEMS 加速度传感器，其性能指标有：量程 ±50g，单电源＋5V 供电，输出电源范围 0.25～4.75V，灵敏度 20mV/g，可承受 2000g 的冲击，带宽 DC 至 1kHz，谐振频率 24kHz 等，并采用闭环反馈力平衡技术，使活动极板保持在固定极板的中间位置平衡，消除横梁非线性和老化的影响。

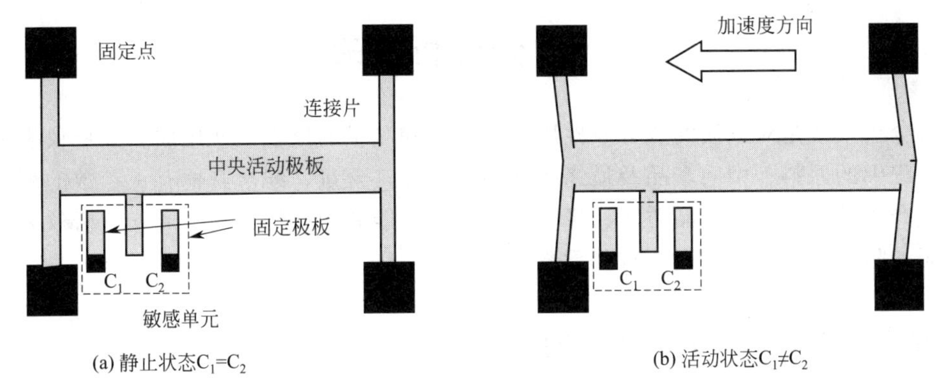

图 8-34 叉指电容式 MEMS 加速度传感器

此外，ADXL345 型号的三轴数字式 MEMS 加速度传感器，其性能指标有：量程 ±16g，供电 2～3.6V，40μA 工作电流，功耗随带宽自动比例变化，标准 10-bit 最高 13-bit 分辨率，4mg/LSB，SPI 和 I^2C 通信接口，FIFO 存储管理，3mm×5mm×1mm LGA 封装。ADXL345 适用于移动设备应用，如静态加速度检测、倾斜角度测量、运动状态追踪等，具有体积小，功耗低的特点。

思考题与习题

8-1 画出光栅标尺检测位移的 S_1，S_2 输出信号的波形。并设计增量码盘增减方向识别的电路。

8-2 比较激光扫描测长与 CCD 图像测长原理的不同，并指出各自性能上的长短处。

8-3 应变灵敏系数为 2.1，电阻为 120 Ω 的应变电阻，在发生应变为 150×10^{-6} 时，求电阻的变化量。

8-4 比较金属应变片和半导体应变膜片在检测压力原理上的异同。

8-5 比较压敏导电橡胶和压电陶瓷在检测压力原理上的不同。

8-6 时速 60km 的汽车发生碰撞事故，滑出 10m 后静止不动，减速时间为 1.5s，设减速加速度一定，求这一加速度作用在质量为 1mg 的重锤上的惯性力。

8-7 用固有频率为 2000Hz，衰减比为 0.5 的加速度检测仪，检测 1200Hz 的振动加速度时，求加速度测量的最大误差。

9 成分分析仪表

成分分析仪表是对物质的成分及性质进行分析和测量的仪表。使用成分分析仪表可以了解生产过程中的原料、中间产品及最终产品的性质及其含量，配合其他有关参数的测量，更易于使生产过程达到提高产品质量、降低材料消耗和能源消耗的目的。成分分析仪表在保证生产安全和防止环境污染方面更有其重要的作用。

9.1 成分分析方法及分析系统的构成

9.1.1 成分分析方法及分类

成分分析的方法有两种类型，一种是定期取样，通过实验室测定的实验室分析方法；另一种是利用可以连续测定被测物质的含量或性质的自动分析仪表。成分分析所用的仪器和仪表基于多种测量原理，在进行分析测量时，需要根据被测物质的物理或化学性质，来选择适当的手段和仪表。

目前，按测量原理分类，成分分析仪表有以下几种型式：

① 电化学式，如电导式、电量式、电位式、电解式、酸度计、离子浓度计等；

② 热学式，如热导式、热谱式、热化学式等；

③ 磁学式，如磁式氧分析器、核磁共振分析仪等；

④ 射线式，如 X 射线分析仪、γ 射线分析仪、同位素分析仪、微波分析仪等；

⑤ 光学式，如红外、紫外等吸收式光学分析仪，光散射、光干涉式光学分析仪等；

⑥ 电子光学式和离子光学式，如电子探针、离子探针、质谱仪等；

⑦ 色谱式，如气相色谱仪、液相色谱仪等；

⑧ 物性测量仪表，如水分计、黏度计、密度计、湿度计、尘量计等；

⑨ 其他，如晶体振荡式分析仪、半导体气敏传感器等。

上述所列的仪表中只有部分类型可以实现自动分析功能。自动分析仪表又称过程分析仪表或在线分析仪表，这种类型更适合于生产过程的监测和控制。本章将介绍几种常用的自动分析仪表。

9.1.2 自动分析系统的构成

自动分析仪表通常是与试样预处理系统组成一个分析测量系统，以保证其良好的环境适应性和高的可靠性，以使分析仪表的示值能代表被监测的成分。较大型工业分析仪表测量系统的基本组成如图 9-1 所示。

图中，自动取样装置的作用是从生产设备中自动、快速地提取待分析样品；预处理系统可以采用诸如冷却、加热、气化、减压、过滤等方式对采集的分析样品进行适当的处理，为分析仪器提供符合技术要求的试样。取样和试样的制备必须注意避免液体试样的分馏作用或气体试样中某些组分被吸附的情况，以保证测量的可靠性。

检测器是分析仪表的核心，不同原理的检测器可以把被测组分的信息转换成电信号输出；信息处理系统用于进行微弱信号的放大、转换、运算、补偿等处理；显示仪表可以用模

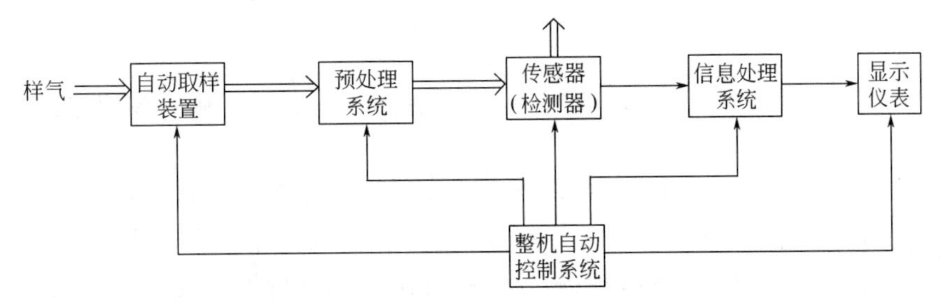

图 9-1　较大型工业分析仪表测量系统的基本组成

拟、数字或屏幕图文显示等方式给出测量分析结果。

整机自动控制系统用于控制各个部分的协调工作，使取样、处理和分析的全过程可以自动连续地进行。

有些分析用传感器则不需要取样和预处理环节，而是直接放于被测试样中。

9.2　几种工业用成分分析仪表

9.2.1　热导式气体分析器

热导式气体分析器是使用最早的一种物理式气体分析器，它是利用不同气体导热特性不同的原理进行分析的。常用于分析混合气体中 H_2,CO_2,NH_3,SO_2 等组分的百分含量。这类仪表具有结构简单、工作稳定、体积小等优点，是生产过程中使用较多的仪表之一。

各种气体都具有一定的导热能力，但是程度有所不同，即各有不同的导热系数。经实验测定，气体中氢和氦的导热能力最强，而二氧化碳和二氧化硫的导热能力较弱。气体的热导率还与气体的温度有关，表 9-1 列出在 0℃时以空气热导率为基准的几种气体的相对热导率。

表 9-1　气体在 0℃ 时的热导率和相对热导率

气体名称	相对热导率 $\lambda/\lambda_{空气}$	气体名称	相对热导率 $\lambda/\lambda_{空气}$
空气	1.000	一氧化碳	0.964
氢	7.130	二氧化碳	0.614
氧	1.015	二氧化硫	0.344
氮	0.998	氨	0.897
氦	5.910	甲烷	1.318
硫化氢	0.538	乙烷	0.807

混合气体的热导率可以近似地认为是各组分热导率的算术平均值，即

$$\lambda=\lambda_1C_1+\lambda_2C_2+\cdots+\lambda_nC_n=\sum_{i=1}^{n}\lambda_iC_i \tag{9-1}$$

式中，λ 为混合气体的总热导率；$\lambda_1,\lambda_2,\cdots,\lambda_n$ 为混合气体中各组分的热导率；λ_i 为混合气体中第 i 组分的热导率；$C_1,C_2,\cdots,C_n$ 为混合气体中各组分的体积百分含量；C_i 为混合气体中第 i 组分的体积百分含量。

如果被测组分的热导率为 λ_1，其余组分为背景组分，并假定它们的热导率近似等于 λ_2。又由于 $C_1+C_2+\cdots+C_n=1$，将它们代入式(9-1) 后可得

$$\begin{aligned}\lambda &\approx\lambda_1C_1+\lambda_2(C_2+C_3+\cdots+C_n)=\lambda_1C_1+\lambda_2(1-C_1)\\ &=\lambda_2+(\lambda_1-\lambda_2)C_1\end{aligned} \tag{9-2}$$

即有

$$C_1=\frac{\lambda-\lambda_2}{\lambda_1-\lambda_2} \tag{9-3}$$

在 λ_1,λ_2 已知的情况下，测定混合气体的总热导率 λ，就可以确定被测组分的体积百分含量。

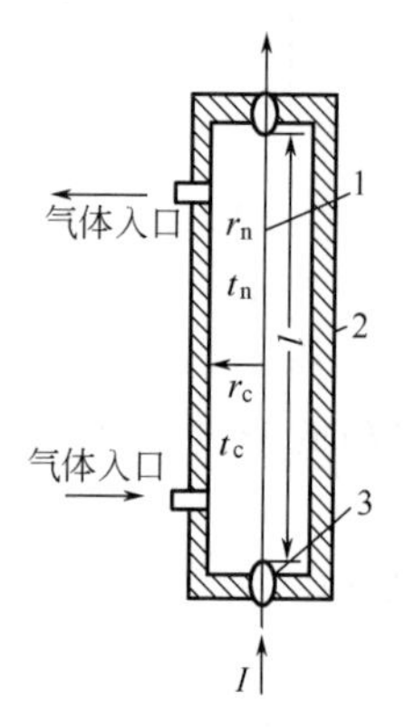

图 9-2　热导池

1—热敏电阻；2—热导池腔体；3—绝缘物

在实际测量中，要求混合气体中背景组分的热导率必须近似相等，并与被测组分的热导率有明显差别。对于不能满足这个条件的多组分组合气体，可以采取预处理的方法。如分析烟道气体中的 CO_2 含量，已知烟道气体的组分有 CO_2,N_2,CO,SO_2,H_2,O_2 及水蒸气等。其中 SO_2,H_2 热导率相差太大，应在预处理时除去。剩余的背景气体热导率相近，并与被测气体 CO_2 的热导率有显著差别，所以可用热导法进行测量。

热导式气体分析器的核心是测量室，称为热导池，如图 9-2 所示。热导池是用导热良好的金属制成的长圆柱形小室，室内装有一根细的铂或钨电阻丝，电阻丝与腔体有良好的绝缘。电源供给热丝恒定电流，使之维持一定的温度 t_n，t_n 高于室壁温度 t_c，被测气体由小室下部引入，从小室上部排出，热丝的热量通过混合气体向室壁传递。热导池一般放在恒温装置中，故室壁温度恒定，热丝的热平衡温度将随被测气体的热导率变化而改变。热丝温度的变化使其电阻值亦发生变化，通过电阻的变化可得知气体组分的变化。

热导池有不同的结构形式，图 9-3 所示为目前常用的对流扩散式结构型式。气样是由主气路扩散到气室中，然后由支气路排出，这种结构可以使气流具有一定速度，并且气体不产生倒流。

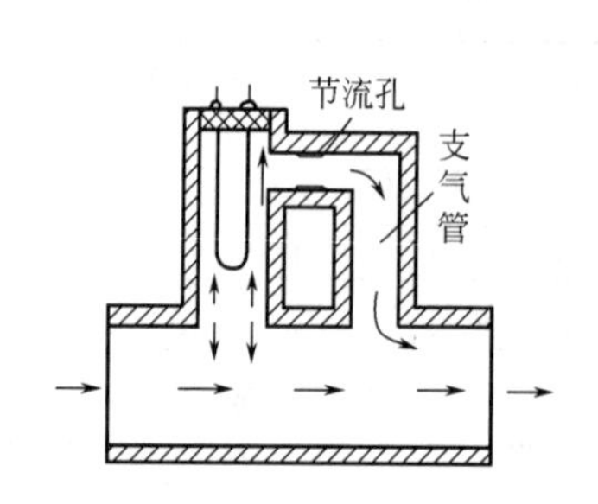

图 9-3　对流扩散式结构型热导池

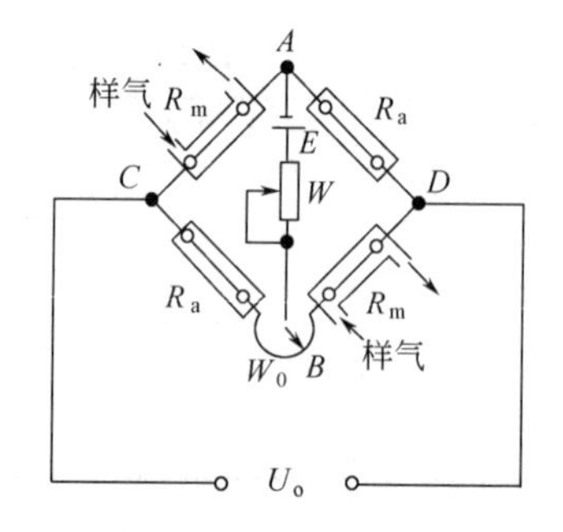

图 9-4　桥式测量电路

热导式分析仪表通常采用桥式测量电路，如图 9-4 所示。桥路四臂接入四个气室的热丝电阻，测量室桥臂为 R_m，参比室桥臂为 R_a。四个气室的结构参数相同，并安装在同一块金属体上，以保证各气室的壁温一致，参比室封有被测气体下限浓度的气样。当从测量室通过的被测气体组分百分含量与参比室中的气样浓度相等时，电桥处于平衡状态。当被测组分发生变化时，R_m 将发生变化，使电桥失去平衡，其输出信号的变化值就代表了被测组分含量的变化。

热导式分析仪表最常用于锅炉烟气分析和氢纯度分析，也常用作色谱分析仪的检测器。在线使用这种分析仪表时，要有采样及预处理装置。

9.2.2　红外线气体分析器

红外线气体分析器属于光学分析仪表中的一种。它是利用不同气体对不同波长的红外线具有选择性吸收的特性来进行分析的。这类仪表的特点是测量范围宽；灵敏度高，能分析的气体体积分数可到 10^{-6}（ppm 级）；反应速度快、选择性好。红外线气体分析器常用于连续分析混合气体中 CO、CO_2、CH_4、NH_3 等气体的浓度。

大部分有机和无机气体在红外波段内有其特征的吸收峰，图 9-5 所示为一些气体的吸收光谱，红外线气体分析器主要利用 2～25μm 之间的一段红外光谱。

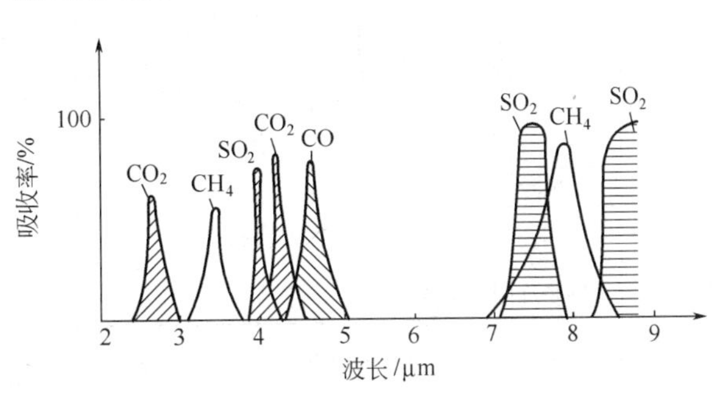

图 9-5　几种气体的吸收光谱

红外线气体分析器一般由红外辐射源、测量气样室、红外探测装置等组成。从红外光源发出强度为 I_0 的平行红外线，被测组分选择吸收其特征波长的辐射能，红外线强度将减弱为 I。红外线通过吸收物质前后强度的变化与被测组分浓度的关系服从朗伯-贝尔定律：

$$I=I_0 e^{-KCL} \tag{9-4}$$

式中，K 为被测组分吸收系数；C 为被测组分浓度；L 为光线通过被测组分的吸收层厚度。

当入射红外线强度和气室结构等参数确定后，测量红外线的透过强度就可以确定被测组分浓度的大小。

工业用红外线气体分析器有非色散（非分光）型和色散（分光）型两种型式。

非色散型仪表中，由红外辐射源发出连续红外线光谱，包括被测气体特征吸收峰波长的红外线在内。被分析气体连续通过测量气样室，被测组分将选择性地吸收其特征波长红外线的辐射能，使从气样室透过的红外线强度减弱。

色散型仪表则采用单色光的测量方式。图 9-6 所示为一种时间双光路红外线气体分析器的组成框图。其测量原理是利用两个固定波长的红外线通过气样室，被测组分选择性地吸收其中一个波长的辐射，而不吸收另一波长的辐射。对两个波长辐射能的透过比进行连续测量，就可以得知被测组分的浓度。这类仪表使用的波长可在规定的范围内选择，可以定量地测量具有红外吸收作用的各种气体。

图 9-6 中的分析器组成有预处理器、分析箱和电器箱三个部分。分析箱内有光源、切光盘、气室、光检测器及前置放大电路等。在切光盘上装有四组干涉滤光片，两组为测量滤光片，其透射波长与被分析气体的特征吸收峰波长相同；交叉安装的另两组为参比滤光片，其透射波长则是不被任何被分析气体吸收的波长。切光盘上还有与参比滤光片位置相对应的同步窗口，同步灯通过同步窗口使光敏管接收信号，以区别是哪一个窗口对准气室。气室有两个，红外光先射入一个参比气室，它是作为滤波气室，室内密封着与被测气体有重叠吸收峰的干扰成分；工作气室即测量气室则有被测气体连续地流过。由光源发出的红外辐射光在切光盘转动时被调制，形成了交替变化的双光路，使两种波长的红外光线轮流地通过参比气室和测量气室，半导体锑化铟光检测器接收红外辐射并转换出与两种红外光强度相对应的参比信号与测量信号。当测量气室中不存在被测组分时，光检测器接收到的是未被吸收的红外

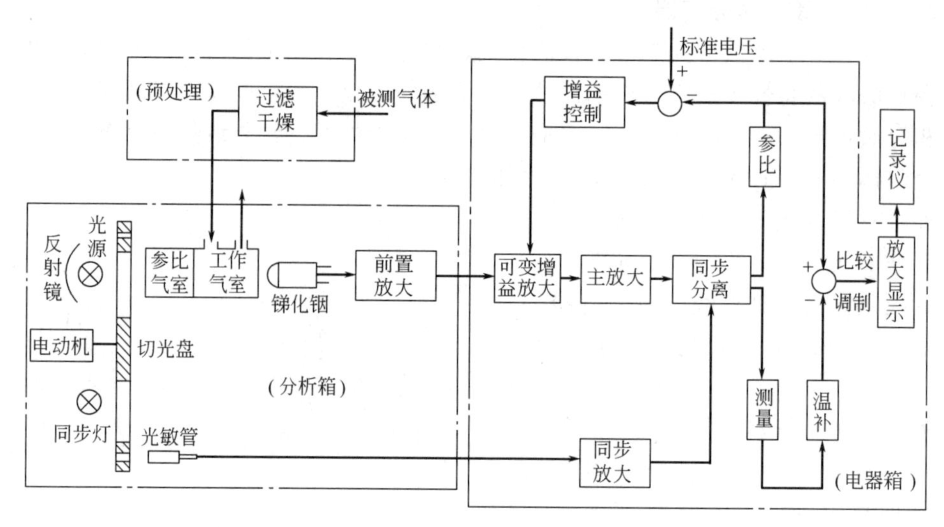

图 9-6　一种时间双光路红外线气体分析器的组成框图

光，测量信号与参比信号相等，二者之差为零。当测量气室中存在被测组分时，测量光束的能量被吸收，光检测器接收到的测量信号将小于参比信号，二者的差值与被测组分的浓度成正比。这种仪表采用时间双光路系统具有更高的选择性和稳定性，还具有结构简单、体积小、耐振、可靠性高和对样气的预处理要求低等优点，如果加入温度补偿，可以进一步提高仪表精度。

9.2.3　氧化锆氧分析器

氧化锆分析器属于电化学分析方法，这种分析器的优点是灵敏度高、稳定性好、响应快、测量范围宽（从 10^{-6} 到百分含量），而且不需要复杂的采样和预处理系统，它的探头可以直接插入烟道中连续地分析烟气中的氧含量。

氧化锆分析器的基本工作原理基于氧浓差电池。氧化锆（ZrO_2）是一种陶瓷固体电解质，在高温下有良好的离子导电特性。在纯氧化锆中掺入低价氧化物如氧化钙（CaO）及氧化钇（Y_2O_3）等，在高温焙烧后形成稳定的固熔体，由于 Ca^{2+} 和 Y^{3+} 置换了 Zr^{4+} 的位置，形成氧离子空穴。在高温时，空穴型氧化锆成为良好的氧离子导体，在氧化锆陶瓷体的两侧烧结一层多孔铂电极，就构成氧浓差电池。当两侧气体的含氧量不同时，在两电极间将产生电势，此电势与两侧气体中的氧浓度有关，称为浓差电势。

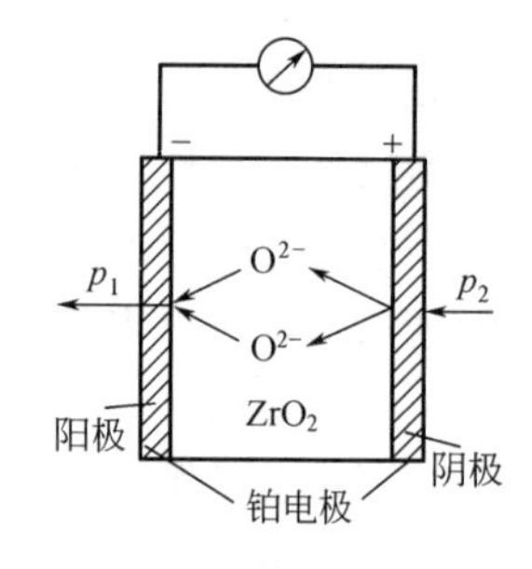

图 9-7　氧浓差电池原理

氧浓差电池原理如图 9-7 所示，浓差电池的左侧为被测气体，右侧为参比气体，参比气体一般为空气。当两侧气体的氧分压不同时，吸附在电极上的氧分子离解得到 4 个电子，形成两个 O^{2-}，进入固体电解质中，在高温下，氧离子从高浓度向低浓度转移而产生电势。设两侧氧分压分别为 p_1 和 p_2，且 $p_1 < p_2$，氧浓差电池表示为如下关系：

Pt，O_2（p_1）	| ZrO_2，CaO |	O_2（p_2），Pt
阳极（电池负极）	电介质	阴极（电池正极）
$2O^{2-} \rightarrow O_2(p_1) + 4e$	$O_2(p_2) \rightarrow O_2(p_1)$	$O_2(p_2) + 4e \rightarrow 2O^{2-}$

在正极上氧分子得到电子成为氧离子，在负极上氧离子失去电子成为氧分子。只要两侧存在氧分压差，此过程就将持续进行。

忽略高温下氧化锆的自由电子导电，氧化锆的氧浓差电势由能斯特公式确定

$$E=\frac{RT}{nF}\ln\frac{p_2}{p_1} \tag{9-5}$$

式中，E 为氧浓差电势，V；R 为理想气体常数，$R=8.3143$ J/(mol・K)；F 为法拉第常数，$F=9.6487\times10^4$ C/mol；T 为绝对温度，K；n 为参加反应的每一个氧分子从正极带到负极的电子数，$n=4$；p_1 为待测气体中的氧分压，Pa；p_2 为参比空气中的氧分压，$p_2=21227.6$ Pa（在标准大气压下）。

由输出电势 E 值，可以算出待测氧分压。

假定参比侧与被测气体的总压力均为 p（实际上被测气体压力略低于大气压力），可以用体积百分比代替氧分压。

按气体状态方程式，容积成分表示为：

被测气体氧浓度 $\phi_1=p_1/p=V_1/V$

空气中氧量 $\phi_2=p_2/p=V_2/V$

则有：

$$E=\frac{RT}{nF}\ln\frac{p_2/p}{p_1/p}=\frac{RT}{nF}\ln\frac{\phi_2}{\phi_1} \tag{9-6}$$

空气中氧量一般为 20.8%，在总压力为一个大气压情况下，可以求出 E 与 ϕ_1 的关系式：

$$E=4.9615\times10^{-2}T\lg\frac{20.8}{\phi_1} \tag{9-7}$$

按上式计算，仪表的输出显示就可以按氧浓度来刻度。

氧化锆分析器正常工作的必要条件有如下几项。

① 工作温度要恒定，传感器要有温度调节控制的环节，一般工作温度保持在 $T=850$℃，此时仪表灵敏度最高。工作温度 T 的变化直接影响氧浓差电势 E 的大小，传感器还应有温度补偿环节。

② 必须要有参比气体，参比气体的氧含量要稳定不变。二者氧含量差别越大，仪表灵敏度越高。例如，用氧化锆分析器分析烟气的氧含量时，以空气为参比气体时，被测气体氧含量为 3%～4%，传感器可以有几十毫伏的输出。

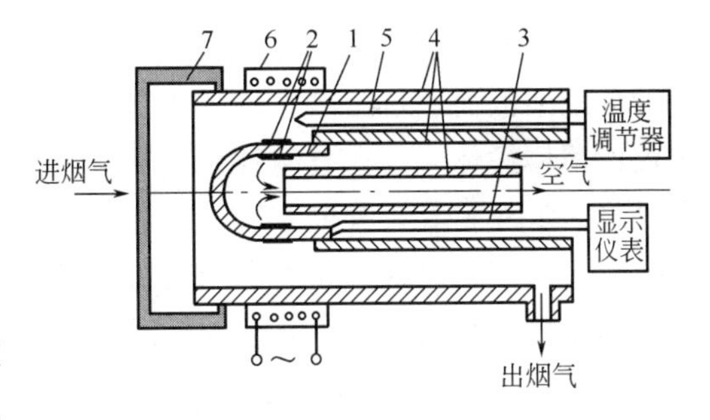

图 9-8 管状结构的氧化锆分析器

1—氧化锆管；2—内外铂电极；3—铂电极引线；4—Al_2O_3 管；5—热电偶；6—加热丝；7—陶瓷过滤装置

③ 参比气体与被测气体压力应该相等，仪表可以直接以氧浓度来刻度。

图 9-8 所示为管状结构的氧化锆分析器。在氧化锆管的内外侧烧结铂电极，内部热电偶与温度调节器连接，以控制加热丝的电流大小，使工作温度恒定。被测气体通过陶瓷过滤装置进入测量侧，空气则进入参比侧。

氧化锆分析器的安装方式有直插式和抽吸式两种结构，见图 9-9。图 9-9（a）为直插式结构，多用于锅炉、窑炉烟气的含氧量测量，它的使用温度在 600～850℃之间。图 9-9（b）

为抽吸式结构，多用于石油化工生产中，最高可测1400℃气体的含氧量。

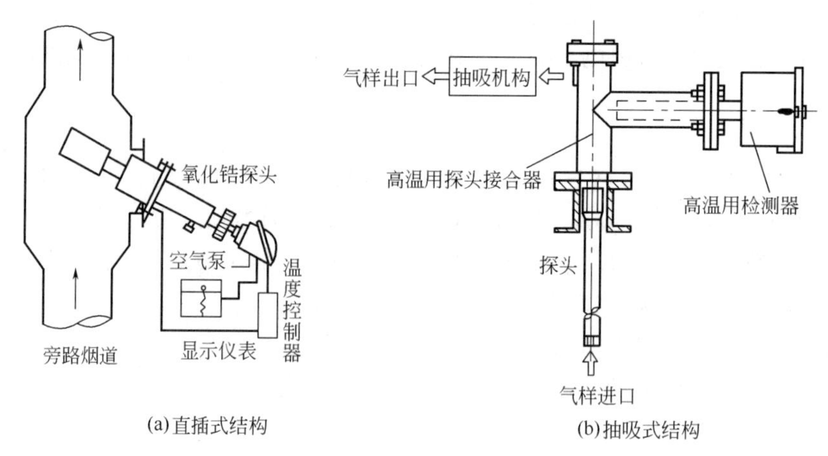

图9-9　氧化锆分析器的安装方式

氧化锆分析器的内阻很大，而且其信号与温度有关，为保证测量精度，其前置放大器的输入阻抗要足够高。现在的仪表中多有微处理器来完成温度补偿和非线性变换等运算，在测量精度、可靠性和功能上都有很大提高。

9.2.4　气相色谱仪

色谱分析仪器是一种高效、快速、灵敏的物理式分析仪表。它包括分离和分析两个技术环节。在测试时，使被分析的试样通过色谱柱，由色谱柱将混合试样中的各个组分分离，再由检测器对分离后的各组分进行检测，以确定各组分的成分和含量。这种仪表可以一次完成对混合试样中几十种组分的定性或定量的分析，在工业流程中使用的一般多为气相色谱仪。

色谱分析的基本原理是根据不同物质在固定相和流动相所构成的体系即色谱柱中具有不同的分配系数而进行分离。色谱柱有两大类：一类是填充色谱柱，是将固体吸附剂或带有固定液的固体柱体，装在玻璃管或金属管内构成。另一类是空心色谱柱或空心毛细管色谱柱，都是将固定液附着在管壁上形成。毛细管色谱柱的内径只有0.1～0.5mm。被分析的试样由载气带入色谱柱，载气在固定相上的吸附或溶解能力要比样品组分弱得多，由于样品中各组分在固定相上吸附或溶解能力的不同，而被载气带出的先后次序也就不同，从而实现了各组分的分离。图9-10表示出混合物在色谱柱中的分离过程。

两个组分A和B的混合物经过一定长度的色谱柱后，将逐渐分离，A、B组分在不同的时间流出色谱柱，并先后进入检测器，检测器输出测量结果，由记录仪绘出色谱图，在色谱图中两组分各对应一个色谱峰。图中随时间变化的曲线表示各个组分及其浓度，称为色谱流出曲线。

各组分从色谱柱流出的顺序与色谱柱固定相成分有关。从进样到某组分流出的时间与色谱柱长度、温度、载气流速等有关。在保持相同条件的情况下，对各组分流出时间标定以后，可以根据色谱峰出现的不同时间进行定性分析。色谱峰的高度或面积可以代表相应组分在样品中的含量，用已知浓度试样进行标定后，可以作定量分析。

色谱仪的基本流程如图9-11所示，样气和载气分别经过预处理系统进入取样装置，再流入色谱柱，分离后的组分经检测器检测，相关信号经处理后输出。

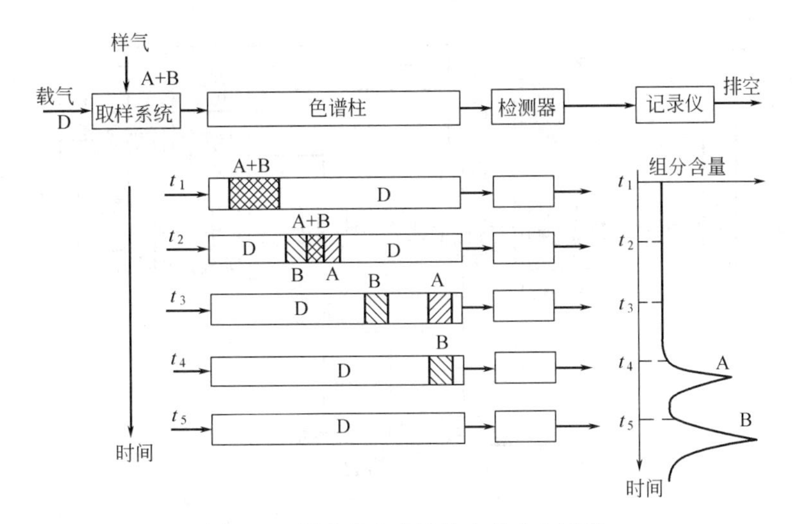

图 9-10 混合物在色谱柱中的分离过程

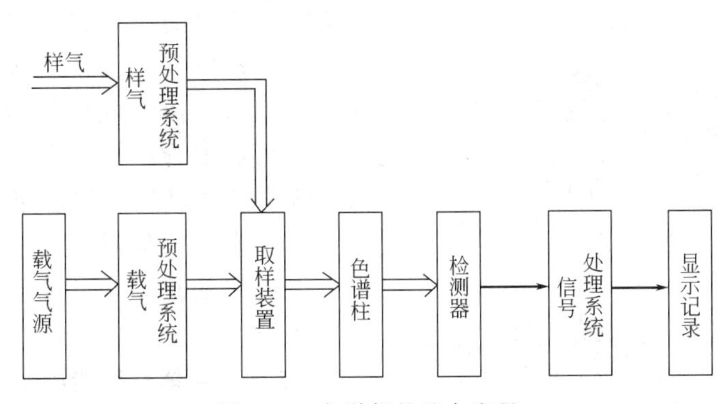

图 9-11 色谱仪的基本流程

气相色谱仪常用的检测器有热导式检测器、氢焰电离检测器等。热导式检测器的检测极限约为几个 10^{-6} 的样品浓度，使用较广。氢焰电离检测器是基于物质的电离特性，只能检测有机碳氢化合物等在火焰中可电离的组分，其检测极限对碳原子可达 10^{-12} 的量级。热导式检测器属于浓度型检测器，其响应值正比于组分浓度。氢焰电离检测器属于质量型检测器，其响应值正比于单位时间内进入检测器的组分的质量。

图 9-12 为一种工业气相色谱仪系统框图。分析器部分由取样阀、色谱柱、检测器、加热器和温度控制器等组成，均装在隔爆、通风充气型的箱体中。程序控制器部分的作用是控制分析器部件的自动进样、流路切换、组分识别等时序动作；接收从分析器来的各组分色谱信号加以处理，并输出标准信号；通过记录仪或打印机给出色谱图及有关数据。控制器和二次仪表采用密封防尘型嵌装式结构。

图 9-13 所示是一种由微机械及微电子技术制成的集成气相色谱仪。采用光刻技术和硅腐蚀技术将毛细管、气体输入控制阀和检测器等集成制造在直径为 50.8mm 的硅片上。毛细管由 200μm 宽、40μm 深、1.5m 长的环形槽构成，作为色谱仪的气体分离器。毛细管的入口端与硅片上的气体输入控制阀相连，出口端与检测元件连接，检测元件是由刻蚀形成的金属薄膜电阻。

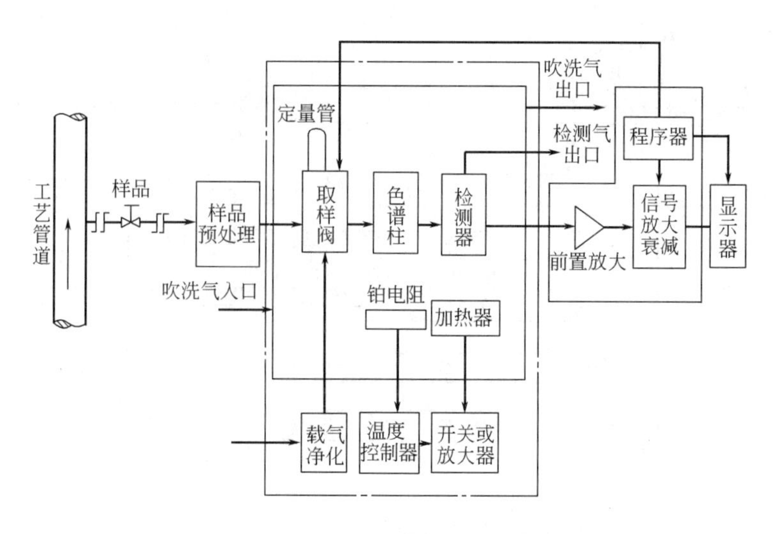

图 9-12　工业气相色谱仪系统框图

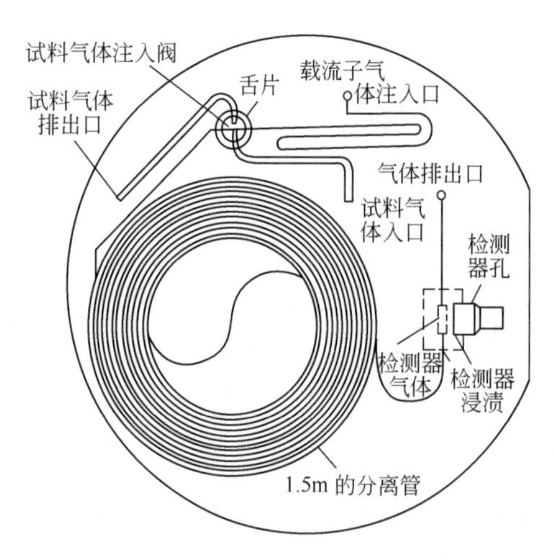

图 9-13　微型气相色谱仪结构

这种色谱仪的工作过程是：用惰性气体清洗整个系统；以高于清洗气体的压力将待测气体注入毛细管；清洗气体将携带待测气体流过毛细管；在毛细管中经过分离的不同气体经检测器后流出色谱仪。检测器测量气体的热导率，一个高热导率的气体脉冲将比低热导率的惰性气体带走更多的热量，从而会产生一个小的电压脉冲信号。

9.2.5　半导体气敏传感器

半导体气敏传感器是采用半导体材料为敏感材料制成的一种气敏传感器类型。这类传感器可以通过在半导体材料中添加各种催化剂来改变其主要敏感对象，但是却很难消除对其他共存气体的响应，并且它信号响应的线性范围窄，故一般只用于定性及半定量范围的气体检测。但是，由于这类传感器的制造成本低廉，测量手段简单，工作稳定性尚好，检测灵敏度也较高，因此，它已经广泛地应用于工业和民用等场所的气体的检测，并且是目前应用最普遍、最有实用价值的一类气敏传感器。

半导体气敏传感器按照半导体的物性变化特点，可分为电阻型和非电阻型两类。电阻型气敏传感器是利用气敏元件在接触被测气体后电阻值的变化，来检测气体的成分或浓度；非电阻型气敏传感器则是根据气敏元件对气体的吸附和反应，使其某些相关特性发生变化，对气体进行直接或间接的检测。按照半导体与气体的相互作用是在其表面或内部，半导体气敏传感器又可分为表面控制型和体控制型两种。

9.2.5.1　电阻型半导体气敏传感器

电阻型半导体气敏传感器是利用气体在半导体表面的氧化或还原反应，将引起半导体载流子数量的增加或减少，从而使敏感元件电阻值变化的原理。

氧气等具有负离子吸附倾向的气体称为氧化型气体，H_2、CO、碳氢化合物和醇类等具有正离子吸附倾向的气体称为还原型气体。当氧化型气体吸附到 n 型半导体，还原型气体吸附到 p 型半导体时，会使半导体载流子减少，敏感元件电阻值将增大。当还原型气体吸附到 n 型半导体，氧化型气体吸附到 p 型半导体时，使载流子增多，敏感元件电阻值则减小。n 型半导体有 SnO_2，ZnO，TiO 等，p 型半导体有 MoO_2，CrO_3 等，其中以 SnO_2 材料应用最多。

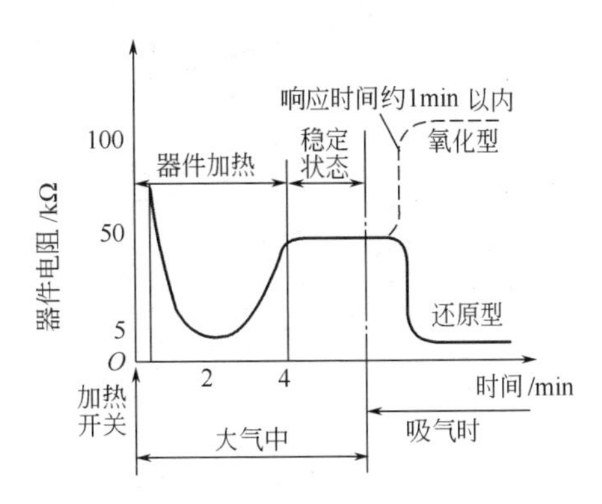

图 9-14　n 型半导体气敏元件阻值变化图

图 9-14 给出被测气体接触 n 型半导体时，敏感元件阻值变化的情况。测量时，敏感元件要预先加热达到初始稳定状态，在大气中由于吸附的氧气量固定不变，其电阻值保持一定。在移入被测气体后，元件表面吸附被测气体，而发生相应的电阻值变化，可输出与气体浓度相对应的电信号。测试完毕后，元件再置于普通的大气环境中，其阻值将会复原。

气敏传感器一般由气敏元件、加热器和封装体等部分组成。加热器的作用是将附着在敏感元件表面上的尘埃、油雾等烧掉，加速气体的吸附，提高其灵敏度和响应速度。加热器温度一般控制在 200～400℃左右。

气敏元件从结构型式来分有烧结型、薄膜型和厚膜型三类。图 9-15 给出几种半导体气敏元件的典型结构。其中图 9-15（a）为烧结型气敏元件，这类器件以 SnO_2 半导体材料为基体，将铂电极和加热丝埋入 SnO_2 材料中，加压、加温烧结成形。图 9-15（b）为薄膜型器件。采用蒸发或溅射工艺，在石英基片上形成氧化物半导体薄膜，其厚度在 1μm 以下。实验证明 SnO_2 半导体薄膜的气敏特性最好，其制作方法也简单。但是这种薄膜为物理性附着，器件间的性能差异较大。图 9-15（c）为厚膜器件。这种器件是将 SnO_2 或 ZnO 等材料与 3%～5%（重量）的硅凝胶混合制成厚膜胶，将其与装有铂电极的氧化物基片组合烧结制成。这种器件离散性小，机械强度高，适合大批量生产，是一种有前途的器件。

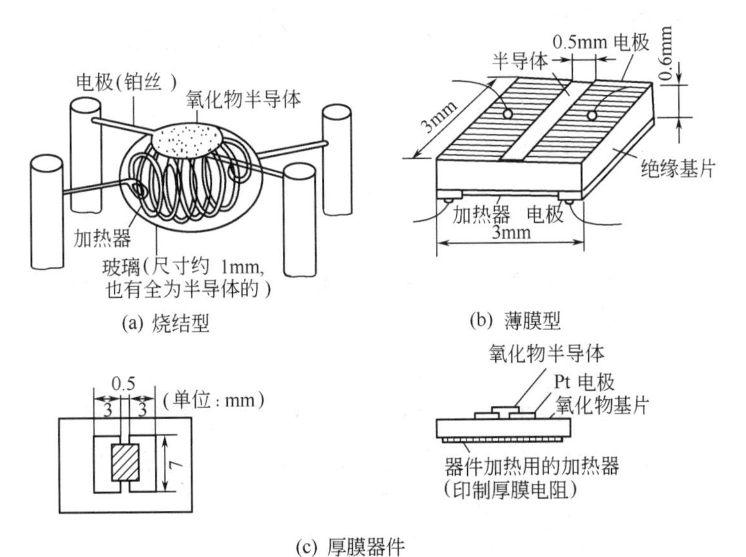

图 9-15　几种半导体气敏元件的典型结构

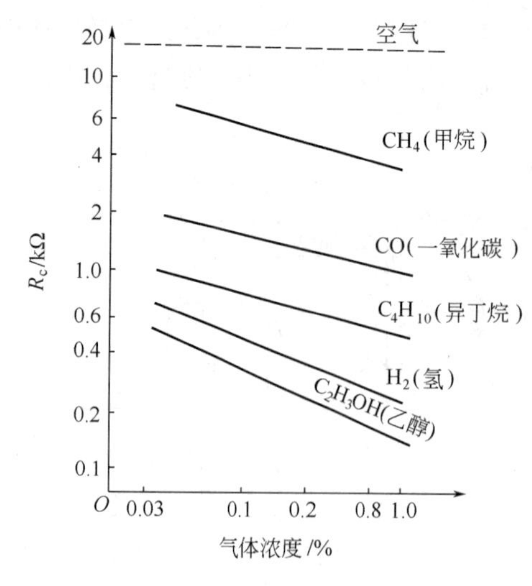

图 9-16 SnO_2 气敏元件的灵敏度特性

在气敏材料中添加铂（Pt）或钯（Pd）等作为催化剂，可以提高气敏元件的灵敏度以及对气体的选择性。添加剂的成分和含量，元件制作时的烧结温度，以及测量时的工作温度都将影响元件的选择性。

图 9-16 所示为 SnO_2 气敏元件对各种气体的灵敏度特性。图 9-17 给出 ZnO 气敏元件添加不同催化剂后，对各种气体的灵敏度特性。

9.2.5.2 非电阻型半导体气敏传感器

非电阻型气敏传感器是利用 MOS 二极管的电容-电压特性变化和 MOS 场效应管（MOSFET）的阈值电压的变化等性质制成。采用特定的材料可以使器件对某些气体敏感。如图 9-18 所示的 MOS 场效应管，其栅极材料采用对氢有很强吸附性的金属钯（Pd），就构成了对氢敏感的 Pd-MOS 场效应管。

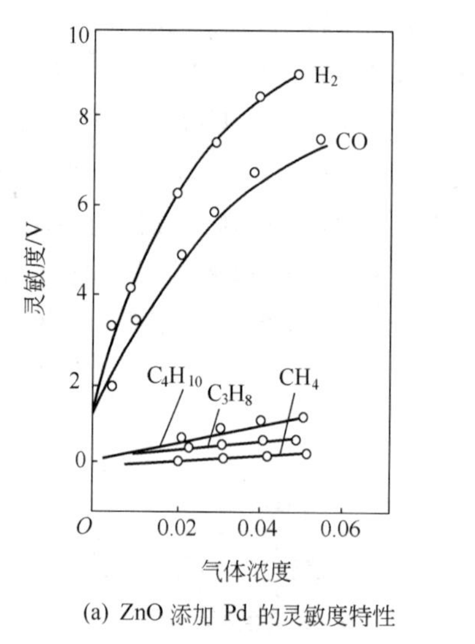

(a) ZnO 添加 Pd 的灵敏度特性

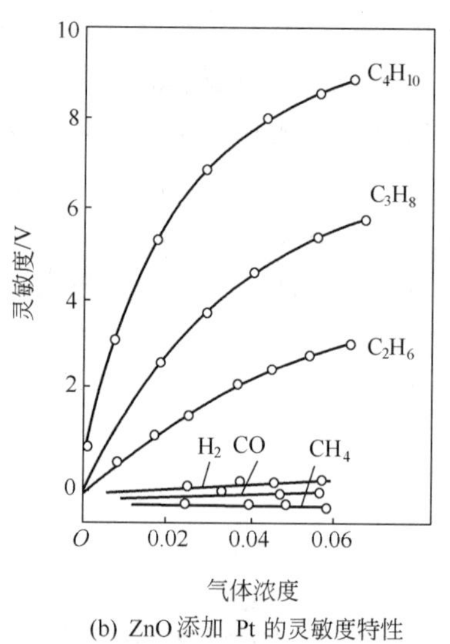

(b) ZnO 添加 Pt 的灵敏度特性

图 9-17 ZnO 气敏元件的灵敏度特性

MOSFET 的漏极电流 I_D 由栅压控制，若将栅极与漏极短路，在源极与漏极之间加电压 V_{DS}，则 I_D 可由下式表示：

$$I_D=\beta(V_{DS}-V_T)^2 \tag{9-8}$$

式中，β 为常数，只与 MOSFET 的结构有关；V_T 为阈值电压。

当氢吸附在 Pd 栅极上时，将引起阈值电压的变化，阈值电压变化 ΔV_T 与氢气分压 p_{H_2} 的关系为：

$$\Delta V_T=\Delta V_{T_m}\frac{0.5\sqrt{Kp_{H_2}}}{1+\sqrt{Kp_{H_2}}} \tag{9-9}$$

式中，ΔV_{T_m} 为吸附氢饱和时 ΔV_T 变化的最大值；K 为氢离解吸附的平衡常数。这样，通过阈值电压的变化就可检测氢气的浓度，图 9-19 所示为 MOS 场效应管在低浓度氢的灵敏度曲线。

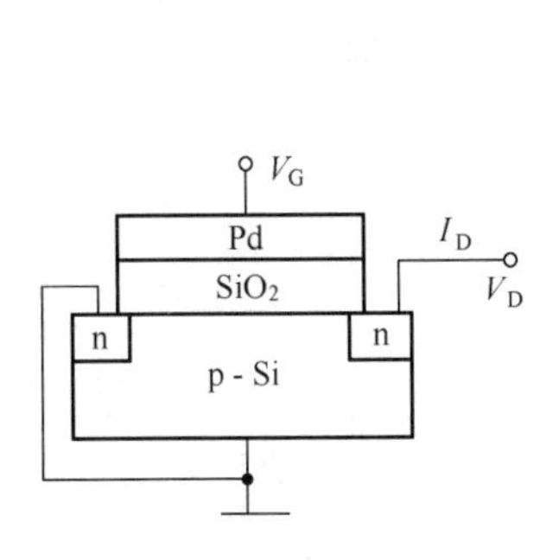

图 9-18　MOS 场效应管结构

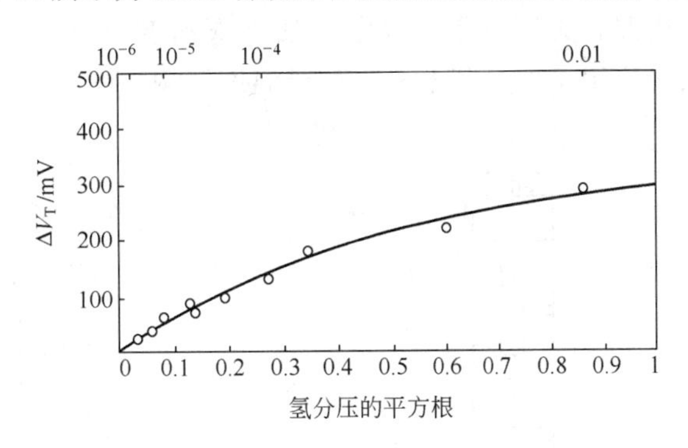

图 9-19　MOS 场效应管的灵敏度曲线

这种传感器必须在 120～150℃下工作才能快速反应气体，但是在加热条件下，其稳定性易被破坏。

这一类器件的特性尚不够稳定，目前只能用作气体泄漏的检测。

9.2.6　工业酸度计

工业酸度计属于电化学分析方法，用来在线测量溶液的酸碱度。在石化、轻纺、食品、制药工业以及水产养殖、水质监测等方面有广泛的应用。

溶液的酸碱性可以用氢离子浓度 $[H^+]$ 的大小来表示。由于溶液中氢离子浓度的绝对值很小，一般采用 pH 值来表示溶液的酸碱度，定义为：

$$pH=-\lg[H^+] \tag{9-10}$$

与之相应有：pH=7 为中性溶液，pH>7 为碱性溶液，pH<7 为酸性溶液。

pH 值的检测采用电位测量法。根据电化学原理，任何一种金属插入导电溶液中，在金属与溶液之间将产生电极电势，此电极电势与金属和溶液的性质，以及溶液的浓度和温度有关。采用镀有多孔铂黑的铂片，用其吸附氢气，可以起到与金属电极类似的作用。电极电位是一个相对值，一般规定标准氢电极的电位为零，作为比较标准。

测量 pH 值一般使用参比电极和测量电极以及被测溶液共同组成的 pH 测量电池。参比电极的电极电位是一个固定的常数，测量电极的电极电位则随溶液氢离子浓度而变化。电池的电动势为参比电极与测量电极间电极电位的差值，其大小代表溶液中的氢离子浓度。将参比电极和工作电极插入被测溶液中，根据能斯特公式，可推导出原电池的电势 E 与被测溶液的 pH 值之间的关系为：

$$E=2.303\frac{RT}{F}\lg[H^+]=-2.303\frac{RT}{F}pHx \tag{9-11}$$

式中，E 为电极电势，V；R 为气体常数，$R=8.314J/(mol\cdot K)$；T 为热力学温度，K；F 为法拉第常数，$F=9.6487\times10^4C/mol$；pHx 为被测溶液的 pH 值。

工业用参比电极一般为甘汞电极或银-氯化银电极。甘汞电极的结构如图 9-20 所示。甘汞电极分为内管和外管两部分，内管中分层装有汞即水银，糊状的甘汞即氯化亚汞，内管下端的棉花起支撑作用。这样就使金属汞插入到具有相同离子的糊状电解质溶液中，于是存在电极电位 E_0。在外管中充以饱和 KCl 溶液，外管下端为多孔陶瓷。将内管插入 KCl 溶液中，内外管形成一个整体。当整个甘汞电极插入被测溶液时，电极外管中的 KCl 溶液将通过多孔陶瓷渗透到被测溶液中，起到离子连通的作用。一般 KCl 溶液处于饱和状态，在温度为 20℃时，甘汞电极的电极电位为 $E_0=+0.2458\text{V}$。在甘汞电极工作时，由于 KCl 溶液不断渗漏，必须由注入口定时加入饱和 KCl 溶液。甘汞电极的电位比较稳定，结构简单，被大量应用。但是其电极电位受温度影响。

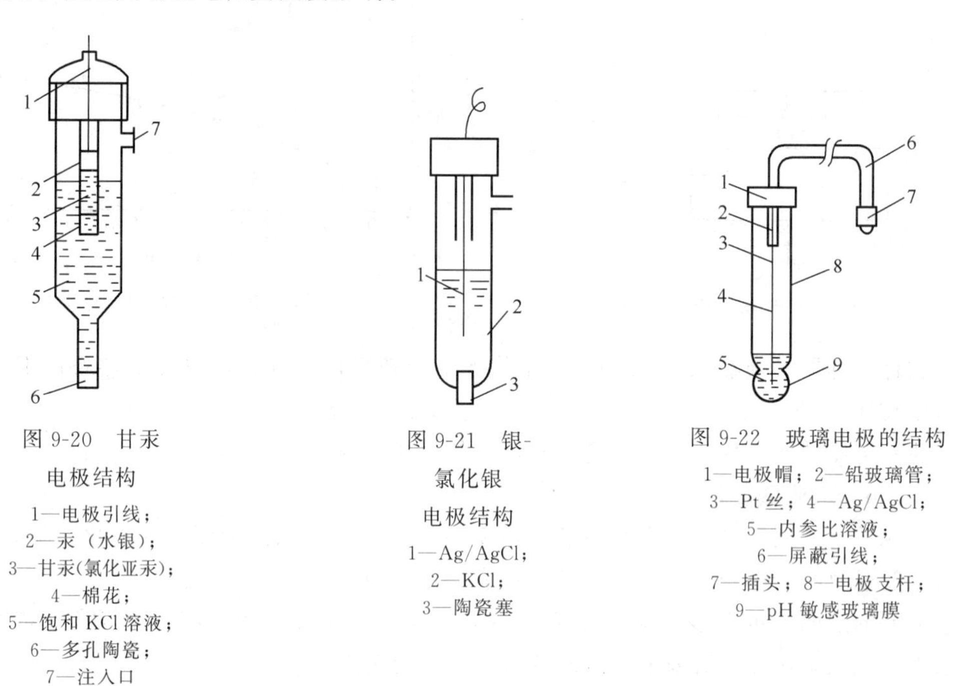

图 9-20　甘汞电极结构

1—电极引线；2—汞（水银）；3—甘汞(氯化亚汞)；4—棉花；5—饱和 KCl 溶液；6—多孔陶瓷；7—注入口

图 9-21　银-氯化银电极结构

1—Ag/AgCl；2—KCl；3—陶瓷塞

图 9-22　玻璃电极的结构

1—电极帽；2—铅玻璃管；3—Pt 丝；4—Ag/AgCl；5—内参比溶液；6—屏蔽引线；7—插头；8—电极支杆；9—pH 敏感玻璃膜

银-氯化银（Ag/AgCl）电极结构如图 9-21 所示。在铂丝上镀银，然后放在稀盐酸中通电，形成氯化银薄膜沉积在银电极上。将电极插入饱和 KCl 或 HCl 溶液中，就成为银-氯化银电极。当使用饱和 KCl 溶液，温度为 25℃时，银-氯化银电极电位 $E_0=+0.197\text{V}$。这种电极结构简单，稳定性和复现性均好于甘汞电极，其工作温度可达 250℃，但是价格较贵。

玻璃电极是使用最为广泛的测量电极。它在 pH＝2～10 的溶液中有良好的线性，并能够在强酸和强碱溶液中稳定地工作。玻璃电极的结构如图 9-22 所示。玻璃电极的下端为一个球泡，是由 pH 敏感玻璃膜制成，膜厚约 0.2mm，且可以导电。球内充以 pH 值恒定的缓冲溶液，作为内参比溶液。还装有银-氯化银电极或甘汞电极作为内参比电极。内参比溶液使玻璃膜与内参比电极间有稳定的接触，从而把膜电位引出。玻璃电极插入被测溶液后，pH 敏感玻璃膜的两侧与不同氢离子浓度的溶液接触，通过玻璃膜可以进行氢离子交换反应，从而产生膜电位，此膜电位与被测溶液的氢离子浓度有特定的关系。

pH 值测量中，以玻璃电极作为测量电极，以甘汞电极作为参比电极的测量系统应用最多。此类测量系统的总电势 E 为：

$$E=E_0+2.303\frac{RT}{F}(\text{pH}-\text{pH}_0)$$

$$=E'_0+2.303\frac{RT}{F}\text{pH} \tag{9-12}$$

上式可写成

$$E=E'_0+\xi\text{pH} \tag{9-13}$$

式中，ξ 值为 pH 计的灵敏度。

图 9-23 所示为总电势 E 与溶液 pH 值的关系。曲线表明在 pH＝1～10 的范围内，二者为线性关系，ξ 值可由曲线的斜率求出，E'_0 可由纵轴上的截距求得。在 pH＝2 处，电势为零的点称为玻璃电极的零点，在零点两侧，总电势的极性相反。

pH 测量电池的总电势还受温度的影响，ξ 和 E'_0 值均是温度的函数，图 9-24 给出 E 随温度变化的特性，当温度上升时，曲线斜率会增大。由图看出，在不同温度下的特性曲线相交于 A 点，A 点称为等电位点，对应为 pH_A 值。一般地说测量值距 A 越远，电势值随温度的变化越大。

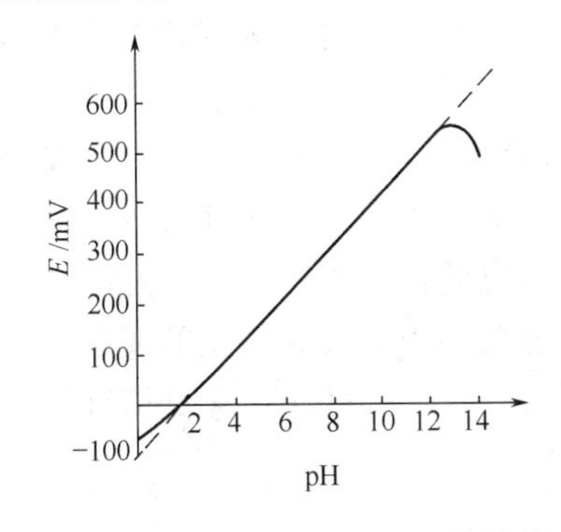

图 9-23　总电势 E 与溶液 pH 值的关系

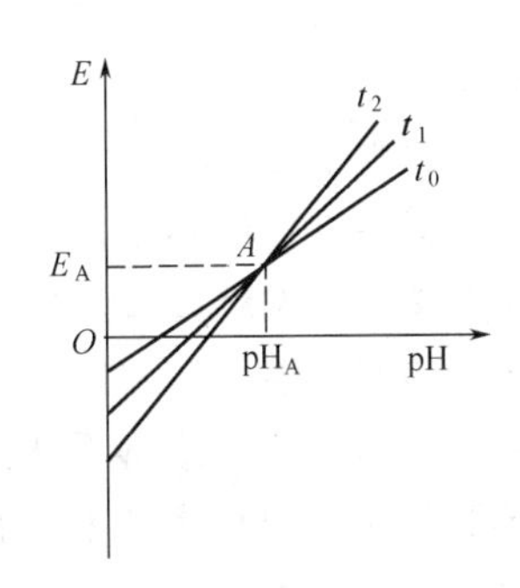

图 9-24　总电势随温度变化的特性
（$t_2>t_1>t_0$）

直接电位法也可用于其他离子浓度的测量，离子选择电极有玻璃电极、液膜电极等形式，前者利用玻璃膜成分的不同，对不同离子产生选择性响应；后者则由敏感膜对特定离子响应。它们的电极电位均与相应的溶液离子浓度有特定的函数关系。目前已有用于碱金属离子、氟离子、硝酸根离子等的选择电极。离子选择电极、甘汞电极和被测溶液组成测量电池，其电动势即可以代表离子浓度。

9.3　湿度的检测

湿度是表示空气（或气体）中水汽含量的物理量。一般情况下，在大气中总含有水蒸气，当空气或其他气体与水汽混合时，可认为它们是潮湿的，水汽含量越高，气体越潮湿，即其湿度越大。

湿度与科研、生产、生活、生态环境都有着密切的关系，近年来，湿度检测已成为电子器件、精密仪表、食品工业等工程监测和控制及各种环境监测中广泛使用的重要手段之一。

9.3.1　湿度的表示方法及湿度检测的特点

9.3.1.1　湿度的表示方法

湿度可用绝对湿度和相对湿度两种方法来表示：绝对湿度是指单位体积湿气体中所含的水汽质量数，单位为 g/m^3；相对湿度是单位体积湿气体中所含的水气质量与在相同条件下饱和水汽质量之比，用百分数表示。相对湿度还可以用湿气体中水气分压与同温度下饱和水汽压之比来表示。在一定的压力下气体中水汽达到饱和结露时的温度称为露点或露点温度，露点温度与空气中的饱和水汽量有固定关系，所以亦可以用露点来表示绝对湿度。

9.3.1.2　湿度检测的特点

湿度的检测方法很多，传统的方法是露点法、毛发膨胀法和干湿球温度测量法。工业过程的监测和控制对湿敏传感器提出如下要求：工作可靠，使用寿命长；满足要求的湿度测量范围，有较快的响应速度；在各种气体环境中特性稳定，不受尘埃、油污附着的影响；能在－30～100℃的环境温度下使用，受温度影响小；互换性好、制造简单、价格便宜。随着科学技术的发展，利用潮解性盐类、高分子材料、多孔陶瓷等材料的吸湿特性可以制成湿敏元件，构成各种类型的湿敏传感器，目前已有多种湿敏传感器得到开发和应用。传统的干湿球湿度计和露点计采用了新技术，也可以实现自动检测。本节介绍几种典型湿度计。

9.3.2　干湿球湿度计

干湿球湿度计的使用十分广泛，常用于测量空气的相对湿度。这种湿度计由两支温度计组成：一只温度计用来直接测量空气的温度，称为干球温度计；另一只温度计在感温部位包有被水浸湿的棉纱吸水套，并经常保持湿润，称为湿球温度计。当棉套上的水分蒸发时，会吸收湿球温度计感温部位的热量，使湿球温度计的温度下降。水的蒸发速度与空气的湿度有关，相对湿度越高，蒸发越慢；反之，相对湿度越低，蒸发越快。所以，在一定的环境温度下，干球温度计和湿球温度计之间的温度差与空气湿度有关。当空气为静止的或具有一定流速时，这种关系是单值的。测得干球温度 t_d 和湿球温度 t_w 后，就可计算求出相对湿度 φ。

一般情况下空气中的水蒸气不饱和，所以 $t_w<t_d$。

空气中的水气分压为：

$$p_w=p_{ws}-Ap(t_d-t_w) \tag{9-14}$$

相对湿度为：

$$\varphi=\frac{p_w}{p_{ds}}=\frac{p_{ws}-Ap(t_d-t_w)}{p_{ds}} \tag{9-15}$$

式中，p_{ds} 为干球温度下的饱和水汽压；p_{ws} 为湿球温度下的饱和水汽压；p 为湿空气的总压；A 为仪表常数，它与风速和温度传感器的结构因素有关。

图 9-25 所示为可自动检测的干湿球湿度计原理示意图。可以采用铂电阻、热敏电阻或半导体温度传感器测量干球和湿球的温度。把与干球温度相对应的饱和水汽压力值制表存储于仪表内存中，根据测得的干球和湿球的温度即可计算求得相对湿度值，绝对湿度也可计算求得。仪表可以显示被测气体的温度、相对湿度和绝对湿度。

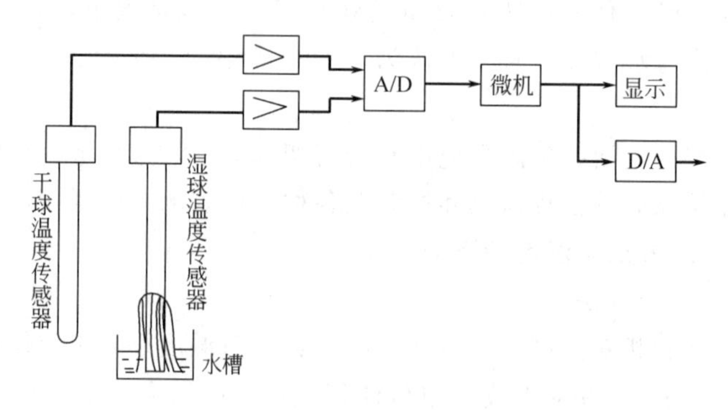

图 9-25　自动检测的干湿球湿度计原理示意

9.3.3　电解质系湿敏传感器

电解质系湿敏传感器的典型为氯化锂湿敏元件。氯化锂是潮解性盐类，吸潮后电阻变小，在干燥环境中又会脱潮而电阻增大。

图 9-26（a）所示为一种氯化锂湿敏传感器。玻璃带浸渍氯化锂溶液构成湿敏元件，铂

箔片在基片两侧形成电极。元件的电阻值随湿气的吸附与脱附过程而变化。通过测定电阻，即可知相对湿度。图 9-26（b）是传感器的感湿特性曲线。

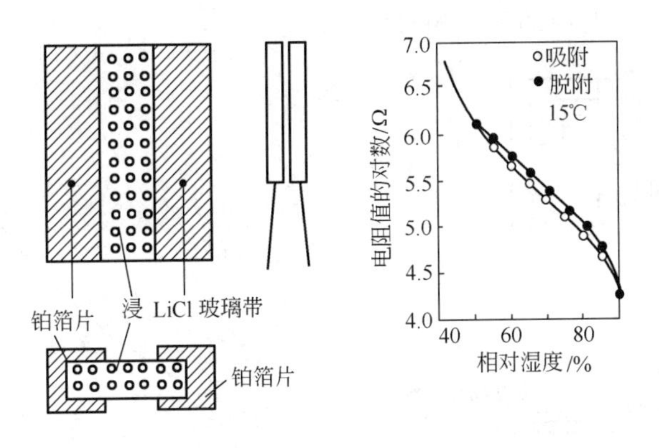

(a) 元件结构　　(b) 元件的电阻-相对湿度的特性

图 9-26　氯化锂湿敏传感器

9.3.4　陶瓷湿敏传感器

陶瓷材料化学稳定性好，耐高温，便于用加热法去除油污。多孔陶瓷表面积大，易于吸湿和去湿，可以缩短响应时间。这类传感器的制作型式可以为烧结式、膜式及 MOS 型等。图 9-27（a）给出一种烧结式湿敏元件结构示意图。所用陶瓷材料为铬酸镁-二氧化钛（$MgCr_2O_4$-TiO_2），在陶瓷片两面，设置多孔金电极，引线与电极烧结在一起。元件外围安放一个用镍铬丝绕制的加热线圈，用于对陶瓷元件进行加热清洗，以便排除有害气氛对元件的污染。整个元件固定在质密的陶瓷底片上，引线 2,3 连接测量电极，引线 1,4 与加热线圈连接。金短路环用以消除漏电。

陶瓷传感器的感湿机理一般是利用陶瓷烧结体微结晶表面对水分子进行吸湿或脱湿，使电极间的电阻值随相对湿度而变化。图 9-27（b）给出元件的感湿特性曲线。

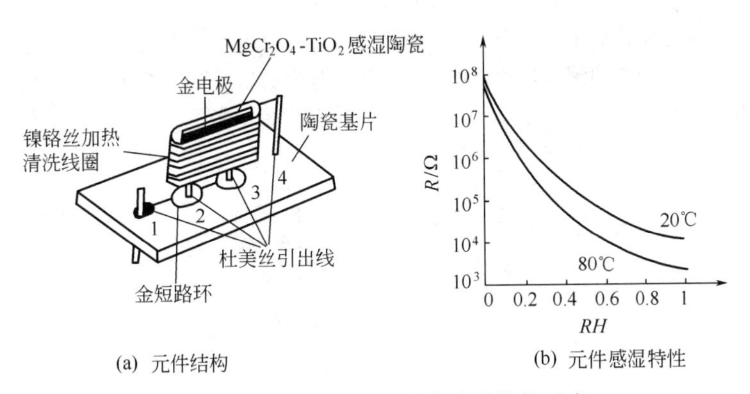

(a) 元件结构　　(b) 元件感湿特性

图 9-27　烧结式陶瓷湿敏传感器结构示意

这类元件的特点是体积小，测湿范围宽（0～100% *RH*）；可用于高温（150℃），最高可承受温度达到 600℃；能用电加热反复清洗，除去吸附在陶瓷上的油污、灰尘或其他污染物，以保持测量精度；响应速度快，一般不超过 20s；长期稳定性好。

9.3.5　高分子聚合物湿敏传感器

作为感湿材料的高分子聚合物能随所在环境的相对湿度大小成比例地吸附和释放水分

子。这类高分子聚合物多是具有较小介电常数的电介质（$\varepsilon_r = 2 \sim 7$），由于水分子的存在，可以大大地提高聚合物的介电常数（$\varepsilon_r = 83$），用这种材料可制成电容式湿敏传感器，测定其电容量的变化，即可得知对应的环境相对湿度。

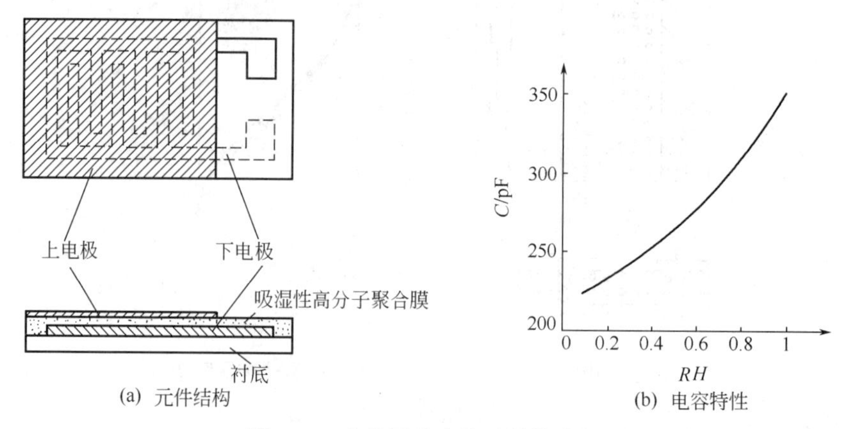

图 9-28　高分子聚合物湿敏传感器

图 9-28（a）为高分子聚合膜电容式湿敏元件的结构。在玻璃基片上蒸镀叉指状金电极作为下电极；在其上面均匀涂以高分子聚合物材料（如醋酸纤维）薄膜，膜厚约 0.5μm；在感湿膜表面再蒸镀一层多孔金薄膜作为上电极。由上、下电极和夹在其间的感湿膜构成一个对湿度敏感的平板电容器。当环境气氛中的水分子沿上电极的毛细微孔进入感湿膜而被吸附时，湿敏元件的电容值将发生变化。图 9-28（b）给出高分子膜的湿敏电容特性。

这种湿敏传感器由于感湿膜极薄，所以响应快；特性较稳定，重复性较好；但是它的使用环境温度不能高于 80℃。

思考题与习题

9-1　在线成分分析系统为什么要有采样和试样预处理装置？

9-2　简述热导式体分析器的工作原理，对测量条件有什么要求？

9-3　简述红外线气体分析的测量机理，红外线气体分析器的基本组成环节。

9-4　说明氧化锆气体分析器的工作原理，对工作条件有什么要求？

9-5　气相色谱仪的基本环节有哪些？各部分的作用是什么？

9-6　半导体气敏传感器有哪几种类型？

9-7　说明用直接电位法测量溶液酸度的基本原理。

9-8　简述湿度测量的特点，常用的湿度测量方法有哪些？

第三篇 仪表系统分析

10 仪表系统及其理论分析

作为控制系统必不可少的部分，自动化仪表在各种场合都承担了非常重要的作用。它可以代替人对控制过程进行测量、监视、控制和保护。因而凡是从事自动控制的技术人员，在精通控制理论的同时，都应尽可能多地掌握自动化仪表的基本原理及其相关技术，以便在实际工作中合理地选择和使用相关仪表，使其发挥应有的作用，以满足包括经济、性能和可靠性在内的各方面的需要。

本章从概述自动化仪表的发展过程入手，介绍常用仪表的基本技术指标、分类和主要特性；并在此基础上采用控制理论的相关方法，分析仪表的时域和频域特性，以深化对仪表系统的认识；最后对混合仪表构成的系统进行分析，从理论上探讨混合仪表系统的主要特性，尤其是系统的复杂性。

10.1 仪表发展概况

自动化仪表作为一类专门的仪表，产生于20世纪40年代初。由于当时石油、化工、电力和机械等工业的发展需要，出现了将测量、记录和调节功能组合在一起的仪表，较好地适应了当时自动化程度不高、控制分散的状况，在一段时间内得到了普遍应用。由于这种仪表主要使用在控制系统的现场，因而在仪表的发展过程中称其为“基地式”仪表。

随着大型工业的出现，生产开始向综合自动化和集中控制的方向发展，于是给仪表提出了新的要求，仪表应以功能划分，形成相对独立的能完成一定职能的标准单元，各单元之间以规定的标准信号相互联系等。因而产生了“单元组合式”仪表，以便根据实际工作的需要，选择一定的单元仪表，积木式地组合起来，构成各种复杂程度不同的自动控制系统。

从20世纪60年代开始，由于电动仪表的晶体管化和集成电路化，使电动单元组合仪表在我国得到了很大的发展，先后生产了三代产品包括：60年代中期的以电子管和磁放大器为主要放大元件的DDZ-Ⅰ型仪表，70年代初的以晶体管作为主要放大元件的DDZ-Ⅱ型仪表以及80年代初的以线性集成电路为主要放大元件、具有安全火花防爆性能的DDZ-Ⅲ型仪表。

20世纪80年代中期由于计算机技术的发展，尤其是其在小型仪器仪表中的应用，是数字式自动化仪表出现的根本动力。在此期间先后上市的各种计算机公司的单板机和单片机，成为了数字式仪表的核心器件，并在此基础上开发出了各种数字式调节器和显示仪表、智能仪表以及可编程逻辑控制器等，作为重要的组成部分和实施的基础有力地推动了计算机控制系统的全面发展。

随着网络技术的发展和其随后的工业化，20世纪90年代初开始出现了适用于各种控制环境的现场总线标准和产品，如FF总线、LonWorks总线、ProfiBus总线、Can总线和

Hart 总线以及更为底层的现场级总线 ControlNet、DeviceNet、ASi 等。这些工业现场总线的产生，使得网络完全进入了工业现场级控制环节，于是相继产生了传感器、变送器和仪表的网络化以及最终控制系统的网络化，为自动化仪表的发展开辟了一片新的天地。

10.2 常用仪表分类及特性

10.2.1 常用仪表分类

仪表的分类方法很多。结合以下分类方法，并就相关部分进行一定的比较，有利于对各种仪表的认识和了解。

(1) 按使用性质划分

按使用性质常用仪表可划分为标准表、实验室表和工业用表。顾名思义，标准表是专门用于校验非标准仪表用的，它本身经过了计量部门的定期检定并具有合格证书，它不能当做普通仪表直接用于工业生产。实验室表用于科学实验研究，因而其使用条件相对较好，往往无须防水防尘措施的要求。工业仪表则是长期安装使用在实际工业生产中的仪表，其为数众多且工作环境较为恶劣。工业仪表还根据其安装地点分为现场安装和控制室安装之用。

(2) 按测量方式划分

按测量方式可将仪表划分为直读仪表和比较仪表。直读仪表是可以直接读出被测量值的仪表，包括直接读出经过一定传递后的被测量值，例如玻璃杆式水银温度计、液位计等。比较仪表是采用某种方式通过未知量与已知量相比较而得出被测量值的仪表，例如使用电位差计测量电动势。可使用比较仪表的条件是有相当精度的已知量的存在，而且能够判断平衡状态。

(3) 按原理性连接方式划分

进行仪表分析时可将各环节等效成不同的功能模块，每个仪表均可按其原理将各功能模块连接成串联和反馈两种方式。串联式仪表的各功能模块首尾相接前后串联，如图 10-1 中的 (a) 所示。反馈式仪表的特点如图 10-1 中的 (b) 所示，其实质是某个功能模块的输出重新输入到自身的输入端或其前的某个功能模块的输入端，从而构成正反馈或负反馈作用。所以，前者又称为开环仪表，后者又称为闭环仪表。

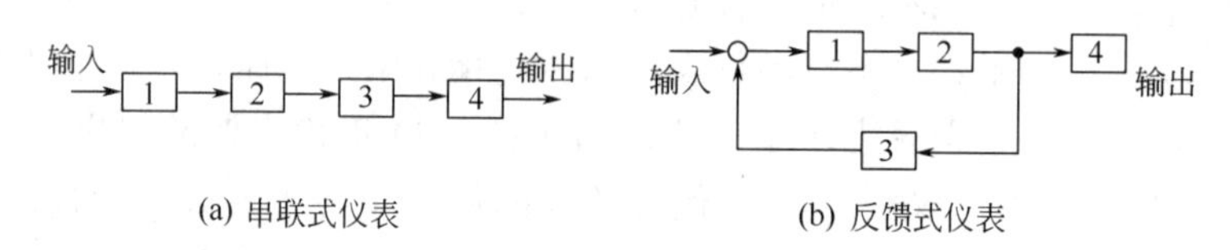

图 10-1 仪表原理性连接方式示意

(4) 按信号传输方式划分

常用仪表按信号传输方式可分为电动仪表和气动仪表。一切以电量为传输信号的仪表统称电动仪表，它具有信号可远传的特点，但如无特殊处理措施，电信号可引起火灾和爆炸，即其防爆性能相对较差。气动仪表没有防爆问题，它是使用压缩空气来传递信号的，但由于气体的特殊性致使该种仪表的反应动作慢，同时气源和管路的投资远比电路要大。

(5) 按组成方式划分

按组成系统的方式划分，各种仪表可分为基地式仪表、单元组合式仪表和组件组装式仪表。基地式仪表是专为特定被测量在特定测量范围内使用而设计的仪表，可容易地从它的标尺上直接读出测量结果，因而其通用性较差。单元式组合仪表是针对应用通用性而产生的仪表，这种仪表往往只完成单一的功能，例如变送单元、调节单元、显示单元等，而各单元仪表间通过统一制式的信号进行连接，所以可根据需要选择不同的单元仪表灵活地构建系统。组件组装式仪表是单元组合式仪表的进一步发展，它利用集成电路和其他电子元件形成各种功能不同的插件，并可选择多个插件以构成需要的仪表。该种仪表目前常用在计算机控制系统中，如集散控制系统。

（6）按安装使用方法划分

根据安装情况可将仪表分为现场安装仪表、盘后架装仪表、盘装仪表、台式仪表和携带式仪表等。现场安装的仪表要求具有良好的防护结构，能提供防爆、防腐、抗振等能力。盘后架装的仪表一般不具备显示功能，平时亦无操作需要。盘装仪安装在表盘上，一般同时具有显示和操作功能。这三种仪表是常用的工业仪表。台式仪表主要用于实验室环境中，而携带式仪表则主要用于野外工作环境。

（7）按防爆能力划分

凡未采用任何防爆措施的仪表统称普通型仪表，该类只能用于非危险的场所。采用了某种措施以防止燃烧和爆炸等事故的仪表常称隔爆型仪表，它可提供有效的隔爆措施，但这种防范是消极的。安全火花型仪表是试图从根本上杜绝因电信号所产生的爆炸事故的仪表，它在设计之初就充分考虑了电路的有关问题，如采用低压直流小电流供电，并控制电路中的储能元件，使得电路在故障下所产生的电火花微弱到不足以引起周围的事故发生。因此安全火花型仪表是各种仪表中防爆性能最好的仪表。

（8）按运算处理方式划分

按仪表核心运算处理方式可将仪表分为模拟式仪表和数字式仪表两类。如仪表核心运算是采用模拟信号方式进行的，该类仪表应归为模拟式仪表。数字式仪表是指其运算和处理过程都是以数字信号为基础进行的。此种划分与传统的模拟式和数字式仪表的划分略有不同。以前主要是以仪表的显示或记录方式为准来确定仪表类型的，如某种仪表是以数字的方式显示测量结果的，则该仪表就划归数字式仪表。这样的划分不够确切，因为显示部分是数字式的，并不能说明仪表就是数字式的。模拟式仪表常将模拟量转化成数字量后显示出来。

10.2.2　电动单元组合仪表及 DDZ-Ⅱ型和 DDZ-Ⅲ型仪表比较

DDZ 是电动（D）单元（D）组合（Z）仪表的拼音缩写，其发展过程主要经历了电子管、晶体管和线性集成电路三个阶段，对应的系列仪表分别称为 DDZ-Ⅰ型、DDZ-Ⅱ型和 DDZ-Ⅲ型。

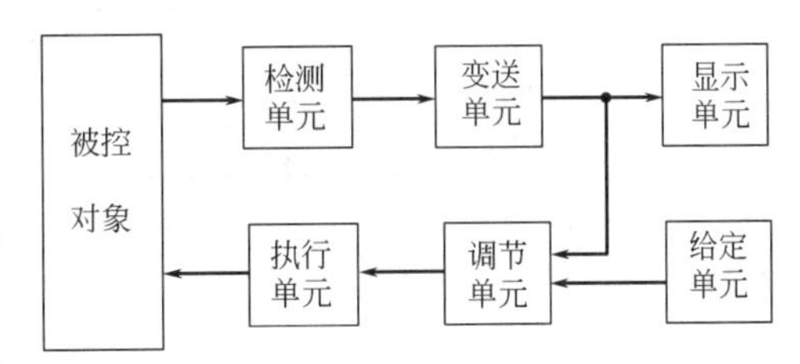

图 10-2　简单控制系统结构图

电动单元组合仪表是针对应用时的通用性而产生的，这种仪表往往只完成单一的功能，例如变送单元、调节单元、显示单元等，而各单元仪表间通过统一制式的信号进行连接，所以可根据需要选择不同的单元仪表灵活地构建系统。图 10-2 给出了常规被控对象采用电动单元组合式仪表所形成的简单控制系统的结构图。显然，通过更换其中的各单元仪表，即可满足不同被控对象的需要。

常规电动单元组合系列仪表主要由下列单元组成：

① 变送单元——差压变速器、温度变速器等；
② 调节单元——位式调节器、PID调节器、可编程逻辑控制器等；
③ 执行单元——角行程及直行程电动执行器等；
④ 显示单元——指示仪表、记录仪表等；
⑤ 计算单元——加减器、乘除器、开方器等；
⑥ 给定单元——恒流给定器、分流器等；
⑦ 转换单元——频率转换器、气-电转换器等；
⑧ 辅助单元——操作器、阻尼器等。

DDZ-Ⅱ型系列仪表采用了印刷电路等工艺，是以晶体管元件为主体的，各单元之间的联络信号约定为0～10mA，电源采用交流220V，各单元的精度一般为0.5级。

由于采用了电流作为仪表间的联络信号，因而信号在传送过程中能保持恒值而不易受传输电线电阻变化的影响，且适合于远距离传送。此时变送和计算单元能承受的负载电阻一般为0～1.5kΩ，给定和调节单元能承受的负载电阻一般为0～3kΩ。电流信号的引入还有利于与磁场作用产生机械力，以便于利用力平衡原理实现各种功能。同时，电流信号有利于多个单元的串接，并能保证各接收信号的一致性。此外，电流信号从零开始，便于模拟量的运算。

DDZ-Ⅲ型系列仪表则是以线性集成电路为主要元器件，各单元之间的联络信号采用国际统一信号制的4～20mA直流电流进行远传，并保留了室内1～5V直流电压的联络信号，电源采用直流24V单电源供电。

Ⅲ型仪表采用国际统一信号制的4～20mA直流电流进行传送，主要是为了克服Ⅱ型仪表电流制式的缺陷，即无法判断断线以及不易避开元件的死区和非线性区。由于Ⅲ型仪表的输入阻抗较大，因而通过250Ω的电阻即可方便地将4～20mA的直流电流转换成1～5V的直流电压，以实现室内各单元间并联方式的信号传递。此外，直流24V供电模式的采用，使单电源集中供电得以实现。同时，正因为采用了直流24V低压供电，并辅以安全栅等措施，才使Ⅲ型仪表具备了“安全火花”防爆能力。

综上所述，表10-1给出了DDZ-Ⅱ型和DDZ-Ⅲ型仪表的相关性能比较。

表10-1　DDZ-Ⅱ型和DDZ-Ⅲ型仪表比较

项目名称	仪表型号	
	DDZ-Ⅱ型	DDZ-Ⅲ型
主要组成元件	晶体管	线性集成电路
供电电源	AC 220V	DC 24V
信号制	DC 0～10mA	DC 4～20mA DC 1～5V
负载	0～1.5kΩ 或0～3kΩ	250～750Ω
防爆能力	隔爆	安全火花防爆

10.3　仪表输入输出静态特性分析

10.3.1　输入输出特性分析

仪表输入输出特性是衡量其性能的重要指标，它常用仪表输出相对于输入的变化曲线来表示，即以仪表的输入为横坐标、以仪表的输出为纵坐标所获得的特性曲线。

为全面检定仪表的输入输出特性，一般需分别测量其上升曲线和下降曲线。上升曲线是由仪表的输入从下限值渐增到上限值所对应的输出曲线，而反之则是下降曲线。理想情况下，仪表的输入输出特性曲线应是一条，此时上升曲线和下降曲线重合。但实际上仪表内部元件的储能、执行机构的死区等固有因素，常会影响到仪表的特性，从而使得其特性曲线由上升和下降两条曲线所组成。如第 1 章图 1-7、图 1-8 和图 1-9 所示的都是仪表典型的输入输出特性曲线。

理想情况下，为便于使用和直观反映被测量值，常希望仪表设计成其输入输出特性曲线是一条直线，它表明仪表具有线性特性，如第 1 章图 1-6 中的线段 OA。实际上任何仪表总会有滞环、死区或其他效应，这些效应常会使仪表非线性化，如第 1 章图 1-6 中的曲线 1 和 2。此外，某些被测参数与被测量值之间本身就是非线性关系，如热电偶的电动势 E（mV）与对应的温度 T（℃）。因此，仪表的非线性特性是常见的，而线性特性却是相对的。只是后一种非线性是固有的，不采用特殊方法进行处理是难以改变的；而前一种非线性则可以通过仪表的适当调整，使其特性近似线性。

由此可见，通过分析仪表的输入输出特性曲线，可以知道仪表特性是线性的还是非线性的，同时也可以知道任何输入点不同方向上的仪表放大倍数、灵敏度、量程、输出范围、滞环和死区等指标。

10.3.2　仪表特性线性化处理分析

在仪表设计时，常希望其输入输出特性具有线性特征，对于仪表元件特性或元件老化所造成的非线性，可通过适当的调整或补偿手段得到改善，这里不做分析。而仪表输入与输出之间关系的固有非线性，则是仪表设计时需考虑的重要因素。因此，本小节将就仪表固有非线性的线性化问题及其处理进行分析。

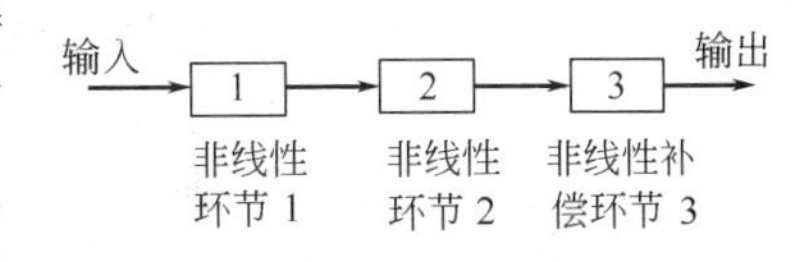

图 10-3　串联式仪表结构图

仪表特性的线性化过程主要有两种方式，由仪表的原理性连接方式即串联式连接和反馈式连接方式所决定，即根据仪表的开环或闭环特性采用不同的线性化方法。

考虑由 2 个环节串联组成的仪表，如图 10-3 所示。特别地，假设这里的 2 个环节均是非线性的，致使仪表整体特性呈非线性特征，如图 10-4 中的曲线Ⅰ和Ⅱ，其物理描述如输入信号 U 从第Ⅰ象限映射到第Ⅱ象限的输出信号 Y_{II} 关系。为使仪表整体特性呈线性关系，在第 2 个环节后再串接环节 3，使其呈非线性如曲线Ⅲ，并恰好能补偿前 2 个环节所带来的非线性，从而使得整个仪表具有线性关系。其物理意义如图 10-4 中的第Ⅲ象限所述，并最后使仪表的输入输出特性在第Ⅳ象限规范化为线性特征，如曲线Ⅳ。

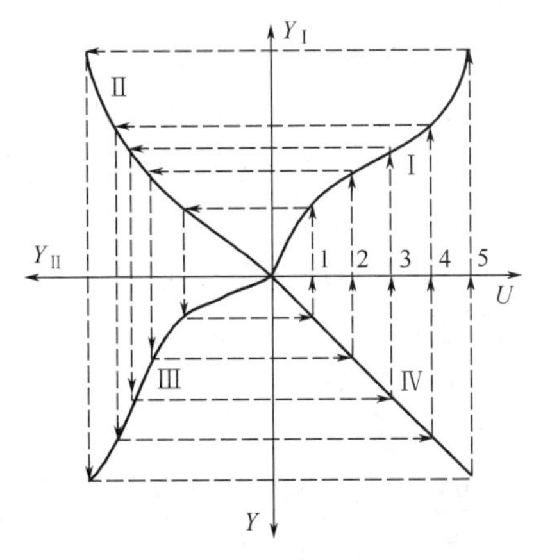

图 10-4　串联式仪表非线性补偿分析

由此可见，串联式仪表的非线性特征是可以通过多串接一个非线性环节，并适当选择该环节的非线性，使其能够补偿前面各非线性环节所造成的非线性特征，从而使整体仪表呈现线性关系。同时，对于包括补偿环节在内共有 3 个环节的仪表来说，可采用具有 4 个象限的坐标来确定补偿环节。其实，此方法适用于总环节数不同的各种情况，只是在使用4象限坐标系时需作适当的调整。如对于2个环节的情况，可只使用3个象限；对于多于3个环节的情况，可将一个坐标系的输出信号线性映射到另一个坐标系，并作为新的坐标系的输入信号继续进行线性化分析。

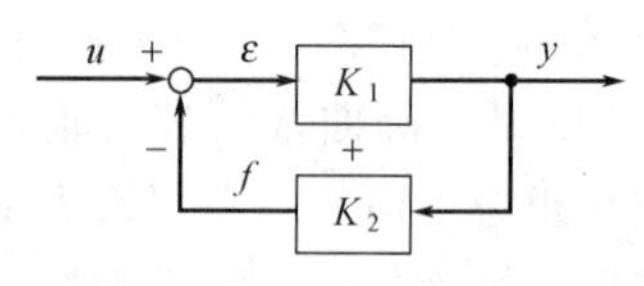

图 10-5　反馈式仪表结构图

简单起见，考虑由2个环节组成的反馈式仪表，其中环节1位于正向通道，环节2位于反馈回路，仪表构成负反馈模式，如图10-5所示。其中，K_1表示环节1的稳态放大倍数，K_2表示环节2的稳态放大倍数，ε是输入与反馈信号间的偏差，于是根据各信号间的传递关系可得仪表在稳态时的一组关系式：

$$\begin{cases}\varepsilon = u - f \\ y = K_1 \varepsilon \\ f = K_2 y\end{cases} \tag{10-1}$$

显然，式中作为仪表输出的信号 y 在给定范围内是有限的，于是如果环节1的稳态放大倍数 K_1 足够大，可以认为偏差ε十分微小并可省略，即输入值 u 近似于反馈信号 f。所以，仪表的灵敏度或稳态放大倍数 K 可表示为：

$$K = \frac{y}{u} \approx \frac{y}{f} = \frac{1}{K_2} \tag{10-2}$$

此时，K 与 K_2 近似成倒数关系。

由上面分析可知，当反馈式仪表的环节1有足够大稳态放大倍数时，其输入输出特性主要取决于环节2，而与环节1关系不大。因此可以根据式（10-2）所描述的倒数关系，对该类仪表进行线性化处理。典型地，当仪表具有开方特性时，可在其反馈回路设计带乘方特性的环节，以使整机规范化成线性特征。

10.4　仪表系统建模

将仪表系统模型化，是进行特性分析的基础。根据系统的描述方法和已有分析方法，仪表系统的模型一般可分为时域模型、频域模型和离散模型。下面将分别阐述仪表系统的这三种模型形式及其典型应用。

10.4.1　时域模型

仪表的时域模型是以时间 t 为参变量全面描述仪表输入输出关系的一个函数。它可以是一般等式，如输入输出呈比例关系的仪表，也可以是微分方程，如具有2阶特性的仪表；它可以由一个关系式表示，也可以由多个关系式表示。特殊地，当输入输出之间存在线性比例关系时，作为参变量的 t 亦可以不出现在函数式中。

以无滞后的单输入单输出仪表系统为例，将各种描述关系式进行简化和整理后，采用一般微分方程对其输入输出特性进行描述，可得其广义时域模型如下：

$$\begin{aligned}&a_n \frac{\mathrm{d}^n y(t)}{\mathrm{d}t^n} + a_{n-1} \frac{\mathrm{d}^{n-1} y(t)}{\mathrm{d}t^{n-1}} + \cdots + a_1 \frac{\mathrm{d}y(t)}{\mathrm{d}t} + a_0 y(t) \\ &= b_m \frac{\mathrm{d}^m u(t)}{\mathrm{d}t^m} + b_{m-1} \frac{\mathrm{d}^{m-1} u(t)}{\mathrm{d}t^{m-1}} + \cdots + b_1 \frac{\mathrm{d}u(t)}{\mathrm{d}t} + b_0 u(t)\end{aligned} \tag{10-3}$$

显然，将式(10-3)应用到常规的各种仪表可知，具有0阶特性即比例环节的仪表，其微分方程可表示为：

$$a_0 y(t)=b_0 u(t) \tag{10-4}$$

并可化简成常见的表示式：

$$y(t)=\frac{b_0}{a_0}u(t)=ku(t) \tag{10-5}$$

具有 1 阶特性即惯性环节的仪表，其微分方程可表示为：

$$a_1\frac{\mathrm{d}y(t)}{\mathrm{d}t}+a_0 y(t)=b_1\frac{\mathrm{d}u(t)}{\mathrm{d}t}+b_0 u(t) \tag{10-6}$$

并可化简成常见的实际积分环节：

$$\tau\frac{\mathrm{d}y(t)}{\mathrm{d}t}+y(t)=k_{\mathrm{i}}u(t) \tag{10-7}$$

和实际微分环节：

$$\tau\frac{\mathrm{d}y(t)}{\mathrm{d}t}+y(t)=k_{\mathrm{d}}\frac{\mathrm{d}u(t)}{\mathrm{d}t} \tag{10-8}$$

具有 2 阶特性即振荡环节的仪表，其微分方程可表示为：

$$a_2\frac{\mathrm{d}^2 y(t)}{\mathrm{d}t^2}+a_1\frac{\mathrm{d}y(t)}{\mathrm{d}t}+a_0 y(t)=b_0 u(t) \tag{10-9}$$

并可化简成常见振荡环节的表示式：

$$\frac{\mathrm{d}^2 y(t)}{\mathrm{d}t^2}+2\zeta\omega_0\frac{\mathrm{d}y(t)}{\mathrm{d}t}+\omega_0^2 y(t)=K\omega_0^2 u(t) \tag{10-10}$$

式中，ζ 为阻尼系数；ω_0 为自振荡角频率；K 为系统增益。

仪表系统的时域模型是描述仪表特性的基本形式，也是其他模型形式的基础。它描述了仪表各环节的本质特征，因而通常易于理解，具有很强的物理意义。它可直接用于仪表特性的时域分析，以此为基础可方便地获得各种扰动的响应结果。

10.4.2 频域模型

在时域模型的基础上进行拉氏变换，即可得仪表的频域模型。它是时域的参变量 t 通过拉氏变换映射到频域的参变量 s 的结果，表示依赖于参变量 s 的仪表输入输出函数，也称为仪表的拉氏变换传递函数。

以式(10-3) 所描述的时域模型为例，可得仪表的广义频域模型为：

$$\begin{aligned}&(a_n s^n+a_{n-1}s^{n-1}+\cdots+a_1 s+a_0)Y(s)\\&=(b_m s^m+b_{m-1}s^{m-1}+\cdots+b_1 s+b_0)U(s)\end{aligned} \tag{10-11}$$

即仪表的传递函数为：

$$W(s)=\frac{Y(s)}{U(s)}=\frac{b_m s^m+b_{m-1}s^{m-1}+\cdots+b_1 s+b_0}{a_n s^n+a_{n-1}s^{n-1}+\cdots+a_1 s+a_0} \tag{10-12}$$

显然，与式(10-3) ～式(10-10) 的时域模型相对应，具有 0 阶特性即比例环节的仪表，其传递函数可表示为：

$$W(s)=\frac{Y(s)}{U(s)}=k \tag{10-13}$$

具有 1 阶特性即惯性环节的仪表，其传递函数可表示为：

$$W(s)=\frac{Y(s)}{U(s)}=\frac{b_1 s+b_0}{a_1 s+a_0} \tag{10-14}$$

并可化简成常见的实际积分环节：

$$W(s)=\frac{Y(s)}{U(s)}=\frac{k_0}{1+\tau s} \tag{10-15}$$

和实际微分环节：

$$W(s)=\frac{Y(s)}{U(s)}=\frac{k_1 s}{1+\tau s} \tag{10-16}$$

具有 2 阶特性即振荡环节的仪表，其传递函数可表示为：

$$W(s)=\frac{Y(s)}{U(s)}=\frac{b_2 s^2+b_1 s+b_0}{a_2 s^2+a_1 s+a_0} \tag{10-17}$$

并可化简成常见振荡环节的表示式：

$$W(s)=\frac{Y(s)}{U(s)}=\frac{K\omega_0^2}{s^2+2\zeta\omega_0 s+\omega_0^2} \tag{10-18}$$

仪表系统的频域模型是从频率响应的角度来描述系统的输入输出特性的，借助该模型，可方便地分析和获得仪表的频响范围、带宽及特性随频率变化的程度等，是从频域范围了解和分析仪表必不可少的模型和基础。

10.4.3　离散模型

以上两种模型主要适用于具有连续特性的模拟仪表，而对于具有数字化离散效果的数字仪表来说，则需主要使用离散模型来进行相关性能的分析。

离散模型是控制系统引入数字式仪表后的产物。它是对连续信号进行定步长采样所获得的输入输出特性的函数表示，也可以看成是对连续的时域或频域模型进行离散处理所得。离散模型的最基本表示方法是采用差分方程来描述仪表的输入输出关系。

同样，以式(10-3) 所描述的时域模型为例，可得仪表的广义离散模型为：

$$\begin{aligned}&a_n y[(k+n)T]-a_{n-1}y[(k+n-1)T]-\cdots-a_1 y[(k+1)T]-a_0 y[kT]\\&=b_m u[(k+m)T]+b_{m-1}u[(k+m-1)T]+\cdots+b_1 u[(k+1)T]+b_0 u[kT]\end{aligned} \tag{10-19}$$

式中，T 为离散采样周期；$k=0,1,2,\cdots$为整数，且当 $kT\leqslant t<(k+1)T$ 时，$u(t)$保持常数不变。

显然，与式(10-3)～式(10-10) 的时域模型相对应，具有 0 阶特性即比例环节的仪表，其差分方程可表示为：

$$y[kT]=\frac{b_0}{a_0}\cdot u[kT] \tag{10-20}$$

具有 1 阶特性即惯性环节的仪表，其差分方程可表示为：

$$a_1 y[(k+1)T]-a_0 y[kT]=b_1 u[(k+1)T]+b_0 u[kT] \tag{10-21}$$

并可化简成常见的实际积分环节：

$$y[(k+1)T]-\mathrm{e}^{-\frac{T}{\tau}}\cdot y[kT]=k(1-\mathrm{e}^{-\frac{T}{\tau}})\cdot u[kT] \tag{10-22}$$

和实际微分环节：

$$y[(k+1)T]-\mathrm{e}^{-\frac{T}{\tau}}y[kT]=\frac{k}{\tau}\mathrm{e}^{-\frac{T}{\tau}}\cdot u[(k+1)T] \tag{10-23}$$

具有 2 阶特性即振荡环节的仪表，其差分方程可表示为：

$$\begin{aligned}&a_2 y[(k+2)T]-a_1 y[(k+1)T]-a_0 y[kT]\\&=b_2 u[(k+2)T]+b_1 u[(k+1)T]+b_0 u[kT]\end{aligned} \tag{10-24}$$

并可化简成常见振荡环节的表示式：

$$
\begin{aligned}
&y[(k+2)T]-(\mathrm{e}^{-pT}-\mathrm{e}^{-qT})\cdot y[(k+1)T]-\mathrm{e}^{-(p+q)T}\cdot y[kT] \\
&=K\cdot\left\{\left(1-\frac{q\mathrm{e}^{-pT}-p\mathrm{e}^{-qT}}{q-p}\right)\cdot u[(k+1)T]+\right. \\
&\left.\left(\mathrm{e}^{-(p+q)T}-\frac{q\mathrm{e}^{-pT}-p\mathrm{e}^{-qT}}{q-p}\right)\cdot u[kT]\right\}
\end{aligned}
\tag{10-25}
$$

式中　$p=(-\zeta\pm\sqrt{\zeta^2-1})\cdot\omega_0$，　$q=(-\zeta\mp\sqrt{\zeta^2-1})\cdot\omega_0$

此外，z 变换传递函数也是用来描述系统离散特性的常用方法，因在仪表性能分析中使用较少，故在此不再赘述。

随着微计算机技术和计算机控制系统的迅猛发展，数字式仪表将在未来控制系统中扮演非常重要的角色。因而离散模型的使用和相关方法是分析控制系统的重要数学基础。

10.5　仪表系统时域分析

仪表系统的时域分析是基于其时域模型进行的。通过分析在不同输入情况下仪表输出的响应过渡过程，可了解和掌握仪表的输入输出时域特性，包括对输入的响应快慢、准确程度和抗扰动能力等。用于仪表时域分析中常用的扰动有阶跃扰动和等速扰动两种。

10.5.1　时域分析指标

对仪表施以某种扰动，分析其响应的过渡过程，是对仪表进行时域分析的常用方法。典型地，考虑具有 2 阶特性即振荡环节的仪表，其微分方程为：

$$\frac{\mathrm{d}^2y(t)}{\mathrm{d}t^2}+2\zeta\omega_0\frac{\mathrm{d}y(t)}{\mathrm{d}t}+\omega_0^2y(t)=K\omega_0^2u(t) \tag{10-26}$$

于是，当对该仪表分别施以阶跃和脉冲扰动后，可获得其响应的过渡过程曲线如图 10-6 和图 10-7 所示，其中 y_0 为理想输出值，e_0 为静态偏差，并定义误差带为理想输出值 y_0 的±3%～±5%。

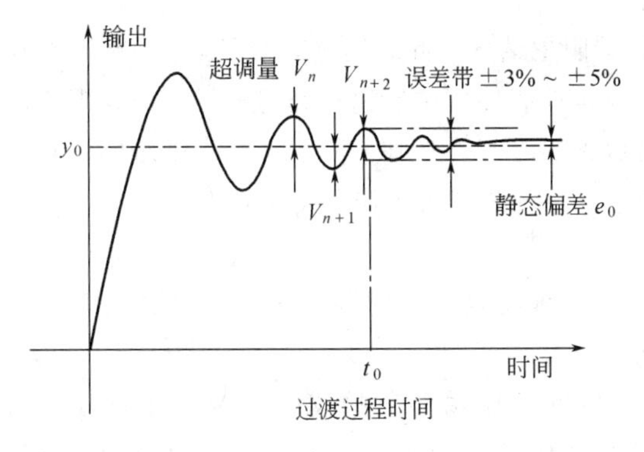

图 10-6　仪表阶跃响应过渡过程

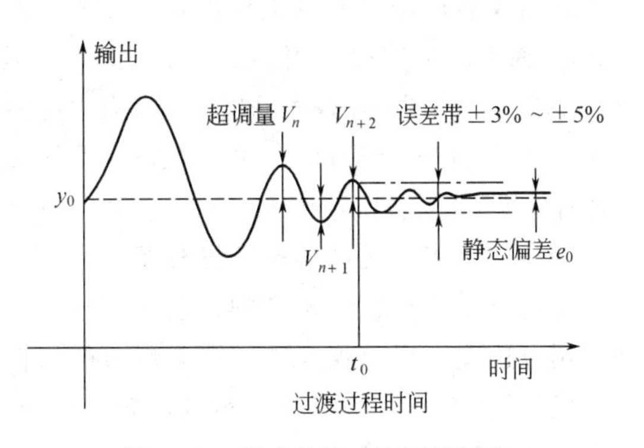

图 10-7　仪表脉冲响应过渡过程

为分析仪表响应的过渡过程，特引入 V_i（$i=1,2,\cdots,n,n+1,n+2,\cdots$）表示响应过程中每次超调量的绝对值，于是可定义代表过渡过程衰减程度的衰减率 Ψ 为：

$$\Psi=\frac{V_n-V_{n+2}}{V_n} \tag{10-27}$$

显然，扰动发生后经过若干次衰减，仪表输出 y 从此全部进入误差带。仪表为此所花费的时间就称为过渡过程时间，记为 t_0。

由此可见，衰减率 Ψ 代表了仪表响应的稳定性，衰减率越大，则稳定性越好。一般地，衰减率达到 75%～90%为佳。仪表响应的准确性可由静态误差 e_0 表示，静差越小，准确性越高。而过渡过程时间 t_0 则反映了仪表响应的快慢程度，即快速性要求。过渡过程时间越短，则表明仪表对输入的响应越快。所以，通过综合分析仪表响应的稳定性、准确性和快速性，可在时域上较为全面地评估仪表的输入输出动态特性。

10.5.2　阶跃扰动动态特性分析

仍以具有 2 阶特性即振荡环节的仪表为例，考虑其微分方程为：

$$\frac{d^2y(t)}{dt^2}+2\zeta\omega_0\frac{dy(t)}{dt}+\omega_0^2y(t)=K\omega_0^2u(t) \tag{10-28}$$

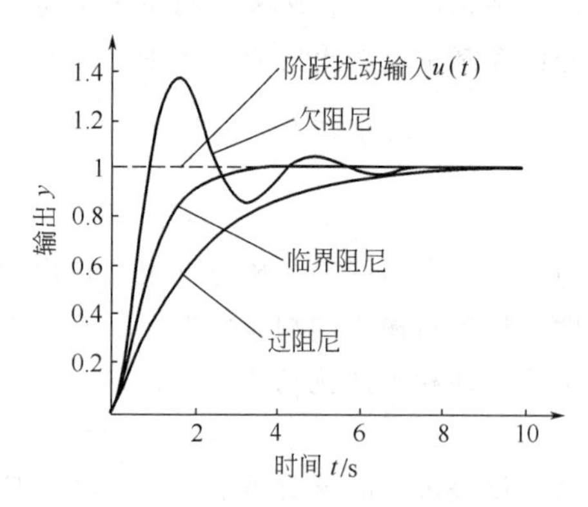

图 10-8　阶跃扰动下仪表过渡过程响应

式中，ζ 为阻尼系数；ω_0 为自振荡角频率；K 为系统增益。在仪表的线性输入范围内施以幅值允许的阶跃信号后，仪表的输出响应可能出现 3 类不同的情况，如图 10-8 所示，其中系统取值为增益 $K=1$，自振荡角频率 $\omega_0=2$，而阻尼系数 ζ 分别取为 0.3，1 和 2。

① 欠阻尼情况　当 $0<\zeta<1$ 时仪表响应出现欠阻尼情况，此时输出呈逐渐衰减的周期性振荡过渡过程，并最终保持在一个稳态值上。适当选择阻尼系数 ζ，可使仪表输出只经过少量的几次振荡后即可达到稳态。实际仪表使用中常出现此类情况，且当出现此类情况时，总希望振荡次数保持在 1.5～2.5 的范围。

② 过阻尼情况　当 $\zeta>1$ 时仪表响应出现过阻尼情况，此时的响应是非周期的衰减过程，阻尼系数 ζ 愈大衰减愈慢。这表明扰动出现后，需要较长的时间才能使仪表输出达到稳态。这是仪表应用中不希望且需要尽量避免的情况。

③ 临界阻尼情况　当 $\zeta=1$ 时仪表响应出现临界阻尼情况，此时的响应没有振荡过程，在相对最短的时间内即能使仪表输出达到稳态。这种情况是仪表使用中所追求和努力的方向，因为此时仪表具有最快的响应过程，但在实际中要使某台仪表始终工作在临界阻尼情况是很难的，它常会随着各种外部或内部条件的变化而变化。所以更多的情况是仪表工作在欠阻尼状态。

10.5.3　等速扰动动态特性分析

通过仪表等速扰动响应的过渡过程分析，可以了解仪表系统的跟踪能力，对输入信号变化的响应速度，以及仪表内部滞后环节的特性等。

仍沿用 10.5.2 小节中的实例，即以具有 2 阶特性即振荡环节的仪表为例。此时输入信号由阶跃扰动改为等速增加的等速扰动，可得阻尼系数 ζ 分别取 0.35,1 和 2 时的响应过程。与阶跃扰动动态响应相对应，它们分别属于等速扰动的欠阻尼、临界阻尼和过阻尼响应过渡过程。

为便于直观分析，选择稳态误差相同时的 3 种扰动响应进行比较，此时的稳态误差由下式给出：

$$\varepsilon=\frac{2\zeta}{\omega_0} \tag{10-29}$$

于是可得 3 种条件下的响应曲线如图 10-9 所示，它们分别对应于：

① 欠阻尼情况

$$\zeta=0.35,\quad \omega_0=0.7$$

② 临界阻尼情况

$$\zeta=1,\quad \omega_0=2$$

③ 过阻尼情况

$$\zeta=2,\quad \omega_0=4$$

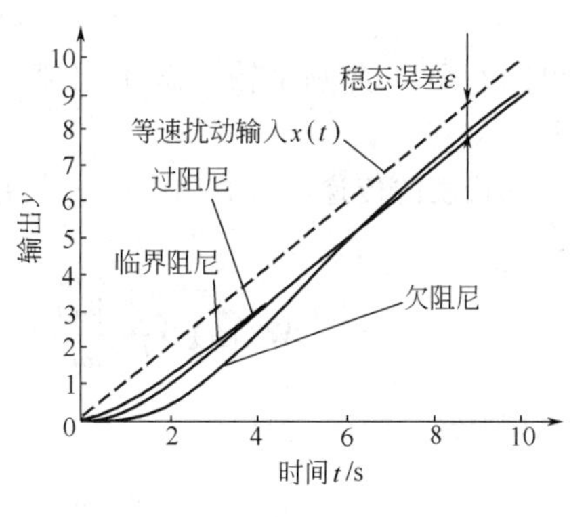

图 10-9　等速扰动下仪表过渡过程响应

由此可见，具有 2 阶特性的仪表，其等速扰动的过渡过程相对于输入信号始终存在一个误差，也称为仪表响应的滞后。该误差由稳态误差和瞬态误差两部分组成。稳态误差是扰动引起的过渡过程趋于稳定以后，仪表输出与输入之间存在的恒定差值。瞬态误差则是在扰动引起的过渡过程中存在的随时间发生变化的误差，它会随着过渡过程的趋于稳定而逐渐消失。当扰动刚开始时，两种误差均存在；而经过一段时间以后，即在过渡过程趋于稳定后，就只有稳态误差存在了。

稳态误差是衡量仪表跟踪能力的重要标志，它由阻尼系数 ζ 和自振荡角频率 ω_0 所决定，如式(10-29) 所定义。稳态误差 ε 越小，表明仪表的跟踪能力越强。

10.6　仪表系统频域分析

仪表系统的频域分析是基于其频域模型进行的，它是进行仪表的稳定性分析和确定其工作频率范围的基本方法。

10.6.1　正弦扰动动态特性分析

正弦扰动特性响应是衡量仪表动态特性的常用方法之一，本书将其置于频域分析部分进行讨论，而没有归于时域分析部分，主要考虑它是基于仪表系统的拉氏变化传递函数进行相关特性分析的，且讨论的内容涉及幅值和相位，这些都与频率响应关系密切。

正弦扰动的动态响应是指仪表输入为正弦信号时，其输出响应随输入而发生变化的过渡过程。由于输入为正弦信号，在仪表正常工作范围内输出没有失真，因而也应是正弦信号，如图 10-10 所示，其中曲线 1 是仪表输入。当输入与输出之间没有任何误差时，输出与输入成线性比例关系，即两者的比值应是仪表的放大倍数，如曲线 2 所示；当输入与输出之间存在误差时，则该误差必然包括幅值和相位两方面的误差，如曲线 3 所示。

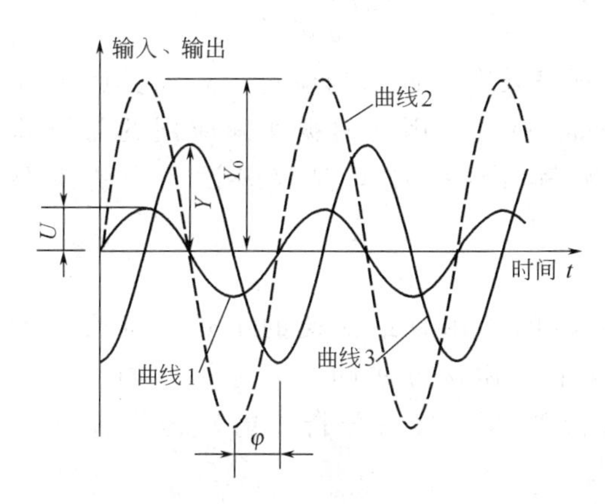

图 10-10　正弦扰动下仪表响应幅值和相位误差

显然，幅值误差和相位误差都与频率有关，在此采用频率分析的方法更为简便。

仍以具有 2 阶特性即振荡环节的仪表为例，其传递函数如 10.3.2 小节中的式 (10-18) 所述。假设输入为$u(t)=U\cdot\sin\omega t$ 时，则其输出可表示为：

$$y(t)=Y\cdot\sin(\omega t+\varphi) \tag{10-30}$$

这里的 U 和 Y 分别是输入输出幅值，ω 是输入角频率，相位角 φ 为输出相对于输入的相位差。

在仪表的传递函数式(10-18) 中用 $\mathrm{j}\omega$ 代替 s，此处的 ω 就是角频率。于是传递函数变化为：

$$W(\mathrm{j}\omega)=\frac{Y(\mathrm{j}\omega)}{U(\mathrm{j}\omega)}=\frac{K\omega_0^2}{(\mathrm{j}\omega)^2+2\zeta\omega\cdot(\mathrm{j}\omega)+\omega_0^2} \tag{10-31}$$

经整理有：

$$W(\mathrm{j}\omega)=\frac{Y(\mathrm{j}\omega)}{U(\mathrm{j}\omega)}=K\omega^2\cdot\frac{(\omega_0^2-\omega^2)-\mathrm{j}\cdot 2\zeta\omega_0\omega}{(\omega_0^2-\omega^2)^2+(2\zeta\omega_0\omega)^2} \tag{10-32}$$

于是可得传递函数的幅值为：

$$|W(\mathrm{j}\omega)|=\frac{K\omega_0^2}{\sqrt{(\omega_0^2-\omega^2)^2+(2\zeta\omega_0\omega)^2}}=\frac{K}{\sqrt{\left(1-\frac{\omega^2}{\omega_0^2}\right)^2+4\zeta^2\frac{\omega^2}{\omega_0^2}}} \tag{10-33}$$

相角为：

$$\angle W(\mathrm{j}\omega)=-\tan^{-1}\frac{2\zeta\omega_0\omega}{\omega_0^2-\omega^2}=-\tan^{-1}\frac{2\zeta\left(\frac{\omega}{\omega_0}\right)}{1-\left(\frac{\omega}{\omega_0}\right)^2} \tag{10-34}$$

所以输出响应的幅值及相位角与频率的关系可表示为：

$$\begin{cases}Y=U\cdot|W(\mathrm{j}\omega)|=U\cdot\dfrac{K}{\sqrt{\left(1-\frac{\omega^2}{\omega_0^2}\right)^2+4\zeta^2\frac{\omega^2}{\omega_0^2}}}\\ \varphi=\angle W(\mathrm{j}\omega)=-\tan^{-1}\dfrac{2\zeta\omega_0\omega}{\omega_0^2-\omega^2}=-\tan^{-1}\dfrac{2\zeta\left(\frac{\omega}{\omega_0}\right)}{1-\left(\frac{\omega}{\omega_0}\right)^2}\end{cases} \tag{10-35}$$

由上式可知，具有 2 阶特性的仪表在不同频率处有不同的响应过程，而其幅值和滞后相位与自身的阻尼系数 ζ 和自振荡角频率 ω_0 有关。因而根据实际应用的需要即频率响应要求，合理地确定阻尼系数 ζ 和自振荡角频率 ω_0，是仪表设计中的主要任务。

10.6.2　频率响应 Bode 图分析

众所周知，Bode 图是进行控制系统频域分析的常用且最简便的工具。将仪表看作是一个控制子系统来进行频域分析，是在这里引述该方法的主要原因；同时，也是为了将仪表融入整个控制系统中，以便进行整体的频域分析，更好地设计系统性能。

Bode 图是使用半对数坐标纸，以对数坐标为横坐标表示频率 ω，以线性坐标为纵坐标表示幅值 $20\lg|W(\mathrm{j}\omega)|$ 和相位 φ，由此而得到的描述频域特性的曲线，它由幅值曲线和相

位曲线两部分组成。使用中，Bode 图的幅值曲线常以直线线段的组合来描述其特性，它是频率响应幅值特性曲线的近似，是一种既简便又实用的近似。

通过分析频率响应 Bode 图，可了解仪表的动态增益和相位差随频率变化的情况、稳定性程度和工作频带等。

以具有 2 阶特性即振荡环节的仪表为例，其传递函数如 10.3.2 小节中的式(10-18)所述。图 10-11 给出了在仪表增益 $K=1$、阻尼系数 $\zeta=2$ 和自振荡角频率 $\omega_0=2$ 时的 Bode 图。从图中可以看到，仪表动态增益分别从 $\omega=0.54$ 和 $\omega=7.5$ 两个频率点开始，下降速率在原速率的基础上各递增了 20db/dec，从而对频率在 0.54Hz 以上的输入信号，仪表能提供的动态增益逐渐减小，即保持输入信号无损通过的能力在逐渐下降；同时本仪表对输入信号有滞后作用，且滞后作用随输入信号频率的增加而增大。可见，具有 2 阶特性的仪表具有良好的低通性能，但对高频输入信号则存在抑制作用。

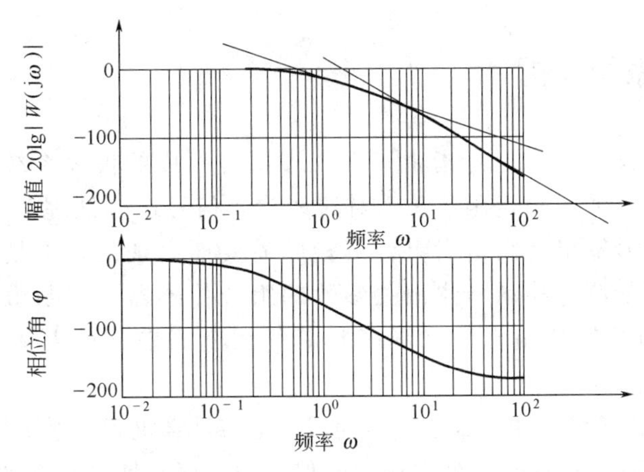

图 10-11　2 阶特性仪表频率响应 Bode 图

10.6.3　频带分析

进一步地，在对仪表进行频域分析时，亦可通过其频率响应曲线及 Bode 图，确定该仪表的正常工作频带范围。这是仪表性能频域分析的另一重要应用。

分析上一小节的仪表实例，假设该仪表的主要功能是起测量作用，或是对输入信号进行变送作用，则具有良好的低通特性是必须的要求。从其频域响应的 Bode 图（图 10-11）中可以看出，保证仪表动态增益的变化小于 5% 的频率点约为 0.54Hz，此时引入的相位差也只有约 30°。由此可以确定仪表的正常工作频带为 0～0.54Hz。显然，该仪表的工作频带过小，使用范围较窄。因此，在此类仪表的设计过程中，应尽量提高其工作频带，以增大应用范围。

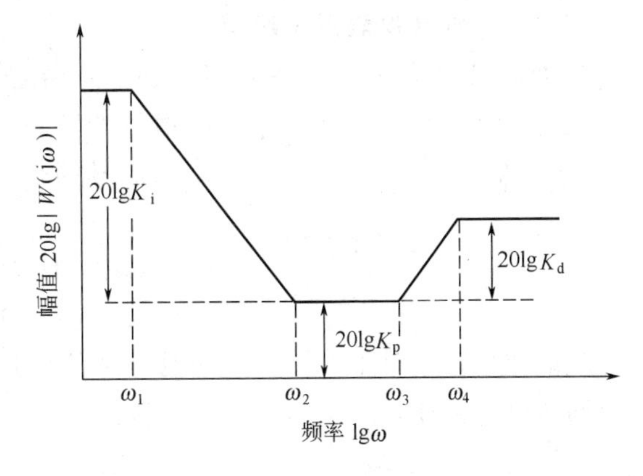

图 10-12　PID 调节器频率响应幅值曲线

再考虑一般控制系统不可缺少的 PID 调节器，分析其各种效应的工作频带。以实际 PID 调节器为例，其传递函数可表示为：

$$W(s)=\frac{Y(s)}{U(s)}=K_p\cdot\frac{1+\frac{1}{T_i}s+T_d s}{1+\frac{1}{K_i T_i}s+\frac{T_d}{K_d}s} \tag{10-36}$$

式中，K_p 为比例增益；K_i 和 K_d 分别为积分和微分增益；T_i 和 T_d 分别为积分和微分时间。实际 PID 调节器的幅值频域效应 Bode 图如图 10-12 所示。由图可知，调节器的幅值曲线在 4 个频率点出现转折，它们分别是：

$$\omega_1=\frac{1}{K_i T_i},\quad \omega_2=\frac{1}{T_i},\quad \omega_3=\frac{1}{T_d},\quad \omega_4=\frac{1}{K_d T_d} \tag{10-37}$$

在低频段，调节器应保持较大的增益，以消除静差，此时积分环节发挥主要作用，其工作频带范围应为 $\omega<\omega_2$；而在高频段，调节器保持一定的增益则主要是发挥微分作用的效应，以提前消除高频信号的影响，此时微分环节的工作频带范围应为$\omega>\omega_3$。

10.7　混合仪表系统浅析

这里所说的混合仪表系统，是指由多个仪表组合而成的仪表系统，主要完成对多个输入信号的组合测量，或按一定函数关系对这些输入信号进行处理，并将结果显示出来，或将结果作为输出信号输出。它是应组合测量的需要而出现的，更是新型的传感器融合技术的发展产物。例如测量移动物体相关参数的组合传感器，判断敏感气体的传感器阵列，以及正在研究和开发的由温度、湿度和氧气浓度等来分析人体舒适度的舒适度分析仪。

混合仪表系统可由传统的单一仪表组合而成。随着计算机和微电子技术的发展，现在也可将多个完成单一仪表功能的模块集成在一台仪表中，而其性能仍等效于多个仪表的组合效果。

目前，由于传感器融合技术的发展还不完善，由此产生的混合仪表系统的应用也就不够广泛，许多方法和工具还在探索和尝试中，故本节只对这种仪表系统的基本分析方法作简要阐述。

10.7.1　混合仪表系统建模

根据混合仪表系统需要对多个输入信号进行一定的组合和函数处理，并获得多个输出信号的特点，其基本结构可用图 10-13 加以描述，且输入信号和输出信号间存在函数关系：

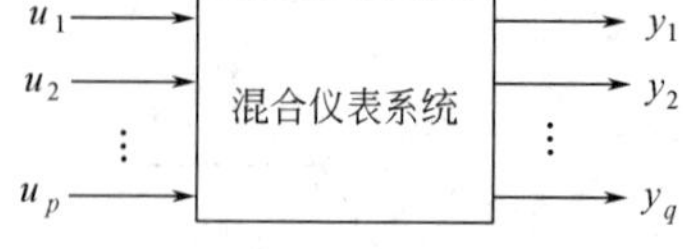

图 10-13　混合仪表系统结构图

$$\boldsymbol{Y}=F(\boldsymbol{U}) \tag{10-38}$$

式中，$\boldsymbol{U}$ 为输入矢量；$\boldsymbol{Y}$ 为输出矢量；而 $F(\cdot)$则表示输出矢量对于输入矢量的函数依赖关系。

考虑线性定常时不变情况下的混合仪表系统，并引入状态变量 $\boldsymbol{X}$，则式(10-38) 可用状态空间法进行描述，且一般地可表示为：

$$\begin{cases}\dot{\boldsymbol{X}}=\boldsymbol{AX}+\boldsymbol{BU}\\ \boldsymbol{Y}=\boldsymbol{CX}+\boldsymbol{DU}\end{cases} \tag{10-39}$$

假定混合仪表系统的输入矢量为 p 维，输出矢量为 q 维，则式(10-39) 可展开为：

$$\begin{cases}\begin{bmatrix}\dot{x}_1\\ \dot{x}_2\\ \vdots\\ \dot{x}_r\end{bmatrix}=\begin{bmatrix}a_{11} & a_{12} & \cdots & a_{1r}\\ a_{21} & a_{22} & \cdots & a_{2r}\\ \vdots & \vdots & \ddots & \vdots\\ a_{r1} & a_{r2} & \cdots & a_{rr}\end{bmatrix}\begin{bmatrix}x_1\\ x_2\\ \vdots\\ x_r\end{bmatrix}+\begin{bmatrix}b_{11} & b_{12} & \cdots & b_{1p}\\ b_{21} & b_{22} & \cdots & b_{2p}\\ \vdots & \vdots & \ddots & \vdots\\ b_{r1} & b_{r2} & \cdots & b_{pp}\end{bmatrix}\begin{bmatrix}u_1\\ u_2\\ \vdots\\ u_p\end{bmatrix}\\ \begin{bmatrix}y_1\\ y_2\\ \vdots\\ y_q\end{bmatrix}=\begin{bmatrix}c_{11} & c_{12} & \cdots & c_{1r}\\ c_{21} & c_{22} & \cdots & c_{2r}\\ \vdots & \vdots & \ddots & \vdots\\ c_{q1} & c_{q2} & \cdots & c_{qr}\end{bmatrix}\begin{bmatrix}x_1\\ x_2\\ \vdots\\ x_r\end{bmatrix}+\begin{bmatrix}d_{11} & d_{12} & \cdots & d_{1p}\\ d_{21} & d_{22} & \cdots & d_{2p}\\ \vdots & \vdots & \ddots & \vdots\\ d_{q1} & d_{q2} & \cdots & d_{qp}\end{bmatrix}\begin{bmatrix}u_1\\ u_2\\ \vdots\\ u_p\end{bmatrix}\end{cases} \tag{10-40}$$

这里的状态变量维数由各仪表的传递函数阶数所决定，它等于系统中各仪表传递函数阶数的总和，记为 r。显然有 $\boldsymbol{X}=[x_1\ x_2\ \cdots\ x_r]^{\mathrm{T}}$，$\boldsymbol{U}=[u_1\ u_2\ \cdots\ u_p]^{\mathrm{T}}$ 和 $\boldsymbol{Y}=[y_1\ y_2\ \cdots\ y_q]^{\mathrm{T}}$。

特别地，当所有单一仪表都是 0 阶系统即比例环节时，混合仪表系统不包含中间状态变量 $\boldsymbol{X}$，此时上式简化为：

$$\boldsymbol{Y}=\begin{bmatrix}y_1\\ y_2\\ \vdots\\ y_q\end{bmatrix}=\boldsymbol{DU}=\begin{bmatrix}d_{11} & d_{12} & \cdots & d_{1p}\\ d_{21} & d_{22} & \cdots & d_{2p}\\ \vdots & \vdots & \ddots & \vdots\\ d_{q1} & d_{q2} & \cdots & d_{qp}\end{bmatrix}\begin{bmatrix}u_1\\ u_2\\ \vdots\\ u_p\end{bmatrix} \tag{10-41}$$

这是常见且最直观的混合仪表系统形式。

10.7.2 时域分析

由于混合仪表系统是一个多输入多输出系统，其性能的分析不同于前面所述的单输入单输出系统。

对于多输入多输出的系统，阶跃扰动是常规且较为有效的时域性能分析方法。通过分别单独对每一输入通道施以阶跃扰动，并观察和分析所有输出通道的响应曲线，可较好地了解每个输出通道相对于各输入通道的响应特性，然后综合分析所有的响应结果，即可获知整个系统的时域特性。

对混合仪表系统进行阶跃扰动响应分析的具体步骤主要包括：

① 每次对一个输入通道施以允许幅值范围内的阶跃扰动，其他输入通道设定为零输入，并记录所有输出通道响应的过渡过程曲线；

② 重复步骤①的工作，依次完成对所有输入通道的阶跃扰动测试；

③ 分析所有输出通道相对于各输入通道的阶跃响应特性，主要包括过渡过程曲线的衰减率、过渡过程时间和静差等；

④ 确定耦合程度较大的输入输出通道，分析确定这些输入输出通道间的阶跃扰动响应参数，这些参数即为本系统主要的时域性能指标。

10.7.3 频域分析

可采用正弦扰动的方法分析一般混合仪表系统的过渡过程。这种方法既适用于线性定常时不变系统，也适用于其他各种系统，包括非线性，因而是多输入多输出系统常用的一种频域分析方法。其原理与时域内的阶跃扰动响应过渡过程的分析方法类似，具体实施步骤如下：

① 每次对一个输入通道施以允许幅值范围内的正弦扰动 $u_i(t)=U_i\sin\omega_i t$（$i=1,2,\cdots,$

p)，其他输入通道设定为零输入，并记录所有输出通道响应的过渡过程曲线；

② 重复步骤①的工作，依次完成对所有输入通道的正弦扰动测试；

③ 分析所有输出通道相对于各输入通道的正弦响应特性曲线，主要包括过渡过程曲线的幅值和相对于正弦扰动的相位差；

④ 确定耦合程度较大的输入输出通道，分析确定这些输入输出通道间的正弦扰动响应参数，这些参数即为本系统主要的频域性能指标。

当混合仪表系统满足线性定常时不变要求时，也可采用 Bode 图方法对其进行频域分析。该方法是基于频域模型进行的，对于多输入多输出系统来说，其频域模型常采用传递函数和状态空间法进行描述。使用 MATLAB 软件包可方便地进行有关的频域分析，该软件包可绘出指定的输出通道相对于特定的输入通道的 Bode 图，从而获得相关的频域性能指标，如动态增益、相位差、工作频带、系统稳定性等。

思考题与习题

10-1　常用仪表是如何进行分类的？各有什么特点？

10-2　仪表各功能模块的连接方式有哪两种？其主要区别是什么？

10-3　DDZ-Ⅱ型和 DDZ-Ⅲ型电动单元组合仪表的主要外特性是什么？

10-4　对常用仪表的输入输出特性进行线性化处理有哪些方法？

10-5　在分析仪表特性时，在什么情况下需要使用离散模型？

10-6　在仪表特性时域分析中的稳态误差是如何定义的？它在特性分析中起何种作用？

10-7　如何建立由多台仪表组成的混合仪表系统模型？如何进行混合仪表系统的时域和频域分析？

10-8　用频域方法对仪表进行特性分析时可获得哪些特性？

10-9　仪表系统的时域模型、频域模型和离散模型之间存在什么关系？彼此如何进行转换？

11 变送单元

变送单元在控制系统中起着重要的作用，它将各种过程参数如温度、压力、流量、液位等转换成相应的统一标准信号，以供系统显示或进行下一步的调整控制所用。在任何系统的自动控制中变送器都是首要环节和重要组成部分，因为只有获得了精确和可靠的过程参数，才能进行准确的数据处理，进而才能实现满意的控制效果。

按被测参数划分，变送器可分为压力变送器、差压变送器、温度变送器、流量变送器、液位变送器和湿度变送器等。本章首先讨论变送器的构成和工作原理，然后结合典型的差压变送器和温度变送器实例，从变送器发展过程的角度进行功能分析。微电子技术的不断发展和现场级控制系统的网络化，使得变送器从原理和实现上都有了新的发展，本章在分析常规变送器的基础上，还将结合几种新型变送器简要分析变送器的发展趋势。

11.1 常用变送器工作原理

11.1.1 常用变送器结构分析

纵观各种常用变送器，其工作可分为基于闭环和开环两种模式，因而其结构亦按这两种方式划分。

基于闭环模式工作的变送器，具有深度负反馈效应，其结构主要分为测量环节、放大环节和反馈环节三部分，如图 11-1 所示。其中调整环节是变送器的辅助构件，当它存在时主要起调零和零点迁移作用。

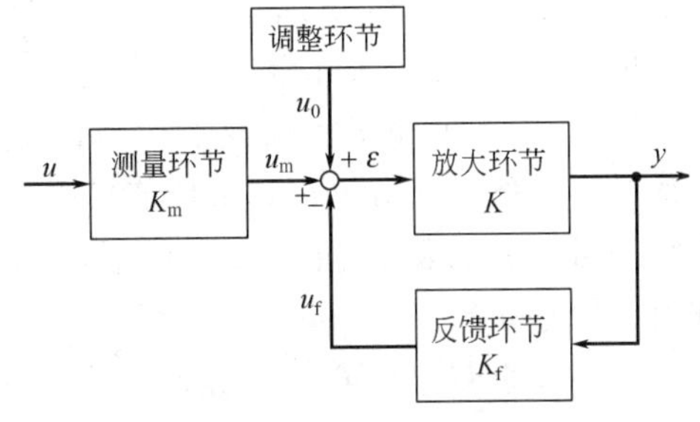

图 11-1 闭环模式变送器结构图

用 K_m 表示测量环节的静态放大倍数，K_f 表示反馈环节的静态放大倍数，K 表示放大环节的静态放大倍数，并将调整环节的调整信号记为 u_0，则变送器的输入 u 与输出 y 之间存在如下的关系：

$$y=\frac{K}{1+KK_f}(K_m u+u_0) \tag{11-1}$$

考虑 K 足够大，则上式可简化为：

$$y\approx\frac{1}{K_f}(K_m u+u_0) \tag{11-2}$$

此时有：

$$\begin{aligned}\varepsilon&=u_m+u_0-u_f=(K_m u+u_0)-K_f y\\&\approx(K_m u+u_0)-K_f\cdot\frac{1}{K_f}(K_m u+u_0)=0\end{aligned} \tag{11-3}$$

即
$$u_m+u_0\approx u_f \tag{11-4}$$

由此可知，当式(11-4) 得到满足时，变送器即达到平衡工作状态。如保持此平衡的是力矩，则是力矩平衡；如保持此平衡的是电量，则是电平衡。

同时，由式(11-4)可知，在放大环节的静态放大倍数 K 足够大时，变送输出与输入间的关系主要取决于测量环节和反馈环节的特性，而与放大环节的特性无关。如果测量环节的静态放大倍数 K_m 和反馈环节的静态放大倍数 K_f 都是常数，则变送器的输入输出特性可保持线性关系。显然，如果测量环节的静态放大倍数 K_m 不是常数，且具有非线性特性，则可通过选择同样具有非线性特性的反馈环节，使其非线性特性能够补偿因测量环节所带来的非线性因素，从而使变送器的整体特性线性化。

基于开环模式的变送器，其结构较为简单，如图 11-2 所示，主要由测量环节和放大环节组成。其中作为变送器辅助构件的调整环节，通常集成在放大环节中，以实现对零点的调整和迁移。

u → 测量环节 → 放大环节 → y

图 11-2　开环模式变送器结构图

这种变送器的工作原理十分简单，没有反馈机构及传递装置，将传感器测量出的参数变化直接引入放大电路，然后再转换成所需的标准电流输出。它适用于小型化的新型变送器，可以克服力平衡式变送器的固有缺点，其精度、稳定性、可靠性等都有所提高。典型的应用如微小位移型压力变送器、微电子型变送器等。

下面各小节将就常规闭环和开环变送器的常用工作原理作较为详细的分析。

11.1.2　力矩平衡式原理

采用力矩平衡方式进行工作的变送器，通常是借助矢量机构或复合杠杆来完成式(11-4)所述的平衡的。为规范工作机理的说明，不失一般性在此选用单杠杆系统进行原理分析，如图 11-3 所示。其中，F_i 表示变送器输入 u_i 经转换环节变换后的等效力，F_0 表示起调零和零点迁移作用的等效力，F_f 表示深度负反馈所形成的作用力。杠杆的微小位移 ε 则由位移测量环节采用一定的方式进行测量，并将测量结果放大后形成输出信号 y 和反馈信号 u_f。

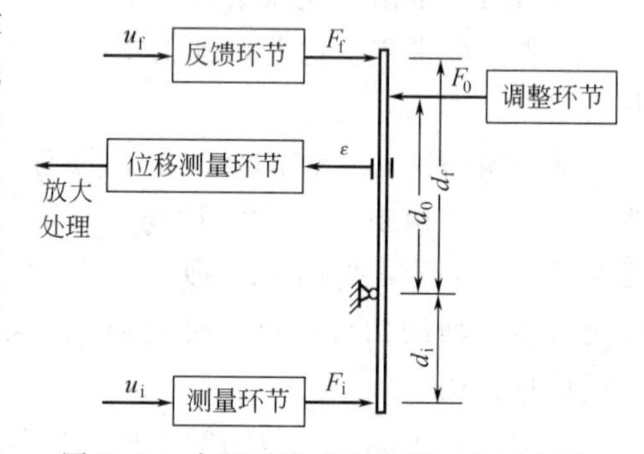

图 11-3　力矩平衡式变送器工作原理图

由上一小节分析可知，当变送器静态放大倍数 K 足够大时，系统达到相对平衡状态，即满足式(11-4)，此时有 $\varepsilon \approx 0$。于是将平衡信号等效成作用在杠杆上的力矩，则有：

$$F_i d_i + F_0 d_0 \approx F_f d_f \tag{11-5}$$

式中，d_i 为输入等效力距杠杆支点的距离；d_0 为调整等效力距杠杆支点的距离；d_f 为反馈等效力距杠杆支点的距离。同时，杠杆微小位移 ε 由位移测量环节测量获得，经一定处理生成反馈等效力 F_f 和变送器输出信号 y。

所以，基于力矩平衡式的变送器，其工作原理的核心就在于如何将各种信号转换成等效的力矩，并测量出这些力矩达到相对平衡时所产生的微小位移，以备变送器进行放大和后处理。由于力矩的特殊性能，这种原理主要应用在差压变送器中。

11.1.3　桥式电路原理

图 11-4 给出了典型的桥式应用电路，其中 E 表示电源，ΔV 表示输出，a 和 b 两点间的电势差用 v_{ab} 表示。则根据桥式电路的特性可知，当电桥达到平衡时，其输出为零即 $\Delta V=0$，此时存在如下关系式：

$$R_1 R_4 = R_2 R_3 \tag{11-6}$$

由于桥式电路自身带有电源 E，当其工作在平衡状态附近，且外部负载电阻相对较大时，电桥对外部的输出电流很小可忽略不计，因而此时可认为提供的是纯电动势 ΔV。这是桥式电路能够应用到多数仪器仪表中的主要原因。

利用桥式电路的以上特性，将变送器的调整环节和反馈环节与之有机结合，即可应用形成电平衡式的变送器。实际上，桥式电路在变送器中的应用以非平衡式电桥为主。

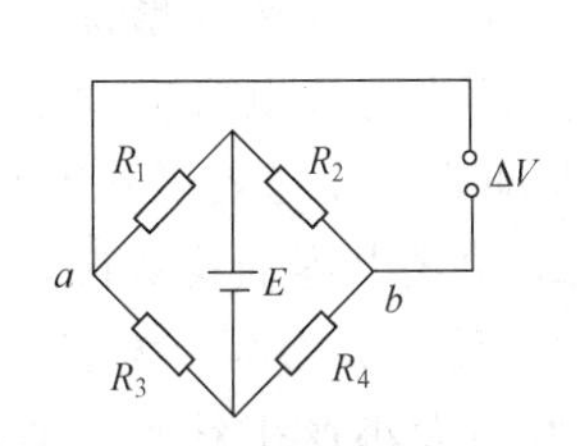

图 11-4 典型桥式应用电路

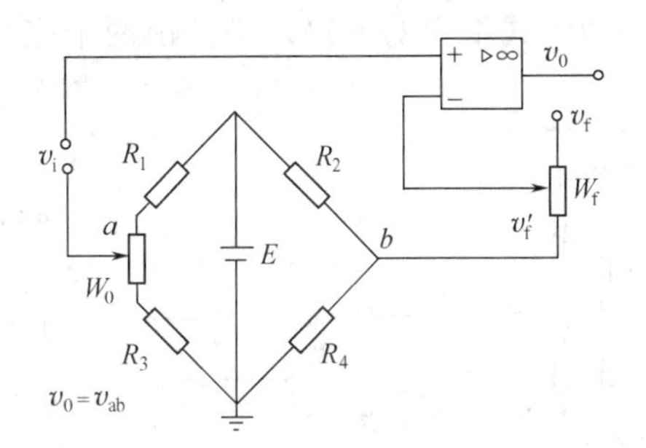

图 11-5 平衡式电桥原理示意

考虑将输入电动势信号与桥式电路的输出电动势进行叠加的方式，于是可得如图 11-5 所示的基于桥式电路的变送器工作原理图。这种原理主要应用在以热电偶为测温元件的温度变送器中。

图中的“运放”符号代表所有的放大环节，它具有正相和负相输入端。v_i 是输入电动势，它置于电桥外部，通过放大环节的正相端和 a 点引入电桥。v_f 是总的反馈电动势，它在滑动电位器 W_f 的调整变化成 v'_f 后，通过放大环节的负相端和 b 点引入电桥。由于反馈电动势是通过负相端引入电桥的，因而构成了负反馈模式。滑动电位器 W_0 是起调零作用的，它的变化始终保证 a 和 b 两点间的电势差即为调整环节引入的电动势 v_0。于是式(11-4)等效为：

$$v_i+v_{ab}=v_i+v_0\approx v'_f \tag{11-7}$$

即通过非平衡式电桥的作用，保证了变送器电平衡原理的实现。

也可将输入传感器直接作为电桥的一个桥臂，即将输入电动势直接引入电桥的一个桥臂，如图 11-6 所示的基于桥式电路的变送器工作原理图。这种原理主要应用在以热电阻为测温元件的温度变送器中。

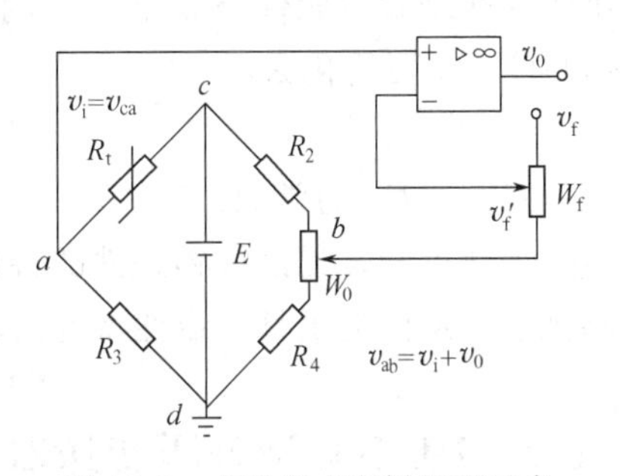

图 11-6 非平衡式电桥原理示意

将被测电动势信号直接引入桥臂的变送器工作原理与将被测电动势信号置于桥路之外的变送器工作原理有很大的相似。只是在图 11-6 所示的桥路中，桥臂电阻 R_1 由热电阻 R_t 所代替，它直接将输入电动势 v_i 的变化引入到电桥中。同时调零电位器 W_0 从电桥的 a 点移到了 b 点。于是电桥 a 和 b 两点间的电势差，不只是调整环节引入的电动势 v_0，而是调整环节电动势 v_0 和输入电动势 v_i 两者的和。于是式(11-4) 等效为：

$$v_{ab}=v_i+v_0\approx v'_f \tag{11-8}$$

即通过非平衡式电桥的作用，保证了变送器电平衡原理的实现。

11.1.4 差动方式原理

差动方式原理主要用于开环模式的变送器，如电容式或电感式差压变送器。它在变送器中的应用，是因为采用某些物理特性如电容、电感、互感等进行测量时，其固有的非线性妨碍了常规方法的使用，而差动方式则可以自动补偿使其特性线性化。但要保证差动方式的正常工作，常常又使得作为变送器测量环节的敏感元件，由于其固有的特性要求而只能提供微小的变化范围。这是差动式变送器的固有缺点，但正好适用于只允许产生微小位移变化的某些被测参数对象的测量。

以差动方式工作的前提是必须由两个完全对称且性能相同的敏感元件组成。当被测参数对象引起位移时，一个敏感元件的特性增加，另一个敏感元件的特性则减少，且特性增加和减少的量相同，而方向相反。以差动式电容变送器的测量环节为例来说明基于差动式的变送器工作原理。图 11-7 中的（a）给出了差动式电容的构成图，其中极板 1 和极板 3 固定不动，极板 2 为两个电容所共有，并可根据被测量如压力的大小产生移动。假设初始状态时极板 2 处在两个电容的中间位置，因而当极板 2 有 Δd 的位移时，左边电容 C_1 的极板间距增加 Δd，同时右边电容 C_2 的极板间距则减少 Δd，从而构成差动方式的结构。

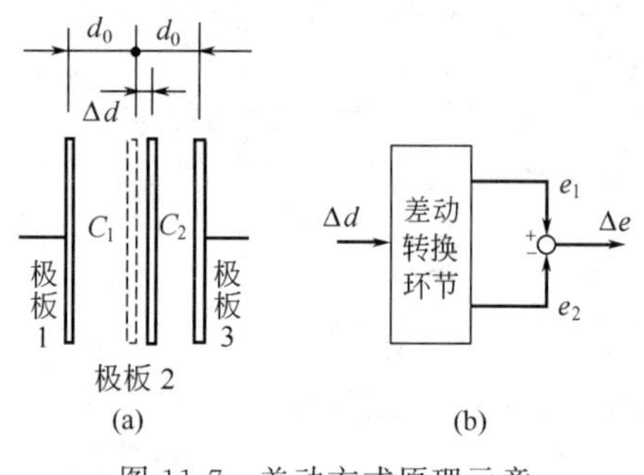

图 11-7　差动方式原理示意

以 f 表示位移量 d 与敏感元件输出 e 之间的函数关系，即

$$e=f(d) \tag{11-9}$$

考虑两个敏感元件特性的对称性，且以 d_0 表示敏感元件的初始状态，则有：

$$\begin{cases} e_1=f(d_0+\Delta d) \\ e_2=f(d_0-\Delta d) \end{cases} \tag{11-10}$$

由图 11-7 中的（b）所示的原理示意图可得测量环节的总输出为：

$$\Delta e=e_1-e_2=f(d_0+\Delta d)-f(d_0+\Delta d) \tag{11-11}$$

由于这两个敏感元件是完全对称的，则其初始状态特性在式(11-11）中将得到抵消，即式(11-11）总可简化为：

$$\Delta e=K_e \cdot \Delta d \tag{11-12}$$

式中，K_e 为常数。

由此可知，无论敏感元件的特性是线性的还是非线性的，均可在采用差动方式时得到自动抵消，从而提供具有线性特性的输入输出关系。

11.2　DDZ-Ⅲ型差压变送器

DDZ-Ⅲ型差压变送器是基于力矩平衡原理工作的，主要由机械部件和振荡放大电路两部分组成。

DDZ-Ⅲ型差压变送器的结构如图 11-8 所示。当被测压力通过高压室和低压室的比较生成压差 $\Delta p=p_1-p_2$ 后，该压差作用在具有一定有效面积的敏感元件上，形成作用力 F_i。该作用力作用在主杠杆的下端，以密封膜片为支点推动主杠杆按逆时针方向偏转，其结果形成力 F_1 推动矢量机构沿水平方向移动。由于如图 11-9 中的（a）所示矢量机构的存在及其力的合成作用，及水平方向的力 F_1 由向上的力 F_2 和斜向的力 F_3 合成，于是力 F_1 产生有向上的分力 F_2。分力 F_2 的作用是牵引副杠杆以为 O_2 支点按顺时针方向偏转，使固定在副杠杆上的检测片移近差动变压器，使其气隙减小，此时差动变压器的输出电压增大，并通过放大器使采用标准制式 4～20mA 的输出电流 I_o 增大。同时输出电流流过反馈线圈，在永久磁钢的作用下产生反馈力 F_f，该反馈力作用在副杠杆上使其按逆时针方向偏转。于是，当反馈力 F_f 与作用力 F_2 在副杠杆上形成的力矩达到平衡时，杠杆系统保持稳定状态，从而最终使输出电流信号能反映被测差压的大小。

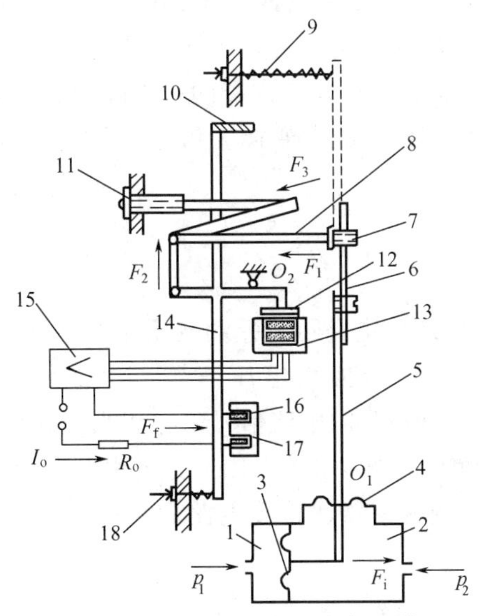

图 11-8 DDZ-Ⅲ型差压变送器结构

1—高压室；2—低压室；3—膜片或膜盒；4—密封膜片；5—主杠杆；6—过载保护簧片；7—静压调整螺钉；8—矢量机构；9—零点迁移弹簧；10—平衡锤；11—量程调整螺钉；12—检测片；13—差动变压器；14—副杠杆；15—放大器；16—反馈线圈；17—永久磁钢；18—调零弹簧

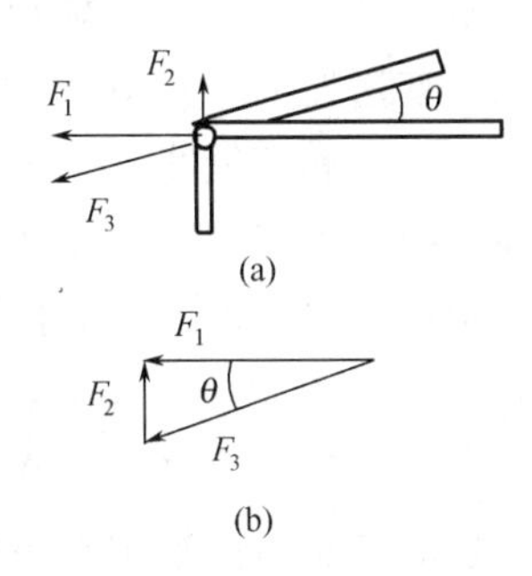

图 11-9 矢量机构示意图及受力分析

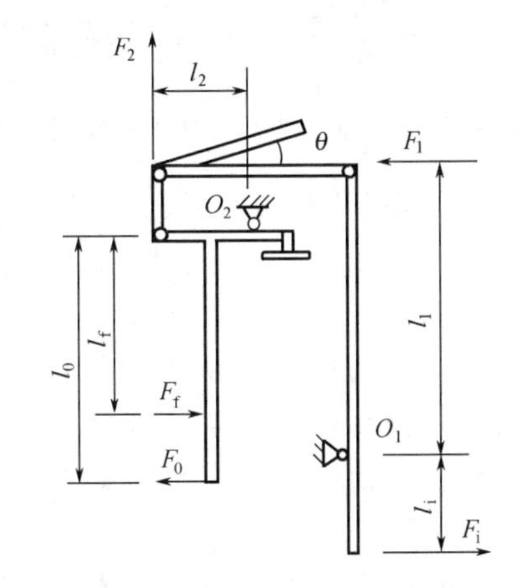

图 11-10 杠杆及矢量机构受力图

根据以上分析并简化可得杠杆及矢量机构的受力分析结果，如图 11-10 所示。于是以 O_1 为支点的杠杆存在力矩关系：

$$F_1 l_1 = F_i l_i = A \cdot \Delta p \cdot l_i = A l_i \cdot \Delta p \tag{11-13}$$

式中，A 为敏感元件的有效面积。考虑矢量机构力的合成原理如图 11-9 中的（b）所示有：

$$F_2 = F_1 \tan\theta \tag{11-14}$$

式中，θ 为矢量机构的倾斜角。考虑当分力 F_2 作用在副杠杆上时变送器达到平衡状态，于是以 O_2 为支点的形成力矩平衡关系为：

$$F_2 l_2 + F_0 l_0 \approx F_f l_f \tag{11-15}$$

式中，F_0 表示由调零元件产生的零点调整作用力。再考虑反馈线圈的特性有输出电流

I_o 与反馈力 F_f 之间的关系为：

$$F_f=\pi DWB\cdot I_o \tag{11-16}$$

式中，D 为线圈平均直径；W 为线圈匝数；B 为磁场磁感应强度。

所以，综合以上 4 个关系式可得：

$$I_o=\frac{l_i l_2 A\cdot\tan\theta}{l_1 l_f\cdot\pi DWB}\cdot\Delta p+\frac{l_0}{l_f\cdot\pi DWB}\cdot F_0=\frac{K_i\cdot\tan\theta}{K_f}\cdot\Delta p+\frac{K_o}{K_f}\cdot F_0 \tag{11-17}$$

其中输入系数 $K_i=l_i l_2 A/l_1 l_f$、输出 $K_o=l_0/l_f$ 和反馈线圈系数 $K_f=\pi DWB$。

由此可见，变送器的输出电流 I_o 与被测压差 Δp 成正比，具有线性特性。同时当调整矢量机构的倾斜角 θ 和反馈线圈系数中的线圈匝数 W 时，可使变送器的量程改变。一般地，矢量机构的倾斜角 θ 可在 4°～15°间调整，反馈线圈匝数可最大变换 3 倍，于是变送器的最大量程与最小量程的比值可达到的倍数为：

$$\frac{\tan 15^\circ}{\tan 4^\circ}\times 3=3.8\times 3=11.4$$

在以上分析的机械力矩平衡系统的基础上，振荡放大电路可将差动变压器上检测片的微小位移转换为电压信号，并放大转换为 4～20mA 的电流信号。它相当于位移检测和功率放大电路，因而主要由差动变压器、低频振荡器、检波电路和功率放大器 4 部分组成，其功能模块结构如图 11-11 所示。

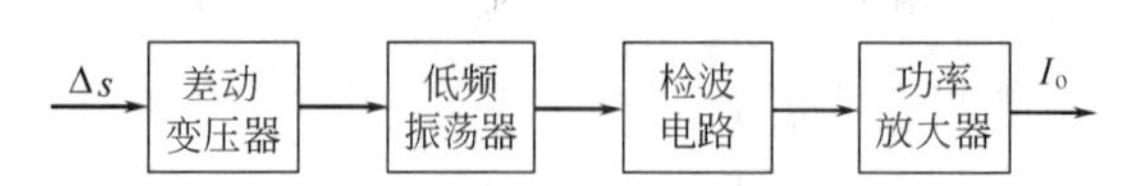

图 11-11 DDZ-Ⅲ型差压变送器功能模块框图

当被测压差 Δp 经力矩平衡系统转换成差动变压器上检测片的位移 Δs 后，差动变压器将该位移转变为变压器的输出电压。同时借助变压器输出端的电感效应，与配接电容形成低频振荡回路，从而使振荡频率与变压器输出电压保持相应的对应关系。检波电路从低频振荡器中获取交变信号，最后再由功率放大电路放大成标准的输出电流，并由串接在输出回路上的电阻分取反馈电压，以形成反馈力矩使变送器达到平衡工作状态。

由Ⅲ型电动组合单元仪表的特性可知，以矢量机构工作原理实现的变送器具有安全火花防爆特性。一方面由于Ⅲ型变送器采用低压直流 24V DC 集中供电，并设置了安全栅；另一方面在其设计过程中还采用了其他相应的措施，包括尽可能少用储能元件。如确实需要采用储能元件，储能元件的能量须限制在安全定额以内；同时储能元件应具有放电回路，以避免产生非安全火花。

Ⅲ型变送器的另一重要特点是它的两线制，这是由 DDZ-Ⅲ型电动组合单元仪表的固有特性决定的。由于Ⅲ型仪表采用直流集中供电方式，使得此类变送器可以将直流 24V 电源、差压变送器、250Ω 电阻三者串联起来，从而可以根据压差的大小决定所通过的电流大小，并将 250Ω 电阻两端的电压传递给下一级仪表，作为下一级仪表的输入。Ⅲ型仪表的两线制结构如图 11-12 所示。

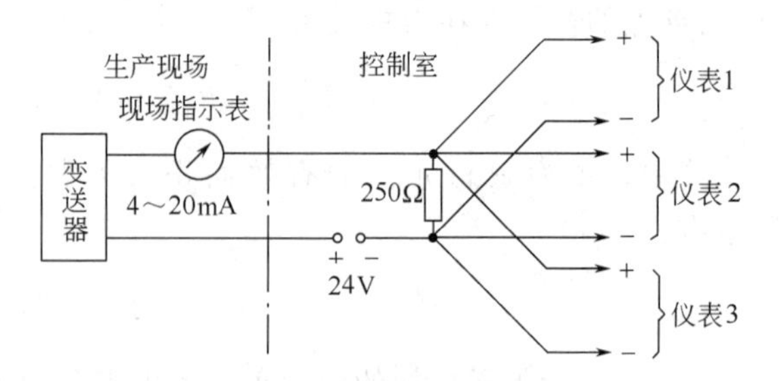

图 11-12 DDZ-Ⅲ型变送器两线制结构示意

11.3　DDZ-Ⅲ型温度变送器

常规的DDZ-Ⅲ型系列温度变送器包括直流毫伏变送器、热电偶温度变送器和热电阻温度变送器。前一种是将直流毫伏信号转换为4～20mA或1～5V的仪表，而后两种则用于与热电偶和热电阻测温元件配合，实现对温度的测量，并以与温度成线性正比的电流和电压信号输出。

Ⅲ型温度变送器主要由输入电路和放大电路两部分组成。放大电路对三类变送器是相通的，但输入电路则因其测温元件或输入信号的不同有所差异。这些差异分别体现在桥式电路、反馈通道和线性化处理电路上。线性化处理电路是Ⅲ型温度变送器的重要特点之一，即经线性化处理后，Ⅲ型温度变送器的输出与被测参数呈线性关系。

11.3.1　直流毫伏输入电路

直流毫伏变送器的输入电路由输入、调零和反馈三部分环节组成，如图11-13所示，分别完成输入信号的接收、变送器零点的调整和反馈信号与输入信号的合成。为便于说明工作原理，将放大电路中的运算放大器包含在了图中。

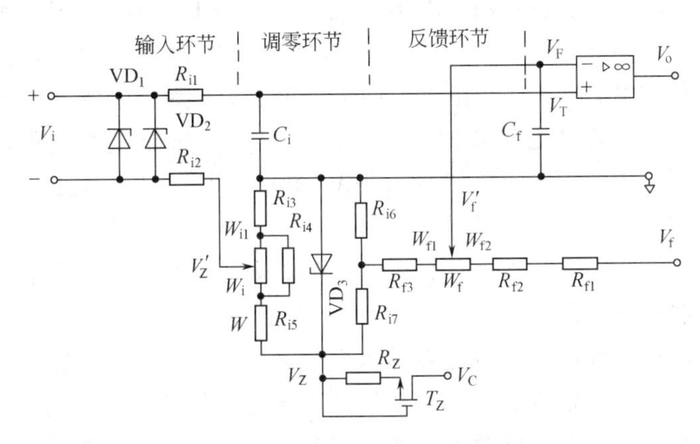

图11-13　直流毫伏变送器输入电路示意

输入环节较为简单，由电阻R_{i1}和R_{i2}以及稳压管VD_1和VD_2组成，主要起限流限压作用，使进入变送器的信号能量限制在安全定额以下。调零环节与电桥结合，在桥路输出端用电位器形成。同时，桥路由恒流电源供电，在稳压管VD_3上产生稳定电压V_Z，以保证电桥工作的稳定性。反馈环节则依托放大电路的运算放大器工作。它通过电阻R_{f1}、R_{f2}和R_{f3}以及电位器W_f，将反馈信号的一部分引入放大器的负向输入端，以达到负反馈的作用。

分析可知，考虑$R_{f1} \ll R_{f2}$，计算中可忽略R_{f1}，此时在放大器正向端存在关系：

$$V_T = V_i + V'_Z = V_i + \frac{W'_{i1} + R_{i3}}{R_{i3} + (W_i // R_{i4}) + R_{i5}} \cdot V_Z \tag{11-18}$$

式中，W'_{i1}表示电位器W_i滑点以上部分的等效电阻，即$W'_{i1} = \frac{W_{i1} \cdot R_{i4}}{W_{i1} + R_{i4}}$；同时，在负向端存在关系：

$$V_F = V'_f = \frac{(R_{i6} // R_{i7}) + R_{f3} + W_{f1}}{(R_{i6} // R_{i7}) + R_{f3} + W_f + R_{f2}} \cdot V_f + \frac{R_{i6}}{R_{i6} + R_{i7}} \cdot \frac{R_{f2} + W_{f2}}{R_{f2} + W_f + R_{f3}} \cdot V_Z \tag{11-19}$$

式中，W_{f1}表示电位器W_f滑点左边部分的电阻；W_{f2}表示电位器W_f滑点右边部分的电阻。由于设计中实际存在关系$R_{i5} \gg (R_{i4} // W_i) + R_{i3}$，$R_{i5} = R_{i7}$，$R_{i7} \gg R_{i6}$和$R_{f2} \gg R_{f3} +$

W_f，于是式(11-18) 和式(11-19) 可简化为：

$$V_T=V_i+\frac{W'_{i1}+R_{i3}}{R_{i5}}\cdot V_Z \tag{11-20}$$

和

$$V_F=\frac{R_{i6}+R_{f3}+W_{f1}}{R_{i6}+R_{f3}+W_f+R_{f2}}\cdot V_f+\frac{R_{i6}}{R_{i5}}\cdot V_Z \tag{11-21}$$

再考虑放大器存在关系 $V_F=V_T$，并定义：

$$\alpha=\frac{W'_{i1}+R_{i3}}{R_{i5}},\ \beta=\frac{R_{i6}+R_{f3}+W_f+R_{f2}}{R_{i6}+R_{f3}+W_{f1}},\ \gamma=\frac{R_{i6}}{R_{i5}}$$

于是由式(11-20) 和式(11-21) 可求得：

$$V_f=\beta\left[V_i+(\alpha-\gamma)V_Z\right] \tag{11-22}$$

由于在放大器的设计时，保证了输出电压 V_o 与反馈电压 V_f 之间存在 5 倍关系，即 $V_o=5V_f$，因此可得整机输出电压 V_o 与输入电压 V_i 之间的关系为：

$$V_o=5\beta\left[V_i+(\alpha-\gamma)V_Z\right] \tag{11-23}$$

由此分析上式可得如下的结论。

① 式中的 $(\alpha-\gamma)V_Z$ 是起调零作用的因子。当 $\alpha>\gamma$ 时，$W'_{i1}+R_{i3}>R_{i6}$，此时得到正向调零信号，可实现负向迁移；反之当 $\alpha<\gamma$ 时，$W'_{i1}+R_{i3}<R_{i6}$，此时得到负向调零信号，可实现正向迁移。单靠 W_f 只能在小范围内调零，更换 R_{i3} 则可大幅度地调零。

② 式中的 5β 为输入输出之间的比例关系，改变 W_{f1} 只能微调量程，改变 R_{f2} 则可粗调。由于输出电压 1～5V 是固定的，β 愈大则 V_i 愈小，即量程范围愈小。

③ 必须注意，改变 W_f 的滑点位置，不仅对量程有影响，对零点亦有影响。同样，调整 W_i 也对量程有一定的关联。因此要求调校时必须反复调整才能得到精度要求。

11.3.2　热电偶输入电路

与热电偶配合进行测温的温度变送器输入电路如图 11-14 所示。它与毫伏信号变送器的输入电路基本相同，仍然由输入、调零和反馈 3 部分环节组成。只是为适应热电偶进行冷端温度补偿的需要，在电阻 R_{i3} 的桥臂上增加了铜电阻 R_{Cu}，因而将调零环节移到了桥路的另一侧。由于热电偶的特性是非线性的，需要在反馈回路中设计用于补偿的非线性环节，以提供线性化的输入输出特性。在该类变送器中是在反馈回路上采用各段斜率不等的线段连成折线来构成的。由实验可知，当折线的段数为 4～6 时，残余误差可小至 0.2%。

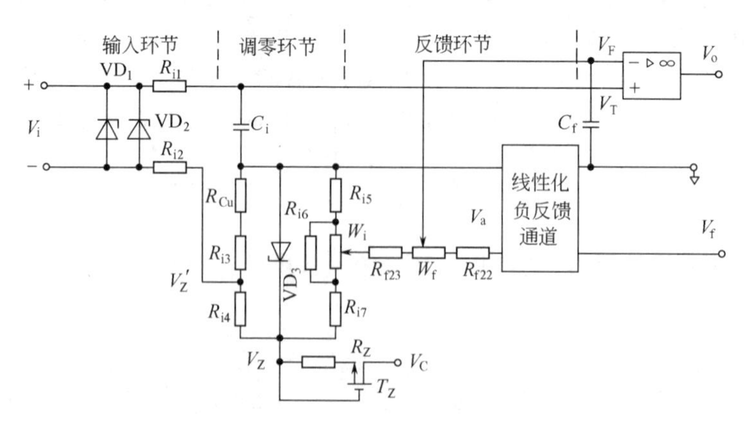

图 11-14　热电偶温度变送器输入电路示意

以图 11-15(a) 所示的四段折线为例实现变送器特性的近似线性化。假设各段折线的

斜率分别为 $\alpha_1,\alpha_2,\alpha_3$ 和 α_4，则其在反馈回路实现的原理如图 11-15（b）所示，并分别对应支路 1、支路 2、支路 3 和支路 4。当反馈信号 V_f 较小处在区域 1 内时，只有支路 1 导通，折线 1 的反馈斜率由支路 1 上的电阻决定；随着反馈信号 V_f 的增大使其进入区域 2，此时除支路 1 导通外，支路 2 也开始导通，致使折线 2 的反馈斜率由支路 1 和支路 2 上的电阻并联决定；当反馈信号 V_f 进入区域 3 时，导通支路又增加支路 3，折线 3 的反馈斜率由已导通的 3 条支路上的电阻并联决定；依此类推，当反馈信号 V_f 进入区域 4 时，4 个支路均导通，折线 4 的反馈斜率由所有支路上的电阻并联决定。

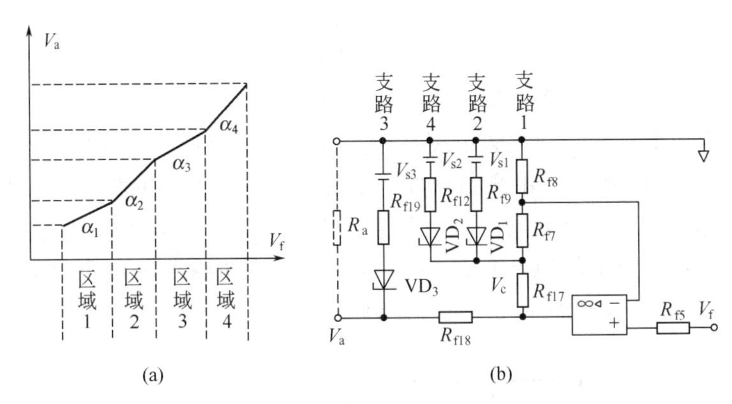

图 11-15　多段折线线性化过程解析示意

总之，用多段折线法来实现线性化的电路主要是利用并联电阻来改变特性曲线各段的斜率，而各段间的拐点则靠基准电压的数值决定。由于这些计算均基于毫伏信号输入电路中分析的内容，故具体过程不在此赘述。

11.3.3　热电阻输入电路

热电阻温度变送器仍由输入、调零和反馈三部分环节组成，但在热电偶温度变送器输入电路的基础上进行了一些调整。这些调整包括采用三线制将热电阻连接到电桥，用电流正反馈方法取代多段折线方法进行特性的线性化处理。其输入电路如图 11-16 所示。

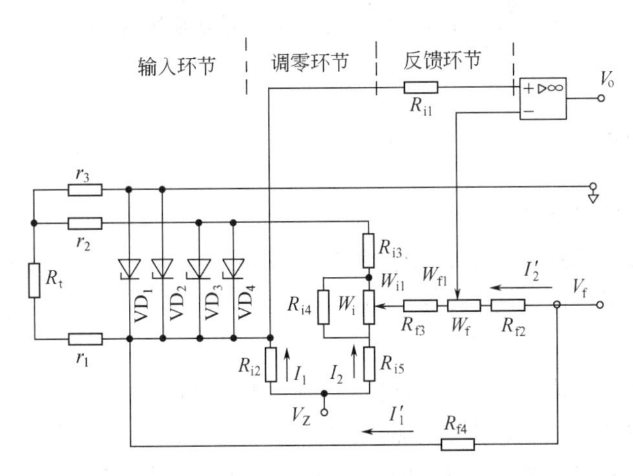

图 11-16　热电阻温度变送器输入电路示意

在热电阻采用三线制连接方式的该类变送器中，每根导线的电阻可分别用 r_1,r_2 和 r_3 表示。为减少引线对测量的误差，特规定每根导线需进行阻抗补偿，即要求三根引线的阻值

r_1，r_2 和 r_3 均补偿到 1Ω。

由于热电阻的特性曲线常呈现上凸形函数关系，即阻值的增加量随温度的升高而逐渐减小，如图 11-17 中的（a）所示，为保持整机特性的线性关系，需要在反馈回路中引入适当的补偿方法。本输入电路采用了直接将反馈电压 V_f 转换成电流 I'_1，并直接注入输入环节的方法，以提供正反馈效应，实现下凸形函数关系如图 11-17 中的（b）所示。由仪表特性线性化原理分析可知，图（b）所述的关系能够补偿图（a）所引起的非线性关系，从而保证整机的线性特性。

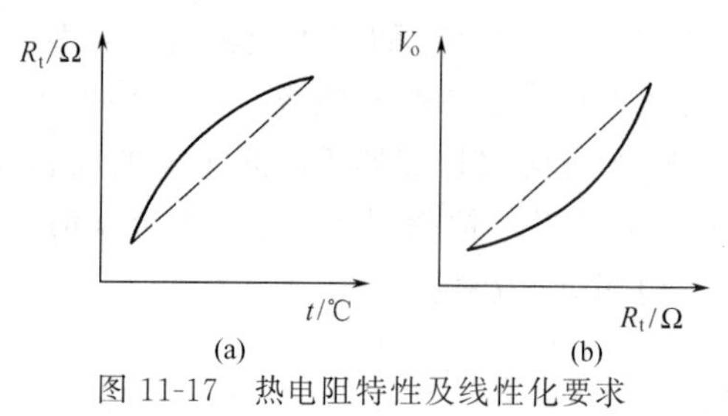

图 11-17　热电阻特性及线性化要求

将以上三种输入电路分别与放大电路连接，即可形成应用于不同场合的温度变送器，其功能模块结构如图 11-18 所示。由测温元件送来的反映温度大小的输入信号 V_i，经与桥路环节的输出信号 V'_Z 和反馈环节的反馈信号 V'_f 相叠加，馈入运算放大器。放大电路将送来的信号进行放大，并将放大了的电压信号再由功率放大器和隔离输出电路转换成标准的 4～20mA 直流电流 I_o 或 1～5V 直流电压 V_o 输出。

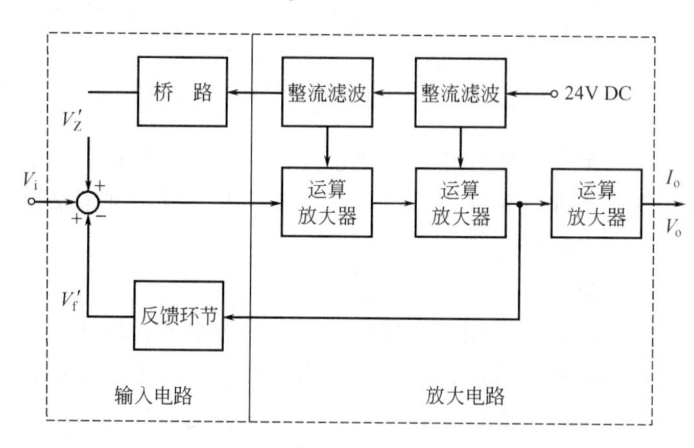

图 11-18　DDZ-Ⅲ型温度变送器功能模块结构图

11.4　新型变送器

11.4.1　微电子式变送器

这里介绍两种微电子式变送器，即扩散硅差压变送器和硅谐振差压变送器。在测量元件的制作上，前者采用了扩散硅工艺，后者采用了蚀刻工艺。

11.4.1.1　*扩散硅差压变送器*

扩散硅差压变送器的测量元件结构比较简单，如图 11-19 所示。整个力敏元件是由两片研磨后胶合成杯状的硅片组成，即图中的硅杯。其上各电阻元件的引线由金属丝引到印刷电路板上，再穿过玻璃密封引出。硅杯两面浸在硅油中，硅油与被测介质间有金属隔离膜分开。被测压力引入测量元件，通过作用在金属隔离膜传递到附着在硅杯上的电阻元件。

图 11-20 给出了扩散硅差压变送器的电路原理。它是利用差压使弹性元件（硅杯底面膜片）变形，然后使用附着在硅杯上的电阻元件将该变形测出，再由不平衡电桥产生电压，经

过转换电路输出标准的 4～20mA 直流电流。图中 R_A,R_B,R_C,R_D 均为应变电阻，其阻值随弹性元件的变形程度而定。适当安排应变电阻的位置，可使得当差压增大时，R_A,R_D 的阻值增大，而 R_B,R_C 的阻值则减小。此时电桥出现不平衡，于是测量电流将该不平衡结果调制放大，最终转换成需要的具有比例关系的电流输出。

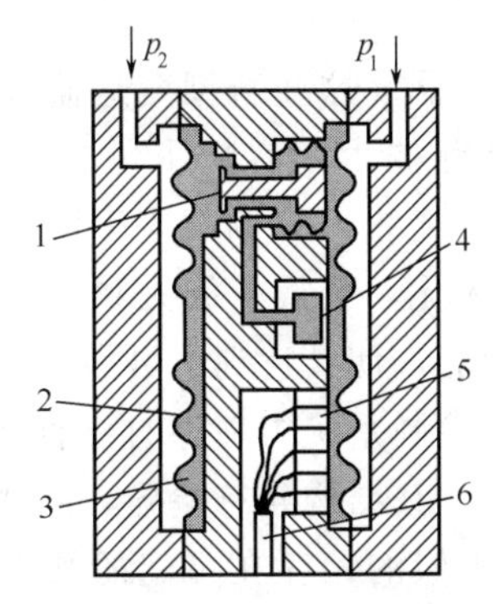

图 11-19 扩散硅传感器结构图

1—过载保护装置；2—金属隔离膜；3—硅油；4—硅杯；5—玻璃密封；6—引出线

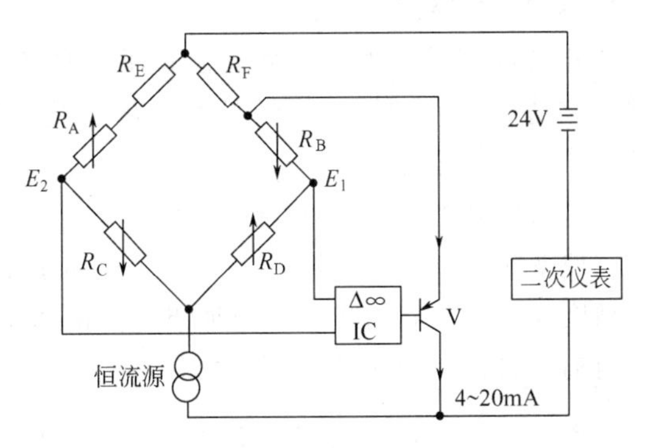

图 11-20 扩散硅差压变送器电路原理图

11.4.1.2 硅谐振差压变送器

硅谐振差压变送器的测量元件是由蚀刻方式制作的“H”形硅梁，它可与放大电路形成振荡电路。由“H”形硅梁构成的测量传感器如图 11-21 所示，当从激励端输入交变激励信号时，测量端将会因耦合效应而有相应的交变信号输出。

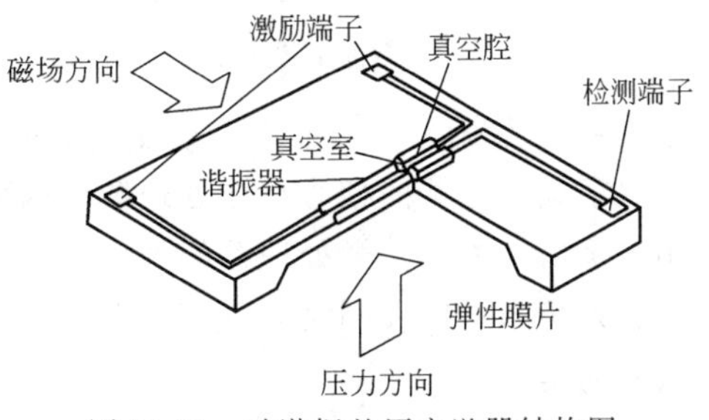

图 11-21 硅谐振差压变送器结构图

硅谐振差压变送器的基本工作原理如图 11-22 中的（a）所示。在弹性膜片上蚀刻有两个“H”形硅梁，分别与其对应的振荡电路连接。利用差压造成弹性元件（膜片）变形，附着在其上的“H”形硅梁亦发生变形，使得与硅梁相连的振荡电路的振荡频率发生变化，从而通过测量该振荡频率的变化来实现高精度的差压测量，并经过转换电路输出标准的 4～20mA 直流电流。图中的两个“H”形硅梁传感器处于不同位置，一个位于膜片中心，另一个位于

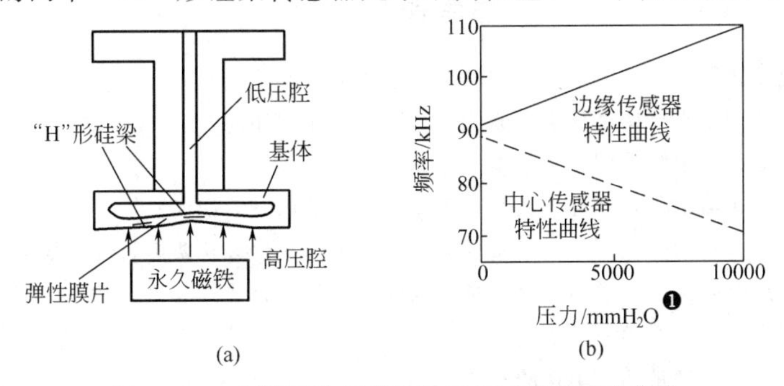

图 11-22 硅谐振差压变送器工作原理及特性曲线

❶ $1mmH_2O=9.80665Pa$。

膜片边缘。由于其位置和方向的差异，使其振荡频率的变化方向与差压的变化方向各有不同。例如中心传感器的振荡频率随差压的增大而减小，而边缘传感器的振荡频率则随差压的增大而增大，于是形成了如图 11-22 中（b）所示的特性曲线。最后根据计算这两种振荡频率的差值而获得高精度的差压测量结果。

11.4.2　数字式变送器

随着微计算机技术的发展，出现了多种智能型的变送器。这些新型变送器采用先进的传感器制造、微处理器、线性补偿、数字化和网络通讯等技术，实现了力-电转换和补偿以及人-机对话，摆脱了过去依赖杠杆、多次转换和运算、离线人工调试等手段才能获得所需信号的落后状态。从而在结构上做到了检测和变换一体化，变换、放大和设定调制一体化，在使变送器小型化的同时，还大大提高了变送器的性能，使其达到了可靠性高、稳定性好、精度高以及具有遥控和网络通讯功能的水平，是现代控制系统中理想的智能化仪表。

目前，虽然得到实际应用的数字式变送器的种类较多，其结构各有差异，但从总体结构上看是相似的，存在一定的共性。总结各种数字式变送器的结构可得如图 11-23 所示的数字式变送器一般结构示意图。

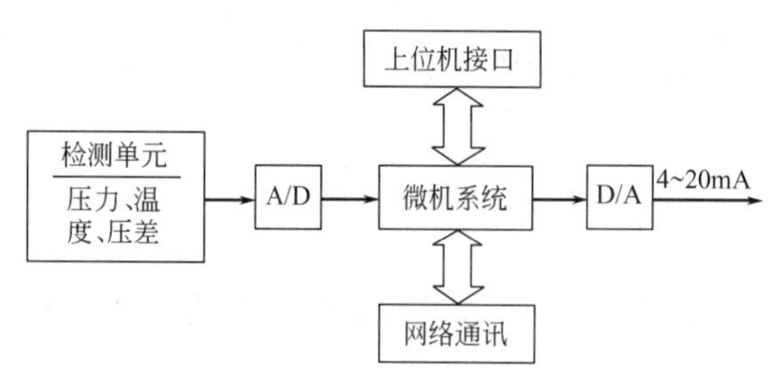

图 11-23　数字式变送器结构示意

检测单元完成被测过程参数的信号输入，可直接与各种传感器连接。由于在变送器中集成了微计算机，其处理功能较强，因而同时可配接多路检测通道。可使用单一传感器，以实现常规的参数测量；也可使用复合传感器，以实现多种传感器检测的信息融合。

数字式变送器的核心是微处理器，因而要求各种信号在变送器内部进行交换和处理时均采用数字信号方式。微处理器的处理功能一般包括检测信号的线性化处理、量程调整、数据转换、系统自检以及网络通讯等，同时还控制 A/D 和 D/A 单元的运行，实现模拟信号和数字信号的转换。

在此基础上，可以根据实际应用的要求，增加与上位计算机的连接接口，亦可通过遥控单元或网络通讯控制单元实现远程数据的传送。为提供与已有传统仪表和设备连接的能力，部分变送器还保留了 4～20mA 的联络信号，使输出的模拟和数字信号制式共存。

思考题与习题

11-1　为什么说变送器是工业过程自动化的重要组成部分？

11-2　常用变送器的基本结构是什么？彼此间的联系和作用如何？

11-3　在常用的变送器中常采用哪些基本工作原理？

11-4　Ⅲ型差压变送器由哪几部分组成？其工作原理和结构框图如何？

11-5　Ⅲ型差压变送器的两线制是如何实现的？其提供的安全火花防爆特性是如何得到保证的？

11-6　热电偶和热电阻温度变送器都存在特性的线性化处理问题。两种温度变送器在输入电路中采用了什么方法实现线性化的？有什么区别？

11-7　硅谐振差压变送器是如何工作的？

11-8　一台Ⅲ型温度变送器，量程为 400～600℃，当温度从 500℃变化到 550℃时，输出将如何变化？

11-9　数字式变送器有什么特点？

12 显示单元

在控制系统中显示仪表具有重要的地位，它可将控制过程中的参数变化、被控对象的过渡过程显示并记录下来，供操作人员及时了解控制系统的变化情况，掌握被控对象的状态，是进行系统控制、工况监视、性能分析以及事故评判等工作所必不可少的环节。

显示仪表主要工作在开环和闭环两种模式下。在传统的显示仪表中，前者以动圈式指示仪表为代表，而后者主要应用在带自动平衡的显示仪表中。配有机械机构并依靠其机械部件的移动，使仪表达到被测量所对应的稳态位置以实现指示目的，是传统显示仪表的主要特征。在现代显示仪表中，由于采用了微计算机技术，其数据处理能力得到大大提高，同时还可提供更强的功能，因而完全取代了传统显示仪表中的机械机构，也使新一代的显示仪表更加精巧、更加可靠、功能更加丰富。

12.1 显示仪表工作原理

12.1.1 显示仪表结构分析

开环模式的显示仪表由测量电路和数据处理两部分环节组成，如图 12-1 所示。测量电路的任务是把被测量（如热电势或热电阻值）转换为数据处理环节可以直接接受的过渡量，然后再由数据处理环节将过渡量转换为显示量，如动圈式指示仪表的指针偏转角度、数字式显示仪表的数字显示等。数据处理环节可以具有非常简单的处理方法，如动圈式指示仪表；也可以内嵌微计算机构成较为复杂的数据处理能力；同时还可以是一台 PC 机，以多媒体的方式实现显示仪表的虚拟仿真，形成虚拟仪表。

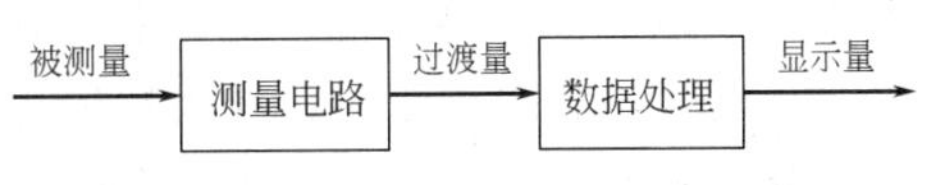

图 12-1 开环显示仪表结构原理图

传统的自动平衡式显示仪表一般是通过机械机构达到平衡状态的，以实现显示的自动跟踪，因而为保持显示量的精确可靠以及仪表的响应特性，常采用闭环工作模式，如图 12-2 所示。显然，放大器、可逆电动机和测量电路构成的闭环回路，是实现自动平衡显示功能的根本所在，因而是显示仪表的主体。而作为显示仪表组成部分的记录环节则只是提供显示量的一种处理方法，与闭环环节相对独立。

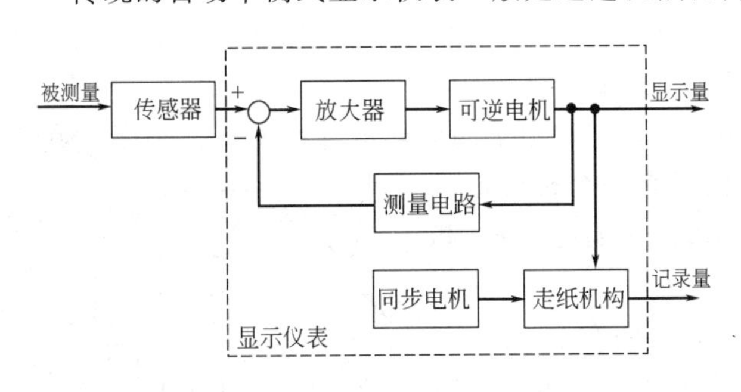

图 12-2 闭环显示仪表结构原理图

由闭环仪表的特性分析可知，当系统是闭环负反馈时，如正向通道的放大倍数足够大，则整个系统的传递函数近似等于反馈环节传递函数的倒数。也就是说，此时仪表的特性主要取决于其反馈环节的特性。因此，作为反馈环节的测量电路在显示仪表中扮演了非常重要的角色，其设计、计算、制作和调整是实现仪表显示功能的首要任务。

本小节将对传统的自动平衡显示仪表测量电路的各种工作原理逐一讨论，并在后续章节中较为深入地分析其具体应用。因此实际应用中的测量电路与此节讨论的原理示意图有不同程度的差别。

12.1.2　电位差计式自动平衡原理

由前一章分析可知，大多数传感器和变送器都是以直流电压或电流作为输出信号的。自动电位差计适合对直流电压或由直流电流转换成的电压进行自动测量的处理，因而将自动电位差计与相应的传感器和变送器配合，则可以方便地实现对被测参数的显示和记录功能。

自动电位差计是利用电动势平衡的原理实现显示和记录功能的，其工作原理的示意如图12-3所示。图中 E 表示直流电源，I 表示回路中产生的直流电流，U_K 表示在滑线电阻 R_H 上滑点 K 左侧的电压降，E_X 表示被测电动势。回路中可变电阻 R 用于调整回路电流 I 以达到额定工作电流，滑线电阻 R_H 用于被测电动势 E_X 的平衡比较。

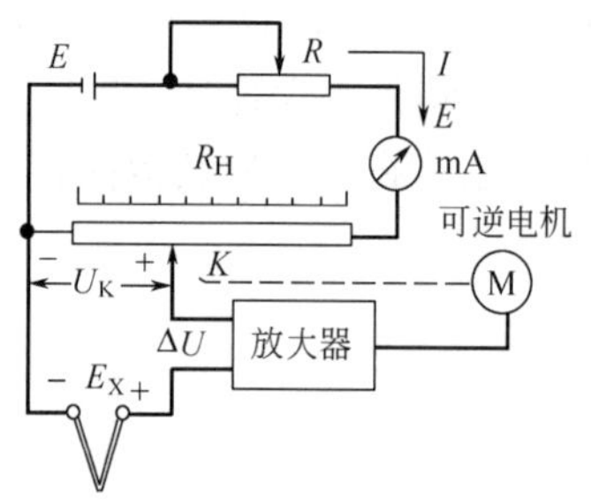

图 12-3　自动电位差计原理图

由图12-3可知，放大器的输入是滑线电阻 R_H 上的电压降 U_K 与被测电动势 E_X 的代数差，即 $\Delta U=U_K-E_X$。该电势差经放大器放大后驱动可逆电机转动，并带动滑点 K 在滑线电阻 R_H 上左右移动。滑点 K 的移动产生新的电压降 U_K，并馈入放大器输入端，从而形成常规的反馈控制回路。为保证电位差计的自动平衡作用，设计时要求该反馈回路具有负反馈效应，即当 $\Delta U\neq0$ 时，放大器和可逆电机驱动滑点 K 的移动总能保证电势差 ΔU 向逐渐减小的方向变化；而当电势差 $\Delta U=0$ 时，放大器输出为零，可逆电机停止转动，此时电位差计达到平衡状态，滑点 K 所对应的标尺刻度则反映了被测电动势 E_X 的大小。

显然，由于电位差计是工作在负反馈闭环模式下的，其对被测电动势的测量和显示可自动完成；同时能够自动跟踪测量过程中平衡状态的变迁，从而可以保证仪表自动显示和记录功能的实现。

12.1.3　电桥式自动平衡原理

在实际工业生产应用中，常采用敏感电阻作为传感器对被测参数进行测量，如热敏电阻和压敏电阻。将这些敏感电阻引入电桥，作为一个或多个电桥桥臂的组成部分，即可利用电桥平衡的原理实现对被测参数的测量、显示和记录。

采用自动平衡电桥对被测参数进行测量、显示和记录的原理示意如图12-4所示，其工作原理与自动电位差计相似。其中，电桥只有一个桥臂接有被测敏感电阻 R_X，另一桥臂接有滑线电阻 R_H，而电阻 R_1 和 R_2 均为阻值固定的电阻。

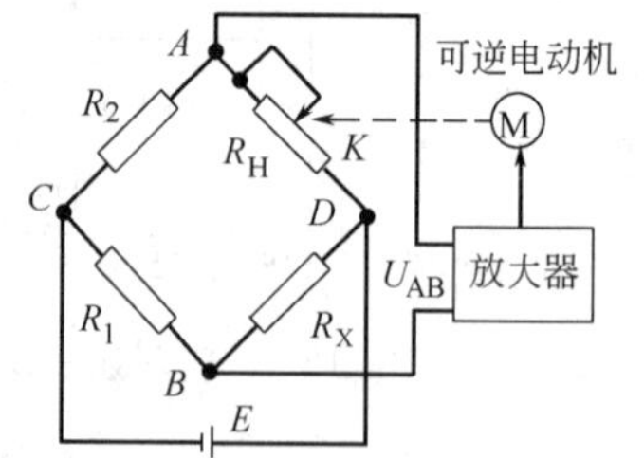

图 12-4　自动平衡电桥原理图

显然，当电桥不平衡时，对角线 AB 之间存在电势差 U_{AB}。该电势差经过放大器放大后，驱动可逆电机 M 转动，从而带动滑线电阻上的滑点移动。滑点的移动导致滑线电阻有效阻值 R_H 的变化，从而产生新的电势差，即测量电路构成了反馈回路。为保证自动平衡电桥的自动平衡作用，设计时要求该反馈回路具有负反馈效应，即当 $\Delta U\neq0$ 时，放大器和可逆电机驱动滑点 K 移动总能保证电势差 U_{AB} 向逐渐减小的方向变化；而当电势差 $U_{AB}=0$ 时，放大器输出为零，可逆电机停止转动，此时电桥达到平衡状态，同时滑点所对应的标尺刻度则反映了被测电阻 R_X 的大小。

同理，由于自动平衡电桥是工作在负反馈闭环模式下的，其对被测电势差的测量和显示即可自动完成；同时能够自动跟踪测量过程中平衡状态的迁移，以保证仪表自动显示和记录功能的实现。

12.1.4　差动变压器式自动平衡原理

差动变压器式自动平衡显示仪表是另一种自动平衡式检测和记录仪表，它主要与差动变压器式测量机构配套使用。

用两个完全相同的差动变压器即可构成差动变压器式自动平衡显示及记录仪表。其中一个差动变压器实现对位移量的测量，安装在生产现场一次仪表处；另一个差动变压器则通过电信号的远传实现被测参数的传递，安装在控制室二次仪表处，其工作原理如图 12-5 所示。

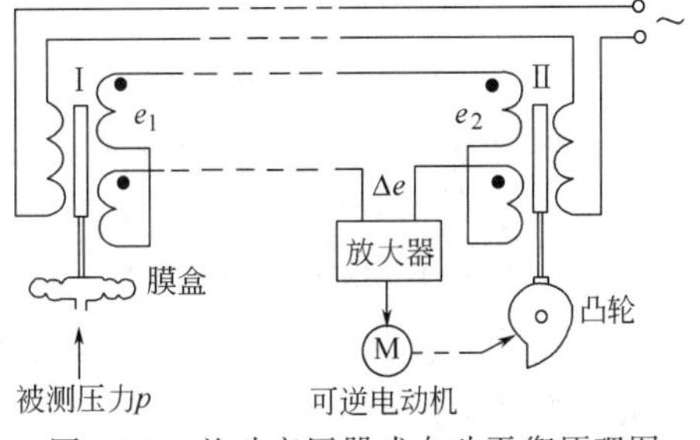

图 12-5　差动变压器式自动平衡原理图

以膜盒测量压力并转换成位移为例，如图 12-5 所示。当被测压力 p 变动时，差动变压器Ⅰ的铁心相对于线圈产生微小位移，变压器输出交流电压信号 e_1。如此时差动变压器Ⅱ的输出电压 e_2 与 e_1 不相同，则有 $\Delta e=e_2-e_1\neq0$ 存在。Δe 经放大器放大后，驱动可逆电动机转动，并带动凸轮推动差动变压器Ⅱ的铁心产生相应的位移。由于系统设计成具有负反馈效应，总能保证可逆电动机的转动使得 Δe 向逐渐变小的方向变化，因而当 e_2 变化到与 e_1 相等时，$\Delta e=0$，可逆电动机停止转动，仪表达到平衡状态。

在此例中，如果膜盒具有非线性特性，此时只需设计适当的凸轮形状，即可在与差动变压器Ⅱ相连的显示盘上获得线性输出标尺。同理，如被测参数为流量时，膜盒所承受的是由孔板提供的差压 Δp，则只要采用平方规律的凸轮，即可实现流量的线性输出标尺。

由此可见，差动变压器式自动平衡仪表是工作在负反馈闭环模式下的，其对被测位移的测量和显示均可自动完成；同时能够自动跟踪测量过程中平衡状态的迁移，来保证仪表自动显示和记录功能的实现。

12.2　传统显示及记录仪表

12.2.1　电位差计式自动平衡显示仪表

顾名思义，电位差计式自动平衡显示仪表是基于电位差计的工作原理工作的。由 12.1.2 小节可知，该显示仪表将被测电动势、直流电压或直流电流转换成的电压，与可调电位器产生的电动势相比较，并将比较所得的电势差经放大器驱动可逆电动机，以带动可调电位器上的滑点滑动，直至电势差为零，仪表达到平衡状态，此时可调电位器所对应的电动势即是被测电动势或直流电压。

测量电路是电位差计式自动平衡显示仪表的主要组成部分。实际上，在其众多的产品中，为提高灵敏度、降低干扰和减少误差，通常采用滑线电阻与电桥相配合的方式，来取代可调电位器的作用。由于测量电路中采用了电桥电路，因而主要适合与热电偶相配进行温度的测量，此时需要增加温度补偿环节以解决冷端温度补偿问题；同时也可用于直流电压或由直流电流转换成的电压的测量，此时则不需要任何温度补偿环节。

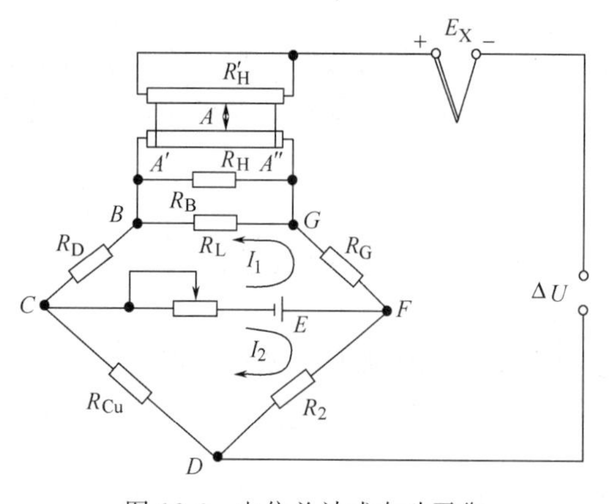

图 12-6　电位差计式自动平衡显示仪表测量电路

电位差计式自动平衡显示仪表的典型测量电路如图 12-6 所示。图中 E_X 是被测电动势或直流电压，桥式电路的输出电压由滑线电阻上的滑点 A 和桥路顶点 D 引出，形成可调电动势 U_{AD}。被测电动势或直流电压 E_X 与电桥输出电压 U_{AD} 反向串接，从而相互抵消形成电势差 ΔU。

电桥的上支路由一系列电阻组成。其中滑线电阻 R_H 用于调整电桥的输出电动势。与滑线电阻 R_H 并联的电阻 R_B 是匹配电阻，用于与 R_H 搭配达到规定的阻值，以便批量生产。按我国生产厂商规定，R_H 与 R_B 并联后应保证阻值为 90Ω±0.1Ω。另一并联电阻 R_L 用于调整量程范围和上支路工作电流 I_1。而串联电阻 R_D 和 R_G 则分别起调整量程下限和量程上限的作用。

电桥的下支路由铜电阻 R_{Cu} 和固定电阻 R_2 组成。其中铜电阻 R_{Cu} 用于冷端温度补偿，而固定电阻 R_2 则用于下支路工作电流 I_2 的调整。

按统一设计的规定，有滑线电阻 R_H 的上支路工作电流通常为 $I_1=4$mA，有铜电阻 R_{Cu} 的下支路工作电流为 $I_2=2$mA，因而总工作电流为 6mA。也有某些电位差计式自动平衡仪表设计成上下支路都为 2mA，总电流为 4mA。

此外，R'_H 是副滑线电阻，与滑线电阻 R_H 配合，以消除滑点与滑线电阻间的寄生电势。由于滑点 A 与滑线电阻 R_H 和负滑线电阻 R'_H 间形成的两个寄生电势大小相等方向相反，因而两者反向串接后可相互抵消，不形成测量误差。

在实际应用中，由于滑点在滑线电阻上移动时不可能真正移动到滑线电阻的两端，总留有一部分不工作区，即如 A' 和 A'' 中间以外的部分。通常用 λ 表示该不工作区占滑线电阻总长的比值，其值一般为 $\lambda=0.03\sim0.05$。因而在进行电桥工作下限和上限的计算时，应将不工作区的阻值分别作为下限电阻和上限电阻的一部分。

下面就电桥上下支路中各电阻阻值的计算方法进行详细分析。

12.2.2　电桥式自动平衡显示仪表

电桥式自动平衡显示仪表主要用于当传感器为敏感电阻时对被测参数（例如温度或压力）的测量。该类仪表借助电桥平衡式原理进行工作，将敏感电阻直接连入电桥的一个桥臂，由于敏感电阻可将被测参数的变化转换成自身阻抗的变化，并引起整个桥路的输出电势变化，从而经放大器驱动可逆电动机，以带动可调电位器上的滑点滑动，直至输出电势为零，仪表达到平衡状态。此时可调电位器所对应的电动势即是被测参数所对应的电动势或直流电压，按对应关系即可实现对被测量的测量。

测量电路是电桥式自动平衡显示仪表的重要组成部分，而电桥又是测量电路的主要组成部分，因而本小节主要分析其测量电路的工作原理，以帮助理解整个仪表的工作特性。电桥式自动平衡显示仪表的测量电路如图 12-7 所示。

在测量电路中，敏感电阻是直接连入电桥并作为桥路的一个桥臂的，为解决电信号的远传问题，以及减少连线电阻对测量精度的影响，在此采用三线制接法，并规定三线制连接中每根连线的阻抗可用锰铜电阻补偿到 2.5Ω。起补偿作用的锰铜电阻在图中用 r' 表示。如前

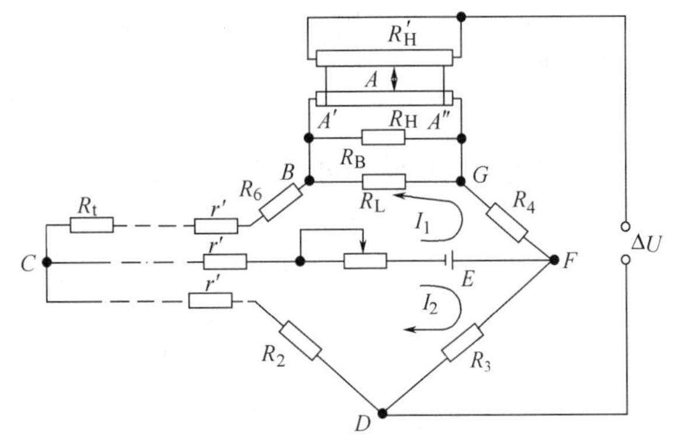

图 12-7　电桥式自动平衡显示仪表测量电路

所述，尽管采用了三线制，但当环境温度变化时，连线电阻的变化所引起的误差，只可能在某一温度点达到完全补偿，而在其他温度点仍有误差，只是误差很小，在 10^{-4} 数量级，完全可以忽略。

测量电路中的电桥沿用了电位差计式自动平衡显示仪表中的电桥处理方式，即用副滑线电阻 R'_H 与滑线电阻 R_H 配合，形成电桥的一个滑动输出点。而其他几个电阻如 R_B、R_L 和 R_{np} 具有完全相同的作用。只是右端电阻 R_4 不再是上限电阻，而是调整下限的下限电阻；同样左端电阻改为调整上限的上限电阻，由敏感电阻 R_t、连线补偿电阻 r'和固定电阻 R_6 形成。

由于敏感电阻 R_t 不同于一般电阻，当流过电流较大时，自身会因为发热而改变阻抗特性，从而影响测量精度。因此设计时规定必须保证流过敏感电阻 R_t 的电流不得超过允许值，一般该电流限制在 6mA 以下。考虑典型应用，常取额定工作电流为 6mA。

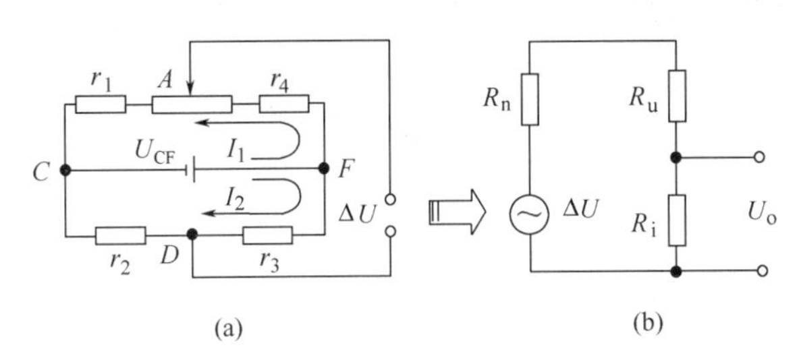

图 12-8　自动平衡电桥测量电路的等效电路

电桥桥臂中各电阻的计算较为复杂，因为桥臂的不同匹配将影响电桥的灵敏度大小，而保持适当的电桥灵敏度，将有效地提高仪表的精度。为分析仪表的测量灵敏度，可将电桥电路简化如图 12-8（a）所示，其中 ΔU 是电桥输出；同时可将电桥外的测量电路用等效发动机原理简化为如图 12-8（b）所示，其中 R_n 为测量电路的内阻，R_u 为放大器入口处的滤波电阻，R_i 为放大器的输入电阻。于是可根据灵敏度定义计算仪表的电压测量灵敏度为：

$$S(u)=S(E)\cdot S(\Delta U) \tag{12-1}$$

式中，$S(\Delta U)$是图 12-8 中简化电路(a)的灵敏度；$S(E)$是图 12-8 中等效电路（b）的灵敏度。因为电桥不平衡时其输出特性是非线性的，即在不同的测量点 $S(\Delta U)$是不同的，在分析仪表的灵敏度时，$S(\Delta U)$应取最小值$S(\Delta U)_{min}$，于是上式等效为：

$$S(u)=S(E)\cdot S(\Delta U)_{min} \tag{12-2}$$

将图 12-8 中（a）所示的简化电路与原电桥电路比较，并定义 p 为滑点位置在量程中所占的百分数，则简化电路中的各电阻可表示为：

$$\begin{cases} r_1=R_{tD}+p\cdot\Delta R_t+r'+R_6+[\lambda+(1-p)(1-2\lambda)]R_{np} \\ r_2=r'+R_2 \\ r_3=R_3 \\ r_4=R_4+[\lambda+p(1-2\lambda)]R_{np} \end{cases} \tag{12-3}$$

式中，R_{tD} 为敏感电阻 R_t 的下限阻值；ΔR_t 为敏感电阻 R_t 的满量程变化阻值。R_{np} 为

R_B,R_H 和 R_L 的关联电阻值。于是当滑点位于百分数为 p 的位置时，敏感电阻 R_t 的阻值应满足下式：

$$R_t = R_{tD} + p \cdot \Delta R_t \tag{12-4}$$

同时，根据电桥的电特性可计算桥路的输出电压为：

$$\begin{aligned}\Delta U &= I_2 r_3 - I_1 r_4 = \frac{U_{CF} r_3}{r_2 + r_3} - \frac{U_{CF} r_4}{r_1 + r_4} \\ &= U_{CF} \cdot \frac{r_1 r_3 - r_2 r_4}{(r_2 + r_3)(r_1 + r_4)}\end{aligned} \tag{12-5}$$

显然，当电桥平衡时 $\Delta U = 0$；而当电桥不平衡时，r_1 出现增量 Δr_1，于是用 $r_1 + \Delta r_1$ 代替 r_1，并经整理后可得电桥的输出电压为：

$$\begin{aligned}\Delta U &= U_{CF} \cdot \frac{(r_1 + \Delta r_1) \cdot r_3 - r_2 r_4}{(r_2 + r_3)[(r_1 + \Delta r_1) + r_4]} \\ &= \frac{U_{CF} \cdot \Delta r_1}{\left(1 + \dfrac{r_2}{r_3}\right)(r_1 + \Delta r_1 + r_4)}\end{aligned} \tag{12-6}$$

考虑 $\Delta r_1 \ll r_1 + r_4$，将式(12-3) 代入，同时将电桥左右两臂的阻值之比记为：

$$\gamma = \frac{R_1 + R_2}{R_3} \tag{12-7}$$

则式(12-6) 可进一步简化为：

$$\Delta U = \frac{U_{CF} \cdot \Delta r_1}{(1 + \gamma)(R_\Sigma + p \cdot \Delta R_t)} \tag{12-8}$$

其中：

$$R_\Sigma = R_{tD} + r' + R_6 + R_{np} + R_4 \tag{12-9}$$

所以，根据式(12-8) 可计算 $S(\Delta U)$ 为：

$$S(\Delta U) = \frac{\Delta U}{\Delta r_1} = \frac{U_{CF}}{(1 + \gamma)(R_\Sigma + p \cdot \Delta R_t)} \tag{12-10}$$

考虑满量程即 $p = 100\%$时，上式得最小值，于是有：

$$S(\Delta U)_{min} = \frac{\Delta U_{min}}{\Delta r_1} = \frac{U_{CF}}{(1 + \gamma)(R_\Sigma + \Delta R_t)} \tag{12-11}$$

在计算等效电路的灵敏度 $S(E)$时，一般地可认为放大器的输入阻抗$R_i \approx 25\text{k}\Omega$，滤波器的电阻 $R_i \approx 25\text{k}\Omega$，而测量电路的内阻比上述两项阻值要小得多，可忽略不计。于是有仪表的电压测量灵敏度计算式为：

$$\begin{aligned}S(u) &= S(E) \cdot S(\Delta U)_{min} = \frac{R_i}{R_n + R_u + R_i} \cdot \frac{U_{CF}}{(1 + \gamma)(R_\Sigma + \Delta R_t)} \\ &= \frac{0.877 U_{CF}}{(1 + \gamma)(R_\Sigma + \Delta R_t)}\end{aligned} \tag{12-12}$$

记电桥上支路在量程上限时的工作电流为 I_{1G}，即

$$I_{1G} = \frac{U_{CF}}{R_\Sigma + \Delta R_t} \tag{12-13}$$

于是式(12-12)可进一步简化为：

$$S(u)=0.877\frac{I_{1G}}{1+\gamma} \tag{12-14}$$

此外，再考虑电桥在量程的下限处平衡，即 $p=0\%$，且滑点处于滑线电阻的量程右端，此时有：

$$[R_{tD}+r'+R_6+(1-\lambda)R_{np}]\cdot R_3=(R_4+\lambda R_{np})(r'+R_2) \tag{12-15}$$

考虑电桥在量程上限处达到平衡，即 $p=100\%$，且滑点处于滑线电阻的量程左端，此时有：

$$[R_{tD}+\Delta R_t+r'+R_6+\lambda R_{np}]\cdot R_3=[R_4+(1-\lambda)R_{np}](r'+R_2) \tag{12-16}$$

将式(12-15)和式(12-16)相减，可得：

$$[\Delta R_t+(1-2\lambda)R_{np}]\cdot R_3=(1-2\lambda)R_{np}\cdot(r'+R_2) \tag{12-17}$$

于是经整理可得并联电阻值 R_{np} 的关系式为：

$$R_{np}=\frac{\Delta R_t\cdot R_3}{(1-2\lambda)(r'+R_2+R_3)}=\frac{\Delta R_t}{(1-2\lambda)(1+\gamma)} \tag{12-18}$$

所以，从分析式(12-14)可知，桥臂电阻比值 γ 愈小，仪表的电压测量灵敏度 $S(u)$ 愈高。因此设计时适当提供较小的比值 γ，可提高仪表的电压测量灵敏度。又由分析式(12-18)可知，在量程已经确定的情况下，即 ΔR_t 一定时，减小比值 γ 将要求并联电阻 R_{np} 较大。而电阻 R_{np} 是由 R_B、R_H 和 R_L 三个电阻并联而成，且其中 R_B 和 R_H 的并联为 90Ω，当要求 R_{np} 很大时只能增大电阻 R_L，这将使 R_L 的制作变得相当困难。因此，在实际生产和应用中，常根据仪表量程的大小对灵敏度要求的不同，同时考虑仪表中放大器的放大倍数可弥补灵敏度不够高的问题，分不同量程对仪表进行设计。具体设计时一般考虑：

① 小量程　取 $\gamma<1$，以获得较高的灵敏度；

② 中量程　取 $\gamma\approx1$，此时有 $R_2=R_3=R_4$，便于生产，同时放大器具有的较大放大倍数可弥补灵敏度不够高的缺陷；

③ 大量程　取 $\gamma\geqslant2$，解决电阻 R_L 过大导致的绕制问题。

12.3 数字式显示及记录仪表

12.3.1 数字模拟混合记录仪

进入20世纪80年代后，随着计算机技术及其应用的不断发展，显示及记录仪表也开始步入了微机化的过程。数字模拟混合记录仪就是该发展过程中的一种典型产物。它在保留模拟仪表显示直观的特性的同时，用微计算机取代了常规自动显示及记录仪表的测量电路，从而大大地减少了仪表的机械机构，使得新一代的显示记录仪表变得小巧、精确、灵活和可靠。

传统模拟显示仪表的显示直观性主要体现在其自动记录方式上，它可将一个或多个被测参数直接绘制在记录纸上，从而可连续表现被测参数的变化过程，所有曲线所代表的被测参数谁大谁小，何时大何时小，一目了然；同时被测参数是否超出了允许的变化范围，参数的变化趋势、稳定程度以及波动频率等均可以容易地从曲线上得知，因而在实际应用中深受使用者的欢迎。

与模拟仪表的特点相反，全数字式自动记录仪则是通过打印被测参数的数据来完成对被测参数的记录的，因而它可以具有较高的记录精度。但正因为该种记录仪采用的是打印方式，因而限制了数据的连续记录；同时运行人员很难从这些断续的记录数据中得到被测参数变化过程的全面而完整的直观感受，并且必须进行相应的处理方可获得参数变化趋势、稳定程度和波动频率等信息。

由此，模拟记录仪表适用于一般生产过程的监视，直观方便，而数字式记录仪表则主要适用于需对记录数据进行定量分析和处理的情况。为更好地解决以上矛盾，将模拟仪表的测量电路和数据处理部分微机化，而保留记录显示部分的模拟化，即可将两者的优点相结合，亦由此产生了数字模拟混合记录及显示仪表。

图 12-9 给出了一般数字模拟混合记录及显示仪表的结构框图。它主要由微机单元、输入单元、输出单元和记录单元四部分组成。

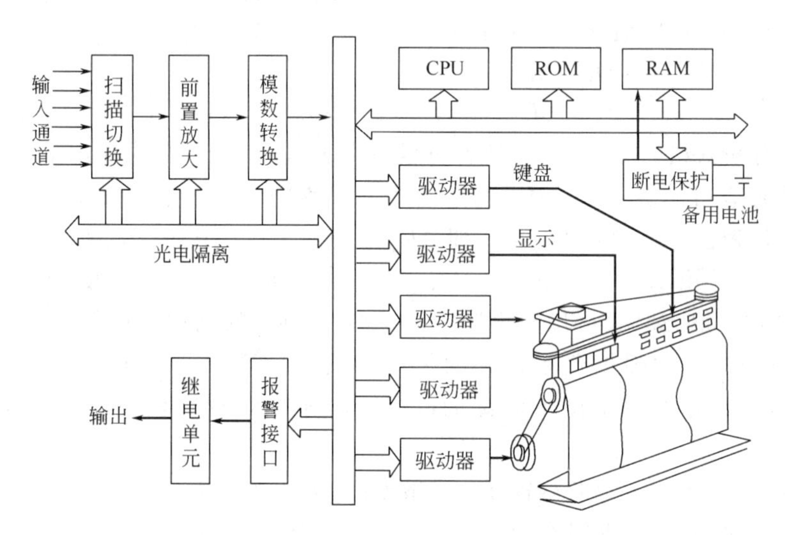

图 12-9　数字模拟混合记录及显示仪表结构框图

微机单元是整个仪表的核心部分，主要由微计算机主机芯片 CPU、用于保存程序的 ROM 或 EPROM、用于存储各种数据的内存 RAM 以及意外情况下的保护电路组成。通常计算机主机芯片 CPU 选用单片机为主流机型，其运行负责维持和完成仪表的数据采集、转换、计算和管理，并可进行系统的故障诊断和报警等工作。

仪表输入部分的主要工作是完成对被测参数的周期采样、信号放大及模/数转换等，并实现仪表与外界的光电隔离。它有多个输入通道，可实现对多个被测参数的显示和记录。多输入通道间由切换开关连接，可轮流进行对被测参数的采样并与模/数转换单元相通。

输出单元的功能较为单一，负责故障报警信号的显示和外传，同时实现仪表与外界的电气隔离。

仪表的记录部分采用数字和机械两种方式实现被测参数的显示和记录功能，它由多种驱动器控制，实现参数打印、曲线记录和记录纸的走动等。通常数字模拟混合显示及记录仪表的记录纸包含三部分内容。左边是数据打印区，用于被测参数的数字记录；中间为曲线记录区，用于传统被测参数的曲线记录；右边是报警打印区，用于过程中各种报警状态的记录。

由于仪表做到了微机化，相对于模拟仪表来说增加不少功能。这些功能主要包括：

① 数据和曲线打印　除保留了传统的曲线绘制功能外，还实现了被测参数的采样数据打印，以提供对被测参数直观和精度的显示和处理方法；

② 数字显示　测量结果除供记录外还提供数字显示方式，可采样多种方式显示不同时间下各输入通道的被测参数；

③ 多种设定功能　可根据实际需要，完成多种设定功能，包括时钟设定、量程设定、报警上下限设定、走纸速度设定、扫描速度设定等；

④ 故障诊断及报警　可定期或不定期进行系统的故障诊断，根据故障情况发出报警信号，并有接点信号输出；

⑤ 断电保护　提供意外情况下短期断电的数据保护，以实现测量过程中重要数据的保存。

综上所述，混合记录及显示仪表的精度比传统工业使用的记录仪要高，对统一标准信号来说可以达到 0.25 级。数字打印和曲线绘制是其重要特点，而且时钟、量程及报警上下限均可以分别做灵活设定，有线性化功能等。但由于其保留了传统的曲线记录方式，记录过程需要一定的时间，因而从快速性上看，混合仪表并不具有优势，即难以记录变化速度较快的被测参数。

12.3.2　全数字式记录仪

全数字式记录仪是在数模混合记录仪的基础上发展而成的。在混合记录仪表中，无论仪表的精度如何，从记录纸上的曲线获取精确的数据是十分困难的，何况记录纸的伸缩性、曲线线条的宽度等，常使仪表的记录误差比指示误差还要大，因而影响了整机的精度。在全数字式记录仪中，用专用打印机取代了原有的机械记录机构，这样既实现了整机的数字化，又保留了记录曲线的直观性。典型应用如 DR 型数字记录仪。

根据电路功能划分，全数字式记录仪一般由采样开关、模数转换、微机单元、显示及键盘单元以及打印机单元五部分组成，其关系结构如图 12-10 所示。

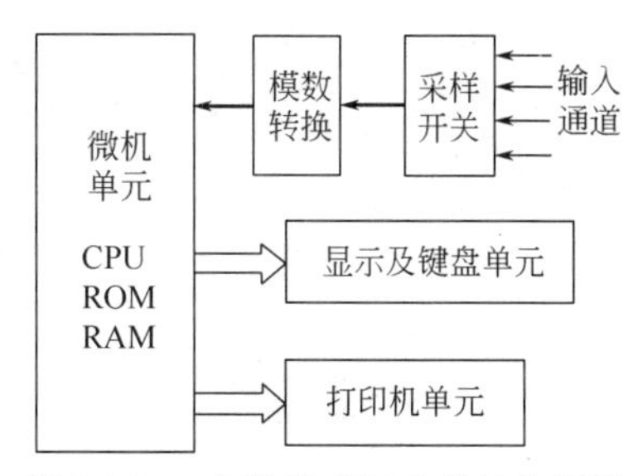

图 12-10　全数字式记录仪结构框图

微机单元由微计算机芯片（多数为单片机）与程序存储器 ROM 和数据存储器 RAM 构成，主要完成仪表的运行支持和管理，常规数据处理、时钟维护、数据交换和故障诊断等。其中的常规数据处理包括测量特性的线性化、量程设定、温度测量的冷端补偿和放大器的零点漂移处理等。与各种单元和接口间的数据交换，则是靠微计算机芯片发出的控制信号管理进行的。

采样开关单元是记录仪的输入接口，负责完成对多个被测参数的输入，以实现各信号的周期采样，即轮流接通各个测量通道的采样开关，以实现多点巡回扫描。由此，选择合适的开关元件，保证通断速度快、使用寿命长、寄生电势小，是仪表设计中的重要任务。

被测参数经采样单元采样后，即送入模数转换单元进行量化处理。其量化处理的精度由模数转换芯片的位数所决定，芯片位数愈多，其分辨率愈好，量化误差也愈小，因而仪表精度愈高。同时，由于实际应用中输入信号的范围迥异，因而模数转换单元的另一功能就是实现不同量程的归一化处理，以满足对不同范围被测信号的测量需要。

显示及键盘单元由两部分构成。显示部分负责以数字方式显示测量过程中的各种被测量、参数设置及工作状态等信息；而仪表工作所需的各种设定和必要的命令则主要由键盘部分完成，这些设定包括时钟、量程、报警上下限、走纸速度和扫描速度的设定等。

全数字式记录仪的所有记录、数据输出以及报警信息则完全由打印机单元实现。

新近开发的数字式记录仪一般还配有与计算机的通用接口，方便将记录仪记录的被测参数的相关数据和信息，传送到计算机中进行进一步的处理和分析。

思考题与习题

12-1　显示仪表在过程自动化的作用是什么?

12-2　采用开环式和闭环式的显示仪表有什么区别? 主要应用范围是什么?

12-3　常用在显示仪表中的工作原理有哪些? 主要应用在什么场合?

12-4　电位差计式自动平衡显示仪表的工作原理是什么? 如何计算其上下支路的电阻的?

12-5　电桥式自动平衡显示仪表的基本工作原理是什么? 在不同的量程中，如何计算桥路中的各个电阻?

12-6　数字式显示仪表的特点是什么?

12-7　模拟显示仪表是如何发展变换成数字式显示仪表的?

12-8　请简述三线制的作用和应用情况?

13　调节控制单元

在实际工业生产应用中，调节器是构成自动控制系统的核心仪表，它的基本功能是将来自变送器的测量信号与给定信号相比较，并对由此所产生的偏差进行比例、积分或微分处理后，输出调节信号控制执行器的动作，以实现对不同被测或被控参数如温度、压力、流量或液位等的自动调节作用。

如同其他仪表的发展过程一样，用作调节和控制作用的调节器也经历了从模拟仪表到数模混合仪表，最终再发展到全数字式仪表的过程。在该发展过程中的典型仪表有电动单元组合仪表的Ⅱ型和Ⅲ型调节器、数字式调节器以及可编程序调节器等。

本章将从PID的基本控制规律入手，讨论各种常规控制规律的构成，并在此基础上分析控制规律在不同调节器中的实现方法。同时，结合各种先进控制方法和智能控制规律，探讨智能调节器的发展趋势。

13.1　常规控制规律

13.1.1　典型控制系统

图13-1给出了实现单回路调节作用的典型控制系统。显然，当被控变量因某种干扰原因偏离给定值并产生了偏差时，调节单元才会真正发挥作用。其中，调节器的偏差是被控变量的测量值与系统给定值之差，即可定义为：

$$\varepsilon = v - s \tag{13-1}$$

式中，ε 为偏差；v 为参数测量值；s 为系统给定值。

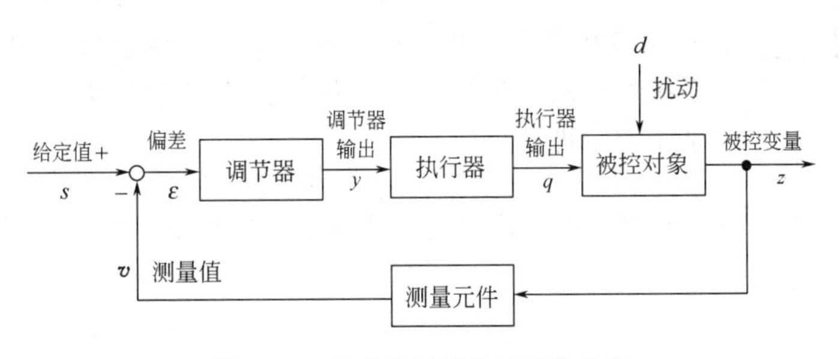

图13-1　典型控制系统回路结构图

习惯上，对调节器而言常定义偏差量 $\varepsilon>0$ 时为正偏差，偏差量 $\varepsilon<0$ 时为负偏差。偏差量 $\varepsilon>0$ 时，若对应的输出信号变化量 $\Delta y>0$，则称调节器为正作用调节器；偏差量 $\varepsilon<0$ 时，若对应的输出信号变化量 $\Delta y<0$，则称调节器为反作用调节器。

显然，由调节器构成的典型控制系统是闭环回路系统，无论调节器是正作用还是反作用，通常都需工作在稳定状态下。这种情况既适用于连续系统，同时也可以应用到离散系统。

实际上，调节器是在接受到偏差信号后，依据自身设置的控制规律使其输出信号发生变化，通过执行器作用于被控对象，使被控变量朝着系统给定值的方向变化，从而重新达到新的稳定状态。

被控变量能否回到系统给定值，以及以怎样的方式和多长的时间回到系统给定值，即控制过程的品质如何，这不仅与被控对象特性有关，而且还与调节器本身的特性有关。调节器的控制特性即调节器所具有的控制规律，是指调节器的输出信号随输入信号（偏差量）变化的规律。

必须指出，在分析和研究调节器特性或调节器控制规律时，通常只考虑调节器本身，即将调节器处在开环状态时分析其输入输出特性。此时在调节器输入端加入一个阶跃信号，即突然产生某一初值为零的偏差 ε，然后对调节器输出信号随阶跃输入信号的变化进行分析。

13.1.2　基本控制规律

比例（Proportional）、积分（Integral）和微分（Differential）是调节器的基本控制规律，而所有的实用控制规律都是由这些基本控制规律组合形成的。

下面分别介绍这三种基本控制规律的特点。

13.1.2.1　比例（P）控制规律

具有比例控制规律的调节器其输出信号的变化量 Δy 与偏差信号 ε 之间存在比例关系，用微分方程形式表示可为：

$$\Delta y=K_{\mathrm{P}}\varepsilon \tag{13-2}$$

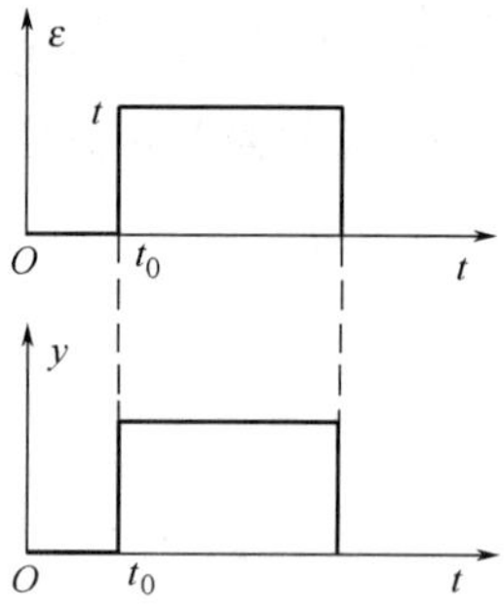

式中，K_{P} 为一个可调的比例增益。

采用图式法表示的比例调节器在阶跃输入信号作用下其输出响应特性曲线如图 13-2 所示。显然，当有偏差信号存在时，调节器的输出立刻与偏差成比例地变化。

图 13-2　比例调节器阶跃响应输出特性曲线

这是一种最基本、最主要、应用最普遍的控制规律，它能及时和迅速地克服扰动的影响，从而使系统很快地达到稳定状态。但因调节器的输出信号与输入信号须始终保持比例关系，所以在系统稳定后，被控变量无法达到系统给定值，而是存在一定的残余偏差，即残差。

13.1.2.2　积分（I）控制规律

具有积分控制规律的调节器其输出信号的变化量 Δy 与偏差信号 ε 的积分成正比，用微分方程形式表示可为：

$$\Delta y=\frac{1}{T_{\mathrm{I}}}\int \varepsilon\,\mathrm{d}t \tag{13-3}$$

式中，T_{I} 为积分时间；$\frac{1}{T_{\mathrm{I}}}$为积分速度。

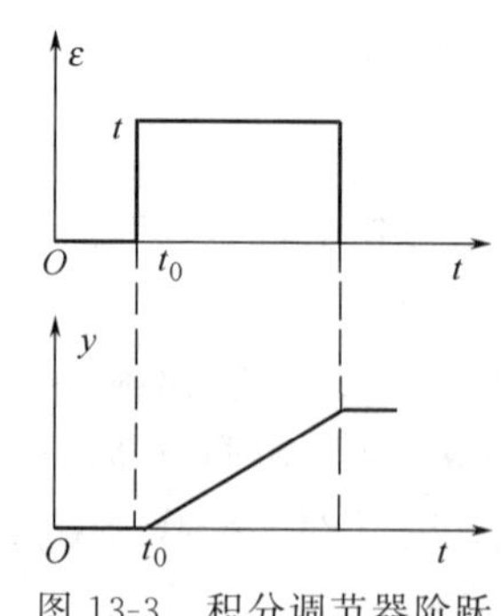

图 13-3　积分调节器阶跃响应输出特性曲线

采用图式法表示的积分调节器在阶跃输入信号作用下其输出响应特性曲线如图 13-3 所示。显然，斜率与调节器积分速度 $1/T_{\mathrm{I}}$ 成正比的直线是积分过程的描述。直线越陡，表示积分速度越快，积分作用越强。

由图 13-3 可见，具有积分控制规律的调节器输出信号变化量

Δy 的大小不仅与偏差信号 ε 的大小有关，而且还与偏差存在的时间有关。只要有偏差，调节器的输出就不断地变化，偏差 ε 存在的时间越长，输出信号的变化量 Δy 也越大，直到调节器的输出达到极限值为止。只有在偏差信号 ε 等于零时，积分调节器的输出信号才能相对稳定，且可稳定在任意值上，这是一种无定位调节。因此，希望消除残差和最终消除残差是积分调节作用的重要特性。

此外还可看到在阶跃输入的瞬间调节器无输出，而随着时间的延续其输出逐渐增大。由此可见，积分调节作用总是滞后于偏差的存在，不能及时和有效地克服扰动的影响，使调节不及时，造成被控变量超调量增加，操作周期和回复时间增长，也使调节过程缓慢，不易稳定，是积分控制规律使用时需考虑的主要问题。所以积分控制规律一般不单独使用。

13.1.2.3 微分（D）控制规律

具有微分控制规律的调节器其输出信号的变化量 Δy 与偏差信号 ε 的变化速度成正比，用微分方程形式表示可为：

$$\Delta y = T_{\mathrm{D}} \frac{\mathrm{d}\varepsilon}{\mathrm{d}t} \tag{13-4}$$

式中，T_{D} 为微分时间；$\mathrm{d}\varepsilon/\mathrm{d}t$ 为偏差信号的变化速度。

采用图式法表示的理想微分调节器在阶跃输入信号作用下其输出响应特性曲线如图 13-4（a）所示。在阶跃输入信号出现的瞬间，即 $t=t_0$ 时，偏差信号的变化速度为无穷大，因而理论上输出也应达到无穷大；而当 $t>t_0$ 时，输入信号的变化等于零，于是微分作用的输出即刻回到零。实际上，这种理想的微分作用是无法实现的，而且也不可能获得好的调节效果。

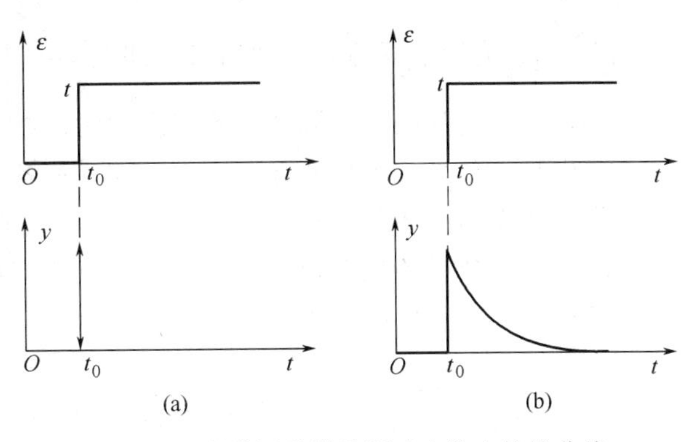

图 13-4 微分调节器阶跃响应输出特性曲线

图 13-4（b）给出了应用中的实际微分控制规律。它是在阶跃发生的时刻，输出突然跳跃到一个较大的有限值，然后按指数曲线衰减直至零。该跳跃跳得越高或降得越慢，表示微分作用越强。

采用微分调节的好处在于偏差尽管不大，但还在偏差开始剧烈变化的时刻，就能立即自动地产生一个强大的调节作用，及时抑制偏差的继续增长，故有超前调节的作用。同时，因为微分调节器的输出大小只与偏差变化的速度有关，当偏差固定不变时，无论其数值有多大，微分器都无输出，不能消除偏差，因此不能单独使用。

一般地，对各种控制规律的描述除上面所述的微分方程和图式两种表示方法外，还有传递函数和频域特性表示方法。

13.1.3 常规控制规律

将比例、积分和微分三种基本控制规律进行适当的组合，即可构成多种工业适用的常规控制规律，包括比例积分（PI）、比例微分（PD）和比例积分微分（PID）控制规律。

用微分方程表示法、传递函数表示法、图式法和频率特性表示法描述的常规控制规律有以下几种。

13.1.3.1　微分方程表示法

比例积分（PI）控制规律

$$\Delta y=K_{\mathrm{P}}\left(\varepsilon+\frac{1}{T_{\mathrm{I}}}\int_{0}\varepsilon\,\mathrm{d}t\right) \tag{13-5}$$

比例微分（PD）控制规律

$$\Delta y=K_{\mathrm{P}}\left(\varepsilon+T_{\mathrm{D}}\frac{\mathrm{d}\varepsilon}{\mathrm{d}t}\right) \tag{13-6}$$

理想比例积分微分（PID）控制规律

$$\Delta y=K_{\mathrm{P}}\left(\varepsilon+\frac{1}{T_{\mathrm{I}}}\int_{0}\varepsilon\,\mathrm{d}t+T_{\mathrm{D}}\frac{\mathrm{d}\varepsilon}{\mathrm{d}t}\right) \tag{13-7}$$

应该指出，上述控制规律的表示是基于变化量形式的，而要表示调节器的实际输出量y，必须考虑调节器输出的初始值，即有：

$$y=\Delta y+y'_{0} \tag{13-8}$$

式中，y'_{0}为调节器的输出初始值，即在$t=0$时刻，$\varepsilon=0$，$\frac{\mathrm{d}\varepsilon}{\mathrm{d}t}=0$时的输出值。

此外，这里所列的均是调节器为正作用时的控制规律表达式。当调节器采用负作用时，须在等式中加上负号。为方便起见，本章在讨论各种控制规律时，如无特殊说明，均假设调节器工作在正作用状态。

13.1.3.2　传递函数表示法

比例积分（PI）控制规律

$$W(s)=\frac{\Delta Y(s)}{E(s)}=K_{\mathrm{P}}\left(1+\frac{1}{T_{\mathrm{I}}s}\right) \tag{13-9}$$

比例微分（PD）控制规律

$$W(s)=\frac{\Delta Y(s)}{E(s)}=K_{\mathrm{P}}(1+T_{\mathrm{D}}s) \tag{13-10}$$

理想比例积分微分（PID）控制规律

$$W(s)=\frac{\Delta Y(s)}{E(s)}=K_{\mathrm{P}}\left(1+\frac{1}{T_{\mathrm{I}}s}+T_{\mathrm{D}}s\right) \tag{13-11}$$

常规控制规律的传递函数表示法常用于控制系统的设计和分析。

13.1.3.3　图示法

图示法常可用来直观地定性描述调节器在一定输入信号情况下的输出变化趋势。图13-5给出了在阶跃输入信号下，调节器控制规律分别为比例积分、比例微分和理想比例积分微分时的输出响应特性曲线。

调节器的图示法常可用于调节器参数的测定和控制规律的定性分析，是一种直观而有效的方法。

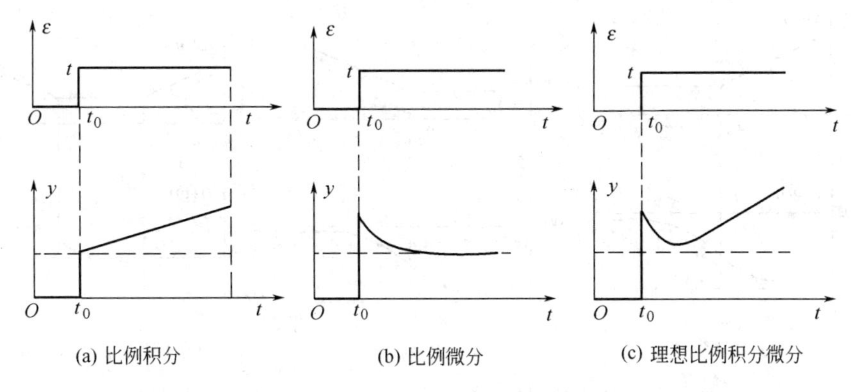

图 13-5 阶跃输入情况下常规控制规律的输出响应特性曲线

13.1.3.4 频率特性表示法

控制规律的频率特性表示法，常用于控制系统的综合和分析，且应用范围较广。

比例积分（PI）控制规律

$$G(j\omega)=K_P\left(1+\frac{1}{j\omega T_I}\right) \tag{13-12}$$

$$A(\omega)=K_P\sqrt{1+\frac{1}{(T_I\omega)^2}} \tag{13-13}$$

$$\phi(\omega)=\arctan\left(-\frac{1}{T_I\omega}\right) \tag{13-14}$$

比例微分（PD）控制规律

$$G(j\omega)=K_P(1+j\omega T_D) \tag{13-15}$$

$$A(\omega)=K_P\sqrt{1+(T_D\omega)^2} \tag{13-16}$$

$$\phi(\omega)=\arctan(T_D\omega) \tag{13-17}$$

理想比例积分微分（PID）控制规律

$$G(j\omega)=K_P\left(1+\frac{1}{j\omega T_I}+j\omega T_D\right) \tag{13-18}$$

$$A(\omega)=K_P\sqrt{1+\left(T_D\omega-\frac{1}{T_I\omega}\right)^2} \tag{13-19}$$

$$\phi(\omega)=\arctan\left(T_D\omega-\frac{1}{T_I\omega}\right) \tag{13-20}$$

调节器的频率特性又可用对数形式进行表示，即下式所示的对数幅频特性

$$L(\omega)=20\lg A(\omega) \tag{13-21}$$

和相频特性 $\phi(\omega)$。因此，上述几种控制规律的对数幅频特性和相频特性曲线如图 13-6 所示。

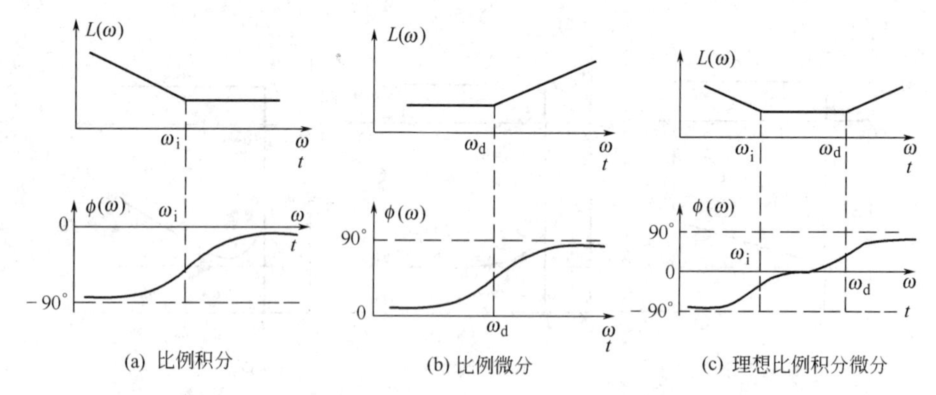

图 13-6　常用控制规律的对数幅频特性和相频特性曲线

13.1.4　实用 PID 控制规律的构成

小节 13.1.3 详细地阐述了理想状态下各种常规控制规律的表示形式，但在实际应用中，实用 PID 控制规律的形成则根据实际控制系统的情况，有各种不同的构成方式。

受电路实现的限制，DDZ-Ⅱ型仪表的控制规律是通过将 PID 控制规律安置在反馈回路中实现的；而 DDZ-Ⅲ型仪表则是利用运放电路实现的 PI 和 PD，通过串联方式实现控制规律的。对 PI 和 PD 串联方式构成的 PID 进行改进，就构成了测量值微分先行的控制规律。将 P、I 和 D 直接通过并联的方式实现控制规律亦在一些仪表中得到了实现。为满足特殊要求的需要，还有将 P、I 和 D 串并联混合而形成的 PID 控制规律。

下面就几种实用 PID 控制规律运算电路的构成进行较为详细地阐述。

13.1.4.1　由反馈回路 PID 环节构成的 PID 运算电路

在反馈回路中带有 PID 环节的运算电路如图 13-7 所示，它由放大器和 PID 反馈电路构成。

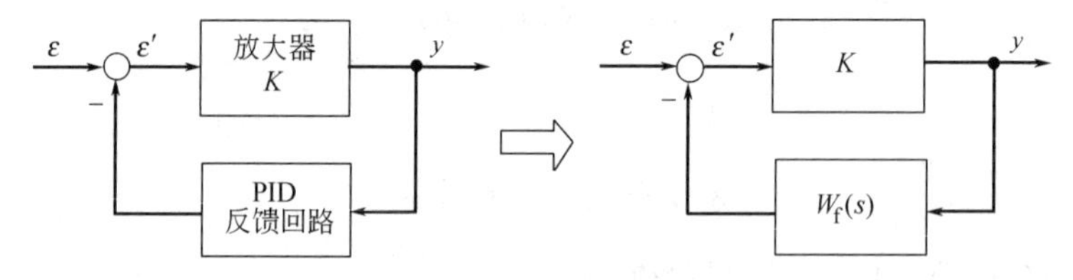

图 13-7　由反馈回路实现的 PID 运算电路结构图

用传递函数表示如有 K 为放大器放大倍数，$W_f(s)$ 为反馈回路传递函数，则运算电路的传递函数可表示为：

$$W(s)=\frac{K}{1+KW_f(s)} \tag{13-22}$$

当 K 足够大时，式(13-22) 可简化为：

$$W(s)\approx\frac{1}{W_f(s)} \tag{13-23}$$

由此可见，只要放大器放大倍数足够大，运算电路的传递函数 $W(s)$ 即为反馈回路传递函数 $W_f(s)$ 的倒数，即反馈回路和整个闭环运算电路在运算功能上完全是相反的。反馈回路衰减多少倍，闭环运算电路就放大多少倍；反馈回路是微分运算电路，闭环运算电路就是积分作用；反馈回路是积分电路，闭环运算电路就是微分作用。这是利用负反馈回路来实现 PID 控制规律的基本原理。

以这种方式构成的 PID 运算电路结构简单，但 K_P, T_I 和 T_D 三者间的干扰较大。它主要应用于 DDZ-Ⅱ型调节器及某些基地式调节器中。

13.1.4.2　由 PD 和 PI 串联构成的 PID 运算电路

图 13-8（a）给出了由 PD 和 PI 两种运算电路串联构成的 PID 运算电路。在这种方式中，参数的相互干扰小。但由于电路串联的各级误差会被积累和放大，对各部分电路的精度要求较高。它们通常由集成运算放大器及 RC 电路组成，如 DDZ-Ⅲ型调节器的 PID 控制规律运算电路。

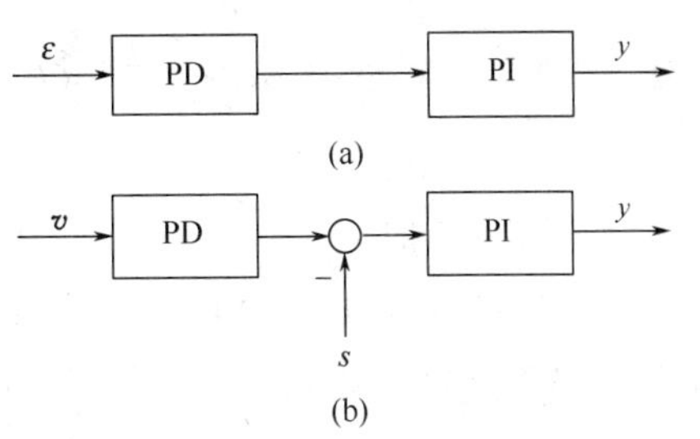

图 13-8　由 PD 和 PI 构成的 PID 运算电路结构图

为解决某些生产过程控制系统给定值变化频繁，但同时又必须引入微分作用的矛盾，还可引入测量值微分先行 PID 运算电路，其结构如图 13-8（b）所示。显然，测量值先经比例增益为 1 的 PD 电路后再与给定值比较，差值送入 PI 电路。于是，在改变给定值时，由于给定值没有经过微分环节，调节器的输出就不会因此而出现大的幅度跳变。

13.1.4.3　由 P,I 和 D 并联构成的 PID 运算电路

由 P、I 和 D 三个运算电路并联构成的 PID 控制规律运算电路如图 13-9 所示。显然，总的输出由三部分的输出相叠加而成。

在此构成中，由于三个运算电路相并联，避免了级间误差累积的放大，有利于保证整机的精度，并可消除 T_I 和 T_D 变化对整机参数的影响。但是，K_P 的变化仍然会对实际积分时间和微分时间产生干扰。

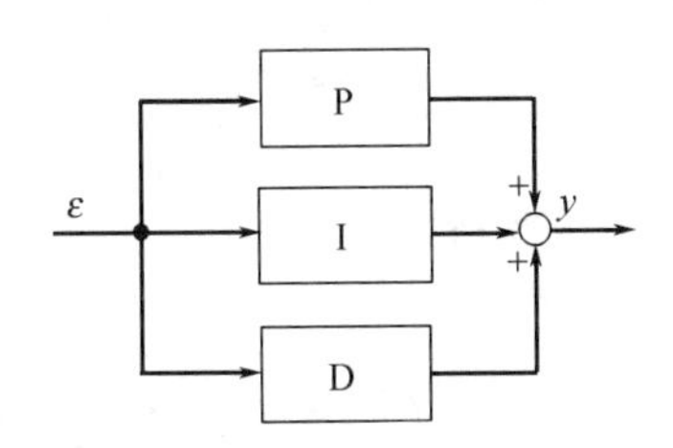

图 13-9　由 P、I 和 D 并联构成的 PID 运算电路结构图

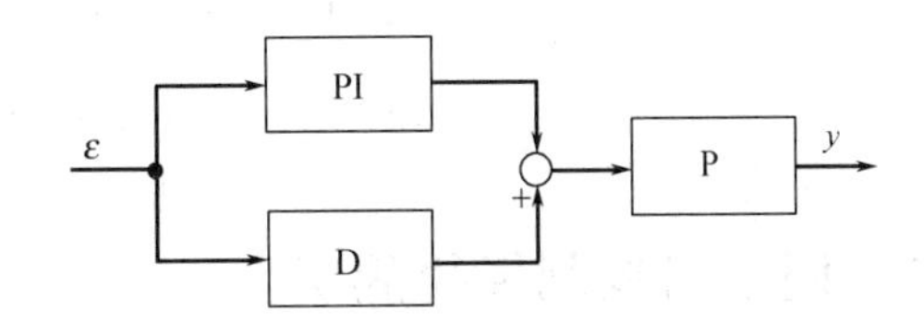

图 13-10　由 P、I 和 D 串并联构成的 PID 运算电路结构图

13.1.4.4　由 P,I 和 D 串并联混合构成的 PID 运算电路

为消除 K_P、T_I 和 T_D 之间的相互干扰，可采用 P、I 和 D 串并联混合的电路如图 13-10 所示，构成实用的 PID 运算电路。在这种结构中，PI 和 D 的电路先并联后再与 P 的电路相串联。

这种构成方式不仅可以避免级间的误差累积，也可消除调节器整定参数间的相互干扰。

用上述方法构成的 PID 控制规律运算电路，在理想状态下其控制规律总可以用式(13-7)或式(13-11) 表示。但实际应用过程中的 PID 控制规律运算电路的表达式要复杂些，采用传递函数表达式可表示为：

$$W(s)=\frac{\Delta Y(s)}{E(s)}=K_P F\frac{1+\frac{1}{FT_I s}+\frac{T_D}{F}s}{1+\frac{1}{K_I T_I s}+\frac{T_D}{K_D}s} \tag{13-24}$$

式中，$F=1+\alpha \cdot T_D/T_I$ 为控制规律参数间的干扰系数，而比例系数 α 的大小与控制规律的构成方式有关；K_I 为积分增益；K_D 为微分增益；$K_P F$ 为实际比例增益；FT_I 为实际积分时间；T_D/F 为实际微分时间。

考虑偏差为阶跃信号时的调节器输出响应，利用拉氏反变换由式(13-24) 可得实际 PID 调节器输出随时间变化的关系式为：

$$\Delta y=K_P\varepsilon\left[F+(K_I-F)\left(1+e^{-\frac{1}{K_I T_I}t}\right)+(K_D-F)e^{-\frac{K_D}{T_D}t}\right] \tag{13-25}$$

显然，当 $t=0$ 时：　　　　　　　　$\Delta y(0)=K_D K_P \varepsilon$

当 $t\to\infty$时：　　　　　　　　$\Delta y(\infty)=K_I K_P \varepsilon$

图 13-11 给出了实际 PID 调节器的阶跃响应曲线，其中 PID 响应曲线可看做是 PI 阶跃响应曲线和 PD 阶跃响应曲线的叠加而成。

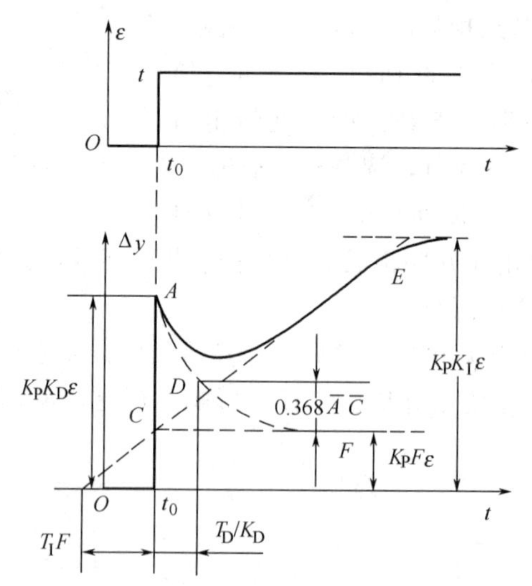

图 13-11　实际 PID 调节器的阶跃响应曲线

13.2　调节器控制规律的实现

13.2.1　DDZ-Ⅲ型调节器 PID 控制规律的实现

DDZ-Ⅲ型调节器的 PID 控制规律是利用运算放大器电路先分别形成 PD 和 PI 控制规律，然后再串联形成 PID 控制规律的。考虑微分控制规律只有在输入信号发生变化时才起作用，而且该变化越大微分作用越明显，因而运算放大电路中先进行微分调节作用，然后再进行积分作用。

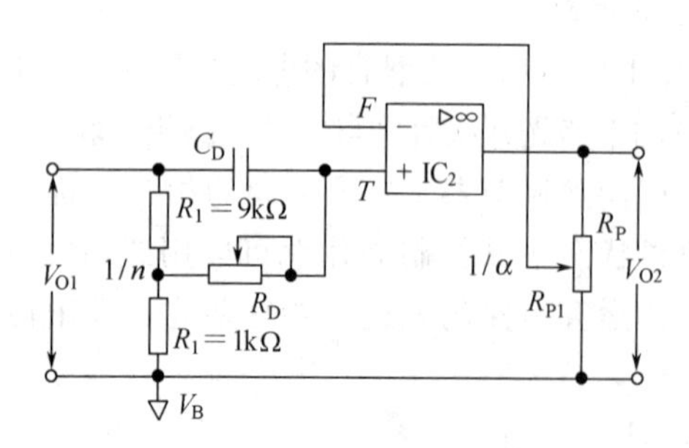

图 13-12　基型调节器 PD 控制规律原理图

13.2.1.1　比例微分电路

以 DDZ-Ⅲ型调节器中的基型调节器为例，图 13-12 给出了实现比例微分控制规律的运算放大电路，其中 V_{O1} 为输入电位，V_{O2} 为输出电位，C_D 为微分电容，R_D 为微分电阻，R_P 为比例带调整电位器。显然，放大器 IC_2 左边的电路为无源的比例微分电路，实现比例微分控制规律；而右边的电路为纯比例电路，实现输出的调整作用。

当图 13-12 所示的电路存在阶跃输入时，在 $t=t_0^+$，即加入阶跃输入信号的瞬间，由于电容 C_D 两端的电压不能突变，输入电压 V_{O1} 全部加载到运算放大器的同相端 T 点，因此此时同相端电压 V_T 存在跃变，其数值为 $V_T(t_0^+)=V_{O1}$。随着电容 C_D 充电过程的进行，电容 C_D 两端的电压从 0V 开始按指数规律上升，而同相端电压 V_T 则按指数规律下降。当充电时间足够长后，输入电压 V_{O1} 在 9.1kΩ 电阻上的电压全部被充电到电容 C_D 上，此时充电过程结束，同相端电压保持数值不变，并为：

$$V_T(\infty)=\frac{1}{n}V_{O1} \tag{13-26}$$

式中，n 又称为衰减系数。

由图 13-12 可知，输出电压 V_{O2} 与同相端 T 点的电压 V_T 只存在简单的比例放大关系，其比例系数为 α。因而当输入电压 V_{O1} 存在阶跃作用时，输出电压 V_{O2} 的变化过程与同相端 T 点电压 V_T 的变化过程相同，只是存在如下关系：

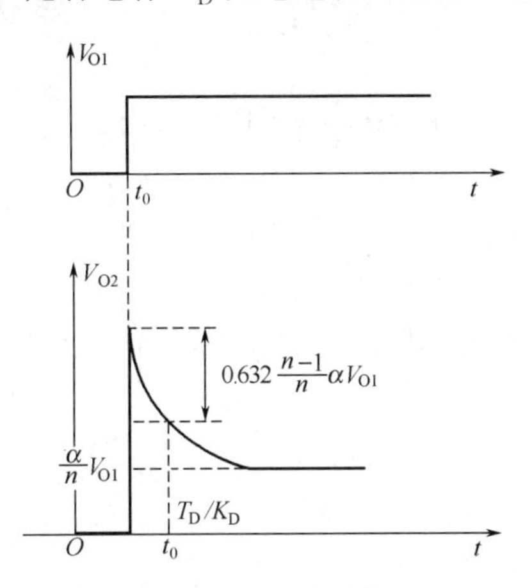

图 13-13　PD 调节规律阶跃动态响应曲线

$$V_{O2}=\alpha V_T \tag{13-27}$$

且称 α 为比例系数。图 13-13 给出了输入电压 V_{O1} 存在阶跃作用时，比例微分电路输出电压 V_{O2} 的变化曲线。

这里考虑 IC_2 为理想的运算放大器，于是由图 13-12 可知，并经简化后可得如下关系式：

$$V_T(s)=\frac{V_{O1}(s)}{n}+\frac{n-1}{n}\cdot V_{O1}(s)\cdot\frac{R_D}{R_D+\frac{1}{C_Ds}}$$

$$=\frac{1}{n}\cdot\frac{1+nR_DC_Ds}{1+R_DC_Ds}\cdot V_{O1}(s) \tag{13-28}$$

且

$$V_F(s)=\frac{1}{\alpha}V_{O2}(s) \tag{13-29}$$

同时有：

$$V_F(s)=V_T(s) \tag{13-30}$$

于是可得：

$$V_{O2}(s)=\frac{\alpha}{n}\cdot\frac{1+nR_DC_Ds}{1+R_DC_Ds}\cdot V_{O1}(s) \tag{13-31}$$

即一般形式的比例微分电路传递函数为：

$$W_{PD}(s)=\frac{V_{O2}(s)}{V_{O1}(s)}=\frac{\alpha}{n}\cdot\frac{1+nR_DC_Ds}{1+R_DC_Ds}=\frac{\alpha}{K_D}\cdot\frac{1+T_Ds}{1+\frac{T_D}{K_D}s} \tag{13-32}$$

式中，微分增益 $K_D=n$，微分时间 $T_D=nR_DC_D=K_DR_DC_D$。

所以，当输入信号 V_{O1} 存在阶跃作用时，利用拉氏反变换可得输出信号的时间函数表达式为：

$$V_{\mathrm{O2}}(t)=\frac{\alpha}{K_{\mathrm{D}}}\cdot\left[1+(K_{\mathrm{D}}-1)\mathrm{e}^{-\frac{K_{\mathrm{D}}}{T_{\mathrm{D}}}(t-t_0)}\right]V_{\mathrm{O1}}(t) \tag{13-33}$$

且　当 $t=t_0^+$ 时：　$V_{\mathrm{O2}}(t_0^+)=\alpha\cdot V_{\mathrm{O1}}(t_0^+)$

当 $t=\infty$时：　$V_{\mathrm{O2}}(\infty)=\frac{\alpha}{K_{\mathrm{D}}}\cdot V_{\mathrm{O1}}(\infty)$

当 $t=t_0+\frac{T_{\mathrm{D}}}{K_{\mathrm{D}}}$时：

$$V_{\mathrm{O2}}\left(t_0+\frac{T_{\mathrm{D}}}{K_{\mathrm{D}}}\right)=\frac{\alpha}{K_{\mathrm{D}}}\cdot[1+(K_{\mathrm{D}}-1)\mathrm{e}^{-1}]\cdot V_{\mathrm{O1}}\left(t_0+\frac{T_{\mathrm{D}}}{K_{\mathrm{D}}}\right)$$

显然，在 $t=t_0+\frac{T_{\mathrm{D}}}{K_{\mathrm{D}}}$时刻有如下关系式存在：

$$\frac{V_{\mathrm{O2}}(t_0^+)-V_{\mathrm{O2}}\left(t_0+\frac{T_{\mathrm{D}}}{K_{\mathrm{D}}}\right)}{V_{\mathrm{O2}}(t_0^+)-V_{\mathrm{O2}}(\infty)}\approx 0.632 \tag{13-34}$$

并可将其标识在阶跃动态响应曲线上如图 13-13 所示。

13.2.1.2　比例积分电路

串联于比例微分电路之后，实现比例积分控制规律的运算放大电路原理如图 13-14 所示，其中 V_{O2} 为输入电位，是前级电路即比例微分电路的输出电位，V_{O3} 为输出电位，R_{I} 为积分电阻，C_{I} 和 C_{M} 为比例积分电容。显然，电容 C_{I} 和 C_{M} 与运算放大器 IC_3 形成了基本的比例调节作用环节，而积分电阻 R_{I} 和电容 C_{M} 与 IC_3 形成积分调节作用环节。

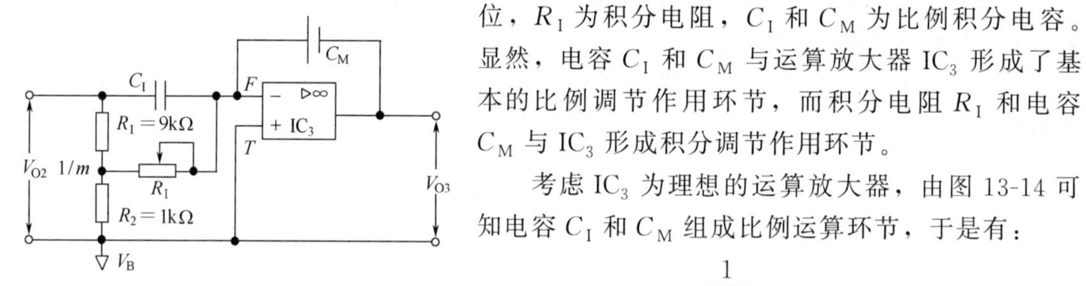

图 13-14　基型调节器 PI 运算等效放大电路

考虑 IC_3 为理想的运算放大器，由图 13-14 可知电容 C_{I} 和 C_{M} 组成比例运算环节，于是有：

$$V_{\mathrm{O3P}}=\frac{\frac{1}{C_{\mathrm{M}}s}}{\frac{1}{C_{\mathrm{I}}s}}V_{\mathrm{O2}}=-\frac{C_{\mathrm{I}}}{C_{\mathrm{M}}}V_{\mathrm{O2}} \tag{13-35}$$

同时 R_{I} 和 C_{M} 组成积分运算环节，于是又有：

$$V_{\mathrm{O3I}}=-\frac{1}{C_{\mathrm{M}}}\int\frac{V_{\mathrm{O2}}}{mR_{\mathrm{I}}}\mathrm{d}t=-\frac{1}{mR_{\mathrm{I}}C_{\mathrm{M}}}\int V_{\mathrm{O2}}\mathrm{d}t \tag{13-36}$$

式中，m 为衰减系数。不难看出，比例积分环节应是以上两种运算的叠加，即式(13-35) 和式(13-36) 的叠加而得输出信号的表达式为：

$$V_{\mathrm{O3}}=V_{\mathrm{O3P}}+V_{\mathrm{O3I}}=-\frac{C_{\mathrm{I}}}{C_{\mathrm{M}}}V_{\mathrm{O2}}-\frac{1}{mR_{\mathrm{I}}C_{\mathrm{M}}}\int V_{\mathrm{O2}}\mathrm{d}t \tag{13-37}$$

假设当 $t=t_0^+$ 时输入信号 V_{O2} 存在阶跃作用，即 $t\geqslant t_0^+$ 时输入信号 V_{O2} 为常数，于是上式可简化为：

$$V_{\mathrm{O3}}=-\frac{C_{\mathrm{I}}}{C_{\mathrm{M}}}V_{\mathrm{O2}}-\frac{t-t_0^+}{mR_{\mathrm{I}}C_{\mathrm{M}}}V_{\mathrm{O2}}=-\frac{C_{\mathrm{I}}}{C_{\mathrm{M}}}\left(1+\frac{t-t_0^+}{mR_{\mathrm{I}}C_{\mathrm{I}}}\right)V_{\mathrm{O2}} \tag{13-38}$$

对应地有其传递函数为：

$$W_{\mathrm{PI}}(s)=\frac{V_{\mathrm{O3}}(s)}{V_{\mathrm{O2}}(s)}=-\frac{C_{\mathrm{I}}}{C_{\mathrm{M}}}\left(1+\frac{1}{mR_{\mathrm{I}}C_{\mathrm{I}}s}\right) \tag{13-39}$$

规定积分时间为 $T_{\mathrm{I}}=mR_{\mathrm{I}}C_{\mathrm{I}}$，则上式可进一步简化为：

$$W_{\mathrm{PI}}(s)=-\frac{C_{\mathrm{I}}}{C_{\mathrm{M}}}\left(1+\frac{1}{T_{\mathrm{I}}s}\right) \tag{13-40}$$

以上是在假设 IC_3 为理想运算放大器的情形下获得的，而实际上 IC_3 的开环增益并不为 ∞。假设 IC_3 的开环增益为 A_3，输入阻抗为 R_{i}，则式(13-39) 需作必要的修正，且修正后可近似表示为：

$$W_{\mathrm{PI}}(s)=\frac{V_{\mathrm{O3}}(s)}{V_{\mathrm{O2}}(s)}=-\frac{C_{\mathrm{I}}}{C_{\mathrm{M}}}\cdot\frac{1+\dfrac{1}{mR_{\mathrm{I}}C_{\mathrm{I}}s}}{1+\dfrac{1}{A_3R_{\mathrm{I}}C_{\mathrm{M}}s}}=-\frac{C_{\mathrm{I}}}{C_{\mathrm{M}}}\cdot\frac{1+\dfrac{1}{T_{\mathrm{I}}s}}{1+\dfrac{1}{K_{\mathrm{I}}T_{\mathrm{I}}s}} \tag{13-41}$$

式中，$K_{\mathrm{I}}=\dfrac{A_3C_{\mathrm{M}}}{mC_{\mathrm{I}}}$为积分增益。

所以，当输入信号 V_{O2} 在 $t=t_0^+$ 时刻存在阶跃作用时，利用拉氏反变换可得输出信号 V_{O3} 的时间函数表达式为：

$$V_{\mathrm{O3}}(t)=-\frac{C_{\mathrm{I}}}{C_{\mathrm{M}}}\cdot\left[K_{\mathrm{I}}+(K_{\mathrm{I}}-1)\mathrm{e}^{-\frac{t-t_0}{K_{\mathrm{I}}T_{\mathrm{I}}}}\right]V_{\mathrm{O2}}(t) \tag{13-42}$$

且　当 $t=t_0^+$ 时：　$V_{\mathrm{O3}}(t_0^+)=-\dfrac{C_{\mathrm{I}}}{C_{\mathrm{M}}}\cdot V_{\mathrm{O2}}(t_0^+)$

当 $t=\infty$时：　$V_{\mathrm{O3}}(\infty)=-\dfrac{C_{\mathrm{I}}}{C_{\mathrm{M}}}\cdot K_{\mathrm{I}}V_{\mathrm{O2}}(\infty)$

当 $t=t_0+T_{\mathrm{I}}$ 时：　$V_{\mathrm{O3}}(t_0+T_{\mathrm{I}})\approx-2\dfrac{C_{\mathrm{I}}}{C_{\mathrm{M}}}V_{\mathrm{O2}}(t_0+T_{\mathrm{I}})$

图 13-15 给出了比例积分环节的阶跃动态响应曲线。考虑实际比例积分电路，由于运算放大器的增益为有限值 A_3，所以尽管输入信号 V_{O2} 始终存在也不能使积分作用无限制地进行下去，从而在积分作用时间相当长后，响应曲线出现饱和现象。这是实际应用系统中常存在静差的根本原因所在。

此外，在Ⅲ型调节器中，由于积分增益 K_{I} 很大，因而在系统中所产生的静态误差很小，可以认为接近理想状态。

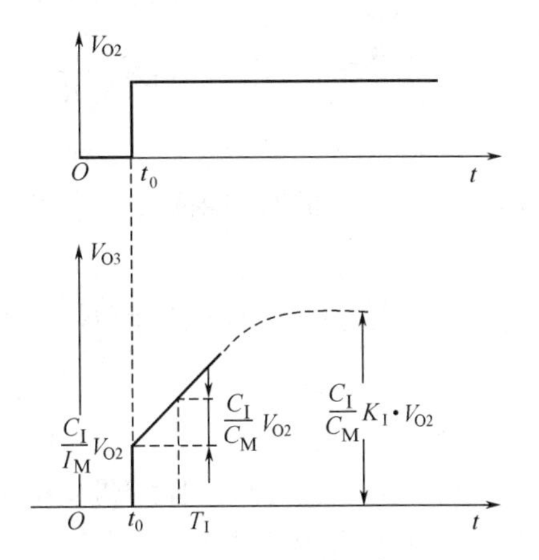

图 13-15　PI 调节规律阶跃动态响应曲线

13.2.1.3　PID 控制规律传递函数

如前所述，由于Ⅲ型调节器的 PID 控制规律是由 PD 环节和 PI 环节串联而成，因而 PID 控制规律的传递函数应是两者的乘积，即

$$W_{\mathrm{PID}}(s)=W_{\mathrm{PD}}(s)\cdot W_{\mathrm{PI}}(s) \tag{13-43}$$

将式(13-32) 和式(13-41) 代入上式有：

$$W_{\text{PID}}(s)=\frac{\alpha}{K_{\text{D}}}\cdot\frac{1+T_{\text{D}}s}{1+\frac{T_{\text{D}}}{K_{\text{D}}}s}\cdot\left(-\frac{C_{\text{I}}}{C_{\text{M}}}\cdot\frac{1+\frac{1}{T_{\text{I}}s}}{1+\frac{1}{K_{\text{I}}T_{\text{I}}s}}\right)$$

$$=-\frac{\alpha}{K_{\text{D}}}\cdot\frac{C_{\text{I}}}{C_{\text{M}}}\cdot\frac{1+T_{\text{D}}s}{1+\frac{T_{\text{D}}}{K_{\text{D}}}s}\cdot\frac{1+\frac{1}{T_{\text{I}}s}}{1+\frac{1}{K_{\text{I}}T_{\text{I}}s}}$$

$$=-\frac{\alpha}{K_{\text{D}}}\cdot\frac{C_{\text{I}}}{C_{\text{M}}}\cdot\frac{1+\frac{T_{\text{D}}}{T_{\text{I}}}+\frac{1}{T_{\text{I}}s}+T_{\text{D}}s}{1+\frac{T_{\text{D}}}{K_{\text{D}}K_{\text{I}}T_{\text{I}}}+\frac{1}{K_{\text{I}}T_{\text{I}}s}+\frac{T_{\text{D}}}{K_{\text{D}}}s} \tag{13-44}$$

令 $F=1+\frac{T_{\text{D}}}{T_{\text{I}}}$，$K_{\text{P}}=-\frac{\alpha}{K_{\text{D}}}\cdot\frac{C_{\text{I}}}{C_{\text{M}}}$，且考虑$\frac{T_{\text{D}}}{K_{\text{D}}K_{\text{I}}T_{\text{I}}}\ll 1$可忽略不计，于是上式可进一步简化为：

$$W_{\text{PID}}(s)=K_{\text{P}}F\cdot\frac{1+\frac{1}{FT_{\text{I}}s}+\frac{T_{\text{D}}}{F}s}{1+\frac{1}{K_{\text{I}}T_{\text{I}}s}+\frac{T_{\text{D}}}{K_{\text{D}}}s} \tag{13-45}$$

式中，干扰系数为 $F=1+\frac{T_{\text{D}}}{T_{\text{I}}}$；

比例增益为 $K_{\text{P}}=-\frac{\alpha}{K_{\text{D}}}\cdot\frac{C_{\text{I}}}{C_{\text{M}}}$；

微分时间为 $T_{\text{D}}=nR_{\text{D}}C_{\text{D}}$；

微分增益为 n；

积分时间为 $T_{\text{I}}=mR_{\text{I}}C_{\text{I}}$；

积分增益为 $K_{\text{I}}=\frac{A_3C_{\text{M}}}{mC_{\text{I}}}$。

当输入信号 V_{O1} 在 $t=t_0^+$ 时刻存在阶跃作用时，根据式(13-45)，利用拉氏反变换可得输出信号 V_{O3} 的时间函数表达式为：

$$V_{\text{O3}}(t)=K_{\text{P}}\left[F+(K_{\text{I}}-F)\left(1-\mathrm{e}^{-\frac{t-t_0}{K_{\text{I}}T_{\text{I}}}}\right)+(K_{\text{D}}-F)\mathrm{e}^{-\frac{K_{\text{D}}}{T_{\text{D}}}(t-t_0)}\right]\cdot V_{\text{O2}}(t) \tag{13-46}$$

且 当 $t=t_0^+$ 时： $V_{\text{O3}}(t_0^+)=K_{\text{D}}K_{\text{P}}\cdot V_{\text{O1}}(t_0^+)$

当 $t=\infty$时： $V_{\text{O3}}(\infty)=K_{\text{I}}K_{\text{P}}\cdot V_{\text{O1}}(\infty)$

由以上分析可知，Ⅲ型调节器与Ⅱ型调节器相比有如下特点：

① 相互干扰系数小；

② 可以用较小的 RC 获得较大的 T_{D} 和 T_{I}；

③ 积分增益高，调节精度高。

因为积分增益是有限的，所以 PID 调节器积分作用终了时的静态误差可表示为：

$$\varepsilon=\frac{1}{K_{\text{P}}K_{\text{I}}}\cdot V_{\text{O3}}(\infty) \tag{13-47}$$

13.2.2 数字式调节器控制规律的实现

众所周知，数字式调节器是以微计算机为核心进行有关控制规律的运算的，因而其运算不可能像电子电路那样是连续进行的，而恰恰相反所有控制规律的运算都需周期性地进行，即数字式调节器是离散系统。因而用于连续系统的 PID 控制规律须进行离散化后方可应用于数字式调节器。

同样，数字式调节器可采用理想的 PID 调节算法，也可采用实际的 PID 调节算法，在此分别称为完全微分型和不完全微分型。对每种算法都有位置型、增量型、速度型和偏差系数型 4 种实现形式。

下面分别讨论这两种算法的 4 种具体实现形式。

13.2.2.1 完全微分型算法

考虑如式(13-7) 所示的理想 PID 控制规律连续算式，采用如下近似方法：

$$\int \varepsilon \cdot \mathrm{d}t \approx \sum_{i=0}^{n} \varepsilon_i \cdot \Delta t = T \sum_{i=0}^{n} \varepsilon_i \tag{13-48}$$

及

$$\frac{\mathrm{d}\varepsilon}{\mathrm{d}t} \approx \frac{\varepsilon_n - \varepsilon_{n-1}}{\Delta t} = \frac{\varepsilon_n - \varepsilon_{n-1}}{T} \tag{13-49}$$

此处 Δt 是两次采样的间隔时间，即采样时间 T；n 为采样序号。于是可得离散化后的理想 PID 控制规律算式为：

$$y_n = K_{\mathrm{P}} \left[\varepsilon_n + \frac{T}{T_{\mathrm{I}}} \sum_{i=0}^{n} \varepsilon_i + \frac{T_{\mathrm{D}}}{T} (\varepsilon_n - \varepsilon_{n-1}) \right] \tag{13-50}$$

式中，y_n 为第 n 次采样后的调节器输出。

(1) 位置型算式

式(13-50) 即是位置型算式的具体形式。显然，这种算法的输出 y_n 是由逐次采样所得的偏差值 ε_i 求和及求增量而得，它便于计算机运算的实现。由于计算所得的 y_n 与实际控制用的阀位相对应，因此通常称这种算式为位置型 PID 算式。

由于采用位置型 PID 算式的调节器，在每个周期都要重新计算并输出计算值，即实际使用的阀位值，因而当调节器出现故障导致计算错误或输出错误时，会联动造成控制用阀位的错误，致使调节器工作失误 ，严重时还会造成整个被控系统的重大事故。因此将位置型 PID 算式用于数字式调节器时，须保证在输出端提供必要的保持器，否则每个采样周期阀位会出现抖动，这样既不能适应实际生产工艺和设备的要求，也容易给系统的正常运行留下事故隐患。通常都是在调节器的输出端采用零阶保持器，将调节器的输出值保持下来。

(2) 增量型算式

增量型 PID 算式的核心是在前一采样周期输出值的基础上，计算本采样周期的增量。该算式的提出主要是为了简化数字式调节器的计算量，并有效地减少误动作。

考虑式(13-50) 中第 $n-1$ 次采样时的情况有：

$$y_{n-1} = K_{\mathrm{P}} \left[\varepsilon_{n-1} + \frac{T}{T_{\mathrm{I}}} \sum_{i=0}^{n-1} \varepsilon_i + \frac{T_{\mathrm{D}}}{T} (\varepsilon_{n-1} - \varepsilon_{n-2}) \right] \tag{13-51}$$

将式(13-50) 与式(13-51) 相减，即可得增量型 PID 的算式为：

$$\begin{aligned} \Delta y_n &= y_n - y_{n-1} \\ &= K_{\mathrm{P}} \left[(\varepsilon_n - \varepsilon_{n-1}) + \frac{T}{T_{\mathrm{I}}} \varepsilon_n + \frac{T_{\mathrm{D}}}{T} (\varepsilon_n - 2\varepsilon_{n-1} + \varepsilon_{n-2}) \right] \end{aligned} \tag{13-52}$$

实际中增量型 PID 算式应用较广。由式(13-52) 可知，调节器输出增量的计算只取决于最后的几次偏差，因而计算机计算所需的内存较小，且运算也相对简单，适合于实时性要求较高的系统。同时，调节器每次的输出只是增量，因而因计算或输出的误动作的影响小，克服了位置型算式的缺陷。此外，对调节器每次输出的增量给予适当的限制，还可防止大扰动的出现，便于仪表手动和自动间的无扰动切换。更主要的是，当调节器一旦出现故障而停止输出时，控制用阀位能很容易地保持在故障前的状态。

(3) 速度型算式

将调节器的增量值除以采样间隔时间 T，即可得调节器输出饱和速度为：

$$v_n=\frac{\Delta y_n}{T}=\frac{K_P}{T}\left[(\varepsilon_n-\varepsilon_{n-1})+\frac{T}{T_I}\varepsilon_n+\frac{T_D}{T}(\varepsilon_n-2\varepsilon_{n-1}+\varepsilon_{n-2})\right] \tag{13-53}$$

由于采样间隔时间 T 是常数，因而速度型算式与式(13-52) 所示的增量型算式在本质上是相同的。

速度型 PID 算式除用于控制步进电机等单元所构成的系统外，很少有其他用途。

(4) 偏差系数型算式

将式(13-52) 展开并合并同类项可得如下算式：

$$\Delta y_n=K_P\left[\left(1+\frac{T}{T_I}+\frac{T_D}{T}\right)\varepsilon_n-\left(1+2\frac{T_D}{T}\right)\varepsilon_{n-1}+\frac{T_D}{T}\varepsilon_{n-2}\right] \tag{13-54}$$

经系数简化有：

$$\Delta y_n=A\varepsilon_n+B\varepsilon_{n-1}+C\varepsilon_{n-2} \tag{13-55}$$

式中　$A=K_P\left(1+\frac{T}{T_I}+\frac{T_D}{T}\right)$，$B=-K_P\left(1+2\frac{T_D}{T}\right)$，$C=K_P\frac{T_D}{T}$

显然，式(13-55) 比式(13-52) 简单，而且系数 A、B 和 C 能够反映每次偏差对输出的影响程度，具有相应的直观性；但同时也失去了必要的物理意义，且不能直观地表达与比例、积分和微分调节作用相关参数的关系。

不难看出，式(13-52) 的简化只是改变了自身的表示形式，而本质内容并没有变化，因而偏差系数型的 PID 算式在本质上还是增量型的。

13.2.2.2　不完全微分型算法

以上是数字式调节器在实现理想 PID 控制规律时的情形。如 13.1.2 小节所述，由于理想 PID 控制规律中微分作用只能在一个采样周期中有效，且调整作用很强，这样微分调节作用发挥不理想。因而在实际应用中常在完全微分型算式的基础上作必要的修正，从而产生了不完全微分型算式。所以也称不完全微分型算式是完全微分型算式修正和变异的结果。

考虑下式所示的实际 PID 控制规律连续算式：

$$\Delta y=K_P\left[\varepsilon+\frac{T}{T_I}\int_0\varepsilon\cdot dt+(K_D-1)e^{-\frac{K_D}{T_D}t}\right] \tag{13-56}$$

则经离散化后的不完全微分型 PID 算式为：

$$y_n=K_P\left[\varepsilon_n+\frac{T}{T_I}\sum_{i=0}^{n}\varepsilon_i+\frac{T_D}{T+\frac{T_D}{K_D}}(\varepsilon_n-\varepsilon_{n-1})\right]+\frac{\frac{T_D}{K_D}}{T+\frac{T_D}{K_D}}\cdot y_{n-1} \tag{13-57}$$

这是不完全微分型PID控制规律的位置型算式实现。相对应地，只要对完全微分型PID控制规律微分项作相应的修正，即可获得不完全微分型PID控制规律的其他三种算式，即增量型、速度型和偏差系数型的实现形式。

13.3 常规调节器基本电路分析

13.3.1 DDZ-Ⅲ型调节器基本电路分析

DDZ-Ⅲ型系列调节器的品种很多，本小节以基型调节器为例，从工作原理上分析其基本电路的组成。它除了能提供PID运算调节隔离外，还具有内给定、偏差指示、手动、输出阀位指示等与简单调节器相同的功能。基型调节器基本电路由指示单元和控制单元两部分组成如图13-16所示。指示单元主要包括输入指示电路、给定指示电路和内给定电路；控制单元主要包括输入电路、比例微分电路、比例积分电路、软手动硬手动电路和输出电路。

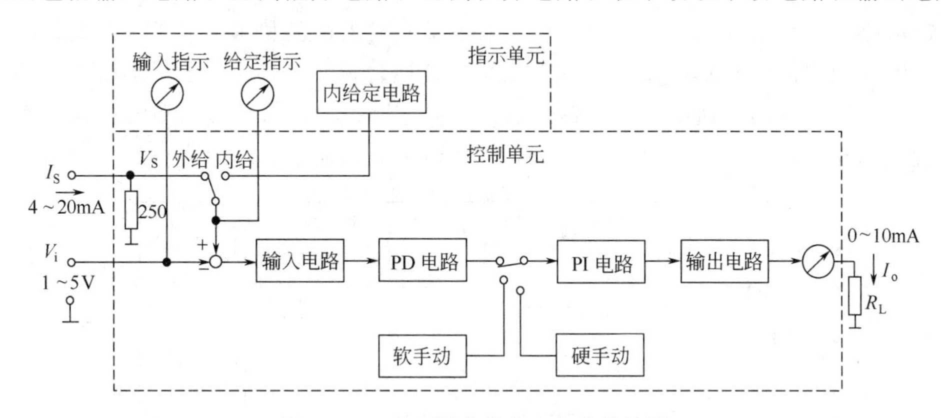

图13-16 基型调节器基本电路结构图

由基型调节器电路工作原理图可知，调节器将变送器或转换器送来的直流1～5V DC信号V_i，与给定值1～5V DC的信号比较并进行叠加，然后对比较所得的偏差顺序进行PD和PI运算，最后转换成一个4～20mA DC的直流电流I_o，并作为输出信号输出至执行器。

从控制规律上看，DDZ-Ⅲ型调节器与DDZ-Ⅱ型调节器是一样的，只是采用的信号制不同而已。但由于Ⅲ型系列的调节器采用了集成电路运算放大器，从而使其在结构和性能方面都有了很大的改善和提高。选用的高增益、高阻抗线性集成电路元件，提高了调节器的精度、稳定性和可靠性，还降低了功耗；实现的软、硬两种手动操作方式，尤其是软手动与自动之间的相互切换双向无平衡无扰动特性，有效地提高了操作性能；采用的国际标准信号制，扩大了调节器的应用范围，可接受1～5V DC的测量信号，并可产生4～20mA DC的输出信号；在集成电路的集成上，可根据需要开展多种功能，并可与计算机联用，以构成具有协调作用的计算机控制系统。

以基型调节器为例，DDZ-Ⅲ型调节器的主要性能可概括为：

输入测量信号　　1～5V DC；
内给定信号　　1～5V DC；
外给定信号　　4～20mA DC；
输入阻抗影响　　≤满刻度的0.1%；
输出信号　　4～20mA DC；

负载电阻　　250～750Ω；
比例度　　$P=2\%\sim500\%$；
积分时间　　0.01～25min（分两挡）；
微分时间　　0.04～10min；
调节精度　　0.5 级。

13.3.2　数字式调节器基本电路分析

数字式调节器的典型电路结构如图 13-17 所示。与模拟调节器不同，数字式调节器主要由微机运算单元、输入电路单元、输出电路单元和人机接口单元四大部分组成。微机运算单元是数字式调节器的核心组件，一般由 CPU、RAM、ROM 和相关的接口电路组成，以提供与其他各种单元电路的连接，主要完成调节器的各种运算、功能协调和控制规律的计算等；输入电路单元包括模拟量的输入接口、数字量的输入接口和调节器各种工作状态的输入接口，以实现输入信号制与内部信号制之间的转换、外部输入信号与内部电路的隔离等功能；输出电路单元包括模拟量的输出接口、数字量的输出接口和调节器各种开关控制量的输出接口，以实现内部信号制与输出信号制之间的转换、输出信号与内部电路的隔离等功能；其中开关量的输入输出和通讯接口是输入输出双向电路接口；人机接口单元提供操作员的各种参数设置和显示，因而主要由数码显示器、功能键盘和显示表盘组成。

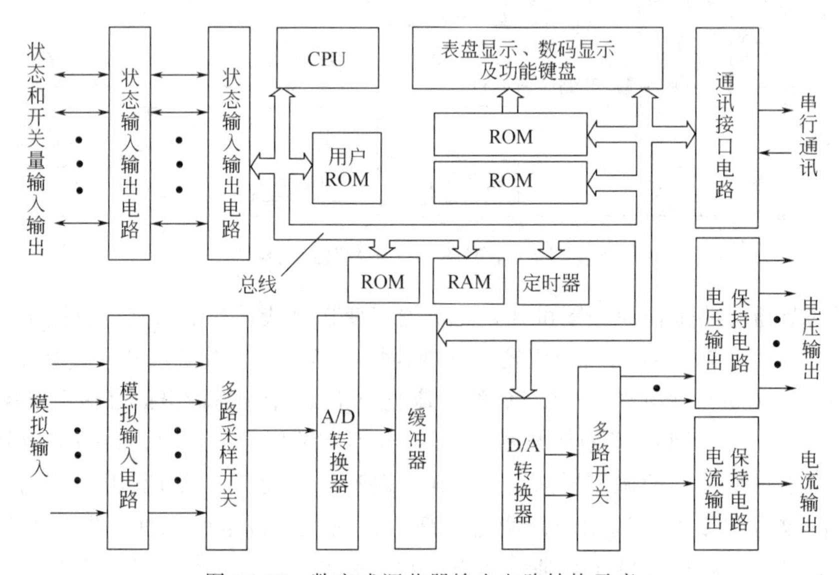

图 13-17　数字式调节器输出电路结构示意

因此，在调节器参与所构成的实际控制系统应用中，形成了包括模拟信号和数字信号在内的所有输入输出信号的转换、运算和存储等过程，从而构成了控制系统信息流处理的完整过程。信息流处理的具体过程主要包括模拟信号的处理、数字信号的处理、信息的内部管理和运算以及信息的人机交互过程。

实际应用中，通常由多路模拟输入通道将输入的生产过程参数如温度、压力、流量和物位等转换成 1～5V DC 模拟信号，或直接接受其他单元送来的 1～5V DC 信号。这些信号经多路模拟采样开关后依序进行模数转换（A/D），转换后的数字信号存放到各自对应的寄存器供 CPU 运算处理。而运算处理后的数字信号经数模转换（D/A）后变为模拟信号，由多路开关选择指定的模拟输出通道输出。模拟输出通道分 1～5V DC 电压输出和 4～20mA DC

电流输出两类。一般地，模拟电压输出用于连接其他仪表单元，而模拟电流输出用作控制操作信号，以输出到控制系统中的执行机构。

数字式调节器除了能对模拟信号进行各种处理外，还需对开关信号进行各种逻辑运算处理。这些逻辑运算处理由仪表所带的多路状态输入输出通道完成，以实现对生产过程的简单开关逻辑控制。此类的数字输入输出通道还包括串行通信电路，它可用于与上位计算机的通讯以及与其他数字式仪表的通讯，从而通过通信电路，上位计算机可以实现对各种现场数字式仪表的集中监视与管理。

数字式调节器内部的信息处理和管理，主要由调节器的管理程序和运算程序完成。一般地，各种管理程序、常用运算子程序和控制运算处理子程序均固化在只读存储器 ROM 中，而用户程序则固化在 EPROM 或 E^2PROM 中。运算过程中的数据以及生产过程中的有关参数则存放在读写存储器 RAM 中。

数字式调节器的人机交互功能则是通过设置在仪表面板上的数码显示、工作方式的切换按键、参数值设置修改键盘及相关的功能键完成，同时人机交互电路还提供面板上的指示表头或荧光柱显示等。

调节器中的各集成电路芯片均通过地址总线、控制总线与数据总线与 CPU 相连，以便按预定的管理和运算程序由 CPU 协调各个单元的协同工作。

数字式调节器的整体管理程序即主程序，也称仪表的监控程序或操作系统，其典型流程框图如图 13-18 所示。其中时钟是由主程序在启动时通过向定时器预置相关参数确定的，它主要用作仪表的定时和时钟中断的产生；用户程序编程环节是为了使调节器能够满足较为广泛的应用范围而为用户专门设置的，它为用户提供了可以根据实际应用需要编制用户程序的途径。调节器启动后，CPU 每接到一次时钟中断请求便循环执行一次主程序。而在执行主程序的过程中，用户程序只作为一个子程序被调用且只需执行一次。实际上，调节器的管理主程序和用户程序就是这样周而复始地循环工作的，从而构成了调节器的整个工作过程。

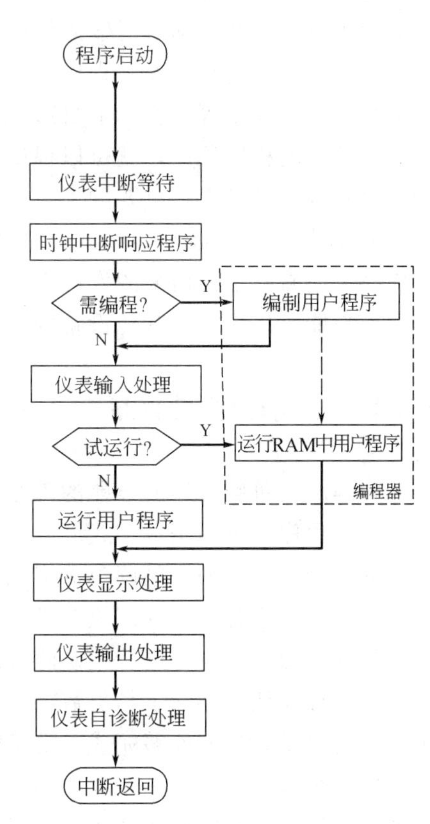

图 13-18 仪表整体管理程序框图

从数字式调节器出现以来，目前国内外已有不同种类的调节器产品，且其种类繁多。但无论是哪种调节器，其设计思想都大同小异，基本类似。这些设计思想包括以下几种。

① 具有与常规模拟式调节器同样的外特性 尽管数字式调节器的内部信息均为数字量，但为了保证数字式调节器能够与传统的常规仪表相兼容，其输入输出信号制与 DDZ-Ⅲ型电动单元组合仪表相同，即输入信号为 1～5V DC 电压信号，输出信号为 4～20mA DC 电流信号。对电源的要求也与 DDZ-Ⅲ型电动单元仪表相同，大多数均为直流 24V 电源供电的，也有交流供电的。微计算机的引入使数字式调节器的功能得到了大大地增强，但仍保证了其外形尺寸和盘装电动单元组合仪表的一致。

② 保持常规模拟式调节器的操作方式　数字式调节器的正面板和常规调节器的正面板几乎相同，其指示表头和操作键盘的布置也相差不大。只是侧面板上的键盘和数字显示器差别较大，而这些也只是在整定参数或维修检查时才使用。因而对已习惯于传统调节器的操作员来说，并不需要特殊的训练就能掌握使用技巧。

③ 功能价格比较高　由于在数字式调节器中采用了微计算机及其配套芯片，在不增加任何额外电路芯片的情况下，即可通过编制适当的用户程序，方便地增加调节器的多种功能，例如可编程序调节器。这一特点在电动单元组合仪表中是无法做到的，而要增加功能就必须增加相应的电路单元，因而使得调节器的价格也增加了。

④ 功能的模块化　数字式调节器的各种运算功能都是以模块化的方式进行编制的，而且用户通过调节器提供的人机接口还可编制自己需要的用户程序，这种功能的模块化结构使得数字式调节器在组态上具有了充分的灵活性；且使得这些模块间的连接不再使用硬导线，而只是通过调节器的人机交互接口即可完成这些功能模块的重构，从而可以实现不同种类的功能。

⑤ 具有自诊断的异常报警功能　自诊断的异常报警功能是数字式调节器保证生产安全的必要手段，调节器除了对输入信号和偏差设置了上下报警线外，还提供了对本身工作状态的自诊断能力，包括诊断主程序运行是否正常、A/D 转换是否正常、D/A 转换是否正常和通信功能是否正常等。实际上自诊断功能是在必要的硬件支持的基础上靠软件实现的，只要编制了适当的检验程序，就可以根据逻辑关系判断有无异常以及故障发生的范围。这对生产的安全和维护都是十分重要的。

⑥ 提供通信功能　数字式调节器设计时除考虑到用于代替常规调节器在独立的系统中工作外，还看到了其后来的发展需要，即可以形成计算机控制系统，因而设计时都增加了数据通信功能，以保证与其他设备的连接。

13.4　可编程序调节器

13.4.1　可编程序调节器的工作原理

可编程序调节器是数字式调节器的重要应用实例之一。在前面所述的数字式调节器基本构成的基础上，可编程序调节器增强了相应的功能，尤其是在软件方面的功能，主要体现在为用户提供了将各种软件模块有机地连接起来的途径，从而使其具备了用户程序可根据实际控制需要，由用户自行进行编制的可能。

可编程序调节器除了具备数字式调节器应有的特点外，在仪表系统管理软件的构成上有了很大的改变。它将能够完成一定特定功能的软件段形成各种典型的通用软件模块，并定义了相应的编程语言，即一系列的编程语句。这种编程语言介于高级语言与汇编语言之间，是一种面向过程控制的专用语言（POL 语言）。用户使用编程语言可进行各种功能模块的组态，指明模块之间的连接顺序，定义输入和输出数据，以及确定模块调用的指令代码等，从而最终形成能够完成某种调节功能的用户程序。

一般地，编程语言除了进行读入和输出数据的传送语句外，还有完成必要的运算与控制功能的语句，后者常以运算函数程序的形式存放在仪表内部的 ROM 中，每个运算函数程序都可用一个编程语句调用，其结构与台式计算机的程序有相似之处，从而使得程序的编制简单方便。而所有的这些运算又都是与相应的运算寄存器相连接，以存放原始数据与运算结果。

加强型 SLPC＊E 调节器是具有一定代表性的、功能较为齐全的可编程序调节器。它有 5 个 1～5V DC 模拟信号输入通道，6 个可设置为输入或输出的状态信号输入输出通道，1 个 4～20mA DC 模拟输出通道，2 个 1～5V DC 模拟输出通道，1 个半全工串行通信通道和 1 个故障或报警输出通道。SLPC70＊E 可编程序调节器还具有可变型设定值滤波器和专家自整定的功能。

SLPC＊E 调节器的所有功能都是依靠寄存器来完成的，它将不同的数据存放在各种寄存器中。这些数据包括各种常数、系数、输入数据、运算处理过程中的中间结果与最后结果以及软开关切换控制数据等。根据使用目的和要求的不同，分别给予这些寄存器定义了不同的名称和字符。图 13-19 给出了 SLPC＊E 调节器的寄存器整体结构图。

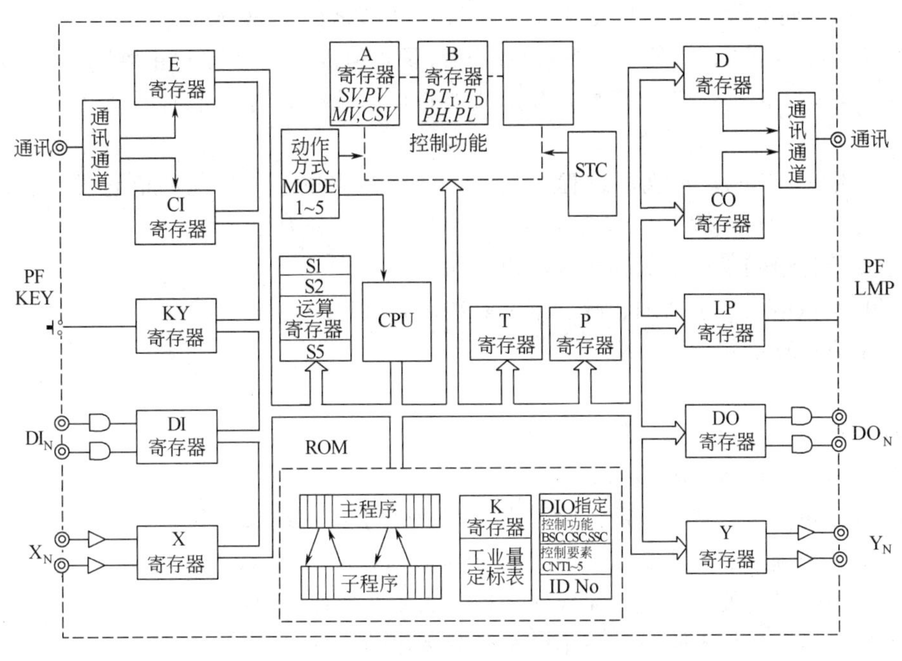

图 13-19　SLPC＊E 寄存器整体结构图

显然，用于控制的寄存器有三类，模拟数据寄存器 A、整定数据寄存器 B 和状态数据寄存器 FL。模拟数据寄存器 A 共有 16 个，主要用于存储设定值 SV、测量值 PV、操作信号 MV、补偿值 DM 和增益值 AG 等；整定数据寄存器 B 共有 39 个，主要用于存储需要进行整定的参数，包括比例带 P、积分时间 T_I、微分时间 T_D、非线性增益 GG、不灵敏区宽度 GW、上下限报警设定 PH 与 PL、上下限幅 MH 与 ML、采样周期 ST 等；状态时间寄存器共有 32 个，主要用于存储故障状态信号 $FAIL$、$C/A/M$ 切换控制信号、报警状态信号 $ALARM$、启动与停止信号等。

输入寄存器分模拟输入寄存器、数字输入输出寄存器、通信输入寄存器和可编程功能键状态寄存器。输出寄存器分模拟输出寄存器、通信输出寄存器和指示灯状态输出寄存器。除了用于控制、输入和输出的寄存器外，还有 5 个运算寄存器、16 个暂存寄存器和 16 个可变常数寄存器。

实际上，以上所述的所有寄存器就是对应于随机读写存储器 RAM 中各个不同的存储单元的，它们可以用软件指定和修改，只是为了使用和表示上的方便，特地进行了这些定义和表示。

由此可见，可编程序调节器就是在控制程序固定的数字式调节器的基础上，将原有的控制程序模块化，然后将这些模块的连接顺序留给用户来定义，并依靠事先定义好的可看做是数据接口的各种寄存器，将用户编制的用户程序组态在一起，从而可以根据实际过程控制的需要，由用户自行设计控制规律并加以实现。

13.4.2　程序控制规律的构成和实现

在可编程序调节器的 ROM 中不仅存放有软件管理程序，同时还存放有各种运算模块和功能模块。将这些运算模块和功能模块通过一定的方式连接或组态起来，即可形成实用的具有一定控制规律的用户程序。

每个模块在组态过程中都要求使用一定的代码来描述模块间的组态关系。不同的生产厂家和产品使用不同的代码。一般地用于可编程序调节器的代码分两类，一类是数字式的代码，其形式接近机器语言，便于计算机组织和维护，但难以表示其应用含义；另一类是类似助记符号的英文字符串或其他符号，其形式接近汇编语言，有一定的可视性，有助于用户理解。

无论采用何种代码，常规的编程语句都可归纳为完成一定功能的语句类型。以 YS-80（E 型）功能加强型可编程序调节器为例，其编程语句可分为如下 22 类。

① 数据传送语句。包括数据输入输出语句。

② 四则运算语句。包括加、减、乘和除法运算语句。

③ 开平方运算语句。

④ 取绝对值语句。

⑤ 选择语句。包括高选和低选语句。

⑥ 限幅语句。包括上限幅和下限幅语句。

⑦ 控制语句。包括基本控制语句、串级控制语句和选择控制语句。

⑧ 10 段折线逼近法函数运算语句。实现函数曲线的 10 段线性化处理。

⑨ 一阶惯性滞后处理语句。完成输入信号的滤波处理或用作补偿环节。

⑩ 不完全微分运算语句。实现不完全微分规律的计算。

⑪ 纯滞后处理语句。用于补偿信号的纯滞后时间效应。

⑫ 带纯滞后的滞后-超前补偿环节语句。前 3 种处理方法的综合。

⑬ 变换率运算与限幅语句。

⑭ 移动平均运算语句。计算最后 20 个采样值的平均值。

⑮ 状态标志输入输出语句。

⑯ PF 键与灯信号输入、转移与状态检出语句。

⑰ 逻辑运算、比较与计时器语句。包括逻辑运算的与、或、非、异或和比较以及计时器的定时设置。

⑱ 转移、报警与信号切换语句。报警语句包括上限和下限报警。

⑲ 程序设定语句。完成被控变量的设定，以适应参数随时间的变化。

⑳ 脉冲输入计数与积分脉冲输出语句。

㉑ 运算寄存器 S 的交换与旋转语句。

㉒ 子程序的调用功能与结束语句。包括无条件转移、有条件转移、子程序开始、子程序结束和程序结束语句。

程序控制规律的实现是由控制语句完成的。在 YS-80（E 型）可编程序调节器中控制功能语句包含 3 条，即基本控制语句 BSC、串级控制语句 CSC 和选择控制语句 SSC。这 3 条控制语句可实现包括标准 PID、采样 PI、批量 PID、微分先行 PI-D、比例微分先行 I-PD 和有设定值滤波的 PID（即 SVF）等。在实际控制系统中具体采用哪种控制规律，需在编制用户程序时由控制要素 CNTn 决定，表 13-1 给出了各条控制语句与控制要素之间的设定关系，同时也给出了可编程序调节器 SLPC＊E 所具有的控制功能。

表 13-1 控制要素与控制规律设定关系

控制要素	实现功能	控制规律设定	SLPC＊E 控制功能		
			BSC	CSC	SSC
CNT1	第 1 回路控制	1＝标准 PID	√	√	√
		2＝采样值 PI	√	√	√
		3＝批量 PID	√	×	×
CNT2	第 2 回路控制	1＝标准 PID	×	√	√
		2＝采样值 PI	×	√	√
CNT3	自动选择控制	0＝低值选择	×	×	√
		1＝高值选择	×	×	√
CNT4	控制周期	0＝0.2s	√	√	√
		1＝0.1s	√	√	√
		2＝0.4s	×	×	×
CNT5	控制算式选择	0＝I-PD	√	√	√
		1＝PI-D	√	√	√
		2＝SVF	√	√	√

每个控制语句都定义有一系列的寄存器，以保存控制语句在完成控制功能过程中所需要的各种数据和参数。而每个控制语句都对应于一个特定的软件模块，它在协调各个寄存器之间的数据传递的同时，完成设定的控制规律。

因此，一个完整的控制规律或动作的编程，需要将所选择的控制语句与适当的编程语句相结合，以实现控制规律运算需要的各种参数或数据的传递和设置；而在控制规律运算完成后，又需经过适当的编程语句实现计算结果的输出，以完成整个控制动作的实现。其过程如同任何一个函数在运算前需要参数的初始化，而运算后又需要赋值输出一样。

13.5 先进调节器

13.5.1 增强型调节器

增强型调节器是数字式调节器的进一步发展，它除能够完成调节器的常规任务外，还对调节器各种功能的实现进行了改进和完善。这些都得益于微处理器在调节器中的引入，同时由于近来微处理器运算速度的大幅提高，使得调节器可对所获得的数据进行各种灵活和快速的处理，在保证整机控制特性的前提下，增加了各种附加的功能以提高调节器的控制能力。

常规的 PID 控制规律分为理想 PID 和不完全微分 PID。增强型调节器的控制规律是在不完全微分 PID 即实际 PID 规律的基础上，根据实际需要再作进一步的改进而得到的。改进后的 PID 控制规律，可以使实际 PID 控制规律所能得到的最佳过渡过程中存在的某些缺陷得到克服或缓解，控制质量与可靠性得到提高。在该类控制规律的基础上，还可对 PID 参数追加专家自整定功能，其原理结构如图 13-20 所示。专家自整定功能的引入，是考虑被控对象实际存在的在大时间范围内的时变性，从而实现调节器 PID 参数的可再整定性，使得控制规律能够始终采用最佳的参数值，保证控制效果的良好。这种带有 PID 参数自整定功能的调节器称为专家化自整定调节器，即 STC（Self-tuning Control）功能。为改善控制过程中给定值的跟踪效果，还可引入可调整的设定值滤波器。

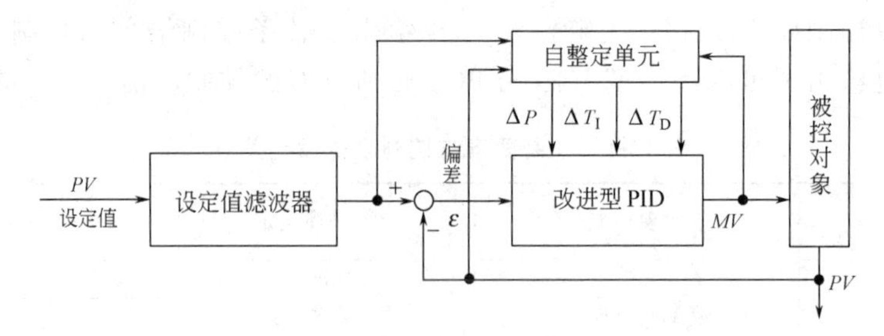

图 13-20　专家自整定调节器原理

对具有两个以上干扰源及较大惯性滞后时间常数的被控对象来说，当用简单的单回路控制系统难以达到较好的控制效果时，可采用串级控制策略与前馈加反馈控制策略，其原理结构分别如图 13-21 和图 13-22 所示。为此，多数带微机的增强型调节器都设有两个 PID 运算处理器，即前述的控制要素 CNT1 和 CNT2 所决定的两个控制回路。一方面，两个控制回路可方便地实现串级控制；另一方面，由一个控制回路实现反馈控制，而另一个控制回路则可实现前馈补偿运算，从而获得前馈加反馈的控制作用；同时，这两个控制回路还可实现自动选择控制策略，由两个控制回路分别按不同的参数进行运算，然后由调节器根据选择条件自动选择其中一个作为输出。

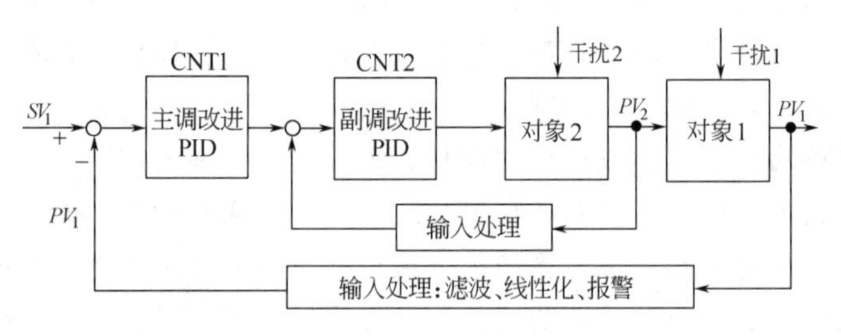

图 13-21　串级控制系统原理

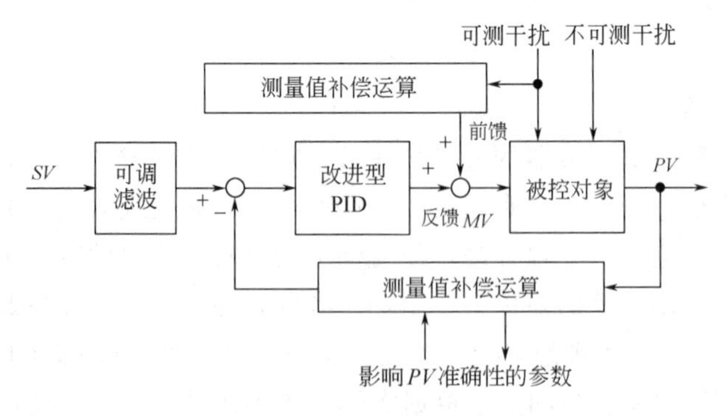

图 13-22　前馈加反馈控制系统原理

增强型调节器除能够完成上述的各种控制策略外，还可实现对测量信号的补偿运算、线性化处理、极大值和极小值报警运算，对输出信号进行限幅处理运算等多种功能。

13.5.2 改进型 PID 控制算法

对常规 PID 控制规律的实现方法进行改进，或增加必要的环节，还可形成各种不同的改进型 PID 控制方法。以下主要讨论微分先行 PID 控制、比例微分先行 PID 控制和非线性 PID 控制。

13.5.2.1 微分先行 PID 控制

在常规 PID 控制中，如设定值发生变化，设定值与测量值之间的偏差会出现瞬间突变。这种突变经微分运算后输出变化会非常剧烈，使得整个控制系统产生微分冲击，从而影响系统的控制性能。为此，可对常规 PID 控制引入微分先行 PID 即 PI-D 控制，从而使微分运算对设定值变化不起作用，只对测量值的变化产生微分超前控制效果，以克服微分作用带来的输出突变。一般的微分先行 PID 控制原理图如图 13-23 所示，其传递函数可表示为：

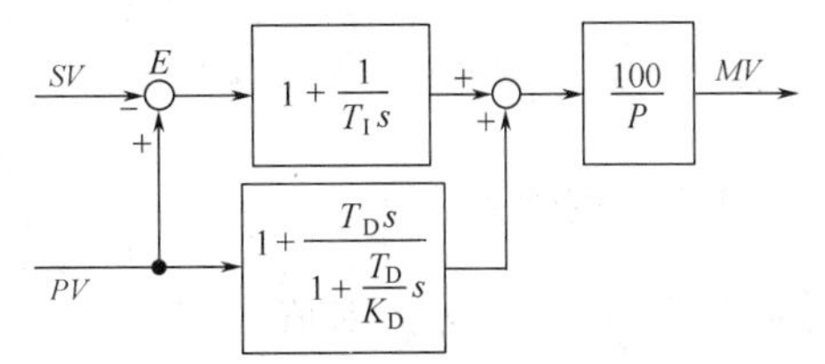

图 13-23 微分先行 PID 控制示意

$$MV(s)=\frac{100}{P}\left[\left(1+\frac{1}{T_I s}\right)\cdot E(s)+\frac{T_D s}{1+(T_D/K_D)\cdot s}\cdot PV(s)\right]$$

$$=\frac{100}{P}\left\{\left[1+\frac{1}{T_I s}+\frac{T_D s}{1+(T_D/K_D)\cdot s}\right]\cdot PV(s)-\left(1+\frac{1}{T_I s}\right)\cdot SV(s)\right\} \quad (13\text{-}58)$$

式中，$SV(s)$为设定值；$PV(s)$为测量值；$MV(s)$为调节器输出的控制量。

需要注意的是，上述的 PI-D 控制规律虽然消除了由设定值突变所导致的微分运算输出突变，但因为设定值 SV 还需经过比例运算项，控制系统输出仍然会有一个突变，只是整个突变很小，是 SV 突变值的 $K_P=100/P$ 倍。实际上系统存在这种小突变扰动，对强调设定值跟踪性能的系统来说是有益的，例如串级控制系统的副调回路。

13.5.2.2 比例微分先行 PID 控制

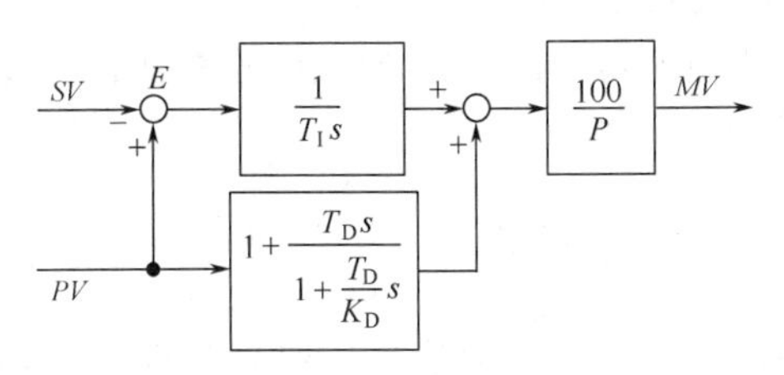

图 13-24 比例微分先行 PID 控制示意

为解决微分先行中比例环节对设定值 SV 的突变效应，可以将比例环节与微分环节合并，从而形成比例微分先行 PID 控制规律，即 I-PD 控制，其原理图如图 13-24 所示。这种控制规律常适用于主要由计算机形成的控制系统，因为在这种控制系统中，控制用给定值都是由计算机设定的，是准确的数字量，如不解决比例作用的先行问题，必然会像微分环节的微分冲击一样，设定值的突变也会导致控制系统的比例冲击。

比例微分先行 PID 控制的传递函数可表示为：

$$MV(s)=\frac{100}{P}\left\{\frac{1}{T_I s}\cdot E(s)+\left[1+\frac{T_D s}{1+(T_D/K_D)\cdot s}\right]\cdot PV(s)\right\}$$

$$=\frac{100}{P}\left\{\left[1+\frac{1}{T_I s}+\frac{T_D s}{1+(T_D/K_D)\cdot s}\right]\cdot PV(s)-\frac{1}{T_I s}\cdot SV(s)\right\} \quad (13\text{-}59)$$

13.5.2.3 非线性 PID 控制

解决非线性控制问题是控制系统的常见目标。这里主要讨论非线性 PID 控制中的分段 PID 控制和带死区的 PID 控制两种。

最简单的分段 PID 控制就是积分分离 PID 控制，即在比例和微分不变的前提下，分段启动积分作用，以达到抗积分饱和的作用。其基本工作原理是在偏差较小时加入积分作用，而当偏差较大时则取消积分作用。该方法实际上是通过减轻积分累计的饱和程度来达到抗积分饱和的作用的，其作用的动态特性曲线如图 13-25 所示。

积分分离法是首先判断偏差绝对值 $|\varepsilon|$ 是否超过预先设定的偏差限值 A，然后再确定是否投入积分控制环节，因而调节器在理想 PID 控制规律状态下输出的增量表达式为：

$$\Delta MV=K_P(\varepsilon_k-\varepsilon_{k-1})+K_LK_I\cdot\varepsilon_k+K_D(\varepsilon_k-2\varepsilon_{k-1}+\varepsilon_{k-2}) \tag{13-60}$$

式中，逻辑系数 $K_L=\begin{cases}0, & |\varepsilon|>A\\ 1, & |\varepsilon|\leqslant A\end{cases}$。显然，由逻辑系数的取值条件可知，只有当第 k 次采样后形成的偏差绝对值 $|\varepsilon|$ 小于限值 A 时，控制规律中的积分环节才投入使用，否则切除积分作用环节。

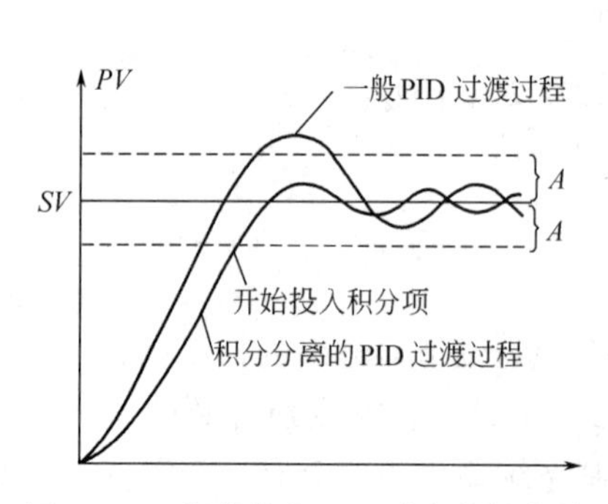

图 13-25　积分分离 PID 动态特性曲线

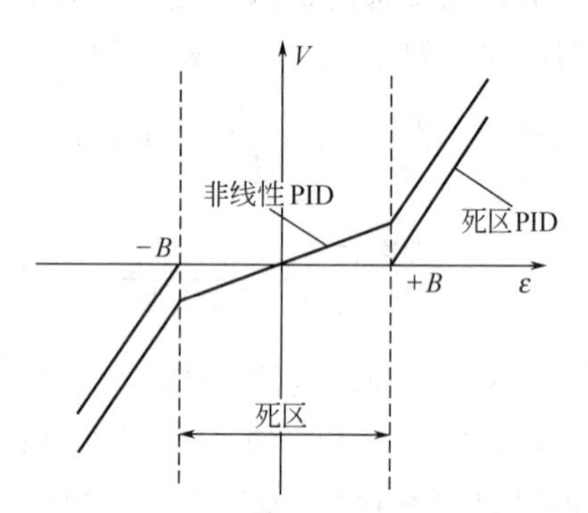

图 13-26　非线性 PID 控制示意

在实际应用中也存在与上述要求相反的情况，即当偏差较小时不希望有任何调节作用，而当偏差达到一定程度如偏差绝对值 $|\varepsilon|$ 超过 B 时，投入相应的 PID 控制规律，其控制效应特征如图 13-26 所示。该种控制规律的典型应用如缓冲容器的液位控制。因而其增量表达式为：

$$\Delta MV=K_L\cdot[K_P(\varepsilon_k-\varepsilon_{k-1})+K_I\varepsilon_k+K_D(\varepsilon_k-2\varepsilon_{k-1}+\varepsilon_{k-2})] \tag{13-61}$$

式中，逻辑系数 $K_L=\begin{cases}0, & |\varepsilon|>B\\ 1, & |\varepsilon|\leqslant B\end{cases}$。显然，逻辑系数 K_L 的取值将决定何时投入 PID 控制作用。

思考题与习题

13-1　调节器在过程自动化系统中扮演什么样的角色？

13-2　什么是比例控制规律、积分控制规律和微分控制规律？它们有哪些表示方式和特点？

13-3　为什么说积分控制规律一般不单独使用，而微分控制规律一定不能单独使用？

13-4　什么是正作用调节器和负作用调节器？如何实现调节器的正反作用？

13-5　实用 PID 调节控制规律有哪些？

13-6　完全微分型 PID 调节控制规律与不完全微分型 PID 调节控制规律有什么区别？哪一个控制规律更为普遍？

13-7　实际应用中都有哪些改进型的 PID 调节控制规律？彼此间有什么区别和不同的应用领域？

13-8 DDE-Ⅲ型调节器是如何实现PID调节控制规律的？

13-9 数字式调节器是如何将PID调节控制规律从连续形式离散化，并应用到控制系统中的？

13-10 微机使用的PID调节控制规律有哪些表示形式？各应用到控制系统的什么情况？

13-11 可编程序调节器的基本构成和工作原理是什么？它是如何让用户实现调节器程序的编制工作的？

14 执行单元

执行单元是构成控制系统不可缺少的重要组成部分。任何一个最简单的控制系统也必须由检测环节、调节单元及执行单元组成。执行单元的作用就是根据调节器的输出，直接控制被控变量所对应的某些物理量，例如温度、压力和流量等参数，从而实现对被控对象的控制目的。因此完全可以说执行单元是用来代替人的操作的，是工业自动化的“手脚”。

由于执行器的原理比较简单，操作比较单一，因而人们常常会轻视这一重要环节。事实上执行器大多都安装在生产现场，长年与生产中的各种介质直接接触，并时常工作在高温、高压、深冷、强腐蚀等恶劣环境，要保持其安全运行远不是容易的事情，因而也常常是控制系统中最薄弱的环节。

14.1 执行器工作原理

14.1.1 执行器分类与比较

根据所使用的能源种类，执行器可以分为气动、液动和电动三种。常规情况下三种执行器的主要特性比较如表 14-1 所示。

表 14-1 执行器主要特性比较

主要特性	气动执行器	液动执行器	电动执行器	主要特性	气动执行器	液动执行器	电动执行器
系统结构	简单	简单	复杂	推动力	适中	较大	较小
安全性	好	好	较差	维护难度	方便	较方便	有难度
相应时间	慢	较慢	快	价格	便宜	便宜	较贵

气动执行器是以压缩空气为动力能源的一种自动执行器。它接受调节器的输出控制信号，直接调节被控介质（如液体、气体或蒸汽等）的流量，使被控变量控制在系统要求的范围内，以实现生产过程的自动化。气动执行器具有结构简单、工作可靠、价格便宜、维护方便和防火防爆等优点，在工业控制系统中应用最为普遍。

电动执行器是以电动执行机构进行操作的。它接受来自调节器的输出电流 0～10mA 或 4～20mA 信号，并转换为相应的输出轴角位移或直线位移，去控制调节机构以实现自动调节。电动执行器的优点则是能源采用方便，信号传输速度快，传输距离远，但其结构复杂、推力小、价格贵和且只适用于防爆要求不高的场所的缺点，大大地限制了其在工业环境中的广泛应用。

液动执行器的最大特点是推力大，但在实际工业中的应用较少。因此，本书只重点讨论气动执行器和电动执行器。

14.1.2 执行器基本构成及工作原理

执行器一般由执行机构和调节机构两部分组成。执行机构是执行器的推动装置，它可以按照调节器的输出信号量，产生相应的推力或位移，对调节机构产生推动作用；调节机构是执行器的调节装置，最常见的调节机构是调节阀，它受执行机构的操纵，可以改变调节阀阀芯与阀座间的流通面积，以达到最终调节被控介质的目的。

常规执行器的结构如图 14-1 所示。无论是气动执行器还是电动执行器，首先都需接受来自调节器的输出信号，以作为执行器的输入信号即执行器动作依据；该输入信号送入信号转换单元，转换信号制式后与反馈的执行机构位置信号进行比较，其差值作为执行机构的输入，以确定执行机构的作用方向和大小；执行机构的输出结果再控制调节器的动作，以实现对被控介质的调节作用；其中执行机构的输出通过位置发生器可以产生其反馈控制所需的位置信号。

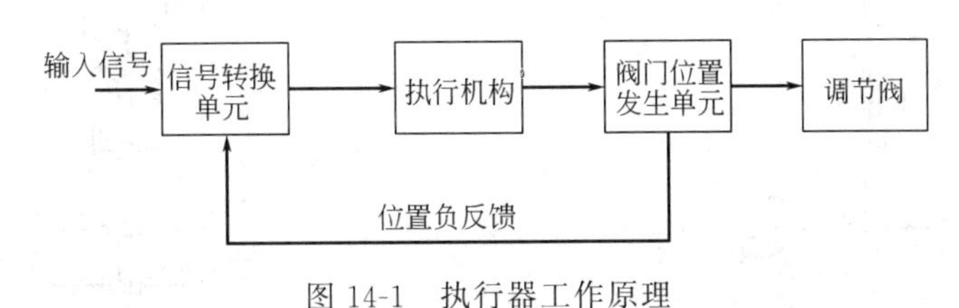

图 14-1　执行器工作原理

显然，执行机构的动作构成了负反馈控制回路，这是提高执行器调节精度，保证执行器工作稳定的重要手段。

14.2　气动执行器

14.2.1　气动执行器基本构成

气动执行器一般由气动执行机构和调节机构组成，根据应用工作的需要，也可配上阀门定位器或电气转换器等附件，完整的气动执行器工作原理图如图 14-2 所示。

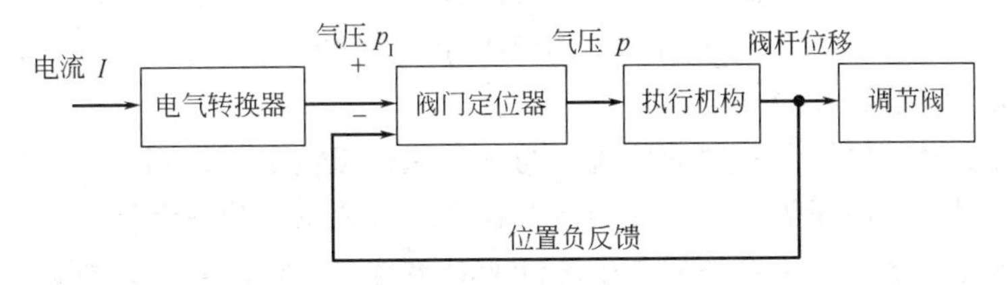

图 14-2　气动执行器工作原理示意

气动执行器接受调节器（或转换器）的输出电流信号 I，由电气转换器转换成气压信号 p_1，经与位置反馈气压信号进行比较后输出供执行机构使用的气压信号 p，然后由气动执行机构按一定的规律转换成推力，使执行机构的推杆产生相应的位移，以带动调节阀的阀芯动作并产生位置反馈信号，最后再由调节阀根据阀杆的位移程度，实现对被控介质的控制作用。

目前使用的气动执行机构主要有薄膜式和活塞式两大类。气动薄膜式执行机构使用弹性膜片将输入气压转变为推力，其结构简单，价格便宜，使用最为广泛。气动活塞式执行机构以汽缸内的活塞输出推力，由于汽缸允许压力较高，可获得较大的推力，因而常可制成长行程的执行机构。

典型的薄膜式气动执行器如图 14-3 所示。它分为上下两部分，上半部分是产生推力的薄膜式的执行机构，下半部分是调节阀。薄膜式执行机构主要由弹性薄膜、压缩弹簧和推杆组成。当气压信号 p 进入薄膜气室时，会在膜片上产生向下的推力，以克服弹簧反作用力，使推杆产生位移，直到弹簧的反作用力与薄膜上的推力平衡为止。因此，这种执行机构属于比例式作用特性，即平衡时推杆的位移与输入气压大小成比例。

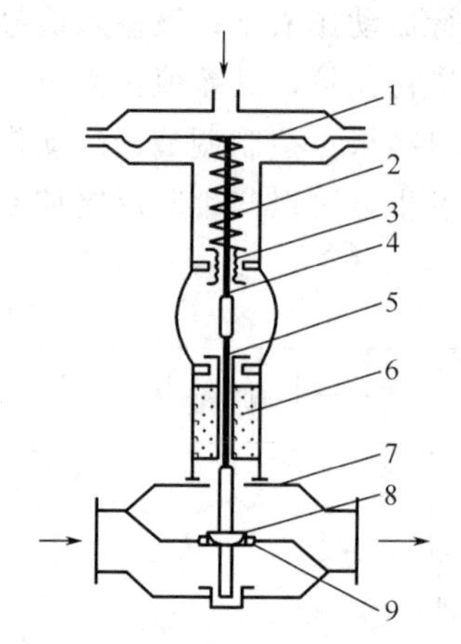

图 14-3　薄膜式气动执行器结构

1—薄膜；2—弹簧；3—调零弹簧；4—推杆；5—阀杆；6—填料；7—阀体；8—阀芯；9—阀座

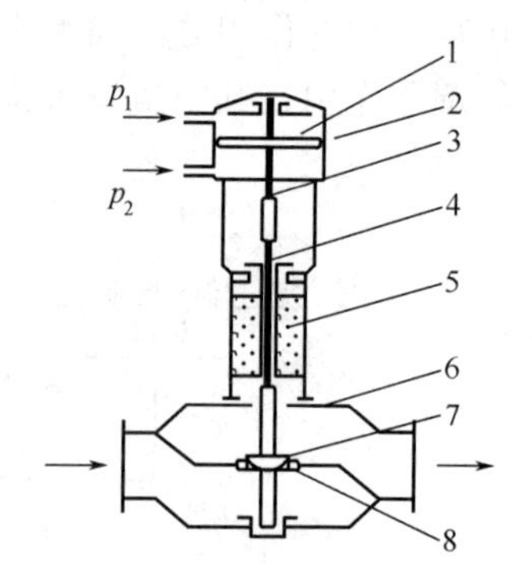

图 14-4　活塞式气动执行器结构

1—活塞；2—汽缸；3—推杆；4—阀杆；5—填料；6—阀体；7—阀芯；8—阀座

典型的活塞式气动执行器如图 14-4 所示。它也分为上半部分的活塞式执行机构和下半部分的调节阀。活塞式执行机构在结构上是无弹簧的汽缸活塞式系统，允许操作压力为 0.5MPa，且无弹簧反作用力，因而输出推力较大，特别适用于高静压、高压差、大口径的场合。它的输出特性有比例式和两位式两种。两位式操作模式是活塞根据其两侧操作压力的大小而动作，活塞由高压侧向低压侧移动，使推杆从一个极端位置移动到另一个极端位置。其行程可达 25～100mm，主要适用于双位调节的控制系统。

14.2.2　阀门定位器

阀门定位器是气动执行器的辅助装置，与气动执行机构配套使用。它主要用来克服流过调节阀的流体作用力，保证阀门定位在调节器输出信号要求的位置上。

定位器与执行器之间的关系如同一个随动驱动系统。定位器接受来自调节器的控制信号和来自执行器的位置反馈信号，对两者进行比较，当两个信号不相对应时，定位器以较大的输出驱动执行机构，直至执行机构的位移输出与来自调节器的控制信号相对应。此外，配置阀门定位器可增大执行机构的输出功率，减少调节信号的传输滞后，加快阀杆的移动速度，提高位置输出的线性度，从而保证调节阀的正确定位。

图 14-5 给出了与薄膜执行机构配套使用的气动阀门定位器的结构图，它是按力矩平衡的方式进行工作的。从调节仪表来的控制信号首先送入波纹管内，当信号压力增大时，主杠杆绕支点偏转，致使挡板接近喷嘴；喷嘴背压经放大器放大后，送至薄膜气室，以推动推杆下移，并带动反馈杆绕支点转动；反馈凸轮跟着作逆时针转动，通过滚轮使副杠杆绕支点顺时针转动，拉伸反馈弹簧。当弹簧对主杠杆的拉力与信号压力通过波纹管对主杠杆的力达到力矩平衡时，杠杆停止转动，定位器处于相对稳定状态，此时阀门位置与信号压力相对应。

显然，改变反馈凸轮的几何形状，可以改变输入信号与阀杆位移的对应关系，从而无须变更调节阀阀芯形状即可改变调节阀的流量特性。

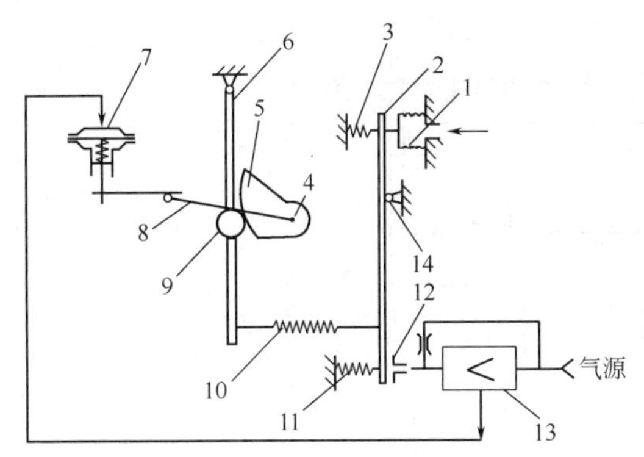

图 14-5 气动阀门定位器结构示意

1—波纹管；2—主杠杆；3—弹簧；4,14—支点；5—凸轮；6—副杠杆；7—薄膜气室；8—反馈杆；9—滚轮；10—反馈弹簧；11—调零弹簧；12—喷嘴；13—放大器

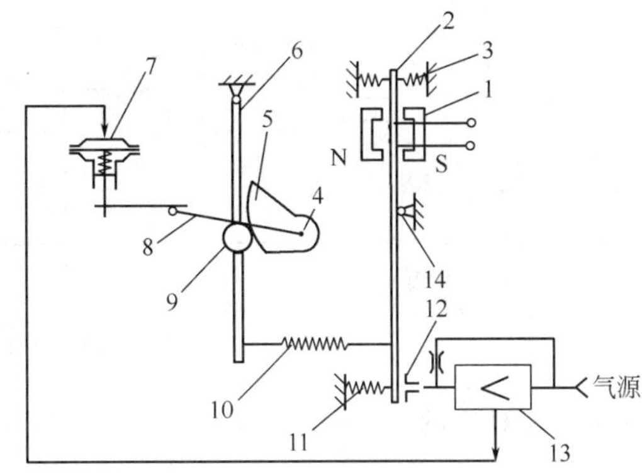

图 14-6 电气阀门定位器结构示意

1—电磁线圈；2—主杠杆；3—弹簧；4,14—支点；5—凸轮；6—副杠杆；7—薄膜气室；8—反馈杆；9—滚轮；10—反馈弹簧；11—调零弹簧；12—喷嘴；13—放大器

阀门定位器有正作用与反作用之分，只要将定位器的结构作少量的调整，即可获得不同的作用方式。

将电气转换器与阀门定位器相结合，即形成了电气阀门定位器。此时可将调节器的输出信号直接输入到定位器，而不再需要电气转换器。电气阀门定位器的工作原理与气动阀门定位器的基本相同，只是输入信号及其作用形式不同。在气动定位器的基础上，对波纹管部分作一定的调整即可形成如图 14-6 所示的电气阀门定位器。

14.3 电动执行器

电动执行器也由执行机构和调节阀两部分组成。其中调节阀部分常与气动执行器是通用的，不同的只是电动执行器使用电动执行机构。

在防爆要求不高且无合适气源的情况下，可使用电动执行器作为调节机构的推动装置。电动执行器有角行程和直行程两种，其电气原理完全相同，只是输出机械的传动部分有区别。

电动执行器接受调节器送来的 0～10mA 或 4～20mA 直流电流信号，并转换为对应的角位移或直线位移，以操纵调节机构，实现对被控变量的自动调节。以角行程的电动执行器为例，用 I_i 表示输入电流，θ 表示输出轴转角，则两者存在如下的线性关系：

$$\theta = KI_i \tag{14-1}$$

式中，K 是比例系数。由此可见，电动执行器实际上相当于一个比例环节。

为保证电动执行器输出与输入之间呈现严格的比例关系，采用比例负反馈构成闭环控制回路。图 14-7 给出了以角行程电动执行器为例的电动执行器工作原理框图。它由伺服放大器和执行机构两大部分组成。

伺服放大器由前置磁放大器、可控硅触发道路和可控硅交流开关组成，如图 14-8 所示。伺服放大器将输入信号 I_i 与位置反馈信号 I_f 进行比较，其偏差经伺服放大器放大后，控制执行机构中的两相伺服电动机做正、反转动；电动机的高转速小力矩，经减速后变为低转速大力矩，然后进一步转变为输出轴的转角或直行程输出。位置发送器的作用是将执行机构的

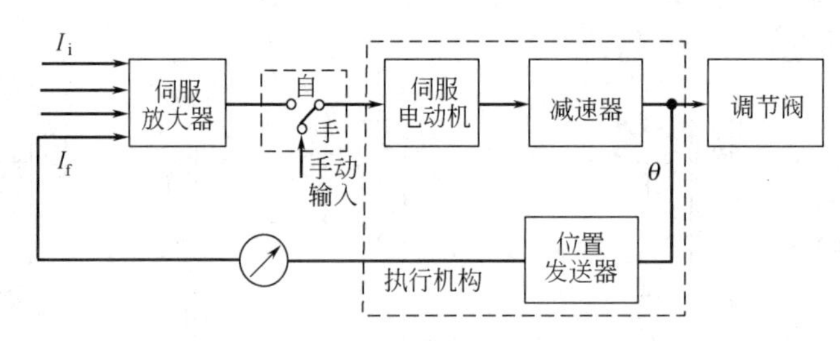

图 14-7 电动执行器工作原理示意

输出转变为对应的 0～10mA 反馈信号 I_f，以便与输入信号 I_i 进行比较。

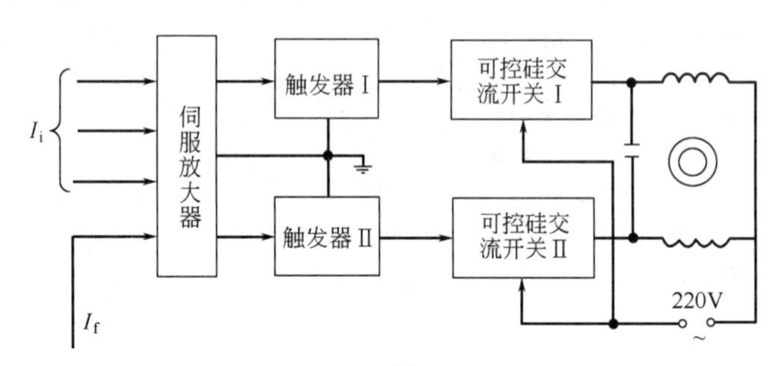

图 14-8 伺服放大器工作原理示意

由图 14-7 可知，电动执行器还提供手动输入方式，以在系统掉电时提供手动操作途径，以保证系统的调节作用。

14.4 调节阀

14.4.1 调节阀工作原理

调节阀是各种执行器的调节机构。它安装在流体管道上，是一个局部阻力可变的节流元件，其典型的直通单座调节阀的结构如图 14-9 所示。

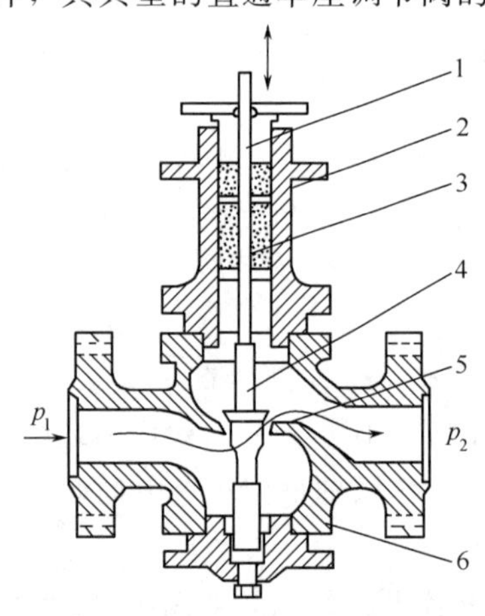

图 14-9 直通单座调节阀结构图

1—阀杆；2—上阀盖；3—填料；4—阀芯；5—阀座；6—阀体

考虑流体从左侧进入调节阀，从右侧流出。阀杆的上端通过螺母与执行机构的推杆连接，推杆带动阀杆及其下端的阀芯上下移动，使阀芯与阀座间的流通截面积产生变化。

当不可压缩流体流经调节阀时，由于流通面积的缩小，会产生局部阻力并形成压力降。如 p_1 和 p_2 分别是流体在调节阀前后的压力，ρ 是流体的密度，W 为接管处的流体平均流速，ζ 为阻力系数，则存在如下关系：

$$p_1 - p_2 = \zeta\rho \frac{W^2}{2} \tag{14-2}$$

如假设调节阀接管的截面积为 A，则流体流过调节阀的流量 Q 为：

$$Q = AW = A \cdot \sqrt{\frac{2(p_1 - p_2)}{\zeta\rho}} \tag{14-3}$$

显然，由于阻力系数 ζ 与阀门的结构形式和开度有关，因而在调节阀截面积 A 一定时，改变调节阀的开度即可改变阻力系数 ζ，从而达到调节介质流量的目的。

同时，在式(14-3) 的基础上，可定义调节阀的流量系数 C。它是调节阀的重要参数，可直接反映流体通过调节阀的能力，在调节阀的选用中起着重要作用。

14.4.2 调节阀结构及分类

调节阀的品种很多。根据上阀盖的不同结构形式可分为普通型、散热片型、长颈型以及波纹管密封型，分别适用于不同的使用场合。

根据不同的使用要求，调节阀具有不同的结构，在实际生产中应用较广的主要包括直通双座调节阀、直通单座调节阀、角型调节阀、高压调节阀、隔膜阀、蝶阀、球阀、凸轮挠曲阀、套筒调节阀、三通调节阀和小流量调节阀等。

直通双座调节阀的基本结构如图 14-10(a) 所示。它的阀体内有两个阀芯和两个阀座，流体对上下阀芯的推力方向相反，大小近于相等，故允许使用的压差较大，流通能力也比同口径单座阀要大。由于加工限制，上下阀不易保证同时关闭，所以关闭时泄漏量较大。另外阀内流路复杂，高压差时流体对阀体冲蚀较严重，同时也不适用于高黏度和含悬浮颗粒或纤维介质的场所。

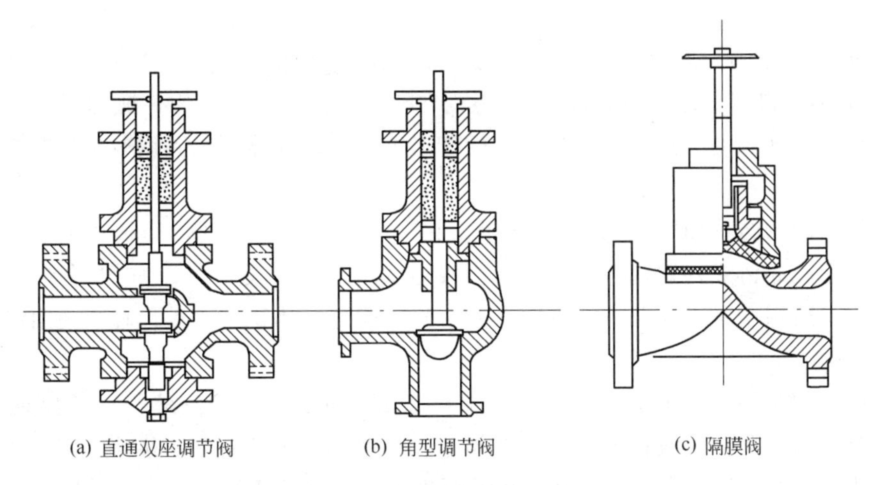

图 14-10 几种调节阀结构示意（一）

直通单座调节阀的基本结构如图 14-9 所示，其特点是关闭时的泄漏量小，是双座阀的十分之一。由于流体压差对阀芯的作用力较大，适用于低压差和对泄漏量要求严格的场合，而在高压差时应采用大推力执行机构或阀门定位器。调节阀按流体方向可分为流向开阀和流向关阀。流向开阀是流体对阀芯的作用促使阀芯打开的调节阀，其稳定性好，便于调节，实际中应用较多。

角型调节阀除阀体为直角外，其他结构与直通单座调节阀相似，其结构如图 14-10(b) 所示。阀体流路简单且阻力小，适用于高黏度和含悬浮颗粒的流体调节。调节阀流向分底进侧出和侧进底出两种，一般情况下前种应用较多。

高压调节阀的最大公称压力可达 32MPa，应用较广泛。其结构分为单级阀芯和多级阀芯。因调节阀前后压差大，故须选用刚度较大的执行机构，一般都要与阀门定位器配合使用。图 14-10(b) 所示的单级阀芯调节阀的寿命较短，采用多级降压，即将几个阀芯串联使用，可提高阀芯和阀座经受高压差流量的冲刷能力，减弱汽蚀破坏作用。

隔膜阀［如图 14-10(c) 所示］的结构简单，流阻小，关闭时泄漏量极小，适用于高黏度、含悬浮颗粒的流体；其耐腐蚀性强，适用于强酸、强碱等腐蚀性流体。由于介质用隔膜与外界隔离，无填料，流体不会泄漏。阀的使用压力、温度和寿命受隔膜和衬里材料的限制，一般温度小于 150℃，压力小于 1.0MPa。此外，选用隔膜阀时执行机构须有足够大的推力。当口径大于 Dg100mm 时，需采用活塞式执行机构。

蝶阀又名翻板阀，其简单的结构如图 14-11(a) 所示，它的价格便宜，流阻小，适用于低压差和大流量气体，也可用于含少量悬浮物或黏度不大的液体，但泄漏量大。转角大于 60°后，特性不稳定，转矩大，故常用于小于 60°的范围内。

(a) 蝶阀　　(b) V形球阀　　(c) 球阀

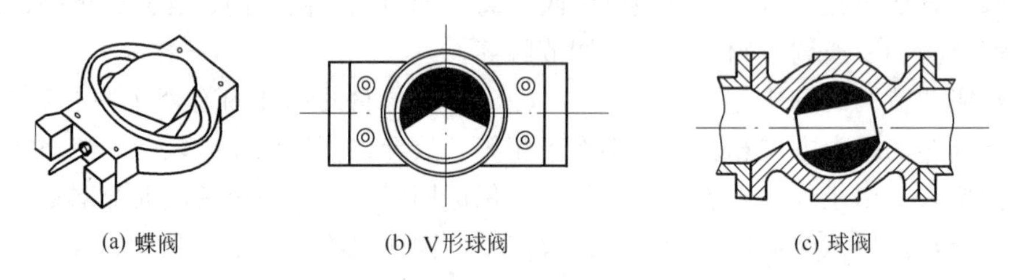

图 14-11　几种调节阀结构示意（二）

球阀分 V 形球阀［如图 14-11(b) 所示］和球阀［如图 14-11(c) 所示］。V 形球阀的节流元件是 V 形缺口球形体，转动球心时 V 形缺口起节流和剪切作用，适用于纤维、纸浆及含颗粒的介质。球阀的节流元件是带圆孔的球形体，转动球体可起到调节和切断的作用，常用于位式控制。

凸轮挠曲阀的结构如图 14-12(a) 所示。它又称为偏心旋转阀，其阀芯呈扇形面状，与挠曲臂和轴套一起铸成，固定在转动轴上。阀芯从全开到全关转角为 50°左右。阀体为直通形，流阻小，适用于黏度大及一般场合。其密封性能好，体积小，重量轻，使用温度范围一般在 −100～400℃。

套筒调节阀又称笼式阀，其结构如图 14-12(b) 所示。它的阀体与一般直通单座阀相似。阀内有一圆柱形套筒或称笼子，内有阀芯，利用套筒作导向上下移动。阀芯在套筒里移动时，可改变孔的流通面积，以得到不同流量特性。套筒阀可适用于直通单座和双座调节阀所应用的全部场合，并特别适用于噪声要求高及压差较大的场合。

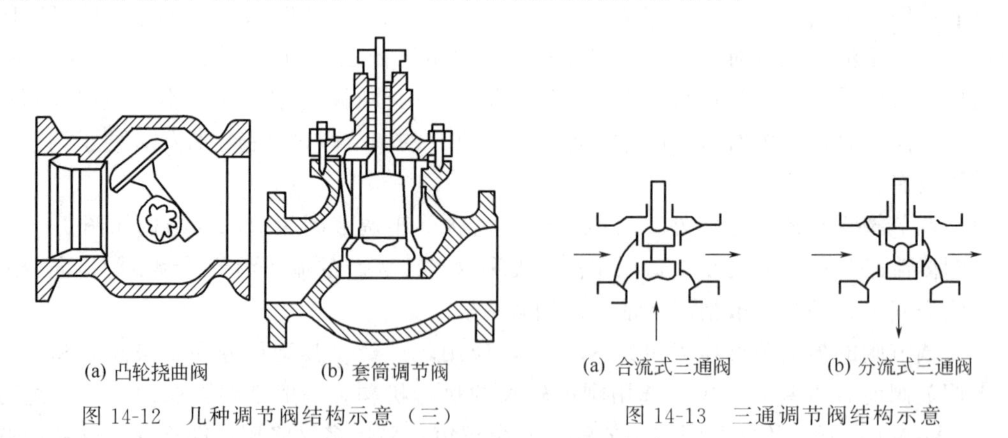

(a) 凸轮挠曲阀　　(b) 套筒调节阀

图 14-12　几种调节阀结构示意（三）

(a) 合流式三通阀　　(b) 分流式三通阀

图 14-13　三通调节阀结构示意

三通调节阀有三个出入口与管道连接，其工作示意图如图 14-13 所示。它的流通方式分为合流式和分流式两种，结构与单座阀和双座阀相仿。通常可用来代替两个直通阀，适用于配比调节和旁路调节。与单座阀相比，组成同样的系统时，可省掉一个二通阀和一个三通接管。

小流量调节阀的流通能力在0.0012～0.05之间，用于小流量紧密调节。超高压阀用于高静压、高压差场合时，工作压力可达250MPa。

14.4.3 调节阀的流量特性

调节阀的流量特性是指被控介质流过阀门的相对流量和阀门相对开度之间的关系，即

$$\frac{Q}{Q_{max}}=f\left(\frac{l}{L}\right) \tag{14-4}$$

式中，Q/Q_{max} 为相对流量，即某一开度流量与全开流量之比；l/L 为相对行程，即某一开度行程与全行程之比。

显然，阀的流量特性会直接影响到自动调节系统的调节质量和稳定性，必须合理选用。一般地，改变阀芯和阀座之间的节流面积，便可调节流量。但当将调节阀接入管道时，其实际特性会受多种因素如连接管道阻力的影响。为便于分析，首先假定阀前后压差固定，然后再考虑实际情况，于是调节阀的流量特性分为理想流量特性和工作流量特性。

在调节阀前后压差固定的情况下得出的流量特性就是理想流量特性。显然，此时的流量特性完全取决于阀芯的形状。不同的阀芯曲面可得到不同的流量特性，它是调节阀固有的特性。

在目前常用的调节阀中有四种典型的理想流量特性。第一种是直线特性，其流量与阀芯位移成直线关系；第二种是对数特性，其阀芯位移与流量间存在对数关系，由于这种阀的阀芯移动所引起的流量变化与该点的原有流量成正比，即引起的流量变化的百分比是相等的，所以也称为等百分比流量特性；第三种是快开特性，这种阀在开度较小时流量变化比较大，随着开度的增大，流量很快达到最大值，它没有一定的数学表达式；第四种是抛物线特性，其相对流量与相对行程间存在抛物线关系，曲线介于直线与等百分比特性曲线之间。图14-14列出了调节阀的几种典型理想流量特性曲线，图14-15给出了它们对应的阀芯形状。

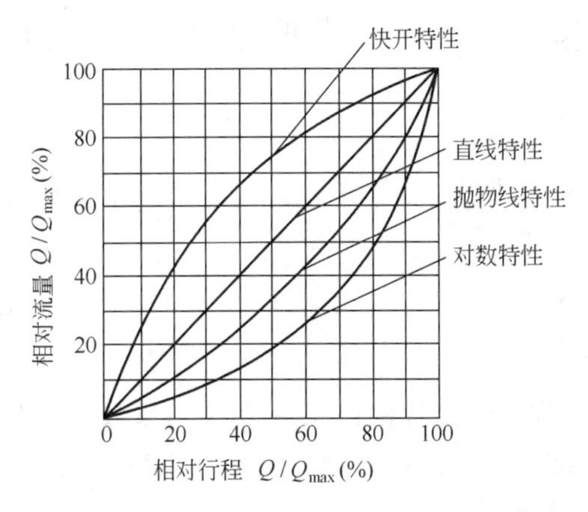

图14-14 调节阀典型理想流量特性曲线

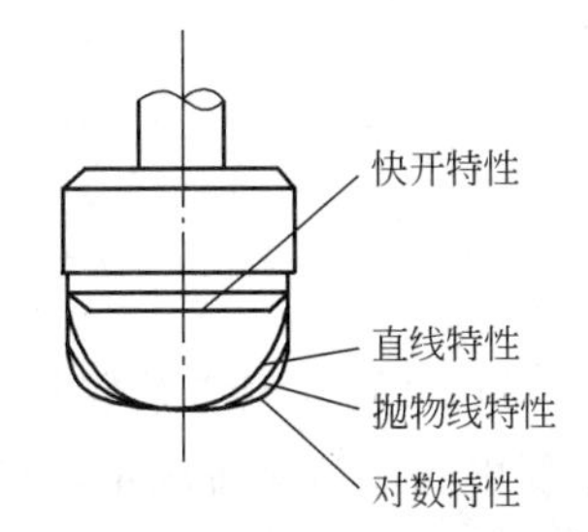

图14-15 不同流量特性的阀芯曲面形状

实际应用中调节阀在工作时其前后压差是变化的，此时获得的流量特性就是工作流量特性。在实际应用装置上，由于调节阀还需与其他阀门、设备、管道等串联或并联，使阀两端的压差随流量变化而变化，而不是固定值，其结果使得调节阀的工作流量特性不同于理想流

量特性。串联的阻力越大，流量变化引起的调节阀前后压差变化也越大，特性变化也就越大。所以说调节阀的工作流量特性除与阀的结构有关外，还与调节阀两端配管的情况有关。同一个调节阀，在不同的工作条件下，具有不同的工作流量特性。因而在实际应用中调节阀的工作流量特性是最受关注的内容。

由于调节阀的工作流量特性会直接影响调节系统的调节质量和稳定性，因而在实际应用中调节阀特性的选择是一个重要的问题。一方面需要选择具有合适流量特性的调节阀以满足系统调节控制的需要，另一方面也可以通过选择具有恰当流量特性的调节阀，来补偿调节系统中本身不希望具有的某些特性，如用于系统线性化补偿等。

14.4.4　调节阀的流量系数

流量系数 C 是直接反映流体流过调节器的能力，是调节阀的一个重要参数。流量系数 C 定义为当调节阀全开、阀两端压差为 0.1MPa、流体密度为 $1\mathrm{g/cm^3}$ 时，每小时流过调节阀的流量值，通常以 $\mathrm{m^3/h}$ 或 t/h 计。例如，一调节阀的流量系数 $C=40$，则表示当此调节阀两端压差为 0.1MPa 时，调节阀全开每小时能够流过的水量为 $40\mathrm{m^3}$。

由式(14-3) 可知，对于不可压缩的流体，流过调节阀的流量为：

$$Q=AW=A\sqrt{\frac{2(p_1-p_2)}{\zeta\rho}} \tag{14-5}$$

考虑选取接管截面积 A 的单位为 $\mathrm{cm^2}$，压力 p_1 和 p_2 的单位为 Pa，密度 ρ 的单位为 $\mathrm{g/cm^3}$，则上式需修正为：

$$Q[\text{单位}:\mathrm{m^3/h}]=A\sqrt{1000\times\frac{2(p_1-p_2)}{\zeta\rho}} \qquad [\text{单位}:\mathrm{cm^3/s}]$$

$$=\frac{3600}{10^6}\sqrt{2\times10^3}A\sqrt{\frac{(p_1-p_2)}{\zeta\rho}} \qquad [\text{单位}:\mathrm{m^3/h}]$$

$$=0.16A\sqrt{\frac{(p_1-p_2)}{\zeta\rho}} \qquad [\text{单位}:\mathrm{m^3/h}] \tag{14-6}$$

于是引入流量系数 C 有：

$$Q=C\sqrt{\frac{(p_1-p_2)}{\rho}} \tag{14-7}$$

即

$$C=0.16\frac{A}{\sqrt{\zeta}} \tag{14-8}$$

由式(14-8) 可知，流量系数 C 值取决于调节阀的接管截面积 A 和阻力系数 ζ。其中阻力系数 ζ 主要由阀体结构所决定，口径相同，结构不同的调节阀，其流量系数不同。通常，生产厂商所提供的流量系数 C 为正常流向时的数据。

思考题与习题

14-1　气动执行器、液动执行器和电动执行器在特性上有什么区别？

14-2　执行器由哪几个部分组成？各主要功能为何？

14-3 气动执行器的工作原理和基本结构是什么？

14-4 气动阀门定位器的工作原理是什么？电气阀门定位器与气动阀门定位器有什么区别？

14-5 电动执行器的工作原理和基本结构是什么？与气动执行器有何区别？

14-6 自动调节阀在过程控制中起什么作用？

14-7 调节阀有哪几种结构形式？各有什么特点？

14-8 什么是调节阀的流量特性？常用的流量特性有哪几种？

14-9 如何选用调节阀？选用调节阀时应考虑哪些因素？

第四篇　系统控制技术

15　计算机仪表控制系统

第三篇对变送单元、显示与记录单元、调节控制单元以及执行单元作了详细的分析，它们是组成任何一个控制系统都不可缺少的组成部分。随着个人计算机、计算机网络和计算机系统在工业生产过程中的应用，控制系统已从过去的由单回路组成的简单控制系统发展成较大规模的计算机控制系统，但无论其发展速度和程度任何，仪表始终都是控制系统最底层的组成单元，都是控制系统得以运行的重要“手脚”。

因此，本章将从仪表的底层作用出发，分析各种计算机控制系统的发展过程，并探讨组成控制系统后的有关系统控制技术，从而使使用人员能够从整体的角度综合分析各种仪表以及由仪表组成的控制系统的作用，即从第三篇的“点”到本篇的“面”。此外，由于仪表是构成所有计算机控制系统的基础，为突出仪表在系统中的作用，本篇将由仪表作为底层控制单元所组成的各类计算机控制系统统称为计算机仪表控制系统。

本章所述的系统控制技术包括回路控制技术和计算机系统控制技术，并对计算机控制系统的发展趋势，即控制网络化和系统扁平化，以及其关键技术进行了较为深入的分析。

15.1　仪表控制系统

15.1.1　闭环回路控制系统

由第三篇的分析可知，由各种仪表单元组成的较为完整的单回路控制系统如图 15-1 所示。它是传统意义上的回路控制系统，即所有仪表单元之间及其与被控对象之间都是通过信号线直接相连的，从而构成了实际意义上的回路系统。

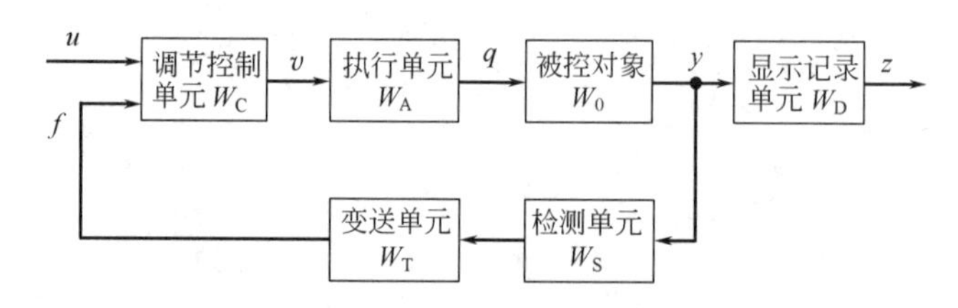

图 15-1　传统单回路控制系统示意

被控变量的给定值 u 输入调节控制单元，由调节控制单元将其与系统反馈信号 f 进行比较，然后按设计好的控制规律输出控制信号 v 给执行机构，执行机构再按工程需要输出执行信号 q，控制和调节被控对象使被控变量 y 得到调整；调整后的参数由传感器检测传送给变送单元，最后由变送单元将参数转换为系统规定制式的反馈信号 f，反馈回调节单元。

事实上，所有仪表单元与被控对象一样，均可采用传递函数的形式加以描述。因此，如果用 $W_0(s)$ 表示被控对象，用 $W_S(s)$ 表示检测单元，用 $W_T(s)$ 表示变送单元，用 $W_C(s)$

表示调节控制单元，用 $W_A(s)$ 表示执行单元，用 $W_D(s)$ 表示显示单元，则回路系统中给定值信号 u 与被控变量 y 之间的传递函数关系可表示为：

$$W(s)=\frac{Y(s)}{U(s)}=\frac{W_0(s)W_A(s)W_C(s)}{1+W_T(s)W_S(s)W_0(s)W_A(s)W_C(s)} \tag{15-1}$$

同理，回路系统中给定值信号 u 与显示信号 z 之间的传递函数关系可表示为：

$$\begin{aligned}W_Z(s)&=\frac{Z(s)}{U(s)}=W_D(s)\frac{W_0(s)W_A(s)W_C(s)}{1+W_T(s)W_S(s)W_0(s)W_A(s)W_C(s)}\\&=W_D(s)W(s)\end{aligned} \tag{15-2}$$

因此，采用传递函数的方式来表示各仪表单元的特性，并代入式(15-1) 或式(15-2)，即可获得回路控制系统的整体传递函数表达式。依此可对回路控制系统进行各种性能分析，如时域特性分析、频域特性分析和离散特性分析等。

显然，传统意义上的回路控制系统除具备其他众所周知的常规特性外，相对于后来系统网络化的发展来说，还特别具有如下特点：

① 具有严格意义上的回路结构　物理上构成实际的回路形式；

② 单元间信息的直接传送　上一仪表单元的输出信号直接由连线传送到下一仪表单元；

③ 控制算法的集中计算　控制回路中的各种计算主要集中在调节控制单元中进行。

15.1.2　闭环回路连续特性分析

式(15-1) 和式(15-2) 给出了包含各种仪表单元的回路控制系统整体传递函数。事实上，在仪表控制系统的分析中，由于除调节控制单元外，其他仪表单元均可近似为低通滤波器，即在常规工作频带可看成是纯增益环节，因而这些仪表单元可以近似成常数，即

$$W_S(s)=K_S,\ W_T(s)=K_T,\ W_A(s)=K_A,\ W_D(s)=K_D \tag{15-3}$$

则式(15-1) 和式(15-2) 可分别简化为：

$$W(s)=\frac{Y(s)}{U(s)}=\frac{K_AW_0(s)W_C(s)}{1+K_AK_TK_SW_0(s)W_C(s)} \tag{15-4}$$

$$W_Z(s)=\frac{Z(s)}{U(s)}=\frac{K_DK_AW_0(s)W_C(s)}{1+K_AK_TK_SW_0(s)W_C(s)}=K_DW_S(s) \tag{15-5}$$

于是，使用式(15-4) 和式(15-5) 即可对回路控制系统进行相应的时域和频域特性分析。

回路控制系统的时域特性可采用最常见的阶跃扰动动态特性分析方法进行分析，通过分析系统的衰减率 ψ、静态误差 e_0 和过渡过程时间常数 t_0，来确定系统的稳定性、准确性和快慢性。同时也可采用等速扰动动态特性分析方法，分析和确定系统的稳态误差，从而获知系统的跟踪能力。

需要注意的是，由于这里被分析的对象是回路控制系统，尽管在传递函数的表示上进行了一定的简化，但至少还包含有调节控制单元和被控对象，因此回路系统一般不再是二阶系统。所以其阶跃扰动响应和等速扰动响应不能简单地归于欠阻尼、临界阻尼和过阻尼过渡过程。

Bode 图的分析方法是控制系统频域分析的常用方法，采用该方法可以较好地分析回路控制系统的幅值裕度和相位裕度，从而确定系统的稳定性和鲁棒性。这是控制系统的首要特性，也是进行频域分析的主要内容。

15.1.3　闭环回路数字化离散分析

控制系统中当用数字仪表代替模拟仪表后，数据的处理和传输就不再是连续进行的了，数字化的结果使得所有的工作呈现周期性，因而使得回路控制系统的特性分析需要从离散的

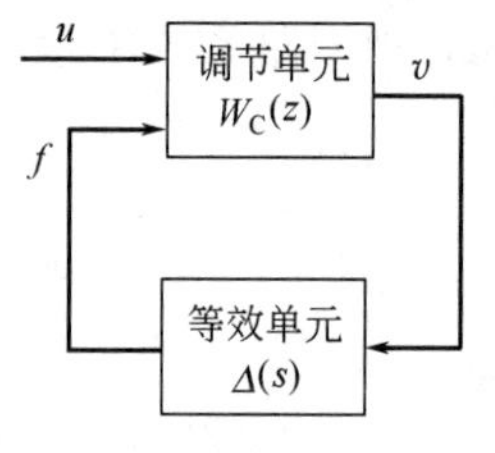

图 15-2　回路系统等效变换

角度进行。

首先考虑在回路控制系统中只有单一数字式仪表的情况，如只有调节控制单元是数字式仪表。这是仪表数字化过程中经历的第一阶段。此时回路控制系统中既有离散环节即数字式调节器，用 $W_C(z)$ 表示，又有连续环节，如检测单元 $W_S(s)$、变送单元 $W_T(s)$ 和被控对象 $W_0(s)$。因而为便于系统特性分析，需要将所有的环节采用统一的表达方式进行表示，即需要将连续环节离散化。

先保持图 15-1 中的数字式调节器 $W_C(z)$ 不变，对余下的所有连续环节进行等效变换，于是可得等效系统如图 15-2 所示，其中：

$$\Delta(s)=W_T(s)W_S(s)W_0(s)W_A(s) \tag{15-6}$$

于是回路控制系统的传递函数变换为：

$$W(s)=\frac{Y(s)}{U(s)}=\frac{\Delta(s)W_C(s)}{1+\Delta(s)W_C(s)}\cdot\frac{1}{W_T(s)W_S(s)} \tag{15-7}$$

或

$$\begin{aligned}W_Z(s)&=\frac{Z(s)}{U(s)}=W_D(s)\frac{\Delta(s)W_C(s)}{1+\Delta(s)W_C(s)}\cdot\frac{1}{W_T(s)W_S(s)}\\&=W_D(s)W(s)\end{aligned} \tag{15-8}$$

考虑式(15-3) 描述的简化情况，同理有：

$$\Delta(s)=K_TK_SK_AW_0(s) \tag{15-9}$$

$$W(s)=\frac{Y(s)}{U(s)}=\frac{1}{K_TK_S}\cdot\frac{\Delta(s)W_C(s)}{1+\Delta(s)W_C(s)} \tag{15-10}$$

$$W_Z(s)=\frac{Z(s)}{U(s)}=\frac{K_D}{K_TK_S}\cdot\frac{\Delta(s)W_C(s)}{1+\Delta(s)W_C(s)}=K_DW(s) \tag{15-11}$$

显然，只要将 $\Delta(s)$离散化求得 $\Delta(z)$，即达到了连续环节离散化的目的。在此基础上，即可对回路控制系统离散状态下的系统特性进行分析。

由于此时只有调节控制单元是采样周期为 T_C 的离散环节，因此所有连续环节均可以该周期进行离散，即回路系统的采样周期取为 $T=T_C$。同时由控制系统离散原理可知，如回路控制系统的截止频率为 ω_0，则当采样周期 T 满足条件

$$T\leqslant 2T_{\omega_0}=2\times\frac{2\pi}{\omega_0}=\frac{4\pi}{\omega_0} \tag{15-12}$$

时，离散过程可保证控制系统的主要特性不变。实际应用中，常取

$$T\leqslant(5\sim10)T_{\omega_0} \tag{15-13}$$

当回路控制系统中有多个仪表单元为数字式仪表时，如考虑数字式仪表单元包括调节控制单元 $W_C(z)$、检测单元 $W_S(z)$ 和变送单元 $W_T(z)$，则余下的连续环节包括被控对象都需进行离散化处理，而此时回路系统采样周期的确定将复杂一些。考虑调节控制单元的采样周期为 T_C，检测单元的采样周期为 T_S，变送单元的采样周期为 T_T，则回路系统的采样周期可确定为：

$$T=最小公倍数\{T_C,T_S,T_T\} \tag{15-14}$$

并同时满足离散化原理要求的条件 $T\leqslant 2T_{\omega_0}$。

15.1.4　闭环回路控制系统网络化分析

传统意义上的回路控制系统所具有的特点在系统网络化过程中发生了根本性的变化。随

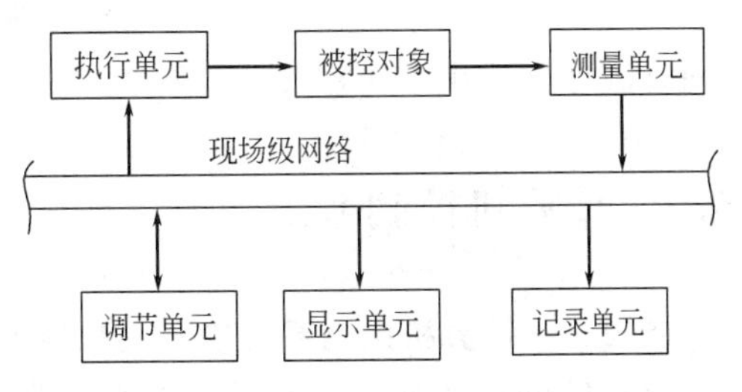

图 15-3　网络化的单回路控制系统示意

着计算机网络的进一步发展，包括近年来发展起来的多种现场级总线系统在工业控制中的应用，已形成了由常规传感器、变速器、控制器、执行器和显示器发展出的网络化产品，从而基本实现了检测、变送、显示、调节控制和执行单元的网络化过程。

因此，图 15-1 所示的常规回路控制系统的结构发生了根本性的变化。由于现场级网络的介入，代表过程控制信息的电气信号的传送，不再通过直接的点到点的连接方式，而是通过网络以数字量的方式进行，控制系统的实际物理回路便从此不再存在，取而代之的是新的系统结构形式，如图 15-3 所示。由此可见，所有仪表单元间信息的传送均依靠网络进行。

控制系统的网络化虽然使物理回路消失了，但完成控制机理的常规逻辑结构即反馈控制回路实际上仍然存在。只是在网络介入后，该反馈控制回路从物理上的回路系统变成了只是逻辑上的回路系统，如图 15-4 所示。

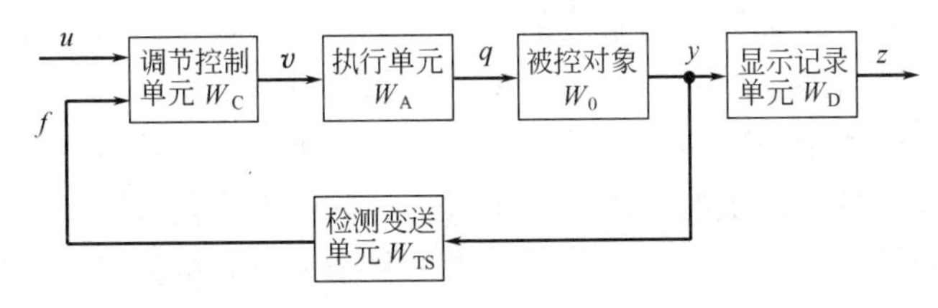

图 15-4　网络化控制系统逻辑单回路示意

在网络化的控制系统中，由于所有仪表均是微机化的数字式仪表，常将检测单元与变送单元合二为一，形成检测变送单元。因此，如果用$W_{TS}(s)$表示检测与变送单元，则回路系统中给定值信号 u 与被控变量 y 之间的传递函数关系还可参照式(15-1) 表示为：

$$W'(s)=\frac{Y(s)}{U(s)}=\frac{W_0(s)W_A(s)W_C(s)}{1+W_{TS}(s)W_0(s)W_A(s)W_C(s)} \tag{15-15}$$

同理，回路系统中给定值信号 u 与显示信号 z 之间的传递函数关系还可参照式(15-2) 表示为：

$$\begin{aligned}W'_Z(s)&=\frac{Z(s)}{U(s)}=W_D(s)\frac{W_0(s)W_A(s)W_C(s)}{1+W_{TS}(s)W_0(s)W_A(s)W_C(s)}\\&=W_D(s)W'(s)\end{aligned} \tag{15-16}$$

于是，将现场级总线技术引入回路控制系统后，可显然获得如下优点：

① 现场级设备或单元间的连接线大大减少，极大地简化了系统复杂性；

② 现场级设备或单元的网络化使系统整体可靠性增加；

③ 现场级设备或单元间的数据通讯使交互性增强，便于网络计算；

④ 控制系统的网络化促成了控制系统的扁平化，从而为底层与上层间控制的沟通提供了可能，也便于协调控制技术的应用。

此时调节控制规律的实现仍依据采样周期进行，只是由于网络通信过程也需要一定的时间，因而网络化的控制系统采样周期须在式(15-14) 的基础上作适当的修正。设定网络通信的周期为 T_N，并为简化起见考虑通信过程位于控制规律计算前后，则可将用于网络通信的时间与调节控制单元的计算时间合并，于是回路控制系统的采样周期可由下式确定为：

$$T=\text{最小公倍数}\{T_C+2T_N, T_S, T_T\} \tag{15-17}$$

并同时满足离散化原理要求的条件 $T\leqslant 2T_{\omega_0}$。

15.2　计算机控制系统

15.2.1　计算机控制系统的发展和评价

计算机控制系统是随着现代大型工业生产自动化的不断兴起而应运产生的综合控制系统，它紧密依赖于最新发展的计算机技术、网络通信技术和控制技术，在计算机参与工业系统控制的历史长河中扮演了非常重要的角色。

在计算机控制系统中首先出现的是集中式控制系统。随着控制系统规模的进一步加大，系统结构的复杂化，出现了分散式控制系统。分散式控制系统分为两类，一类是常规意义上的分散控制，另一类是大系统意义上的分散控制。前者本质上就是对各个子系统进行孤立控制，后者则是在承认各个子系统相互关联的基础上，设计分散的控制子系统，集散控制系统就是该类控制系统的典型应用。随着计算机技术和网络技术的进一步发展，以及大规模生产如先进过程控制的需要，在集散控制系统的基础上又发展形成了多级分布式控制系统，以满足大规模工业控制系统对递阶控制、信息管理、协调调度和优化决策的要求。

计算机控制系统的发展和应用，除受系统优缺点的影响外，系统实际的控制质量还起着重要的作用。在计算机控制系统的发展过程中，无论处于哪个阶段，始终都存在如何评价一个控制系统质量的问题。这是一个涉及许多因素的复杂和综合的问题，通常主要从以下几个方面对系统进行评价。

① 对系统控制质量的评价　包括评价采用的控制结构、设计的控制算法具有的各种功能以及能够达到的控制指标。一个优良的控制系统所采用的控制结构应当简单而且合理；控制算法应当在满足控制指标要求的同时尽量简单；所能提供的功能应当尽量广泛。

② 对系统工程化的评价　工程化的好坏是控制系统能否得到广泛应用的重要因素，因此要求系统软件的模块化、硬件的标准化、控制策略的可选择和可组态以及标准算法的通用。

③ 对系统实时性的评价　对系统实时性的评价应当采用分级分回路分别进行的方法。不同的级对实时性的要求不同，愈靠近底层实时性要求愈高；在同一级，不同的控制任务对实时性的要求也不相同。

④ 对系统可靠性的评价　系统可靠性有完整的衡量指标与设计方法。系统可靠性的主要指标包括系统设备故障率、系统故障累计概率、系统利用率、系统平均无故障时间、修复时间等。

⑤ 对系统可扩展性的评价　为了适应生产的发展和系统的应用范围，可扩展性是必不可少的。对于任何一个控制系统来说，可扩展性主要表现为可扩展多少通道，多少接口，多少回路，多少采样点，以及可提供多少存储容量和内存空间等。

⑥ 对系统经济指标的评价　通常采用性能价格比进行系统经济指标的评价，即将系统建设的费用与系统能够实现的功能相比较，以确定系统的整体效益和应用前景。

按以上评价内容和常规分析方法对集中控制、分散控制和分布式计算机控制系统进行比较和分析，可获得这些控制系统的性能和特性比较结果如表 15-1 所示。下面三小节将对集中控制系统、集散控制系统和分布式控制系统进行较为详细的分析和讨论。

表 15-1　各种计算机控制系统性能及特性比较（典型配置）

性能名称	集中控制系统	分散控制系统	分布式控制系统
计算机数量	1台	多台	多台
系统网络分级	无	2级	多级
控制集中程度	全部集中	集中与分散相结合	集中与分散相结合
子系统分解	无	有	有
子系统关联	可随意	忽略	考虑
控制算法	直接进行	子系统内直接进行	分解-协调控制
计算机性能要求	苛刻	相对较低	高低层各异
系统危险性	集中	分散	分散
系统建设投资	相对较大	相对较小	相对较小
控制目标优化	整体最优	次最优	次最优

15.2.2　集中控制系统

在计算机控制系统的发展过程中，集中控制系统起到了积极的作用，它是用一台计算机实现对众多被控对象或参数进行控制的计算机控制系统，如图 15-5 所示。在这种控制系统中，计算机不但完成操作处理，还可直接根据给定值、过程变量和过程中其他的测量值，通过 PID 运算实现对执行机构的控制，以调整执行器的阀门位置。这种控制即常说的直接数字控制（DDC 控制）。

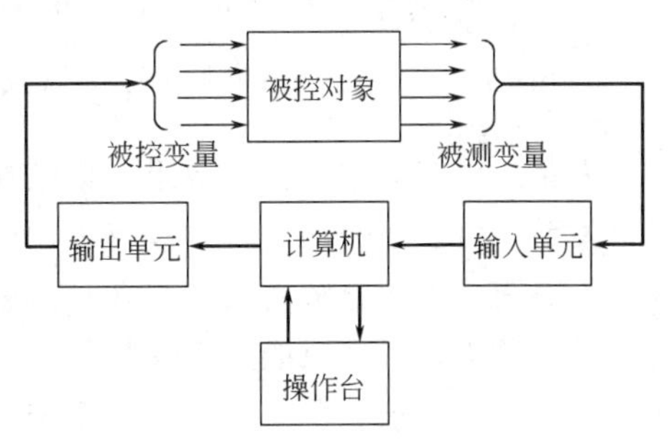

图 15-5　集中控制系统典型网络结构示意

计算机 DDC 控制的基本思想是使用一台计算机代替若干个调节控制回路的功能。最初发展时希望能够至少可以控制 50 个回路以上，这在当时对小规模、自动化程度不高的系统，特别是对具有大量顺序控制和逻辑判断操作的控制系统来说，收到了良好的效果。

由于在整个控制系统中只有一台计算机，可以有机和系统地进行处理工作，因而控制集中，便于各种运算的集中处理；各通道或回路间的耦合关系在控制计算中可以得到很好的反映；同时由于系统没有分层，所有的控制规律均可直接实现。但要完成应有的控制任务，对计算机的性能要求必然苛刻，例如必须要求运算速度要快、容量要大等；由于生产过程的复杂，在实现对几十、几百个回路的控制时，可靠性难以保证；系统危险性的过于集中，使系统时常处在瘫痪的边缘，难以确保系统的正常运行。

因此，这种计算机控制系统主要应用在中小型控制系统中。

15.2.3　集散控制系统

集散控制系统源自英文 Total Distributed Control System，又俗称分散型控制系统（Distributed Control System，DCS）。它是一个为满足大型工业生产的要求，从综合自动化的角度，按功能分散、协调集中的原则设计，具有高可靠性，用于生产管理、数据采集和各种过程控制的计算机控制系统。典型的集散控制系统具有两层网络结构，如图 15-6 所示。下层负责完成各种现场级的控制任务，上层负责完成各种管理、决策和协调的任务。

从控制机理看，集散控制系统适度地考虑了各子系统之间控制要求的协调关系，具有控制作用的分级递阶结构，如图 15-7 所示。其主导思想是将整个系统划分成若干个子系统，由第一级局部控制器直接控制被控对象，即进行系统的水平分解。各子系统之间的协调则由处于第二级的协调控制器完成，它负责使各子系统协调配合，共同完成系统的整体控制任务。随着生产规模的扩大，用户不仅仅关心单纯的控制效果，同时还强调对工厂生产效益、能源损耗和利润指标等整体信息的管理，于是系统无论从结构、性能和应用功能上都要求达到新的水平，因此在系统结构复杂时，图 15-7 所示的集散控制系统也可变化成多级系统，如三级系统或四级系统。

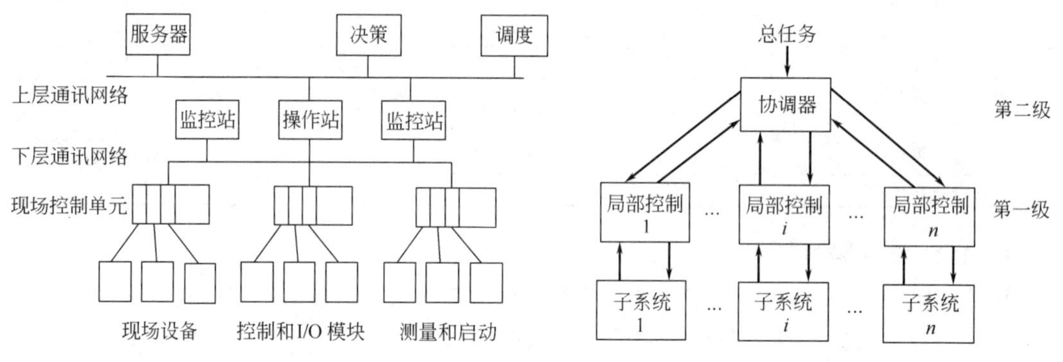

图 15-6　集散控制系统典型网络结构示意　　图 15-7　集散控制系统分级递阶结构示意

为保证系统整体的控制效果，集散控制系统在进行系统分解时适当考虑了各子系统间的耦合关系。由于在分解过程中没有采用固定的算法，而只是相对地将各子系统间的关联关系进行了协调，因而分解后的系统在寻求整体控制目标时一方面简化了控制算法，另一方面却无法保证最优，最多只能达到次最优。此外，控制系统的分解使得系统可靠性有所提高，对计算机的性能要求有所下降，因而系统整体投资也有所减少。

15.2.4　分布式控制系统

分布式控制系统是在集散控制系统的基础上，随着生产发展的需要而产生的更新一代的控制系统，因而两者的系统网络结构有相似的地方，如图 15-8 所示。只是分布式控制系统更强调各子系统间的协作关系，有明确的分解策略和算法。

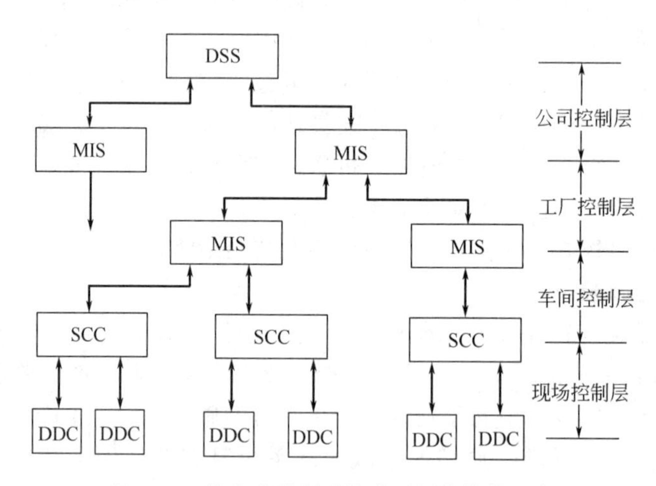

图 15-8　分布式控制系统典型网络结构示意

通常，分布式控制系统的分层、分解和结构划分上遵循下面三个原则。

① 纵向分层　系统的功能应当分层，下一层功能是上一层功能的基础。简单地，纵向一般可以分为四层，即直接控制层 DDC、运行监控层 SCC、优化调度层和决策支持层 DSS。

在这里，管理信息系统 MIS 实现对控制系统中各种数据和信息的管理和组织，是系统优化调度和决策支持的基础。

② 横向分解　在纵向分层的基础上再实施横向分解，特别是对直接控制层的横向分解更为重要。合适的横向分解将有利于控制任务的实施和完成。

③ 多级结构与分布结构　多级结构就是在纵向上将功能进行组合，同类功能组合在同一级上而形成的多级系统。而在横向上，同一级的功能可以分解到多个单元中去实施，即形成了分布式结构。在纵向上采用多级结构，在横向上采用分布式结构，共同实现递阶控制结构，即形成了典型的分布式控制系统。

分布式控制系统的最大特点就是较为充分地考虑了各子系统之间的关联关系，并采用分解-协调控制算法实施对各子系统间控制目标的协调和管理，因而系统控制目标达到的优化程度得到提高，可靠性进一步增强；但同时也由于采用了分解-协调控制算法，使得系统整体的优化算法变得相对复杂。

15.3　计算机控制系统发展趋势

15.3.1　控制系统的控制网络化

随着计算机技术和网络技术的迅猛发展，各种层次的计算机网络在控制系统中的应用越来越广泛，规模也越来越大，从而使得传统意义上的回路控制系统所具有的特点在系统网络化过程中发生了根本性的变化，并最终逐步实现了控制的网络化。

现场级网络技术的产生及其成功的应用改变了这种局面。它将所有的网络接口移到了各种仪表单元中，从而使得仪表单元均具有了直接的通讯功能，也就产生了如 15.1.4 小节所述的回路控制系统的网络化过程。网络技术的这一新发展，使得网络延伸到了控制系统的末梢，出现在了控制的最基本单元——回路中，这是控制网络化的最基本体现。结合原有控制系统的网络结构，就实现了完成最基本控制任务的底层到完成优化调度工作的最高层的网络化连接，为广义控制（如优化、调度、信息交换和管理）和狭义控制（如回路控制和协调控制）实现彻底的网络化奠定了物理基础。

各种仪表单元是控制网络化的最小实现环节，它们的网络化是在这些仪表单元数字化的基础上实现的，即原有仪表单元数字化后，再增加网络通信专用单元。可用于并嵌入仪表单元实现通信功能的现场总线系统有 CAN、ProfiBus 的 DP 和 PA，LonWorks 和 FF 等，通常这些现场总线系统都有专用集成芯片，支持实现网络通信的物理特性和通信协议。目前已实现了网络化的仪表单元主要有调节控制单元、检测与变送单元、执行单元、显示单元和记录单元等。

于是，在网络化的计算机控制系统中，具体的控制作用的实现不再只限于传统意义上的“控制系统”，而是由各种仪表单元分别独立完成各自的工作，然后再通过网络进行彼此间的信息交换和组织，并相互协作最终实现预定的完整控制任务。

需要注意的是，计算机控制系统的网络化，也给各种控制作用的实现带来了新的问题，例如网络通信时间长短的随机性导致回路系统的采样周期实际上的不确定，网络通信故障导致的数据丢失以及随后的数据预估和补漏，网络通信环节的增加给闭环回路控制系统的特性分析带来困难等。目前这些问题在实际应用系统中的矛盾尚不突出，这主要是因为已开始得到应用的实际系统以慢速系统为多，它们的过渡过程时间常数大多都远大于网络通信周期，因而都能保证在有效的时间范围内实现数据的正常交换。然而，随着控制网络化的应用系统的不断扩大，必然会应用到快速系统中，而此时实际应用必然会提出对以上这些问题的理论分析和解决方法。

此外，在控制网络化的发展过程中，由于各种计算机控制系统各有优缺点，应用范围也各有千秋，因而从实际应用来看，还处在各种控制系统并存的阶段。为发挥不同计算机控制系统的优势，在一些工厂和研究单位都不同程度地形成了几种系统存在于同一个网络环境中的情形，即构成了异构网络环境。在这种异构网络环境中，各个网络之间通过网桥实现物理连接和通信协议转换。

在网络化的控制系统中，如何保证通信传输的实时性，是控制系统的另一重要特征，也是必须的要求。由于不同网络系统的集成，将涉及通信协议、通信速率和数据格式的转换，同时网络通信是周期性完成并带有一定的随机性的，因而数据传输的实时性就成为了重要的衡量标准之一。

要保证计算机控制系统能够在网络环境中实现其应有的功能，实时数据库必不可少。实时数据库也正是计算机控制系统实现控制的网络化所产生的必然结果，它是在保证实时性要求下的关系数据库的扩展。因而实时数据库是否能够工作正常，首先将取决于网络通信的实时性特征。

在异构网络环境中实现不同种类控制系统的集成，系统接口是集成的基础。因此为满足各种控制系统的集成需要，各生产厂家都对自己设计的系统进行了标准化处理，或增加了能够与多种控制系统相兼容的模块，以实现不同控制系统间的互联。

显然，计算机控制系统实现网络化后，会给控制技术的实现和系统的构成带来如下一些特点。

① 仪表网络化。现场级控制单元或系统实现完全的网络连接，使系统整体可靠性增加。

② 计算分散化。多回路及复杂协调的控制算法由网络计算实现，提供控制作用更加灵活和方便的实现方法。

③ 控制系统的网络化促成了控制系统的扁平化，从而为底层与上层间控制的沟通提供了可能，以便于协调控制技术的应用。

15.3.2　控制系统的系统扁平化

在传统的集散和分布式计算机控制系统中，根据完成的不同功能和实际的网络结构，系统以网络为界限被分成了多个层次，各层网络之间通过计算机相连，如图 15-8 所示的系统就由 4 层网络组成，包括现场级、车间级、工厂级和总公司级。由于各网络层之间相互独立，信息在其间的传递和交换将受连接计算机的限制，是信息传递和交换的瓶颈；同时由于集散和分布式控制系统本身网络和数据结构的封闭性，造成不同厂家产品间的交互性差；此外，这样的网络结构也大大地限制了不同层次间管理功能的实现和协调。

随着企业网技术的发展，网络通信能力得到了极大的提高，网络的连接规模也得到了大大地提升，使得原本在分布式的网络环境中较难实现的数据传输和交换，可以在一个“贯通”的网络环境中实现，从而为网络计算提供了必不可少的基础条件。这里所说的“贯通”，是指控制系统实际使用的网络可能是分层的，但各层之间是通过网络设备，而不是通过计算机相连接的，比如两个局域网可以利用网络设备通过广域网连接在一起；然而，对于两个局域网的用户来说，网络是透明的，是相互“贯通”的。

尤其是现场级网络技术在工业控制系统中的出现，带来现场级设备和仪表单元的网络化，从而使控制系统的底层也可以通过网络相互连接起来；同时，现场级网络技术的发展还保证了接入网络的设备容量，能够接入较多的设备使得连接在一起的可以是不同回路控制系统的现场级设备和仪表单元。也就是说，每个网端可以容纳不同回路系统的现场级设备和仪表单元，而实际上不同的网端还可以通过网桥相互连接，这样就使得现场级网络的连接能力可以进一步得到提高。

于是，伴随企业网技术和现场级网络技术的发展及其在工业控制系统的应用，使得新一代计算机控制系统的结构发生了明显的变化，实际上形成了或将逐渐形成如图 15-9 所示的两层网络的系统结构。上层负责完成高层管理功能，包括各种控制功能之间的协调、系统的优化调度、信息的综合管理和组织以及总体任务的规划等，相当于分布式仪表控制系统中的上两层。底层负责完成所有具体的控制任务，比如参数调节的回路控制、过程数据的采集和显示、现场控制的监视以及故障诊断和处理等，相当于分布式控制系统的下两层。

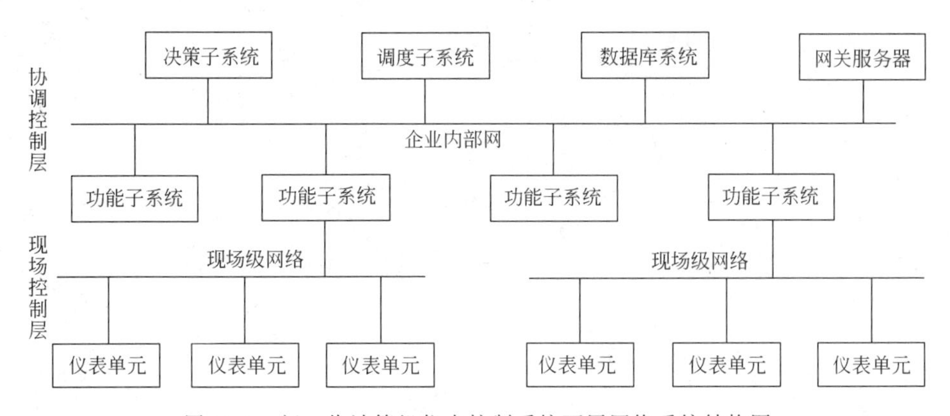

图 15-9 新一代计算机仪表控制系统两层网络系统结构图

因此，新一代计算机控制系统具有两层网络的系统结构，使得整体系统出现了扁平化的趋势，即所有的高层次控制、管理和调度任务均在上一层完成，而所有的具体控制、显示、记录和诊断任务则均在下一层完成。在这种结构中，各种任务受地域的限制程度下降了，各种功能受层次划分的约束因素减小了，而信息共享和设备可重用的可能性却提高了；更为重要的是，由此建立起了信息交换的公共平台，通过该信息交换的公共平台，可以提供许多传统计算机控制系统难以实现的功能。

显然，在新一代计算机控制系统的系统结构扁平化后，将会给系统的实现和发展带来许多显而易见的优势。这些优势包括：

① 简化了系统结构和层次，使得系统功能的实现和整体的可靠性得到提高；

② 缩短了上层控制任务到下层单元实施的过程，使得上层的控制作用表现得更为直接；

③ 实现了较大规模的信息交换公共平台，以提高控制用信息的共享程度；

④ 加强了上层子系统与下层子系统或单元间的联系；

⑤ 提供了系统进行组织重构和工作协调的基础平台和环境。

思考题与习题

15-1 传统的仪表控制系统有什么特点？如何对其进行时域和频域分析？

15-2 在什么情况下需要对仪表控制系统进行数字化离散处理？

15-3　仪表控制系统的网络化过程是如何实现的？

15-4　计算机控制系统的发展历程是怎样的？各种控制系统之间有什么区别？

15-5　计算机控制系统的控制网络化是如何实现的？在怎样的条件下才能实现控制的网络化？

15-6　在计算机控制系统实现了网络化控制后，将面临哪些主要的困难？

15-7　为什么说计算机控制系统会出现系统扁平化的发展趋势？

16 现场总线控制系统

现场总线控制系统（Fieldbus Control System，FCS）是20世纪90年代发展起来的新一代工业控制系统。它是继计算机技术、网络技术和通信技术得到迅猛发展后，与自动控制技术和系统进一步相结合的产物。它的出现使控制系统中的基本单元——各种仪表单元也进入了网络时代，从而改变了传统回路控制系统的基本结构和连接方式，给工业控制系统带来了一次革命性的变迁。

现场总线系统在工业控制中的应用，保证了控制计算和作用的网络化实现，并使得控制系统的系统结构趋于扁平化，为系统组织重构和工作协调的实施提供了可能。

本章从分析现场总线系统的产生原因入手，总结其发展历程，阐述了现场总线系统的应用优势；结合实用总线设备和现场总线系统的集成，论述了现场总线控制系统的结构和组成。

16.1 现场总线控制系统的发展

16.1.1 现场总线的产生

现场总线是用于现场仪表与控制系统和控制室之间的一种全分散、全数字化、智能、双向、互联、多变量、多点和多站的通信系统。它嵌入在各种仪表和设备中，可靠性高，稳定性好，抗干扰能力强，通信速率快，系统安全，符合环境保护要求，造价低廉，维护成本低。

现场总线的出现和产生，是在与传统计算机控制系统相比较的过程中，由其独特的优势所决定的。由前一章分析可知，现行的DCS系统结构和数据格式封闭，不同厂商产品间的互联性和互换性较差，在控制系统网络化的发展过程中不能很好地满足系统的开放和互联要求。加之用户对现场总线技术的需求和实际市场竞争的需要，促进了现场总线技术在实际中的应用。

由于传统仪表单元所具有的缺点，而DCS又无法摆脱传统仪表单元的约束，致使其性能无法得到充分发挥，体系结构无法更新，成本无法下降，市场也就受到限制。于是开始研究和开发基于新的结构的现场总线控制系统，以满足用户需要和市场竞争。

正是以上这些因素才促成了现场总线系统的产生和发展，并在实际工业控制系统中开始得到了应用。

16.1.2 现场总线系统的发展过程

现场总线的思想产生于20世纪80年代中期，但其后的研究工作进展缓慢，同时又由于没有统一的国际标准可遵守，使得现场总线系统的发展和应用收效甚微。直到90年代初期，才有相应的标准推出，供设计和产品使用。如美国仪表协会从1984年即开始制定现场总线的标准，到1992年国际电工委员会才批准了SP50物理层标准。又如1986年德国开始制定过程现场设备的标准，到1990年完成了最初的ProfiBus总线标准，1994年才推出用于过程自动化的实用型现场总线ProfiBus-PA（Process Automation）。

在现场总线的开发和研究过程中，出现了多种实用的系统，每种系统都有自己特定的应用背景，因而其结构、特性和应用各有差异。在这一发展过程中，较为突出的现场总线系统有 HART、CAN、LonWorks、ProfiBus 和 FF。

最早的现场总线系统 HART（Highway Addressable Remote Transducer）是美国 Rosemount 公司于 1986 年提出并研制的，它在常规模拟仪表的 4～20mA DC 信号的基础上叠加了 FSK（Frequency Shift Keying）数字信号，因而既可用于 4～20mA DC 的模拟仪表，也可以用于数字式通信仪表。它是过渡性的现场总线系统。

CAN（Controller Area Network）是由德国 Bosch 公司提出的现场总线系统，当初是专为汽车的检测和控制而设计的，随后再逐步发展应用到了其他的工业部门。目前它已成为国际标准化组织（International Standard Organization）的 ISO 11898 标准。

LonWorks 是美国 Echelon 公司推出的一种功能全面的测控网络，主要用于工厂及车间的环境、安全、保卫、报警、动力分配、给水控制、库房和材料管理等。目前，LonWorks 在国内应用最多的是电力行业，如变电站自动化系统等；而楼宇自动化也是其主要应用行业之一。

ProfiBus（Process Field Bus）是面向工业自动化应用的现场总线系统，由德国于 1991 年正式公布，其最大的特点是具有在防爆危险区内连接的本征安全特性。ProfiBus 具有几种改进型，ProfiBus-FMS 用于一般自动化，ProfiBus-PA 用于过程控制自动化，ProfiBus-DP 用于加工自动化，适用于分散的外围设备。

FF（Fieldbus Foundation）是现场总线基金会推出的现场总线系统。该基金会是国际公认的唯一不附属于任何企业的公正的非商业化的国际标准化组织，由世界著名的仪表、DCS 和自动化设备制造商，研究机构和最终用户组成，现有成员 120 余家。FF 的最后标准已于 2000 年年初获得基金会通过并正式公布，而其相关产品和系统在标准制定的过程中已得到了一定的发展，目前已在相应的行业和系统中得到了应用。

16.1.3　底层总线系统

在现场总线系统的发展过程中，除了上述的一些通用总线系统外，一些企业还开发和研制了一些更为专用的、比现场总线更为底层的总线系统，如特别适用于某些设备、传感器和变送器的总线网络系统。由于这些底层总线系统主要针对处于底层的控制设备和单元所设计，可更好地提高通信效率，保证系统的可靠性，因而常与各种现场总线系统相连接，构成现场总线系统下的底层专用控制网络子系统。

这里介绍其中的几种底层总线系统及其主要应用领域。

（1）ControlNet

ControlNet 是基于 CAN 总线系统技术并做相应的改进形成的，与常规现场总线系统相连并作为这些现场总线系统的补充，是主要用于 PLC 与计算机之间的通信网络。它可用于连接拖动装置、串并行设备、PC、人机界面等；还可以作为逻辑控制和过程控制系统的实现手段，传输速率为 5Mbps。

ControlNet 是一种高速确定性网络，用于对时间有苛刻要求的应用场合的信息传输。它为对等通信提供了实时控制和报文传送的服务；作为控制器和 I/O 设备之间的一条高速通信链路，综合了现有各种网络的能力。

ControlNet 是一种开放式网络，它可提供如下的特殊功能：

① 对在同一链路上的 I/O、实时互锁、对等通信报文传送和编程操作，均具有相同的

带宽；

② 对于离散和连续过程控制应用场合，均具有确定性和可重复性功能。

(2) DeviceNet

DeviceNet 是基于 CAN 总线系统技术且主要用于 PLC 与现场设备之间的通信网络。它作为对现场总线系统的补充，可用于连接底层设备如开关、拖动装置、固态过载保护装置、条形码阅读器、I/O 和人机界面等，传输速率为 125～500kbps。

DeviceNet 通过一个开放式的网络，将底层的设备直接和车间级控制器相连，而无须通过硬线将它们与 I/O 模块连接。因而，它在世界范围内得到了 150 多个销售商的支持。

这种 64 个节点、多支路的网络，允许用一根电缆去连接 500m (1641ft) 以内的设备并远传至用户的可编程控制器，无须用导线把每一个设备和 I/O 机架连接起来，因而大大地减少了导线的费用，并使安装更为方便。

(3) ASi

ASi (Actuator-Sensor Interface) 是执行器-传感器接口总线系统，主要用于连接控制器和传感器/执行器并实现其间的双向数据信息交换。它属于现场总线下面的底层通信网络系统。ASi 总线系统通过其主站中的网关可以和多种现场总线系统连接，这些现场总线系统包括 FF、ProfiBus 和 CAN 等。ASi 主站可以作为现场总线的一个节点服务器，而在其下面可以连接一系列的从站。

ASi 总线主要嵌入在具有开关量特征的传感器和执行器中。传感器可以是各种原理的位置接近开关，温度、压力、流量和液位开关等；执行器可以是各种开关阀门、声报警器和光报警器，也可以是继电器、接触器等低压开关电器。实际上，ASi 总线也可以用于连接模拟量设备，只是模拟信号的传输需要多个传输周期。

ASi 总线采用主从结构，主站是整个系统的核心。每个 ASi 总线有一个主站，可连接多达 31 个从站。主站和从站通过 2 芯电缆可以组成多种拓扑结构的双向数据通信网络，信号和电源共用该 2 芯电缆。

ASi 总线技术成熟，简单可靠，成本较低，在工业控制系统中有很好的应用前景。

16.1.4　现场总线控制系统特征

显然，现场总线系统是现场通信网络与控制系统的集成，其节点是现场设备或现场仪表，如传感器、变送器、执行器和控制器等。将这些进行了网络化处理的现场设备和现场仪表通过现场总线连接起来，实现一定控制作用的系统就是现场总线控制系统。

现场总线控制系统 FCS 是在集散控制系统 DCS 的基础上发展而成的，它继承了 DCS 的分布式特点，但在各功能子系统之间，尤其是在现场设备和仪表之间的连接上，采用了开放式的现场网络，从而使得系统现场级设备的连接形式发生了根本性的变化，因而具有许多自己所特有的性能和特征。

全网络化、全分散式、可互操作、开放式和全开放是现场总线控制系统 FCS 相对于 DCS 的基本特征。具体包括如下内容。

① 系统的彻底网络化　从最底层的传感器和执行器均通过现场总线网络实现连接，逐步向上直至最高层均与通信网络互联。

② 全分散式的系统结构　FCS 废弃了 DCS 的输入/输出单元和控制站，由现场设备或现场仪表取而代之，即把 DCS 控制站的功能化整为零，分散到了各种现场仪表中，从而构成了虚拟控制站，实现了系统的彻底分散控制。

③ 现场设备的互操作性 不同厂商的设备既可互联也可互换，现场设备间可实现互操作，通过进行结构的重组即统一组态，可实现系统任务的灵活调整，从而彻底改变了DCS控制层的专用性。

④ 开放式互联网络 既可以与同层网络互联，也可与不同层的网络互联，还可极方便地共享网络资源。

⑤ 技术和标准的全开放 从总线标准、产品检验到信息发布均是公开的，无专利许可要求，面向世界任意的制造商和用户，可供任何用户使用。

由于现场总线控制系统FCS的核心是现场网络系统，而现场总线系统又是计算机技术、网络通信技术和控制技术的综合和集成，因而它的出现从根本上改变了传统的控制系统，包括系统结构、信号标准、通信标准和系统标准，使得现代自动控制系统在体系结构、设计方法、安装调试和产品结构上，都发生了革命性的变化。这点在现场总线控制系统应用的短短几年中，已是不争的事实。

显然，与现场总线相比，传统仪表单元存在一些难以解决的问题。一对一结构，即一台仪表、一对传输线、单向传输一个信号，是传统仪表单元的特征，它造成系统接线庞杂、工程周期长、安装费用高和维护困难的问题。模拟信号传输精度低易受干扰是传统仪表单元的另一特点，它要求提供抗干扰的措施和提高精度的办法，却无形中增加了成本。同时操作员不能方便地了解现场仪表单元的运行情况，不利于控制调节作用的实施。因而与传统的仪表单元相比，现场总线除具有上述特征外，还具有如下优点。

① 一对N结构 一对传输线，N台仪表单元，双向传输多个信号，接线简单，工程周期短，安装费用低，维护容易。

② 可靠性高 数字信号传输抗干扰强，精度高，无须采用抗干扰措施，可有效减少系统成本。

③ 操作性好 操作员在控制室即可了解仪表单元的运行情况，从而可以实现对仪表单元的参数调整、故障诊断和控制过程监控。

④ 综合功能强 现场仪表单元可同时提供检测、变换和补偿功能，实现一表多用，扩展了现场总线仪表单元的应用范围。

⑤ 统一组态 由于现场仪表单元在软件实现上采用了功能模块结构，各种仪表单元在相互连接后即可实现统一组态。

16.2 主要现场总线系统

16.2.1 CAN总线系统

CAN是控制器局域网络（Controller Area Net）的缩写，是主要用于各种过程或设备监测及控制的一种网络。CAN最初是由德国的Bosch公司为汽车的监测和控制系统而设计的。由于现代汽车越来越多地采用电子控制装置来控制如发动机定时、注油及复杂的加速刹车控制、抗锁死刹车系统等，其参数的监控需要交换大量的数据，如果仍然采用传统的方法，很难解决数据的传输和共享问题，而采用CAN却能很好地解决。此外，由于CAN具有卓越的网络特性和极高的可靠性，特别适合于工业过程监控设备的互联，因此越来越受到工业界的重视，从而成为了几种实用的现场总线系统之一。

从CAN网络的物理结构上看，它属于总线型通信网络如图16-1所示。它是一种专门用于工业自动化领域的网络，其物理特性及网络协议特性更强调工业自动化的底层监测及控制，同时采用的最新技术和独特设计，使得可靠性及性能远高于现行的通信技术如RS485和BITBUS。

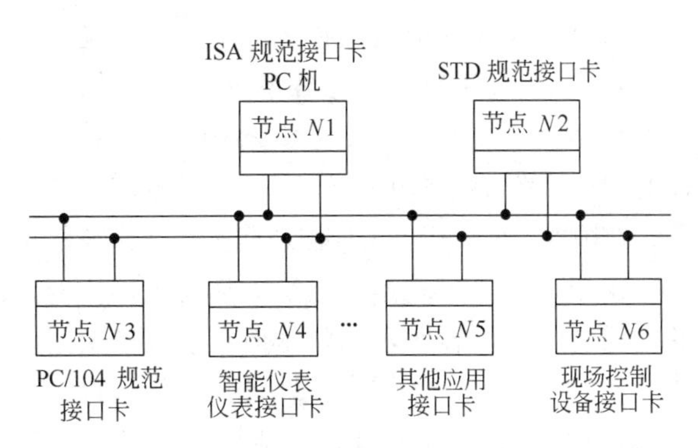

图16-1　基于CAN总线的测控网络典型系统示意

具体来讲，CAN总线系统具有如下的特性：

① 符合国际标准ISO 11898规范的CAN总线规范2.0 PART A和PART B；

② 以多主方式工作，即网络上任意一个节点均可以在任意时刻主动地向网络上的其他节点发送信息，而不分主从，因而通信方式灵活，可方便地构成多机备份系统；

③ 网络上的节点可分成不同的优先级，可以满足不同的实时要求；

④ 采用非破坏性总线裁决技术，当两个节点同时向网络传送信息时，优先级低的节点主动停止数据发送，而优先级高的节点可不受影响地继续传输数据，从而大大地节省了总线冲突裁决的时间；

⑤ 可以采用点对点、一点对多点及全局广播的方式传送和接收数据；

⑥ 直接通信距离最远可达10km（此时速率为5kbps）；

⑦ 通信速率最高可达1Mbps（此时传输距离最长为40m）；

⑧ 网络上节点数实际可达110个；

⑨ 采用短帧结构，每帧的有效字节数为8，传输时间短，受干扰概率低，且具有较好的检错效果；

⑩ 每帧信息都有CRC检验及其他检错措施，可保证极低的数据出错率；

⑪ 通信介质采用双绞线，无特殊要求；

⑫ 在发生严重故障时，节点具有自动关闭总线的功能，切断自己与总线的联系，以保证总线上其他操作不受影响；

⑬ 采用NRZ编码和解码方式，并有位填充（插入）技术。

CAN网络的通信及网络协议主要是由CAN控制器来完成的。CAN控制器包含了所有控制CAN网络通信的单元和模块，包括接口管理逻辑、发送缓冲区、接受缓冲区、位流处理器、位定时逻辑、收发器控制逻辑、错误管理逻辑和控制器接口逻辑。CAN控制器对外部微控制器CPU来说，是一个存储器映像的I/O设备，其控制段寄存器的内容包含控制寄存器、命令寄存器、状态寄存器、中断寄存器、接收代码寄存器、接收屏蔽寄存器、总线定时寄存器、输出控制寄存器和测试寄存器。

CAN网络采用的是串行通信协议，因而可以非常有效地构成分布式实时过程监测控制系统，具有很高的可靠性。CAN通信协议分物理层、传送层和目标层3层。物理层规定了数据位传送过程中的电气特性；传送层规定了帧组织结构、总线仲裁机制和检错纠错；目标层负责确认发送和接收的信息，并为各种应用提供接口。

CAN总线系统自诞生以来，以其独特的设计思想、良好的功能特性和极高的可靠性越来越受到工业界的青睐。随着国际标准的制定，CAN总线已在汽车、火车、船舶、机器人、楼宇自动化、机械制造、数控机床、纺织、医疗机械、农用机械、传动、建筑、消防、传感器和自动化仪表等领域得到了广泛应用，是具有较好发展前景的现场总线系统。

16.2.2　LonWorks 总线系统

LON 是 Local Operating Network 的缩写，LonWorks 是美国 Echelon 公司推出的一种功能全面的测控网络，主要用于工厂及车间的环境、安全、保安、报警、电力、给水和管理控制等。目前，在国内主要用于电力控制和楼宇自动化等，同时在先进制造系统中也得到了广泛的应用。

由于 LonWorks 本身就是一个局域操作网，因而与一般的现场总线系统相比，具有更强的网络功能和兼容性，主要体现在它可以采用所有的网络拓扑，网络结构灵活可采用如主从式、对等式和客户/服务器式结构，不受通信介质的限制，网络协议开发性好等。

LonWorks 的主要特性包括：

① 作为基本组成元件的 Neuron 芯片，它同时具备通信和控制功能，并且固化了 ISO/OSI 的全部 7 层通信协议，以及 34 种常见的 I/O 控制对象；

② 网络协议开放，对任何用户平等；

③ 网络拓扑可以自由组合，除总线型结构外，可选择任意形式的网络拓扑结构；

④ 可以使用所有已有的网络结构，包括主从式、对等式和客户/服务器式结构；

⑤ 改善了网络通信冲突的 CSMA 检测方法，采用了 Predictive P-Persistent CSMA 技术，使得在网络负载很重时，不会导致网络通信瘫痪；

⑥ 网络通信采用了面向对象的设计方法，引入了网络变量，使网络通信的设计简化为参数设置，这样既节省了设计工作量，又增加了通信的可靠性；

⑦ 通信介质无限制，可在任何介质下通信，包括双绞线、电力线、光纤、同轴电缆、射频电缆、红外线等；

⑧ 通信帧的有效字节数从 0 到 288 个字节；

⑨ 通信速率可达 1.25Mbps（此时有效距离为 130m）；

⑩ 网络上的节点数可达 32000 个；

⑪ 直接通信距离可达 27000m（此时采用双绞线，速率为 78kbps）。

Neuron 神经元芯片是 LonWorks 总线系统的核心单元，如图 16-2 所示。它由 3 个 8 位

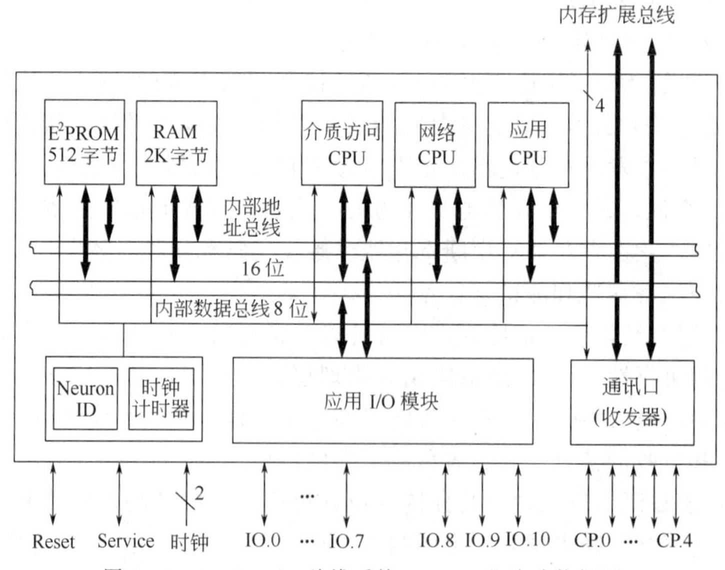

图 16-2　LonWorks 总线系统 Neuron 芯片功能框图

的 CPU 组成，分别完成不同的任务。其中 2 个 CPU 负责网络通信的协议支持，1 个 CPU 用于应用处理，执行用户编写的有关程序。Neuron 神经元芯片使用的编程语言是 Neuron C，是由 ANSI C 发展而来的，并对 ANSI C 进行了相应的删补。

LonWorks 总线系统使用的通信协议是 LonTalk。它符合国际标准化组织 ISO 制定的开放系统互联 OSI 模型，并提供了 OSI 参考模型所定义的全部 7 层服务。LonTalk 协议定义的第 1 层和第 2 层由 Neuron 芯片中的第 1 个 CPU 完成，第 3 层到第 6 层的协议任务则由第 2 个 CPU 完成，第 7 层的应用工作则由第 3 个 CPU 完成。

LonWorks 总线系统自从 1991 年推出以来，发展极为迅速。由于其在适应性上所具有的独特优势，有效地促进了系统的进一步研究、二次开发和实际应用。到 1995 年已有 2500 家生产商使用并且安装了 200 多万个节点，已充分说明了该总线系统的优势。

16.2.3 ProfiBus 总线系统

ProfiBus(Process Field Bus) 总线系统是德国标准。它针对具体的应用领域有多种形式。

符合德国标准 DIN19245 T1＋T2 和欧洲标准 PrEN50170 的 ProfiBus-FMS(Fieldbus Message Specification)是 ProfiBus 总线系统在工业现场通信中应用最普遍的系统，它可以提供大量的通信服务，用以完成中等传输速度的循环和非循环通信任务，主要用于纺织工业、楼宇自动化、电气传动、传感器和执行器、可编程序控制器及低压开关设备等一般性的自动化控制。符合德国标准 DIN19245 T1＋T3 和欧洲标准 PrEN50170 的 ProfiBus-DP 是在 ProfiBus-FMS 的基础上对网络通信进行了优化后的产物，能够保证高速数据信息的通信工作，适用于自动控制系统和外围设备之间对时间有苛刻要求的通信场合，主要用于高速数据信息通信。符合德国标准 DIN19245 T4 和国际标准 IEC1158-2 的 ProfiBus-PA 是专门针对过程控制中对安全性和总线供电的要求而设计的，因而具有本征安全的传输特性，主要用于过程自动化。

ProfiBus 定义了连接底层（传感器和执行器层）到中间层（车间控制层）的各种数据设备的现场总线技术和功能特性。系统由主站和从站构成，属主从结构。主站能够控制总线，当主站得到总线控制权时，可以主动发送信息。从站为简单的外围设备，典型的从站为传感器、执行器和变送器。从站没有网络的控制权，仅对接收到的信息给予回答或当主站发出申请时发送回主站相应的信息。

ProfiBus 通信协议的基础是 ISO/OSI 的 7 层网络参考模型。ProfiBus-FMS 和 ProfiBus-DP 通信协议的基本结构如图 16-3 所示。其中，ProfiBus-FMS 和 ProfiBus-DP 采用了相同的传输技术（第 1 层）和介质存取协议（第 2 层）。

ProfiBus-FMS 略去了从第 3 层到第 6 层的内容，其必要的功能由低层接口（LLI）完成，而 LLI 是第 7 层的组成部分之一。第 7 层还包含了应用层协议并提供了强有力的通信服务。此外，ProfiBus-FMS 还提供了用户接口。在 ProfiBus-DP 中没有从第 3 层到第 7 层的内容。应用层第 7 层的省略是为了达到必要的工作要求，而直接数据链路映像（DDLM）为用户接口提供了第 2 层功能映像。用户接口中包含了用户可以调用的应用函数。

在第 1 层的传输技术中，ProfiBus 支持双绞线和光纤连接，并针对每种介质定义了唯一的介质存取协议。

第 2 层的介质存取协议包括令牌和混合介质存取方式。令牌方式使得享有令牌的站点可在一个事先规定好的时间内得到总线控制权。混合介质存取方式支持纯主从系统（单主站）、

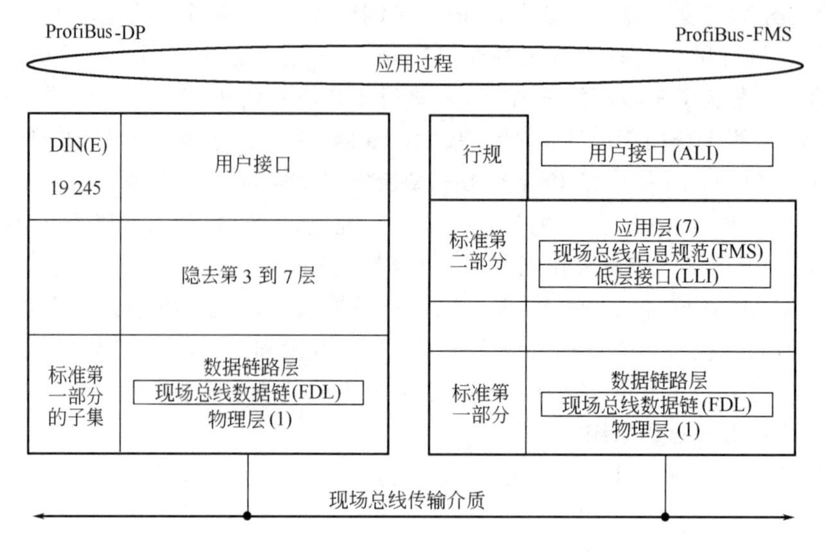

图 16-3　ProfiBus-FMS 和 ProfiBus-DP 通信协议结构

纯主站系统（多主站）和混合系统（多主多从）。因而当主站得到令牌后，允许这个主站在一定的时间内执行主站工作，它可依照与从站的关系表与所有从站通信，也依照与其他主站的关系表与所有的主站通信。

第 2 层还提供点到点及多点通信（广播及有选择的广播）模式。所谓广播是指主站向所有站点（主站和从站）发送信息但不要求回答的通信模式；而有选择的广播是指主站向一组站点（主站和从站）发送信息但不要求回答的通信模式。

实际上，ProfiBus-FMS 和 ProfiBus-DP 能够工作在同一条总线线路上混合运行是 ProfiBus 的一个主要优点，因为这样能够同时使用 ProfiBus-DP 高速循环传送数据的功能和 ProfiBus-FMS 多种多样的通信服务功能。它可用于对系统响应时间要求不高的场合，而在同一台设备中同时执行 FMS 和 DP 也是可能的。

ProfiBus-PA 的主要特点是和 IEC 制定的现场总线标准有相同的传输层和应用层。这对于用户来说，采用国际标准将减少系统的投资风险，保证系统的可互操作性和兼容性。此外，ProfiBus-PA 具备现场总线系统的主要特征，提供许多具体的功能模块。在不同的场合如电力、化工、冶金和制造等，都有不同的安全性能要求，需要使用不同的模块，或即便使用相同的模块，但对模块安全等级的要求也不同。

总之，ProfiBus 自 1989 年问世以来，已经在各个工业领域中，尤其是在过程自动化中得到了广泛的应用。目前，已能够提供品种齐全的 ProfiBus 产品，包括系统接口、分散式输入/输出模板、电动执行器、变频器和低压开关电器等。

16.2.4　FF 总线系统

FF 总线系统是现场总线基金会（Fieldbus Foundation）推出的总线系统。现场总线基金会是一个非营利和非商业化的国际学术和标准化组织，其宗旨是在众多现场总线系统相继出现的情况下，促进产生出一个单一的国际现场总线标准。它有 100 多个成员，其中世界著名的企业和厂商占 95%以上，因而由其推出的现场总线系统具有很强的优越性和权威性。但正是因为 FF 总线系统标准的过于完善，直到 1999 年底才公布正式标准，因而也在很大程度上影响了 FF 总线系统的推广应用和产品化过程。

FF 总线系统的通讯协议标准是参照国际标准化组织 ISO 的开放系统互联 OSI 模型，并对其进行了改造而成的，保留了第 1 层的物理层、第 2 层的数据链路层和第 7 层的应用层，而且对应用层进行了较大的改动，分成了现场总线存取和应用服务两部分。此外，在第 7 层之上还增加了含有功能块的用户层。功能块的引入，使得用户可以摆脱复杂的编程工作，而直接简单地使用功能块对系统及其设备进行组态。这样使得 FF 总线系统标准不仅仅是信号标准和通信标准，更是一个系统标准，这也是 FF 总线系统标准和其他现场总线系统标准的关键区别。

FF 现场总线系统包含低速总线 H1 和高速总线 H2，以实现不同要求下的数据信息网络通信。这两种总线均支持总线或树型网络拓扑结构，并使用 Manchester 编码方式对数据进行编码传输。图 16-4 给出了由 H1 和 H2 组成的典型 FF 现场总线控制系统。

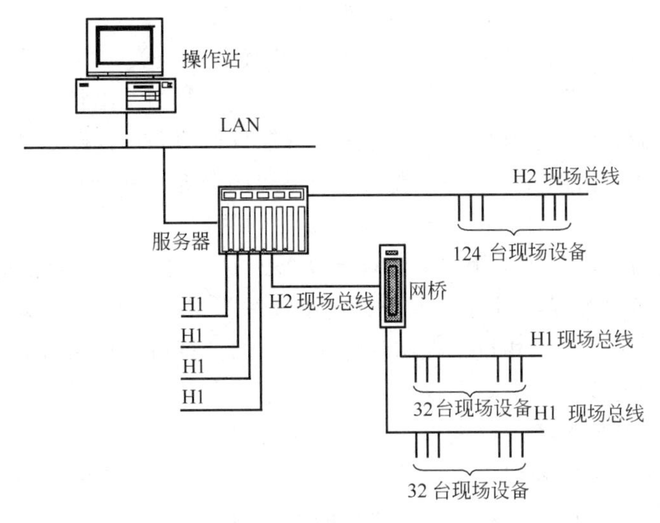

图 16-4 由 H1 和 H2 构成的典型 FF 现场总线控制系统

低速总线 H1 采用 31.25kbps 的速率传输数据，标准最大传输距离为 1900m（无中继器），最大可串接 4 台中继器。采用 H1 标准可以利用现有的有线电缆，并能满足本征安全要求，同时也可利用同一电缆向现场装置供电。在采用 H1 标准的情况下，同一电缆除用于电源供电外，还可连接 2～6 台现场装置，同时还能满足本征安全的要求；而不采用 H1 标准，使用单独的电缆向现场装置供电，则同一电缆可以连接多达 32 台现场装置，但此时不能保证本征安全。

高速总线 H2 采用 1Mbps 或 2.5Mbps 的通信速率传输数据。在通信速率为 1Mbps 的情况下，最大传输距离可达 750m；在通信速率为 2.5Mbps 的情况下，最大传输距离可达 500m。显然，H2 标准大大地提高了数据传输速率，但不支持使用信号电缆线进行供电。

FF 总线系统中的装置可以是主站，也可以是从站。主站有控制发送、接收数据的权力，从站仅有响应主站访问的权力。为实现对传送信号的发送和接收控制，FF 总线系统采用了令牌和查询通信方式为一体的技术。在同一个网络中可以有多个主站，但在初始化时只能有一个主站。

现场总线基金会除推出了 FF 总线系统标准外，为促进该系统的推广发展和产品应用，还推出了一套开发平台，其中的开发工具包括协议监控和诊断工具、总线分析器、仿真软件、数据描述软件工具、评测工具和性能测试工具。规范的现场总线标准和良好的开发环境，将有利于FF总线系统的推广发展和产品应用，也最终将有利于新一代现场总线控制系统FCS的发展。

16.3　现场总线控制系统

16.3.1　现场总线单元设备

现场总线系统的节点设备称为现场设备或现场仪表。节点设备的名称及功能由厂商所确定，但一般地用于过程自动化并构成现场总线控制系统FCS的基本设备分如下几类。

① 变送器　常用的现场总线变送单元有温度、压力、流量、物位和分析5大类，每类又有多个品种。与电动单元组合仪表的变送器不同，现场总线变送单元既有检测、变换和非线性补偿功能，同时还常嵌有PID控制和运算功能。

② 执行器　常用的现场总线执行单元有电动和气动两大类，每类又有多个品种。现场总线执行单元除具有驱动和执行的基本功能，以及内含调节阀输出特性补偿外，还嵌有PID控制和运算功能；另外，某些执行器还具有阀门特性自检验和自诊断功能。

③ 服务器和网桥　指例如用于FF现场总线系统的服务器和网桥。在FF的服务器下可连接H1和H2总线系统，而网桥用于H1和H2之间的连通。

④ 辅助设备　指现场总线系统中的各种转换器、安全栅、总线电源和便携式编程器等。

⑤ 监控设备　指供工程师对各种现场总线系统进行组态的设备，供操作员对工艺操作与监视的设备，以及用于系统建模、控制和优化调度的计算机工作站等。

这里所说的各种现场总线设备和仪表，除专门用于各种现场总线系统的网络设备、辅助设备和监控设备外，其他设备或仪表单元均是在原有的电动单元组合仪表的基础上发展而成的。该升级过程主要包括原有仪表单元的数字化或微机化，增加支持各种现场总线系统的接口卡以及编制支持该种现场总线系统通信协议的运行程序。

因此，不失一般性地，基于任何一种现场总线系统的、由现场总线变送单元和执行单元组成的网络系统可表示为如图16-5所示的结构。由于微计算机在仪表单元的应用，传统的检测单元和变送单元常常合二为一，即将传感器和变送单元集成在一起，共同完成相应的工作。所以，现场总线变送单元首先依靠传感器检测被测变量的信息，送信号处理单元进行必要的转换或补偿，然后再由微计算机按内嵌的程序，根据现场总线网络所要求的通信协议实现信息的上传。现场总线执行单元则与变送单元的工作顺序正好相反，它由微计算机根据现场总线系统的网络通信协议从总线上获得所需的信息，经信号驱动单元的驱动后，交执行机构实施控制作用，以达到对被控变量的调节作用。

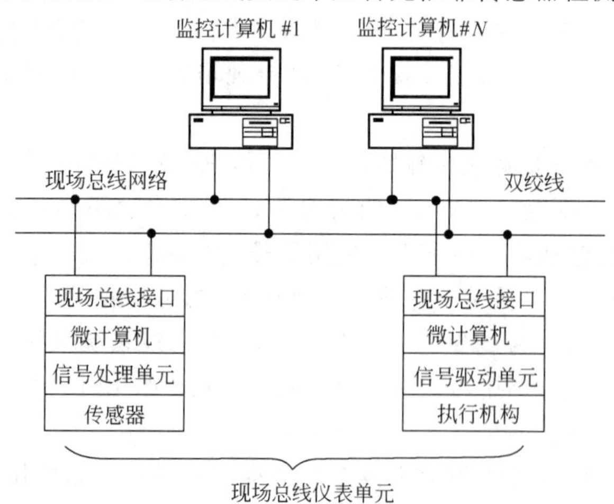

图16-5　由现场总线仪表单元组成的网络系统

这里需要指出的是，这种分散到变送器和执行器中的PID控制，同样可以方便地组成诸如串级、比值和前馈等多回路控制系统。当然如控制系统中所采用的 PID 控制规律更复杂，或采用的是非 PID 控制规律时，嵌入式 PID 运算单元将难以胜任，一般可由位于现场总线网络上的监控计算机完成。

与现场总线变送单元和执行单元相对应，除以上所列的现场设备和现场仪表外，其他的传统仪表单元如显示单元、记录单元和打印单元等均可由相应的软件由网络上的监控计算机来完成。只有在有特殊要求的情况下，现场总线显示单元、记录单元和打印单元才被使用。

16.3.2　现场总线控制系统结构

现场总线控制系统 FCS 是在集散控制系统 DCS 的思想上，集成了新一代的网络技术而产生的。它将传统的仪表单元微计算机化，并用现场总线网络的方式代替了点对点的传统连接方式，从根本上改变了控制系统的结构和关联方式。

图 16-6 给出了 DDC、DCS 和 FCS 三种控制系统的典型结构图。由此可以看出，DCS 的出现解决了 DDC 控制过于集中，系统危险性也过于集中的问题；同时伴随控制分散的过程，也使得控制算法得到了简化。但控制系统的接线仍然复杂和烦琐，危险性在一定程度上还是相对集中，尤其是现场控制单元的固有结构限制了 DCS 的灵活性，无法实现根据控制任务的需要对控制单元进行组态的功能。

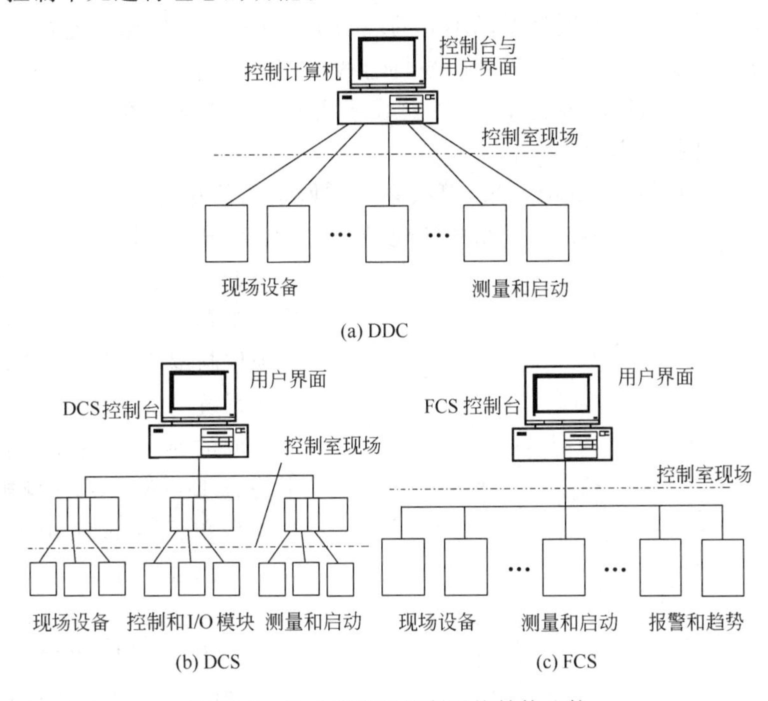

图 16-6　几种典型的控制系统结构比较

现场总线控制系统 FCS 的出现，则从根本上解决了控制系统接线的问题，采用双绞线即可将所有的现场总线仪表单元连接在一起。它一方面大大地简化了接线，减少了不少系统成本；另一方面还使控制系统的灵活组态得以实现。此外，在 FCS 中系统的危险性也降到了最低，在现场总线仪表单元出现故障时，可方便地启动备用单元；同时此种结构的实现方式还可大大减少作为保证系统可靠性而配置的热备份设备的数量。

以 FF 现场总线系统为例，图 16-7 给出了实现典型控制的现场总线控制系统 FCS 的结构。从网络结构图中可以看到，基于 FF 现场总线系统的 FCS 将现场总线仪表单元分成两类。通信数据较多，通信速率要求较高的现场总线仪表单元直接连接在 H2 总线系统上；而

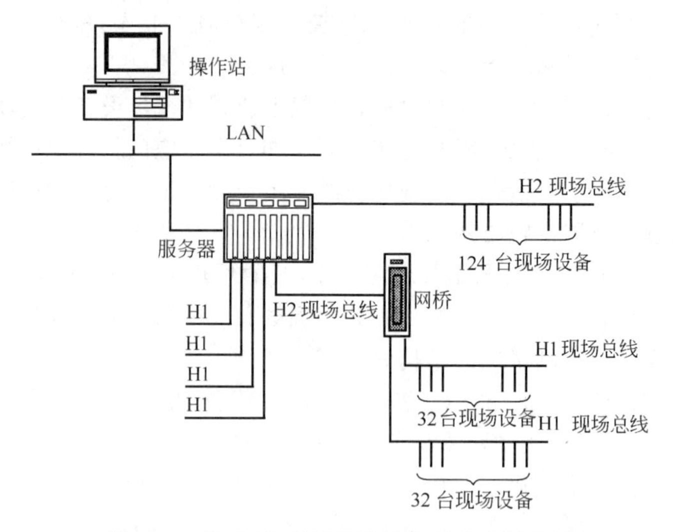

图 16-7　基于 FF 现场总线的典型 FCS 结构图

其他要求数据通信较慢，或实时性要求不高的现场总线仪表单元则全部连接在 H1 总线系统上。由于每个 H1 总线系统所能够驱动的现场总线仪表单元有限，最多只能到 32 台，因而多个 H1 总线系统还可通过网桥连接到 H2 总线系统上，以提高整体的通信速率，保证整个系统的实时性要求和控制需要。

正如 16.2.2 小节所述，LonWorks 总线系统的网络通信功能较强，能够支持多种现场总线系统和低层总线系统，因而由其组成的现场总线控制系统结构较为复杂，且实现的功能较全面。作为一个应用特例，图 16-8 给出的就是基于 LonWorks 总线系统实现控制调节作用，并通过 LonWorks 总线系统与其他现场总线系统相连接而形成的典型现场总线控制系统。其中符合 LonWorks 自身规范的现场总线仪表单元通过路由器连接到 LonWorks 总线网络上，而其他的现场总线及底层总线，包括 ProfiBus 和 DeviceNet，则通过网关连接到 LonWorks 总线网络上。由于各种现场总线系统的通信速率各异，因而由此形成的控制系统实际上是一个混合网络控制系统。在该混合网络控制系统中，多种网段共存一体，而在每个网段上的通信速率各不相同。

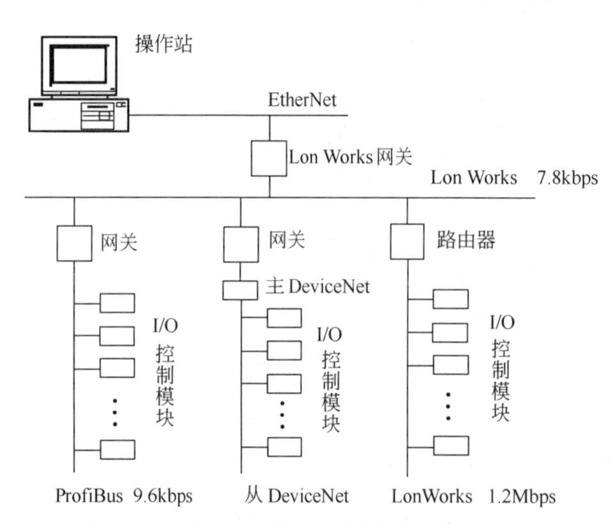

图 16-8　基于 LonWorks 的典型 FCS 结构图

16.3.3　现场总线系统集成与扩展

现场总线控制系统 FCS 是现场通信网络与控制的集成，其节点是现场仪表单元或现场设备。现场仪表单元如基于现场总线的传感器、变送器、执行器和控制器等；而可用于现场总线的现场设备则较广，只要带有现场总线接口的控制设备均可使用，传统的设备包括 DCS、PLC、通用模拟单元和通用数字单元等。将这些进行了网络化处理的现场设备和现场仪表通过现场总线连接起来，实现一定控制作用的系统就是现场总线系统集成的过程和目的。

在现场总线控制系统 FCS 的构成中，除需将现有的 DCS 和 PLC 等控制装置以及完成检测、变送、控制计算、执行和显示等常规的现场总线仪表单元集成到系统中外，为保证系统的正常运行、运行状态的实时监视和分析以及故障时的紧急操作途径，还需将用于控制系统的分析监测、组态维护、手动操作等硬件设备集成到系统中。较为全面的集成系统如图 16-9 所示，其中 I/O 接口、检测仪表单元、执行机构和监控显示器是常规仪表单元，而分析监测、组态维护、手动操作和数控装置则是专用或特殊设备。

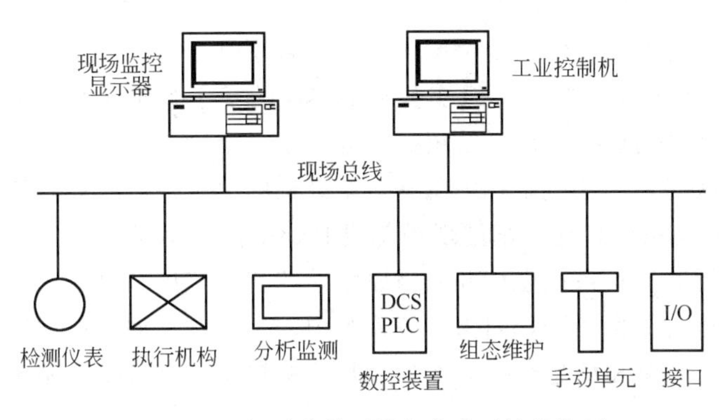

图 16-9 现场总线单元设备集成系统结构图

此外，现场总线控制系统 FCS 是一般工业控制系统的基础，随着控制系统规模的增大，控制任务的扩展，实际生产常要求在完成常规控制任务的同时，还需进行企业生产管理的自动化和协调化。因而，为完成较大控制任务和实现对控制过程的全面管理，还必须将其与上层控制系统有机地结合在一起。这是工业控制系统发展的需要，也是企业综合自动化的必然。

于是，将现场总线控制系统 FCS 与上层网络和控制系统相集成，就形成了控制管理一体化的新的控制系统体系机构，即如上章所描述的具有两层网络结构的新一代计算机控制系统。从而使得控制系统的底层与上层之间的联系变得紧密，有利于上下两个网络层控制任务的协调。

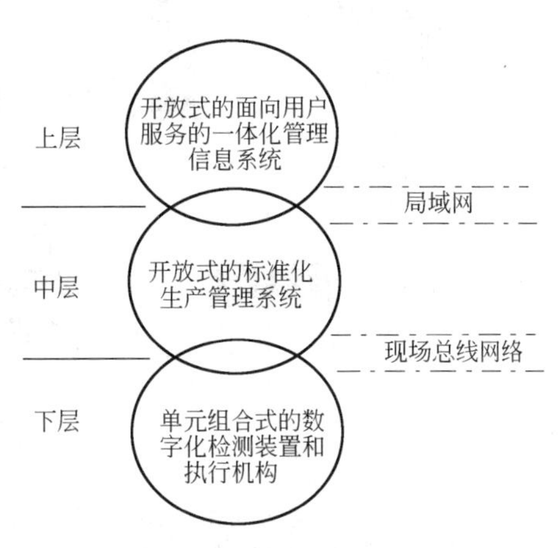

图 16-10 控制管理系统信息关系示意

图 16-10 所示的就是基于现场总线系统和 LAN 网络实现的现代控制管理系统信息关系示意图。其中底层是单元组合式的数字化检测装置和执行机构，中层是开放式的标准化生产管理系统，而上层则是开放式的面向用户服务的一体化管理信息系统。底层与中层之间通过现场总线网络将底层信息集成和管理起来，中层与上层之间则通过 LAN 网络实现高层次信息的共享，同时还可根据需要连接到 Internet 和广域网上。

在现场总线控制系统 FCS 自身集成的基础上，再将上层的管理和协调集成在一起的控制系统如图 16-11 所示。从系统网络结构图可以看出，用于生产管理的计算机同时连接在上层和现场总线网络上，一方面负责实施下层的生产管理，同时也与上层的商务计算机相连

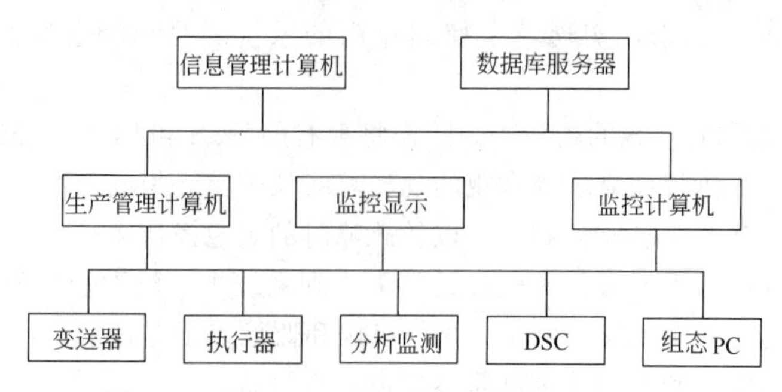

图 16-11　基于 FCS 的现代控制管理系统结构图

接，进行生产信息的交换和实现系统范围内的信息共享。

图 16-12 所述的是在某高校系一级实验室中实现的基于企业网的计算机控制集成实验原型系统，它由多种计算机仪表控制系统组成，并存于一个网络环境——企业网中。通过企业网将不同的系统互联起来，这些系统中既有传统结构的电机控制实验系统，也有基于现场总线 FF 的水位控制实验系统，还有基于现场总线 ProfiBus 的运动控制实验系统，基于 ASi 总线系统的传感器执行器实验系统也将并入该原型系统。应该讲，这是一个较好地代表了计算机控制系统发展趋势的原型系统，因为在该系统中，上层网络即由以太网形成的企业网主要负责各控制系统间的协调和信息交换，而各种具体的控制策略都是由基于现场总线的底层控制系统完成的。

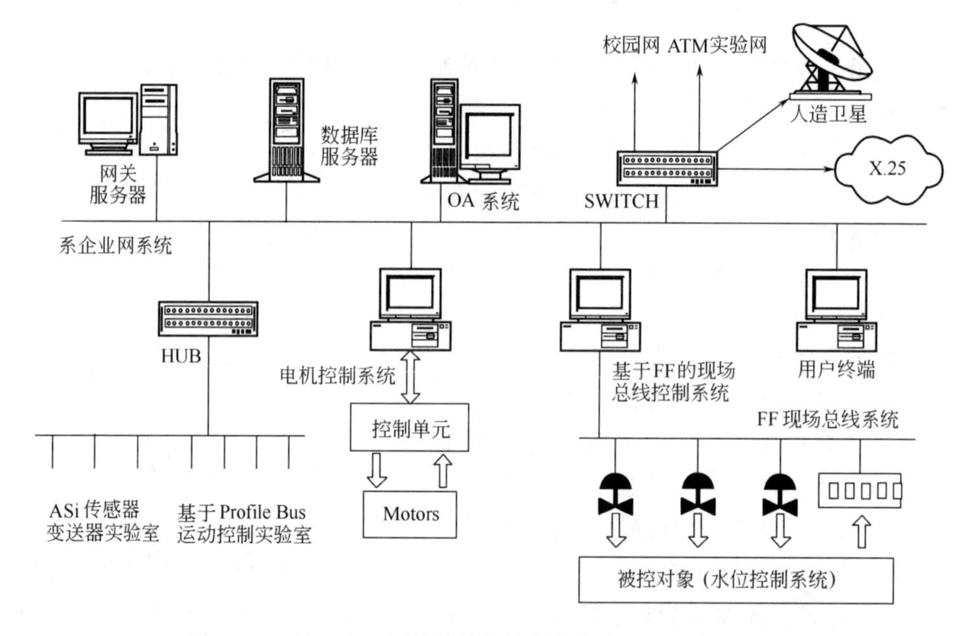

图 16-12　基于企业网的计算机控制集成实验原型系统示意

需要注意的是，这里所讨论的现场总线控制系统的扩展，是指将实现底层生产控制和管理的现场总线系统与上层的商务管理系统相结合，从而形成的三层结构、两层网络的标准化控制管理一体化结构体系。该体系的提出和实现，保证了控制与管理的相互渗透和相互沟通，是新一代智能网络综合自动化系统的基础。

现场总线控制系统 FCS 是 20 世纪 90 年代中期，随着现场总线技术的完善而产生的。尽管 FCS 的发展时间不长，但由于现场总线技术所具有的特性，以及给传统控制系统所带来的革命性的变化，使得 FCS 的应用和推广如日中天，必将在自动控制领域开辟出一个新的纪元。

16.4 现场总线控制系统发展趋势

在第 15 章中详细论述了计算机控制系统的两大发展趋势，即控制系统的控制网络化和系统扁平化。而在现场总线控制系统得到发展的今天，这两大发展趋势将进一步促进现场总线控制系统的完善，从而为实现控制系统的组织重构和工作协调奠定了基础。尤其是控制系统扁平化的实现，保证了各种控制系统的开发性和互联性，使得控制系统的组织重构和工作协调成为了可能。

16.4.1 控制系统的组织重构化

所谓控制系统的组织重构，就是指用于实现各种控制作用的子系统或单元能够根据不同工作的需要，进行重新组织和调整，以适应实际生产的需要和变化。

在传统的计算机控制系统中，由于系统结构上的限制，各种控制用仪表单元的安装和连接都是相对固定的，各种功能系统的功能实现也是相对固化的，很难根据工作任务的变化进行重新组织和调整。以回路控制系统为例，由于每个仪表单元须与固定的接口连接，一旦形成完成某种控制功能的回路系统后，就不能简单地变更其连接方式以构成新的回路系统。

但在新一代计算机控制系统中，由于系统得到了扁平化处理，各个子系统和仪表单元均只分属上下两层网络系统，而且其连接相对灵活，因而只要对其相应配置进行适当的调整，即可实现功能系统和仪表单元的重组。体现在回路控制系统的构成上，就是只要改变回路控制系统的配置文件，根据控制任务的需要重新定义构成回路控制系统的有关仪表单元，即可方便地实现功能子系统和仪表单元的重组。

如果计算机控制系统实现了组织重构的目的，即可方便地实现如下功能。

① 提高控制系统的灵活性。可根据工作需要灵活改变系统中各功能子系统和仪表单元的连接形式。

② 增强控制系统的适应性。可适应控制任务的变化，提高系统完成控制任务的柔性程度。

③ 改善控制系统的可靠性。可通过系统重构进行结构调整，及时和方便地更替故障单元，保证系统的正常运行。

④ 为系统从事控制任务的协同实现提供了支持平台和条件。

16.4.2 控制系统的工作协调化

计算机支持的协同工作（Computer Supported Collaborative Works，CSCW）是近年来发展极为迅速和备受关注的技术。它主要用于基于计算机环境下的较大规模任务的协同完成，具体应用包括异地设计、并行工程、协调控制和企业管理等，新近发展起来的电子商务也受 CSCW 的支持，其中控制系统的协调工作是其在企业中的重要应用之一。

控制系统的协调工作包括多种任务目标的群决策、多个部门间的工作协作、信息的共享和管理以及复杂系统多目标的协调控制等。它们是基于控制系统的实时信息，由任务需求来确定的。必要的实时信息是进行企业控制系统协调工作的基础，而系统内部组织机构的重组则是协调工作得以实现的必备条件。

如前所述，新一代的计算机控制系统实现了从底层仪表控制单元到上层功能子系统的整体网络化，形成了由企业网和现场总线网络组成的两层系统结构，从而使整体系统出现了扁平化的结构形式，并在此基础上可实现内部底层仪表控制单元和上层功能子系统的重组。系统结构的扁平化实现保证了实时信息的快速沟通和共享，为工作的协调提供了必需的信息来源和保证；控制系统组织的可重构又为协调工作的具体实施提供了可能。

计算机集成制造系统（Computer Integrated Manufacturing Systems，CIMS）是企业控制系统进行协调工作的典型应用。它借助各种计算机网络将多种功能子系统连接起来，并基于生产信息的共享平台完成各种规划、调度和控制任务。随着新一代计算机控制系统的发展和逐渐完善，CIMS 在最初的概念和基础上又发展产生了新的技术和应用，如柔性制造、敏捷制造和并行工程等，从而较为充分地体现了控制系统的控制网络化、系统扁平化和组织重构化所带来的好处。目前现场总线技术的进一步发展，又为 CIMS 的发展和系统结构的完善提供了可能。

智能交通系统（Intelligent Transportation Systems，ITS）是更大范围内控制系统协调工作的应用。它在整个社会的范围内，将完成交通控制的各种功能子系统和控制单元，通过各种网络连接起来，形成了基于海量混杂信息的超大范围的协同工作控制系统。因而，当一个完善的智能交通系统形成后，其信息组织、协作和应用的规模，各子系统间的控制协调程度，都将是超乎寻常的。可想而知，在这样一种控制系统中，没有整个系统的网络化，没有由此而产生的系统扁平化、组织重构化和工作协调化等特征的出现，是完全不可能实现交通系统智能控制的宽范围内的实施和运行的。

思考题与习题

16-1　如何看待现场总线系统的产生？它有什么必然之处？

16-2　在现场总线系统的发展过程中，主要都有哪些代表性的总线系统产生？

16-3　底层总线系统与现场总线系统有什么区别？主要有什么特点？

16-4　现场总线系统的主要特征和优点有哪些？

16-5　现场总线系统 CAN 的特征是什么？主要应用领域有哪些？

16-6　现场总线系统 LonWorks 的 Neuron 芯片有什么特别之处？

16-7　现场总线系统 ProfiBus 有哪几种主要应用类型？其应用领域是什么？

16-8　现场总线系统 FF 的主要特征是什么？它与其他现场总线系统有什么区别？

16-9　现场总线单元设备与传统的仪表单元在通信能力和接口上有什么区别？其优点是什么？

16-10　现场总线控制系统的常规结构是什么？

16-11　在现场总线控制系统的基础上对控制系统进行集成将带来什么样的优势和特点？

16-12　现场总线控制系统的出现将使计算机控制系统产生何种变化？

16-13　计算机控制系统的工作协调化有哪些典型的应用实例？

第五篇　现代检测与仪表技术

17　虚 拟 仪 器

17.1　虚拟仪器概念及发展

虚拟仪器（Virtual Instrument，VI）是计算机技术在仪器仪表技术领域发展的产物。虚拟仪器是继模拟仪表、数字仪表以及智能仪表之后的又一个新的仪器概念。它是指将计算机与功能硬件模块（信号获取、调理和转换的专用硬件电路等）结合起来，通过开发计算机应用程序，使之成为一套多功能的可灵活组合的并带有通信功能的测试技术平台，它可以替代传统的示波器、万用表、动态频谱分析仪器、数据记录仪等常规仪器，也可以替代信号发生器、调节器、手操器等自动化装置。使用虚拟仪器时，用户可以通过操作显示屏上的“虚拟”按钮或面板，完成对被测量的采集、分析、判断、调节和存储等功能。

目前，基于PC的A/D及D/A转换、开关量输入/输出、定时计数的硬件模块，在技术指标及可靠性等方面已相当成熟，而且价格上也有优势。常用传感器及相应的调理模块也趋向模块化、标准化，这使得用户可以根据自己的需要定义仪器的功能，选配适当的基本硬件功能模块并开发相应的软件，不需要重复采购计算机和某些硬件模块。

虚拟仪器提高了仪器的使用效率，降低了仪器的价格，可以更方便地进行仪器硬件维护、功能扩展和软件升级。它已经广泛地应用于工程测量、物矿勘探、生物医学、振动分析、故障诊断等科研和工程领域。

表17-1列举了传统仪器与虚拟仪器相比较的特点，不同点主要体现在灵活性方面。

表17-1　传统仪器与虚拟仪器的比较

项　目	传统仪器	虚拟仪器
功能	由仪器厂商定义	由用户自己定义
与其他仪器设备的连接	十分有限	可方便地与网络外设及多种仪器连接
图形界面,读取数据	图形界面小,人工读取	界面图形化,计算机直接读取
数据处理	无法编辑	数据可编辑、存储、打印
核心技术	硬件	软件
价格	昂贵	相对低廉
开放性	系统封闭、功能固定、可扩展性差	基于计算机技术开放的功能模块可构成多种仪器
技术更新	技术更新慢	技术更新快
开发和维护	开发和维护费用高	基于软件体系的结构可大大节省开发费用

虚拟仪器概念起源于1986年美国NI公司（Nation Instrument）提出的“软件即仪器”的理念，LabVIEW就是该公司设计的一种基于图形开发、调试和运行的软件平台。

虚拟仪器的发展主要经历了如下几个代表性阶段：①GPIB标准的确立；②计算机总线插槽上的数据采集卡的出现；③VXI仪器总线标准的确立；④虚拟仪器的软件开发工具的

出现。随着计算机总线的变迁和发展，虚拟仪器技术也在发展变化，目前 PXI 仪器总线正逐渐成为主流。

17.2　虚拟仪器结构和硬件模块

虚拟仪器由计算机、功能硬件模块和应用软件等部分组成，其中功能硬件模块包括各种符合计算机总线的用于数据交换的硬件。虚拟仪器系统的基本组成如图 17-1 所示，其中较为常见的虚拟仪器系统是数据采集系统、GPIB 仪器系统、VXI 仪器系统以及它们的组合。

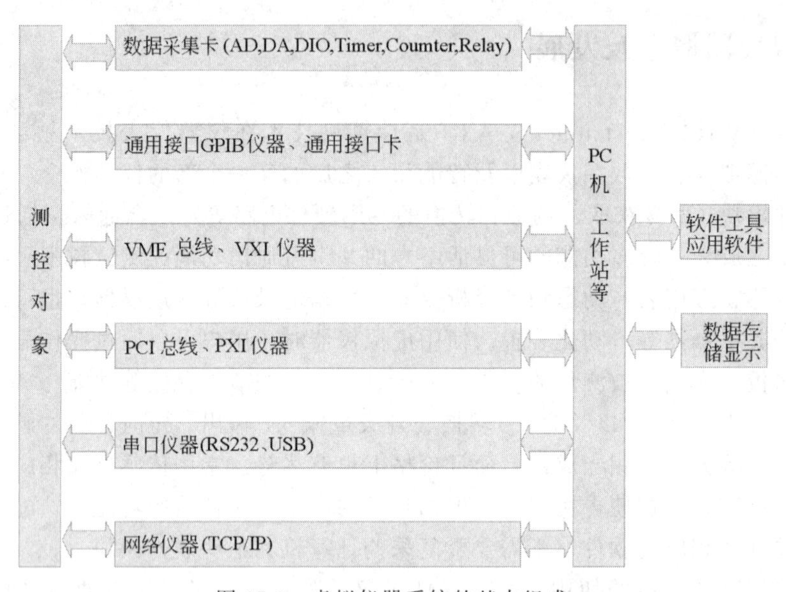

图 17-1　虚拟仪器系统的基本组成

(1) 数据采集系统构成方法

一个典型的数据采集系统由传感器、信号调理电路、数据采集卡（板）、计算机 4 部分组成。一个好的数据采集卡不仅应具备良好性能和高可靠性，还应提供高性能的驱动程序和简单易用的高层语言接口，使用户能较快地建立可靠的应用系统。近年来，由于多层电路板、可编程仪器放大器、即插即用、系统定时控制器、多数据采集板实时系统集成总线、高速数据采集的双缓冲区以及实现数据高速传送的中断、DMA 等技术的应用，使得最新的数据采集卡能保证仪器级的高准确度与可靠性。

随着计算机总线的变迁和发展，数据采集卡 DAQ（Data AcQuisition）能适应 ISA、PCI、USB 等不同的插槽或接口。最新的数据获取硬件例如有 IOtech 公司的 USB 接口数据获取模块（Personal Daqs，USB Data Acquisition Modules），带 22 位 AD，标准模块接线长 5m，输入信号可以从±30mV 到±20V，16 通道的 DIO，10 通道的差分模拟信号输入，4 通道的脉冲频率计数等。数据采集卡的 AD 功能是实现虚拟显示和记录仪表的关键环节，而其 DA 功能是实现虚拟调节器和执行器的关键。

(2) GPIB 仪器系统构成方法

GPIB(General Purpose InterfacBus) 技术是 HP 公司在 20 世纪 70 年代创建的一种通用仪器总线，在虚拟仪器技术发展的初级阶段它起到了利用计算机增强传统仪器功能的作用。

通用接口总线 GPIB 标准的特点是当 PC 总线变化时只需改变 GPIB 接口卡，仪器端可以保持不变。一个典型的 GPIB 测试系统一般由一台 PC、一块 GPIB 接口板卡和若干台带 GPIB 接口的仪器通过串联的标准 GPIB 电缆连接而成。在标准情况下，一块 GPIB 接口卡最多可以带 14 台仪器，每段电缆长 1.5m。利用 GPIB 技术可以实现计算机对仪器的操作和控制，使测试工作由手工操作单台仪器向大型综合的自动化测试系统迈进了一大步。例如可以用计算机控制带有 GPIB 接口的数字示波器，控制采集数据的触发信号并上传数据，或通过计算机“软”触摸示波器旋钮以改变示波器量程等。

（3）VXI 仪器系统构成方法

VXI（VMEbus Extensions for Instrumentation）总线是 1981 年由 Motorola 等公司联合发布的以 VME 计算机总线为基础的一种仪器扩展总线，之后计算机和仪器仪表行业的公司都加入到 VXI 总线联盟中来。1987 年又对标准进行了修改，允许用户将不同厂家的模块用于同一机箱内，为虚拟仪器的应用提供了方便。VXI 总线的特点是通用性、开放性强，扩展性好，它能保持每个仪器之间精确定时和同步，具有 40Mbps 的高数据传输率。多年来 VXI 模块化仪器被认为是虚拟仪器最理想的硬件平台 。

采用 VXI 总线的虚拟仪器一般由每台主机构成一个 VXI 小系统，每个子系统最多包括 13 个器件，一个 VXI 系统最多可包括 256 个器件，一个器件可以作为一个单独的插件，也可以由多个器件组成一个插件。插件与 VXI 总线通过连接器连接，主机箱、主机架、插件和连接器都有标准尺寸和结构。在 VXI 总线系统中，器件是系统的基本单元，计算机、计数器、数字仪表、信号发生器和多路开关等都可以作为器件加入到 VXI 总线系统中。VXI 器件之间的通信基于分层规则，为主从模式。在单 CPU 系统中，CPU 是主，其他器件是从，在多 CPU 系统中，从机需要通过公共接口轮流与主机通信。

（4）PXI 仪器系统构成方法

尽管 VXI 的稳定性和可靠性都很好，技术也非常成熟，但是由于在新型计算机中已经不存在 VME 总线，所以基于现行的计算机总线的新的仪器总线标准又应运而生，PXI（PCI eXtensions for Instrumentation）就是建立在 PCI(Peripheral Component Interconnect）上的新的仪器总线标准，PXI 使运行在新型计算机上的机器视觉、运动控制等自动化装置与传统仪器又可以连接起来了。表 17-2 比较了 PXI 和 VXI 对于 GPIB 和标准 PC 数据采集卡之间的区别。

表 17-2 主要虚拟仪器平台的性能比较

项　目	GPIB	VXI	PC 数据采集卡	PXI/CompactPCI
数据宽度/bit	8	8,16,32	8,16(ISA);8,16,32,64(PCI)	8,16,32,64
传输速率/Mbps	1 或 8	40 或 80(VME64)	1-2(ISA),132-264(PCI)	132-264
时钟/同步	无	定义	专用	定义
产品种类	＞1000	＞1000	＞10000	约 1000
尺寸	大	中	小-中	小-中
标准软件	无	定义,VXI 即插即用	无	定义
模块化	无	有	无	有
抗电磁干扰	可选	有	特有	模块特有
系统成本	高	中-高	低	低-中

图 17-2 是一种外部计算机控制的多总线扩展系统配置方案。其中 MXI 是由 NI 公司提出的一种多系统扩展接口总线，它相当于把 PXI 或 VXI 机箱的背板总线拉到外部计算机上

来，同时可实现多个 VXI、PXI 机箱以及 GPIB 仪器之间的数据交互。图中所示的组件包括插于通用计算机的 MXI-3 接口板、一个 VXI 机箱、一个 PXI 机箱、VXI 插槽的 MXI-2 或 MXI-3 模块及连接两者的 MXI 电缆、PXI 插槽的 PXI-MXI 模块及连接两者的 MXI 电缆、GPIB-PXI 模块、GPIB 仪器、若干 VXI 仪器模块以及软件开发平台等。

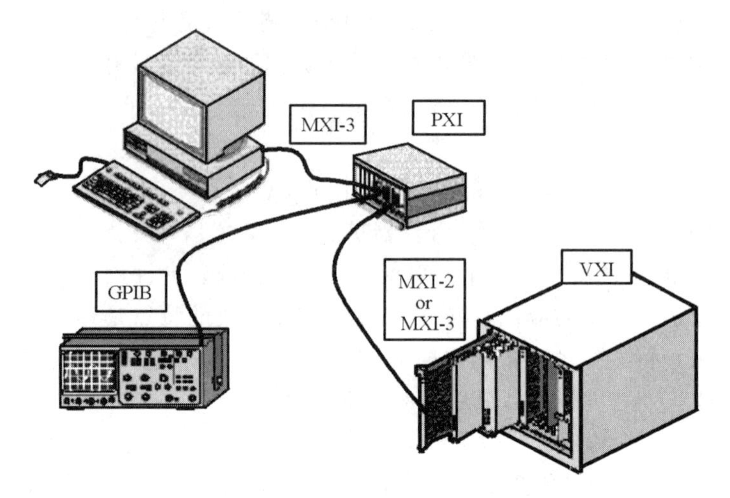

图 17-2　多种仪器总线的扩展方案

17.3　虚拟仪器的软件技术

软件是虚拟仪器的重要组成部分，目前，面向对象的编程技术和图形编程技术，两者在虚拟仪器开发中都有应用。可视化编程语言环境 VisualC ++、VisualBasic 都可以用来开发虚拟仪器的配套软件，但对普通计算机用户来说，编程难度较大，不易升级和维护。而图形编程语言在这方面具有明显的优势，它简单易学、应用程序界面直观易懂，最为常用的就是美国 NI 公司的 LabVIEW 软件。

LabVIEW（Laboratory Virtual Instrument Engineering Workbench 实验室虚拟仪器工程平台）使用图形化编程语言在流程图中创建源程序，而非使用基于文本的语言来产生源程序代码。它集成了 GPIB、VXI、RS-232 和 RS-485、数据采集、运动控制和视频产品等硬件的数据通信的全部功能。尽管它已为许多应用提供了开发工具，但仍然是一个开放的开发环境。各厂商可以开发其产品的 LabVIEW 库函数程序以及驱动程序，方便用户在 LabVIEW 环境下使用其产品。LabVIEW 内置了方便链接 TCP/IP、SQL 数据库、Active X 等软件标准的库函数。

创建虚拟仪器大致分三个步骤。①创建前面板。它是虚拟仪器的交互式用户接口，包含旋钮、按钮、图形和其他的控制与显示对象。通过鼠标和键盘输入数据、控制按钮，可在计算机屏幕上观看结果。②创建流程图。通过连线将输出、接收数据的对象连接起来，图形化编程语言从流程图中接收命令，流程图即是虚拟仪器的源代码。③创建图标和连接。当一个图标被放置在一个流程图中时，它就是一个子仪器或者是 LabVIEW 的一个子程序。子仪器的控制和显示对象从调用它的流程中获得数据，然后将处理后的数据返回给它。连接是对应于子仪器控制和显示对象的一系列连线端子。图标既包含虚拟仪器用途的图形化描述，也包含仪器连线端子的文字说明。连接更像是功能调用的参数列表。连线端子类似于参数。每个终端都对应于前面板的一个特别的控制和显示对象。每个虚拟仪器都有一个连接。在前面板的仪器图标上单击鼠标右键，选择 Show Connector，即可看到该仪器的具体连接。

需注意的是：LabVIEW 运行是数据流驱动的，只有当所有的输入数据都准备好的时候，一个节点才能执行其功能，当节点执行完后，它所有的输出端口都会产生一个数据值。数据都是从源端流到目的端。数据流不同于执行一个传统程序的控制流方法（通过执行一系列的指令来实现的），控制流执行是指令驱动，而数据流执行是数据流驱动或依赖数据的。

图 17-3、图 17-4 分别是虚拟振动分析仪的 LabVIEW 前面板和流程图的一个样本。

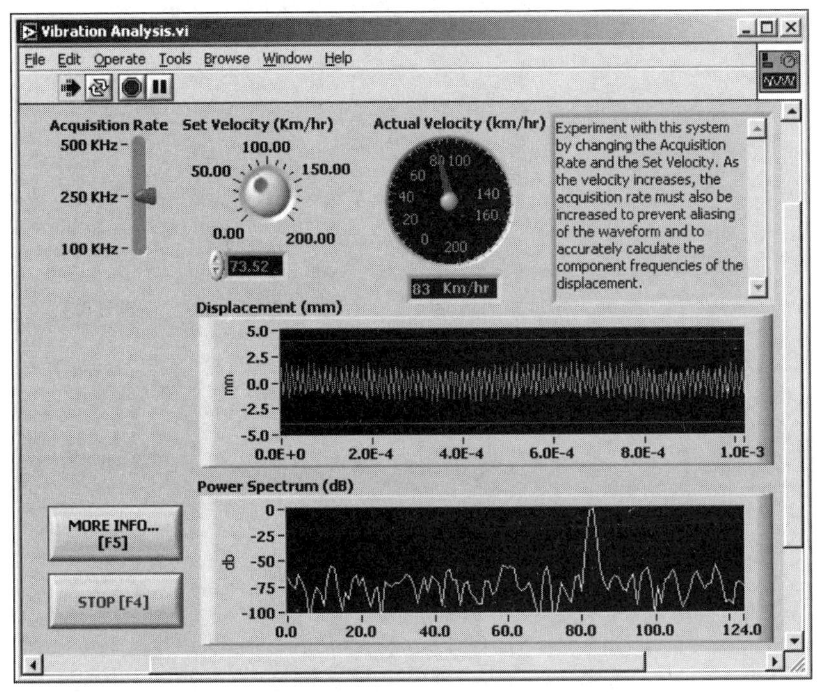

图 17-3　虚拟振动分析仪的 LabVIEW 前面板

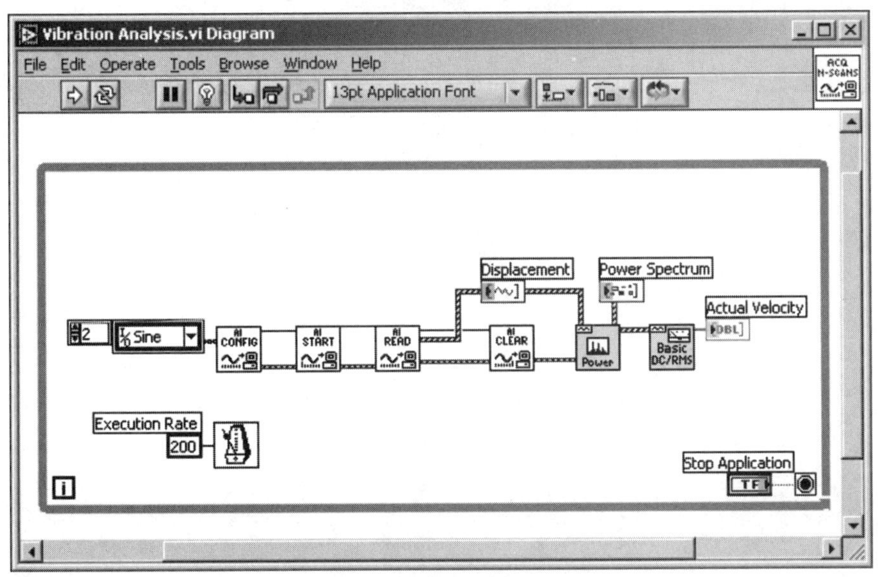

图 17-4　虚拟振动分析仪的 LabVIEW 流程图

构成虚拟仪器的技术要素是计算机、软件、传感器和信号调理板、标准接口和通信总线等，虚拟仪器是测控行业向信息化发展的代表性技术。

思考题与习题

17-1　虚拟仪器有哪几个主要组成部分？

17-2　虚拟仪器与传统仪器相比有哪些主要优势？

17-3　举例说明你所熟悉的计算机接口以及它们的用途。

17-4　如何将传感器模块接入虚拟仪器系统中？

17-5　制作虚拟仪器的控制面板可以采用哪些办法？

18 软测量方法及技术

18.1 软测量概述

在现代工业生产过程中，往往遇到这样的情况，即采用传统的测量仪表来检测某些变量时较难直接获取，为解决这类问题，软测量技术（soft sensing techniques）或软测量仪表（soft sensor）应运而生。

软测量技术是一种间接测量技术，它通过检测某些可以直接获取的过程变量并根据其和待检测变量之间的相互关系（即相应的数学模型），来估计用仪表较难直接检测的待检测变量。与传统的仪表和测量方法相比，软测量不仅能够解决许多用传统仪表和检测手段无法解决的难题，而且在成本、维护和灵活性等方面更具有巨大优势。

软测量的基本思想其实在许多检测系统中已得到应用。例如针对复杂流动的相关式流量测量仪表，其基本原理是在流体流动管道上、下游分别安装两个传感器获取流动噪声信号，通过计算两个信号的相关函数并由其数峰值位置获得流体流经两个传感器的所需时间，根据两个传感器之间的安装距离和管道有关参数即可进一步推算出流体流速和流量。近年来，软测量技术在许多工业实际装置上得到了成功的应用，国内外相关研究资料表明，软测量技术的应用范围正在不断扩大，正逐渐成为针对复杂工业过程检测和控制的一种新的测量技术。

软测量技术的核心是建立待测变量和可直接获取的变量之间的数学模型。目前用到的建模方法和技术包括回归分析、状态估计、模式识别、模糊数学、神经元网络技术等。根据所采用的建模方法，软测量技术可以分为下面三大类。

（1）基于机理分析的软测量方法

这一类方法通过分析过程对象中的物理、化学机理，获得描述被测变量与观测变量之间的数学关系。下面列举电容式涡街流量计的例子来加以说明，虽然从软测量的观点来看该例不太恰当，但它能说明如何根据被测对象物理规律来进行间接测量。根据涡街式流量计的测量原理可知，在流体流动路径上安放一个阻挡体（漩涡发生体），阻挡体后将形成漩涡，在满足卡门涡街发生的条件下，漩涡的频率将正比于流体流速。基于电容传感器的涡街流量测量方法是把一个杆连接到漩涡发生体上，漩涡发生体将带动杆一起振动，且振动频率和漩涡频率相同。通过将差动电容的可动电极安装在振动杆上，由电子测量线路就可以测得差动电容的变化频率（即漩涡频率）并计算出体积流量。

近年来，虽然通过机理分析建立数学模型的理论和方法有了很大的发展，但在实际应用时，由于对复杂工业生产过程机理的认识还不够完善，使得采用基于机理分析的软测量方法获得复杂工业过程某些参数时还有一定困难。

（2）基于统计分析的软测量方法

这类方法以大量的观测数据为依据，通过选择合理的模型并采用统计分析方法得到观测变量和待测变量之间的统计规律。基于统计分析的软测量方法的优点是不必考虑过程机理；

缺点是要以大量准确实验数据为依据，对测量误差较敏感，此外对于模型的选择也有较强的依赖性。

（3）基于神经元网络技术的软测量方法

神经元网络（Neural Networks）是在现代神经生物学和认知科学的基础上发展起来的一种技术，其由大量互相连接的处理单元组成网络结构，能模拟人脑的机能完成相应的计算，在信号处理、模式识别、数学建模、优化、函数映射等领域得到了广泛应用。基于神经元网络技术的软测量方法的优点是不需要过多地了解被测对象的工作机理，而只需将其等效为一个黑箱，其输入是能够直接测到的变量，输出是待测变量，这样大大简化了对于模型的依赖。其缺点同样是需要大量的实验数据来不断的训练和完善网络的处理能力。

在实际使用当中，上述这些方法并不互相独立，而是互为补充的。下面将对几种主要的软测量方法具体加以介绍，包括基于统计方法的软测量方法、基于参数估计的软测量方法和基于神经元网络的软测量方法。

18.2　基于统计方法的软测量方法

基于统计分析的软测量方法不必考虑过程机理，采用大量的观测数据，通过选择合理的模型采用统计分析建立系统输入、输出关系。由于篇幅所限，本书只对基于回归分析（regression）和主成分分析（principal component analysis）的软测量方法加以介绍。

回归分析是多变量统计分析中的一种常用方法，又可以分为线性回归和非线性回归，一元回归和多元回归。

为简单起见，只介绍线性回归。不失一般性，设变量 y 是变量 $x_1,x_2,\cdots,x_N$ 的函数，且满足：

$$y=f(x_1,x_2,\cdots,x_N)=a_0+a_1x_1+a_2x_2+\cdots+a_Nx_N \tag{18-1}$$

式中，$a_0,a_1,\cdots,a_N$ 为待定系数，称为 N 元线性回归的回归系数。将上式写成矩阵形式为：

$$\boldsymbol{y}=\boldsymbol{a}^{\mathrm{T}}\cdot\boldsymbol{x} \tag{18-2}$$

式中，$\boldsymbol{a}=(a_0,a_1,\cdots,a_N)^{\mathrm{T}}$；$\boldsymbol{x}=(1,x_1,x_2,\cdots,x_N)^{\mathrm{T}}$。回归分析的过程实际上就是求取回归系数。具体做法是通过设计适当的实验获得 M 次独立的观测值，观测数据用（$\boldsymbol{y}_i,\boldsymbol{x}_i$）表示，其中，$i=1,2,\cdots,M$，$\boldsymbol{x}_i=(1,x_{i1},x_{i2},\cdots,x_{iN})^{\mathrm{T}}$，通常 $M\geqslant N$，将所有观测数据整理可以得到下面的方程：

$$\boldsymbol{y}=\boldsymbol{X}\cdot\boldsymbol{a} \tag{18-3}$$

式中，$\boldsymbol{y}=(y_1,y_2,\cdots,y_M)^{\mathrm{T}}$；$\boldsymbol{X}=(\boldsymbol{x}_1,\boldsymbol{x}_2,\cdots,\boldsymbol{x}_M)^{\mathrm{T}}$。线性回归的过程就是求解方程(18-3)。采用最小二乘法获得回归系数如下：

$$\hat{\boldsymbol{a}}=(\boldsymbol{X}^{\mathrm{T}}\cdot\boldsymbol{X})^{-1}\cdot\boldsymbol{X}^{\mathrm{T}}\cdot\boldsymbol{y} \tag{18-4}$$

采用回归分析的一个软测量的例子是关于热电偶分度表的拟合，通过回归分析，可以得到热电势与温度之间模型的回归系数，如采用线性模型则只需存储 2 个回归系数，采用二次模型则只需存储 3 个回归系数，这样就克服了采用查表法需要存储大量数据的不足。

在软测量技术中还有另一种被广泛使用的多变量统计分析方法，即主成分分析方法(Principal Component Analysis，PCA)。主成分分析是利用数理统计方法找出系统中的主要因素和各因素之间的相互关系，通过坐标变换提取主成分，将一组具有相关性的变量变换为一组独立的变量，将主成分表示为原始观察变量的线性组合。因此，主成分分析是把系统中的多个变量（或指标）转化为较少的几个综合指标的一种统计方法，可以将多变量的高维空间问题化简成低维的综合指标问题。能反映系统信息量最大的综合指标为第一主成分，其次为第二主成分，主成分的个数一般按所需反映全部信息量的百分比来决定，几个主成分之间彼此是互不相关的。下面简要介绍主成分的几何意义及求取主成分的方法。

设有 n 个样本，每个样本都可用两个指标 x_1^0, x_2^0 来表示，n 个样本是随机分布的。首先将原始数据进行规则化处理，如第 k 个样本的原始参数为 x_{1k}^0, x_{2k}^0，经规则化处理后，其参数为：

$$x_{ik}=\frac{x_{ik}^0-\overline{x}_i}{\sigma_i} \qquad (i=1,2;\ k=1,2,\cdots,n) \tag{18-5}$$

$$\overline{x}_i=\frac{1}{n}\sum_{k=1}^{n}x_{ik}^0 \tag{18-6}$$

$$\sigma_i^2=\frac{1}{n-1}\sum_{k=1}^{n}(x_{ik}^0-\overline{x}_i)^2 \tag{18-7}$$

即所有变量均取其平均值的方差，且使其方差为 1，这样便于主成分分析。对二维空间来讲 $(i=1,2)$，n 个规则化后的样本在二维空间上的分布大体为一个椭圆形，如图 18-1（a）所示。将坐标旋转为新坐标系 (y_1, y_2)，如图 18-1（b）所示。可以看到转换后的坐标系 (y_1, y_2) 是正交的，n 个点在 y_1 轴上的方差较大，在 y_2 轴上的方差较小。因此，二维空间的样本点用 y_1 轴这一综合变量表示，所损失的信息较少，可将 y_1 轴作为第一主成分轴，y_2 与 y_1 正交，且方差较小，可作为第二主成分轴。如果 y_2 轴上的方差为 0，全部样本均落在 y_1 轴上，则只要用 y_1 轴就可完全反映所有样本的信息。

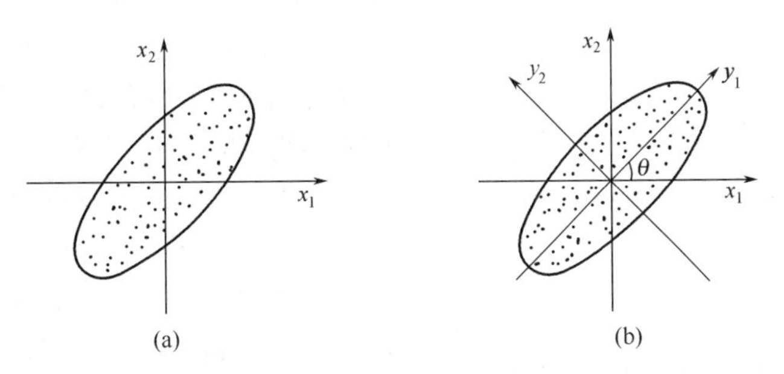

图 18-1　样本分布图和坐标旋转后的样本分布图

一般来讲，每个样本是 p 维的，略去样本号 k 后，样本可用 p 个变量 $(x_1, x_2, \cdots, x_p)$ 表示 p 个指标。为进行主成分分析，将坐标变换到 p 个综合变量 $y_1, y_2, \cdots, y_p$，这 p 个变量形成新的坐标系，坐标轴相互正交，因此可以得到以下矩阵形式的变换关系式：

$$\boldsymbol{y}=\boldsymbol{L}\boldsymbol{x} \tag{18-8}$$

式中，$\boldsymbol{y}=[y_1, y_2, \cdots, y_p]^{\mathrm{T}}$；$\boldsymbol{x}=[x_1, x_2, \cdots, x_p]^{\mathrm{T}}$；$\boldsymbol{L}$ 为正交变换矩阵，且满足 $\boldsymbol{L}^{\mathrm{T}}=\boldsymbol{L}^{-1}$。转换后的 $\boldsymbol{y}$ 坐标系也是正交坐标系，且样本点在新坐标系中对不同的坐标轴 y_i 和 y_j 的协方差为 0，方差最大的为第一主成分。

基于主成分分析方法的软测量方法应用实例请参阅 18.5 节。

18.3　基于状态估计的软测量方法

如果一个被测对象的状态变量中包括待测变量，观测变量由可以直接测量得到的变量组成，且被测对象的状态方程和观测方程已知，则可以采用状态估计的方法来完成对待测变量的软测量。基于状态估计的软测量还有另外一种情况，即待测变量可以直接测量得到，但由于受测量噪声的影响测量精度较低，这样也可以通过状态估计得到对被测变量的较准确的估计，改善测量精度。

实际当中比较典型的状态估计方法包括 Kalman 滤波等。关于 Kalman 滤波的基本原理和具体实现方法请参阅本书 19.3.1 节，在此不再赘述。一些传统的提高测量精度的方法如算术平均和加权平均等可以看做是 Kalman 滤波的特例，从广义上讲也已看做是软测量方法。

下面举例说明基于 Kalman 滤波的软测量方法在实际中的应用。假设采用自行设计的采样电路板来测量某个传感器的输出电压 x，由于设计上的缺欠（诸如接地不合理以及电源噪声等的影响），采样电路板上的 A/D 转换芯片输出结果受测量噪声的影响使得多次测量结果相互之间差别较大，这种情况下就可以采用 Kalman 滤波来估计真实的传感器输出电压。对象的状态方程和观测方程可以写为：

$$x_k = x_{x-1} + w_k \tag{18-9}$$

$$z_k = x_x + v_k \tag{18-10}$$

式中，w_k 和 v_k 都是均值为 0 的高斯噪声。结合本书 19.3.1 节可知，与该例对应的 Kalman 滤波状态转移矩阵和观测矩阵都是 1。图 18-2 给出的是采用 Kalman 滤波对被测电压进行估计的结果。其中被测电压为 4.0V，“+”表示实际进行 100 次测量得到的测量值，虚线是用 Kalman 滤波对实际待测电压进行估计的结果。从中可以看出，随着迭代过程的进行，根据 Kalman 滤波得到的软测量结果将逐渐逼近被测电压真实值。

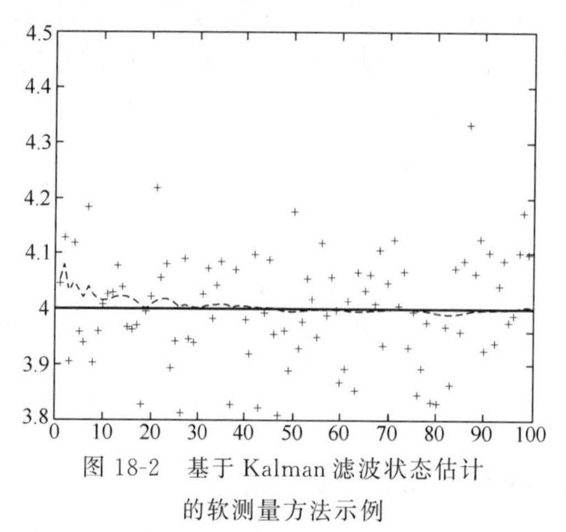

图 18-2　基于 Kalman 滤波状态估计的软测量方法示例

基于 Kalman 滤波的软测量方法近年来在众多领域得到了广泛应用，如在军事领域和机器人领域中用于对各种运动目标的位置、速度估计和轨迹跟踪；用于对环境中的气体浓度进行在线跟踪监测；用于测量 pH 值等。由于篇幅有限，此处不做展开，相关细节请参阅参考文献。

18.4　基于神经元网络技术的软测量方法

神经元网络是对脑神经的模拟，能以任意精度逼近任意非线性连续函数，具有很强的适应于复杂环境和多目标控制要求的自学习能力。近年来，神经元网络技术更是在系统辨识、模式识别、智能控制、数据融合、优化等领域得到了广泛应用。

基于神经元网络的软测量方法可以分为两种模式，一种是直接利用神经元网络的函数映射功能来获得观测变量和待测变量之间的关系，通过大量样本的训练和学习，使得网络能从观测变量中直接输出待测变量的值。这种模式已不再关心待测变量和观测变量之间的模型，神经元网络可以等效为以观测变量为输入、待测变量为输出的一个黑匣子。另一种模式是先建立待测变量和输入变量之间的数学模型，然后用神经元网络技术来对模型中的相关参数进行估计。这种模式下神经元网络完成的是系统辨识功能。

基于神经元网络的软测量技术包括数据预处理、训练样本的选取、网络训练等步骤。数据预处理包括数据采集、格式化（如归一化等）、降维等。测量方法效果好坏直接和神经元网络的训练相关，如何构造训练样本是其关键。关于这方面的相关内容在大量关于神经元网络技术的专著中已有详细介绍，在此不再赘述。

虽然基于神经元网络技术的软测量方法有许多优点，但在实际应用中，如何构造训练样本、选取什么学习算法、如何决定网络的结构（如隐含层数目及隐含层节点数等）都将对软测量的效果产生直接影响。

基于神经元网络的软测量方法实例请参阅本章 18.5 节。

18.5　软测量方法应用实例

为便于读者更好地理解软测量相关技术，本节用一个具体实例加以说明。该例针对两相流相浓度的测量，采用了主成分分析、神经元网络等技术。

两相流（two-phase flow 或 two-component flow）或多相流（multi-phase 或 multicomponent flow）是指由两种或两种以上不同相物质或成分构成的流动。包括油/气、油/水两相流，油/气/水多相流和气/固两相流等。两相流与单相流相比具有更复杂的流动特性，其参数检测一直是一个国际性的难题。国内外当前所采用的两相流检测技术大体可归为三类。第一类是采用传统的单相流仪表和两相流测试模型结合的测量方法，近年来虽然得到较大发展，但测量精度和使用条件有限。第二类是基于微波技术、核磁共振技术、辐射线技术、相关技术、过程层析成像技术等新型检测技术的测量方法。第三类是基于软测量技术的测量方法。

两相流的相浓度有多种表达方式，有按容积、截面、时间的平均相浓度，也有表示局部区域的局部相浓度（即相浓度的分布）和表示瞬时状态下的瞬时相浓度。通过对相浓度的局部和瞬时信息的分析和统计，还可为两相流流型判别提供依据。

下面具体介绍基于电容测量和软测量技术的两相流相浓度测量实例。测量手段采用阵列式电容传感器，它可以克服传统的由一对电极构成的电容传感器敏感空间存在的局限性，不过在测量时容易受到流型分布的影响（即相同的相浓度可能由于其分布的多样性使得传感器输出差异较大）。基于电容传感器阵列和软测量技术的两相流相浓度测量方法基本原理是在流体流动管道上沿管道周边均匀地贴上一圈电极，任意两个不同极板，组成一个两端子电容，各对极板间的电容值包含了与相分布有关的信息，通过对这些电容值采用主成分分析和神经元网络相结合的方法就可以求得管道截面的相浓度，具体步骤如下。

图 18-3 所示为一电容传感器阵列，8 个电极均匀分布在管道外壁。该系统的独立电容测量值为 $C_8^2=28$ 个。

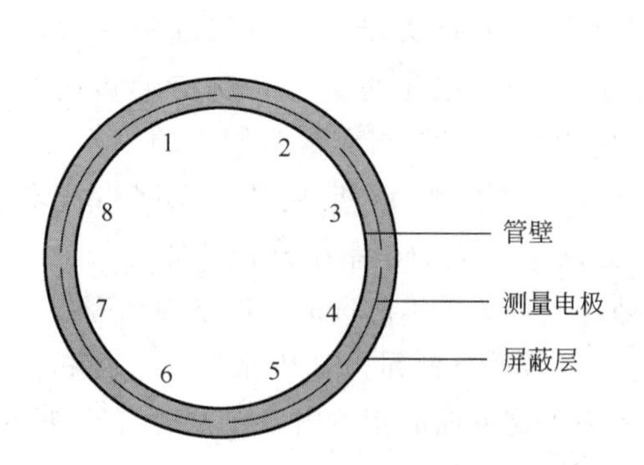

图 18-3　用于两相流相浓度测量的电容传感器阵列

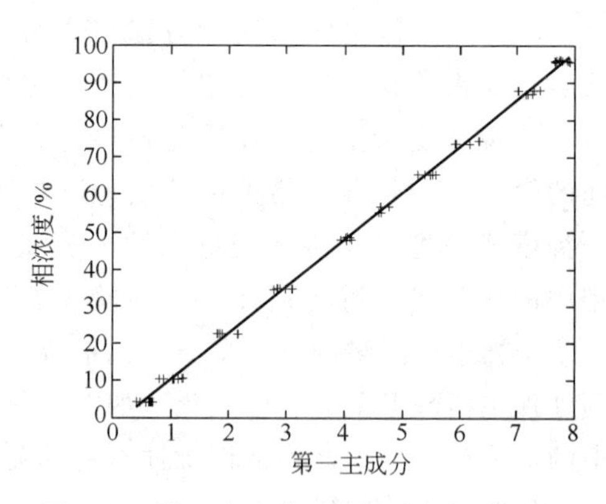

图 18-4　第一主成分和相浓度之间的关系

现假设有 N 组电容测量原始数据，将样本数据规则化后可得样本矩阵 $\boldsymbol{X}$，即

$$\boldsymbol{X}=\begin{bmatrix} x_{11} & x_{12} & \cdots & x_{1N} \\ x_{21} & x_{22} & \cdots & x_{2N} \\ \vdots & \vdots & \ddots & \vdots \\ x_{28,1} & x_{28,2} & \cdots & x_{28,N} \end{bmatrix} \tag{18-11}$$

其相关矩阵（协方差阵）为：

$$\boldsymbol{R}=\frac{1}{N-1}\boldsymbol{X}\cdot\boldsymbol{X}^{\mathrm{T}}=\begin{bmatrix} r_{11} & r_{12} & \cdots & r_{1,28} \\ r_{21} & r_{22} & \cdots & r_{2,28} \\ \vdots & \vdots & \ddots & \vdots \\ r_{28,1} & r_{28,2} & \cdots & r_{28,28} \end{bmatrix} \tag{18-12}$$

通过计算可以得到矩阵 $\boldsymbol{R}$ 的 28 个特征值及其对应的特征向量。假设最大的特征值为 λ_1，其对应的特征向量为 $\boldsymbol{L}_1$，则对于任意一组电容测量值 $\boldsymbol{x}$ 可以得到：

$$y_1=\boldsymbol{L}_1\boldsymbol{x} \tag{18-13}$$

y_1 即为系统的第一主成分。通过分析进一步发现系统的第一主成分和相浓度有较好的对应关系，对大量样本进行第一主成分提取，并与样本对应相浓度进行数据拟合，可以得到第一主成分与相浓度的一次模型和二次模型：

$$\hat{\beta}=12.5516*y_1-2.5391 \tag{18-14}$$

$$\hat{\beta}=0.0126*y_1^2+12.4479*y_1-2.4121 \tag{18-15}$$

比较上述二式可以发现，采用二次模型时其二次项系数很小，因此可以近似地认为第一主成分和相浓度之间的关系是线性的。图 18-4 给出了第一主成分和相浓度之间的关系。

为了验证相浓度和第一主成分之间的关系，用一定数量的样本数据进行了测试，考虑到流型的影响，测试数据包括了几种较为典型的两相流流型。具体步骤是根据不同分布的电容测量值计算得出第一主成分 y_1，代入公式(18-15)，计算出 $\hat{\beta}$，比较 $\hat{\beta}$ 和样本的设定相浓度 β。图 18-5 和表 18-1 分别给出了几种典型流型和采用 PCA 方法测得的结果。图 18-6 是和表 18-1 对应的测量结果。

从实验的结果看，PCA 法测量相浓度时，对于相浓度相等或接近，但流型分布不同的测试样本，其对应的第一主成分 y_1 基本不受流型分布的影响，可以较好地反映出管道内相浓度的大小。测量误差能够控制在±5%以内，可以适应两相流测量的要求。

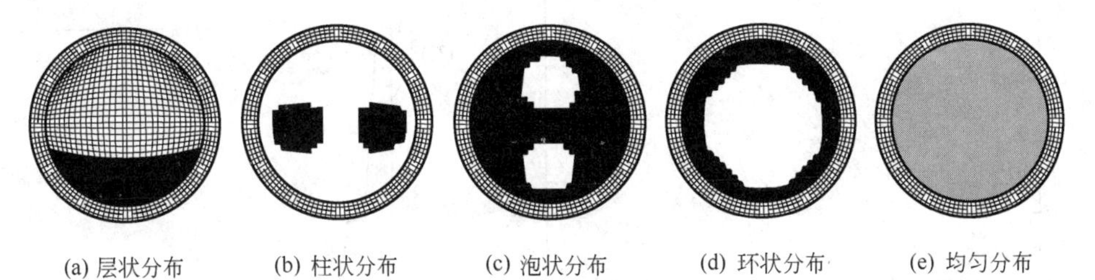

(a) 层状分布　(b) 柱状分布　(c) 泡状分布　(d) 环状分布　(e) 均匀分布

图 18-5　用于实验的典型流型

表 18-1　流型、相浓度和第一主成分的关系

流型分布	$\beta/\%$	y_1	$\hat{\beta}/\%$	$\hat{\beta}-\beta/\%$
层状分布	2.3	0.41	2.6	0.3
	9.7	0.74	6.8	−2.9
	22.6	1.89	21.1	−1.5
	30.5	2.78	32.3	1.8
	41.5	3.49	41.2	−0.3
	55.1	4.59	54.9	−0.2
	69.5	5.79	70.1	0.6
	75.5	6.30	76.5	1.0
	83.1	6.67	81.1	−2.0
	97.5	8.02	98.3	0.8
柱状分布	8.9	1.09	11.2	2.3
	20.3	1.81	20.1	−0.2
	30.8	2.93	34.2	3.4
	41.1	3.64	43.0	1.9
	52.6	4.70	56.4	3.8
泡状分布	57.5	4.77	57.3	−0.2
	66.5	5.50	66.4	−0.1
	75.5	5.97	72.3	−3.2
	84.7	6.78	82.5	−2.2
	90.1	7.22	88.1	−2.0
环状分布	17.8	1.74	19.3	1.5
	25.3	2.21	25.2	−0.1
	37.5	3.07	36.0	−1.5
	45.5	3.57	42.2	−3.3
	54.9	4.36	52.1	−2.8
均匀分布	24.5	2.17	24.6	0.1
	43.2	3.55	41.9	−1.3

图 18-7 以方差的百分比形式给出了不同主成分的分布，其百分比根据式(18-16) 计算，从中可以看出不同主成分所占有的系统信息。

$$\frac{\lambda_i}{\sum_i \lambda_i} \times 100\% \tag{18-16}$$

图 18-7 表明如果只利用第一主成分来计算相浓度，用到的系统信息仅占约 50%。因此为充分利用电容测量值中所包含的信息，可进一步采用主成分分析结合神经网络的方法来测量相浓度。其具体步骤如图 18-8 所示。

设标准化后的电容测量值为：

$$\boldsymbol{X}=(x_1, x_2, \cdots, x_{28})^{\mathrm{T}} \tag{18-17}$$

通过主成分分析，去除贡献率小于 μ 的成分，可以得到 l 个主成分。如果 μ 足够小，就可以保证 l 个主成分的累积贡献率 $\sum_{k=1}^{l}\lambda_k/28$ 足够接近 100%。电容测量数据经过降维后可

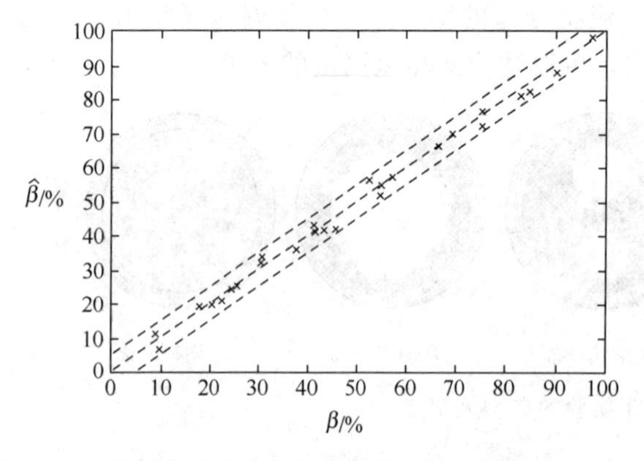

图 18-6　采用主成分分析的两相流相浓度测量实验结果

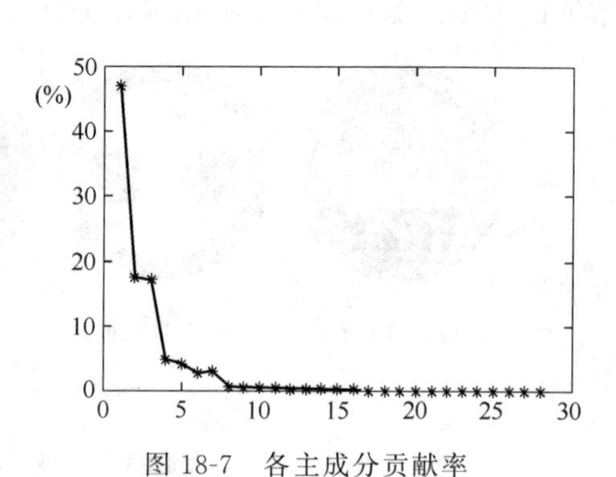

图 18-7　各主成分贡献率

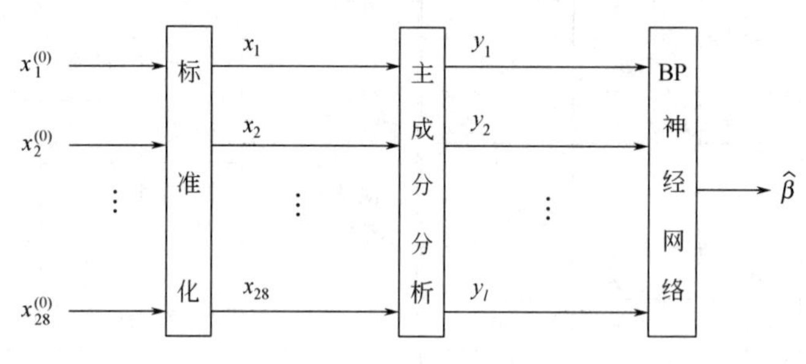

图 18-8　基于主成分分析结合神经网络的两相流相浓度软测量方法

以得到 l 个主成分构成的向量 $\boldsymbol{Y}$：

$$\boldsymbol{Y}=\boldsymbol{LX},\ \boldsymbol{Y}=(y_1,y_2,\cdots,y_l)^{\mathrm{T}} \tag{18-18}$$

如去除贡献率 μ 小于0.2%的成分，得到前12个主成分。对系统的贡献率 $\left(\sum_{k=1}^{12}\lambda_k\right)/28>99\%$，即去除后16个主成分，只抛弃了不到1%的信息，使电容阵列系统提供的信息得到了充分利用。

以 Y 作为BP神经网络输入，输入节点数即为 l 个；输出为相浓度 $\hat{\beta}$，输出节点数为1；隐层节点数的决定可以参考有关神经元网络方面的研究文献。

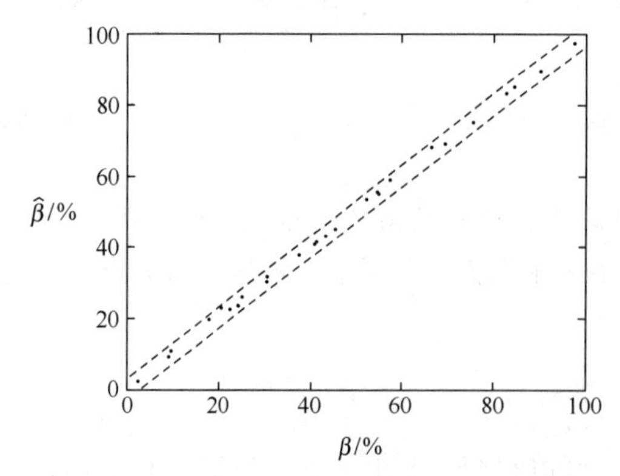

图 18-9　采用PCA结合神经元网络方法的测量结果

通过大量样本训练后，就可得到从电容传感器阵列测量值到被测两相流相浓度之间的映射关系：

$$\hat{\beta}=\varphi(\boldsymbol{Y})=\varphi(\boldsymbol{LX}) \tag{18-19}$$

现有BP神经网络输入节点数为12，输出结点数为1，根据估计并经过适当调整，设置隐层节点数为5。完成网络训练后用一系列样本对网络的映射能力进行了测试，将测试样本先通过主成分变换，转成12维输入向量，输入BP神经网络，计算出对应的测试相浓度 $\hat{\beta}$。此时测试相浓度 $\hat{\beta}$ 和设定相浓度 β 的关系如图18-9所示，从中可以看出用基于主成分分析和神经元网络的两相流相浓度测量方法可以使得测量结果的精度得到进一步改善，测试相浓度 $\hat{\beta}$ 和设定相浓度 β 之差为±3%。

采用 PCA 法结合 BP 神经网络测量相浓度的方法，建立起从电容阵列系统电容测量值到相浓度的对应关系。这种方法既克服了普通单对电容极板测量浓度数据较少的弱点，又可以降低流型变化对敏感场分布的影响。

思考题与习题

18-1　什么是软测量技术？软测量技术有哪些优点？

18-2　常用的软测量技术有哪些？

18-3　采用 Matlab 实现 18.3 节中基于 Kalman 滤波的软测量方法算例。

18-4　采用 Matlab 随机生成数据样本，并进行主成分分析。

18-5　什么是两相流？试举例说明。

19　多传感器数据融合技术

19.1　多传感器数据融合概念

现实世界的多样性决定了采用单一的传感器已不能全面地感知和认识自然界，多传感器及其数据融合技术应运而生。根据JDL（全称是Joint Directors of Laboratories Data Fusion Working Group，于1986年建立）的定义，多传感器数据融合（Multisensor data fusion）是一种针对单一传感器或多传感器数据或信息的处理技术，通过数据关联、相关和组合等方式以获得对被测环境或对象的更加精确的定位、身份识别及对当前态势和威胁的全面而及时的评估。

多传感器融合就像人脑综合处理信息一样，其充分利用多传感器资源，把多传感器在空间或时间上的冗余或互补信息依据某种准则进行组合，以获得被测对象的一致性解释或描述。

和传统的单传感器技术相比，多传感器数据融合技术具有许多优点，下面列举的是一些有代表性的方面。①采用多传感器数据融合可以增加检测的可信度。例如采用多个雷达系统可以使得对同一目标的检测更可信。②降低不确定度。例如采用雷达和红外传感器对目标进行定位，雷达通常对距离比较敏感，但方向性不好，而红外传感器则正好相反，其具备较好的方向性，但对距离测量的不确定度较大，将二者相结合可以使得对目标的定位更精确。③改善信噪比，增加测量精度。例如我们通常用到的对同一被测量进行多次测量然后取平均的方法。④增加系统的鲁棒性。采用多传感器技术，当某个传感器不工作、失效的时候，其他的传感器还能提供相应的信息，例如用于汽车定位的GPS系统，由于受地形、高楼、隧道、桥梁等的影响，可能得不到需要的定位信息，如果和汽车其他常规惯性导航仪表如里程表、加速度计等联合起来，就可以解决此类问题。⑤增加对被检测量的时间和空间覆盖程度。⑥降低成本。例如采用多个普通传感器可以取得和单个高可靠性传感器相同的效果，但成本却可以大大降低。

多传感器数据融合技术在两个比较大的领域中得到了广泛应用，即军事领域和非军事领域。在军事领域，主要包括以下几个方面。

① 目标自动识别。例如现代空战中用到的目标识别系统就是一个典型的多传感器系统，其包括地面雷达系统、空中预警雷达系统、机载雷达系统、卫星系统等，相互之间通过数据链传递信息，地面雷达系统功率可以很大，探测距离远，但容易受云层等的影响，空中预警雷达可以做到移动探测，大大地延伸了防御和攻击距离，而机载雷达则是战机最终发起攻击的眼睛，现代空战都普遍采用超视距武器进行视距外攻击，好的机载雷达都采用相控阵雷达，可以同时跟踪近20个目标，并对当前最具威胁的多个目标提出示警，引导战机同时对4～5个目标进行攻击。

② 自动导航。例如各种战术导弹的制导，往往也采用多传感器技术，目前使用较多的有激光制导、电视制导、红外制导等，又可以分为主动制导和被动制导。又如远程战略轰炸

机和战斗机用到的自动导航和巡航技术等。在最近发生的几次局部战争如海湾战争和伊拉克战争中，第一波攻击都是在夜间由各种战机发起对地攻击，没有良好的导航系统是不可想象的。

③ 战场监视。打击效果监测以期作出战果评估。

④ 遥感遥测、无人侦察、卫星侦察及自动威胁识别系统。

在非军事领域，多传感器数据融合技术的应用主要包括以下几个方面。

① 工业过程监测和维护　在工业过程领域，多传感器数据融合技术已被广泛应用于系统故障识别和定位以及以此为依据的报警、维护等。例如在核反应堆中就用到这类技术。

② 机器人　为了能使机器人充分了解自己所处环境，机器人上安装有多种传感器（如CCD摄像头、超声传感器、红外传感器等），多传感器数据融合技术使得机器人能够作为一个整体自由、灵活、协调的运动，同时识别目标，区分障碍物并完成相应任务。

③ 医疗诊断　多传感器数据融合技术在医学领域也得到了广泛应用。例如将采用CT（Computerized Tomograhpy）、核磁共振成像（Nuclear Magnetic Resonance Imaging）、PET（Positron Emission Tomography）和光学成像（Optical Tomography）等不同技术获得的图像进行融合，可以对肿瘤等病症进行识别和定位。

④ 环境监测　例如我们每天都接触到的天气预报，实际上是对卫星云图、气流、温度、压力以及历史数据等多种传感器信息进行融合后作出的决策推理。

19.2　多传感器数据融合框架

19.2.1　多传感器数据融合中的传感器工作方式

直观地理解：传感器是一种接收外界信号或刺激并将其转化为其他信号输出的器件。多传感器数据融合中比较强调传感器的输出数据，因此往往需要用到传感器的抽象定义，即传感器可以看做是一种获取被感知环境在给定时刻的信息的装置，其可以定义为一个具有两个自变量的函数，一个自变量为被感知环境，另一个自变量为时间，用数学公式来表达可以简单地写为公式(19-1) 的形式：

$$S(E,t)=\{V(t),e(t)\} \tag{19-1}$$

式中，E,t 为自变量；V 为映射结果；e 为不确定度。从多传感器数据融合的角度，传感器相互之间的工作方式主要分为三种，即互补方式、竞争方式和协同方式。

在互补工作模式下，各个传感器工作相互独立，互不依赖，各传感器提供的信息相互之间形成互补关系，没有重合的部分，通过将各传感器信息组合可以得到对被测对象更加全面的认识。图19-1是由R Brooks和S Iyengar描述的关于互补式传感器的典型例子。由于受观测角度的影响，每个雷达系统都只能观测到大约整个区域1/4部分的范围，将4个雷达系统提供的信息结合起来就可以得到对整个区域的监视信息。在竞争工作模式下，各传感器提供对同一信息的不同测量结果。图19-2仍是由R Brooks和S Iyengar描述的关于雷达的例子，图中采用4个雷达系统对同一区域进行观测，这么做的优点是为了增加系统的可靠性和鲁棒性，即当某些雷达系统不能正常工作时仍能得到被观测区域的信息。在协同工作模式下，各传感器独立工作，通过将其各自获取的信息进行融合，可以从中提取出由任意单一传感器均无法获得的信息。例如采用2个CCD摄像头从不同的角度对某一物体进行观测，任何一个CCD传感器都可以获得关于被测物体的深度的信息，如果来自2个CCD传感器的数据是匹配的，根据两个传感器观测角度之间的关系，就可以获得被测物体的3维信息，而单独采用2个CCD传感器中的任何一个都不可能获得被测物体的3维信息。又如可以采用多个温度传感器来测量某一温度场中不同点的温度，在获得各传感器数据的基础上可以根据各传感器之间的位置关系推算出该温度场的温度梯度，而温度梯度是其中任何一个温度传感器都无法直接提供的。

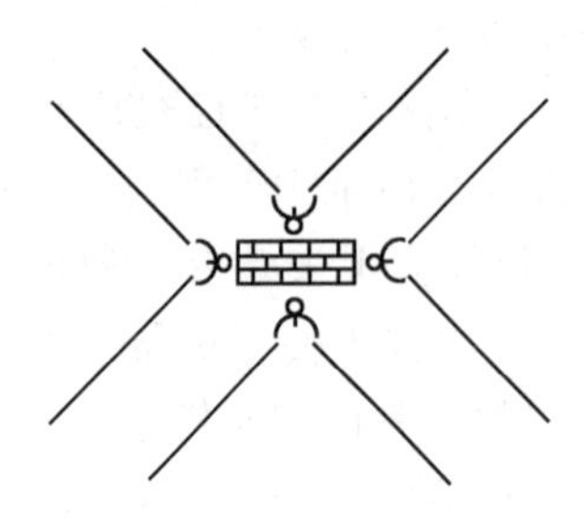

图19-1　互补式传感器示例

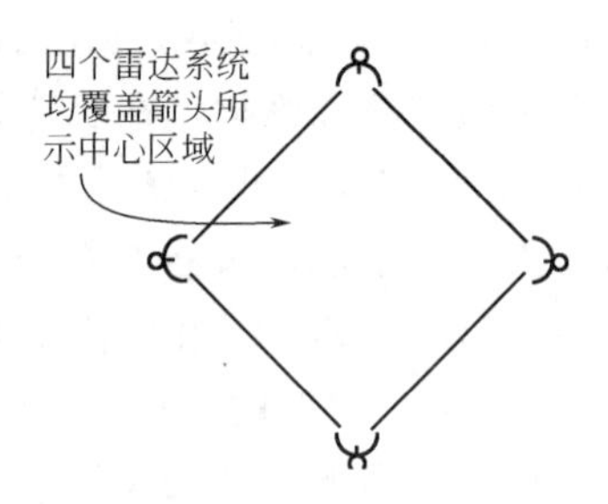

图19-2　竞争式传感器示例

在实际使用中，传感器的各种工作模式并不是互相排斥的，一个多传感器系统中不同的传感器可以工作在多种方式下。对于不同工作方式的传感器，其数据融合也略有不同。互补工作方式下的传感器，其数据融合相对较简单，一般只需简单地将它们结合起来获得对被测对象的更完整的信息即可。对于协同工作方式下的传感器，其数据融合相需要构造出新的抽象传感器以获得由各传感器实体无法获得的信息。对于竞争工作方式下的传感器，其数据融合涉及冗余信息的处理，融合过程相对较为复杂。

下面介绍一下多传感器数据融合中经常用到的“可靠抽象传感器”（reliable abstract sensor）的概念。前面已经提到传感器的抽象定义，即传感器可以看做一个分段函数，其特征可以用函数形状和返回数据的范围来表征。与此对应的可靠抽象传感器的定义是通过将各单一传感器结合起来而得到的一个新的（虚拟）传感器，其函数形状和各单一传感器的函数形状相同，但返回数据的范围不会超过单一传感器的最大数据范围。可靠抽象传感器的提出是为了解决多传感器系统中的传感器失效问题，即一个多传感器构成的测量系统，在最多允许多少各传感器失效的情况下仍能得到正确的测量结果。

构造可靠抽象传感器的基本原则由K. Marzullo提出，对于N个传感器构成的系统，能够获得可靠数据的前提是允许出错的传感器数目小于$N/2D$，其中D是测量数据的维数。

为了更好地理解什么是可靠抽象传感器，下面举例说明。用三个温度计来测量某一点的温度，各自给出的测量值和不确定度都满足温度计的精度要求，分别为：(15±2)℃、(16±2)℃和(17±2)℃，则采用Marzullo规则可以知道可能的正确温度范围为14～18℃。具体只需将各温度传感器数据范围以表19-1的方式给出，从中可以找出有两个或两个以上温度传感器数据重合的部分就是可靠抽象传感器的输出（对于N为3，D为1，允许出错的传感器个数为1），表中打×部分表示各传感器温度范围，打○部分为可靠抽象传感器输出温度范围。

表19-1　可靠抽象传感器示例

	12℃	13℃	14℃	15℃	16℃	17℃	18℃	19℃	20℃
传感器1		×	×	×	×	×			
传感器2			×	×	×	×	×		
传感器3				×	×	×	×	×	
可靠抽象传感器			○	○	○	○	○		

19.2.2　多传感器数据融合结构

在多传感器系统中，各种传感器的数据具有不同特征，可能是实时的或非实时的、模糊的或确定的、互相支持的或互补的，也可能是互相矛盾或竞争的。多传感器数据融合与经典的信号处理方法也存在本质的区别，数据融合所处理的多传感器数据具有更复杂的形式。根据信息处理的不同层次，传感器数据融合可以分为数据级、特征级和决策级。

数据级融合主要是将来自不同传感器的数据直接组合后得到统一的输出数据，例如刚刚讲过的抽象传感器的例子就属于这一类。数据级融合的主要目的是为了获得对被观测对象的统一的数据描述，用到的关键技术包括数据转化、相关和关联等。

特征融合主要是为了获得关于被测对象的统一特征描述，可以根据各个传感器的数据直接融合出特征，也可以先根据各个传感器数据分别提取出特征，然后再融合。

决策融合是多传感器数据融合的最终目的，同样，也可以由特征融合后得到统一决策，也可以根据单一传感器作出的决策最后再融合得到统一的决策。

图 19-3 给出了多传感器数据融合的基本构架。

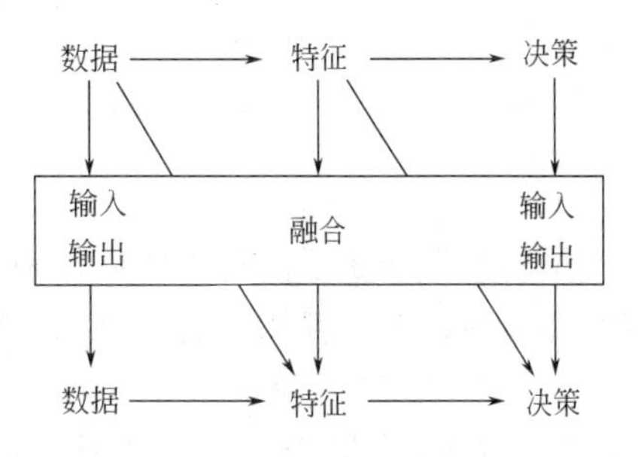

图 19-3　多传感器数据融合的基本构架

根据系统输入输出的特点，多传感器数据融合又可以分为以下几种类型。①Data In-Data Out，即输入为数据，输出也为数据。前面介绍的数据级融合就属于这种模式，其主要采用传统的信号处理技术等来完成相应工作。②Data In-Feature Out，即输入为数据，融合输出的结果为特征。一个典型的例子是人对物体深度的感知，即可以从双眼看到的物体图像中融合提取出物体深度信息。③Feature In-Feature Out，即输入为特征，融合输出的结果也为特征。④Feature In-Decision Out，即输入为特征，融合输出的结果为决策。⑤Decision In-Decision Out，即输入为决策，融合输出的结果也是决策，例如选举。

根据数据融合发生的地点，多传感器数据融合系统可以分为集中式(Centralized) 和分布式(Decentralized or Distributed)。集中式融合的特点是存在一个融合中心，其收集来自所有传感器子系统的数据、特征或决策并完成融合计算。和集中式融合相对应，分布式融合中没有明显的融合中心，各传感器系统都可以看做一个融合中心，它们通常构成一个网络通过通信获得其他传感器的数据并不同程度地完成融合计算。

根据数据融合中各传感器系统的连接方式，多传感器数据融合系统又可以分为串行、并行和串并行混合式。串联型多传感器数据融合是指先将两个传感器数据进行一次融合，再把融合的结果与下一个传感器数据进行融合，依次进行下去直至所有的传感器数据都融合完为止。串联融合时，每个传感器既具有接收数据、处理数据的功能，又具有信息融合的功能，各传感器的处理同前一级传感器输出的信息有很大关系，最后一个传感器综合了所有前级传感器输出的信息，得到的输出将作为串联融合系统的结论。因此，串联融合时，前级传感器的输出对后级传感器输出的影响比较大。并联型多传感器数据融合是指所有传感器输出数据都同时输入给数据融合中心，传感器之间没有影响，融合中心对各种类型的数据按适当的方法进行综合处理，最后输出结果。并联融合时，各传感器的输出之间不会相互影响。串并联混合型多传感器数据融合是串联和并联两种形式的综合，可以先串联后并联，也可以先并联后串联。串行融合和并行融合的结构如图 19-4 所示。

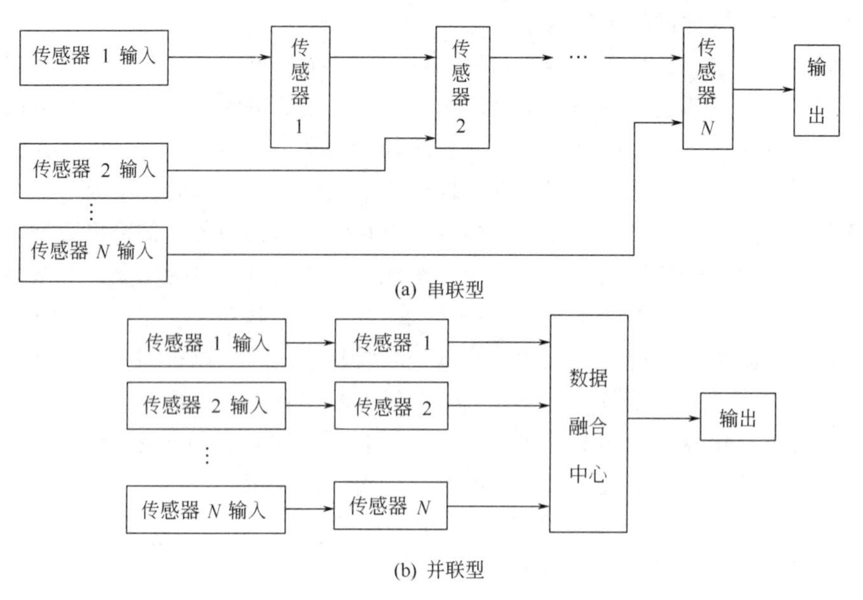

图 19-4　串行融合和并行融合结构

虽然我们介绍了多传感器数据融合系统的多种结构划分形式，但它们之间实际上可以是相互涵盖的，并不互相矛盾。例如串联融合可以看做是一种分布式融合。

19.3　多传感器数据融合算法

多传感器数据融合虽然未形成完整的理论体系，但不少应用领域根据各自的具体应用背景，已经形成了许多成熟并且有效的融合方法。下面将对目前几种使用较多的融合算法加以介绍。

19.3.1　基于 Kalman 滤波的多传感器数据融合方法

1959 年，美国太空署（NASA）开始研究载人登月计划，当时有两个非常棘手的问题。一是飞船的中途制导和导航；二是液体燃料助推器在大扰动条件下的自动驾驶。导航问题中，主要需要解决对太空船运动状态的估计。其测量信息主要来自三个子系统：飞船设备的惯性测量装置、天文观测仪、地面的测轨系统。匈牙利人 R E Kalman 提出了后来以其命名的 Kalman 滤波器，成功地将其应用于解决导航问题。

目前，Kalman 滤波的应用几乎涉及通讯、导航、遥感、地震测量、石油勘探、工业过程监测和控制、图像和语音信号处理、经济和社会学研究等所有领域。

为了说明 Kalman 滤波在多传感器数据融合中的应用，我们先从一个简单的例子开始。假设对某一物理量进行测量，如果测量了 N 次，且假设每次测量使用同一传感器，各次测量互相独立而且其精度相同，则可以通过求这 N 次测量的平均值来获得对被测未知量的一个更准确的估计，这是众所周知的一种数据处理方法。其数学描述公式如下。用 X_1，$X_2,\cdots,X_N$ 来表示 N 次测量值，它们均可以看做是随机变量且服从方差为 σ^2 的正态分布，则对被测量的估计可以写为：

$$\hat{Y}_N=\frac{X_1+X_2+\cdots+X_N}{N} \tag{19-2}$$

显然，$\hat{Y}_N$ 的方差是 σ^2/N，即对 N 次测量值求平均可以降低对被测未知量估计的不确定度。从多传感器数据融合的角度，这可以看做是对单传感器在不同时间获得的数据的一种融合。如果每得到一个新的测量值，就将其和已有的测量值做平均，则可以得到和上述过程相对应的递推公式。

第 1 步：$\hat{Y}_1=X_1$，$\hat{\sigma}_1^2=\sigma^2$

第 2 步：$\hat{Y}_2=\dfrac{X_1+X_2}{2}=\hat{Y}_1+\dfrac{1}{2}(X_2-\hat{Y}_1)=\hat{Y}_1+K_2(X_2-\hat{Y}_1)$，

$$\hat{\sigma}_2^2=\frac{1}{2}\sigma^2=\frac{1}{2}\hat{\sigma}_1^2=(1-K_2)\hat{\sigma}_1^2\text{，其中 }K_2=\frac{1}{2}$$

第 3 步：$\hat{Y}_3=\dfrac{X_1+X_2+X_3}{3}=\hat{Y}_2+\dfrac{1}{3}(X_3-\hat{Y}_2)=\hat{Y}_2+K_3(X_3-\hat{Y}_2)$，

$$\hat{\sigma}_3^2=\frac{1}{3}\sigma^2=\frac{2}{3}\hat{\sigma}_2^2=(1-K_3)\hat{\sigma}_2^2\text{，其中 }K_3=\frac{1}{3}$$

$$\vdots$$

第 n 步：$\hat{Y}_n=\dfrac{X_1+X_2+\cdots+X_n}{n}=\hat{Y}_{n-1}+\dfrac{1}{n}(X_n-\hat{Y}_{n-1})=\hat{Y}_{n-1}+K_n(X_n-\hat{Y}_{n-1})$，

$$\hat{\sigma}_n^2=\frac{1}{n}\sigma^2=\frac{n-1}{n}\hat{\sigma}_{n-1}^2=(1-K_n)\hat{\sigma}_{n-1}^2\text{，其中 }K_n=\frac{1}{n}$$

对上述递推过程可以作出如下解释，即对当前被测对象的估计可以看做由两部分构成，一部分是根据上一步的估计得到的对当前被测对象的预测，另一部分是放大了的“新息”(innovation) 即当前观测值和预测值的差，放大了的“新息”可以看做是对当前预测值的修正。

下面来看多传感器的情况，为了注重原理，仍然采用最简单的例子。假设用两个传感器来测量某一物理量 x（比如用激光和尺子来测量长度），它们分别给出的测量值为 x_1 和 x_2，二者满足如下的正态分布：

$$p(x_i)=\frac{1}{\sigma_i\sqrt{2\pi}}\mathrm{e}^{-\frac{(x_i-\bar{x}_i)^2}{2\sigma_i^2}}\qquad(i=1,2)\tag{19-3}$$

式中，$\bar{x}_1$ 和 $\bar{x}_2$ 分别为均值；σ_1^2 和 σ_2^2 分别为方差。如何综合考虑两个传感器的测量结果实际上就是一个多传感器数据融合的问题。传统数据处理方法已经给出了这一问题的答案，即加权平均。由于两个传感器给出的测量结果方差不一样，我们可以利用它们使得加权后的结果方差最小。用数学公式表示如下。如用 $\hat{x}$ 表示加权平均的结果，则有：

$$\hat{x}=wx_1+(1-w)x_2\tag{19-4}$$

由于两次测量相互独立，且都满足正态分布，所以加权后的方差满足：

$$\hat{\sigma}^2=w^2\sigma_1^2+(1-w)^2\sigma_2^2\tag{19-5}$$

为了使得加权后的方差最小，权重 w 的选择应满足$\partial\hat{\sigma}/\partial w=0$，进一步可以推导出：

$$\begin{cases} w=\dfrac{\sigma_2^2}{\sigma_1^2+\sigma_2^2} \\ \hat{x}=\dfrac{\sigma_2^2}{\sigma_1^2+\sigma_2^2}x_1+\dfrac{\sigma_1^2}{\sigma_1^2+\sigma_2^2}x_2 \\ \hat{\sigma}^2=\dfrac{\sigma_1^2\sigma_2^2}{\sigma_1^2+\sigma_2^2} \end{cases} \tag{19-6}$$

对上式的物理意义可以作出如下解释，即加权平均的过程实际上是根据它们各自的精度将两次测量值重新组合后得到对被测量的估计，精度高（方差小）的取较大的权重，精度低（方差大）的取较小的权重，而且加权后的方差比任何一次测量值的方差都小。通过加权平均，对被测量的估计的精度可以得到改善，不确定度降低。加权平均前后方差的变化可以用图 19-5 来表示，其中虚线代表 $p(x_i)$，实线代表 $p(\hat{x})$。

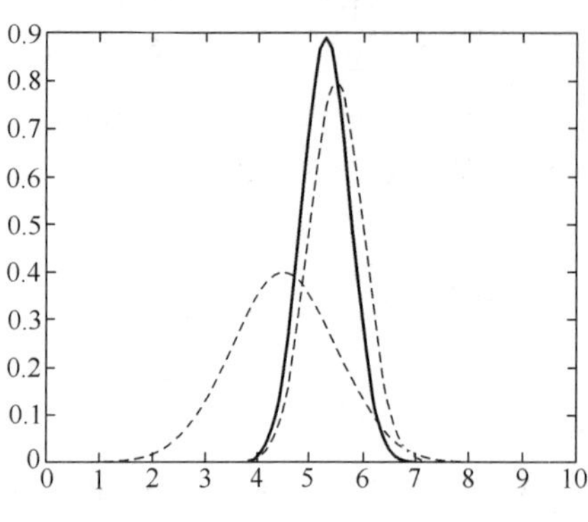

图 19-5　加权平均方差分布比较

用更抽象的数学表示方法，上述加权平均过程可以写为：

$$\hat{x}=\arg\min_x\left[\left(\frac{x_1-x}{\sigma_1}\right)^2+\left(\frac{x_2-x}{\sigma_2}\right)^2\right] \tag{19-7}$$

即加权平均的结果应该满足使其到两次测值以各自方差为权重的距离最小。式(19-7) 可以方便地推广到任意个传感器数据求加权平均的情况。

对上述加权平均过程同样可以用递推形式来表示。假设两个传感器测量系统提供的测量值是依次得来的，则

第一步：$\hat{x}_1=x_1$，$\hat{\sigma}_1=\sigma_1$

第二步：$\hat{x}_2=\hat{x}_1+\dfrac{\hat{\sigma}_1^2}{\hat{\sigma}_1^2+\sigma_2^2}(x_2-\hat{x}_1)$，$\hat{\sigma}_2^2=\left(1-\dfrac{\hat{\sigma}_1^2}{\hat{\sigma}_1^2+\sigma_2^2}\right)\hat{\sigma}_1^2$

若取 $K_2=\dfrac{\hat{\sigma}_1^2}{\hat{\sigma}_1^2+\sigma_2^2}$，则第二步可以进一步表示为：

$$\hat{x}_2=\hat{x}_1+K_2(x_2-\hat{x}_1),\quad \hat{\sigma}_2^2=(1-K_2)\hat{\sigma}_1^2$$

从两个例子的递推形式可以看出，不论是前面第一个关于单传感器多数据算术平均的例子还是多个传感器数据加权平均的例子，其本质都是相同的。

虽然本节一开始提到了 Kalman 滤波，但到目前为止仍没有给出关于 Kalman 滤波的数学表示，下面具体给出 Kalman 滤波的表示。考虑由式(19-8) 所示状态方程和式(19-9) 所示观测方程构成的随机线性离散系统模型：

$$\boldsymbol{X}_k=\boldsymbol{\Phi}_{k|k-1}\boldsymbol{X}_{k-1}+\boldsymbol{\Gamma}_k\boldsymbol{W}_k \tag{19-8}$$

$$\boldsymbol{Z}_k=\boldsymbol{H}_k\boldsymbol{X}_k+\boldsymbol{V}_k \tag{19-9}$$

式中，k 表示当前时刻；$\boldsymbol{X}_k$ 为系统的 n 维状态向量；$\boldsymbol{Z}_k$ 为系统的 m 维观测向量；$\boldsymbol{W}_k$ 为系统的 p 维随机向量；$\boldsymbol{V}_k$ 为系统的 m 维观测噪声向量；$\boldsymbol{\Phi}_{k|k-1}$ 为 $k-1$ 时刻到 k 时刻系统的 $n\times n$ 维状态转移矩阵；$\boldsymbol{\Gamma}_k$ 为 $n\times p$ 维干扰输入矩阵；$\boldsymbol{H}_k$ 为 $m\times n$ 维观测矩阵；$\boldsymbol{W}_k$ 和 $\boldsymbol{V}_k$ 都是均值为 0 的高斯噪声，其方差矩阵分别为 $\boldsymbol{Q}_k$ 和 $\boldsymbol{R}_k$，即

$$E(\boldsymbol{W}_k)=0,\quad E(\boldsymbol{W}_k\boldsymbol{W}_k^{\mathrm{T}})=\boldsymbol{Q}_k \tag{19-10}$$

$$E(\boldsymbol{V}_k)=0,\quad E(\boldsymbol{V}_k\boldsymbol{V}_k^{\mathrm{T}})=\boldsymbol{R}_k \tag{19-11}$$

式中，$E(\ )$ 表示求数学期望。根据状态向量和观测向量在时间上存在的不同对应关系，我们可以把估计问题分为滤波、预测和平滑。用 $\hat{\boldsymbol{X}}_{k|j}$ 表示根据 j 时刻及 j 以前时刻的观测值对 k 时刻状态 $\boldsymbol{X}_k$ 做出某种估计，则可以写出递推形式的 Kalman 滤波方程：

$$\hat{\boldsymbol{X}}_{k|k-1}=\boldsymbol{\Phi}_{k|k-1}\hat{\boldsymbol{X}}_{k-1} \tag{19-12}$$

$$\boldsymbol{\varepsilon}_k=\boldsymbol{Z}_k-\boldsymbol{H}_k\hat{\boldsymbol{X}}_{k|k-1} \tag{19-13}$$

$$\hat{\boldsymbol{X}}_k=\hat{\boldsymbol{X}}_{k|k-1}+\boldsymbol{K}_k\boldsymbol{\varepsilon}_k \tag{19-14}$$

$$\boldsymbol{K}_k=\boldsymbol{P}_{k|k-1}\boldsymbol{H}_k^{\mathrm{T}}(\boldsymbol{H}_k\boldsymbol{P}_{k|k-1}\boldsymbol{H}_k^{\mathrm{T}}+\boldsymbol{R}_k)^{-1} \tag{19-15}$$

$$\boldsymbol{P}_k=(\boldsymbol{I}-\boldsymbol{K}_k\boldsymbol{H}_k)\boldsymbol{P}_{k|k-1} \tag{19-16}$$

$$\boldsymbol{P}_{k|k-1}=\boldsymbol{\Phi}_{k|k-1}\boldsymbol{P}_{k-1}\boldsymbol{\Phi}_{k|k-1}^{\mathrm{T}}+\Gamma_k Q_k\Gamma_k^{\mathrm{T}} \tag{19-17}$$

式中，$\boldsymbol{I}$ 为单位矩阵；$\boldsymbol{\varepsilon}_k$ 为新息；$\boldsymbol{K}_k$ 为增益矩阵；$\boldsymbol{P}_{k|k-1}$ 和 $\boldsymbol{P}_k$ 分别称为预测方差矩阵和估计方差矩阵。$\boldsymbol{P}_{k|k-1}$ 和 $\boldsymbol{P}_k$ 的定义为：

$$\boldsymbol{P}_{k|k-1}=E[(\boldsymbol{X}_k-\hat{\boldsymbol{X}}_{k|k-1})(\boldsymbol{X}_k-\hat{\boldsymbol{X}}_{k|k-1})^{\mathrm{T}}] \tag{19-18}$$

$$\boldsymbol{P}_k=E[(\boldsymbol{X}_k-\hat{\boldsymbol{X}}_k)(\boldsymbol{X}_k-\hat{\boldsymbol{X}}_k)^{\mathrm{T}}] \tag{19-19}$$

由于篇幅所限，这里不再对描述 Kalman 滤波的式(19-12)～式(19-17) 的导出过程进行详细解释，在大部分关于 Kalman 滤波的文献及专著中都有详细介绍，其基本思想是增益矩阵的选取应该使得估计方差最小。

在给出 Kalman 滤波递推公式的基础上，可以用图 19-6 来描述 Kalman 滤波的原理和过程，以便于理解。

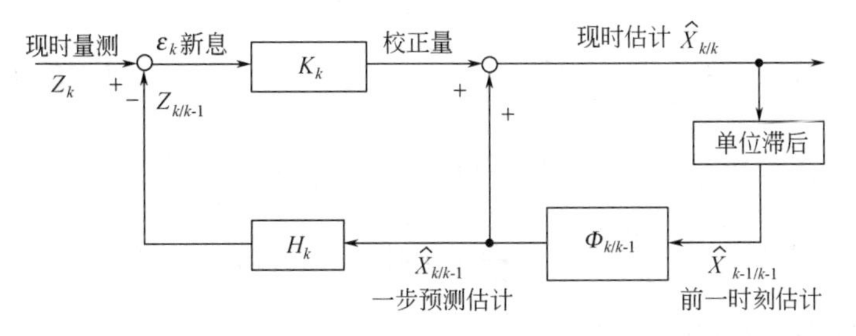

图 19-6　Kalman 滤波原理示意

Kalman 滤波的基本思路是用当前量测值与上一时刻的预测估计值的偏差（称为新息）乘以一定的权重 $\boldsymbol{K}_k$ 来不断修正下一状态的估计。从式(19-14) 可以看出：权重大表示对观

测值的依赖增大，对先前状态的估计依赖相应减小；权重小表示对观测值的依赖减小，对先前状态的估计依赖增大。而权重大小的选择是通过使估计误差 $\boldsymbol{P}_k$ 达到最小来实现的。Kalman 滤波正是不断通过调整对量测和估计的依赖程度，快速而有效地达到对被估计状态的最佳估计值。

Kalman 滤波和多传感器数据融合有何关系？本节一开始所举的两个例子实际上是 Kalman 滤波的特例（对应状态转移矩阵 $\boldsymbol{\Phi}_{k|k-1}$、观测矩阵 $\boldsymbol{H}_k$ 和干扰输入矩阵 $\boldsymbol{\Gamma}_k$ 均为 1 的情况），它们可以看做利用 Kalman 滤波对单一传感器在不同时刻多数据源的融合以及对多传感器数据的融合，融合的结果提高了精度，降低了不确定度。

Kalman 滤波在与跟踪、导航、定位等有关的多传感器数据融合中得到了广泛应用，一个例子是关于轿车的定位问题。安装了 GPS 系统的轿车由于受地形、大型建筑物、隧道、桥梁等的影响从而在某些时候接收不到卫星定位信号，如果和轿车本身的惯性传感器如加速度计和里程表等相结合就能较好地解决轿车的定位问题。本章 19.4 节“多传感器数据融合应用实例”还将介绍关于基于 Kalman 滤波的多机器人目标定位的具体例子。

需要指出的是现实当中动态系统通常具有非线性，针对非线性动态系统的多传感器数据融合状态估计问题，需要将由式(19-8) 所示状态方程和式(19-9) 所示观测方程描述的离散随机线性动态系统及与其相应的由式(19-12)～式(19-17) 描述的 Kalman 滤波过程扩展为适用于动态非线性系统的扩展 Kalman 滤波（Extended Kalman Filter，简称 EKF）过程。

对于由式(19-20) 所示状态方程和式(19-21) 所示观测方程描述的动态非线性系统：

$$\boldsymbol{X}_{k+1}=f(\boldsymbol{X}_k,\boldsymbol{W}_k) \tag{19-20}$$

$$\boldsymbol{Z}_k=h(\boldsymbol{X}_k,\boldsymbol{V}_k) \tag{19-21}$$

对应的 EKF 过程可以用式(19-22)～式(19-27) 描述：

$$\hat{\boldsymbol{X}}_{k|k-1}=f(\hat{\boldsymbol{X}}_{k-1},0) \tag{19-22}$$

$$\boldsymbol{\varepsilon}_k=\boldsymbol{Z}_k-h(\hat{\boldsymbol{X}}_{k|k-1},0) \tag{19-23}$$

$$\hat{\boldsymbol{X}}_k=\hat{\boldsymbol{X}}_{k|k-1}+\boldsymbol{K}_k\boldsymbol{\varepsilon}_k \tag{19-24}$$

$$\boldsymbol{K}_k=\boldsymbol{P}_{k|k-1}J\left[\frac{\partial h}{\partial X}\right]_{k-1}^{\mathrm{T}}\left(J\left[\frac{\partial h}{\partial X}\right]_{k-1}\boldsymbol{P}_{k|k-1}J\left[\frac{\partial h}{\partial X}\right]_{k-1}^{\mathrm{T}}+J\left[\frac{\partial h}{\partial V}\right]_k\boldsymbol{R}_kJ\left[\frac{\partial h}{\partial V}\right]_k^{\mathrm{T}}\right)^{-1} \tag{19-25}$$

$$\boldsymbol{P}_k=\left(\boldsymbol{I}-\boldsymbol{K}_kJ\left[\frac{\partial h}{\partial X}\right]_k\right)\boldsymbol{P}_{k|k-1} \tag{19-26}$$

$$\boldsymbol{P}_{k|k-1}=J\left[\frac{\partial f}{\partial X}\right]_{k-1}\boldsymbol{P}_{k-1}J\left[\frac{\partial f}{\partial X}\right]_{k-1}^{\mathrm{T}}+J\left[\frac{\partial f}{\partial W}\right]_k\boldsymbol{Q}_kJ\left[\frac{\partial f}{\partial W}\right]_k^{\mathrm{T}} \tag{19-27}$$

式中，$J\left[\frac{\partial f}{\partial X}\right]$，$J\left[\frac{\partial f}{\partial W}\right]$ 分别表示式(19-20) 中非线性函数 f 对状态变量 X 和过程噪声变量 W 的雅克比矩阵；$J\left[\frac{\partial h}{\partial X}\right]$，$J\left[\frac{\partial h}{\partial V}\right]$ 分别表示式(19-21) 中非线性函数 h 对状态变量 X 和观测噪声变量 V 的雅克比矩阵。

针对非线性动态系统的多传感器数据融合状态估计问题的扩展 Kalman 滤波本质上是基于当前状态，根据非线性状态转移方程进行状态预测，利用 Taylor 展开对状态转移方程进行线性化近似实现当前状态估计方差到状态预测方差的迁移；同时，利用非线性观测方程可以计算与预测状态对应的观测变量预测值，在由传感器获得观测变量的新测量值后即可计算观测变量与观测变量预测值之差即"新息"，在此基础上计算 Kalman 增益实现对状态变量的更新。Kalman 增益的计算同样需要对非线性观测方程进行 Taylor 展开及线性化近似，并综合考虑测量方差和状态预测方差完成对状态估计方差的更新。

19.3.2 基于贝叶斯决策的多传感器数据融合方法

贝叶斯决策的基础是贝叶斯统计学。下面就贝叶斯统计学中用到的基本概念和公式加以简单介绍。

设事件 A 和 B 均为事件域 E 中发生的事件，且事件 B 发生的概率 $P(B)>0$，则有

$$P(A|B)=\frac{P(A\cap B)}{P(B)} \tag{19-28}$$

式中，$P(A|B)$ 为事件 B 发生的条件下事件 A 发生的概率；$P(A\cap B)$ 为事件 A 和事件 B 同时发生的概率。式(19-28) 为传统概率论中的条件概率公式，由式(19-28) 可以进一步推出：

$$P(A|B)=\frac{P(B|A)P(A)}{P(B)} \tag{19-29}$$

上式是贝叶斯统计理论最基本的公式。进一步推广，设事件域 E 由 $B_1,B_2,\cdots,B_k$ k 个非关联的事件构成，A 为 E 中的某一事件，则

$$P(B_1\cup B_2\cup\cdots\cup B_k)=P(E)=1 \tag{19-30}$$

$$A=(A\cap B_1)\cup\cdots\cup(A\cap B_k) \tag{19-31}$$

$$P(A)=\sum_k P(A\cap B_k)=\sum_k P(A\mid B_k)P(B_k) \tag{19-32}$$

$$P(B_k\mid A)=\frac{P(A\cap B_k)}{P(A)}=\frac{P(A\mid B_k)P(B_k)}{\sum_k P(A\mid B_k)P(B_k)} \tag{19-33}$$

下面举例说明上述公式的具体应用及贝叶斯统计学中的有关概念。假设某一公司在其下属的 5 个分厂都生产同一种产品，分销商向该公司成批量进货，为了保证进货的质量，分销商将在每次进货的时候进行抽检。其具体做法是从该批货物中任意抽取 3 个样品，若其中有 1 个是次品则认为整批货物都是次品从而实行退货处理。现假设 5 个分厂中第 2 个分厂的次品率为 5%，其余 4 个分厂的次品率均为 2%，假设分销商检查到某一批货物为次品，问该批产品来自第 2 分厂的概率是多少？用 r 表示分厂编号，其取值可以为 1,2,3,4 和 5。用 $P[F]$ 表示某批货物来自第 r 个分厂的概率，在没有其他已知条件的情况下，我们假设某一批货物来自各个分厂的概率相等，即 $P[(F=r)]=\frac{1}{5}$，这一概率通常也被称作先验概率（apriori probability）。用条件概率 $P[D|F]$ 表示其来自第 r 分厂的产品的次品率，这一概率通常也被称为似然函数（likelihood），根据已知条件有 $P[D|(F=r)]=0.02$，其中 $r=1,3,4,5$；$P[D|(F=2)]=0.05$。现在需要求条件概率 $P[(F=2)|D]$，这通常被称作后验概率（aposteriori probability）。根据贝叶斯公式，后验概率的求解过程如下：

$$P[(F=2)|D]=\frac{P[(F=2)\cap D]}{P(D)}$$

进一步有：

$P[(F=2)\cap D]=P[D|(F=2)]P[(F=2)]=3\times 0.05\times(0.95)^2\times 0.2=0.027075$

$P[(F!=2)\cap D]=P[D|(F!=2)]P[(F!=2)]=3\times 0.02\times(0.98)^2\times 0.8=0.046099$

$$P[D]=P[(F=2)\cap D]+P[(!F=2)\cap D]$$

$$P[(F=2)|D]=\frac{0.027075}{0.027055+0046099}=0.37$$

通过上述例子，我们知道了贝叶斯统计学中的几个基本概念，即先验概率、似然函数和后验概率。贝叶斯决策则是建立在贝叶斯统计学的基础上，鉴于篇幅有限，此处只简单介绍下述三种基本方法。①最大后验概率决策（Maximum Aposterior，简称为 MAP)，对应前面讲述的关于产品检验的例子，在满足条件 $P[(F=2)|D]>P[(F\neq 2)|D]$ 的前提下，作出的决策为 $F=2$，即结论是该批产品来自第 2 分厂。②极大似然决策（Maximum Likelihood)，对应前面讲述的关于产品检验的例子，在满足条件 $P[D|(F=2)]>P[D|(F\neq 2)]$ 的前提下，作出的决策为 $F=2$。③Neyman-Pearson 决策，在满足条件 $\frac{P[D|(F=2)]}{P[D|(F\neq 2)]}>t$，其中 t 为阈值，作出的决策为 $F=2$。

前面简单介绍了贝叶斯统计和贝叶斯决策最基本的知识，它们都可以用在多传感器数据融合当中。一般地，假设 x 为某待测物理量，z 为采用某种传感器获得的对 x 的测量结果，则在贝叶斯融合框架下，条件概率分布 $p(z|x)$ 可以用于表示传感器测量模型，即在给定被测物理量 x 的条件下传感器测量结果 z 满足的概率分布模型。以两个传感器测量系统为例推广至多个传感器系统的情况，假设用 2 个传感器测量系统对待测物理量 x 进行测量，其测量结果分别为 z_1, z_2，基于贝叶斯推理的多传感器数据融合方法核心是获得后验概率分布 $p(x|z_1, z_2)$，并根据该后验分布估计待测物理量 x 及其不确定度或精度。根据贝叶斯公式有：

$$p(x|z_1,z_2)=\frac{p(z_2|x,z_1)p(x|z_1)}{p(z_2|z_1)} \tag{19-34}$$

因两个传感器系统独立工作，因此 z_1, z_2 满足条件独立，即有：

$$p(z_1,z_2|x)=p(z_1|x)p(z_2|x) \tag{19-35}$$

综合考虑式(19-34) 及式(19-35)，可以进一步推得：

$$p(x|z_1,z_2)=\frac{p(z_1,z_2|x)p(x)}{p(z_1,z_2)}=C\cdot p(z_2|x)p(z_1|x)p(x) \tag{19-36}$$

式中，C 为归一化因子，$p(x)$为 x 满足的先验分布。

以 19.3.1 节采用激光测距系统和普通尺子测量某一对象长度 x 的情况为例，已知两种测量系统给出的测量结果分别为 z_1, z_2，且二者满足正态分布。在贝叶斯融合框架下，有

$$p(z_i|x)=\frac{1}{\sigma_i\sqrt{2\pi}}e^{-\frac{(x-z_i)^2}{2\sigma_i^2}} \tag{19-37}$$

则

$$p(x|z_1,z_2)=C\cdot\frac{1}{\sigma_1\sqrt{2\pi}}e^{-\frac{(x-z_1)^2}{2\sigma_1^2}}\cdot\frac{1}{\sigma_2\sqrt{2\pi}}e^{-\frac{(x-z_2)^2}{2\sigma_2^2}}=\frac{1}{\hat{\sigma}\sqrt{2\pi}}e^{-\frac{(x-\hat{x})^2}{2\hat{\sigma}^2}} \tag{19-38}$$

其中

$$
\begin{cases}
\hat{x}=\dfrac{\sigma_2^2}{\sigma_1^2+\sigma_2^2}z_1+\dfrac{\sigma_1^2}{\sigma_1^2+\sigma_2^2}z_2 \\
\hat{\sigma}=\dfrac{\sigma_1^2\sigma_2^2}{\sigma_1^2+\sigma_2^2}=\left(\dfrac{1}{\sigma_1^2}+\dfrac{1}{\sigma_2^2}\right)^{-1}
\end{cases}
\tag{19-39}
$$

该结果与式(19-6)通过 Kalman 滤波获得的结果本质上一致。

为了给出对基于贝叶斯推理的多传感器数据融合的更形象解释，下面再进一步举例说明。假设在机器人上安装有两种传感器来对机器人行进前方的障碍物进行检测和定位，其中一种传感器为雷达，另一种传感器为红外传感器。由于两种传感器自身的特点，雷达对于被测物体的距离比较敏感，但方向性不好（即对被测物体和机器人之间的取向角度不敏感）。红外传感器则正好相反，其对角度比较敏感，对距离则不太敏感。假设两种传感器的检测结果的概率密度函数是已知的，分别如图 19-7（a）和图 19-7（b）所示，则根据贝叶斯公式可以对二者进行融合计算，得到在两种传感器观测数据下关于被测物体角度和距离的概率密度函数为图 19-7（c），从中可以看出融合后的结果其角度和距离的不确定度要优于任何一种传感器。

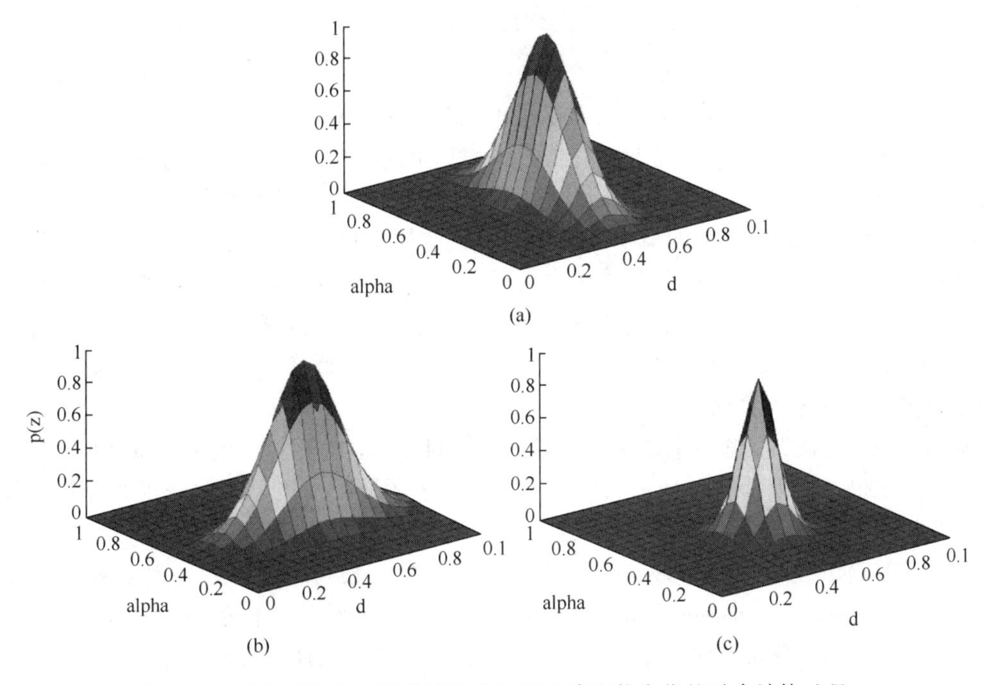

图 19-7 采用雷达和红外传感器的机器人障碍物定位的融合计算过程

对于离散时间动态系统的多传感器数据融合状态估计问题，也可采用基于贝叶斯推理的数据融合框架进行描述。假设系统状态 $\boldsymbol{x}_t \in X$，通过（多）传感器获得的测量值 $\boldsymbol{y}_t \in Y$，其中 t 为时间索引。系统初始状态满足概率分布 $p(\boldsymbol{x}_0)$，系统状态随时间的迁移用条件概率分布 $p(\boldsymbol{x}_{t+1}|\boldsymbol{x}_t)$ 表示，传感器测量值与状态变量间的关系可以用条件概率分布 $p(\boldsymbol{y}_t|\boldsymbol{x}_t)$ 表示。系统状态及传感器测量值随时间演进形成状态序列 $\boldsymbol{x}_{0:t}=\{\boldsymbol{x}_0,\boldsymbol{x}_1,\cdots,\boldsymbol{x}_t\}$ 和测量序列 $\boldsymbol{y}_{0:t}=\{\boldsymbol{y}_0,\boldsymbol{y}_1,\cdots,\boldsymbol{y}_t\}$。一般地，假设系统具有马尔科夫特性，即 $p(\boldsymbol{x}_{t+1}|\boldsymbol{x}_{0:t},\boldsymbol{y}_t)=p$

$(\boldsymbol{x}_{t+1}|\boldsymbol{x}_t)$，$p(\boldsymbol{y}_t|\boldsymbol{x}_{0:t},\boldsymbol{y}_{t-1})=p(\boldsymbol{y}_t|\boldsymbol{x}_t)$，且系统的状态方程及测量方程可以表示为：

$$\boldsymbol{x}_{t+1}=f(\boldsymbol{x}_t,\boldsymbol{w}_k) \tag{19-40}$$

$$\boldsymbol{y}_t=h(\boldsymbol{x}_t,\boldsymbol{v}_k) \tag{19-41}$$

参考19.3.1节Kalman滤波的根据状态方程的状态预测及根据测量方程的状态更新过程，对应的贝叶斯框架下的贝叶斯滤波过程本质上将状态用概率分布表示，且根据状态方程进行将当前状态概率分布迁移到新的概率分布，此即为状态预测。在获得新的测量值后，对迁移后的状态概率分布结合观测方程及测量数据满足的概率分布，重新获得状态后验概率分布，此即为状态更新。根据更新的后验状态概率分布，即可计算相应的状态变量的数学期望及方差。重复上述过程即为递推贝叶斯滤波。系统状态预测即状态迁移过程对应的概率分布计算可以表示为：

$$p(\boldsymbol{x}_t|\boldsymbol{y}_{1:t-1})=\int p(\boldsymbol{x}_t|\boldsymbol{x}_{t-1})\,p(\boldsymbol{x}_{t-1}|\boldsymbol{y}_{1:t-1})\,\mathrm{d}\boldsymbol{x}_{t-1} \tag{19-42}$$

式中，$p(\boldsymbol{x}_{t-1}|\boldsymbol{y}_{1:t-1})$为上一时刻获得的状态后验概率分布，同时也可以被看作当前时刻状态的先验概率分布；$p(\boldsymbol{x}_t|\boldsymbol{x}_{t-1})$可由上一时刻状态概率分布结合式(19-40)描述的状态方程获得。当获得新的传感器测量值后，进行状态更新的后验概率分布计算可以表示为：

$$p(\boldsymbol{x}_t|\boldsymbol{y}_{1:t})=\frac{p(\boldsymbol{y}_t|\boldsymbol{x}_t)\,p(\boldsymbol{x}_t|\boldsymbol{y}_{1:t-1})}{p(\boldsymbol{y}_t|\boldsymbol{y}_{1:t-1})}=\frac{p(\boldsymbol{y}_t|\boldsymbol{x}_t)\,p(\boldsymbol{x}_t|\boldsymbol{y}_{1:t-1})}{\int p(\boldsymbol{y}_t|\boldsymbol{x}_t)\,p(\boldsymbol{x}_t|\boldsymbol{y}_{1:t-1})\,\mathrm{d}\boldsymbol{x}_{t-1}} \tag{19-43}$$

式中，$p(\boldsymbol{y}_t|\boldsymbol{x}_t)$可根据式(19-41)描述的测量方程获得。

在实际应用中，大多数情况下用解析方式表达上述贝叶斯滤波相关的概率分布函数通常较为困难，为此，“粒子滤波器”应运而生。“粒子滤波器”的核心思想是用大量的样本点即“粒子”来代表贝叶斯滤波中的概率分布函数，这些样本可以看作是对相应的概率分布函数进行抽样的结果，每一个“粒子”或样本也可以看作是一种可能的状态。滤波的过程转化为根据状态方程对“粒子”进行状态迁移，然后再根据获得的传感器测量值结合测量方程对“粒子”的权重进行更新，更新后的权重即可看作状态后验概率分布。“粒子滤波”在实际应用中还发展出了一系列算法。

根据“粒子滤波”的思想，理论上“粒子”数目越多，对相应的概率分布函数的描述就越精确，但随之也会带来计算量增加的问题。在“粒子滤波”发展早期，受当时计算硬件的限制，计算量问题显得较为突出。为此，还发展出了无迹Kalman滤波（Unscented Kalman Filter，简称UKF)，其又被称为Sigma点滤波。UKF的本质可以被看作一种特殊的“粒子滤波”，其样本“粒子”按Sigma样本点的形式抽样。相比传统的“粒子滤波”，UKF只用少量的Sigma样本点即可获得对状态变量数学期望和方差的良好估计，大大降低了计算强度。

以上结合贝叶斯数据融合框架对“粒子滤波”和UKF滤波的核心思想进行了简要介绍。针对“粒子滤波”和UKF滤波，相关的文献及资料也十分丰富，此处不再展开。

19.3.3　基于DS证据论的多传感器数据融合方法

DS证据理论又称为Dempster-Shafer证据论，于1968年被Arthur Dempster提出，后由其学生Glenn Shafter于1976年作了进一步完善，它可以看做是一种广义贝叶斯理论。下面对DS证据理论的一些基本概念加以介绍。

设集合θ由一系列互斥的单子（singleton）$q_1,q_2,\cdots,q_n$构成，即$\theta=\{q_1,q_2,\cdots,q_n\}$，则$\theta$的幂集$2^\theta$构成如下的识别框架（frame of discernment)：

$$X=(\phi,\{q_1\},\{q_2\},\cdots,\{q_n\},\{q_1,q_2\},\cdots,\{q_1,q_2,\cdots,q_n\}) \tag{19-44}$$

概率分配函数（probability assignment）m 是由识别框架 X 到 $[0,1]$ 上的一个映射函数，其满足：

$$m(\phi)=0,\ 0\leqslant m(x_j)\leqslant 1,\ \sum m(x_j)=1 \tag{19-45}$$

信任度函数（belief function）用于描述对 X 的子集代表的命题陈述的总信任程度，其定义为：

$$Bel(A)=\sum_{B\subseteq A} m(B) \tag{19-46}$$

上式表示在证据推理中，赋予 A 的可信度由两部分组成，其中一部分是赋予 A 的子集的，其余部分是确切赋予 A 的。怀疑度函数（doubt function）用于描述对 X 的子集代表的命题陈述的怀疑程度，其定义为：

$$Dou(A)=Bel(\widetilde{A}) \tag{19-47}$$

式中，$\widetilde{A}$ 代表 A 的补集。似真度函数（plausibility function）的定义为

$$Pl(A)=1-Bel(\widetilde{A}) \tag{19-48}$$

相应的，区间 $[Bel(A),Pl(A)]$ 称为 A 的信任区间（不确定区间），其代表了 A 所持信任程度的上下限，一些特殊的信任区间及其意义如下：$[Bel(A),Pl(A)]=[1,1]$ 表示 A 为真，$[Bel(A),Pl(A)]=[0,0]$ 表示 A 为假，$[Bel(A),Pl(A)]=[0.5,0.5]$ 表示 A 是否为真是完全不确定的，$[Bel(A),Pl(A)]=[0,1]$ 表示 A 完全未知。

前面给出了关于DS证据理论的基本概念，下面举例说明。设 $\theta=\{a,b,c\}$，给定概率分配函数为 $m(\{a\})=0.3$，$m(\{a,b\})=0.2$，$m(\{a,b,c\})=0.5$，则根据定义，可以计算得到识别框架 2^θ 上各子集的信任度函数和似真度函数如表19-2所示。

表19-2　DS理论信任度函数和似真度函数示例

A	ϕ	$\{a\}$	$\{b\}$	$\{c\}$	$\{a,b\}$	$\{a,c\}$	$\{b,c\}$	$\{a,b,c\}$
$m(A)$	0	0.3	0	0	0.2	0	0	0.5
$Bel(A)$	0	0.3	0	0	0.5	0.3	0	1
$Pl(A)$	0	1	0.7	0.5	1	1	0.7	1

DS证据理论的最大特点是可以完成证据组合，假设对同一识别框架上的两个独立证据相对应的概率分配函数为 m_1 和 m_2，则两个证据的合成可以根据下面的Dempster证据合成公式进行：

$$m_3(C)=\frac{\sum\limits_{A\cap B=C} m_1(A)\cdot m_2(B)}{1-\sum\limits_{A\cap B=\phi} m_1(A)\cdot m_2(B)} \tag{19-49}$$

对于DS证据理论在多传感器数据融合中的应用，L. A. Klein给出了如下例子。假设用 A 和 B 两种传感器对4种目标 a_1,a_2,a_3,a_4 的识别，其中 a_1,a_2 为友军目标，a_3,a_4 为敌军目标。与传感器 A 和 B 对应的概率分配函数分别为：$m_A(\{a_1,a_3\})=0.6$，$m_A(\{a_1,a_2,a_3,a_4\})=0.4$，$m_B(\{a_3,a_4\})=0.7$，$m_B(\{a_1,a_2,a_3,a_4\})=0.3$，则根据Dempster证据合成规则可以得到表19-3，从中可以看出合成后结果表明对应目标 a_3 的概率分配最大，因此将 A 和 B 两种传感器的识别结果综合考虑得出的识别结果是 a_3。

表 19-3　基于 DS 证据理论的多传感器数据融合示例一

证　　据	$m_B(\{a_3,a_4\})=0.7$	$m_B(\{a_1,a_2,a_3,a_4\})=0.3$
$m_A(\{a_1,a_3\})=0.6$	$m(\{a_3\})=0.42$	$m(\{a_1,a_3\})=0.18$
$m_A(\{a_1,a_2,a_3,a_4\})=0.4$	$m(\{a_3,a_4\})=0.28$	$m(\{a_1,a_2,a_3,a_4\})=0.12$

若将上述例子中传感器 B 的概率分配函数改为：$m_B(\{a_2,a_4\})=0.5$，$m_B(\{a_1,a_2,a_3,a_4\})=0.5$，则根据 Dempster 证据合成规则可以得到表 19-4 和表 19-5，其中表 19-5 在表 19-4 的基础上扣除空集的影响后得到。

表 19-4　基于 DS 证据理论的多传感器数据融合示例二

证　　据	$m_B(\{a_2,a_4\})=0.5$	$m_B(\{a_1,a_2,a_3,a_4\})=0.5$
$m_A(\{a_1,a_3\})=0.6$	$m(\phi)=0.3$	$m(\{a_1,a_3\})=0.3$
$m_A(\{a_1,a_2,a_3,a_4\})=0.4$	$m(\{a_2,a_4\})=0.2$	$m(\{a_1,a_2,a_3,a_4\})=0.2$

表 19-5　基于 DS 证据理论的多传感器数据融合示例三

证　　据	$m_B(\{a_2,a_4\})=0.5$	$m_B(\{a_1,a_2,a_3,a_4\})=0.5$
$m_A(\{a_1,a_3\})=0.6$	$m(\phi)=0$	$m(\{a_1,a_3\})=0.429$
$m_A(\{a_1,a_2,a_3,a_4\})=0.4$	$m(\{a_2,a_4\})=0.286$	$m(\{a_1,a_2,a_3,a_4\})=0.286$

图 19-8 是 L. A. Klein 给出的基于 DS 证据理论的多传感器数据融合方法的基本框架。

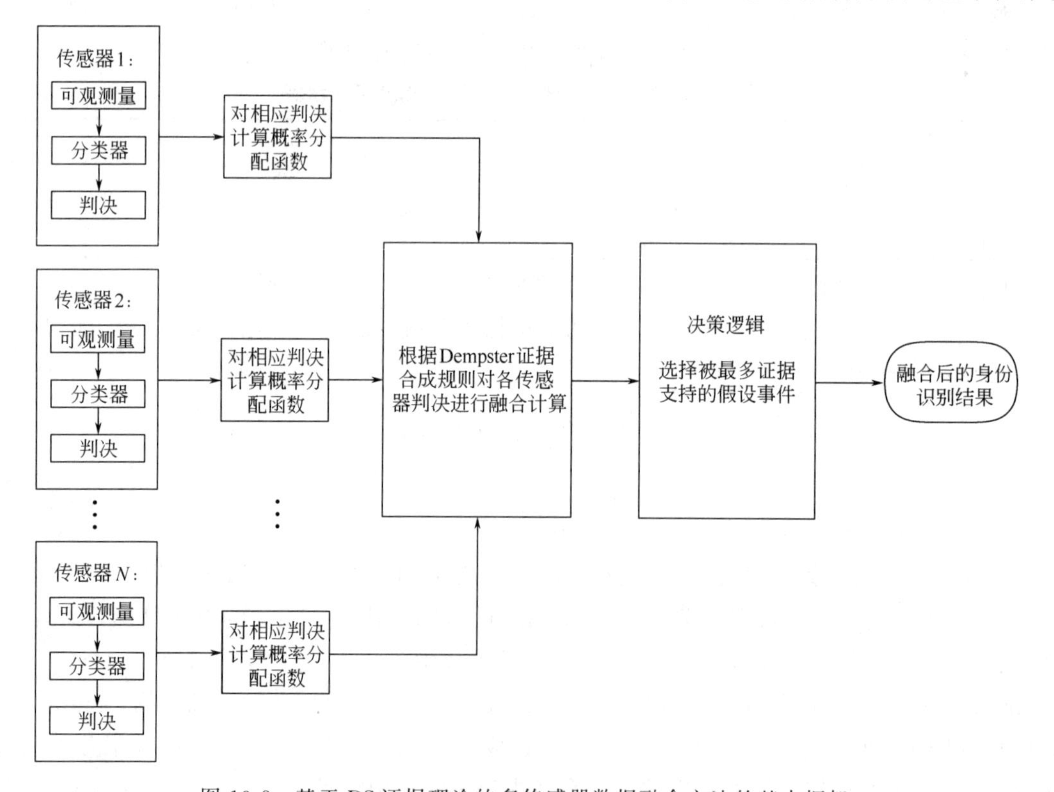

图 19-8　基于 DS 证据理论的多传感器数据融合方法的基本框架

19.4　多传感器数据融合应用实例

如前所述，多传感器数据融合技术自 20 世纪 70 年代出现后，逐步在航空航天、遥感遥测、机械制造、医学等领域得到了广泛应用。为加深读者对多传感器数据融合技术尤其是有关融合算法的理解，下面以多传感器数据融合技术在多机器人系统定位中的利用为例加以说明。

在移动机器人定位相关研究中，主要包括移动机器人自身的定位（即在一个事先设定或是完全未知的环境中如何确定机器人自身的位置）和目标的定位（包括机器人行进路径上障碍物的定位以便于机器人选择合适的路径从而避开障碍物，也包括机器人行进目标位置的定位），在此基础上机器人可以进一步判断自身与周围物体的相对关系。下面关于多传感器数据融合技术在多机器人系统定位中的应用的相关例子主要根据 Carnegie Mellon 大学机器人研究所的 Ashley W. Stroupe 等人研究成果。

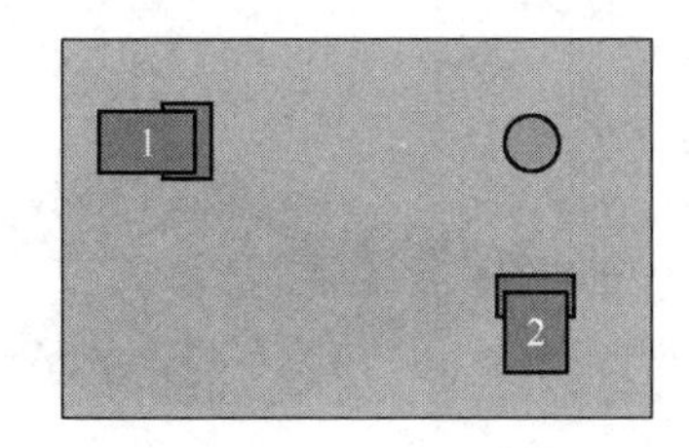

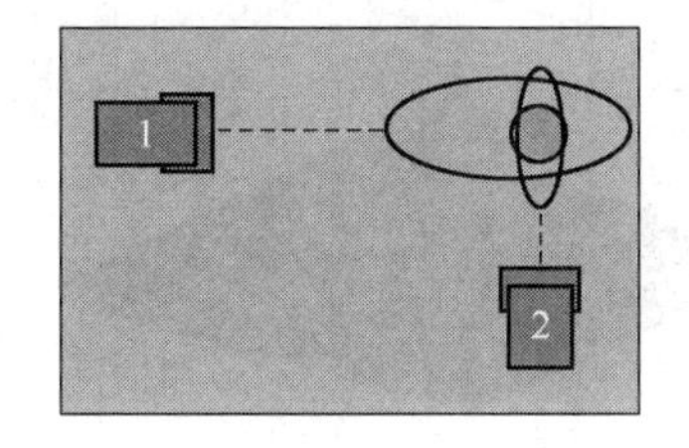

图 19-9　简单观测情况

首先针对图 19-9 所示的简单情况，1，2 两个机器人分别从水平和垂直方向对某一目标物体进行观测，为简化问题假设观测数据呈高斯分布且其不确定度随机器人到目标位置距离的增加而加大。它们均满足如下的高斯分布：

$$p(\boldsymbol{X}_i)=\frac{1}{2\pi\sqrt{|\boldsymbol{C}_i|}}\mathrm{e}^{-\frac{1}{2}(\boldsymbol{X}_i-\overline{\boldsymbol{X}}_i)^T\cdot\boldsymbol{C}_i^{-1}\cdot(\boldsymbol{X}_i-\overline{\boldsymbol{X}}_i)}\quad(i=1,2)\tag{19-50}$$

式中，下标 i 代表机器人编号；X_i 为机器人对目标位置二维坐标的观测值；$\overline{X}_i$ 为其均值；$\boldsymbol{C}_i$ 为观测数据的协方差矩阵，它可以表示为：

$$\boldsymbol{C}_i=\begin{bmatrix}\sigma_x^2 & \rho\sigma_x\sigma_y\\ \rho\sigma_x\sigma_y & \sigma_y^2\end{bmatrix}\tag{19-51}$$

对于图 19-9 所示情况，取 $\overline{\boldsymbol{X}}_1=\begin{bmatrix}10\\10\end{bmatrix}$，$\overline{\boldsymbol{X}}_2=\begin{bmatrix}12\\10\end{bmatrix}$，$\boldsymbol{C}_1=\begin{bmatrix}25 & 0\\0 & 4\end{bmatrix}$，$\boldsymbol{C}_2=\begin{bmatrix}1 & 0\\0 & 4.84\end{bmatrix}$，对 $\boldsymbol{X}_i$ 的融合可以采用二维 Kalman 滤波算法：

$$\hat{\boldsymbol{X}}=\boldsymbol{X}_1+\boldsymbol{C}_1(\boldsymbol{C}_1+\boldsymbol{C}_2)^{-1}(\boldsymbol{X}_2-\boldsymbol{X}_1)\tag{19-52}$$

图 19-10 给出了融合前各机器人观测数据的概率分布和融合后的概率分布，从中可以看出融合后不确定度得到了很大改善。图 19-11 给出了和图 19-10 对应的等高线分布图。

对于更一般的情况，当传感器观测方向和水平方向或垂直方向不重合时，在数据融合时需要进行必要的坐标变换。详细步骤可以参考 Ashley W. Stroupe 等人的论文，在此不再加以详细介绍。

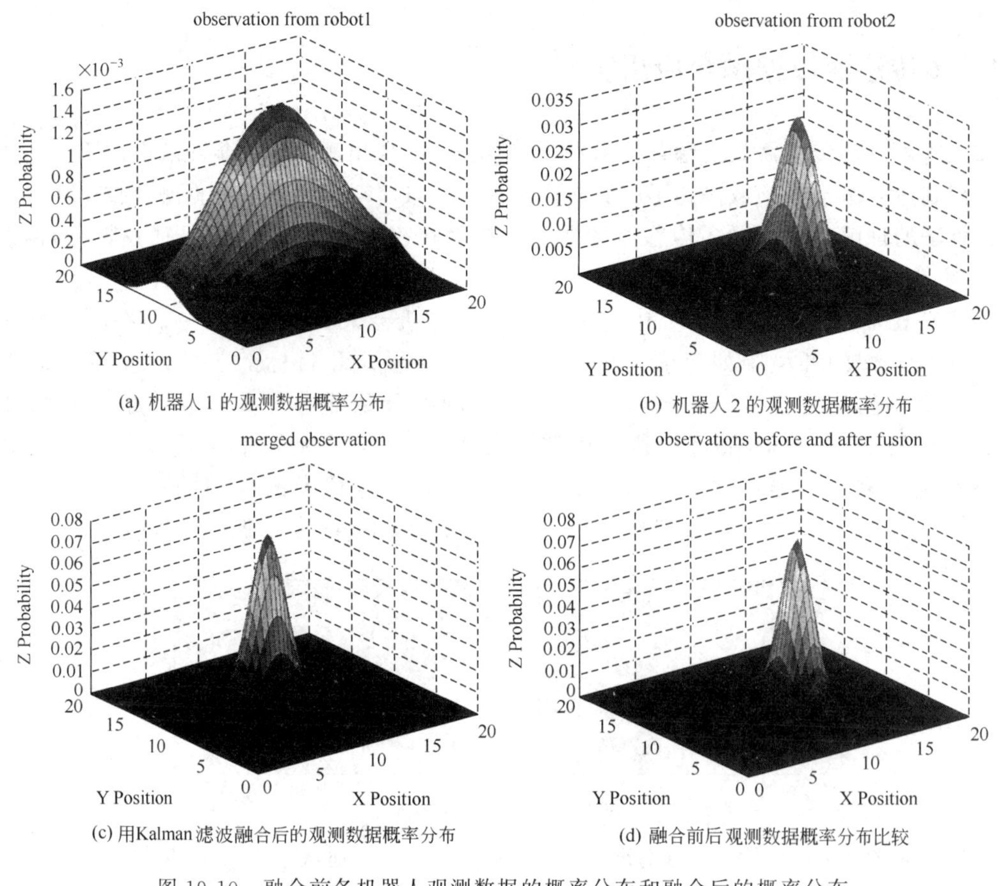

(a) 机器人1的观测数据概率分布
(b) 机器人2的观测数据概率分布
(c) 用Kalman滤波融合后的观测数据概率分布
(d) 融合前后观测数据概率分布比较

图 19-10　融合前各机器人观测数据的概率分布和融合后的概率分布

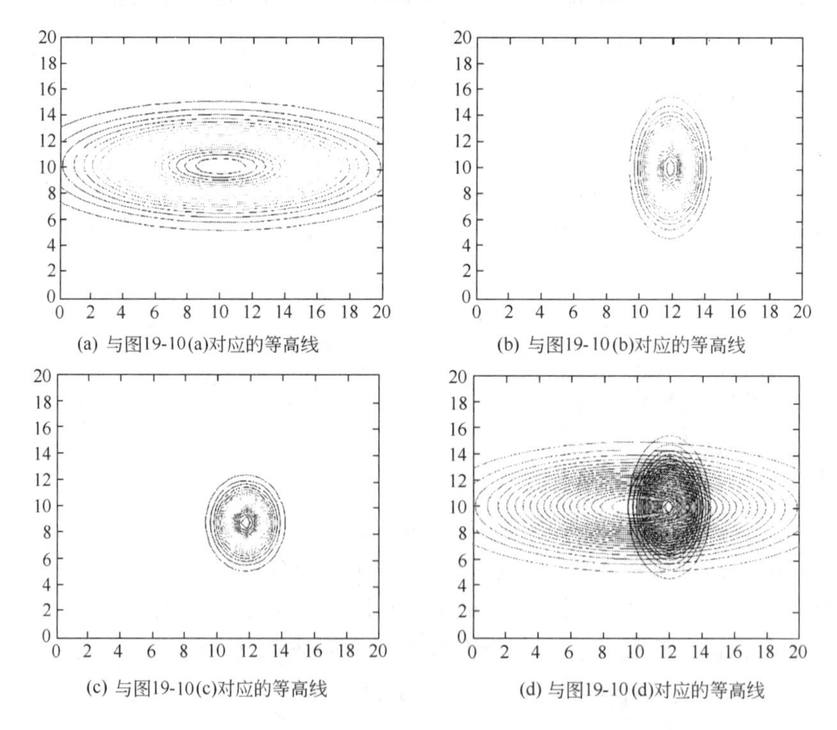

(a) 与图19-10(a)对应的等高线
(b) 与图19-10(b)对应的等高线
(c) 与图19-10(c)对应的等高线
(d) 与图19-10(d)对应的等高线

图 19-11　与图 19-10 对应的等高线分布图

思考题与习题

19-1 多传感器数据融合的定义是什么？

19-2 多传感器数据融合和单传感器技术相比有哪些优点？

19-3 什么是可靠抽象传感器？试举例说明。

19-4 简述多传感器系统中的传感器工作方式，并举例说明。

19-5 简述 Kalman 滤波的基本特点。

19-6 请根据所掌握的数学知识及 Kalman 滤波的特点，推导递推形式的 Kalman 滤波主要公式［即式(19-12)～式(19-17)］。

19-7 以 Matlab 为工具，实现 19.4 节算例，并思考当两个传感器观测方向与水平方向或垂直方向不重合时如何处理其数据融合问题。

20　传感器网络

2003 年 2 月的美国《技术评论》认为，有十种新兴技术在不远的将来会对社会和经济发展产生巨大影响。无线传感器网络又简称传感器网络（Sensor Networks），就是其中之一，且位居十大新兴技术首位。这一新兴技术结合了现有的多种先进技术，为各种应用系统提供了一种全新的信息采集、分析和处理的途径。

由于无线传感器网络技术，与现有的网络技术相比存在较大区别，因而为检测技术和仪表系统的发展带来了新的生机，也提出了很多新的挑战。由于传感器网络对国家和社会意义重大，国外对于传感器网络的研究正热烈开展，希望本章对传感器网络的介绍、对传感器网络特点的分析以及对传感器网络潜在应用的初探，能够引起国内学术界和工业界对这一新兴技术的重视，从而推动这一具有国家战略意义的新技术的研究和发展。

20.1　传感器网络的产生与发展

20.1.1　传感器网络

在微机电加工技术（使芯片微型化）、自组织的网络技术、集成低功耗通信技术和低功耗传感器集成技术这四种技术的共同作用下，传感器朝着微型化和网络化的方向迅猛发展，从而产生了无线传感器网络。

无线传感器网络（以下简称传感器网络）是由许多传感器节点协同组织起来的。传感器网络的节点可以随机或者特定地布置在目标环境中，它们之间通过无线网络、采用特定的协议自组织起来，从而形成了由传感器节点组成的网络系统，以实现能够获取周围环境的信息并且相互协同工作完成特定任务的功能。

传感器节点一般由传感单元、处理单元、收发单元、电源单元等功能模块组成（见图 20-1 所述）。除此之外根据具体应用需要还可能有定位单元、电源再生单元和移动单元等。其中电源单元是最重要的模块之一，有的系统可能采用太阳能电池等方式来补充能量，但是大多数情况下传感器节点的电池是不可补充的。

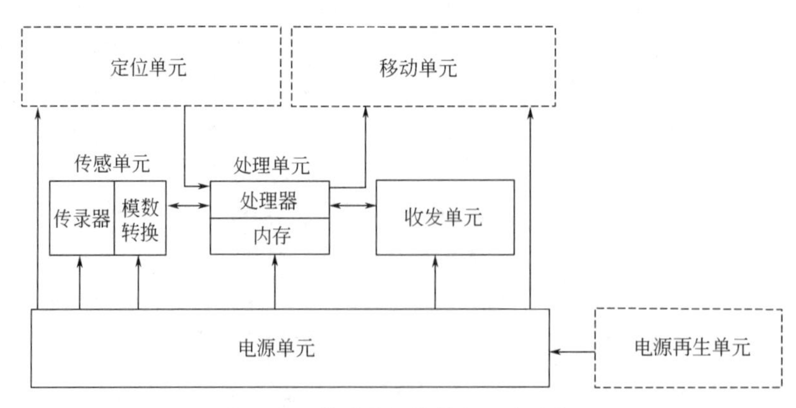

图 20-1　传感器网络节点组成示意

20.1.2 传感器网络的构成

在传感器网络中，每个节点的功能都是相同的，大量传感器节点被布置在整个被观测区域中，各个传感器节点将自己所探测到的有用信息通过初步的数据处理和信息融合再传送给用户。传感器工作区内的数据传送是通过相邻节点的接力传送方式实现的，通过一系列的传感器节点将相关信息传送到基站；基站后的数据传送是通过基站以卫星信道或者有线网络连接的传送方式实现的，并最终将有用信息传送给最终用户。

因此，传感器网络的常规结构如图20-2所示，主要由传感器节点（传感器工作区）、传感器网络通信基站、通用通信系统和传感器网络任务管理终端等部分组成。当传感器网络敷设完成后，所有的传感器系统就自动组成一个网络。传感器系统统称为传感器节点（node），节点之间能够互相通信，同时也能够与传感器网络通信基站（Sink）进行通信。传感器网络通信基站是一个中转站，它将传感器节点收集到的数据，通过通用通信系统发送到计算机终端（传感器网络任务管理终端）上，同时将计算机终端的命令再传送到相关传感器节点。传感器网络通信基站与计算机终端可同处传感器网络的工作范围，也可实现在空间上的分离。在研究实验阶段，两者多处于同一工作范围；但在实际应用中，两者多是空间独立的，传感器网络通信基站在传感器网络的工作范围之内，而计算机终端则在千里之外的控制操作室。

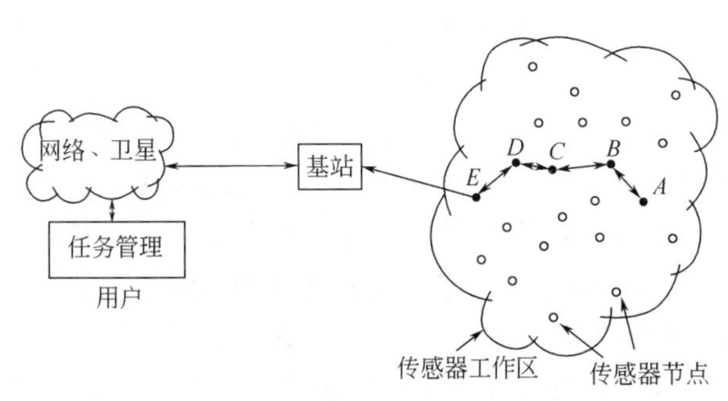

图20-2 传感器网络结构示意

传感器节点是由不同种类的微型无线传感器所形成，根据传感器的设置和组成的不同，分别完成特定的检测和分析任务，从而实现对环境信息的检测与融合处理。布置在特定范围内、准备完成特定任务的大量无线传感器节点就构成了传感器工作区。

传感器网络通信基站是连接传感器网络与外部世界的主要通信枢纽。在传感器网络与外部世界之间的所有信息和命令的传递，都必须通过该通信基站方能实现，因而是传感器网络的重要配套设备，它必须具有与常规通信系统连接的能力，且通信能力要有必要的保证。

通用通信系统是指常规环境下的各种网络通信系统，包括互联网Internet、局域网Intranet、移动通信系统GSM、卫星通信系统等。它负责将传感器网络通信基站与传感器网络任务管理的最终用户连接起来。

传感器网络任务管理终端是最终用户实现对传感器网络控制和管理的设备和系统。它负责完成对传感器网络的任务设置、系统监控和信息处理，是实现在远端完成对传感器网络进行操作和监控的必要手段。

20.1.3 传感器网络的发展

传感器网络最初来源于20世纪美国先进国防研究项目局DARPA（Defense Advanced Research Projects Agency）的一个研究项目。当时正处于冷战时期，为了监测敌方潜艇的活动情况，需要在海洋中布置大量的传感器，以便根据这些传感器所监测的信息来实时监测海水中潜艇的行动。由于当时技术条件的限制，使得传感器网络的应用只能局限于军方项目，难以得到广泛推广和发展。

近年来，已经有一些公司如美国的 Crossbow 公司和 Dust 公司等，致力于传感器网络的研究和生产。其中 Crossbow 公司已经推出了 Mica 系列传感器网络产品，包括 Mica、Mica2 和 Mica2Dot 三种产品。该公司还特地为 Mica 开发了一套微型操作系统，取名为 TinyOS。Mica2Dot 的大小和一枚硬币的大小差不多，每个 Mica2 可以分为两个模块，射频和处理模块 MPR（Mote Processor Radio Board）和可选的传感模块 MDA（Mote Data Acquisition Board）。Mica2 工作在 915MHz 的 ISM 频段上，有 914.007MHz 和 915.998MHz 两个可调的工作频率。以 AA 电池或纽扣电池作为能源，Atmel Atmega 微控制器的工作频率为 4MHz，无线通信的最大速率为 40kbps，单个节点之间最大通信距离约为 60m。目前，国内外关于传感器网络的大多数科研和演示系统都是在 Mica 平台上搭建而成的。

由于真正应用传感器网络时需要大规模铺设，因而有必要要求每个传感器节点的成本要低，如达到实用化要求每个节点的价格须控制在 1 美元以下，但目前每个传感器节点的造价大约在 80 美元左右。随着集成技术的进一步提高、器件微型化的进一步发展和大规模生产带来的经济效益，传感器节点的成本还将大幅度下降。由于节点的微型化要求每个节点的体积越来越小，Dust 公司已经开始设计了最终能够悬浮于空气中的“智能尘埃”（Smart Dust）传感器，而实际上目前已设计出的最小全功能“智能尘埃”的直径只有 5mm 左右，该公司计划在 1 年之内最终设计出体积不大于 $1mm^3$ 的产品。

虽然传感器网络最初主要应用于军事领域，但是随着技术的发展，传感器节点的成本越来越低，而功能却日益强大，使得以前造价昂贵的传感器网络已经能够进入民用领域。传感器网络在民用领域的应用主要包括生态环境监测、基础设施安全、先进制造、物流管理、医疗健康、工业传感、智能交通控制和智能能源等。可以看到，随着技术的进步和经济的发展，传感器网络必将会越来越多的应用到社会生活的各个方面。

20.2 传感器网络功能与特点

20.2.1 传感器网络主要功能

传感器网络的主要功能应由具体的应用所决定，但无论是何种应用，其基本功能都是一致的。传感器网络的基本功能包括以下方面。

① 参数计算 计算在给定区域中相关参数的值。如在进行环境监测的传感器网络中，需要确定温度、压力、光照度和湿度等；此时，不同的传感器节点配置有不同类型的传感器，而每个传感器都可有不同的采样频率和测量范围。

② 事件检测 监测事件的发生并估计事件发生过程中的相关参数。如在用于交通管理的传感器网络中，可检测车辆是否通过了交叉路口以及通过交叉路口时的速度和方向。

③ 目标监测 区分被监测的对象。如在用于交通管理的传感器网络中，可检测车辆是轿车、小面包车、轻型卡车还是公共汽车等。

④ 目标跟踪 实现被测对象的跟踪。如在战时敷设的传感器网络区域内，可跟踪敌方坦克，辨识其行驶轨迹等。

在传感器网络所能提供的以上功能中，最重要的特性是能够保证按应用要求将信息传送到合适的最终用户。在某些应用中，实时性是至关重要的，如在监控网络系统中，当检测到有可疑人物出现时，应及时通知保安人员，以便及早采取相应的措施。

基于传感器网络的基本功能，经过国内外众多专家的研究和开发，目前已在以下方面找到了传感器网络的初步应用：

① 军事侦察 采集尽可能多的有关敌方部队的移动、布防和其他相关信息；

② 危险品监测 监测化学物品、生物物品、放射性物品、核物品和爆炸性物品等；

③ 环境监测 检测平原、森林和海洋的环境变化情况；

④ 交通监控 监控高速公路的交通状况和城市交通的拥堵情况；

⑤ 公共安全 提供购物中心、停车场和其他公共设施的安全监测；

⑥ 车位管理 实现停车场车位检测和管理。

显然，在传感器网络的所有应用中，传感器节点是否需要逐个设置定位编号和网络上的数据是否需要融合，是必须考虑的两个重要因素。例如，安装在停车场的传感器节点必须逐个定位编号，以便确定哪些车位已被占用，在这种情况下系统可采用广播方式将查询信息发送到所有的传感器节点。又如，在安装有传感器网络系统的房屋中，如果想确定某个角落的温度，只要该区域中的任一传感器作出反应即可，因而不必为每个传感器节点定位编号；而此时进行信息融合则是至关重要的，因为通过信息融合可大幅度减少需要网络传送的信息。

20.2.2 传感器网络主要特点

传感器网络与其他传统网络相比有一些独有的特点，正是这些特点给传感器网络的研究和应用带来了许多新问题，同时也带来了许多新挑战。传感器网络的主要特点如下。

（1）传感器节点数量巨大且密度较高

由于传感器网络节点的微型化，每个节点的通信和传感半径有限（一般为十几米）；而且为了节能，传感器节点大部分时间处于睡眠状态，所以往往通过铺设大量的传感器节点来保证传感器网络系统的工作质量。传感器网络的节点数量和密度要比 Ad hoc 网络高几个数量级，可达到每平方米上百个节点的密度，或系统总体上所拥有的传感器节点总数可达 10000 至 100000，甚至多到无法为单个节点分配统一的物理地址。

（2）常规运行处于低功耗状态

由于传感器节点的微型化，节点电池能量必然有限，同时由于应用上的物理限制难以实施系统维护，即难以给节点更换电池，所以为延长节点工作寿命，传感器节点的常规工作必须处于低功耗状态。因此，电池能量限制在整个传感器网络设计中是最关键的约束之一，它直接决定了传感器网络的工作寿命。此外，有限的电源也限制了传感器节点的存储和计算能力，使其不能进行复杂的计算，传统 Internet 网络上成熟的协议和算法对传感器网络而言开销太大难以使用，因而必须重新设计简单而有效的新协议及算法。

（3）具有很强的网络自组织能力

由于传感器网络都是由数量巨大的传感器节点所组成，强大的网络自组织能力是系统正常运行的根本保证。传感器节点在工作和睡眠状态之间切换以及传感器节点随时可能由于各种原因发生故障而失效，或者有新的传感器节点补充进来以提高网络的质量，使得传感器网络的拓扑结构变化很快，且须周期性地自动完成网络配置。同时，传感器网络拓扑结构的动态变化也使得保证网络正常运行的各种算法如路由算法和链路质量控制协议等，必须能够适应各种情况的变化。

（4）具备信息融合的数据处理

由于在传感器网络的应用中通常只关心被测区域特定参数的观测值，而不关心具体某个传感器节点的观测数据，也不关心这些数据的传送过程，因而在数据处理过程中需要传感器网络进行必要的信息融合。比如希望知道“被测区域东北角的温度是多少”，而不是“传感器节点 i（$i=1,2,\cdots$）所检测的温度值是多少”。这是在多个传感器节点检测结果的基础上，由传感器网络自身实现的对相关检测信息进行融合的结果，这也是传感器网络与传统网络相比较具有的重要特性之一。

（5）具有灵活的数据搜索功能

由于传感器网络是由数量巨大的传感器节点所组成，而实际应用中常需要查询特定区域中由某个特定的传感器节点或某组特定的传感器节点组所产生的信息；同时由于不可能在传感器网络中传送大量的数据，因而在系统中设置了大量的本地基站节点，以采集指定区域的相关数据并生成简要信息，从而可以大幅度减少需要网络传送的相关数据。在数据搜索过程中，传感器网络可直接对被测区域的本地基站节点下达数据搜索的命令，以极大地提高数据搜索效率。

（6）对检测环境干扰和侵蚀小

由于传感器节点的微型化，使得传感器节点敷设在被测环境中时，可以与环境相互融合，不易察觉；同时由于传感器节点的低功耗设计，不需要提供系统维护和电源更换，不会对环境的维护和发展产生负面影响，因而传感器网络的使用不会对环境产生过多的侵蚀和干扰。在美国进行的传感器网络多种应用实验中，如动物习性监测、环境状态监测与预报以及军事侦察等，都很好地体现了传感器网络对环境干扰和侵蚀小的优势。

（7）具备鲁棒性和容错能力

由于在传感器网络中传感器节点的数量巨大且密度较高，传感器节点自身就在工作和睡眠状态之间切换，使得传感器网络中的节点始终处于动态变化过程中；同时由于系统设计已保证了传感器网络具有自组织能力，可进行路由的自组织计算，因而使得传感器网络在整体上具备了鲁棒性和容错能力，使得在传感器节点随时可能由于各种原因发生故障而失效时，或者有新的传感器节点补充进来以提高网络的质量时，能够保证整个系统的正常工作。

20.3　传感器网络关键技术

需要多种先进技术来保证传感器网络的正常工作，包括具有自组织能力的网络体系结构、自组织路由算法、通信信道的接入技术和电源管理技术，以及在微型化的传感器节点中实现各类环境参数的检测和融合技术等。

20.3.1　自组织网络体系结构

根据传感器网络节点规模的大小，传感器网络的网络拓扑结构可分成平面和分级两种。

平面结构的传感器网络比较简单，如图 20-3 所示。在平面结构中，所有节点在网络中的地位平等；为传送数据彼此会自动形成相互联通的网络，并通过某个或某些节点与传感器网络外界进行通信。此时形成的传感器网络又呈现树状结构，因此又称其为树型结构。在平面结构的传感器网络中，所有节点是完全对等的，原则上不存在瓶颈，所以比较健壮；但其缺点是可扩充性差，每一个节点都需要知道到达其他所有节点的路由，而维护这些动态变化的

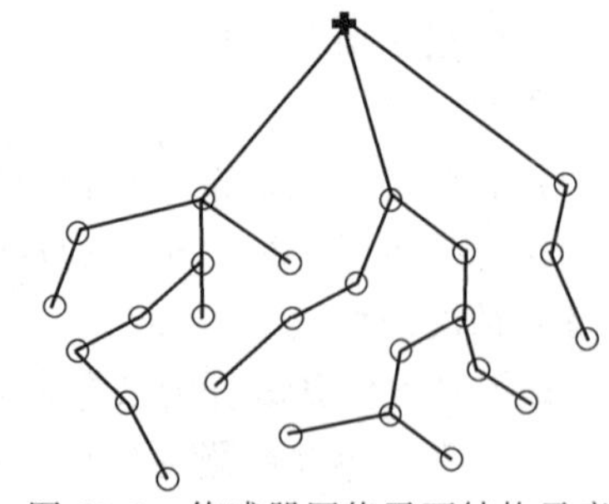

图 20-3　传感器网络平面结构示意

路由信息需要大量的控制消息。

分级结构的传感器网络较为复杂，如图 20-4 所示。在分级结构的传感器网络中，网络被划分为多个族（Cluster），每个族由一个族头（Cluster Head）和多个族成员（Cluster Member）组成，族头彼此形成高一级网络。族头节点负责族间数据的转发，它可以预先指定，也可以由节点使用分族算法自动选举产生。在分级结构的网络中，族成员的功能比较简单，不需要维护复杂的路由信息，可大大减少网络路由控制信息的数量，具有很好的可扩充性；同时，由于族头节点可以随时选举产生，因而也具有很强的抗毁性。分级结构的缺点是维护分级结构需要所有节点执行分族算法，且族头节点可能会成为传感器网络的瓶颈，从而影响数据的传送。

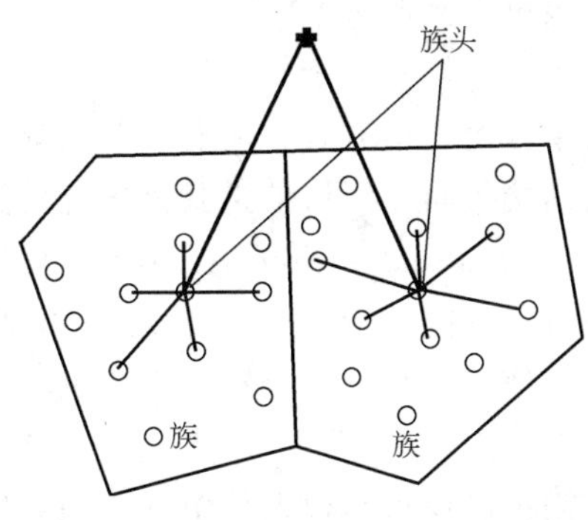

图 20-4 传感器网络分级结构示意

当传感器网络的规模较小时，可以采用简单的平面式结构，美国 Dust 公司研究的“智能尘埃”采用的就是平面式结构；而当传感器网络的规模增大时，就必须使用分级式结构。但无论采用何种结构，传感器网络的网络体系结构都是根据实际应用情况自动或自适应形成的，这是传感器网络的网络体系结构自组织特性的具体体现。

20.3.2 自组织路由算法

根据前述分析，传感器网络在敷设完成后，某些传感器节点可能会不断的改变自身的位置，任意节点都有可能随时开机与关机，从而使得传感器网络的网络结构呈现动态变化的过程。这要求在保证数据传送的路由计算上，必须根据网络拓扑结构动态变化的实际情况，自主完成路由的选择，即具备自组织的能力。

此外，由于无线通信的有效通信距离，单个传感器节点不可能直接将数据发送到传感器网络的通信基站，而须采用多跳路由（Multi-Hop）的传输方式进行数据传送。因此，每个传感器节点必须具有报文（数据包）转发能力，也就是说，每个传感器节点不仅要完成数据采集与传送的工作，还要具备路由器的功能，即需要负责维护网络的拓扑结构和路由信息以完成报文的转发。因此，确定自组织路由算法的最终目标就是要保证整个传感器网络在传感器节点位置的改变、传感器工作方式的改变与传感器节点加入或退出等各种条件下都能正常工作，除非保证传感器网络正常工作的传感器节点数目已少到不能再组成网络。

目前，“智能尘埃”使用的是先验性（proactive）路由算法，它的主要思想是：每个传感器节点需要维护一张包含到达其他传感器节点的路由信息的路由表，当检测到网络拓扑结构发生变化时，节点发送更新消息，收到更新消息的传感器节点将更新自己的路由表，以维护一致的、及时的和准确的路由信息。在这种情况下，传感器源节点一旦要发送报文，可以立即获得到达目的传感器节点的路由。这种算法的优点是时延小，缺点是开销大。

当传感器网络的规模增大时，用来维护路由所消耗的能量将按几何级数增加，所以对一个以电池供电的系统来说是不适宜的。这时就必须采用新的路由算法，即反应式(reactive)算法。反应式算法的基本思想是：不要求传感器节点维护及时准确的路由信息，当要向目的传感器节点发送报文时，传感器源节点才在网络中发起路由查找过程并找到相应的路由。反应式路由算法开销小，但延时比先验式算法大。

理想的情况是采用先验式与反应式结合的路由混合算法，在局部范围内使用先验式算法，维护准确的路由信息，并可缩小路由控制消息传播的范围，当目的传感器节点较远时，通过按需查找发现路由，这样既可减少算法的开销，时延也可得到改善。

20.3.3 信道接入技术

信道接入式传感器网络“智能尘埃”使用的是共享的单信道通信方式，所有的节点都是使用这个共享的信道进行通信，因此，每个节点如何有效的接入与使用该信道是该传感器网络能否高效工作的核心技术。此时采用的是CSMA（Carrier Sense Multiple Access）协议，基本思想是当一个节点在信道上发送报文时，其他所有的节点都能“听到”它的发送，并采用退避算法延迟自己的发送，当监测到信道空闲时，再接入信道进行发送，这种方式也称为一跳共享广播信道方式。这种接入方式比较简单，但会引出“隐终端”与“暴露终端”等问题，所以进一步需要采用更加有效的接入控制技术，如采用控制信道与数据信道分离的双信道接入技术。

20.3.4 电源管理技术

能源是传感器网络正常工作的最重要资源，如何有效的节约能源是网络化微型传感器必须考虑的关键技术。传感器网络节点的工作模式按功率消耗由小到大的顺序分为四种：睡眠模式(sleep)、空闲模式(idle)、接收模式(receive)以及发送模式(transmit)。显然，有效地进入睡眠模式与空闲模式将大大节约能源。图20-5详细描述了这些工作模式之间的转化关系，采用合理的路由算法与信道接入方式将减少活跃模式的能耗，而如何有效的转入节能模式是传感器网络电源管理的关键技术。

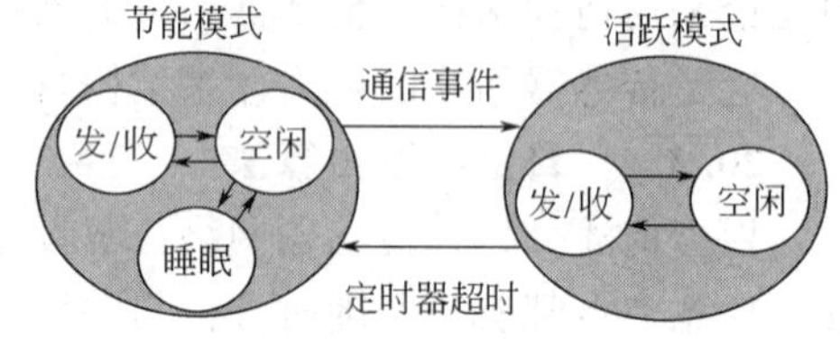

图20-5 传感器网络电源工作模式转化关系示意

由此可见，传感器网络电源的工作模式和管理机制，决定了传感器网络的网络结构的动态变化过程，以及因此而产生的自组织网络体系结构和自组织路由算法等。

20.3.5 微型化技术

现阶段传感器网络节点的微型化技术还主要集中在硬件电路的设计上，通过采用体积小、功耗低的芯片与器件和采用模块化的设计与分层布板的方法会使体积尽量减小，然而随着微机电加工（MEMS）技术的日趋成熟，在不久的将来，传感器网络节点的体积将会越来越小。

美国DUST公司“智能尘埃”的硬件开发小组下一步的目标是采用MEMS技术对整个系统重新设计，包括传感器与处理器的设计，系统重新布板与封装等，从而将整个系统的体积控制到$1mm^3$。

20.3.6 协同检测与感知技术

传感器网络中传统的单个传感器功能都较单一。每个传感器只具备检测一个简单参数的功能，如检测温度、压力或事件等；而较为复杂和综合的参数检测则需要多个传感器的协作和数据融合，如环境参数、目标跟踪等。因此，合理而正确地敷设带有不同检测功能的传感器网络节点，将直接决定传感器网络的工作效果。利用MEMS技术，使各类传感器微型化，保证各类检测功能的完整实现，并使用多传感器检测和数据融合技术，使得传感器网络在过去的10年中得以快速发展和广泛应用。

尽管随着MEMS、无线通信、智能网联和边缘计算等技术的快速发展，用于传感器网络环境下的各类传感器在器件体积、电池容量、信息共享、服务功能、计算能力等方面都有了前所未有的提升和发展，但仍难以适应尤其是复杂环境检测与感知的需要。只有将多种传感器相结合，基于智能网联环境，实现协同检测与感知，才可满足现实的需要。

（1）协同感知传感器谱

以道路交通的环境检测与感知应用为例，可用于传感器网络的常用技术和对应的传感器器件包括电子地图、定位仪、相机、毫米波雷达、超声波雷达、激光雷达和无线通信设备等。将所有传感器按所处理信息的粒度由大到小进行排列，并分别列出其对应的常规传感器，即可形成道路交通环境检测与感知的传感器谱如图20-6所示。该传感器谱覆盖的测量内容涵盖了道路交通中需要检测与感知的所有交通环境及场景，是对道路交通环境传感器及其感知技术的完整描述，由此也可描述道路交通环境检测与感知的完整范围和主要内容。

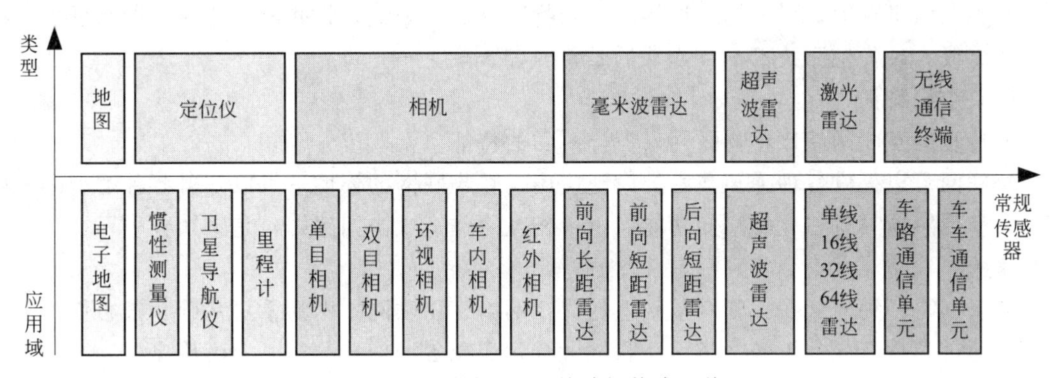

图20-6 道路交通环境感知传感器谱

（2）传感器组合模式

基于上述传感器的特点和应用条件，可将相关传感器进行有机组合，形成用于交通环境协同感知的多传感器组合模式。除常规由相同传感器形成的同类多传感器实现的交通环境协同感知外，考虑多传感器组合后可能产生的新技术和新方法，这些模式可以分为同类/异类、同构/异构、同步/异步、静止/移动以及视距/超视距等组合类型。

同类/异类传感器组合是由同类多传感器或异类多传感器实现的组合模式；同构/异构传感器组合是由同构多传感器或异构多传感器实现的组合模式；同步/异步传感器组合是由同步多传感器或异步多传感器实现的组合模式；静止/移动传感器组合是指由静止传感器和移动传感器实现的组合模式；视距/超视距传感器组合是指由实现视距范围以内的环境感知和视距范围以外的环境感知的多传感器的组合模式。

20.4 传感器网络的延展和应用

随着传感器网络的不断发展和新技术的不断更新，传感器网络已在国民经济的许多方面得到了广泛应用。

为帮助读者更多地了解传感器网络的应用，下面给出由传感器网络技术衍生的物联网和车联网及其关键技术，以及在动物习性监测、停车场车位管理和车路协同系统中的典型应用。

20.4.1　物联网

物联网是新一代信息技术的重要组成部分，其英文名称是“The Internet of Things”。顾名思义，物联网就是“物物相连的互联网”。物联网的发展和广泛应用，正在逐渐成为继计算机、互联网与移动通信之后的又一次具有标志性的技术提升。

（1）物联网的概念

物联网（Internet of Things）是在互联网的基础上，将网络连接的对象延伸到除传统的计算机以外能够被人类广泛触及的各类物品（Things），从而构成的能够在无人干预的情况下进行信息交换与数据通信的一种泛在网络，以实现对物理世界的感知，并提供与我们的生活和工作密切相关的一系列功能，包括智能识别、定位、跟踪、监测和管理等。

物联网又是互联网和传感器网络相结合的产物，其高端与互联网融合，低端由传感器网络支撑。物联网的提出将物理设施与IT（Information Technology）设备集合在一个系统中，并利用无线网络、智能传感设备和云计算技术等手段，实现对物理世界的动态智能协同感知和智能信息获取，形成物理世界的“物物”互联。因此，物联网是传感器网络延展的产物，也将成为现代检测技术不可或缺的重要内容。

（2）主要特征

与传统的互联网相比，物联网有三个鲜明的特征。

物联网可以提供各种感知技术的广泛应用。在物联网的环境下可以部署各种类型的传感器，每种传感器具备独立的感知功能，也可相互协作完成协同感知，是感知各种环境状态的信息来源。

物联网是一种建立在互联网基础上的泛在网络。物联网技术的重要基础和核心仍旧是互联网，通过各种有线和无线网络与互联网融合，实现各种信息的实时准确传递。

物联网具有智能处理的能力，能够对物体实施智能控制。物联网将传感器和智能处理相结合，利用云计算、模式识别等各种智能技术，可以有效扩充其应用领域。

（3）网络结构

物联网的网络结构主要可分为三层（如图20-7所示），即感知层、网络层和应用层。

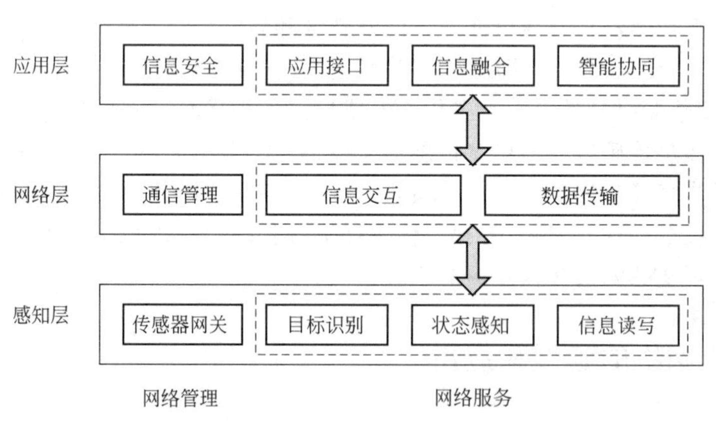

图20-7　物联网的网络结构图

物联网的感知层由各种具有感知能力的物理设施组成，如二维码读写器、RFID（Radio-Frequency Identification）读写器、GPS（Global Positioning Systems）定位模块、摄像头、M2M（Machine to Machine）终端、各类状态感知传感器和传感器网关等，主要实现对各类物品的感知和识别，并采集相关信息。通常应用中，这些物理设施可以在物联网的感知层形成前述的传感器网络。

互联网、传感网和各类通信网络的融合即形成了物联网的网络层。网络层不但要具备支持和管理物联网网络运营的能力，还要具备提升物联网上各类信息交换的能力，完成感知层与应用层之间的信息交互与数据传输，以支持传感器的动态智能协同感知、信息融合与利用、基于云计算的海量信息分类、交互和处理等。

物联网的应用层主要由各类应用功能组成，这些功能主要包括对物联网采集的数据实施融合、转换、分析与共享，为用户应用提供相应的支撑平台，并建立支持物联网运行的信息安全保障机制。应用层同时也可以为用户提供物联网的应用接口，为各种用户设备及终端提供应用服务，从而实现物联网所需的广泛且智能化的应用。

（4）关键技术

物联网的关键技术除与传统的互联网技术相似外，还主要包括无线通信技术、智能感知技术和云计算技术等。

无线通信技术是支持物联网的重要载体。物联网是在互联网的基础上，将网络连接的对象延伸到除传统的计算机以外能够被人类广泛触及的各类物品，从而形成的一种泛在网络，无线通信技术就是保证完成该延伸的载体。目前可以采用的无线通信技术有移动通信技术、无线接入技术和传感器网络技术。用于支持物联网的移动通信系统包括第一代模拟系统、第二代数字系统和第三代多媒体移动系统，其中目前主流的移动通信系统以 GSM（Global System for Mobile communications）、CDMA（Code Division Multiple Access）和 3G（3^{rd}Generation）等为代表，可以在物联网的推广应用中发挥重要作用。无线接入技术主要包括无线网络 WiFi（Wireless Fidelity）、RFID 和蓝牙（Bluetooth）等技术，支持物联网中各类物理设施、IT 设备和物品的接入。传感器网络技术主要应用于物联网的末端，是各种传感器互联互通的关键，本小节对此进行了较为详细的介绍。

智能感知技术是物联网的基础性内容。以射频识别 RFID 和电子标签 EPC（Electronic Product Code）为代表的感知技术是现阶段在物联网中应用的主要手段。射频识别 RFID 既具有无线通信的功能，也是一种非接触式的自动识别技术，它通过射频信号自动识别目标对象并获取相关数据，操作快捷方便，并可同时识别多个目标，识别工作无须人工干预。电子标签 EPC 是 RFID 的配套技术，RFID 强调目标对象的识别，而 EPC 则是通过对目标对象赋予一个唯一的编码进行标定，从而构成一个具有实用价值的物联网。目前，可用于物联网智能感知的相关技术还有其他许多，如红外、蓝牙和手机等，其在物联网中的推广和应用正在不断的研究和拓展中。

云计算技术是完成海量信息处理和应用的条件。云计算（Cloud Computing）是基于互联网的分布式计算技术的发展和拓展，通过提供灵活、安全和协同的资源共享来实现大规模、分布式和异构的资源管理（包括信息资源和硬件资源），尤其是支撑物联网中动态易扩展且虚拟化的资源管理，从而有效满足物联网相关功能和服务的需要。狭义的云计算是指 IT 设备的交付和使用模式，即通过物联网以按需、易扩展的方式获得所需资源；而广义的云计算则是指服务的交付和使用模式，即通过网络以按需、易扩展的方式获得所需服务。这意味着基于物联网的计算能力也可作为一种商品和服务通过物联网进行流通和交换。

此外，技术标准、信息安全和政策法规也是关系物联网技术发展和应用的重要因素。在物联网发展过程中，状态感知、信息传输和服务应用的各个层面都会有大量的技术出现，可能会采用不同的技术方案，因此尽快制定统一的技术标准，形成有效的管理机制，是物联网发展面临的首要问题。随着人们对物联网的依赖越来越大，其安全性也备受关注，目前最主要的安全问题包括信号泄露与干扰、数据融合与传输以及服务应用安全等。同时，物联网技术属于国家新兴战略技术，出台相关的产业发展政策是中国物联网产业谋求突破和发展的重要因素，对其在金融、交通、能源等行业的应用具有重要意义。

20.4.2　车联网

车联网是现代智能交通系统发展的产物，是物联网面向道路运输行业应用的具体实现，其英文名称是“The Internet of Vehicles”。物联网没有限定网络范围内的物体类型，关注的是所有物理世界信息的获取和交换；车联网是物联网的具体应用，它将物体类型主要限定到了行驶在道路上的车辆上。

（1）车联网的概念

随着物联网技术的蓬勃发展，作为物联网的具体应用，车联网是将行驶在道路上的车辆作为网络连接的主要对象而构成的一种物联网，以实现车辆运行参数和道路等交通基础设施状况的感知，并有望提供丰富的道路交通智能综合服务功能。

目前车联网技术及其应用的发展趋势表明，作为对车联网应用和服务的扩展，车联网也正在将道路、出行者和控制中心等纳入到了网络的连接、感知和服务范畴，并通过互联网信息平台实现丰富的智能交通综合服务功能，从而有望成为现代化城市中减少交通拥堵、推进绿色出行的手段。

（2）主要特征

与物联网类似，车联网也有三个鲜明的特征。

车联网与汽车总线系统互联，可以实现对车辆各种状态的广泛感知包括车辆运行参数和行驶状态等，也可提供对车辆周边环境的感知包括车外物体的识别和行驶环境预测等。

车联网是一种建立在物联网基础上的泛在网络。车联网技术的重要基础和核心是物联网和汽车总线技术，通过汽车总线和无线网络构建车辆间的互通互联网络，实现各种车辆和交通信息的实时准确传递。

车联网具有智能处理的能力，能够实施对车辆参数的感知和车辆行驶过程的智能控制。车联网将车辆状态和交通环境的传感和智能处理相结合，利用协同感知、云计算和模式识别等智能技术，可将车联网的应用扩展到道路交通的控制与管理领域。

（3）网络结构

与物联网相似，车联网的网络结构可以分为三层，即感知层、网络层和应用层。

车联网的感知层需要与车辆总线系统相结合，主要实现对车辆各种状态的广泛感知包括车辆运行参数和行驶状态等，也可提供对车辆周边环境的感知包括车外物体的识别和行驶环境预测等。车联网的网络层需要支持和管理网络运行，希望支持除车车通信以外的路车通信、人车通信和系统间通信等；同时提升与车辆总线集成后的各类信息交换能力，完成感知层与应用层之间的信息交互与数据传输，以支持车辆运行过程的智能协同感知，并实现相关信息的融合、交互和处理等。车联网的应用层主要支持道路交通的状态监控、行车安全、动态路况信息和交通事件保障等综合功能，进而构成能够满足现代城市道路交通管理与控制所需的信息服务应用。

（4）关键技术

与物联网的关键技术相同，车联网的关键技术包括无线通信、智能感知、云计算、技术标准、安全体系和政策法规等。只是因为自身应用的特殊性，这些关键技术的表现形式有所差异。

无线通信技术包括移动通信技术、无线接入技术和传感器网络技术，支持传感器采集的车辆和交通信息在网络环境中传输和交互。智能感知实现车辆和道路基础设施的运行参数和行驶状态的感知，如油耗、胎压和工况等运行参数，路面湿滑、老化和压力等道路参数，其他车辆运行速度、位置和距离等环境参数。基于云计算技术，通过网络以按需、易扩展的方式获得云计算所提供的各项服务，对采集获取的信息进行融合分析，并最终提供综合服务。统一的技术标准是车联网广泛应用的条件，建立一套易用、统一的标准体系，可以实现不同车辆和系统间的相互通信以及不同车联网系统的融合。车联网的安全体系包括车联网中的物体信息自身安全、传感器安全、传输技术安全以及服务安全等。同时，车联网技术属于国家新兴战略技术，相关的产业发展政策对其在我国交通运输行业的应用具有重要意义。

20.4.3 传感器网络应用案例分析

20.4.3.1 动物习性监测

动物习性和环境监测是一门综合性很强的技术。它要求综合应用多种现代技术并对采集的数据进行系统的分析和研究，它更是传感器网络在实际生活中的重要应用之一。

美国某高校于2002年在一小岛上进行了基于传感器网络的动物习性监测实验。该实验系统主要用于监测海燕的习性，希望监测的内容包括：

① 当承担繁殖任务的海燕因觅食而需要调换孵蛋工作时，在24～72h的生活周期中，它们是如何使用巢穴的？

② 在长达7个月的繁殖期中（每年4～10月），巢穴和海面的环境变化如何？

③ 海燕数量的多少对海燕生存的微环境会产生何种变化？

实验系统的体系结构如图20-8所示。其中数据采集基于传感器网络实现，现场由分别负责检测温度、湿度、压力、光和红外等参数，以及检测其他参数如重量、振动和pH值等的各种传感器节点构成；传感器节点可以通过有线通信信道与传感器网络的通信基站连接，

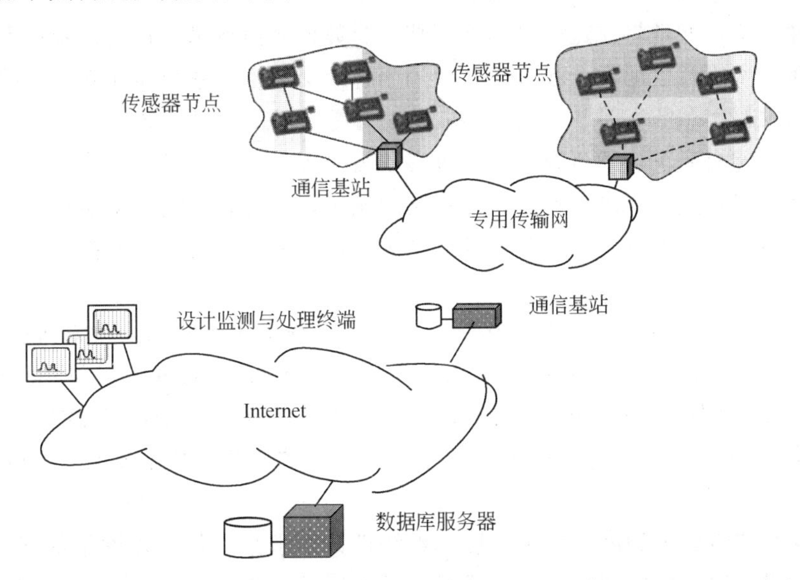

图20-8 动物习性检测实验系统的体系结构示意图

也可以通过无线通信信道与通信基站连接；所有传感器节点通过传感器网络的通信基站与专用传输网连接，通过专用网再与互联网相连，从而形成了分级结构的网络体系；采集的监测数据及其融合的数据均集中在远端的数据库服务器上维护和管理；监测人员和相关研究人员可在互联网上对系统的监测结果进行分析和研究。

系统设计要求传感器网络系统能够持续工作9～12个月，可进行远端操作和管理，具有合理的电源控制手段，必要时可提供如太阳能电池等的电源维护方式，系统运行状态须保证稳定、可预测和实验结果的可重复性，可对采集的各类数据进行融合和挖掘处理，并可在互联网环境下提供友好的人机交互界面实施对监测系统的维护、管理和研究。

图20-9给出了在2002年7月18日至8月5日间，对第95号海燕巢穴的温差进行监测的统计结果。考虑海燕入巢穴后会产生一定的温差，可以从分析温差图得知，海燕于7月21日第一次离巢，于7月23日返巢；后又于7月31日离巢，并于8月2日再度返巢。

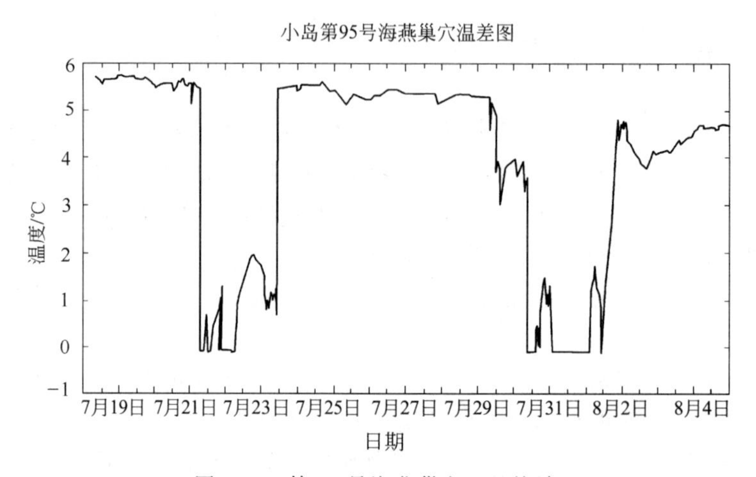

图20-9　第95号海燕巢穴温差统计

20.4.3.2　停车场车位管理

智能交通系统，就是将先进的自动检测技术、数据通信技术、自动控制技术以及智能信息处理与决策技术等有效地融合起来，并运用于整个交通管理系统而建立起来的一种在大范围内，全方位发挥作用的实时、准确、高效的运输综合智能管理系统。

因此，在智能交通系统的研究和应用过程中需要各类先进技术的支持。传感器网络的出现和产生，在一定程度上促进了智能交通系统的发展，并可有效提高交通系统的管理和控制水平。将传感器网络技术应用到停车场管理系统中，是传感器网络技术在智能交通系统中的一个典型应用。

图20-10给出了传感器网络系统在停车场管理系统中应用时的典型系统体系结构。在停车场中的每个车位安装1个传感器节点，负责监测有无车辆占用车位；根据车位的分布情况设置必要的网络子区，每个子区设置通信基站，负责本子区传感器节点的数据传送；各通信基站建立起与控制中心的无线通信信道，实现控制中心对停车场系统的控制、调度和管理。

为降低系统建设成本和减少维护难度，系统设计要求采用传感器网络的无线通信优势，各车位独立敷设，自动形成通信网络；为增强系统的适应性和鲁棒性，要求传感器网络的形成具备自组织特性，即可根据传感器节点的工作状态，考虑传感器节点可能的失效情况，可

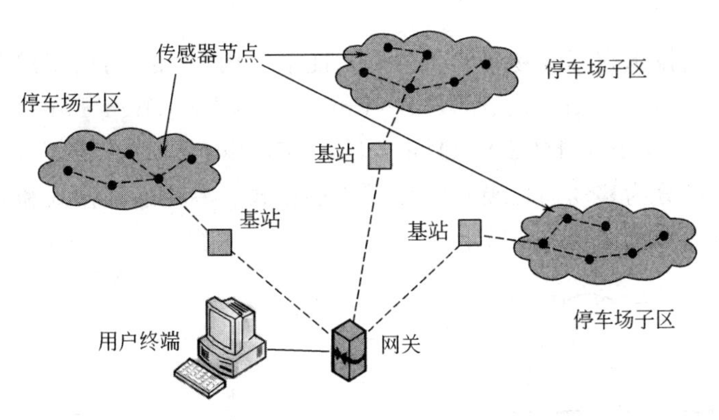

图 20-10　停车场管理系统体系结构示意图

动态调整网络的拓扑结构。

图 20-11 给出了常规情况下车位和传感器节点的敷设示意图。

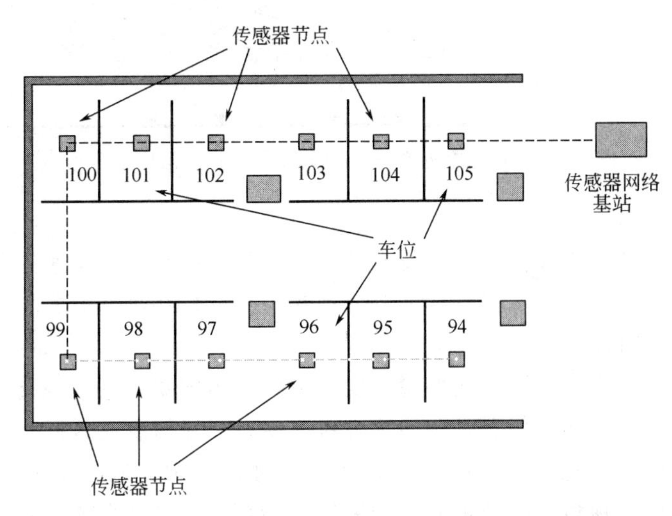

图 20-11　停车场车位与传感器网络敷设示意图

20.4.3.3　道路交通车路协同

道路交通的车路协同是智能交通系统发展的一个全新阶段，其核心是采用先进的无线通信和下一代互联网技术，全方位实施车车、车路动态实时信息交互，并在全时空动态交通信息采集与融合的基础上开展车辆协同安全控制和道路协同管理，充分实现人-车-路有效协同，保证交通安全，提高通行效率，从而形成安全、高效和环保的道路交通系统。

车路协同系统得以运行的条件和环境是拥有能够支持全方位车车、车路以及人车动态实时信息交互的网络环境，其基础是先进的无线通信技术和下一代互联网技术，其核心是包含车载网络的绝大部分功能、物联网的部分功能、车联网的大部分功能以及无线通信网络的特定功能。用于道路交通车路协同的网络同样由感知层、网络层和应用层组成，与物联网和车联网的网络结构相似，只是更具针对性、服务类型更明确，且能支撑智能交通的多项应用类型。

在道路交通车路协同的应用过程中，主要涉及车路协同系统的构建和应用所需的相关技术，包括多模通信、数据融合、协同感知和协同决策与控制等关键技术。

（1）多模通信技术

可支持车路协同技术在不同场景、条件和功能下应用的无线通信模式有 DSRC（Dedicated Short Range Communication）、EUHT（Enhanced Ultra High Throughput）、WiFi、红外、蓝牙、1X、2G/3G/4G、LTE-V（Long Term Evolution for Vehicle）和 5G 等。上述常用的通信模式主要可分为移动通信模式、无线通信模式、专用通信模式和其他通信模式。这些通信模式的支撑系统如图 20-12 所示。

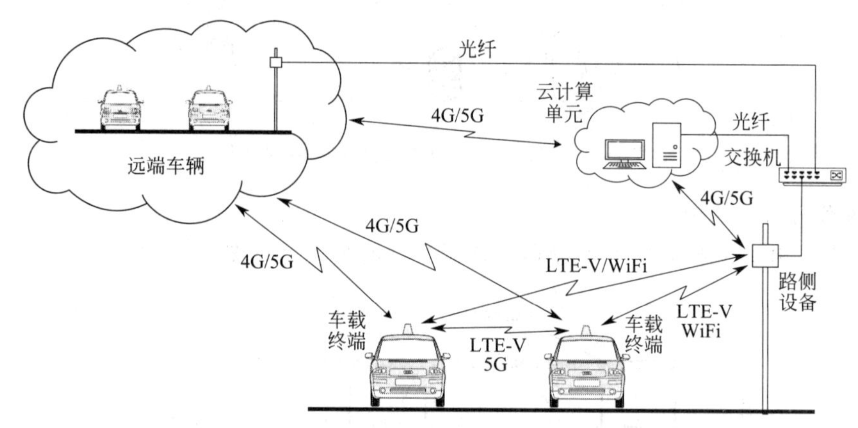

图 20-12　道路交通车路协同系统多模式通信框架示意

（2）数据融合技术

随着交通状态感知手段和信息交互技术的不断更新，可获得的交通信息呈现出丰富、海量和异构等特点，如何对这些数据进行融合处理和综合分析并最终形成决策信息，对于道路交通车路协同系统具有非常重要的意义。

交通状态数据融合主要由原始数据输入层、多模态传感器信息融合层及交通状态统一表征层构成，其中多模态传感器信息融合层包含对多模态感知信息在数据级、特征级以及决策级的融合。基于多模态传感器的数据输入，在信息融合并对交通状态进行统一表征的基础上，实现对交通环境多视角、超视距的全局感知，为后端的决策控制提供可靠的信息来源，其流程如图 20-13 所示。

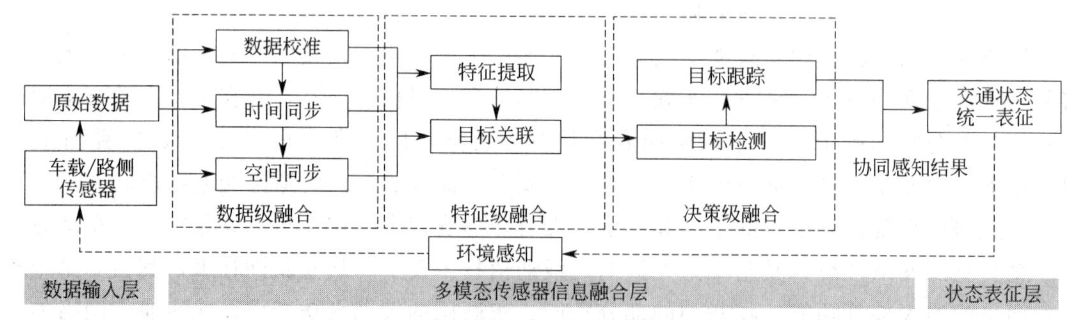

图 20-13　车路协同环境下数据融合流程图

数据级信息融合与协同处理主要实现基础交通数据的融合与处理，包括交通系统的异常数据筛选、海量数据存储、缺失数据修复、多传感器融合以及数据格式配准与统一等。

特征级信息融合与协同处理主要实现断面交通数据即各类交通状态的融合与处理，包括单路段交通信息的特征提取、状态感知、模式复现、交通监管以及事件检测等。

决策级信息融合与协同处理主要实现针对交通状态预测以及决策支持的融合与处理，主要包括路段或路网的短时交通流预测、旅行时间预测、交通时间预测以及 OD（Origin-Destination）预测等。

(3) 协同感知技术

协同感知是基于车路协同技术平台，可丰富交通状态全局感知的体系架构，将车载、路侧和多传感器集成于一体，实现多模态、多视角、超视距的感知理解；可融合跨平台的同类/异类、同构/异构传感器实施感知，提升协同平台的感知能力与效果；可有效提高系统感知可靠性与精确性，尤其是满足自动驾驶操控的需要；可引入边缘计算、局部计算和云端计算为一体的分布式计算体系，以满足协同感知对计算实时性的要求。智能车路协同环境下多源传感器实现系统感知的组合模式如图 20-14 所示。

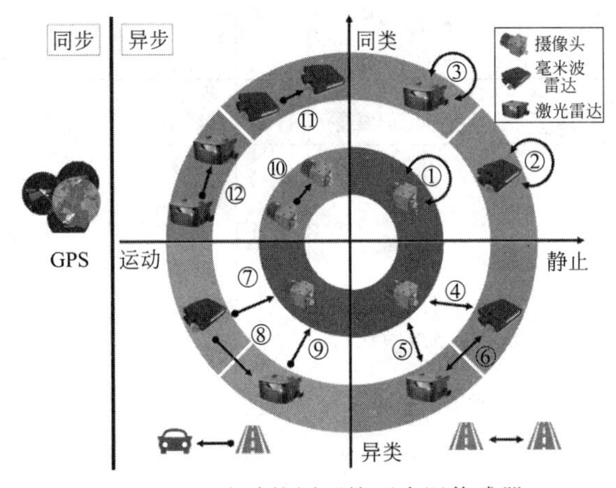

图 20-14　车路协同环境下多源传感器协同感知组合模式

有别于传统交通状态感知，基于车路协同环境提供的全时空动态交通信息实时共享，可实现复杂交通场景下跨平台多传感器的多视角和超视距的协同感知。超视距感知，通常特指传感器感知范围之外或无线通信直联范围之外的交通环境感知。即在超视距感知场景中，前车完成对周边环境的感知后，利用网联平台及两车间的空间关系，使后车获取后车感知范围以外的环境状态。

道路交通车路协同系统中可以实现的协同感知，可以根据传感器的来源，在运动/静止、同类/异类、同步/异步三个维度上进行区分，根据不同的维度使用不同的方法进行融合。

图 20-14 展示了车路协同环境下协同感知可能形成的多模态传感器融合的组合模式。其中①～③表示由多个同类摄像头、毫米波雷达或激光雷达所形成的静止状态下同类传感器的协同感知场景，如路侧多个摄像头形成的交通环境协同感知；④～⑥表示由摄像头、毫米波雷达和激光雷达相互组合形成的静止状态下异类传感器的协同感知场景，如路侧摄像头和毫米波雷达形成的交通环境协同感知；⑦～⑨表示由摄像头、毫米波雷达和激光雷达相互组合形成的运动状态下异类传感器的协同感知场景，如车载摄像头与毫米波雷达形成的交通环境协同感知；⑩～⑫表示由多个同类摄像头、毫米波雷达或激光雷达所形成的运动状态下同类传感器的协同感知场景，如车载双目摄像头形成的交通环境协同感知。此外，在上述多传感器组合模式中，均存在传感器间信息采集的时间同步和异步处理问题。

(4) 协同决策与控制技术

交通群体协同决策与控制是智能车路协同系统应用的核心内容。在智能网联环境下，交通系统自身拥有的自组织、网络化、非线性、强耦合、泛随机和异粒度等系统特性开始凸显出来，尤其是交通主体拥有的智能决策与行为，催生了交通群体的协同决策与智能控制。

任意的道路交通场景均可看成是路口、匝道和路段三种基本场景的组合，简化的组合形式如图 20-15 所示。在实际交通系统中，车辆行驶安全与道路交通管控可分解为系统优化、路权分配和轨迹规划三个层次的任务，其主要内容如图 20-16 所示。

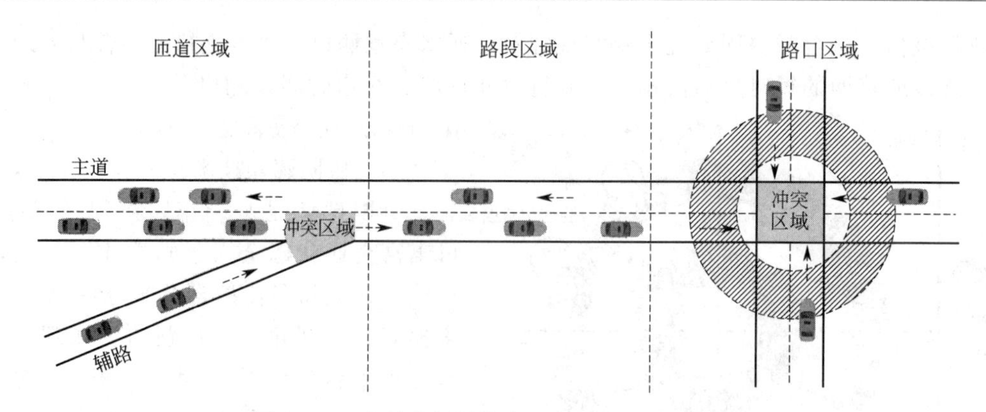

图 20-15　由基本场景构成的实际交通应用环境

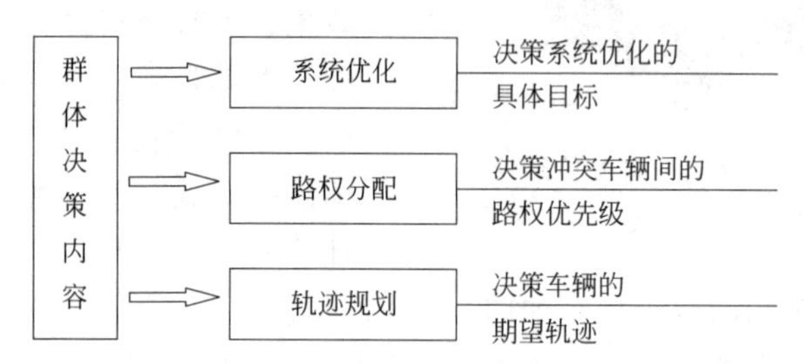

图 20-16　群体决策任务分解与对应的主要内容

现阶段，智能车路协同环境下典型的交通群体协同决策与控制应用场景包括：无灯控场景下的交叉口通行、匝道协同汇流和路段编队/借道超车、灯控场景下的匝道和路口协同通行，以及信号灯-车辆协同控制、快速路-灯控路口一体化协同控制和多匝道快速路一体化协同控制等。

图 20-17 给出了现阶段车路协同系统的典型应用示意图。其中，车载设备和路侧设备是道路交通车路协同系统的基本硬件单元。车载设备能够支持 V2I（Vehicle to Infrastructure）和 V2V（Vehicle to Vehicle）的信息交互，并可实现车辆运行状态和交通环境监测；路侧设备能够支持 V2I 的信息交互，可实现对路况和交通环境的监测，并完成系统需要的信息融合。基于该系统环境，可实现车路协同的车辆协同安全控制、车车协同的车辆协同安全控制和基于车路协同的交通管理与控制等典型应用。

由此构成的道路交通车路协同系统具有以下特征：

① 无线通信平台应该能够提供车车、车路和人车间的通信，支持任何时候、任何地方的任何车辆及路侧设备间的信息交互；

② 在车路协同环境下能够实现在途车辆的被动、主动和协同控制，以提高驾驶员及行人的在途安全；

③ 扩展了传统的智能交通的信息范畴，相关信息包括全时空交通状态以及包含道路条件、天气状况和车辆尾气排放等在内的环境信息，以实现基于全时空交通环境信息的综合交通管理与控制系统。

道路交通车路协同的规模化应用涉及面广，建设周期长，需要分阶段、分层次进行。基于国内外已有车路协同技术的研究和发展，现阶段车路协同系统可以提供的典型应用场景和服务功能如图 20-18 所示。其中典型的服务功能有车距保持、车道偏离预警、弯道预警、路段障碍避撞、车辆路口避撞和行人避撞等，其他的应用功能还有公交优先控制、车辆路口速

图 20-17 车路协同系统主要结构示意图

度自适应控制、基于车路协同的交通控制策略等。

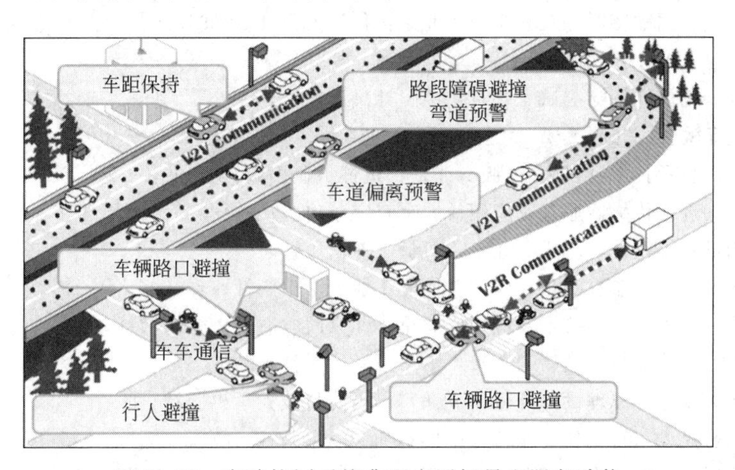

图 20-18 车路协同系统典型应用场景和服务功能

思考题与习题

20-1 什么是传感器网络系统？其主要的技术基础是什么？

20-2 如何看待传感器网络系统的产生和发展？它对检测技术和控制系统的发展会带来哪些重要的变化？

20-3 传感器网络系统的构成和主要功能有哪些？

20-4 传感器网络系统的主要特点有哪些？由此而决定的主要应用有哪些？

20-5 与传统工业网络相比，传感器网络的拓扑形式、体系结构有什么特点？

20-6 构成传感器网络系统的关键技术有哪些？

20-7 数据融合技术是如何在传感器网络系统中实现的？它与常规数据融合有什么不同？

20-8 什么是物联网？其主要特征和功能有哪些？包含哪些关键技术？

20-9 什么是车联网？其主要特征和功能有哪些？包含哪些关键技术？

20-10 车路协同系统的结构和典型应用的主要任务有哪些？系统运行所需的网络环境是什么？

20-11 车路协同系统的关键技术分别有哪些？其主要内容及其差别是什么？

参 考 文 献

[1] 张毅，张宝芬，曹丽，等．自动检测技术及仪表控制系统．3版．北京：化学工业出版社，2012.

[2] 坂田勝．振動と波動の工學．共立出版，1980.

[3] 佐藤拓宋．電気系の確立と統計．森北出版，1981.

[4] 山崎弘郎．センサ工學の基礎．昭晃堂，1985.

[5] 徐同举．新型传感器基础．北京：机械工业出版社，1987.

[6] Fu K S，Gonzalez R C，Lee C S G. Robotics. 1987.

[7] 王家桢，等．电动显示调节仪表．北京：清华大学出版社，1987.

[8] 平山，森村，小林．雑音処理．計測自動制御學會発行，1988.

[9] 王立吉．计量学基础．北京：中国计量出版社，1988.

[10] 师克宽，等．过程参数检测．北京：中国计量出版社，1990.

[11] Mangum B W，Furukawa C T. 1990国际温标（ITS-90）复现指南．中国科学院低温技术实验中心，1991.

[12] 张福学．传感器电子学．北京：国防工业出版社，1991.

[13] 谷口修，掘込泰雄．計測工學．森北出版，1991.

[14] 唐昌鹤等．气、湿敏感器件及其应用．北京：科学出版社，1991.

[15] 山崎，石川他．センサフュージョン．コロナ社，1992.

[16] 苏彦勋，等．流量计量与测试．北京：中国计量出版社，1992.

[17] 山口勝美，森敏彦．計測工學，共立出版，1993.

[18] 纪树赓．自动显示技术及仪表．3版．北京：机械工业出版社，1994.

[19] 贺安之，等．现代传感器原理及应用．北京：宇航出版社，1995.

[20] 夏士智．测量系统设计与应用．北京：机械工业出版社，1995.

[21] 林其勋．热工与气动参数测量．西安：西北工业大学出版社，1995.

[22] 刘广玉，等．新型传感器技术及应用．北京：北京航空航天大学出版社，1995.

[23] 王家桢，等．传感器与变送器．北京：清华大学出版社，1996.

[24] 刘迎春，等．传感器原理设计与应用．北京：国防科技大学出版社，1997.

[25] 赵玉珠．测量仪表与自动化．东营：中国石油大学出版社，1997.

[26] 机械工程手册编辑委员会．机械工程手册：检测、控制与仪器仪表卷．2版．北京：机械工业出版社，1997.

[27] 森泉豊栄、中本高道．センサ工學．昭晃堂，1997.

[28] 谷腰欣司．センサのすべて．電波新聞社，1998.

[29] 丁镇生．传感器及传感技术应用．北京：电子工业出版社，1998.

[30] 吴兴惠，等．传感器与信号处理．北京：电子工业出版社，1998.

[31] 黄贤武，等．传感器原理与应用．北京：电子科技大学出版社，1999.

[32] 杜维，等．过程检测技术及仪表．北京：化学工业出版社，1999.

[33] 厉玉鸣．化工仪表及自动化．3版．北京：化学工业出版社，1999.

[34] 刘君华．智能传感器系统．西安：西安电子科技大学出版社，1999.

[35] 吴勤勤．电动控制仪表及装置．北京：化学工业出版社，1996.

[36] 施仁，刘文江．自动化仪表与过程控制．北京：电子工业出版社，1991.

[37] 黄圣国，毛玉增，范跃祖．智能仪器．北京：航空工业出版社，1993.

[38] 常向阳，魏凯丰，陈晓东．常用智能仪器的原理与使用．北京：电子工业出版社，1993.

[39] 贺庆之．过程控制仪表与装置．北京：中国轻工业出版社，1994.

[40] 邱公伟，李维谦．多级分布式计算机控制系统．北京：机械工业出版社，1993.

[41] 李海青，黄志尧，等．软测量技术原理及应用．北京：化学工业出版社，2000.

[42] 蔡武昌，等．流量测量方法和仪表的选用．北京：化学工业出版社，2001.

[43] 梁国伟，蔡武昌．流量测量技术及仪表．北京：机械工业出版社，2002.

[44] Akyildiz I F，Su W，Sankarasubramaniam Y，et al. Wireless sensor network：A survey. Computer Networks，2002 (38)：393-422.

[45] Akyildiz I F，Su W，Sankarasubramaniam Y，et al. A survey on sensor networks. IEEE Communication Magazine. Aug.，2002.

[46] Coleri S，Ergen M，Koo T J. Lifetime Analysis of a Sensor Network with Hybrid Automata Modelling. WSNA'02，Sept.，2002.

[47] Mainwaring A，Polastre J，Szewczyk R，et al. First ACM Workshop on Wireless Sensor Networks and Applications. Atlanta，GA，USA，Sept. 2002.

[48] Special issues in Proceeding of the IEEE：Sensor Networks and Applications. vol. 91，no. 8，Aug.，2003.

[49] Beck M S. Cross correlation flowmeters：their design and application. Adam Hilger，1987.

[50] 胡上序，程翼宇．人工神经元计算导论．北京：科学出版社，1994.

[51] Hall D L，Llinas J. An Introduction to Multisensor Data Fusion，in Proceedings of the IEEE. Vol. 85，No. 1，1997.

[52] Hall D L. Multisensor Data Fusion，ARL reviewer 2001.

[53] Brooks R R，Iyengar S S. Multi-sensor fusion：fundamentals and applications with software. Prentice Hall PTR，1998.

[54] 龚元明，萧德云，王俊杰．多传感器数据融合技术（上）．冶金自动化，2002，(4)：4-7.

[55] 龚元明，萧德云，王俊杰．多传感器数据融合技术（下）．冶金自动化，2002，(5)：1-4.

[56] 滕召胜．智能检测系统与数据融合．北京：机械工业出版社，2000.

[57] Klein L A. Sensor and data fusion concepts and applications. SPIE，c1999.

[58] Shafer G. A Mathematical Theory of Evidence. Princeton University Press，1976.

[59] Stroupe A，Martin M C，Balch T. Distributed Sensor Fusion for Object Position Estimation by Multi-Robot Systems. IEEE International Conference on Robotics and Automation. 2001，1092.

[60] Akyildiz，I F，Su，W，Sankarasubramaniam，Y，et al. A Survey on Sensor Networks. IEEE Communications Magazine，August 2002.

[61] Praveen Rentala，Ravi Musunnuri，Shashidhar Gandham and Udit Saxena. Survey on Sensor Networks. University of Texas at Dallas.

[62] M Tubaishat and S Madria. Sensor Networks：An Overview IEEE Potentials，April/May 2003.

[63] Alan. Mainwaring，Joseph. Polastre，Robert. Szewczyk，David. Culler and John. Anderson. Wireless Sensor Networks for Habitat Monitoring. First ACM Workshop on Wireless Sensor Networks and Applications. September 28，2002，Atlanta，GA，USA.

[64] 贺延平．物联网及其关键技术．电子科技，2011，24 (8)：131-134.

[65] 王尧．物联网及其关键技术．软件导刊，2010，9 (10)：147.

[66] 褚彤宇，王家川，陈智宏．车联网技术初探．交通工程，2011，77：266-268.

[67] 张毅，姚丹亚．智能车路协同体系框架研究主要进展．中国人工智能学会通讯，2012.

[68] 张毅，姚丹亚．基于车路协同的智能交通系统体系框架．北京：电子工业出版社，2014 年．

[69] 张毅，姚丹亚，李力，等．智能车路协同系统关键技术与应用．交通运输系统工程与信息，pp40～51，第 5 期，第 21 卷，2021 年．

[70] 张毅，裴华鑫，姚丹亚．车路协同环境下车辆群体协同决策研究综述．交通运输工程学报，pp1～18，第 3 期，第 22 卷，2022 年．